2026 유단자 인간공학기사 필기

유일한 단기합격 자격서

김세연 편저

NCS 국가직무능력표준 교육과정 반영

- **최신!** 2026년 신규 출제기준 전면 반영
- **압축!** 합격을 가르는 핵심 이론만 체계적으로 구성
- **수록!** 최신 8개년(2018~2025) 기출복원문제 완벽 반영
- **완성!** 합격까지 유단자 한 권으로 All-in-One

실전 같은 시험 **CBT모의고사**

합격 서포트 **학습지원센터**

미디어몬

인간공학 기사 필기

유단자
유일한 단기합격 자격서

머리말 | PREFACE

> **"안전한 일터, 건강한 삶을 위한 열정에 깊은 경의를 표합니다."**

중대재해처벌법의 강화로 기업들은 안전관리 체계 구축에 사활을 걸고 있습니다. 또한, 위험성 평가 의무화와 ESG 경영 확산으로 인해, 작업 환경의 물리적·심리적 요인 분석, 근로자 피로도 관리, 시스템 최적화를 주도할 인간공학 전문가의 수요는 증가하고 있으며, 생명과 안전을 지키는 핵심 역량으로 자리매김하고 있습니다.

2025년 8월 고용노동부는 "안전은 타협 불가"라는 원칙에 따라 중대재해 제로화를 목표로 전사적 대응체계를 강화하고 있습니다. 산재 예방 인프라 확충, 위험요인 사전 제거, 현장 중심의 안전관리 강화 등을 통해 산업현장의 안전문화 정착을 추진 중이며, 모든 근로자가 안심하고 일할 수 있는 환경 조성을 위해 지속적인 노력을 이어가고 있다고 전하고 있습니다. 이에 따라 인간공학적 접근은 우리의 일터에서 중요한 핵심의 하나로 자리매김하고 있습니다.

본 수험서는 이처럼 급변하는 산업 환경에 맞춰 전문가를 꿈꾸는 분들을 위한 가장 확실한 동반자입니다. 먼저, 2026년 최신 출제기준과 개정 법령을 완벽하게 반영하여 시험의 방향성을 정확히 제시합니다. 방대한 이론은 핵심 위주로 정리하고, 다양한 수식과 표를 활용하여 시각적으로 표현함으로써 누구나 효율적으로 이해하고 학습할 수 있도록 체계적으로 구성했습니다. 또한, 최근 8년간(2018~2025)의 기출복원문제를 수록하고, 정답의 이유를 완벽하게 이해하도록 돕는 명쾌하고 상세한 해설을 더했습니다. 이를 통해 여러분은 단편적인 암기를 넘어, 어떤 변형된 문제가 나와도 흔들리지 않는 견고한 원리 이해와 응용력을 갖추게 될 것입니다.

인간공학은 '사람'과 '일'의 조화를 통해 안전을 실현하는 학문입니다. 단순히 신체적 편안함을 넘어, 인간의 인지적 특성과 심리적 안정까지 고려하여 작업 환경과 시스템을 인간 중심으로 설계하는 총체적인 철학입니다. 이 책이 여러분의 전문성을 한 단계 끌어올려, 이론과 현실의 간극을 메우고 현장에서 빛나는 실질적인 문제 해결 능력을 갖춘 전문가로 성장하는 데 든든한 디딤돌이 되기를 소망합니다.

끝으로, 본 수험서를 통해 공부하는 모든 분들의 합격과 안전한 일터 구현을 진심으로 기원합니다. 여러분의 노력이 값진 결과로 이어지도록 최선을 다해 지원하겠습니다. 감사합니다.

저자 김세연

인간공학기사란? | GUIDE

1
개요

국내의 산업재해율 증가에 있어 근골격계질환, 뇌심혈관질환 등 작업 관련성 질환에 의한 증가 현상이 두드러진다. 특히 단순 반복작업, 중량물 취급작업, 부적절한 작업자세 등에 의하여 신체에 과도한 부담을 주었을 때 나타나는 요통, 경견완장해 등 근골격계질환은 매년 급증하고 있고, 향후에도 지속적인 증가가 예상됨에 따라 동 질환 예방을 위해 사업장 관련 예방전문기관 및 연구소 등에 인간공학전문가 배치의 필요성이 대두되어 자격제도를 제정하였다.

2
수행직무

인간공학적 기술이론 지식을 바탕으로 작업방법, 작업도구, 작업환경, 작업장 등이 작업자의 신체적·인지적 특성을 고려한 적합성을 지니고 있는지를 분석하며, 개선요인 파악, 기존의 시스템 개선, 사업장 유해요인 조사분석, 근골격계질환 예방을 위한 작업장 개선, 인적오류 예방 등에 관한 산업재해 예방 업무를 수행한다. 또한 제품, 시스템, 서비스의 유저인터페이스, 사용성 설계 평가 관련 업무를 수행한다.

3
진로 및 전망

일반 제조회사, 관공서, 교육기관, 컨설팅 회사, 연구소 및 기타 인간공학 관련 분야

취득 방법 및 응시 방법 | GUIDE

① 취득 방법

① **시행처** : 한국산업인력공단

② **시험과목**
- 필기
  1. 인간공학개론
  2. 작업생리학
  3. 산업심리학 및 관련 법규
  4. 근골격계질환 예방을 위한 작업관리
- 실기 : 인간공학실무

③ **검정 방법**
- 필기 : 객관식 4지 택일형, 과목당 20문항(과목당 30분)
- 실기 : 필답형(2시간 30분, 100점)

④ **합격 기준**
- 필기 : 100점을 만점으로 하여 과목당 40점 이상, 전 과목 평균 60점 이상
- 실기 : 100점을 만점으로 하여 60점 이상

② 응시 방법

① 시험 일정은 종목별, 지역별로 상이할 수 있음
  - 접수 일정 전에 공지되는 해당 회별 수험자 안내(Q-net 공지사항 게시) 참조 필수
② 원서접수 시간은 원서접수 첫날 10:00부터 마지막 날 18:00까지임
③ 필기시험 합격예정자 및 최종합격자 발표시간은 해당 발표일 09:00임

이 책의 구성 및 특징 │STRUCTURE

01 시험에 꼭 나오는 필수 개념의 심화 학습 지원

'더 알아보기', 'TIP'을 덧붙여 시험에 꼭 나오는 필수 개념마다 **깊이 있는 학습**을 제공함으로써 수험생들에게 **정답을 찾는 비법**을 제시합니다.

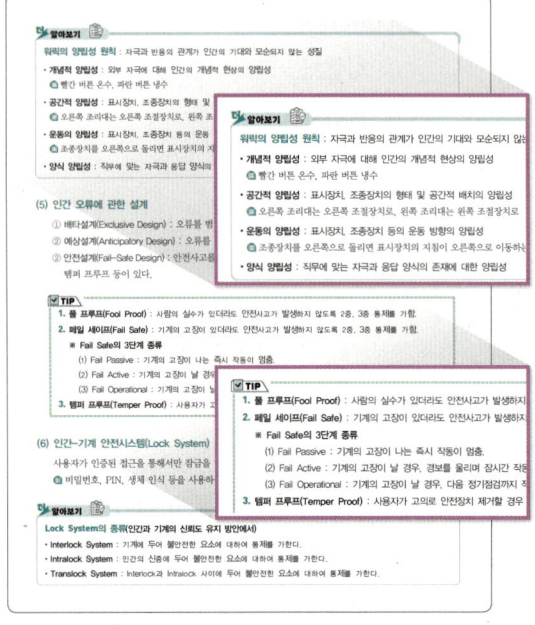

02 수식·도표로 핵심 이론을 시각화

방대한 이론을 핵심 위주로 정리하고, 한눈에 들어오는 시각적인 자료를 수록함으로써 수험생들의 **빠르고 효율적인 이해와 정확한 암기**를 지원합니다.

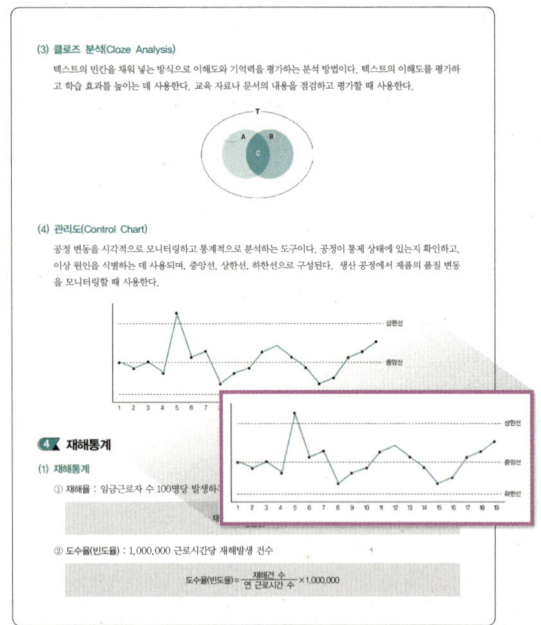

03 최신 8개년(2018~2025) 기출복원문제 수록

최신 기출복원문제로 출제 경향을 제공하며, 핵심 포인트를 통해 **가장 효율적인 합격 전략을 제시**합니다.

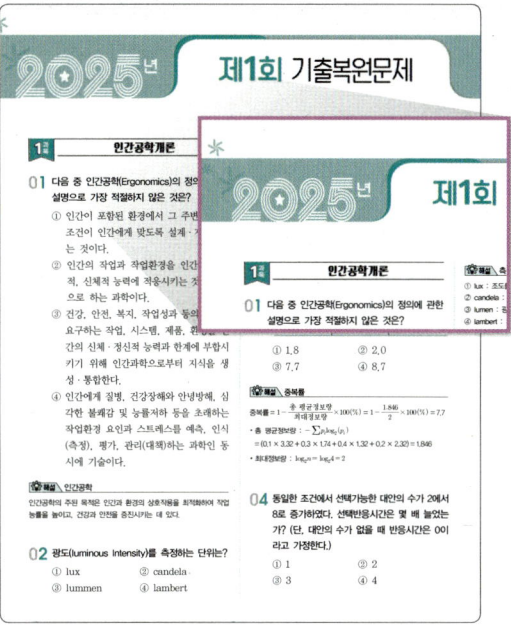

04 이해도를 끌어올리는 상세 해설

'왜 정답인지'는 기본, '왜 오답인지'까지 한눈에 파악되도록 **풀이의 모든 과정을 상세하고 핵심적**으로 풀어냈습니다.

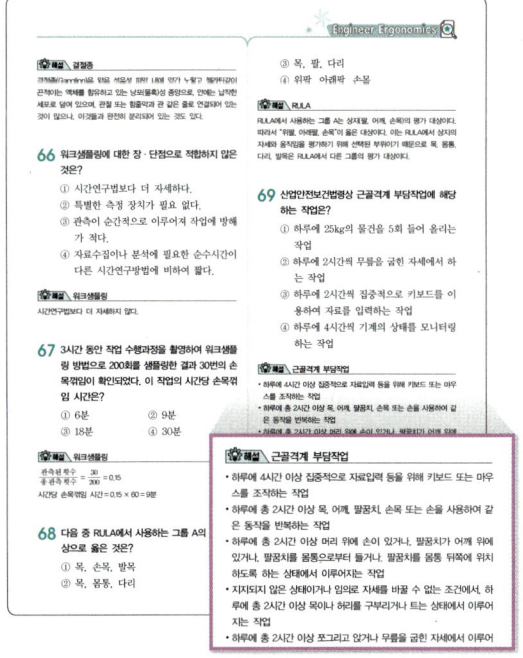

인간공학기사 출제기준 (2025.01.01 ~ 2029.12.31)

INFORMATION

필기과목명	주요항목	세부항목	세세항목
인간공학개론	❶ 인간공학적 접근	1. 인간공학의 정의	1. 정의 2. 목적 및 필요성 3. 역사적 배경
		2. 연구절차 및 방법론	1. 연구변수 유형 및 선정 기준 2. 연구 개요 및 절차
	❷ 인간의 감각기능	1. 시각기능	1. 시각과정 2. 빛과 조명 3. 시식별 요소
		2. 청각기능	1. 청각과정 2. 음량의 측정
		3. 촉각 및 후각기능	1. 피부 감각 2. 후각
	❸ 인간의 정보처리	1. 정보처리과정	1. 정보처리과정 2. 기억체계 3. 지각능력 4. 정보처리능력
		2. 정보이론	1. 정보전달경로 2. 정보량
		3. 신호검출이론	1. 신호검출모형 2. 판단기준
	❹ 인간기계 시스템	1. 인간기계 시스템의 개요	1. 시스템 정의와 분류 2. 인간기계 시스템 3. 인터페이스 개요 4. 인터페이스 설계 및 개선 원리
		2. 표시장치(Display)	1. 표시장치 유형 2. 시각적 표시장치 3. 청각적 표시장치
		3. 조종장치(Control)	1. 조종장치 요소 및 유형 2. 조종-반응비율(C/R 비)
	❺ 인체측정 및 응용	1. 인체측정 개요	1. 인체 치수 분류 및 측정 원리
		2. 인체측정 자료의 응용원칙	1. 조절식 설계 2. 극단치 설계 3. 평균치 설계

필기과목명	주요항목	세부항목	세세항목
작업생리학	❶ 인체 구성요소	1. 인체의 구성	1. 인체 구성요소의 특징
		2. 근골격계 구조와 기능	1. 골격 2. 근육 3. 관절 4. 신경 등
		3. 순환계 및 호흡계의 구조와 기능	1. 순환계 2. 호흡계
	❷ 작업생리	1. 작업생리학 개요	1. 작업생리학의 정의 및 요소
		2. 대사 작용	1. 근육의 구조 및 활동 2. 대사 3. 에너지 소비량
		3. 작업부하 및 휴식시간	1. 작업부하 측정 2. 휴식시간의 산정
	❸ 생체역학	1. 인체동작의 유형과 범위	1. 척추 2. 관절의 운동 3. 신체 부위의 동작유형
		2. 힘과 모멘트	1. 힘 2. 모멘트 3. 힘과 모멘트의 평형 4. 생체 역학적 모형
		3. 근력과 지구력	1. 근력 2. 지구력
	❹ 생체반응 측정	1. 측정의 원리	1. 인체활동의 측정 원리 2. 생체 신호와 측정장비
		2. 생리적 부담 척도	1. 심장활동 측정 2. 산소 소비량 3. 근육활동
		3. 심리적 부담 척도	1. 정신활동 측정 2. 부정맥지수 3. 점멸융합주파수
	❺ 작업환경 평가 및 관리	1. 조명	1. 빛과 조명 2. 작업장 조명 관리
		2. 소음	1. 소음 2.. 소음측정 및 노출기준 3. 소음관리

인간공학기사 출제기준 (2025.01.01 ~ 2029.12.31)

필기과목명	주요항목	세부항목	세세항목
	❺ 작업환경 평가 및 관리	3. 진동	1. 진동 2. 진동측정 및 노출기준 3. 진동관리
		4. 고온, 저온 및 기후 환경	1. 열 스트레스 및 평가 2. 고열 및 한랭작업
		5. 교대작업	1. 교대작업 2. 작업주기 및 작업순환
산업심리학 및 관련 법규	❶ 인간의 심리특성	1. 행동이론	1. 인간관계와 집단 2. 집단행동 3. 인간의 행동특성
		2. 주의/부주의	1. 인간의 특성과 안전심리 2. 부주의 원인과 대책
		3. 의식단계	1. 의식의 특성 2. 피로
		4. 반응시간	1. 반응시간
		5. 작업동기	1. 동기부여이론 2. 직무만족과 사기
	❷ 휴먼에러	1. 휴먼에러 유형	1. 인간의 착오와 실수 2. 오류모형
		2. 휴먼에러 분석기법	1. 인간 신뢰도 2. THERP 3. ETA 4. FTA 등
		3. 휴먼에러 예방대책	1. 휴먼에러 원인 및 예방 대책
	❸ 집단, 조직 및 리더십	1. 조직이론	1. 집단 및 조직의 특성
		2. 집단역학 및 갈등	1. 집단 응집력 2. 규범 3. 동조 4. 복종 5. 집단갈등 6. 인간관계 관리 7. 집단 역학
		3. 리더십 관련 이론	1. 리더십과 플로워십 2. 리더십 이론
		4. 리더십의 유형 및 기능	1. 리더십 유형 2. 권한과 기능

필기과목명	주요항목	세부항목	세세항목
	❹ 직무스트레스	1. 직무스트레스 개요	1. 스트레스 이론 2. 직무스트레스 정의 및 작업능률
		2. 직무스트레스 요인 및 관리	1. 직무스트레스 요인 및 관리
	❺ 관계 법규	1. 산업안전보건법의 이해	1. 법에 관한 사항 2. 시행령에 관한 사항 3. 시행규칙에 관한 사항 4. 산업보건기준에 관한 사항
		2. 제조물 책임법의 이해	1. 제조물 책임법
	❻ 안전보건관리	1. 안전보건관리의 원리	1. 안전보건관리 개요 2. 재해발생 및 예방원리 3. 사업장 안전보건교육
		2. 재해조사 및 원인분석	1. 재해조사 2. 원인분석 3. 분석도구 4. 재해통계
		3. 위험성 평가 및 관리	1. 위험성평가 체계 구축 2. 유해위험요인 파악 3. 위험성평가 방법 결정 4. 위험감소 대책 수립
		4. 안전보건실무	1. 안전보건관리체제 확립 2. 보건관리계획 수립 및 평가 3. 건강관리 4. 개인보호구 5. 물질안전보건자료(MSDS) 6. 안전보건표지
근골격계질환 예방을 위한 작업관리	❶ 근골격계질환 개요	1. 근골격계질환의 종류	1. 근골격계질환 정의 및 유형
		2. 근골격계질환의 원인	1. 근골격계질환의 발생 원인 2. 근골격계 부담작업
		3. 근골격계질환의 관리방안	1. 근골격계질환의 예방원리
	❷ 작업관리 개요	1. 작업관리의 정의	1. 방법연구 및 작업측정
		2. 작업관리절차	1. 작업관리의 목적 2. 문제해결절차 3. 디자인 프로세스
		3. 작업개선원리	1. 개선안의 도출방법 및 개선원리

인간공학기사 출제기준 (2025.01.01 ~ 2029.12.31)

필기과목명	주요항목	세부항목	세세항목
근골격계질환 예방을 위한 작업관리	❸ 작업분석	1. 문제분석도구	1. 문제의 분석도구(파레토차트, 특성요인도 등)
		2. 공정분석	1. 공정효율 2. 공정도 3. 다중활동분석표
		3. 동작분석	1. 동작분석과 Therblig 2. 비디오분석 3. 동작 경제원칙
	❹ 작업측정	1. 작업측정의 개요	1. 표준시간 2. 시간연구 3. 수행도평가 4. 여유시간
		2. Work sampling	1. Work sampling 원리 2. 절차 3. 응용
		3. 표준자료	1. 표준자료 2. MTM 3. Work factor 등
	❺ 유해요인 평가	1. 유해요인 평가원리	1. 유해요인 평가 2. 샘플링과 작업평가원리
		2. 중량물 취급 작업	1. 중량물 취급 방법 2. NIOSH Lifting Equation
		3. 유해요인 평가방법	1. OWAS 2. RULA 3. REBA 등
		4. 사무/VDT 작업	1. 사무/VDT 작업설계 지침
	❻ 작업설계 및 개선	1. 작업방법	1. 작업방법 및 효율성
		2. 작업대 및 작업공간	1. 작업대 및 작업공간의 개선원리
		3. 작업설비/도구	1. 수공구 및 설비의 개선원리
		4. 관리적 개선	1. 관리적 개선원리 및 방법
		5. 작업공간 설계	1. 작업공간 2. 공간 이용 및 배치
	❼ 예방관리 프로그램	1. 예방관리 프로그램 구성요소	1. 예방관리 프로그램의 목표 2. 구성요소 및 절차

PART I 인간공학개론

- CHAPTER 01 인간공학적 접근 2
- CHAPTER 02 인간의 감각기능 6
- CHAPTER 03 인간의 정보처리 19
- CHAPTER 04 인간기계 시스템 30
- CHAPTER 05 인체측정 및 응용 48

PART II 작업생리학

- CHAPTER 01 인체의 구성요소 52
- CHAPTER 02 작업생리 65
- CHAPTER 03 생체역학 76
- CHAPTER 04 생체반응 측정 84
- CHAPTER 05 작업환경평가 및 관리 90

PART III 산업심리학 및 관련 법규

- CHAPTER 01 인간의 심리특성 108
- CHAPTER 02 휴먼에러 120
- CHAPTER 03 집단, 조직 및 리더 129
- CHAPTER 04 직무스트레스 139
- CHAPTER 05 관련 법규 143
- CHAPTER 06 안전보건관리 147

PART IV 근골격계질환 예방을 위한 작업관리

- CHAPTER 01 근골격계질환 164
- CHAPTER 02 작업관리 169
- CHAPTER 03 작업분석 174
- CHAPTER 04 작업측정 183
- CHAPTER 05 유해요인 평가 195
- CHAPTER 06 작업설계 및 개선 208
- CHAPTER 07 예방관리 프로그램 214

목차 | CONTENTS

PART V
8개년 기출복원문제

2018년 제1회 기출복원문제		218
제3회 기출복원문제		237
2019년 제1회 기출복원문제		256
제3회 기출복원문제		274
2020년 제1·2회 기출복원문제		293
제3회 기출복원문제		312
2021년 제1회 기출복원문제		330
제3회 기출복원문제		350
2022년 제1회 기출복원문제		369
제3회 기출복원문제		389
2023년 제1회 기출복원문제		407
제2회 기출복원문제		426
제3회 기출복원문제		444
2024년 제1회 기출복원문제		462
제2회 기출복원문제		480
제3회 기출복원문제		498
2025년 제1회 기출복원문제		517
제2회 기출복원문제		537
제3회 기출복원문제		554

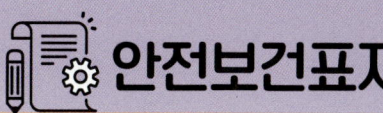

[안전보건표지의 종류와 형태]

1 금지 표지	101 출입금지 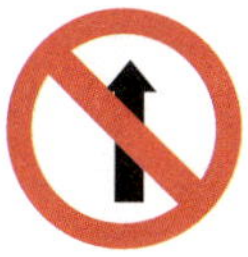	102 보행금지 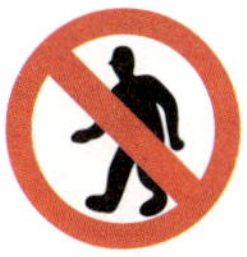	103 차량통행금지 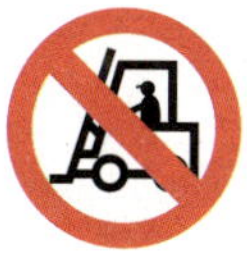	104 사용금지 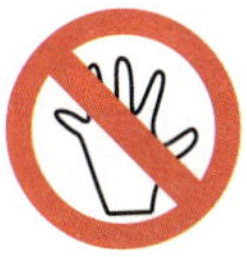	105 탑승금지 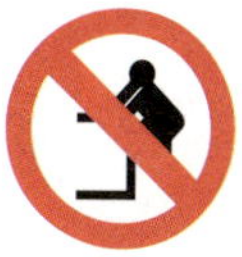	106 금연 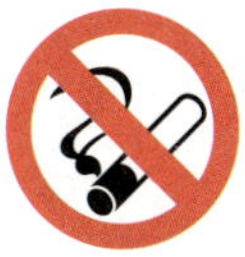
107 화기금지 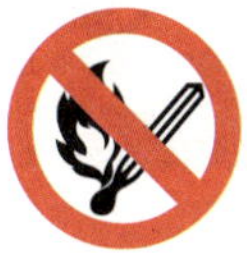	108 물체이동금지 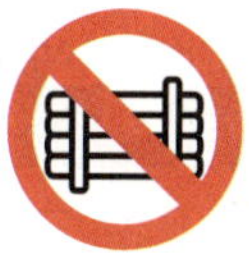	2 경고 표지	201 인화성물질 경고 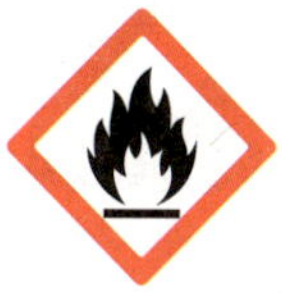	202 산화성물질 경고 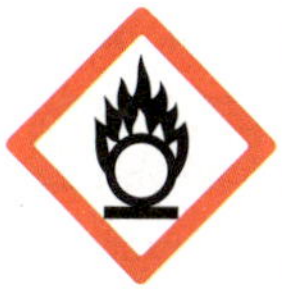	203 폭발성물질 경고 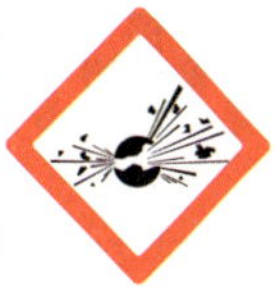	204 급성독성물질 경고 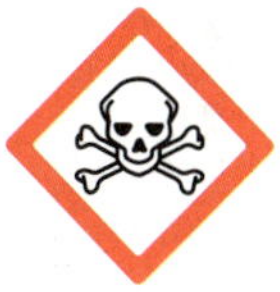
205 부식성물질 경고 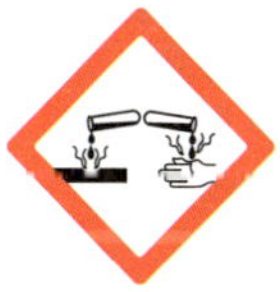	206 방사성물질 경고 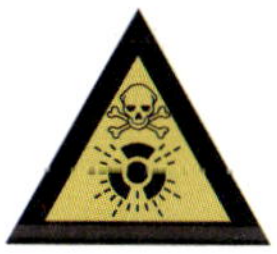	207 고압전기 경고 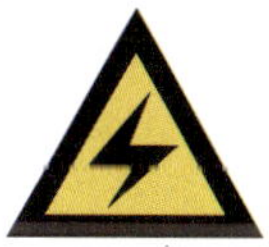	208 매달린 물체 경고 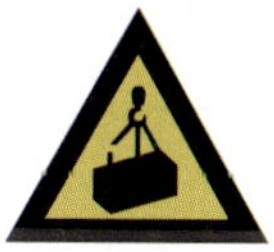	209 낙하물 경고 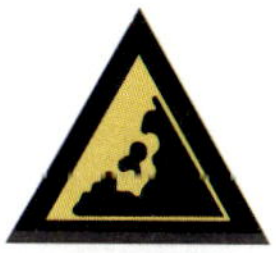	210 고온 경고 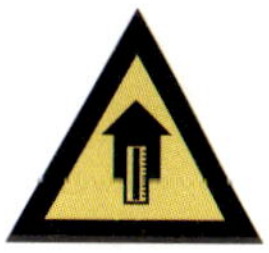	211 저온 경고 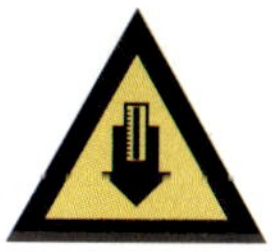
212 몸균형 상실 경고 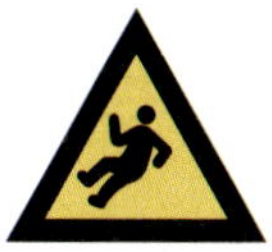	213 레이저광선 경고 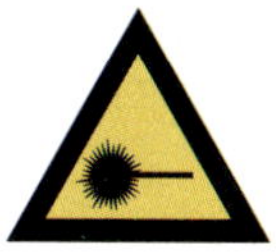	214 발암성·변이 원성·생식독성· 전신독성· 호흡기 과민성 물질 경고 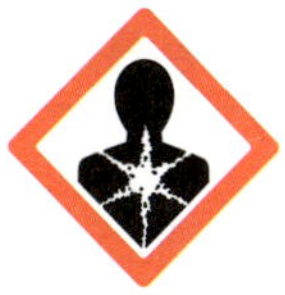	215 위험장소 경고 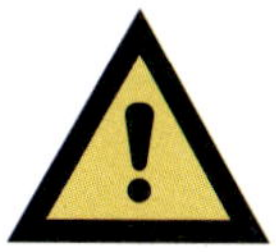	3 지시 표지	301 보안경 착용 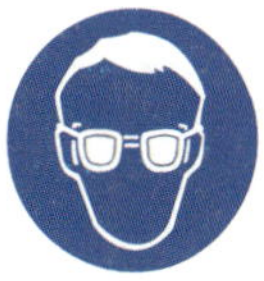	302 방독마스크 착용 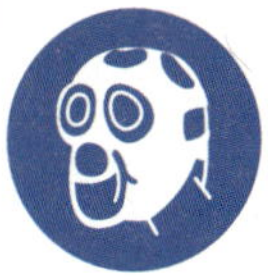

안전보건표지 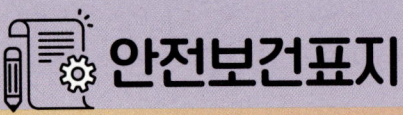 |Safety and Health Signs

303 방진마스크 착용 	304 보안면 착용 	305 안전모 착용 	306 귀마개 착용 	307 안전화 착용 	308 안전장갑 착용 	309 안전복 착용 

4 안내 표지	401 녹십자표지 	402 응급구호표지 	403 들것 	404 세안장치 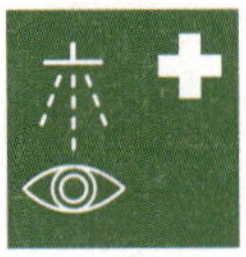	405 비상용기구 	406 비상구 

	407 좌측비상구 	408 우측비상구 	5 관계자외 출입금지	501 허가대상물질 작업장 관계자외 출입금지 (허가물질 명칭) 제조/사용/보관 중 보호구/보호복 착용 흡연 및 음식물 섭취 금지	502 석면취급/해체 작업장 관계자외 출입금지 석면 취급/해체 중 보호구/보호복 착용 흡연 및 음식물 섭취 금지	503 금지대상물질의 취급 실험실 등 관계자외 출입금지 발암물질 취급 중 보호구/보호복 착용 흡연 및 음식물 섭취 금지

6 문자추가시 예시문	 ▶ 내 자신의 건강과 복지를 위하여 안전을 늘 생각한다. ▶ 내 가정의 행복과 화목을 위하여 안전을 늘 생각한다. ▶ 내 자신의 실수로써 동료를 해치지 않도록 안전을 늘 생각한다. ▶ 내 자신이 일으킨 사고로 인한 회사 재산의 손실을 방지하기 위하여 안전을 늘 생각한다. ▶ 내 자신의 방심과 불안전한 행동이 조국의 번영에 장애가 되지 않도록 하기 위하여 안전을 늘 생각한다.

PART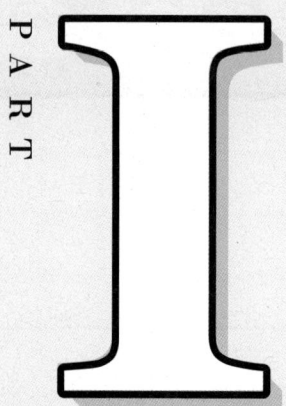

인간공학개론

✦ CHAPTER 01 인간공학적 접근
✦ CHAPTER 02 인간의 감각기능
✦ CHAPTER 03 인간의 정보처리
✦ CHAPTER 04 인간기계 시스템
✦ CHAPTER 05 인체측정 및 응용

CHAPTER 01 인간공학적 접근

01 인간공학의 정의

1. 개념적 정의

① 인간을 중심에 두고 효과적이고 안전한 시스템을 설계하기 위한 수단을 연구하는 학문이다.
② 인간의 신체적, 심리적 특성을 고려하여 작업환경, 제품, 시스템 등을 설계하고 최적화하는 학문이다. (인간의 편리성을 위한 설계)
③ 기계나 도구, 환경을 인간의 해부학, 생리학, 심리학적 특성에 맞도록 연구하는 학문이다.
④ 'Ergonomics' 또는 'Human Factor'라고 부른다.

> **TIP**
> **Ergonomics와 Human Factor의 차이**
> - Ergonomics : ergon(일, 작업)과 nomos(자연의 원리, 법칙)의 합성어로, 육체적인 작업에 대한 육체적이고 생리학적인 반응에 초점을 둔다. → 유럽에서 사용
> - Human Factor : 인간의 행위를 강조하여 인간-기계 간의 인터페이스에 초점을 둔다. → 미국에서 사용

2. 목적 및 필요성

(1) 인간공학의 목적

① 인간·기계 시스템 구성요소의 최적 설계를 통해 인간-기계 간의 상호작용을 개선하여 시스템의 성능을 높인다.
② 일과 활동을 수행하는 효능과 효율을 향상시켜 사용 편의성, 생산성은 증대되고, 오류는 감소한다.
③ 인간가치를 향상하는 것으로 안전성 개선, 피로와 스트레스 감소, 쾌적감 증가, 사용자 수용성 향상, 작업 만족도 증대, 생활의 질 개선 등의 효과를 높인다.

(2) 인간공학의 필요성

사회적, 인간적 측면	• 사용상의 효율성 및 편리성 향상 • 안정감 및 만족도 증가, 인간의 가치기준 향상(삶의 질적 향상) • 인간 · 기계 시스템에 대하여 인간의 복지, 안락함, 효율성을 향상시키는 것
산업현장 및 작업장 측면	• 안전성 향상 및 사고예방 • 작업능률 및 생산성 증대 • 작업환경의 쾌적성

3 역사적 배경

시스템이나 기기를 개발하는 과정에서 필수적인 한 공학 분야로 인간공학이 인식되기 시작한 것은 1940년대부터이며, 역사는 짧지만 많은 발전을 통해 여러 관점에서 변화를 겪어왔다.

- 초기(1940년대 이전) : 기계 위주의 설계 철학
- 체계 수립 과정(1945~1960년대) : 기계에 맞는 인간 선발 또는 훈련을 통해 기계에 적합하도록 유도
- 급성장기(1960~1980년대) : 우주경쟁, 군사 산업분야에서 중요한 위치로 인간공학의 중요성 및 기여도 인식
- 성숙기(1980년대 이후) : 인간과 기계 시스템을 적절하게 결합한 최적 통합체제의 중요성 부각
- 현재 : 인간-기계 시스템을 넘어서는 AI시대 도래로 인간공학 분야의 한 단계 높은 성장 기대

02 연구절차 및 방법론

1 연구 변수 유형 및 선정기준

(1) 변수의 정의 및 유형

변수(variable) 또는 변인은 연구 대상에 대한 특정 속성이나 특성을 나타내며, 다양한 연구 방법을 통해 이를 측정하고 분석하는 데 활용한다. 변수는 연구의 핵심 구성요소로, 연구 문제를 탐구하고 가설을 검증하는 데 중요한 역할을 한다. 변수는 사람, 물건, 사건 등의 특성이나 속성을 의미하며 이 변수의 특성과 속성은 두 가지 이상의 값을 가져야 한다.

(2) 주요 변수 유형

① 독립 변수(Independent Variable): 연구자가 조작하거나 통제하는 변수로, 종속 변수에 영향을 미치는 요인이다.

② **종속 변수**(Dependent Variable) : 독립 변수에 의해 영향을 받는 변수로, 연구자가 측정하고자 하는 결과 변수이다. 독립 변수에 의하여 변화된다. 이러한 종속변수의 인적 기준으로는 인간성능척도, 생리학적 지표를 사용한다.

③ **통제 변수**(Control Variable) : 독립 변수와 종속 변수 간의 관계를 명확히 하기 위해 일정하게 유지하는 변수로, 연구자가 실제 연구하고자 하는 변수에 직간접적인 영향을 미칠 가능성이 있는 변수이기 때문에 일단 연구과정에 포함시킨 후 이를 통제함으로써 보다 타당한 연구결과를 얻게 한다.

④ **조절 변수**(Moderator Variable) : 독립 변수와 종속 변수 간의 관계에 영향을 미치는 변수로, 두 변수 간의 관계 강도나 방향을 변화시킨다. 독립 변수가 매개 변수에 영향을 미치는 조건을 조절하는 변수이다.

⑤ **매개 변수**(Mediator Variable) : 독립 변수와 종속 변수 간의 관계를 중재하는 변수로, 두 변수 간의 관계를 설명하는 역할을 하며, 두 개 이상의 변수 사이의 함수 관계를 간접적인 표시로 연결하는 변수이다.
　예 스트레스 수준(독립 변수 : 직무스트레스, 종속 변수 : 건강 상태)

(3) 변수의 중요성

① **가설 검증** : 변수는 연구 가설을 검증하는 데 필수적인 요소이다.
② **데이터 분석** : 변수를 통해 데이터를 수집하고 분석함으로써 연구 결과를 도출한다.
③ **연구 설계** : 변수는 연구 설계를 구체화하고, 실험 조건을 명확히 정의하는 데 중요한 역할을 한다.

(4) 변수의 측정

① **정량적 변수**(Quantitative Variable) 측정 : 숫자로 측정할 수 있는 변수로, 척도로 표현된다.
　예 리커트 척도, 연속 척도

② **정성적 변수**(Qualitative Variable) 측정 : 숫자가 아닌 범주나 속성으로 측정되는 변수이다.
　예 성별, 직업, 종교

(5) 변수의 기준 척도

① **신뢰성** : 평가를 반복할 경우 일정한 결과를 얻을 수 있다.
② **실제성** : 현실성을 가지며, 실질적으로 이용하기 쉽다.
③ **타당성** : 측정하고자 하는 평가 척도가 시스템의 목표를 반영한다.
④ **무오염성** : 측정하고자 하는 변수 이외의 외적 변수에 영향을 받아서는 안 된다.

(6) 민감도(Sensitivity)

실험 변수 수준 변화에 따라 척도의 값의 차이가 존재하는 정도이다.

2. 연구의 개요 및 절차

일반적 연구는 문제를 인식하고, 연구 목적을 설정한다. 그 후 가설을 설정하고, 연구 설계 후 자료수집 및 분석, 가설검증, 결론 도출 및 일반화 과정으로 이루어진다.

(1) 연구의 유형 분류

① 인식론적 접근 방법 : 양적 연구, 질적 연구
② 연구목적에 따른 분류 : 기초연구, 응용연구, 실행연구(현장연구), 평가연구
③ 연구방법에 따른 분류 : 실험연구, 조사연구, 관찰연구, 문화적 기술연구, 역사연구
④ 가설검정 여부에 따른 분류 : 확인적 연구, 탐색적 연구

(2) 연구 개념적 정의와 조작적 정의

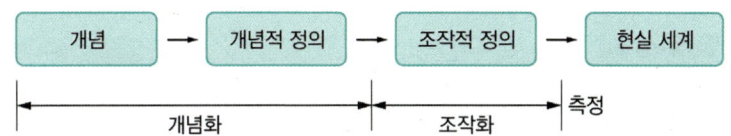

(3) 통계적 분석

① 제1종 오류 : 실제로는 참인 귀무가설을 기각하는 오류를 의미한다.
② 제2종 오류 : 실제로 거짓인 귀무가설을 기각하는 확률을 의미하고, 이때 귀무가설을 채택하는 확률은 β이며, 여기서 검출력(power)은 $1-\beta$이다.

CHAPTER 02 인간의 감각기능

01 시각기능

1. 시각의 과정

반사광 각막에서 굴절 동공 통과 수정체에서 굴절 망막을 거쳐 시신경을 통하여 뇌에 임펄스를 전달한다.

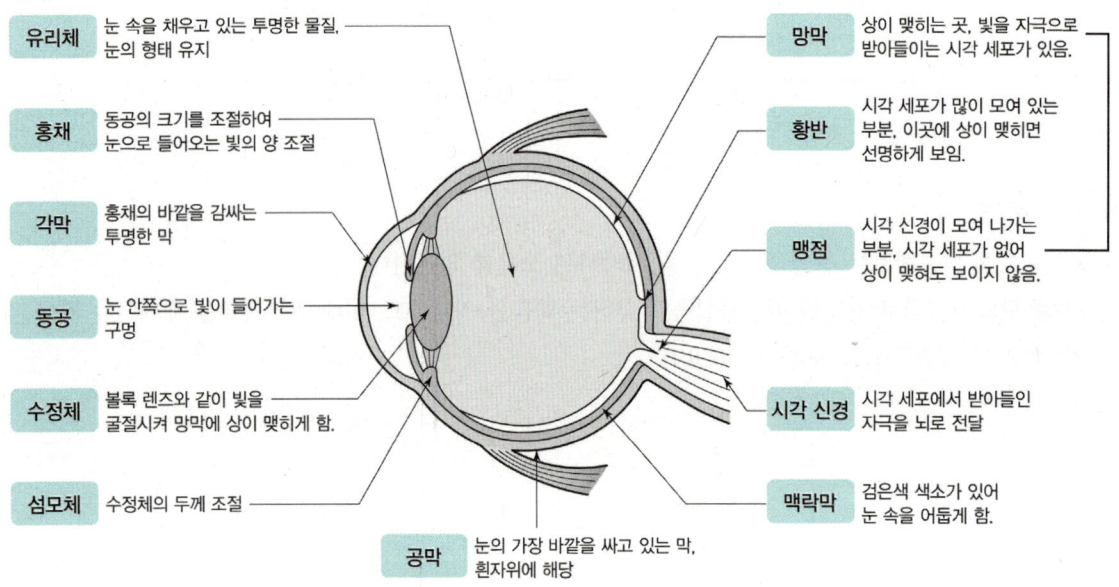

시각은 인간의 감각기관 중 가장 많이 사용되며, 눈을 통해 정보의 80%를 수집한다.

(1) 전달 과정

반사광 → 각막 → 동공 → 수정체 → 망막 → 시신경 → 뇌

① 수정체는 먼 거리를 볼 때 얇아지고, 가까운 거리를 볼 때 두꺼워진다.
② 원추체(cone)는 황반(fovea)에 집중되어 있다.
③ 동공(pupil)의 크기는 어두우면 커진다.

④ 근시는 수정체가 두꺼운 상태로 유지되어 상이 망막 앞에 맺혀 멀리 있는 물체를 볼 때에는 초점을 정확히 맞출 수 없다. 근시는 수정체가 두꺼워져 먼 물체를 볼 수 없다.
⑤ 원시는 수정체가 얇은 상태로 유지되어 상이 망막 뒤에 맺힌다.

(2) 시력

① 특징 : 시력은 시각(visual angle)의 역수로 측정한다.
  ㉠ 밤에는 빨간색보다는 초록색이나 파란색이 잘 보인다.
  ㉡ 눈이 초점을 맞출 수 있는 가장 가까운 거리를 근점이라 한다.
  ㉢ 간상체나 원추체가 빛을 흡수하면 화학반응이 일어나 뇌로 전달된다.
  ㉣ 인간이 나이가 많아지면 수정체의 투명도가 떨어지고 유연성이 감소하기 때문에 근시력이 나빠진다.
② 최소가분시력(Minimal Separable Acuity) : 눈이 구분할 수 있는 최소한의 두 사물 간 거리를 의미한다. 이는 눈의 해상도를 측정하는 데 사용되며, 주로 시력 검사에서 중요한 개념이다. 예를 들어, 눈이 구분할 수 있는 두 점 사이의 최소 간격을 측정하여 시력을 평가한다. 이를 통해 눈의 선명도를 정확히 파악할 수 있다.

$$시각 = \frac{180}{\pi \times 60} \left[\frac{물체의\ 크기(D)}{물체와의\ 거리(L)} \right]$$

$$최소가분시력 = \frac{1}{시각}$$

(3) 디옵터(Diopter, D)

눈의 초점 거리를 계산하는 데 사용되며, 눈의 굴절력을 나타내는 단위이다. 안경이나 콘택트렌즈의 처방에서 흔히 사용된다. 디옵터 값은 렌즈가 빛을 얼마나 굴절시키는지를 나타내며, 양의 값은 원시를, 음의 값은 근시를 나타낸다. 예를 들어, -2.00 디옵터의 렌즈는 근시 교정을 위해 사용된다.
렌즈나 광학 시스템의 굴절력을 나타내는 단위로 주로 안경 처방에서 사용되며, 렌즈의 초점 거리에 반비례한다.

2. 빛과 조명

(1) 빛

우리 일상에서 매우 중요한 역할을 하는 자연 현상이며 과학적으로 빛은 전자기파의 하나로, 일정한 파장을 가지며 다양한 물리적, 생리적 현상을 유발한다.

① 빛의 기본 특성
  ㉠ 파동성(Wave Nature)
    ⓐ 전파 : 빛은 전자기파로서 전기장과 자기장이 서로 직각 방향으로 진동하며 전파된다.
    ⓑ 파장 : 빛의 파장은 눈에 보이는 가시광선부터 자외선, 적외선까지 다양하며 가시광선의 파장은 약 380nm에서 750nm 사이이다.

ⓛ 입자성(Particle Nature)
　　　ⓐ 광자 : 빛은 입자인 광자로 구성되어 있으며, 에너지를 가진 입자로서 작용한다.
　　　ⓑ 양자역학 : 빛의 입자성은 양자역학적 성질로 설명되며, 광자는 특정 에너지를 가진다.
② 빛의 주요 현상
　　㉠ 반사(Reflection) : 빛이 물체의 표면에 부딪혀 되돌아오는 현상이다. 입사각과 반사각이 같으며, 반사되는 각도는 입사각에 따라 결정된다.
　　㉡ 굴절(Refraction) : 빛이 다른 매질로 통과할 때 경로가 꺾이는 현상으로 스넬의 법칙에 따라 굴절률과 입사각, 굴절각 사이의 관계가 결정된다.
　　㉢ 회절(Diffraction) : 빛이 장애물이나 슬릿을 통과할 때 그 가장자리에서 휘어지는 현상으로 빛의 파동현상이 나타난다.
　　㉣ 간섭(Interference) : 두 개 이상의 빛 파장이 서로 겹칠 때, 파동의 합성에 의해 강화나 상쇄되는 현상으로 홀로그램, 간섭계 등 다양한 기술에 응용된다.
　　㉤ 흡수와 방출(Absorption and Emission) : 물질이 특정 파장의 빛을 흡수하거나 방출하는 현상으로 물질마다 고유한 흡수 스펙트럼과 방출 스펙트럼을 가진다.
③ 빛의 색과 스펙트럼
　　㉠ 가시광선 스펙트럼 : 빛의 파장에 따라 색이 달라지며, 빨강, 주황, 노랑, 초록, 파랑, 남색, 보라의 순서로 배열된다.
　　㉡ 적외선과 자외선 : 가시광선 외에도 적외선(파장이 길고 눈에 보이지 않음)과 자외선(파장이 짧고 눈에 보이지 않음)도 중요한 빛의 스펙트럼이다.
④ 빛의 응용
　　㉠ 조명 : 일상생활에서 조명 기구를 통해 빛을 사용한다.
　　㉡ 통신 : 광섬유를 이용한 고속 통신 시스템에 빛이 사용된다.
　　㉢ 의료 : 레이저 치료, 광 치료 등 의료 분야에서 빛의 다양한 응용이 이루어진다.
　　㉣ 과학 및 기술 : 현미경, 망원경, 카메라 등 다양한 광학 기기에서 빛이 중요한 역할을 한다.
⑤ 빛의 검출성에 영향을 주는 인자
　　㉠ 크기
　　㉡ 광속발산도 및 노출시간
　　㉢ 색광
　　㉣ 점멸속도
　　㉤ 배경광

(2) 조명

일상생활에서 필수적인 요소로, 우리의 환경을 밝히고 다양한 활동을 가능하게 한다. 조명은 기능적이고 장식적인 목적 모두를 충족시킨다.

① 조명의 유형
　㉠ **자연광(Natural Light)** : 태양광을 이용한 조명으로, 실내에 창문, 스카이라이트 등을 통해 들어온다. 에너지가 들지 않으며, 자연스러운 밝기와 색상을 제공한다.
　㉡ **인공광(Artificial Light)** : 전기나 다른 에너지원으로 만들어진 조명이다.
　　ⓐ 백열등 : 전구 필라멘트가 가열되어 빛을 방출하는 조명이다.
　　ⓑ 형광등 : 전기 방전으로 형성된 가스가 자외선을 방출하고, 이는 형광 물질에 의해 가시광선으로 변환된다.
　　ⓒ LED(발광다이오드) : 전기를 통해 반도체에서 빛이 방출되는 조명이다.

② 조명의 기능
　㉠ **일반 조명(General Lighting)** : 공간 전체를 고르게 비추는 조명으로 가정, 사무실, 상업 공간 등에서 널리 사용된다.
　㉡ **작업 조명(Task Lighting)** : 특정 작업을 수행할 때 필요한 조명으로 독서등, 주방 조명, 작업대 조명 등이 있다.
　㉢ **분위기 조명(Ambient Lighting)** : 공간의 분위기를 조성하는 조명으로 레스토랑, 호텔 로비, 거실 등에서 사용된다.
　㉣ **강조 조명(Accent Lighting)** : 특정 물체나 영역을 강조하기 위한 조명으로, 미술품 조명, 전시회 조명, 건축 조명 등이 있다.

③ 조명의 설계 원칙
　㉠ **밝기와 조도** : 조명의 밝기와 특정 표면에 도달하는 빛의 양을 적절히 조절한다. 조명의 위치, 각도, 종류 등을 고려하여 설계한다.
　㉡ **색온도(Color Temperature)** : 빛의 색상을 나타내는 단위(Kelvin, K)로, 따뜻한 색상(2,700~3,000K)에서 차가운 색상(5,000K 이상)까지 다양하다. 따뜻한 색상은 아늑한 분위기를 조성하는 데에, 차가운 색상은 집중력을 높이는 데에 사용된다.
　㉢ **조명 효율(Lighting Efficiency)** : 소비 전력 대비 생성되는 빛의 양으로 에너지 효율이 높은 조명 기구를 선택하여 에너지를 절약한다.

④ 순응
우리의 눈이 밝은 환경과 어두운 환경에 적응하는 능력을 의미한다. 이 과정은 시각 시스템이 변화하는 조명 조건에 맞춰 시각 민감도를 조정하는 중요한 생리학적 반응이다.
시각 시스템이 다양한 조명 조건에서 효과적으로 작동할 수 있도록 돕는 중요한 메커니즘이다.

㉠ 암순응(Dark Adaptation) : 어두운 환경에 적응하는 과정
　　ⓐ 과정 : 밝은 환경에서 어두운 환경으로 이동할 때, 초기에는 거의 보이지 않다가 시간이 지나면서 점점 더 잘 보이게 된다. 이 과정은 주로 막대세포가 활성화되면서 이루어지는데 막대세포는 적색 빛에 크게 영향을 미치지 않아 암조응을 촉진하는 데 효과가 있다.
　　ⓑ 시간 : 완전히 암순응 되기까지 약 20~30분이 소요된다.
　　ⓒ 생리학적 변화 : 망막의 막대세포가 광자에 대한 민감도를 높이며, 로돕신이라는 시각 색소가 재합성된다.
㉡ 명순응(Light Adaptation) : 밝은 환경에 적응하는 과정
　　ⓐ 과정 : 어두운 환경에서 밝은 환경으로 이동할 때, 초기에는 눈부심을 느끼지만 시간이 지나면서 시야가 정상적으로 돌아온다. 이 과정은 주로 원추세포가 활성화되면서 이루어진다.
　　ⓑ 시간 : 명순응 되기까지는 약 1~2분 정도가 소요된다.
　　ⓒ 생리학적 변화 : 망막의 원추세포가 광자에 대한 민감도를 낮추며, 빛에 과잉 노출된 로돕신이 분해된다.

3 시식별 요소

시식별에 필요한 요소들은 조도, 광도, 대비, 색상, 깊이 인식 등 다양한 측면을 포함한다. 이러한 요소들은 시각 정보처리와 인식을 위해 중요한 역할을 한다.

(1) 조도(Illuminance)

① 단위 면적당 도달하는 빛의 양을 나타내며, 단위는 럭스(lux)를 사용한다.
　※ 1럭스는 1제곱미터당 1루멘에 해당한다.
② 조도는 시각 작업의 성능과 피로에 영향을 미치고, 적절한 조도는 눈의 피로를 줄이며, 시각적 인식을 향상시킨다.
　예 실내 조명, 작업 공간의 조도 수준

(2) 광도(Luminous Intensity)

① 특정 방향으로 방출되거나 반사된 빛의 밝기를 나타내며, 단위는 칸델라(candela)이다.
② 광도는 대상의 밝기와 대비를 결정하며, 시각적 인식에 중요한 역할을 한다.
③ 특정 방향으로 방출되는 빛의 양을 나타낸다. 칸델라는 7가지 SI 기본 단위 중 하나이다.
　예 컴퓨터 모니터의 밝기, 텔레비전 화면의 광도

(3) 광속(Luminous Flux)

① 광속을 측정하는 단위로, 광원의 총 빛의 양을 나타낸다.
② 1m(루멘)은 1sr(스테라디안)의 고체각을 통해 1cd(칸델라)가 생성하는 빛과 같다.

(4) 휘도(Luminance)

① 특정 방향에서 표면이 얼마나 밝게 보이는지를 나타내는 물리량
② 단위는 니트(nit), cd/m^2

(5) 반사율(Reflectance)

① 반사율은 빛이 물체에 부딪쳐 반사되는 비율을 나타낸다.
② 반사율이 높은 표면은 빛을 많이 반사하며, 반사율이 낮은 표면은 빛을 많이 흡수한다.

[추천반사율]

천장	80~90%
벽, 창문 발(blind)	40~60%
가구, 사무용기기, 책상	25~45%
바닥	20~40%

(6) 노출시간(Exposure Time)

① 노출시간은 시각 정보가 눈에 전달되는 시간을 의미한다.
② 노출시간이 길어질수록 더 많은 빛이 망막에 도달하게 된다.
③ 사진 촬영에서 노출시간은 카메라 셔터가 열려 있는 시간을 의미하기도 한다.

(7) 광도비(Luminance Ratio)

① 광도비는 두 개 이상의 빛의 강도 또는 밝기의 비율을 나타낸다.
② 높은 광도비는 명암 대비가 크다는 것을 의미하며, 시각적으로 더 선명한 이미지로 인식될 수 있게 한다. 산업현장에서의 추천 광도비는 3:1이다.

(8) 휘광(Glare)

빛이 눈에 직접적으로 들어와 시각을 방해하는 현상으로 지나치게 밝은 빛이나 빛의 반사는 시각을 어렵게 만들 수 있다.

(9) 연령(Age)

① 시식별 능력에 영향을 미치는 중요한 요소 중 하나로 나이가 들면서 시력은 감소할 수 있으며, 특히 밤이나 어두운 환경에서의 시력이 저하될 수 있다.
② 이는 눈의 기능에서 퇴행성 변화가 일어나기 때문이다.

(10) 대비(Contrast)

① 이미지 내에서 가장 밝은 부분과 가장 어두운 부분 간의 차이를 나타낸다.
② 대비는 물체의 경계를 명확히 하고, 시각적 정보를 보다 쉽게 인식할 수 있도록 도와준다.
   예 텍스트와 배경 색상의 대비, 그림자의 뚜렷함
③ 대비 $= \dfrac{\text{배경의 반사율}(L_b) - \text{표적의 반사율}(L_t)}{\text{배경의 반사율}(L_b)} \times 100$

핵심 예제 종이의 반사율이 70%이고, 인쇄된 글자의 반사율이 15%일 경우 대비(Contrast)는?

정답 해설 대비의 계산

$$\text{대비}(\%) = \dfrac{L_b - L_t}{L_b} \times 100 = \dfrac{0.7 - 0.15}{0.7} \times 100 = 79\%$$

> **TIP**
> - **가시광선** : 눈으로 지각할 수 있는 빛의 영역으로 380~780mm의 범위
> - **암순응** : 어두운 곳으로 이동할 때의 눈의 순응(30~40분)
> - **명순응** : 밝은 곳으로 이동할 때의 눈의 순응(1~2분)
>   원추세포의 순응(5분) → 간산세포의 순응(30~35분)

02 청각기능

1 청각과정

청각은 소리를 감지하고 해석하는 능력으로, 매우 복잡하고 정교한 과정이며 가장 빠른 감각기관이다.
귀의 청각 과정은 공기가 고막에서 진동하여 중이소골에서 고막의 진동을 내이의 난원창으로 전달한 후 음압의 변화에 반응하여 달팽이관의 림프액이 진동한다. 이 진동을 유모세포와 말초신경이 코르티기관에 전달하고 말초신경에서 포착된 신경충동은 청신경을 통해서 뇌에 전달된다.

공기전도 → 액체전도 → 신경전도

(1) 전달 과정
① 소리의 수집(Collection of Sound)
   • 외이(Outer Ear) : 귀바퀴(pinna)와 외이도(ear canal)로 구성되며 소리를 수집하여 외이도로 전달한다.

② 소리의 전달(Transmission of Sound)
　㉠ 중이(Middle Ear) : 고막(tympanic membrane)과 세 개의 작은 뼈(청소골; malleus, incus, stapes)로 구성되며, 고막이 소리 진동을 받아들여 청소골을 통해 전달되고 이 과정에서 소리는 증폭된다.
　㉡ 기저막 : 달팽이관 내부의 한 막으로, 청각 신호를 전달하는 데 중요한 역할을 한다. 소리 진동이 기저막을 통해 전달되어 청각 세포가 활성화된다.
　㉢ 고막 : 외이와 중이의 경계를 이루는 얇은 막이다. 소리를 감지하고 중이의 작은 뼈들로 소리를 전달하는 역할을 한다.
　㉣ 정원창 : 달팽이관의 나선형 구조 끝에 위치한 막으로 소리의 파동을 흡수하고 청각 신호를 전달하는 역할을 한다.
　㉤ 난원창 : 중이와 내이를 연결하는 막이다. 소리의 진동이 이곳을 통해 내이로 전달된다.

③ 소리의 변환(Transduction of Sound)
　㉠ 내이(Inner Ear) : 귀의 가장 안쪽에 위치하며, 청각과 평형감각을 담당하는 기관으로 달팽이관 등으로 구성되어 있다.
　㉡ 구조 : 달팽이관(Cochlea)과 반고리관(Semicircular canals)으로 구성되며 달팽이관은 소리 진동을 전기 신호로 변환하는 역할을 한다. 여기에는 작은 털세포(Hair cells)가 있어 진동을 감지하고 이를 전기 신호로 변환한다. 반고리관은 균형 감각에 관여하며, 소리 전달과는 별도로 작용한다.

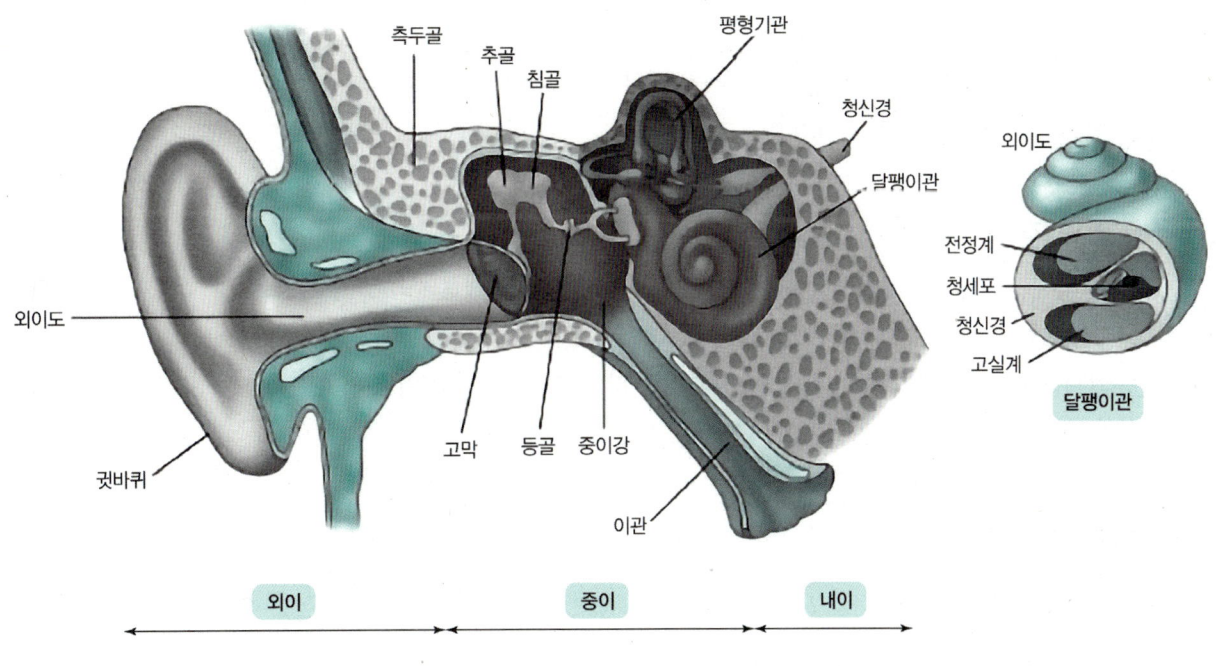

▲ 귀의 구조와 모양

④ 신경 신호의 전달(Transmission of Neural Signals)
- 청신경(Auditory Nerve) : 내이에서 변환된 전기 신호를 청신경을 통해 뇌로 전달한다.

⑤ 신경 신호의 처리(Processing of Neural Signals)
㉠ 뇌(Brain)
- 청각 피질(Auditory Cortex) : 뇌의 측두엽(temporal lobe)에 위치하고, 전기 신호를 해석하여 소리의 의미를 이해하며, 다양한 소리의 주파수, 음량, 리듬 등을 분석하고 해석한다. 이를 통해 우리는 소리의 출처, 방향, 거리 등을 인식할 수 있다.

㉡ 청각의 과정 요약
외이(소리 수집) → 중이(소리 증폭) → 내이(소리 변환) → 청신경(신경 신호 전달) → 뇌(신경 신호 처리 및 해석)

(2) 은폐효과

① 은폐효과(Masking Effect)는 한 신호음이 다른 신호음을 듣기 어렵게 만드는 현상을 말한다. 이를 막기 위해서는 신호음의 크기, 즉 음압 수준(Sound Pressure Level, SPL)을 적절히 조절하는 것이 중요하다.

② 일반적으로 은폐효과를 막기 위한 신호음의 크기는 주변 소음의 음압 수준보다 10~15dB 정도 더 크게 설정하는 것이 권장된다. 이는 신호음이 주변 소음에 묻히지 않도록 도와주며, 청취자가 신호음을 명확히 인식할 수 있도록 한다.

③ 실제로 필요한 신호음의 크기는 환경과 상황에 따라 다를 수 있다. 예를 들어, 매우 시끄러운 산업 현장에서는 더 큰 신호음이 필요할 수 있다.

(3) 주요 개념 정리

① 주파수(Frequency) : 소리의 높낮이를 결정하며, 단위는 Hz(헤르츠)이다.
② 음량(Loudness) : 소리의 크기를 나타내며, 단위는 dB(데시벨)이다.
③ 음색(Timbre) : 소리의 독특한 특성을 나타내며, 같은 주파수와 음량의 소리라도 서로 다른 음색을 가질 수 있다.

2 음량의 측정

(1) 음량의 기본개념

① 음량(소리의 크기)은 데시벨(decibel, dB)이라는 단위로 측정된다.
② 소음계는 주파수에 따른 사람의 느낌을 감안하여 A, B, C 세 가지의 특성에서 음압을 측정할 수 있도록 보정되어 있다. A는 대략 40phon, B는 70phon, C는 100phon의 등감곡선과 비슷하게 주파수의 반응을

보정하여 측정한 음압수준을 의미하며 각각 dB(A), dB(B), dB(C)로 표시하며 일반적으로 소음레벨은 그 소리의 대소에 관계없이 원칙으로 A특성으로 측정한다.

예 조용한 방(30dB), 대화 소리(60dB), 콘서트(110dB)

(2) 음압(Sound Pressure Level, SPL)

① 음압은 소리의 압력 변동을 나타내는 물리적 양으로, 소리의 크기(음량)를 측정하는 데 사용되며, 단위는 데시벨(decibel, dB)이다.
② 음압은 공기 중의 압력 변화로 정의되며, 공기의 정적 압력과 비교하여 측정된다.

$$SPL = 20\log\left(\frac{P_2}{P_0}\right)$$

여기서, P_2 : 측정하고자 하는 음압, P_0 : 기준 음압(보통 20μPa)

③ 거리에 따른 강도 변화 계산

$$dB_2 = dB_1 - 20\log\frac{d_2}{d_1}$$

(3) 진동수(Frequency)

① 소리의 파동이 초당 진동하는 횟수를 나타내며, 단위는 헤르츠(Hz)이다.
② 진동수는 소리의 높낮이(음의 피치)를 결정하며 높은 진동수는 높은 음을, 낮은 진동수는 낮은 음을 생성한다.
③ 가청 범위 : 인간의 가청주파수 범위는 약 20~20,000Hz 사이이다.

(4) 음압과 진동수의 관계

① 음압은 소리의 크기를 결정한다. 높은 음압은 큰 소리, 낮은 음압은 작은 소리를 나타낸다.
② 진동수는 소리의 높낮이를 결정한다. 높은 진동수는 높은 음, 낮은 진동수는 낮은 음을 나타낸다.

예 같은 음압이라도 진동수가 다르면 다른 음으로 인식된다. 예를 들어, 높은 음의 피아노 소리와 낮은 음의 드럼 소리는 음압이 같더라도 진동수가 다르기 때문에 다르게 들린다.

특성	정의	단위	역할
음압	소리의 압력 변동	데시벨(dB)	소리의 크기(음량)
진동수	소리 파동의 진동 횟수	헤르츠(Hz)	소리의 높낮이(피치)

(5) phon과 sone

phon과 sone은 소리의 주관적 음량을 측정하는 두 가지 단위이다. 이들은 소리가 얼마나 크게 들리는지를 설명하는 데 사용된다.

① phon
- ㉠ 소리의 크기(음량)를 측정하는 단위로, 사람이 느끼는 소리의 강도를 기반으로 한다. 1,000Hz의 소리(중간 주파수, 약 4~5kHz)를 기준으로, 동일한 음량으로 느껴지는 소리의 레벨을 phon으로 측정한다.
- ㉡ 동일한 phon 값은 주파수와 상관없이 사람에게 동일한 크기로 느껴지는 소리를 나타낸다.
  - 예 40phon의 소리는 어떤 주파수에서든지 1,000Hz에서 40dB의 소리와 동일한 음량으로 느껴진다.

② sone
- ㉠ sone은 소리의 주관적인 음량을 측정하는 단위로, 사람이 느끼는 소리의 상대적인 크기를 나타낸다. 1sone은 1,000Hz에서 40phon에 해당하는 소리이다.
- ㉡ 음량이 두 배로 느껴질 때마다 sone 값도 두 배로 증가하는데, 이는 인간의 청각이 로그 스케일을 따르기 때문이다.

$$\text{sone 값} = 2^{(\text{phon 값} - 40)/10}$$

③ phon과 sone 비교

특성	phon	sone
정의	소리의 크기(음량)	주관적인 음량
기준	1,000Hz에서 동일한 음량기준	1,000Hz에서 40phon = 1sone
특징	주파수와 상관없이 동일한 크기	음량이 두 배로 느껴질 때마다 두 배

phon과 sone은 소리의 주관적 음량을 평가하는 데 사용되는 중요한 단위로, phon은 주로 주파수에 따른 음량 인식을 평가하는 데 사용되며, sone은 실제로 사람들이 소리를 어떻게 느끼는지 상대적인 음량을 평가하는 데 사용된다.

phon	sone	증가
40	$2^0 = 1$	1
50	$2^1 = 2$	2배
60	$2^2 = 4$	4배
70	$2^3 = 8$	8배
80	$2^4 = 16$	16배

03 촉각 및 후각기능

1 피부 감각

(1) 피부 감각의 종류

피부 감각은 우리 몸이 외부 환경과 상호작용하는 중요한 기능 중 하나다. 피부감각은 다양한 종류로 나뉘며, 각각의 감각은 특정한 자극을 감지한다.

① **압각(Pressure)** : 피부에 가해지는 지속적인 압력을 감지하는 감각으로 무거운 물체나 지속적인 압력을 감지하여 신체를 보호한다.
   - 예) 의자에 앉아 있을 때 엉덩이에 느껴지는 압력

② **촉각(Touch)** : 피부에 닿는 물체나 압력을 감지하는 감각이다. 피부의 다양한 부위에서 촉각 수용기를 통해 가벼운 터치나 압력 변화를 감지한다.
   - 예) 손을 잡을 때 느껴지는 감각, 바람이 피부에 닿을 때의 느낌

③ **냉각감** : 차가운 온도를 감지하는 감각으로, 주로 피부의 냉각 수용체(cold receptors)에 의해 감지되며, 이 수용체는 주위 온도가 낮아질 때 활성화된다.

④ **온각감** : 따뜻한 온도를 감지하는 감각으로, 주로 피부의 온각 수용체(warm receptors)에 의해 감지되고, 이 수용체는 주위 온도가 높아질 때 활성화된다.

⑤ **통각(Pain)** : 신체의 손상이나 위협을 감지하는 감각으로 신체를 보호하기 위해 손상이나 잠재적 위험을 인식하고 회피하게 만든다.
   - 예) 상처나 화상으로 인한 통증, 침에 찔렸을 때의 통증

(2) 피부 감수성이 제일 높은 순서

통각 > 압각 > 촉각 > 냉각 > 온각

(3) 피부 감각의 전달 과정 요약

① 감각 자극의 수용 : 피부의 수용체가 다양한 자극을 감지한다.
② 전기 신호의 생성 : 수용체에서 탈분극이 발생하여 전기 신호가 생성된다.
③ 말초 신경을 통한 전송 : 전기 신호가 말초 신경을 따라 척수로 전달된다.
④ 척수를 통한 전송 : 척수를 통해 신호가 시상으로 전달된다.
⑤ 뇌에서의 처리 : 시상에서 1차 체성감각 피질로 전달되어 감각 신호를 처리하고 인식한다.

(4) 촉각의 표시장치

① 세밀한 식별이 필요한 경우는 손바닥보다 손가락이 유리하다.
② 촉감은 피부 온도가 낮아지면 나빠진다.
③ 저온이나 고온 시 주의가 필요하다.

2 후각

후각은 냄새를 감지하고 식별하는 능력으로, 중요한 생리적 기능 중 하나이다.

(1) 인간의 후각의 특성

① 훈련을 통하면 식별 능력을 향상시킬 수 있다.
② 특정한 냄새에 대한 절대적 식별 능력은 떨어진다.
③ 후각은 특정 물질이나 개인에 따라 민감도의 차이가 있다.
④ 훈련되지 않은 사람이 식별할 수 있는 일상적인 냄새의 수는 15~32종류이지만 훈련을 통하여 60종류까지도 냄새를 식별할 수 있다.

(2) 후각의 기능

① **환경 인식** : 후각을 통해 주변 환경의 변화를 감지한다. 예를 들어, 음식이 상했거나 화재가 발생한 경우 냄새로 이를 인지할 수 있다.
② **경고 시스템** : 유해한 화학물질이나 위험한 상황을 냄새로 감지하여 신체를 보호한다.
③ **식욕과 소화** : 음식의 냄새를 통해 식욕을 자극하고, 소화를 돕는다.
④ **사회적 상호작용** : 후각은 인간과 동물의 사회적 상호작용에서 중요한 역할을 한다. 특정 냄새는 기억과 감정을 불러일으킬 수 있다.

(3) 후각의 과정

① **냄새 분자의 수용** : 공기 중의 냄새 분자가 코에 들어온다.
② **후각 수용기의 활성화** : 후각 수용기가 특정 냄새 분자에 반응한다.
③ **전기 신호의 생성** : 전기 신호가 생성되어 후각 구로 전달된다.
④ **후각 구에서의 처리** : 후각 구에서 신호가 처리되고 정리된다.
⑤ **대뇌로의 전송** : 신호가 후각 피질로 전달된다.
⑥ **냄새의 인식과 반응** : 대뇌가 냄새를 인식하고, 적절한 반응을 한다.

PART I 인간공학개론

인간의 정보처리

01 정보처리 과정

1. 정보처리 과정

(1) 정보처리 과정

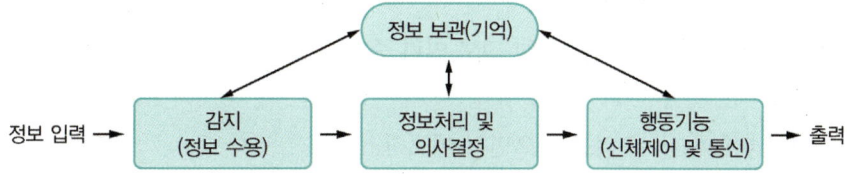

① **정보 입력** : 원하는 결과를 얻기 위한 재료(물질 및 물체, 정보, 에너지 등)를 입력한다.

② **감지(Sensing, 정보의 수용)** : 정보인지의 과정이다.
  ㉠ 인간 : 시각, 청각, 촉각과 같은 여러 종류의 감각기관을 사용한다.
  ㉡ 기계 : 전자, 사진, 기계적인 여러 종류와 음파탐지기와 같이 인간이 감지할 수 없는 것도 감지 가능하다.

③ **정보의 보관(Information storage)** : 인간의 기억과 유사하며, 대부분 코드화나 상징화된 형태로 저장된다.
  ㉠ 인간 : 기억된 학습내용과 같다.
  ㉡ 기계 : 펀치카드, 형판, 기록, 자료표 등과 같은 물리적 기구에 여러 가지 방법으로 보관할 수 있으며 암호나 부호 형태로 보관되기도 한다.
    ※ 의미코드화, 음성코드화, 시각코드화, 단일차원코드화가 있다.

④ **정보처리 및 의사결정(Information processing and decision)** : 수용한 정보를 가지고 수행하는 여러 종류의 조작을 말하며, 화상, 인식 정리가 있다.
  ㉠ 인간 : 행동에 대한 결정으로 이어지며, 의사결정이 뒤따르는 것이 일반적이다. 한계는 0.5초이다.
  ㉡ 기계 : 정해진 절차에 의해 입력에 대한 예정된 반응으로 이루어진다. 즉, 프로그램된 방식으로 반응한다.

⑤ 행동기능(Action function) : 결정한 결과에 따라 인간은 행동하며, 기계는 작동한다.
　㉠ 물리적인 조정행위 : 조종장치 작동, 물체나 물건을 취급, 이동, 변경. 개조 등
　㉡ 통신행위 : 음성, 신호, 기록, 기호 등
⑥ 출력기능
　㉠ 제품의 변화, 제공된 용역, 전달된 통신과 같은 체계의 성과 또는 결과이다.
　㉡ 문제 되는 체계가 많은 부품을 포함한다면 부품 하나의 출력은 다른 부품의 입력으로 작용한다.

(2) 시배분

인간의 정보처리 과정에서 Time Sharing은 여러 작업을 동시에 처리할 때 각 작업에 할당되는 시간을 적절히 분배하는 방식을 의미한다. 이는 컴퓨터 과학에서 사용하는 다중 태스킹 개념과 유사하며, 주의 분배와 병렬 처리가 포함된다.

① 시배분(Time Sharing)의 주요 요소
　㉠ 주의 분배(Attention Allocation) : 다양한 정보 입력 중 중요한 정보에 집중하고, 동시에 다른 정보도 처리하는 능력이다.
　　예) 운전하면서 대화하기, 수업을 들으면서 메모하기
　㉡ 병렬 처리(Parallel Processing) : 여러 작업을 동시에 처리하는 능력으로, 주의와 인식의 자원을 효율적으로 분배한다.
　　예) 음악을 들으면서 요리하기, 운동하면서 텔레비전 시청하기
　㉢ 교대 처리(Alternating Processing) : 여러 작업을 교대로 처리하며, 짧은 시간 동안 한 작업에 집중하고 다른 작업으로 전환하는 방식이다.
　　예) 이메일을 확인하면서 전화 통화하기, 여러 창을 열어 두고 작업하기

② 시배분의 단계
　㉠ 작업 식별(Task Identification) : 수행해야 할 작업들을 식별하고 우선순위를 정한다.
　　예) 오늘 할 일을 목록으로 정리하기
　㉡ 시간 할당(Time Allocation) : 각 작업에 적절한 시간을 할당하여 모든 작업을 효율적으로 완료할 수 있도록 한다.
　　예) 30분 동안 이메일 확인하기, 1시간 동안 프로젝트 작업하기
　㉢ 작업 전환(Task Switching) : 작업을 전환할 때 주의를 빠르게 이동하여 새로운 작업에 집중한다.
　　예) 회의 후 바로 보고서 작성 시작하기
　㉣ 작업 통합(Task Integration) : 여러 작업을 통합하여 동시에 처리하는 능력이다.
　　예) 데이터를 분석하면서 발표 자료 준비하기

(3) 주의력

① 인간의 정보처리 과정의 주의력

주의력은 인간의 정보처리 과정에서 매우 중요한 역할을 한다. 주의력은 우리가 환경에서 필요한 정보를 선택하고 집중하게 하며, 불필요한 정보를 필터링하여 효율적으로 처리할 수 있게 도와준다.

② 주의력의 주요 종류
- ㉠ 선택적 주의(Selective Attention) : 중요한 정보에 집중하고, 불필요한 정보를 배제하는 능력이다.
  - 예 시끄러운 환경에서 특정 사람의 목소리에 집중하기
- ㉡ 초점주의(Focused Attention) : 특정 자극이나 작업에 집중하는 능력으로 시험 문제를 풀 때 다른 생각을 배제하고 문제에만 집중하는 것을 예로 들 수 있다.
- ㉢ 분할 주의(Divided Attention) : 동시에 여러 가지 정보를 처리하는 능력이다.
  - 예 운전하면서 음악 듣기, 수업을 들으면서 메모하기

③ 주의력의 역할
- ㉠ 정보 필터링(Filtering Information) : 감각 정보 중 중요한 것을 선택하고 불필요한 것을 배제한다. 이는 정보 과부하를 방지하고, 중요한 정보에 집중할 수 있게 한다.
- ㉡ 자원 배분(Allocating Resources) : 다양한 작업에 인지 자원을 효율적으로 배분한다. 여러 작업을 동시에 처리할 수 있게 한다.
- ㉢ 작업 전환(Task Switching) : 한 작업에서 다른 작업으로 주의를 전환하는 능력으로, 유연하고 신속하게 다양한 상황에 적응할 수 있게 한다.
- ㉣ 작업 유지(Maintaining Focus) : 장기간 집중을 유지하여 목표를 달성한다. 중요한 작업을 성공적으로 완료할 수 있게 한다.

④ 주의력의 요인
- ㉠ 내적 요인(Internal Factors)
  - ⓐ 동기와 관심 : 개인의 동기와 흥미는 주의력에 큰 영향을 미친다.
  - ⓑ 피로와 스트레스 : 피로와 스트레스는 주의력을 저하시킬 수 있다.
- ㉡ 외적 요인(External Factors)
  - ⓐ 환경적 자극 : 조명, 소음, 혼잡도 등 환경적 요소는 주의력에 영향을 미친다.
  - ⓑ 작업의 난이도 : 작업의 복잡성과 난이도에 따라 주의력이 달라질 수 있다.

⑤ 주의력 개선 방법
- ㉠ 환경 조절 : 조용하고 방해가 적은 환경에서 작업하기
- ㉡ 휴식시간 : 규칙적인 휴식을 통해 피로를 예방하고 집중력을 유지하기
- ㉢ 목표 설정 : 명확한 목표를 설정하고, 이를 달성하기 위해 계획하기
- ㉣ 훈련 : 명상, 집중력 훈련 등을 통해 주의력을 향상시키기

2 기억체계

인간의 기억체계는 정보를 저장하고, 유지하며, 필요할 때 검색하는 복잡한 과정으로 이는 크게 세 가지 주요 단계로 나눌 수 있다.

(1) 감각기억(Sensory memory), 아이코닉 기억(Iconic memory)

감각기관을 통해 들어오는 정보를 일시적으로 저장한 기억으로, 매우 짧은 시간(몇 초 이내) 동안 유지된다. 감각기억의 정보는 일반적으로 시각, 음성, 촉각, 감각코드의 네 가지로 코드화된다. 자극을 받은 후 단기기억에 저장되기 전에 시각적인 정보는 아이코닉 기억에 잠시 저장된다.

예 우리가 무언가를 잠깐 스쳐 지나가면서 보는 순간의 기억

(2) 단기기억(Short-term memory)

제한된 양의 정보를 약 20~30초 동안 저장한다. 정보를 단기기억에서 장기기억으로 전환하기 위해서는 반복과 주의가 필요하며, 작업기억(Working memory)으로 분류한다. 일반적으로 7±2개의 항목을 저장할 수 있다.

예 전화번호를 외우기 위해 여러 번 반복하는 경우

> **TIP**
> **작업기억(Working memory) 정보**
> 시각(visual), 음성(phonetic), 의미(semantic) 코드의 3가지로 코드화 된다.

(3) 장기기억(Long-term memory)

오랜 기간 동안 정보를 저장하며, 정보의 양에는 사실상 제한이 없다.

① 명시적 기억(Explicit memory) : 의식적으로 회상할 수 있는 기억으로, 사실 기억(예 역사의 날짜)과 경험 기억(예 개인적인 경험)으로 나뉜다.

② 암묵적 기억(Implicit memory) : 무의식적으로 기억되는 것으로, 운동 기술(예 자전거 타기)과 습관 등이 포함된다.

③ 기억의 과정
  ㉠ 부호화(Encoding) : 정보를 의미 있는 형태로 변환하여 기억에 저장하는 단계이다. 예를 들어, 새로운 개념을 이해하기 위해 관련된 기존 지식과 연결하는 것이다.
  ㉡ 저장(Storage) : 부호화된 정보를 단기기억 또는 장기기억에 저장하는 과정이다.
  ㉢ 검색(Retrieval) : 저장된 정보를 필요할 때 다시 꺼내어 사용하는 단계이다.

(4) 밀러의 수(Miller's Number) 또는 매지컬 넘버 7(The Magical Number Seven)

인지심리학자 조지 A. 밀러(George A. Miller)가 제시한 사람들의 단기기억 용량이 약 7±2개의 항목을 처리할 수 있다고 주장한 개념이다.

3 지각능력

인간의 지각능력은 우리가 주변 세상을 어떻게 인식하고 이해하는지를 결정하는 중요한 인지 기능으로 지각은 감각 정보를 처리하고 해석하는 과정이다.

(1) 감각과 수용

① 시각(Vision) : 눈을 통해 받아들인 빛을 처리하여 색, 형태, 거리 등을 인식한다.
② 청각(Hearing) : 귀를 통해 소리를 받아들이고 이를 해석하여 소리의 위치, 높낮이, 강도 등을 파악한다.
③ 촉각(Touch) : 피부를 통해 압력, 온도, 통증 등을 느끼고 이를 통해 물체의 질감과 형태를 인식한다.
④ 후각(Smell) : 코를 통해 공기 중의 화학 물질을 감지하여 냄새를 인식한다.
⑤ 미각(Taste) : 혀를 통해 맛을 느끼고 이를 통해 음식의 맛을 구별한다.

(2) 지각의 과정

① 감지(Sensation) : 감각기관이 자극을 받아들이는 단계이다.
② 조직화(Organization) : 받아들인 감각 정보를 체계적으로 정리하는 단계이다.
③ 해석(Interpretation) : 조직화된 정보를 바탕으로 의미를 부여하고 이해하는 단계이다.

(3) 지각에 영향을 미치는 요인

① 주의력(Attention) : 특정 자극에 집중하는 능력으로, 주의력은 지각 과정을 향상시킨다.
② 기대(Expectations) : 개인이 무엇을 예상하고 있는지에 따라 지각이 달라질 수 있다.
③ 문화와 경험(Culture & Experience) : 사람이 속한 문화적 배경과 개인적인 경험이 지각에 큰 영향을 미친다.

(4) 상대식별과 절대식별

감각 심리학과 인지심리학에서 중요한 개념으로, 자극을 어떻게 인식하고 구별하는지에 대한 방법이다.

① 절대식별(Absolute Identification)
  ㉠ 자극의 절대적인 특성(예 소리의 높낮이, 빛의 강도 등)을 인식하고 구별하는 능력으로 개별 자극을 특정한 기준이나 기억에 따라 직접 식별한다.

예 특정 음의 주파수를 듣고 해당 음이 어떤 음인지를 정확하게 말하는 것, 특정 색깔을 보고 그 색을 이름으로 구별하는 것
  ⓒ 절대식별의 주요 법칙
    ⓐ 정보처리 용량 제한(Information Processing Capacity Limitation) : 인간이 동시에 식별할 수 있는 절대적 자극의 수에는 제한이 있다. 일반적으로, 사람들이 절대적으로 정확히 식별할 수 있는 자극의 수는 7±2개라는 개념이 "매지컬 넘버 7(Magical Number 7)"이다.
      예 사람들은 약 5~9개의 서로 다른 음의 높낮이를 정확히 식별할 수 있지만, 그 이상의 수는 어려움을 겪는다.
    ⓑ 동일 자극 간의 변별 한계(Limitation in Discriminating Identical Stimuli) : 두 자극이 충분히 다르지 않으면 이를 절대적으로 식별하기 어렵다. 자극 간의 최소 차이가 커야만 사람들이 이를 명확히 구별할 수 있다.
      예 유사한 색상 두 개를 구별하는 것은 어려울 수 있으며, 이러한 경우 사람들이 혼동할 가능성이 크다.
    ⓒ 기억 및 인지 능력의 역할(Role of Memory and Cognitive Abilities) : 자극을 절대적으로 식별하는 능력은 기억 및 인지 능력에 의존한다. 사람들은 일련의 자극을 기억하고 이를 정확히 식별할 수 있는 능력에 제한이 있다.
      예 몇 가지 톤을 듣고 이를 정확히 식별하는 능력은 단기기억 능력에 크게 의존한다.
② 상대식별(Relative Identification)
  ㉠ 자극의 상대적인 차이(예 소리의 차이, 두 색상 간의 차이)를 인식하고 구별하는 능력이다. 자극을 다른 자극과 비교하여 구별한다.
    예 두 개의 음을 듣고 어느 쪽이 더 높은지를 판단하는 것, 두 색상을 비교하여 어느 쪽이 더 짙은지 구별하는 것
  ㉡ 베버의 법칙(Weber's Law) : 자극의 최소 변화량(변화감지역, Just Noticeable Difference, JND)이 원래 자극의 강도에 비례한다는 법칙이다.

$$베버의\ 비 = \frac{\Delta I}{I} = k$$

여기서, ΔI : 자극의 변화량, I : 원래 자극의 크기, k : 베버 상수(Weber constant)

예를 들어, 어떤 무게를 들고 있을 때 그 무게가 무거워질수록 무게의 변화를 인지하는 데 필요한 차이도 커지게 된다. 작은 무게에서는 조금만 무게가 증가해도 변화를 느끼지만, 큰 무게에서는 더 많은 무게가 추가되어야 변화를 인식할 수 있다는 원리이다.

구분	절대식별(Absolute Identification)	상대식별(Relative Identification)
정의	자극의 절대적 특성을 인식	자극 간의 상대적 차이를 인식
예	특정 주파수의 음을 정확히 식별	두 음을 비교하여 어느 쪽이 더 높은지 구별
과정	기준이나 기억에 따라 식별	다른 자극과 비교하여 식별
활용	음성 인식, 색상 인식, 특정 온도 인식 등	음악 감상, 색상 비교, 맛 비교 등

4 정보처리 능력

(1) 인간의 정보처리 능력

인간의 정보처리 능력은 매우 복잡하고 다층적이다. 환경에서 정보를 받아들여 이를 처리하고, 이해하며, 적절한 반응을 생성하는 과정은 인지심리학과 신경과학의 주요 연구 대상 중 하나이다.

① 감각적 처리(Sensory Processing) : 외부 자극을 감각 기관을 통해 받아들이는 초기 단계로 감각 수용기에서 전기 신호로 변환된 자극이 뇌로 전달된다.
 예 눈을 통해 빛을, 귀를 통해 소리를 받아들이는 과정

② 지각(Perception) : 감각 정보를 해석하고 의미 있는 패턴으로 조직하는 단계로 감각 정보를 바탕으로 환경을 이해하고 인식한다.
 예 사물을 보고 그것이 무엇인지 인식하거나 소리를 듣고 말로 이해하는 과정

③ 주의(Attention) : 특정 정보에 집중하고 불필요한 정보를 필터링하는 능력이다. 주의력은 선택적이며, 중요한 정보에 집중하는 데 사용된다.
 예 시끄러운 장소에서 특정 대화에 집중하는 능력

④ 기억(Memory) : 정보를 저장하고 필요할 때 인출하는 과정으로 단기기억(Short-term memory), 작업기억(Working memory), 장기기억(Long-term memory)으로 저장한다.

⑤ 정보처리 및 이해(Information Processing and Understanding) : 정보를 분석하고 이해하며 결정을 내리는 과정으로 새로운 정보를 기존 지식과 연결하여 통합한다.
 예 문제를 해결하기 위해 논리적으로 사고하거나 새로운 개념을 학습하는 과정

⑥ 반응 생성 및 실행(Response Generation and Execution) : 처리된 정보를 바탕으로 행동이나 반응을 결정하고 실행하는 단계로 결정을 내린 후 이를 신체적 반응으로 옮긴다.
 예 질문에 답변하거나 특정 자극에 대한 신체적 반응을 보이는 과정

02 정보이론

1. 정보 전달 경로

(1) 정보

정보이론에서 정보란 불확실성의 감소라 정의할 수 있다. 대안의 수가 늘어나면 정보량은 증가한다. 선택반응시간은 선택 대안의 개수에 로그함수의 정비례로 증가하고, 실현 가능성이 동일한 대안이 두 가지일 경우 정보량은 1bit이다.

(2) 정보의 특성

① 정보의 측정 기본단위는 bit를 사용한다.
② 실현 가능성이 같은 N개의 대안이 있을 때, 총 정보량 H는 $\log_2 N$이다.
③ 1bit란 실현 가능성이 같은 2개의 대안 중 결정에 필요한 정보량이다.
④ 정보를 정량적으로 측정할 수 있다.
⑤ 확실한 사건의 출현에는 많은 정보가 담겨 있지는 않다.
⑥ 정보란 확실성의 증가(addition of uncertainty)로 정의한다.
⑦ 대안의 수가 늘어나면 정보량은 증가한다.
⑧ 선택반응시간은 선택 대안의 개수의 log에 비례한다.
⑨ 정보이론에서 정보란 불확실성의 감소라 정의할 수 있다.
⑩ 실현 가능성이 동일한 대안이 2가지일 경우 정보량은 1bit이다.
⑪ 출현 가능성이 동일하지 않은 사건의 확률을 p라 할 때, 정보량은 $\log_2 \frac{1}{p}$로 나타낸다.
⑫ 인간에게 입력되는 것은 감각기관을 통해서 받은 정보이다.
⑬ 간접적인 원자극의 경우 암호화된 자극과 재생된 자극의 2가지 유형이 있다.
⑭ 자극은 크게 원자극(Distal stimuli)과 근자극(Proximal stimuli)으로 나눌 수 있다.

(3) 정보이론에서의 정보 전달 경로

① **정보(Source)** : 정보를 생성한다.
② **인코더(Encoder)** : 정보를 신호로 변환한다.
③ **채널(Channel)** : 신호를 전달한다.
④ **디코더(Decoder)** : 신호를 다시 정보로 변환한다.
⑤ **수신자(Receiver)** : 정보를 최종적으로 수신한다.
⑥ **잡음(Noise)** : 정보 전달을 방해하는 요소이다.

2. 정보량

(1) 정의

정보는 2개의 대안 중 하나가 명시되었을 때 얻어지는 정보량이다.

바이트(Byte)는 8개의 비트로 구성된다. 일반적으로 하나의 문자를 나타내는 데 사용된다.

> 예) 동전 던지기의 경우, 앞면과 뒷면이 나올 확률이 각각 50%이므로 엔트로피는 최대이다. 주사위 던지기의 경우, 각 면이 나올 확률이 1/6이므로 엔트로피는 더 크며, 이로 인해 정보의 양이 더 많다.

① 대안의 수가 N개이고, 그 발생확률이 모두 동일한 경우

$$H = \log_2(n)$$

② 발생확률이 동일하지 않는 사건에 대한 정보량

$$H = \sum_{i=1}^{n} p_i \log_2\left(\frac{1}{P_i}\right)$$

여기서, P_i : 각 대안의 실현 확률

③ 실현 확률이 다른 일련의 사건이 가지는 평균 정보량

$$H = -\sum_{i=1}^{n} P_i \log_2(P_i)$$

여기서, P_i : 각 대안의 실현 확률

(2) 정보이론의 평균 정보량

전체 시스템에서 평균 정보량을 나타내며, 시스템의 불확실성을 측정하는 데 사용된다.

$$H(X) = -\sum P(x_i) \log_2(P(x_i))$$

$P(x_i)$는 변수 X가 값 x_i를 가질 확률

(3) 중복률

데이터 내에서 불필요하게 반복되는 정보의 비율을 나타낸다.

$$중복률 = 1 - \frac{총평균\ 정보량}{최대\ 정보량} \times 100\%$$

여기에서 높은 중복률은 데이터 내에서 반복되는 패턴이 많다는 것을 의미하며, 이는 데이터 압축의 가능성이 높다는 것을 나타낸다. 한편 낮은 중복률은 데이터가 보다 무작위적이고 압축 가능성이 적다는 것을 의미한다.

핵심 예제 다음과 같은 확률로 발생하는 4가지 대안에 대한 중복률(%)은?

결과	확률(p)	$-\log_2 p$
A	0.1	3.32
B	0.3	1.74
C	0.4	1.32
D	0.2	2.32

정답 해설

중복률 $= 1 - \dfrac{\text{총평균 정보량}}{\text{최대 정보량}} \times 100$

총평균 정보량 : $-\sum p_i \log_2(p_i) = (0.1 \times 3.32 + 0.3 \times 1.74 + 0.4 \times 1.32 + 0.2 \times 2.32) = 1.846$

최대 정보량 : $\log_2 n = \log_2 4 = 2$

중복률 $= 1 - \dfrac{1.846}{2} \times 100(\%) = 7.7$

03 신호검출이론

1. 신호검출모형

신호검출이론(Signal Detection Theory)은 감각과 인지 분야에서 자극을 감지하고 판단하는 과정을 설명하기 위해 사용되는 이론이다. 신호의 결정 과정에서의 판단 기준과 오류를 분석하는 데 중요한 역할을 한다.

(1) 신호검출모형의 주요 요소

① **신호와 잡음(Signal and Noise)** : 신호는 감지해야 하는 유의미한 자극을 의미하며, 잡음은 그 외의 무작위적이고 유해한 자극이다.
　예 레이더 시스템에서 적의 비행기는 신호, 환경 소음은 잡음

② **판단 기준(Criterion)** : 자극이 신호인지 아닌지를 결정하기 위한 내부적인 기준점이다. 기준이 높으면 신호를 놓칠 가능성이 높고, 기준이 낮으면 잡음을 신호로 오인할 가능성이 높다.

③ **민감도(Sensitivity)** : 실제 신호를 신호로 구별하고 잡음을 잡음으로 구별하는 능력으로 민감도는 통상적으로 d'(디 프라임)로 표시된다.
　예 높은 민감도를 가진 시스템은 신호와 잡음을 정확히 구별할 수 있다.

(2) 신호검출이론(SDT)의 특정

① β값이 클수록 "보수적인 판단자"라고 한다.
② d값은 정규분포를 이용하여 구할 수 있다.
③ 민감도는 신호와 잡음 평균 간의 거리로 표현한다.
④ 잡음이 많을수록 신호를 구분하기 어렵기 때문에 d'값은 작아진다.
   ※ β는 응답편견척도(response bias)이고, d는 감도척도(sensitivity)이다.

2 판단기준

(1) 우도비(Likelihood Ratio) β와 민감도(Sensitibity) d

① 반응기준이 오른쪽으로 이동 시($\beta > 1$) : 판정자는 신호라고 판정하는 기회가 줄어들게 되므로 신호가 나타났을 때 신호의 정확한 판정은 적어지나 허위 경보를 덜하게 된다. 이것을 보수적이라고 한다.
② 반응기준이 왼쪽으로 이동 시($\beta < 1$) : 신호로 판정하는 기회가 많아지게 되므로 신호의 정확한 판정은 많아지나 허위 경보도 증가하게 된다. 이것을 진취적 모험적이라고 한다.
③ 민감도는 d로 표현하며 두 분포의 꼭짓점의 간격을 분포의 표준편차 단위로 나타낸다. 다시 말해 두 분포가 떨어져 있을수록 민감도는 커지며 판정자는 신호와 잡음을 정확하게 판정하기 쉽다. 따라서 β가 클수록 보수적이고 d가 클수록 민감함을 나타낸다.

(2) 신호의 판별

① 판정결과 및 부호

판정결과	상대	부호
신호의 정확한 판정(Hit)	신호를 신호로 인식	P(S/S)
신호 검출 실패(Miss)	신호가 나타났는데도 잡음으로 판정	P(N/S)
허위 경보(False Alarm)	잡음을 신호로 판정	P(S/N)
잡음을 잡음으로 판정(Correct Rejection)	잡음만 있을 때 잡음으로 판정	P(N/N)

② 판단 기준의 이동
   ㉠ 기준 이동 : 상황에 따라 기준을 조절하여 신호 탐지 성능을 최적화할 수 있다.
   ㉡ 보수적 기준 : 허위 경보를 줄이지만 미스가 증가할 수 있다.
   ㉢ 자유로운 기준 : 히트가 증가하지만 허위 경보도 증가할 수 있다.
③ 신호검출이론의 응용(SDT) : 신호검출이론은 다양한 분야에서 응용되며, 특히 의료 진단, 품질 관리, 음파탐지 심리학 연구 등에서 중요한 역할을 한다.

CHAPTER 04 인간기계 시스템

01 인간기계 시스템의 개요

1. 시스템의 정의와 분류

(1) 시스템의 정의
주어진 입력으로부터 원하는 출력을 생성하기 위한 인간과 기계 및 부품의 상호작용으로 주목적은 안전의 최대화와 능률의 극대화 및 재해예방이다.

① **일반적 정의** : 시스템은 목표를 달성하기 위해 상호 작용하는 요소들의 집합이다.
② **공학적 정의** : 공학에서는 시스템을 특정 기능을 수행하기 위해 설계된 구성요소들의 집합으로 정의한다.
③ **생물학적 정의** : 생물학에서 시스템은 생명체의 다양한 기관과 조직이 상호작용하여 생명 활동을 유지하는 것이다.
④ **정보학적 정의** : 정보 시스템은 데이터를 처리하고, 정보를 생성하며, 이를 사용자에게 제공하는 일련의 절차와 기계적 장치들의 집합이다.

(2) 시스템의 분류

① **구조적 분류**
  ㉠ 개방형 시스템(Open System) : 외부 환경과 물질, 에너지, 정보를 교환하는 시스템이다.
    예) 인간, 조직
  ㉡ 폐쇄형 시스템(Closed System) : 외부 환경과 교환 없이 내부적으로만 작동하는 시스템이다.
    예) 밀폐된 화학 반응기

② **기능적 분류**
  ㉠ 생산 시스템(Production System) : 물리적 제품이나 서비스를 생산하는 시스템이다.
    예) 제조 공장
  ㉡ 정보 시스템(Information System) : 데이터를 수집 · 저장 · 처리하여 유용한 정보를 생성하는 시스템이다.
    예) 컴퓨터 네트워크

③ 인적 요소에 따른 분류
  ㉠ 인간-기계 시스템(Human-Machine System) : 인간과 기계가 상호 작용하여 작업을 수행하는 시스템이다.
    예 항공기 조종 시스템
  ㉡ 자동화 시스템(Automated System) : 인간의 개입 없이 자동으로 작동하는 시스템이다.
    예 자동화 생산 라인

④ 규모에 따른 분류
  ㉠ 소규모 시스템(Small-Scale System) : 단일 장치나 작은 범위에서 작동하는 시스템이다.
    예 가정용 전자기기
  ㉡ 대규모 시스템(Large-Scale System) : 여러 구성요소와 복잡한 상호작용이 있는 시스템이다.
    예 국가 전력망

⑤ 제어 분류
  ㉠ 시한제어 : 제어의 순서와 제어 시간이 기억되어 정해진 제어 순서와 시간에 수행한다.
  ㉡ 순서제어 : 제어 순서만이 기억되고 시간은 검출기에 의해 이루어지는 형태
  ㉢ 조건제어 : 검출기의 종류에 따라 제어 명령이 결정되는 형태

2 인간-기계 시스템

(1) 인간과 기계의 성능 비교

인간이 우수한 기능	기계가 우수한 기능
• 귀납적 추리 • 과부하 상태에서 선택 • 예기치 못한 사건을 감지	• 연역적 추리 • 과부하 상태에서도 효율적 • 장시간 걸쳐 신뢰성 있는 작업 수행 • 암호화 정보를 신속하고 정확하게 수행

> **더 알아보기**
>
> **인간-기계 시스템에서의 네 가지 기본 기능**
> ① 정보의 수용
> ② 정보의 저장
> ③ 정보의 처리
> ④ 정보의 의사결정 행동

(2) 인간-기계 시스템의 유형 및 기능

구분	내용
수동 시스템	• 인간의 신체적인 힘을 동력으로 사용하여 작업통제(동력원 제어 : 사람, 수공구나 기타 보조물로 사용) • 다양성 있는 체계로 역할 수행 능력을 최대한 활용하는 시스템(융통성 있는 운용 가능)
기계화 시스템	• 반자동체계, 변화가 적은 기능들을 수행하도록 설계(고도로 통합된 부품들로 구성되며 융통성이 없는 체계) • 기계가 동력을 제공하며, 조종장치를 사용하는 통제는 사람이 담당
자동화 시스템	• 감지, 정보처리 및 의사결정 행동을 포함한 모든 임무 수행(기계동력원 및 운전, 프로그램 감시 또는 통제, 관리) • 대부분이 폐회로 체계이며, 설계, 설치, 감시, 프로그램 작성 및 수정 정비, 유지 등은 사람이 담당

(3) 인간-기계 시스템의 설계

① 제1 단계 : 목표 및 성능명세 결정 – 시스템 설계 전 그 목적이나 존재 이유가 있어야 한다. (인간 요식적인 면, 신체의 역학적 특성 및 인체특정학적 요소 고려)
② 제2 단계 : 시스템(체계)의 정의 – 목적을 달성하기 위한 특정한 기본 기능들이 수행되어야 한다.
③ 제3 단계 : 기본설계 – 시스템의 형태를 갖추기 시작하는 단계이다. (직무분석, 작업설계, 기능할당)
④ 제4 단계 : 계면(인터페이스) 설계 – 사용자 편의와 시스템 성능한다.
⑤ 제5 단계 : 촉진물(보조물) 설계 – 인간의 성능을 촉진시킬 보조물을 설계한다.
⑥ 제6 단계 : 시험 및 평가 – 시스템 개발과 관련된 평가와 인간적인 요소 평가를 실시한다.

> **TIP**
> 1단계 : 시스템의 목표 및 성능 명세결정
> 2단계 : 체계의 정의(시스템의 정의)
> 3단계 : 기본설계(작업설계/직무분석/기능 할당)
> 4단계 : 계면설계(인터페이스 설계/작업 공간/표시장치/조종장치)
> 5단계 : 촉진물 설계(인간성능 증진, 보조물 설계)
> 6단계 : 시험 및 평가

(4) 인간-기계 시스템의 설계원칙

① 인체의 특성에 적합하여야 한다.
② 인간의 기계적 성능에 적합하여야 한다.
③ 시스템의 동작은 인간의 예상과 일치되어야 한다.
④ 단독의 기계에 대하여 수행 시 인간의 심리 및 기능에 부합되도록 한다.

> **더 알아보기**
>
> **워릭의 양립성 원칙** : 자극과 반응의 관계가 인간의 기대와 모순되지 않는 성질
> - **개념적 양립성** : 외부 자극에 대해 인간의 개념적 현상의 양립성
>   - 예) 빨간 버튼 온수, 파란 버튼 냉수
> - **공간적 양립성** : 표시장치, 조종장치의 형태 및 공간적 배치의 양립성
>   - 예) 오른쪽 조리대는 오른쪽 조절장치로, 왼쪽 조리대는 왼쪽 조절장치로
> - **운동의 양립성** : 표시장치, 조종장치 등의 운동 방향의 양립성
>   - 예) 조종장치를 오른쪽으로 돌리면 표시장치의 지침이 오른쪽으로 이동하는 것
> - **양식 양립성** : 직무에 맞는 자극과 응답 양식의 존재에 대한 양립성

(5) 인간 오류에 관한 설계

① 배타설계(Exclusive Design) : 오류를 범할 수 없도록 사물을 설계하는 것이다.
② 예상설계(Anticipatory Design) : 오류를 범하기 어렵도록 사물을 설계하는 것이다.
③ 안전설계(Fail-Safe Design) : 안전사고를 예방하기 위해 사물을 설계하는 것으로, 풀 프루프, 페일 세이프, 템퍼 프루프 등이 있다.

> **✓ TIP**
>
> 1. **풀 프루프(Fool Proof)** : 사람의 실수가 있더라도 안전사고가 발생하지 않도록 2중, 3중 통제를 가함.
> 2. **페일 세이프(Fail Safe)** : 기계의 고장이 있더라도 안전사고가 발생하지 않도록 2중, 3중 통제를 가함.
>   ※ Fail Safe의 3단계 종류
>   (1) Fail Passive : 기계의 고장이 나는 즉시 작동이 멈춤.
>   (2) Fail Active : 기계의 고상이 날 경우, 경보를 울리며 잠시간 작동이 가능함.
>   (3) Fail Operational : 기계의 고장이 날 경우, 다음 정기점검까지 작동이 가능함.
> 3. **템퍼 프루프(Temper Proof)** : 사용자가 고의로 안전장치 제거할 경우 작동하지 않는 시스템

(6) 인간-기계 안전시스템(Lock System)

사용자가 인증된 접근을 통해서만 잠금을 해제할 수 있도록 보안 기능을 제공하는 시스템이다.
예) 비밀번호, PIN, 생체 인식 등을 사용하여 접근을 통제한다.

> **더 알아보기**
>
> **Lock System의 종류**(인간과 기계의 신뢰도 유지 방안에서)
> - **Interlock System** : 기계에 두어 불안전한 요소에 대하여 통제를 가한다.
> - **Intralock System** : 인간의 신중에 두어 불안전한 요소에 대하여 통제를 가한다.
> - **Translock System** : Interlock과 Intralock 사이에 두어 불안전한 요소에 대하여 통제를 가한다.

3 인터페이스 개요

(1) 인터페이스의 개요

인터페이스는 사용자가 시스템이나 기기를 조작할 수 있도록 해주는 중간 매개체를 의미한다.

① 인터페이스의 종류

신체적(형태적) 인터페이스	인간의 신체적 또는 형태적 특성의 적합성 여부(필요조건)
지적 인터페이스	인간의 인지능력, 정신적 부담의 정도(편리 수준)
감성적 인터페이스	인간의 감정 및 정서의 적합성 여부(쾌적 수준)

② 사용성 평가 척도
 ㉠ 에러의 빈도
 ㉡ 과제의 수행기간
 ㉢ 사용자들의 주관적인 만족도

4 인터페이스 설계 및 개선 원리

(1) 사용성의 정의

학습 용이성, 효율성, 기억 용이성, 에러 빈도 및 정도 그리고 주관적 만족도로 정의한다.

(2) 도널드 노먼(Donald Norman)의 사용자 인터페이스 설계 원칙

① **가시성(Visibility)** : 사용자에게 현재 상태와 가능한 행동을 명확하게 보여준다.
 예 버튼이나 메뉴가 명확하게 보이도록 디자인하여 사용자가 쉽게 접근할 수 있게 한다.

② **피드백(Feedback)** : 사용자가 행한 작업에 대해 즉각적이고 명확한 피드백을 제공한다.
 예 파일을 저장했을 때 "저장되었습니다"라는 메시지를 표시한다.

③ **대응성(Affordance)** : 객체의 속성이 사용자에게 가능한 행동을 직관적으로 보여준다.
 예 문손잡이는 돌리거나 당길 수 있다는 것을 시각적으로 나타낸다.

④ **일관성(Consistency)** : 유사한 작업과 상황에서 일관된 인터페이스를 유지하여 학습과 사용을 용이하게 한다.
 예 동일한 작업에 동일한 단축키를 사용한다.

⑤ **제어와 자유(Control and Freedom)** : 사용자가 실수를 쉽게 되돌릴 수 있도록 하여 자유롭게 탐색할 수 있게 한다.
 예 되돌리기(Undo)와 다시 실행(Redo) 기능을 제공한다.

⑥ 인지 과부하 최소화(Minimize Cognitive Load) : 사용자가 기억해야 할 정보를 최소화하고, 인터페이스 사용을 직관적으로 한다.
   예) 중요한 정보를 눈에 잘 띄게 배치하고, 불필요한 정보를 제거한다.

⑦ 오류 예방(Error Prevention) : 사용자가 실수할 가능성을 줄이고, 실수가 발생하더라도 쉽게 수정할 수 있도록 설계한다.
   예) 중요한 작업을 수행하기 전에 확인 메시지를 표시하거나 자동 저장 기능을 제공한다.

⑧ 매핑(Mapping) 또는 양립성 : 인터페이스의 제어 요소와 그 결과 사이의 관계를 명확하게 한다.
   예) 스위치와 조명 위치를 직관적으로 일치시켜 사용자 혼동을 줄인다.

⑨ 유연성과 효율성(Flexibility and Efficiency) : 다양한 사용자의 요구와 수준에 맞게 인터페이스를 설계한다.
   예) 초보자와 전문가 모두 사용할 수 있도록 기본 기능과 고급 기능을 분리한다.

(3) 피츠의 법칙(Fitts' Law)

사용자가 목표를 빠르고 정확하게 선택하는 데 걸리는 시간을 나타내는 법칙으로, 주로 물리적 목표 선택, 예를 들어 버튼 클릭 같은 작업에 적용된다. 표적이 작을수록, 이동거리가 길수록 작업의 난이도와 소요 이동 시간이 증가한다.

$$ID = \log_2 \left(\frac{2D}{W} \right)$$

$$T = a + b \cdot ID$$

여기서, T : 목표를 선택하는 데 걸리는 시간, a와 b : 경험적으로 결정되는 상수
D : 시작 지점과 목표 지점 사이의 거리, W : 목표 지점의 너비

이 법칙에 따르면, 목표가 더 멀리 있거나 작을수록 선택하는 데 더 많은 시간이 걸린다. 이는 사용자 인터페이스 디자인에서 버튼 크기와 배치를 최적화하는 데 유용하게 적용할 수 있다.

핵심 예제 손의 위치에서 조종장치 중심까지의 거리가 30cm, 조종장치의 폭이 5cm일 때 Fitts의 난이도 지수(index of difficulty) 값은 약 얼마인가?

정답 해설 $ID(\text{bits}) = \log_2 \frac{2D}{W} = \log_2 \frac{2 \times 30}{5} = 3.6$

D : 표적 중심선까지 이동거리
W : 표적 폭

(4) 힉의 법칙(Hick's Law)

① 정의 : 사용자가 여러 선택지 중 하나를 선택하는 데 걸리는 시간을 나타내는 법칙으로, 선택의 수가 증가할수록 선택 시간이 길어진다는 것을 의미한다.

$$T = b\log_2(n+1)$$

여기서, T : 결정을 내리는 데 걸리는 시간, b : 경험적으로 결정되는 상수, n : 가능한 선택지의 수

힉의 법칙에 따르면, 선택지가 많을수록 결정을 내리는 데 더 많은 시간이 필요하다. 피츠의 법칙(Fitts' Law)과 힉의 법칙(Hick's Law)은 인간-컴퓨터 상호작용(HCI)과 사용자 경험(UX) 디자인에서 중요한 개념으로, 이 두 법칙은 사용자 인터페이스 설계와 인간의 반응 시간을 이해하는 데 도움이 된다.

② 인간-컴퓨터 상호작용(HCI) : GOMS 모델 및 구성요소
사용자의 작업 수행 과정을 예측하고 분석하기 위해 고안된 모델로 ㉠ Goals(목표), ㉡ Operator(조작자 또는 연산자), ㉢ Methods(방법), ㉣ Selection rules(선택규칙)를 말한다.

[비교 요약]

법칙	정의	공식	의미
피츠의 법칙 (Fitts' Law)	목표까지의 이동 시간이 목표의 크기와 거리의 함수	$T = a + b\log_2\left(\dfrac{2D}{W}\right)$	목표가 작고 멀리 있을수록 이동 시간이 길어진다.
힉의 법칙 (Hick's Law)	선택 시간이 선택 가능한 옵션의 수에 비례하여 증가	$T = b\log_2(n+1)$	옵션이 많아질수록 선택 시간이 길어진다.

> ✔ TIP
>
> **적용 예시**
> - **피츠의 법칙** : 버튼의 크기와 위치를 고려하여 사용자가 쉽게 클릭할 수 있도록 설계한다.
> - **힉의 법칙** : 메뉴 항목의 수를 줄이고, 직관적인 인터페이스를 통해 사용자가 빠르게 선택할 수 있도록 한다.

(5) 기계의 신뢰도

① 고장의 유형(욕조곡선)
  ㉠ 초기고장(Decreasing Failure Rate, DFR) : 감소형이며, 점검, 초기불량이 원인이다. 시운전으로 예방이 가능하며, 디버깅과 번인으로 제거 가능하다.
  ㉡ 우발고장(Constant Failure Rate, CFR) : 일정형이며, 실수, 천재지변, 우발적 사고가 원인이다.
  ㉢ 마모고장(Increasing Failure Rate, IFR) : 증가형이며, 부품의 마모나 노화로 인한 고장이다. 적당한 보수로 방지가 가능하다.

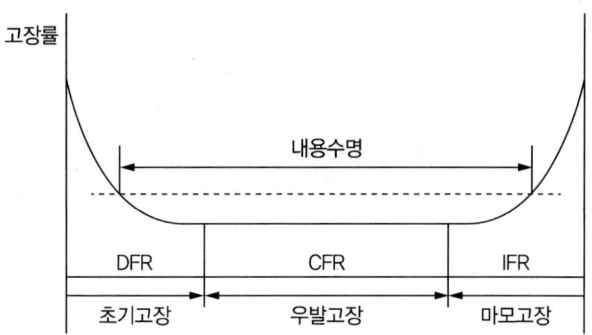

② 기계의 고장률

㉠ 가용도 : 시스템이 어떤 기간 중에 성능을 발휘하고 있을 확률

$$\text{가용도} = \frac{\text{MTBF}}{(\text{MTBF} + \text{MTTR})}$$

㉡ 평균 고장간격(Mean Time Between Failure, MTBF) : 시스템이나 기계가 고장 없이 정상적으로 작동하는 평균 시간을 의미하는 것으로, 고장과 고장 사이의 평균 시간을 측정하는 것이다.

$$\text{MTBF} = \frac{T_1 + T_2 + \cdots + T_n}{n}$$

여기서, T_i : 총 동작시간, n : 고장 횟수

㉢ 평균 수리시간(Mean Time To Repair, MTTR) : 시스템이나 기계가 고장난 후, 고장을 수리하는 데 걸리는 평균 시간이다.

$$\text{MTTR} = \frac{\text{총 고장시간}}{\text{고장 횟수}}$$

㉣ 평균 고장시간(Mean Time To Failure, MTTF) : 시스템이나 기계가 고장 없이 작동하는 평균 시간이다.

$$\text{MTTF} = \frac{D_1 + D_2 + \cdots + D_n}{n}$$

여기서, D_i : 고장수리시간, n : 고장 횟수

③ 신뢰도 평가지수
- 신뢰도 : 의도하는 기간에 정해진 기능을 수행할 확률(고장나지 않을 확률)

$$신뢰도\ R(t) = e^{-\lambda t}$$
$$불신뢰도\ F(t) = 1 - R(t) = 1 - e^{-\lambda t}$$

핵심 예제 인간의 신뢰도가 70%, 기계의 신뢰도가 90%이면 인간과 기계가 직렬체계로 작업할 때의 신뢰도는 몇 %인가?

정답 해설 신뢰도(직렬)
$$R_s = R_1 \cdot R_2 \cdot R_3 \cdots R_n = \prod_{i=1}^{n} R_i = 0.7 \times 0.9 = 0.63 = 63\%$$

02 표시장치(Display)

1. 표시장치 유형

표시장치는 사용자에게 정보를 효과적으로 전달하고 사용자와 시스템 간의 상호작용을 최적화하는 중요한 요소로 각각의 목적과 사용 환경에 따라 다르게 설계된다.

(1) 시각적 표시장치(Visual Displays)

① 스크린/모니터 : 컴퓨터, 스마트폰, TV 등의 화면으로, 텍스트, 이미지, 영상을 보여준다.
② 헤드업 디스플레이(HUD) : 차량이나 항공기에서 사용되며, 사용자의 시야에 직접 정보를 투영한다.
③ LED/LCD 표시등 : 간단한 상태 정보를 제공하는 조명 표시등
④ 프로젝션 디스플레이 : 화면에 정보를 투사하여 보여주는 방식

(2) 청각적 표시장치(Auditory Displays)

① 경고음 : 특정 이벤트나 상태를 알리기 위해 사용되는 소리이다.
　예 알람, 비프음
② 음성 안내 : 사용자에게 정보를 제공하거나 지시를 내리는 음성 메시지를 말한다.

(3) 촉각 및 후각적 표시장치(Haptic Displays)

① 진동 피드백 : 스마트폰이나 게임 컨트롤러에서 사용되며, 특정 상황을 사용자에게 진동으로 전달한다.
② 촉각 디스플레이 : 사용자가 만져서 정보를 느낄 수 있는 장치이다.
   예 점자 디스플레이

(4) 복합 표시장치(Multimodal Displays)

- 멀티미디어 디스플레이 : 시각, 청각, 촉각 정보를 결합하여 제공하는 것이다.
   예 화면과 음성 안내를 함께 제공하는 자동차의 내비게이션 시스템

(5) 표시장치의 설계 원칙

① 가시성(Visibility) : 정보가 명확하고 쉽게 보이도록 설계한다.
② 이해 용이성(Understandability) : 사용자에게 직관적이고 쉽게 이해될 수 있는 방식으로 정보를 제공한다.
③ 적시성(Timeliness) : 필요한 정보를 적시에 제공하여 사용자가 신속하게 반응할 수 있도록 한다.
④ 접근성(Accessibility)
   ㉠ 다양한 사용자들이 쉽게 접근하고 이용할 수 있도록 설계한다.
   ㉡ 눈금을 조절 노브와 같은 방향으로 회전시킨다.
   ㉢ 눈금 수치는 왼쪽에서 오른쪽으로 돌릴 때 증가하도록 한다.
   ㉣ 증가량을 설정할 때 제어장치를 시계방향으로 돌리도록 한다.
   ㉤ 나타내고자 할 눈금이 많을 경우 동목형이 좋다.

2 시각적 표시장치

(1) 정량적 표시장치(Quantitative Displays)

① 동침형(Moving point) : 눈금이 고정되고 지침이 움직이는 표시장치로, 차량계기판 속도계 등이 있다.
② 동목형(Moving Scale) : 지침이 고정되어 있고 눈금이 움직이는 표시장치로, 나타내고자 할 범위가 클 때 사용한다.
③ 계수형(Digital) : 숫자로 표시되는 표시장치로, 빠르고 정확한 수치 확인에 용이하다.

> **더 알아보기**
>
> **눈금선의 수열(Sequence of Tick Marks)**
> 눈금선은 일관된 간격으로 배열되어 있어야 하며, 측정 단위를 명확하게 구분할 수 있도록 한다.
> 예를 들어, 0, 1, 2, 3 … 과 같이 정수로 표시되거나 0.1, 0.2, 0.3 … 과 같이 소수로 표시될 수 있다.

④ 지침 설계원칙
　㉠ 선각이 약 20도 되는 뾰족한 지침을 사용한다.
　㉡ 지침의 끝은 작은 눈금과 맞닿되 겹치지 않게 한다.
　㉢ 원형 눈금의 경우 지침의 색은 선단에서 눈금의 중심까지 칠한다.
　㉣ 시차를 없애기 위해 지침을 눈금면과 밀착시킨다.

(2) 정성적 표시장치(Qualitative Displays)

숫자나 정량적 데이터를 사용하지 않고, 그래픽이나 색상, 심벌 등을 이용하여 정보를 시각적으로 전달하는 방식으로 주로 상태나 경향, 비교를 직관적으로 보여주는 데 사용된다.

① 주요 정성적 표시장치 유형
　㉠ 아이콘(Icons)
　　ⓐ 심벌 및 픽토그램 : 사용자에게 간단하고 직관적인 정보를 전달하는 그래픽이다.
　　　예 재생 버튼, 경고 아이콘
　　ⓑ 상태 아이콘 : 시스템 상태를 보여주는 아이콘이다.
　　　예 배터리 충전 상태, 신호 강도 표시
　㉡ 색상(Colors)
　　ⓐ 신호 색상 : 특정 색상으로 정보를 전달하는 것이다.
　　　예 녹색(안전), 노란색(주의), 빨간색(위험)
　　ⓑ 색상 변화 : 상태나 수준의 변화를 색상으로 나타낸다.
　　　예 온도 변화, 습도 수준
　㉢ 게이지 및 다이얼(Gauges and Dials)
　　ⓐ 막대형 게이지 : 특정 수준을 색상이나 그래픽으로 표시한다.
　　　예 연료 게이지, 볼륨 조절
　　ⓑ 원형 다이얼 : 상태나 수준을 원형 그래픽으로 표시한다.
　　　예 속도계, 온도 조절기
　㉣ 그래픽 심벌(Graphic Symbols)
　　ⓐ 도형 및 패턴 : 특정 상태나 경향을 그래픽 도형으로 표현한다.
　　　예 경고 삼각형, 정보 원형 심벌
　　ⓑ 애니메이션: 상태 변화를 애니메이션으로 보여주는 그래픽이다.
　　　예 진행 상태 표시, 로딩 애니메이션
　㉤ 백라이트 및 LED 표시등(Backlights and LED Indicators)
　　ⓐ 상태등 : 특정 상태를 나타내는 조명이다.
　　　예 전원 상태, 알람 상태

ⓑ 동작 표시등 : 기기의 동작 상태를 알려주는 LED 표시를 말한다.
- 예 프린터 작동 상태, 충전 진행 상태

② 설계원칙
- ㉠ 명확성(Clarity)
    - ⓐ 직관적인 그래픽 : 사용자에게 정보를 쉽게 전달할 수 있도록 간단하고 명확한 그래픽을 사용한다.
    - ⓑ 명확한 색상 코드 : 일관된 색상 코드를 사용하여 정보를 직관적으로 이해할 수 있도록 설계한다.
- ㉡ 가독성(Readability)
    - ⓐ 적절한 크기와 대비 : 그래픽과 색상의 크기, 대비를 적절하게 조정하여 가독성을 높인다.
    - ⓑ 심벌의 이해 용이성 : 사용자가 쉽게 인식하고 이해할 수 있는 심벌을 사용한다.
- ㉢ 일관성(Consistency)
    - ⓐ 일관된 디자인 : 동일한 심벌과 색상 코드를 일관되게 사용하여 혼동을 줄인다.
    - ⓑ 표준화된 심벌 : 널리 알려진 표준화된 심벌을 사용하여 이해도를 높인다.
- ㉣ 적시성(Timeliness)
    - 실시간 정보 제공 : 상태나 경향을 실시간으로 반영하여 사용자가 즉각적으로 이해할 수 있도록 설계한다.

③ 시각적 부호의 3가지 유형
- ㉠ 임의적 부호 : 부호가 이미 고안되어 있어 이를 배워야 하는 부호이다.
- ㉡ 묘사적 부호 : 사물의 행동을 단순, 정확하게 묘사한 부호이다.
- ㉢ 추상적 부호 : 전하고자 하는 메시지의 기본요소를 도식적으로 압축한 부호이다.

3 청각적 표시장치

사용자가 소리를 통해 정보를 감지하고 이해할 수 있도록 돕는 장치로 시각적 정보를 보완하거나 대체하여 더 나은 사용자 경험을 제공한다. 청각적 표시장치는 특히 시각적 요소를 사용할 수 없는 상황에서 유용하다.

(1) 주요 청각적 표시장치 유형

① 경고음(Alarms)
- ㉠ 비프음(Beeps) : 간단한 경고음을 통해 사용자가 주의해야 할 상황을 알린다.
    - 예 차량의 안전벨트 경고음
- ㉡ 사이렌(Sirens) : 긴급 상황을 알리기 위한 강력한 경고음이다.
    - 예 화재 경보 사이렌

② 음성 안내(Voice Alerts)
　㉠ 음성 메시지(Voice Messages) : 특정 상황이나 명령을 전달하는 음성 안내를 일컫는다.
　　　예 GPS 네비게이션 시스템의 음성 지시
　㉡ 자동 방송(Automated Announcements) : 공항, 기차역 등에서 정보를 제공하는 자동 방송 시스템이다.

③ 음악 및 톤(Music and Tones)
　㉠ 배경 음악(Background Music) : 특정 분위기를 조성하거나 사용자에게 정보를 전달하기 위해 사용한다.
　　　예 엘리베이터 음악, 대기 중 전화 음악
　㉡ 시그널 톤(Signal Tones) : 특정 이벤트를 알리기 위한 톤이다.
　　　예 컴퓨터의 시스템 알림 소리

④ 백그라운드 소음(Background Noise)
　㉠ 자연 소음(Natural Sounds) : 환경 소음을 통해 사용자에게 정보를 전달한다.
　　　예 비 오는 소리, 바람 소리
　㉡ 인공 소음(Artificial Sounds) : 특정 상황을 나타내기 위한 인공 소음이다.
　　　예 공장 기계 소음

(2) 청각적 표시장치의 설계 원칙

① 가청성(Audibility)
　㉠ 적절한 음량 : 사용자가 쉽게 들을 수 있도록 적절한 음량으로 설정한다.
　㉡ 소리의 명료성 : 소리가 명확하고 깨끗하게 들리도록 설정한다.

② 차별성(Discriminability)
　㉠ 독특한 소리 : 다른 소리와 쉽게 구별될 수 있는 독특한 소리를 사용한다.
　㉡ 다양한 주파수 : 다양한 주파수 대역을 사용하여 소리를 차별화한다.

③ 맥락 적합성(Context Appropriateness)
　㉠ 상황에 맞는 소리 : 특정 상황이나 작업에 적합한 소리를 사용한다.
　　　예 작업환경에서는 짧고 간단한 경고음을 사용한다.
　㉡ 사용자 환경 고려 : 사용자 환경을 고려하여 소리를 설계한다.
　　　예 소음이 많은 환경에서는 더 큰 음량의 소리를 사용한다.

④ 지속 시간(Duration)
　㉠ 적절한 길이 : 소리의 지속시간을 적절하게 조정하여 사용자가 쉽게 인식할 수 있도록 설정한다.
　㉡ 반복 및 주기 : 중요한 정보는 반복적으로 제공하여 사용자에게 명확히 전달한다.

(3) 시각적 표시장치와 청각적 표시장치의 비교

청각적 표시장치 사용	시각적 표시장치 사용
• 전언이 간단하다.	• 전언이 복잡하다.
• 전언이 짧다.	• 전언이 길다.
• 전언이 후에 재참조 되지 않는다.	• 전언이 후에 재참조 된다.
• 전언이 시간적 사상을 다룬다.	• 전언이 공간적인 위치를 다룬다.
• 전언이 즉각적인 행동을 요구한다. (긴급할 때)	• 전언이 즉각적인 행동을 요구하지 않는다.
• 수신 장소가 너무 밝거나 암조응 유지가 필요할 때	• 수신 장소가 너무 시끄러울 때
• 직무상 수신자가 자주 움직일 때	• 직무상 수신자가 한곳에 머물 때
• 수신자의 시각 계통이 과부하 상태일 때	• 수신자의 청각 계통이 과부하 상태일 때

(4) 통화 이해도

① **명료도 지수** : 통화의 명확성을 평가하는 척도로, 사용자가 얼마나 명확하게 통화를 이해하는지 측정한다.
② **이해도 점수** : 사용자가 통화 내용을 얼마나 잘 이해했는지를 나타내는 점수이다.
③ **통화 간섭 수준** : 통화 중 발생하는 간섭이 사용자의 이해에 미치는 영향을 평가한다.

4 촉각 및 후각적 표시장치

(1) 촉각의 활용(기본정보 수용기 : 주로 손이 사용)

① 촉각의 특징
  ㉠ 촉감은 피부온도가 낮아지면 나빠지므로, 저온환경에서 촉감 표시장치를 사용할 때는 특히 주의하여야 한다.
  ㉡ 촉각적 표시장치는 시각 및 청각 표시장치를 대체하는 장치로 사용할 수 있다.
  ㉢ 세밀한 식별이 필요한 경우 손바닥보다 손가락 사용을 유도해야 한다.

② 촉각의 활용
  ㉠ 조종 손잡이(knob)나 연관 장치의 설계 시 촉각적인 배려
  ㉡ 조종장치의 촉각적 암호화
      ⓐ 형상을 구별하여 사용하는 경우
      ⓑ 표면 촉감을 사용하는 경우
      ⓒ 크기를 구별하여 사용하는 경우
      ⓓ 위치를 구별하여 사용하는 경우
      ⓔ 작동을 구별하여 사용하는 경우

③ 암호의 변별성

ㄱ. 모든 암호표시는 감지장치에 의하여 다른 암호 표시와 구별될 수 있어야 한다.

ㄴ. 변별성을 정의하는 내용으로, 감지장치가 각각의 암호를 명확히 식별할 수 있어야 함을 의미한다.

(2) 크기를 이용한 조종장치

크기의 차이를 쉽게 구별할 수 있도록 설계	• 직경 : 1.3cm(1/2") 차이 • 두께 : 0.95cm(3/8") 차이
촉감으로 식별 가능한 18개의 손잡이 구성요소(조합)	• 세 가지 표면가공 • 세 가지 직경(1.9, 3.2, 4.5cm) • 두 가지 두께(0.95, 1.9cm)

(3) 형상적 암호와 조종장치

▲ 이산멈춤 위치용　　▲ 다회전장치　　▲ 단회전장치

(4) 동적인 촉각적 표시장치 : 기계적 자극의 접근방법

① 피부에 진동기 부착 : 진동기 위치, 진동수, 강도, 지속시간 등을 조절한다.

② 증폭된 음성을 하나의 진동기를 사용하여 피부에 전달한다.

(5) 후각적 표시장치

① 후각의 특징

ㄱ. 후각상피 : 코의 윗부분에 위치한다.

ㄴ. 자극원 : 기체 상태의 화학물질이다.

ㄷ. 사람의 감각기관 중 가장 예민하고 빨리 피로해지기 쉬운 기관이다.

ㄹ. 후각의 전달 경로

> 기체 상태의 화학물질 → 후각상피(후세포) → 후신경 → 대뇌

ㅁ. 후각은 특정 자극을 식별하는 데 사용하기보다는 냄새의 존재 여부를 탐지하는 데에 효과적이다.

② 감각별 Weber의 비

종류	시각	무게	청각	후각	미각
비	1/60	1/50	1/10	1/4	1/3

③ 감각기관의 자극에 대한 반응속도

청각	촉각	시각	미각	통각
0.17초	0.18초	0.20초	0.29초	0.70초

03 조종장치(Control)

1 조종장치 요소 및 유형

(1) 조종장치

① 제어장치의 기능과 유형
  ㉠ 이산적인 정보를 전달하는 장치 : 누름버튼, 발누름버튼, 2·3 position 똑딱 스위치, 회전 전환 스위치
  ㉡ 연속적인 정보를 전달하는 장치 : 노브, 그랭크, 핸들, 조종간, 페달
  ㉢ Cursor positioning 정보제공장치 : 마우스, 트랙볼, 디지타이징 태블릿, 라이트펜
  ※ 누름버튼은 매립형 구조로 설치한다.

더 알아보기

조작에 의한 분류

개폐에 의한 조작기	• 누름버튼 : 손, 발 • 똑딱 스위치 • 회전선택 스위치
영의 조절에 의한 조절기	• 노브, 크랭크, 레버, 손핸들, 페달 • 커서 위치 조정(마우스, 트랙볼 등)
반응에 의한 통제	• 계기신호 • 감각에 의한 통제

② 조종장치의 인간공학적 설계지침
  ㉠ 부하의 분산 : 과부하가 걸리지 않도록 고루 분산한다.
  ㉡ 운동관계 : 운동방향과 일치되게 배열한다.

ⓒ 중력부하 : 간격멈춤, 가속부하효과를 고려한다.
ⓔ 다중회전 조종장치 : 다중회전 조종장치를 사용한다.
ⓜ 이산 및 연속 조종장치 : 조종객체가 이산적 위치나 값으로 조절될 경우 이산조종장치로 간격 멈춤 조종장치나 누름버튼 장치를 사용한다.
ⓗ 정지점 : 조절범위 시의 시작점과 종착점에 정지점을 제공한다.
ⓢ 조종장치의 표준화 : 쉽게 식별할 수 있는 것을 선택, 위치의 표준가를 정한다.
ⓞ 조종장치의 그룹화 : 기능적으로 관련된 조종장치를 결합한다.
ⓩ 조종장치의 선택 : 손, 발, 믹스스위치를 알맞게 선택한다.

(2) 표시장치와 제어장치를 포함하는 작업장 설계 시 고려사항

① **작업장설계지침** : 주된 시각적 임무, 주시각 임무와 상호작용하는 주조종장치, 조종장치와 표시장치 간의 관계, 순서적으로 사용되는 부품의 배치를 고려해야 한다. 또한, 체계 내 혹은 다른 체계의 여타 배치와 일관성 있게 배치하고, 자주 사용되는 부품을 편리한 위치에 배치한다.

② **조종장치(제어장치)의 저항력**
  ⓐ 탄성 저항(elastic resistance) : 물체가 변형될 때 저항하는 힘이다. 예를 들어, 스프링을 압축하거나 늘릴 때의 저항이다.
  ⓑ 관성 저항(inertia resistance) : 물체가 움직이기 시작하거나 멈출 때 저항하는 힘이다. 물체의 질량과 연관이 있으며, 물체가 기존의 운동 상태를 유지하려는 성질이다.
  ⓒ 점성 저항(viscous resistance) : 유체(액체 또는 기체) 내부에서 발생하는 저항이다. 물체가 유체 내에서 움직일 때 유체의 점성에 의해 저항을 받는다.

2 조종-반응비율(C/D 비, C/R 비)

(1) 정의

- 조종-반응비율(Control Response(display) ratio) : 조종장치의 움직인 거리(회전수)와 표시 장치상의 지침이 움직인 거리의 비

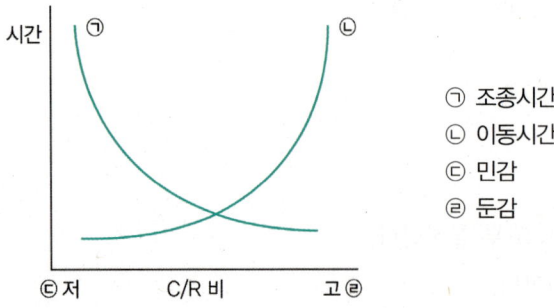

ⓐ 조종시간
ⓑ 이동시간
ⓒ 민감
ⓓ 둔감

(2) 종류

① 선형 조종장치가 산형 표시장치를 움직일 때는 각각 직선변위의 비(제어표시비)
② 회전 운동을 하는 조종장치가 선형 표시장치를 움직일 경우

$$\text{C/R 비} = \frac{\text{조종장치의 이동거리}}{\text{표시장치의 이동거리}} = \frac{(a/360) \times 2\pi L}{\text{표시장치의 이동거리}}$$

여기서, a : 조종장치가 움직인 각도, L : 반경(지레의 길이)

(3) 최적 C/R 비

① 이동 동작과 조종 동작을 절충하는 동작이 수반된다.
② 최적치는 두 곡선의 교점 부호이다.
③ C/R 비가 작을수록 이동시간은 짧고, 조종은 어려워서 민감한 조종장치이다.
④ C/R 비는 조종장치의 이동거리를 표시장치의 반응거리로 나눈 값이다.

(4) 조종-반응비율(통제표시비) 설계 시 고려사항

① 계기의 크기
② 공차
③ 목시거리
④ 조작시간
⑤ 방향성

(5) Display가 형성하는 목시각

구분	최적조건	제한조건
수평	15° 좌우	95° 좌우
수직	0 ~ 30°(하한)	75(상한) ~ 85°(하한)

> **TIP**
> 정상적인 위치에서 모든 작업의 display를 보기 위한 작업자의 시계 : 60 ~ 90°

인체측정 및 응용

01 인체측정 개요

1. 인체치수 분류 및 측정원리

(1) 인체측정의 정의
신체치수를 기본으로 신체 각 부위의 무게, 무게 중심, 부피, 운동 범위, 관성 등의 물리적 특성을 측정하여 일상생활에 적용하는 분야를 인체측정이라 한다.

(2) 인체치수 측정분류 및 원리

구조적 인체치수 (정적 인체계측)	① 신체를 고정시킨 자세에서 피측정자를 인체 측정기 등으로 측정 ② 여러 가지 설계의 표준이 되는 기초적 치수 결정 ③ 마틴식 인체계측기 사용 ④ 종류 　㉠ 골격치수 : 신체의 관절 사이를 측정(신체 각 부위의 길이 등) 　㉡ 외곽치수 : 머리, 허리, 가슴, 엉덩이 등의 표면 치수 측정(신체 둘레) 　㉢ 수직파악한계, 대퇴여유
기능적 인체치수 (동적 인체계측)	① 동적 치수는 운전을 위해 핸들을 조작하거나 브레이크를 밟는 행위 또는 물체를 잡기 위해 손을 뻗는 행위 등 움직이는 신체의 자세로부터 측정 ② 신체적 기능 수행 시 각 신체 부위는 독립적으로 움직이는 것이 아니라, 부위별 특성이 조합되어 나타나기 때문에 정적 치수와 차별화 ③ 소마토그래피 : 신체적 기능 수행을 정면도, 측면도, 평면도의 형태로 표현하여 신체 부위별 상호작용을 보여주는 그림

(3) 정적 자료를 동적 자료로 변환 시 활용되는 크뢰머(Kroemer)의 경험 법칙
① 키, 눈, 어깨, 엉덩이 등의 높이는 3% 정도 줄어든다.
② 팔꿈치 높이는 대개 변화가 없지만, 작업 중 5%까지 증가하는 경우가 있다.
③ 앉은 무릎 높이 또는 오금 높이는 굽 높은 구두를 신지 않는 한 변화가 없다.
④ 전방 및 측방 팔길이는 편안한 자세에서 30% 정도 감소하고, 어깨와 몸통을 심하게 돌리면 20% 정도 늘어난다.

02 인체측정 자료의 응용원칙

1 조절식 설계

(1) 가변적(조절식) 설계원칙
① 장비나 설비의 설계에 있어 때로는 여러 사람이 사용 가능하도록 조절식으로 하는 것이 바람직한 경우도 있다.
② 사무실 의자의 높낮이 조절, 자동차 좌석의 전후 조절 등
③ 통상 5% 치에서 95% 치까지의 90% 범위를 수용 대상으로 설계한다.
  ㉠ 어떤 설비나 장치를 설계할 때 체격이 다른 여러 사람을 수용할 수 있도록 가변적으로 만든 것
  ㉡ 여성 5백분위수에서 남성 95백분위수를 수용한다.

2 극단치 설계

(1) 극단치 설계 원칙
인체측정 특성의 극단에 속하는 사람을 대상으로 설계하면 거의 모든 사람을 수용하는 것이 가능하다.

구분	최대 집단치	최소 집단치
개념	대상 집단에 대한 인체 측정 변수의 상위 백분위수를 기준으로 90, 95, 99% 치를 사용	관련 인체 측정 변수 분포의 하위 백분위수를 기준으로 1, 5, 10% 치를 사용
적용 예	① 출입문, 통로, 의자 사이의 간격 등 ② 줄사다리, 그네 등의 지지물의 최소 지지중량(강도)	선반의 높이 또는 조종장치까지의 거리, 버스나 전철의 손잡이 등

(2) 효과와 비용을 고려 : 흔히 95%나 5% 치를 사용
① 극단적(최대치/최소치)설계
② 대상 집단의 최대치 또는 최소를 제한요소로 한 설계
③ 남성 백분위수를 기준으로 설계
④ 여성 백분위수를 기준으로 설계

3 평균치 설계

① 극단치를 이용한 설계가 곤란한 경우에는 평균치를 이용하여 설계할 수 있다.
② 특정 장비나 설비의 경우, 최대 집단치나 최소 집단치 또는 조절식으로 설계하기가 부적절하거나 불가능할 때
  - 예) 은행창구 높이, 가게의 계산대, 공원의 벤치 등

4 인체계측의 활용 시 고려사항

① 계측치에는 연령, 성별, 민족 등의 차이 외에 지역차 혹은 장기간의 근로조건, 스포츠의 경험에 따라서도 차이가 있을 수 있으므로 설계 집단에 적용할 때는 여러 요인들을 고려할 필요가 있다.
② 계측치의 표본 수는 신뢰성과 재현성이 높아야 하며, 최소 표본 수는 50~100으로 하는 것이 적당하다.
④ 인체계측치는 어떤 기준에 따라 측정되었는가를 확인할 필요가 있다.
⑤ 인체계측치는 통상 나체지수로 나타내며 설계 대상에 그대로 적용되는 경우는 드물다.
⑥ 설계 대상의 집단은 항상 일정한 것으로 한정되어 있지 않으므로 적용 범위로서는 허용을 고려해야 한다.

PART II 작업생리학

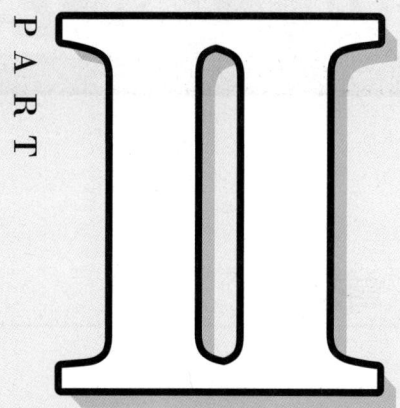

- CHAPTER 01 인체의 구성요소
- CHAPTER 02 작업생리
- CHAPTER 03 생체역학
- CHAPTER 04 생체반응 측정
- CHAPTER 05 작업환경평가 및 관리

CHAPTER 01 인체의 구성요소

01 인체의 구성요소의 특징

1 작업생리학과의 연관성

인체의 여러 구성요소들은 상호작용하며, 인체가 다양한 작업을 수행하고 최적의 생리적 상태를 유지할 수 있도록 도와준다. 작업생리학은 이러한 시스템들이 어떻게 상호작용하고, 최적의 성능을 유지하기 위해 어떻게 조절되는지를 연구하는 분야이다.

2 인체의 구성요소

(1) 골격계(Skeletal System)
① 뼈, 연골, 인대 등으로 구성되며, 신체의 구조를 지지하고 보호한다.
② 신체의 움직임을 가능하게 하고, 중요한 장기를 보호하며, 혈구 생산과 무기질 저장에도 중요한 역할을 한다.

(2) 근육계(Muscular System)
① 신체의 움직임과 자세를 유지하는 데 중요한 역할을 하는 근육과 힘줄로 구성된다.
② 근육계는 수의근(골격근), 불수의근(평활근), 심근 등으로 나뉜다.

(3) 순환계(Circulatory System)
① 심장, 혈액, 혈관으로 구성되며, 신체의 각 부위에 산소와 영양소를 공급하고 노폐물을 제거한다.
② 심혈관계와 림프계가 포함된다.
③ 육체적 작업강도가 증가하면 순환계의 반응으로 혈압 상승, 근혈류의 증가, 심박출량 증가가 나타날 수 있다.

(4) 신경계(Nervous System)

① 신체의 모든 기능을 조절하고 통제하는 뇌, 척수, 신경으로 구성된다.
② 중추신경계(뇌와 척수)와 말초신경계로 나뉜다.

(5) 호흡계(Respiratory System)

폐와 기도 등의 호흡 기관으로 구성되어 있으며, 산소를 흡수하고 이산화탄소를 배출하는 과정을 담당한다.

(6) 소화계(Digestive System)

입, 식도, 위, 소장, 대장 등으로 구성되어 있다. 음식물을 소화하고, 영양분을 흡수하며, 노폐물을 배출하는 역할을 한다.

(7) 내분비계(Endocrine System)

호르몬을 분비하는 여러 샘(예 갑상선, 부신)으로 구성되어 있으며, 호르몬을 통해 신체의 대사, 성장, 생식 등을 조절한다.

(8) 비뇨계(Urinary System)

신장, 요관, 방광으로 구성되어 있으며, 혈액을 여과하여 노폐물을 제거하고, 소변을 생성하여 배출한다.

(9) 면역계(Immune System)

림프절, 림프관, 백혈구 등으로 구성되어 있으며, 병원균과 싸우고 신체를 보호하는 역할을 한다.

(10) 감각계(Sensory System)

시각, 청각, 촉각, 후각, 미각을 담당하는 기관들로 구성되어 있으며, 외부 자극을 감지하고 정보를 처리하여 반응을 유도한다.

02 근골격계 구조와 기능

1 골격

(1) 구조

① 뼈(Bones) : 인체는 약 206개의 뼈로 구성되어 있으며, 각 뼈는 다른 뼈와 연결되어 신체의 구조를 지지한다. 우리 몸의 중심축을 이루는 중요한 구조로, 33개의 척추뼈(Vertebrae)로 구성된다.

- 척추의 주요 구조
  ㉠ 경추(Cervical Vertebrae) : 목 부분에 위치한 척추뼈로 7개(C1~C7)가 있다. 경추뼈는 비교적 작고 유연하여 목의 다양한 움직임을 가능하게 한다.
    예 C1(아틀라스)와 C2(액시스)는 특별한 구조로, 머리의 회전을 가능하게 한다.
  ㉡ 흉추(Thoracic Vertebrae) : 가슴 부분에 위치한 척추뼈로 12개(T1~T12)가 있다. 흉추뼈는 갈비뼈와 연결되어 흉곽을 형성하고, 비교적 움직임이 제한적이며, 가슴과 흉곽을 보호 및 지지하는 역할을 한다.
  ㉢ 요추(Lumbar Vertebrae) : 허리 부분에 위치한, 크고 튼튼한 척추뼈이며, 5개(L1~L5)로 이루어져 있다. 요추뼈는 허리의 지지와 큰 움직임을 가능하게 하며, 굽힘이나 펴기 등의 운동을 할 수 있게 한다.
  ㉣ 천추(Sacral Vertebrae) : 엉덩이 부분에 위치한, 크고 강한 척추뼈로 5개(S1~S5)로 이루어져 있으며, 성인의 경우 하나의 천골로 융합된다. 천추뼈는 크고 강하며, 골반과 연결되어 체중을 분산하고 하체를 지지한다.
  ㉤ 미추(Coccygeal Vertebrae) : 꼬리뼈 부분에 위치한 척추뼈이며, 4개(Co1~Co4)로 이루어져 있다. 성인의 경우 하나의 꼬리뼈로 융합되어 작은 삼각형 모양으로, 척추의 가장 하단에 위치한다. 작은 구조이지만, 골반 저부의 지지와 연관된 근육과 인대의 부착점으로 작용한다.

② 연골(Cartilage) : 뼈 끝부분을 덮고 있는 탄력 있는 조직으로, 관절에서 뼈와 뼈 사이의 마찰을 줄인다.
③ 관절(Joints) : 두 개 이상의 뼈가 만나는 부위로, 관절의 종류에 따라 다양한 운동을 가능하게 한다.
④ 볼 관절(Ball and Socket Joint) : 어깨와 엉덩이 관절로, 다방향 운동이 가능하다.
⑤ 경첩 관절(Hinge Joint) : 무릎과 팔꿈치 관절로, 굽히고 펴는 운동이 가능하다.

(2) 뼈의 기능

① 지지(Support) : 신체의 구조를 유지하고 보호한다.
② 보호(Protection) : 뇌, 심장, 폐 등 중요한 장기를 외부 충격으로부터 보호한다.
③ 운동(Movement) : 근육이 뼈에 부착되어 수축하면서 관절을 통해 운동을 가능하게 한다.
④ 조혈(Blood Cell Production) : 골수에서 혈액 세포를 생성한다.
⑤ 미네랄 저장(Mineral Storage) : 칼슘과 인과 같은 미네랄을 저장하고 필요할 때 방출한다.

(3) 척추의 기능

① **지지** : 척추는 몸의 중심축으로서 머리, 몸통, 팔, 다리를 지지한다.
② **보호** : 척추는 척수를 보호하며, 척수는 신체의 다양한 부분으로 신경 신호를 전달한다.
③ **운동** : 척추는 목, 등, 허리의 다양한 움직임을 가능하게 한다.
④ **충격 흡수** : 척추 사이의 디스크는 충격을 흡수하여 부상을 예방한다.

(4) 척추의 요약

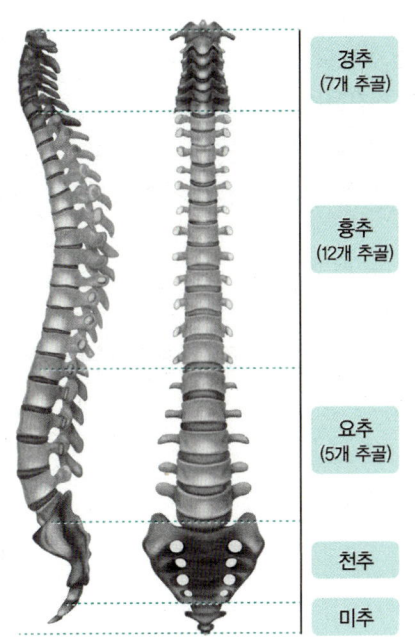

구분	위치	개수	특징	기능
경추	목	7개	작고 유연하다.	목의 운동과 지지
흉추	가슴	12개	갈비뼈와 연결, 비교적 움직임이 제한적이다.	가슴과 흉곽 보호 및 지지
요추	허리	5개	크고 튼튼하다.	허리의 지지와 큰 움직임
천추	엉덩이	5개	성인의 경우 하나의 천골로 융합된다.	골반과 체중 지지
미추	꼬리뼈	4개	성인의 경우 하나의 꼬리뼈로 융합된다.	골반 저부 지지 및 근육 부착점

(5) 골격의 구조와 기능 정리

① 신체에 중요한 부분을 보호하는 역할을 한다.
② 신체활동의 수행, 신체 주요 부분의 보호, 신체의 지지 및 형상의 기능을 한다.
③ 골격은 뼈, 연골, 관절로 이루어지며 사지 및 몸통을 움직이는 피동적 운동기관으로 작용한다.
④ 혈구세포를 만드는 조혈기능과 칼슘과 인 등의 무기질을 저장하여 몸이 필요할 때 공급해 주는 역할을 한다.

2 근육

(1) 구조

근육계 통은 우리 몸의 운동과 기능을 담당하는 다양한 근육들로 구성되어 있다. 이 근육들은 크게 수의근(Voluntary Muscle)과 불수의근(Involuntary Muscle)으로 나뉜다.

(2) 근육의 기능

① 운동(Movement) : 골격근이 수축하여 신체를 움직인다.
② 자세 유지(Posture Maintenance) : 몸의 자세를 유지하고 균형을 잡는다.
③ 열 생성(Heat Production) : 근육 수축 시 열을 발생시켜 체온을 조절한다.
④ 혈액 순환(Blood Circulation) : 심장근이 혈액을 펌핑하여 전신에 혈액을 공급한다.
⑤ 내부 장기 조절(Internal Organ Regulation) : 평활근이 소화관, 혈관 등의 움직임을 조절한다.

(3) 수의근

① 수의적으로, 즉 의식적으로 조절할 수 있는 근육으로 횡문근(Striated Muscle)으로도 불리며, 규칙적인 줄무늬 패턴이 있는 다핵세포로 구성되어 있다.
② 수의근은 신체의 움직임을 가능하게 한다.
　예) 걷기, 달리기, 물건 들기
③ 수의근은 근육의 수축을 통해 신체의 자세를 유지한다.
　예) 앉아 있을 때 자세를 유지하기
④ 열 생성으로 근육 활동 중 발생하는 열로 체온을 조절한다.

> **더 알아보기**
>
> **골격근(Skeletal Muscle)**
> - 뼈에 부착되어 있으며, 신체의 운동을 담당한다.
> - 자발적으로 수축할 수 있는 근육으로 팔, 다리, 등, 목 등의 근육이다.

(4) 불수의근

의식적으로 조절할 수 없는 근육으로 평활근(Smooth Muscle)과 심장근(Cardiac Muscle)으로 구성되어 있다. 평활근은 규칙적인 줄무늬가 없는 단핵 세포로 구성되어 있고, 심장근은 횡문근과 유사한 구조를 가지지만 자발적으로 수축한다.

> **TIP**
> - **평활근(Smooth Muscle)** : 내소화관, 혈관, 기관지 등의 내장 기관에 위치하여 내장 운동을 하며 불수의적으로 수축하여 내부 장기의 움직임을 조절한다.
> - **심장근(Cardiac Muscle)** : 심장에서만 발견되는 근육으로, 자율적으로 수축하여 혈액을 순환시킨다.

(5) 비교 요약

구분	수의근(Voluntary Muscle)	불수의근(Involuntary Muscle)
조절 방식	의식적으로 조절 가능	의식적으로 조절 불가능
구조	규칙적인 줄무늬 패턴의 다핵세포	• 평활근 : 줄무늬 없는 단핵 세포 • 심장근 : 횡문근과 유사한 구조
기능	신체의 운동, 자세 유지, 열생성	내장 기관의 운동, 심장 박동
예시	골격근	평활근, 심장근

3 관절

(1) 관절의 구성요소

관절은 신체를 움직일 수 있게 하는 역할을 하며, 활액 관절, 부동 관절, 부분운동 관절로 구분한다.

① **활액 관절(Synovial Joints)** : 활액으로 채워진 관절 공간이 있는 자유롭게 움직일 수 있는 관절이다. 관절낭, 활막, 관절연골, 관절액 등으로 구성되어 있다. 다양한 방향으로 자유롭게 움직일 수 있게 하며, 어깨, 엉덩이, 무릎 등에 있다.

  ㉠ **관절낭(Joint Capsule)** : 관절을 둘러싸고 있는 튼튼한 섬유질 막으로, 관절을 보호하고 안정화한다.
  ㉡ **활막(Synovial Membrane)** : 관절낭 내부를 덮고 있는 얇은 막으로, 관절액을 분비하여 관절을 윤활하고, 영양분을 공급한다.
  ㉢ **관절연골(Articular Cartilage)** : 관절 표면을 덮고 있는 부드럽고 탄력 있는 조직으로, 관절면 사이의 마찰을 줄이고, 충격을 흡수한다.
  ㉣ **관절액(Synovial Fluid)** : 활막에서 분비되는 끈적한 액체로 관절을 윤활하여 마찰을 줄이고, 연골을 보호하며, 충격을 흡수한다.

② **부동 관절(Immovable Joints)** : 거의 또는 전혀 움직이지 않는 관절이다. 뼈들이 단단히 결합된 구조로, 주로 섬유성 조직이 뼈 사이를 연결한다. 강력한 구조로 되어 있으며, 주요 내부 장기를 보호한다.
  예 두개골의 봉합선

③ 부분운동 관절(Partially Movable Joints) : 제한된 범위 내에서 약간의 움직임을 허용하는 관절로 섬유성 연골 또는 인대가 뼈 사이를 연결하여 약간의 움직임을 허용한다. 어느 정도의 유연성과 운동 범위를 가지고 있으며, 충격을 흡수하여 관절을 보호한다.
   예) 척추, 갈비뼈와 흉골의 연결부

④ 인대(Ligaments) : 뼈와 뼈를 연결하는 강하고 유연한 섬유성 조직으로, 관절의 안정성을 제공하고, 과도한 움직임을 제한한다.

⑤ 힘줄(Tendons) : 근육과 뼈를 연결하는 강한 섬유성 조직으로, 근육의 수축력을 뼈에 전달하여 움직임을 발생시킨다.

(2) 관절의 세부 종류와 기능

① 경첩 관절(Hinge Joints) : 한 방향으로만 움직일 수 있는 관절로 굽힘과 펴기 운동을 가능하게 한다.
   예) 팔꿈치, 무릎

② 볼 관절(Ball and Socket Joints) : 다방향으로 움직일 수 있는 관절로 다양한 방향으로의 회전 운동을 가능하게 한다.
   예) 어깨, 엉덩이

③ 회전 관절(Pivot Joints) : 한 축을 중심으로 회전할 수 있는 관절로 회전 운동을 가능하게 한다.
   예) 목, 팔꿈치

④ 평면 관절(Plane Joints) : 미끄러지는 운동이 가능한 관절로 미끄러지는 운동을 가능하게 한다.
   예) 손목, 발목

⑤ 안장 관절(Saddle Joints) : 두 면이 서로 걸터앉은 형태의 관절로 양방향으로의 운동을 가능하게 한다.
   예) 엄지손가락

⑥ 활주 관절(Gliding Joints) : 서로 평행한 두 면이 미끄러지는 형태의 관절로 소규모의 미끄러짐 운동을 가능하게 한다.
   예) 척추의 소관절

(3) 요약

종류	정의	예시	기능
활액 관절	자유롭게 움직일 수 있는 관절	어깨, 엉덩이, 무릎	다양한 방향으로 자유로운 운동
부동 관절	거의 움직이지 않는 관절	두개골의 봉합선	강력한 지지와 보호
부분운동 관절	제한된 범위 내에서 약간 움직일 수 있는 관절	척추, 갈비뼈와 흉골의 연결부	유연성과 충격 흡수

4 신경계

신경계는 우리 몸의 모든 부분을 통합하고 조절하는 시스템으로, 다양한 작업 수행에서 필수적인 기능을 한다. 신경계는 주로 중추신경계(Central Nervous System)와 말초신경계(Peripheral Nervous System)로 나뉜다.

(1) 중추신경계(Central Nervous System)

① 뇌(Brain) : 신경계의 중심 기관으로, 사고, 감정, 기억, 운동 조절 등 다양한 기능을 수행한다. 뇌간(Brain Stem)에는 중뇌, 교뇌, 연수가 있다.
② 척수(Spinal Cord) : 뇌와 말초신경계 사이의 신호 전달 경로로, 신경 신호를 전달하고 반사 작용을 조절한다.
③ 중추신경계 기능
  ㉠ 정보처리 및 통합 : 감각 정보를 수집·처리하고 적절한 반응을 생성한다.
  ㉡ 반사 작용 : 척수를 통해 빠른 반응을 유도하여 신체를 보호한다.
  ㉢ 운동 조절 : 신체의 운동을 계획하고 조절한다.

(2) 말초신경계(Peripheral Nervous System)

말초신경계는 체성신경계와 자율신경계로 구성하며, 각각의 하위 시스템에는 고유한 기능과 역할이 있다. 이 두 시스템은 신체의 다양한 기능을 조절한다.

① 신경계 구성
  ㉠ 신경(Nerves) : 중추신경계와 신체의 각 부위를 연결하는 신경 섬유로 구성된다.
  ㉡ 감각신경(Sensory Nerves) : 외부 자극을 받아들여 중추신경계로 전달하는 신경계이다. 감각기관(눈, 귀, 피부 등)에서 발생하는 정보를 뇌로 전달한다.
  ㉢ 운동신경(Motor Nerves) : 근육으로 신호를 보내어 움직임을 조절하는 신경계이다. 중추신경계의 명령을 받아 신체의 근육을 활성화한다.
② 체성신경계(Somatic Nervous System) : 체성신경계는 의식적으로 조절할 수 있는 신경계로, 주로 골격근을 제어하여 신체의 움직임을 담당한다. 감각신경과 운동신경으로 구성된다.
  ㉠ 감각신경(Sensory Nerves) : 외부 환경에서 수집한 감각 정보를 중추신경계로 전달한다.
    예 피부, 눈, 귀 등 감각기관에서 수집한 정보를 전달하는 것
  ㉡ 운동신경(Motor Nerves) : 중추신경계에서 내려오는 명령을 근육에 전달하여 움직임을 생성한다.
    예 걷기, 달리기, 물건 들기 등 의식적으로 조절 가능한 운동

③ **자율신경계(Autonomic Nervous System)** : 내부 장기의 기능을 자율적으로 조절하며 의식적인 조절 없이 자동으로 신체의 내부 환경을 조절하는 신경계이다. 자율신경계는 교감신경계와 부교감신경계로 나뉜다.
　㉠ 교감신경계(Sympathetic Nervous System) : 스트레스나 위기 상황에서 신체를 준비시키는 신경계이다. 심장 박동을 빠르게 하거나 혈압 상승, 동공 확장, 소화 억제 등의 반응을 일으킨다.
　　예 위기 상황에서 빠르게 반응하고 행동하기 위한 신체적 준비
　㉡ 부교감신경계(Parasympathetic Nervous System) : "휴식과 소화(rest-and-digest)" 반응을 활성화하여 신체를 안정시키고 회복을 돕는다. 심박수 감소, 혈압 감소, 동공 축소, 소화 촉진 등의 반응을 일으킨다.
　　예 식사 후 소화 활동이 활성화되고 신체가 안정 상태를 유지하는 것

④ **자율신경계의 역할**
　㉠ 작업 조정 : 신체의 모든 부위가 효율적으로 작업할 수 있도록 조정한다.
　㉡ 반응 시간 : 신속한 반응을 통해 작업의 안전성과 효율성을 높인다.
　㉢ 피로 관리 : 신경계를 통해 작업 중 피로를 감지하고 관리한다.
　㉣ 스트레스 조절 : 교감 및 부교감신경계를 통해 스트레스를 조절한다.

⑤ **비교 요약**

구분	자율신경계(Autonomic Nervous System)	체성신경계(Somatic Nervous System)
조절 방식	무의식적 조절	의식적 조절
구성요소	교감신경계, 부교감신경계	감각신경, 운동신경
주요 기능	내부 장기의 자동 조절	골격근의 운동 조절
주요 역할	스트레스 반응, 휴식 및 소화	신체의 의식적 움직임 제어
예시	심박수 조절, 혈압 조절, 소화 촉진	걷기, 달리기, 물건 들기

(3) 체내 항상성 조절(Homeostasis)

신체 내부 환경을 일정하게 유지하려는 생리적 메커니즘으로, 이를 통해 신체가 외부 환경의 변화에도 불구하고 안정적인 상태를 유지할 수 있다. 항상성 조절은 다양한 시스템과의 작용을 통해 이루어진다.

① **체온 조절(Thermoregulation)** : 신체의 정상 체온(약 37℃)을 유지시킨다.
　㉠ 발한(Sweating) : 체온이 상승할 때 땀샘을 통해 땀을 배출하여 체온을 낮춘다.
　㉡ 혈관 확장(Vasodilation) : 체온이 상승할 때 피부의 혈관이 확장되어 열을 방출한다.
　㉢ 혈관 수축(Vasoconstriction) : 체온이 낮아질 때 피부의 혈관이 수축하여 열 손실을 방지한다.
　㉣ 몸 떨림(Shivering) : 체온이 낮아질 때 근육의 무의식적 수축을 통해 열을 생성한다.

② 혈당 조절(Blood Glucose Regulation) : 혈액 내 포도당 수치를 일정하게 유지시킨다.
  ㉠ 인슐린(Insulin) : 혈당이 상승할 때 췌장에서 분비되어 세포가 포도당을 흡수하게 한다.
  ㉡ 글루카곤(Glucagon) : 혈당이 낮아질 때 췌장에서 분비되어 간에 저장된 글리코겐을 포도당으로 분해하여 혈액으로 방출한다.
③ 체액 균형 조절(Fluid Balance) : 체액의 양과 농도를 일정하게 유지시킨다.
  ㉠ 항이뇨 호르몬(ADH) : 체액이 부족할 때 신장에서 물 재흡수를 촉진하여 체액량을 유지시킨다.
  ㉡ 알도스테론(Aldosterone) : 체액이 부족할 때 신장에서 나트륨 재흡수를 촉진하여 체액량을 증가시킨다.
④ 산-염기 균형(Acid-Base Balance) : 혈액의 pH를 적정 범위(약 pH 7.4)로 유지시킨다.
  ㉠ 호흡 조절 : 이산화탄소(CO_2)의 배출을 통해 혈액의 pH를 조절한다.
  ㉡ 신장 조절 : 신장에서 H^+ 이온의 배출과 HCO_3^- 이온의 재흡수를 통해 pH를 조절한다.
⑤ 혈압 조절(Blood Pressure Regulation) : 혈압을 적절한 범위로 유지시킨다.
  ㉠ 바로리셉터 반사(Baroreceptor Reflex) : 혈압이 상승하거나 하락할 때 이를 감지하여 심장 박동수와 혈관 저항을 조절한다.
  ㉡ 레닌-안지오텐신-알도스테론 시스템(RAAS) : 혈압이 낮을 때 레닌이 분비되어 안지오텐신과 알도스테론의 작용으로 혈압을 상승시킨다.

(4) 항상성 유지의 중요성

① 항상성 조절 메커니즘은 신체의 정상적인 기능을 유지하고, 외부 환경 변화에 대응하여 건강을 유지하는 데 필수적이다.
② 항상성 유지의 실패는 질병이나 체내 기능 장애로 이어질 수 있다.

03 순환계 및 호흡계의 구조와 기능

1 순환계

순환계는 혈액, 영양분, 산소 등을 신체 각 부위로 운반하고 노폐물을 제거하는 중요한 시스템이다.

(1) 심장
네 개의 방(두 개의 심방, 두 개의 심실)으로 나뉘어 있고, 판막으로 혈액의 역류를 방지하며, 혈액을 펌핑하여 전신으로 순환시킨다.

(2) 혈관
① 동맥(Arteries) : 심장에서 나가는 혈액을 운반하며, 산소와 영양분을 공급한다.
② 정맥(Veins) : 체내의 혈액을 심장으로 돌려보내며, 이산화탄소와 노폐물을 운반한다.
③ 모세혈관(Capillaries) : 동맥과 정맥을 연결하며, 세포와의 가스 교환이 이루어진다.

(3) 혈액
혈장(Plasma), 적혈구(Red Blood Cells), 백혈구(White Blood Cells), 혈소판(Platelets)으로 구성되어 있으며 산소와 영양분을 운반하고, 이산화탄소와 노폐물을 제거하며, 면역 반응과 혈액 응고를 돕는다.

① 산소 운반 : 폐에서 산소를 받아 체내 조직으로 운반한다.
② 영양분 공급 : 소화기관에서 흡수한 영양분을 세포로 운반한다.
③ 노폐물 제거 : 세포에서 발생한 이산화탄소와 기타 노폐물을 신장과 폐로 운반하여 배출한다.
④ 호르몬 운반 : 내분비 기관에서 분비된 호르몬을 표적 기관으로 운반한다.
⑤ 체온 조절 : 혈액의 순환을 통해 체온을 일정하게 유지한다.

(4) 혈류의 재분배 과정
① 운동 중 혈류 재분배
  ㉠ 운동 시 근육에 더 많은 혈액이 공급되고, 피부에도 혈류가 증가하여 체온을 조절한다.
  ㉡ 소화기관과 기타 내장기관으로의 혈류는 감소한다.
② 식사 후 혈류 재분배
  ㉠ 식사 후 소화기관에 더 많은 혈액이 공급되어 소화와 흡수를 돕는다.
  ㉡ 운동이나 기타 신체활동이 적은 경우 근육으로의 혈류가 감소한다.

③ 스트레스 상황에서 혈류 재분배
  ㉠ 스트레스나 긴급 상황에서는 교감신경계가 활성화되어 심박출량이 증가하고, 주요 장기와 근육으로의 혈류가 증가한다.
  ㉡ 소화기관과 피부로의 혈류는 감소한다.

(5) 작업 또는 휴식 시 혈액 분배

작업 시 혈류 분포	휴식(안정) 시 혈류 분포
• 근육 : 80~85% • 심장 : 4~5% • 간 및 소화기관 : 3~5% • 뇌 : 3~4% • 신장 : 2~4% • 뼈 : 0.5~1% • 피부, 피하 : 비율이 거의 없음.	• 간 및 소화기관 : 20~25% • 신장 : 20% • 근육 : 15~20% • 뇌 : 15% • 심장 : 4~5%

(6) 육체적인 작업을 할 경우 순환기계의 반응
① 혈압의 상승
② 혈류의 재분배
③ 심박출량의 증가
④ 혈액의 수송량 증가

2 호흡계

호흡계(Respiratory System)는 신체가 필요한 산소를 공급하고, 이산화탄소를 제거하는 시스템이다.

(1) 호흡계 구성요소
① 기도(Airways)
  ㉠ 코(Nose) : 외부 공기를 흡입하고, 공기를 필터링하고 따뜻하게 한다.
  ㉡ 후두(Larynx) : 발성을 돕고, 음식물과 공기를 분리한다.
  ㉢ 기관(Trachea) : 폐로 공기를 운반하는 주요 통로이다.
  ㉣ 기관지(Bronchi) : 기관에서 분기되어 양쪽 폐로 공기를 운반한다.
② 폐(Lungs) : 두 개의 폐(좌폐와 우폐)로 구성되어 있고, 각 폐는 여러 개의 엽으로 나뉘며, 폐포(Alveoli)에서 가스 교환이 이루어진다.

③ 호흡근(Respiratory Muscle)
- 가로막(Diaphragm) : 흡기와 호기 시 수축과 이완을 통해 폐의 부피를 조절한다.

④ 늑간근(Intercostal Muscle) : 갈비뼈 사이에 위치하여 호흡을 돕는다.
  ㉠ 가스 교환 : 폐포에서 산소와 이산화탄소의 교환이 이루어진다.
  ㉡ 공기 여과 : 코와 기도를 통해 공기를 필터링하고, 먼지와 이물질을 제거한다.
  ㉢ 체액 조절 : 호흡을 통해 신체 내 pH 균형을 유지한다.

(2) 순환계 및 호흡계 요약

시스템	구성요소	주요 기능
순환계	심장, 혈관(동맥, 정맥, 모세혈관), 혈액	산소 및 영양분 운반, 노폐물 제거, 호르몬 운반, 체온 조절
호흡계	기도(코, 후두, 기관, 기관지), 폐, 호흡근	가스 교환, 공기 여과, 체액 조절

PART II 작업생리

CHAPTER 02 작업생리

01 작업생리학 개요

1. 작업생리학의 정의 및 요소

(1) 정의
작업생리학(Work Physiology)은 인간이 작업환경에서 수행하는 신체활동과 그로 인한 생리적 반응을 연구하는 학문으로, 작업자가 작업을 수행하는 동안 신체적 에너지, 힘, 운동 범위 등을 분석하고, 작업 효율성과 안전성을 높이기 위한 방법을 모색한다.

인체공학(Ergonomics)과도 밀접한 관련이 있으며, 작업환경과 도구를 최적화하여 작업자의 편안함과 생산성을 극대화하는 데 중점을 두고 이를 통해 작업자가 더욱 안전하고 효율적으로 업무를 수행할 수 있도록 지원한다.

(2) 주요 목표
① **작업 효율성 향상** : 작업자가 최대한 적은 에너지로 최대한의 성과를 낼 수 있도록 돕는다.
② **안전성 증진** : 작업 중 부상을 예방하고, 작업환경을 안전하게 설계한다.
③ **피로 관리** : 작업자의 피로를 줄이고 지속 가능한 작업환경을 만든다.
④ **건강 증진** : 작업 관련 질병과 부상을 예방하고, 작업자의 신체적 건강을 유지한다.

(3) 연구 영역
① **에너지 대사** : 신체가 에너지를 생성하고 사용하는 과정, 유산소대사와 무산소 대사, 칼로리 소비, 에너지 원천
② **근골격계** : 뼈, 근육, 인대 등의 구조와 기능에 대한 연구, 근력, 유연성, 지구력, 자세, 작업부하
③ **심혈관계** : 심장과 혈관의 기능과 작업 중 혈액 순환, 심박수, 혈압, 혈액 흐름, 산소 운반 능력
④ **호흡계** : 호흡을 통해 산소를 공급하고 이산화탄소를 배출하는 과정, 폐활량, 호흡 빈도, 가스 교환, 작업 중 호흡 패턴

⑤ 신경계 : 신경계의 구조와 기능을 연구하여 작업 중 반응 시간과 신경 신호 전달을 평가, 반응 시간, 신경 반사, 운동 제어, 피로 관리
⑥ 작업환경 : 작업환경이 신체에 미치는 영향, 온도, 습도, 소음, 조명, 작업 공간 설계
⑦ 작업부하 : 작업 수행 중 신체에 가해지는 물리적 및 정신적 부하를 평가, 작업 강도, 작업 시간, 휴식 간격, 스트레스 관리
⑧ 인체공학(Ergonomics) : 작업환경과 도구가 신체에 미치는 영향을 연구하여 최적의 작업 조건을 설계, 작업 자세, 도구 설계, 작업대 높이, 작업 공간 배치
⑨ 피로 관리(Fatigue Management) : 작업 중 발생하는 피로를 평가하고 관리하는 방법, 피로의 원인 분석, 휴식 계획, 피로 회복 방법 등이 포함된다.
⑩ 작업 관련 질병 예방(Occupational Disease Prevention) : 작업환경과 작업 내용이 건강에 미치는 영향을 연구하여 질병을 예방, 근골격계질환, 스트레스 관련 질환, 화학적 노출 등에 대한 예방 방법

02 대사 작용

1. 근육의 구조 및 활동

근육은 뼈와 함께 신체를 구성하고 다양한 움직임을 가능케 하는 주요 조직이다.

(1) 근육의 구조

① 근섬유(Muscle Fibers) : 근육은 많은 근섬유로 구성되어 있으며, 각각의 근섬유는 근세포이다. 근섬유는 다핵 세포로, 여러 개의 핵을 가진다.
② 근형질(Sarcoplasm) : 근섬유 내의 세포질로, 근수축에 필요한 다양한 소기관이 포함되어 있다.
③ 근원섬유(Myofibrils) : 근섬유 내에 존재하는 가는 섬유 구조로, 근육의 수축을 한다.
④ 근절(Sarcomere) : 근원섬유는 근절이라는 작은 단위로 나누어져 있으며, 근절은 근육의 기본적인 수축 단위이다. 근절은 액틴(Actin)과 미오신(Myosin)이라는 두 가지 주요 단백질 필라멘트로 구성되어 있다. Z-선(Z-line)은 근절의 경계로, 근절을 구분하는 역할을 한다.

(2) 결합조직(Connective Tissue)

① 근내막(Endomysium) : 각각의 근섬유를 둘러싸는 결합조직
② 근주막(Perimysium) : 근섬유 다발을 둘러싸는 결합조직
③ 근외막(Epimysium) : 전체 근육을 둘러싸는 결합조직

(3) 근육의 활동

① 근수축(Muscle Contraction)
  ㉠ 활동전위(Action Potential) : 신경 자극이 근섬유에 도달하면 활동전위가 발생한다.
  ㉡ 칼슘 이온(Calcium Ions) : 활동전위가 근소포체(Sarcoplasmic Reticulum)에서 칼슘 이온을 방출시키면, 칼슘 이온이 액틴 필라멘트에 결합하여 미오신 머리(Myosin Head)가 액틴과 결합하도록 돕는다.
  ㉢ 교차다리 형성(Cross-bridge Formation) : 미오신 머리가 액틴 필라멘트와 결합하여 교차다리를 형성한다.
  ㉣ 파워 스트로크(Power Stroke) : 미오신 머리가 액틴 필라멘트를 끌어당기며 근절을 짧게 하고, 근육이 수축한다.
  ㉤ ATP 사용 : ATP가 분해되면서 에너지를 제공하여 미오신 머리가 원래 위치로 돌아가고, 다음 교차다리가 형성된다.

② 근이완(Muscle Relaxation)
  ㉠ 칼슘 회수(Calcium Reuptake) : 근소포체가 칼슘 이온을 다시 흡수하여 근섬유 내의 칼슘 농도를 낮춘다.
  ㉡ 교차다리 분리 : 칼슘 농도가 낮아지면 액틴 필라멘트와 미오신 머리가 분리된다.
  ㉢ 근섬유 이완 : 근절이 원래 길이로 돌아가며 근섬유가 이완한다.

③ 요약 : 근육은 근섬유, 근절, 결합조직으로 구성되어 있으며, 신경 자극과 화학적 신호에 의해 수축과 이완이 일어난다. 이러한 과정은 우리의 다양한 움직임을 가능하게 한다.

(4) 근육의 특징

① 근육의 구조는 근섬유, 연결조직, 신경으로 구성된다. 근내막은 근섬유를 싸고 있고 근섬유 구조를 지지하는 역할을 한다. 근육은 근섬유, 근원섬유, 근섬유분절로 구성되어 있고 근섬유는 골격근의 기본 구조단위이다.
② Type S 근섬유는 직경이 작아서 큰 힘을 발휘하지 못하지만 장시간 지속시키고 피로가 쉽게 발생하지 않는 골격근의 근섬유이다.

(5) 근육의 수축이론

① 근육은 자극을 받으면 수축하고 수축은 근육의 유일한 활동으로 근육의 길이가 단축된다. 근육이 수축할 때 짧아지는 것은 미오신 필라멘트 속으로 액틴 필라멘트가 미끄러져 들어간 결과이다.
② 액틴과 미오신 필라멘트의 길이는 변하지 않는다.
③ 근섬유가 수축하면 I대와 H대가 짧아진다.
④ 최대로 수축했을 때는 Z선이 A대에 맞닿고 I대는 사라진다.
⑤ 근육 전체가 내는 힘은 활성화된 근섬유 수에 의해 결정된다. 활성화된 근섬유 수가 많을수록 더 큰 힘을 낼 수 있다.

⑥ 수축현상
  ㉠ 연축(Twitch) : 근육 섬유가 짧게 한 번 수축하는 현상
  ㉡ 강축(Tetanus) : 연속된 자극으로 근육이 지속적으로 수축하는 상태
  ㉢ 원심성 수축(Eccentric Contraction) : 근육이 늘어나면서 힘을 내는 수축
  ㉣ 구심성 수축(Concentric Contraction) : 근육이 짧아지면서 힘을 내는 수축

⑦ 근육의 각 구성 및 역할
  ㉠ 근초(Sarcolemma) : 근섬유를 둘러싸고 있는 막.
  ㉡ 근섬유속(Muscle Fiber Bundle) : 근섬유의 집합체로 근속이라고도 한다.
  ㉢ 가로세관(Transverse Tubule) : 근세포막에 전달된 흥분을 근세포 내부로 전달하는 통로 역할을 한다.
  ㉣ 근형질세망(Sarcoplasmic Reticulum) : 칼슘의 저장소이며, 근수축을 위한 칼슘이온을 방출한다.

⑧ 근육의 운동 및 관계
  ㉠ 주동근(Agonists) : 특정 관절 운동을 주도적으로 일으키는 근육이다. 예를 들어, 팔을 굽힐 때 이두근(Biceps Brachii)이 주동근으로 작용한다. 수축하여 운동을 발생시키는 역할을 한다.
  ㉡ 길항근(Antagonists) : 주동근과 반대되는 작용을 하는 근육으로, 주동근이 과도하게 수축하지 않도록 반대 방향으로 작용하여 관절의 손상을 방지한다. 주동근이 수축하여 운동을 일으킬 때 길항근은 이완한다. 예를 들어, 팔을 굽힐 때 삼두근(Triceps Brachii)이 길항근으로 작용하며, 팔을 펴는 반대 운동을 할 때 주동근 역할을 한다.
  ㉢ 협력근(Synergists) : 특정 운동을 수행할 때 주동근을 돕는 근육으로, 운동의 정확성과 효율성을 높이기 위해 협력하여 작용한다. 예를 들어, 팔을 굽힐 때 이두근이 주동근으로 작용하지만, 협력근인 상완근(Brachialis)과 상완요골근(Brachioradialis)이 함께 작용하여 팔을 더욱 원활하게 굽히게 한다.
  ㉣ 박근(Gracilis) : 내전근으로 허벅지 안쪽을 내전시키는 역할을 한다.
  ㉤ 장요근(Iliopsoas) : 엉덩이와 허벅지를 구부리는 역할을 하는 주요 굴곡근이다.
  ㉥ 대퇴직근(Rectus Femoris) : 대퇴사두근의 일부분으로, 무릎을 펴고 엉덩이를 굴곡시키는 역할을 한다.

2 대사

(1) 정의

신체가 에너지를 생성하고 사용하는 모든 화학적 과정을 의미한다. 작업 중에 신체가 필요로 하는 에너지의 공급과 이용을 이해하는 데 매우 중요하며, 주로 유산소 대사와 무산소 대사로 나눈다. 이 두 가지는 작업의 강도와 지속 시간에 따라 다르게 작용한다.

대사(代謝, Metabolism) 또는 신진대사(新陳代謝)는 생물체 내에서 일어나는 모든 화학적인 반응을 포함하는 과정으로, 음식물을 섭취하여 영양소로 분해하고, 이를 통해 에너지를 생산하여 기계적인 일과 열로 전환하는 것이다. 이러한 화학적 과정이 모두 신진대사의 일환이며 이 과정은 생명 유지에 필수적이다.

(2) 유산소 대사

산소를 이용하여 탄수화물, 지방, 단백질을 에너지원으로 분해하는 과정을 유산소 대사(Aerobic Metabolism)라 한다. 글리코겐, 지방, 단백질이 산소와 결합하여 에너지를 생성하며, ATP(아데노신 삼인산), 이산화탄소(CO_2), 물(H_2O)이 발생한다. 에너지원으로 탄수화물과 지방을 주로 사용하며, 장기간 지속 가능한 작업에 적합하다.

🟢 걷기, 장거리 달리기, 자전거 타기 등 지속적인 유산소 운동

(3) 무산소 대사

산소 없이 에너지를 신속하게 생성하는 과정을 무산소 대사(Anaerobic Metabolism)라 한다. 주로 글리코겐이 분해되어 에너지를 생성하며, ATP, 젖산이 생성된다. 짧고 강렬한 작업에 적합하며, 빠르게 에너지를 공급하지만 지속 가능 시간은 짧다.

🟢 고강도 인터벌 트레이닝(HIIT), 무거운 물건 들기, 스프린트 등

(4) 대사의 역할

① 에너지 공급 : 신체가 작업을 수행할 때 필요한 에너지를 제공한다.
② 피로 관리 : 작업 중 대사 과정에서 생성된 부산물(🟢 젖산)은 피로를 유발할 수 있으며, 대사 시스템의 효율성에 따라 피로가 조절된다.
③ 체온 조절 : 대사 과정에서 발생하는 열은 체온을 조절하는 데 중요한 역할을 한다.

(5) 대사의 주요 과정

① ATP-CP 시스템(ATP-Creatine Phosphate System) : ATP와 크레아틴 인산을 이용하여 단시간 내에 에너지를 공급하는 과정으로 주로 단기적이고 폭발적인 에너지가 필요한 작업에서 사용된다. 근육 내의 ATP와 크레아틴 인산(CP)을 이용하여 단기간 고강도의 에너지를 제공한다. ATP가 직접 사용되며, 크레아틴 인산이 빠르게 ATP로 변환된다. 즉각적인 에너지원으로 사용되며, 약 10초 내외의 짧은 시간 동안 지속된다.

🟢 스프린트, 무거운 역도 등

② 젖산 시스템(Lactic Acid System) : 무산소 조건에서 글리코겐이 분해되어 에너지를 생성하고, 젖산이 축적되는 과정으로 글리콜리시스를 통해 글리코겐이 피루브산으로 분해되고, 피루브산이 젖산으로 전환되어 에너지를 생성한다. 중간 강도에서 고강도의 운동에 사용되며, 약 1~2분 동안 지속된다.

🟢 400미터 달리기, 고강도 인터벌 트레이닝(HIIT) 등

> **TIP**
> • **글리콜리시스** : 글리코겐이나 포도당을 분해하여 에너지를 생성하는 과정으로, 무산소 대사에 해당한다.

③ 유산소 시스템(Aerobic System) : 산소를 이용하여 영양소를 완전하게 분해하여 ATP를 생성하는 과정으로 탄수화물, 지방, 단백질이 미토콘드리아에서 산화적 인산화 과정을 통해 에너지를 생성한다. 지속적인 운동에 적합하며, 근육 대사의 주요 단계 동안 에너지를 제공한다.
   예 마라톤, 장거리 자전거 타기 등
④ 산소부채(빚, Oxygen Debt) : 고강도 운동 후 신체가 정상적인 상태로 회복되는 동안 추가적인 산소가 필요한 상태를 의미한다. 이는 운동 중에 발생한 에너지 부족을 보충하기 위해 필요한 산소량을 나타낸다.

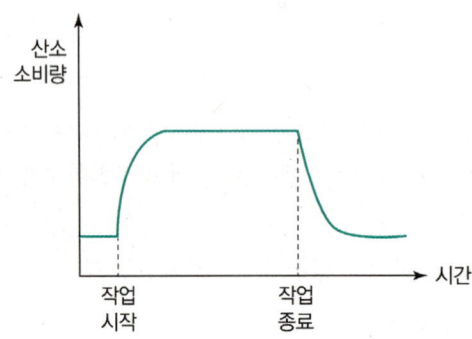

(6) 작업생리학에서의 대사 평가

① 심박수 모니터링 : 작업 중 심박수를 측정하여 대사율과 에너지 소비를 평가한다.
② 산소 섭취량 측정 : 산소 섭취량(VO_2)을 측정하여 유산소 대사 능력을 평가한다.
③ 젖산 측정 : 혈중 젖산 농도를 측정하여 무산소 대사 능력과 피로도를 평가한다.

작업생리학에서는 이러한 대사 과정을 이해하고 효율적으로 관리하여 작업자의 에너지 소비를 최적화하고, 피로를 줄이며, 작업 효율성과 안전성을 높이는 데 중점을 둔다.

(7) 근육 대사와 피로

① 젖산 축적 : 무산소 대사에서 생성된 젖산이 축적되면 근육의 피로를 유발할 수 있다.
② 에너지 고갈 : 장시간의 운동 후 글리코겐 저장량이 고갈되면 피로가 발생할 수 있다.
③ 대사 부산물 : 대사 과정에서 생성된 부산물들은 근육 기능을 저하시키고 피로를 유발할 수 있다.

3 에너지 소비량

(1) 정의

에너지 소비량(Energy Expenditure)은 신체가 활동 중에 소비하는 에너지의 양을 의미한다. 이는 주로 기초대사율(Basal Metabolic Rate, BMR), 신체활동(Physical Activity), 음식의 열 효과(Thermic Effect of Food, TEF) 등으로 구성된다. 에너지 소비량에 영향을 미치는 인자로는 작업방법, 작업자세, 작업속도, 도구 설계 등이 있다.

(2) 기초 대사율

생명 유지에 필요한 최소한의 에너지 소비량으로 심장 박동, 호흡, 체온 유지, 세포 활동 등 휴식 상태에서 신체가 생명 유지를 위해 기본 생리 기능을 하는 데 필요한 에너지이다. 나이, 성별, 체중, 체성분(근육량과 지방량), 유전적 요인에 따라 다르며 성인 남성의 경우 하루 약 1,600~2,000kcal, 성인 여성의 경우 하루 약 1,200~1,600kcal이다.

> **더 알아보기**
>
> **기초 대사율 측정**
> - 공복상태로 쾌적한 온도에서 신체적 휴식을 취하는 엄격한 조건에서 측정한다.
> - 휴식 상태로 최소 30분 이상 충분한 휴식을 취한 후 측정한다. 운동이나 스트레스는 기초 대사량을 높일 수 있다.
> - **조용하고 편안한 환경** : 측정은 조용하고 외부 자극이 없는 환경에서 이루어져야 한다.
> - **적절한 온도** : 측정 환경의 온도는 신체가 정상적인 상태를 유지할 수 있는 적절한 온도로 유지되어야 한다.
> - **편안한 자세** : 피검자는 편안하게 누워있는 자세를 취해야 한다. 등을 대고 누워서 팔과 다리를 자연스럽게 펴고, 긴장을 풀어야 한다.
> - **호흡 안정** : 측정 중에는 호흡을 안정적으로 유지해야 하며, 과호흡이나 얕은 호흡을 피해야 한다.
> - **움직임 최소화** : 측정 동안에는 움직임을 최소화해야 한다. 움직임은 에너지 소비를 증가시킬 수 있다.
> - **호흡가스 분석기** : 마스크나 후드를 착용하여 호흡가스 분석기를 통해 산소 소비와 이산화탄소 배출을 측정한다.

(3) 신체활동

① 정의 : 운동 및 일상 활동을 통해 소비되는 에너지로 걷기, 달리기, 자전거 타기, 근력 운동 등 모든 신체활동이 포함된다. 활동의 종류, 강도, 지속 시간, 개인의 체중과 체성분에 따라 다르다.

② 소비에너지
    ㉠ 가벼운 활동(가벼운 집안일, 느린 걷기) : 약 100~200kcal/시간
    ㉡ 중간 강도 활동(빠른 걷기, 가벼운 조깅) : 약 300~400kcal/시간
    ㉢ 고강도 활동(달리기, 격렬한 운동) : 약 500~800kcal/시간

③ 인체활동에 따른 에너지 소비량

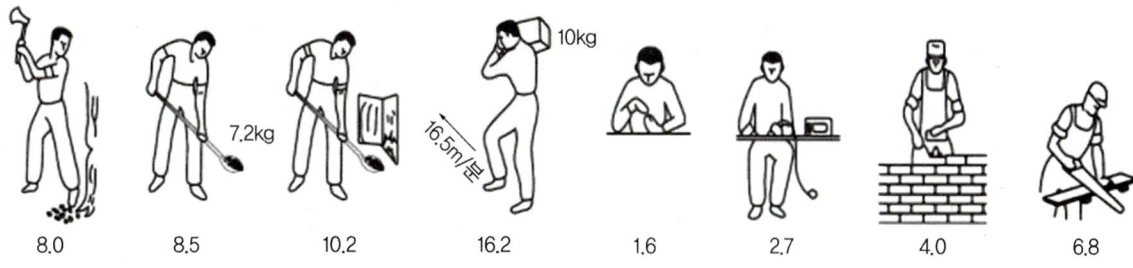

(4) 음식의 열 효과

음식을 섭취하고 소화, 흡수, 대사하는 과정에서 소비되는 에너지이다. 음식의 종류와 양에 따라 에너지 소비량이 달라진다. 총 에너지 소비량의 약 10%를 차지하고 단백질은 탄수화물이나 지방보다 더 많은 에너지를 소비한다.

(5) 에너지 대사율

신체가 휴식 상태에서 생명 유지를 위해 필요한 에너지 소비량을 의미하며, 약간 더 자유로운 조건에서 측정한다. 아침 식사 후나 가벼운 활동 후에도 측정할 수 있다.

① 에너지 대사율(Relative Metabolic Rate, RMR)의 계산

$$R = \frac{\text{작업 시 소비에너지} - \text{안정 시 소비에너지}}{\text{기초 대사량}} = \frac{\text{작업 대사량}}{\text{기초 대사량}}$$

② 작업강도
- ㉠ 초중작업 : 7RMR 이상
- ㉡ 중(重)작업 : 4~7RMR
- ㉢ 중(中)작업 : 2~4RMR
- ㉣ 경(輕)작업 : 0~2RMR
- ㉤ 최경 : 0~1RMR

핵심 예제 남성 근로자의 육체 작업에 대한 에너지 대사량을 측정한 결과 분당 작업 시 산소 소비량이 1.2L/min, 안정 시 산소 소비량이 0.5L/min, 기초 대사량이 1.5kcal/min이었다면 이 작업에 대한 에너지 대사율(RMR)은 약 얼마인가? (단, 권장 평균 에너지 소비량은 5kcal/min이다.)

정답 해설 에너지 대사율(RMR)

$$R = \frac{\text{작업 시 소비에너지} - \text{안정 시 소비에너지}}{\text{기초 대사량}} = \frac{(1.2 \times 5) - (0.5 \times 5)}{1.5} = 2.33$$

03 작업부하 및 휴식시간

1 작업부하 측정

(1) 산소 소비량(Oxygen Consumption)

신체활동 중에 사용한 산소의 양을 의미한다. 이는 신체의 대사 활동을 평가하는 중요한 지표로, 특히 유산소 운동의 효과를 분석할 때 사용한다. 산소 소비량과 에너지 소비량 사이에는 선형관계가 있다. 1L의 산소가 소비될 때 5kcal의 에너지가 방출된다.

(2) 최대산소소비능력(Maximum Aerobic Power, MAP)

최대산소소비능력(MAP)은 운동할 때 소비할 수 있는 산소의 최대량을 의미하며, 개인의 최대 산소 소비량을 측정하여 운동역량을 평가하는 데 사용된다. 일반적으로 최대 산소 소비량이 높은 사람일수록 높은 운동 역량을 가지고 있다고 평가할 수 있다. 운동선수나 일반인의 체력 평가, 운동 프로그램 설계, 건강 상태 모니터링 등에 널리 사용된다. 운동 실험실에서 체력검사 도중에 주로 측정하며, 젊은 여성은 대개 남성의 70~80% 정도로 측정된다.

① **측정 방법** : 일반적으로 운동 실험실에서 트레드밀이나 사이클 에르고미터를 사용하여 측정한다. 피험자는 점진적으로 운동 강도를 증가시키며, 최대 운동 강도에서의 산소 소비량을 측정한다.

② **영향 요인** : 연령, 성별, 유전자, 체력 수준 등이 MAP에 영향을 미친다. 예를 들어, 젊고 체력이 좋은 사람일수록 MAP 값이 높다.

③ **산소 소비량에 영향을 미치는 요인**
  ㉠ 운동 강도 : 강도가 높을수록 산소 소모량이 증가한다.
  ㉡ 운동 지속 시간 : 운동을 오래 할수록 총 산소 소모량이 증가한다.
  ㉢ 체중과 체성분 : 체중과 근육량이 많을수록 산소 소모량이 증가한다.
  ㉣ 나이와 성별 : 일반적으로 남성이 여성보다 VO_2 Max가 높다.

(3) 심박출량(Cardiac Output, CO)

심장이 1분 동안 혈액을 얼마나 많이 펌프 하는지를 나타내는 중요한 생리학적 지표로, 심장의 펌프 능력과 혈액 순환 상태를 평가하는 데 사용된다. 심박출량은 심박수와 1회 박출량에 의해 결정된다.

> **TIP**
> - **심박수(Heart Rate, HR)** : 1분 동안 심장이 박동하는 횟수로 보통 분당 박동 수(bpm)로 측정된다.
> - **1회 박출량(Stroke Volume, SV)** : 한 번의 심박동 동안 심장이 펌프 하는 혈액의 양으로 보통 밀리리터(ml)로 측정된다.

(4) Borg의 RPE(Ratings of Perceived Exertion) 척도

① 육체적 작업부하의 주관적 평가방법이다.
② 척도의 양끝은 최소 심장 박동률과 최대 심장 박동률을 나타낸다.
③ 작업자들이 주관적으로 지각한 신체적 노력의 정도를 6~20 사이의 척도로 평정한다.

(5) 작업에 따른 인체의 생리적 반응

① 혈압 증가 : 작업 중에 심박수와 혈압이 증가한다.
② 심박수 증가 : 체내 에너지 요구량이 증가하기 때문에 심장이 더 빨리 뛰게 된다.
③ 혈류량 재분배 : 근육에 더 많은 혈액을 공급하기 위해 혈류가 재분배된다.
④ 산소 소비량 증가 : 작업을 수행하는 데 필요한 에너지를 생산하기 위해 산소 소비량이 증가한다.

(6) 정신적 작업부하를 측정하는 생리적 측정치

① 부정맥 지수(Cardiac Arrhythmia)
② 점멸융합주파수(VFF)
③ 뇌파(뇌전도) 측정치(EEG)
④ 동공지름
⑤ 눈꺼풀 깜빡임(Blink Rate)
⑥ 폐활량

2. 휴식시간의 산정

작업자들의 건강과 안전을 위해 적절한 휴식시간을 산정하는 것이 매우 중요하다. 휴식시간 산정은 다양한 요소를 고려하여 이루어지며, 일반적으로 Murrell의 공식에 의해 계산한다.

- Murrell의 공식

$$R = \frac{T(E-S)}{E-1.5}$$

여기서, R : 휴식시간/min, T : 총 작업시간/min, E : 평균 에너지 소비량, S : 권장 에너지 소비량

핵심 예제 어떤 작업의 평균 에너지 값이 6kcal/min이라고 할 때 60분간 총 작업시간 내에 포함되어야 하는 휴식시간은 약 몇 분인가? (단, Murrell의 방법을 적용하여, 기초대사를 포함한 작업에 대한 권장 평균 에너지 값의 상한은 4kcal/min이다.)

정답 해설 $R = \dfrac{60(6-4)}{6-1.5} = 26.7$분

CHAPTER 03 생체역학

PART Ⅱ 작업생리학

01 인체동작의 유형과 범위

1 척추

척추는 여러 개의 척추뼈(경추, 흉추, 요추, 천추, 미추)로 구성되며, 인체의 중심을 지지하고 다양한 동작을 가능하게 한다.

① 굴곡(Flexion) : 앞쪽으로 몸을 구부리는 동작이다.
② 신전(Extension) : 뒤쪽으로 몸을 펴는 동작이다.
③ 측굴(Lateral Flexion) : 몸을 좌우로 구부리는 동작이다.
④ 회전(Rotation) : 척추를 축으로 하여 몸을 좌우로 회전시키는 동작이다.

2 관절의 운동

관절은 다양한 운동 범위를 제공하며, 각 관절은 특정 동작을 수행할 수 있다.

(1) 종류

① 굴곡(Flexion) : 관절을 구부리는 동작이다.
   예 팔꿈치나 무릎을 구부리는 것
② 신전(Extension) : 관절을 펴는 동작이다.
   예 팔꿈치나 무릎을 펴는 것
③ 외전(Abduction) : 신체의 중심선에서 멀어지는 방향으로 움직이는 동작이다.
   예 팔을 옆으로 들어 올리는 것
④ 내전(Adduction) : 신체의 중심선으로 가까워지는 방향으로 움직이는 동작이다.
   예 팔을 옆으로 내리는 것
⑤ 회전(Rotation) : 관절을 축으로 하여 회전시키는 동작이다.
   예 어깨나 고관절을 회전시키는 것

⑥ 순환(Circumduction) : 관절이 원을 그리며 움직이는 동작이다.
　예 팔이나 다리로 원을 그리는 것

⑦ 회외(Supination)와 회내(Pronation) : 주로 팔과 발에서 일어나는 동작이다.
　예 손바닥이나 발바닥이 위쪽 또는 아래쪽을 향하도록 회전시키는 동작

(2) 윤활 관절의 종류

① **차축(회전) 관절(Pivot Joint)** : 절머리가 완전히 원형이며, 관절오목 내를 자동차 바퀴와 같이 1축성으로 회전 운동을 한다.
　예 위아래 요골척골 관절

② **경첩 관절(Hinge Joint)** : 두 관절면이 원주면과 원통면 접촉을 하는 것이며, 한 방향으로만 운동할 수 있다.
　예 무릎 관절, 팔굽 관절, 발목 관절

③ **안장 관절(Saddle Joint)** : 두 관절면이 말안장처럼 생긴 것이며, 서로 직각방향으로 움직이는 2축성 관절이다.
　예 엄지손가락의 손목손바닥뼈 관절

④ **구상(절구) 관절(Ball and Socket Joint)** : 관절머리와 관절오목이 모두 반구상 형태이며, 3개의 운동축을 가지고 있어 운동범위가 가장 크다.
　예 어깨 관절, 고관절(엉덩이 관절)

⑤ **평면 관절(Plane Joint)** : 두 관절면이 타원상을 이루고, 그 운동은 타원의 장단축에 해당하는 2축성 관절이다.
　예 요골, 손목뼈 관절

⑥ **타원 관절(Condyloid Joint)** : 타원형의 관절구와 소켓이 맞물려 여러 방향으로 움직일 수 있는 관절이다.
　예 손목뼈 관절

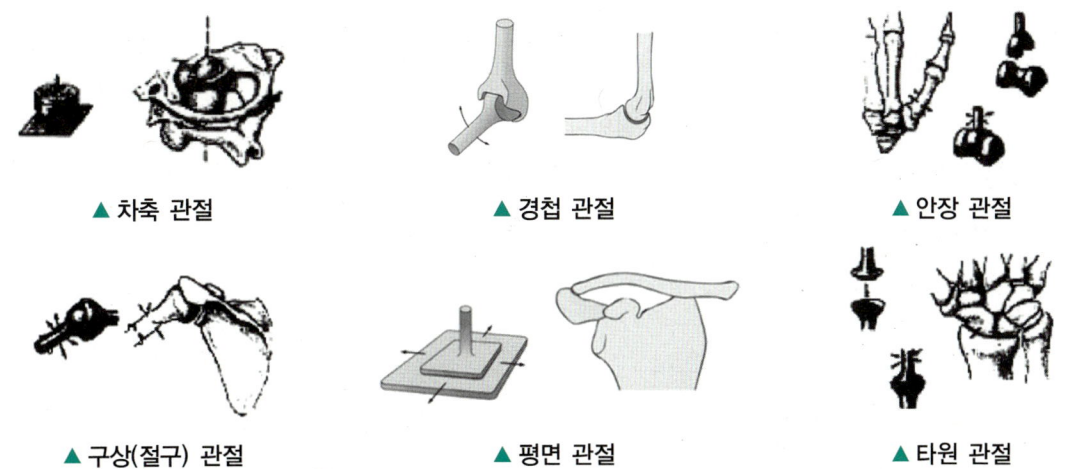

▲ 차축 관절　　▲ 경첩 관절　　▲ 안장 관절
▲ 구상(절구) 관절　　▲ 평면 관절　　▲ 타원 관절

3 신체부위의 동작유형

정적자세를 유지할 때는 평형을 유지하기 위해 몇 개의 근육들이 반대방향으로 작용하기 때문에, 정적자세를 유지한다는 것은 움직일 수 있는 자세보다 더 힘들다. 정적자세를 유지할 때의 진전(tremor, 잔잔한 떨림)은 신체부위를 정확히 유지하여야 하는 작업활동에서 매우 중요하다.

- 진전을 감소시키는 방법
    ① 시각적 참조
    ② 몸과 작업에 관계되는 부위를 잘 받친다.
    ③ 손이 심장 높이에 있을 때가 손 떨림이 적다.
    ④ 시작업 대상물에 기계적인 마찰을 제거한다.

02 힘과 모멘트

1 힘

힘은 물체에 가해지는 작용을 의미하고, 크기와 방향을 가지며, 뉴턴(N) 단위로 측정된다. 뉴턴의 운동 법칙에 따르면, 힘은 물체의 운동 상태를 변화시키며, 이는 가속도를 일으킬 수 있다.

(1) 힘의 3요소
① 크기   ② 방향   ③ 작용점

(2) 힘의 특징

능동적 힘은 근육의 안정길이에서 가장 큰 힘을 내며, 수동적 힘은 근육의 안정길이에서부터 발생한다. 그러므로 힘과 수동적인 힘의 합은 근절의 안정길이에서 최대로 발생한다.

① 능동적 힘은 근육이 수축할 때 생성되는 힘이다.
② 힘은 근골격계를 움직이거나 안정시키는 역할을 한다.
③ 수동적 힘은 관절 주변의 결합조직(예 인대, 건 등)에서 발생한다.

2 모멘트

(1) 개념
'모멘트'는 물리학에서 중요한 개념으로, 주로 회전 운동과 관련이 있다.

(2) 종류
① 힘의 모멘트(Torque) : 물체에 가해진 힘이 회전 운동을 일으킬 때 그 효과를 측정한 것이다. 회전 중심에서 힘의 방향까지의 거리를 힘과 곱하여 계산한다.

② 관성 모멘트(Moment of Inertia) : 물체가 회전하는 동안 그 물체의 질량이 어떻게 분포되어 있는지를 나타내는 값으로 물체의 질량이 축으로부터 얼마나 멀리 떨어져 있는지에 따라 달라진다.

③ 제곱 평균 제곱근 모멘트(Root Mean Square, RMS Moment) : 신호 처리에서 사용되는 개념으로, 신호의 변동을 측정하는 데 사용된다.

3 힘과 모멘트의 평형

(1) 정적 평형상태
① 개념
 ㉠ 힘이 거리에 비례하여 발생한다.
 ㉡ 물체나 신체가 움직이지 않는 상태이다.
 ㉢ 작용하는 모든 힘의 총합이 0인 상태이다.
 ㉣ 작용하는 모든 모멘트의 총합이 0인 상태이다.

② 조건 : 물체가 정적 평형상태(Static equilibrium)를 유지하기 위한 조건으로 작용하는 모든 힘과 외부 모멘트의 총합이 "0"이 되어야 한다.

(2) 모멘트의 크기
① 모멘트는 $F \times d$로 표현
② 물체 A와 B는 평형을 이루고 있으므로 $(W_A \times d_A) = (W_B \times d_B)$

핵심 예제 다음 그림과 같이 작업할 때 팔꿈치의 반작용력과 모멘트 값은 얼마인가? (단, CG_1은 물체의 무게중심, CG_2는 하박의 무게중심, W_1은 물체의 하중, W_2는 하박의 하중이다.)

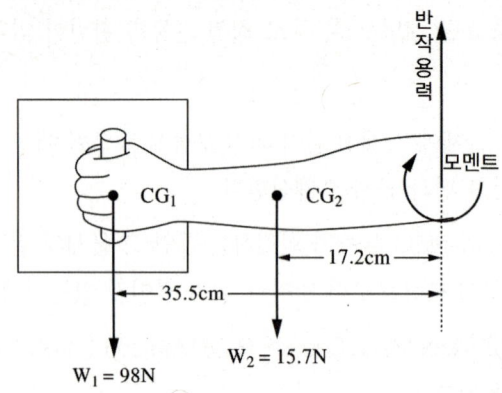

정답 해설

팔꿈치의 반작용력

팔꿈치에 걸리는 반작용 힘(R_E)

$\sum F = 0$

$-98N - 15.7N + R_E = 0$

무게×중력 + 무게×중력

$R_E = 113.7N$

팔꿈치 모멘트(M_E)

$M_E = 0$

$(-98N \times 0.355m) + (-15.7N \times 0.172m) + M_E = 0$

$M_E = 37.5Nm$

4. 생체역학적 모형

(1) 생체역학적 모형

① **시상면(Sagittal Plane)** : 인체를 좌우로 나누는 평면이다. 시상면은 정중선을 기준으로 좌우 대칭이 될 수 있도록 나누는 평면이다.

② **정중면(Median Plane)** : 시상면의 일종으로, 인체를 정확히 중앙에서 좌우로 나누는 평면이다. 정중앙선에 위치한 평면으로, 좌우 대칭이 되는 기준이 된다.

③ **관상면(Coronal Plane)** : 인체를 앞뒤로 나누는 평면이다. 이 평면은 몸을 앞(배쪽)과 뒤(등쪽)로 나누는 역할을 한다.

④ **횡단면(Transverse Plane)** : 인체를 상하로 나누는 평면이다. 이 평면은 몸을 위(두부)와 아래(족부)로 나누는 역할을 한다.

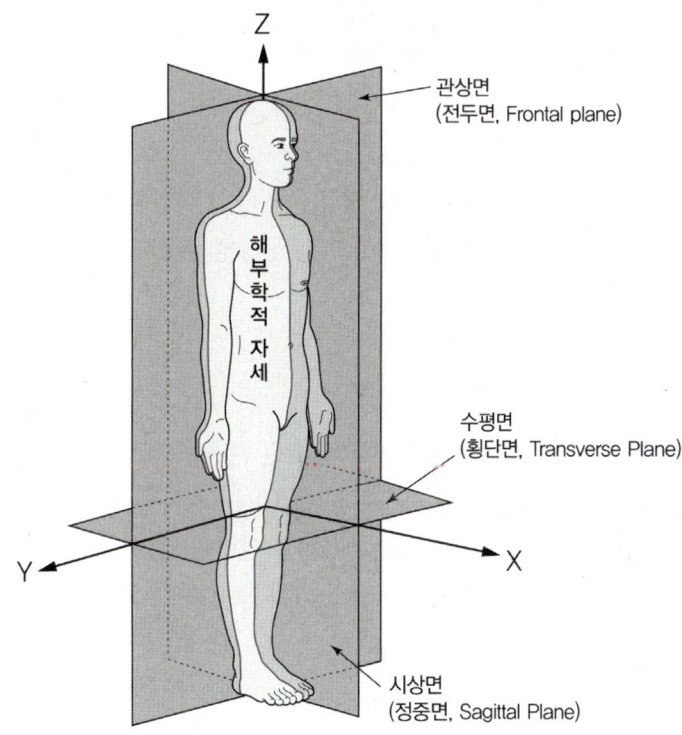

03 근력과 지구력

1. 근력

(1) 근력의 종류

① **등장성 근력(Isotonic strength)** : 근육이 일정한 긴장 상태에서 길이를 변화시키는 근력이다. 이 경우 근육은 수축하거나 이완하면서 움직임을 만든다. 예를 들어, 웨이트 트레이닝에서 덤벨을 들어올리는 동작이 등장성 운동의 예이다.

② **등척성 근력(Isometric strength)** : 근육이 길이를 변화시키지 않고 일정한 장력을 유지하면서 발생하는 근력을 의미하며, 신체를 움직이지 않으면서 자발적으로 가할 수 있는 힘의 최댓값이다. 예를 들어, 벽을 밀거나 물건을 들고 있는 상태에서 근육의 길이는 변하지 않지만, 힘이 가해지는 상태를 유지한다.

③ **등속성 근력(Isokinetic strength)** : 근육이 일정한 속도로 움직이면서 발생하는 근력을 말한다. 이 경우 근육은 속도를 일정하게 유지하면서 수축한다. 주로 전문 운동 장비를 사용하여 수행되며, 재활 치료나 운동 수행 능력 평가에 이용된다.

④ **등관성 근력(Isoinertia strength)** : 일정한 관성 하에서 근육이 힘을 발휘하는 근력을 의미한다. 근육이 일정한 저항을 이겨내면서 수축하거나 이완할 때 발생한다. 등장성 운동과 유사하지만, 좀 더 구체적으로 관성 저항을 포함한 운동을 지칭한다.

(2) 근력의 특징

① 근력 측정치는 작업 조건뿐만 아니라 검사자의 지시내용, 측정방법 등에 의해서도 달라진다.
② 근육이 발휘할 수 있는 힘은 근육의 최대 자율수축(MVC)에 대한 백분율로 나타난다.
③ 근력에 영향을 미치는 대표적 개인적 인자로는 성(姓)과 연령이 있다.
④ 정적(static) 조건에서의 근력이란 자의적 노력에 의해 등척적으로 낼 수 있는 최대 힘이다.

(3) 근력의 상태

① **정적 상태(Static condition)** : 근육이 수축하여 힘을 발휘하지만, 실제로 움직임이 없는 상태를 말한다. 예를 들어, 물체를 들고 있을 때 자의적 노력에 의해 등척적으로 낼 수 있는 최대 힘이다.

② **동적 상태(Dynamic condition)** : 근육이 수축하여 힘을 발휘하면서 움직임이 발생하는 상태를 말한다. 예를 들어, 걷거나 뛰는 동작 시의 근력은 측정이 어려운데, 이는 가속과 관절 각도의 변화가 힘의 발휘와 측정에 영향을 주기 때문이다.

③ 등속 상태(Isokinetic condition) : 일정한 속도로 근육이 수축하는 상태를 말한다. 주로 특정 운동 장비를 사용할 때 적용된다.

④ 가속 상태(Acceleration condition) : 움직임의 속도가 증가하는 상태이다. 예를 들어, 달리기를 시작할 때 가속하는 동작을 하게 된다.

2 지구력

① 지구력은 힘의 크기와 관계가 있으며, 근력을 사용하여 특정 힘을 유지할 수 있는 능력이다.
② 최대 근력으로 유지할 수 있는 것은 몇 초이며, 최대 근력의 50% 힘으로는 약 1분간 유지할 수 있다. 최대 근력의 15% 이하의 힘에서는 상당히 오래 유지할 수 있다.
③ 반복적인 동적 작업에서 힘과 반복 주기의 조합에 따라 그 활동의 지속시간이 달라진다.
④ 최대 근력으로 반복적 수축을 할 때는 피로 때문에 힘이 줄어들지만 어떤 수준 이하가 되면 장시간 동안 유지할 수 있다.
⑤ 수축 횟수가 10회/분일 때는 최대 근력의 80% 정도를 계속 낼 수 있지만, 30회/분일 때는 최대 근력의 60% 정도밖에 지속할 수 없다.

CHAPTER 04 생체반응 측정

01 측정의 원리

1. 작업 종류에 따른 측정

① 동적근력작업 : 에너지 대사량과 산소 소비량, CO2 배출량, 호흡량, 심박수, 근전도(EMG)
② 정적근력작업 : 에너지 대사량과 심박수의 상관관계와 시간적 경과 및 근전도
③ 심적작업 : 플리커값 등을 측정
④ 작업부하, 피로 등의 측정 : 매회 평균호흡진폭(호흡량), 근전도맥박수, 피부전기반사(GSR) 등 측정

2. 생체 신호와 측정 장비

① ECG(Electrocardiogram, 심장근의 활동 측정(심전도)) : 심장근의 전기적 활동을 측정한다.
② GSR(Galvanic Skin Response, 피부의 전기 전도 측정(전기 피부반응)) : 피부의 전기 전도를 측정하여 스트레스와 관련된 생리적 반응을 평가한다.
③ EMG(Electromyogram, 국부 골격근의 활동 측정(근전도)) : 국부 골격근의 전기적 활동을 측정한다.
④ EOG(Electrooculogram, 눈의 활동 측정) : 눈의 움직임에 따라 발생하는 전기 신호를 측정한다.
⑤ EEG(Electroencephalogram, 뇌전도) : 두피에 부착된 전극을 통해 뇌의 전기적 활동을 측정하는 기법이다. 알파파, 베타파, 세타파 등 뇌파의 주파수대역에 따라 각성도, 집중 상태 등을 분석한다.
⑥ RMR(Resting Metabolic Rate, 에너지 소비량) : 사람이 안정 상태에서 소비하는 최소 에너지양으로 산소 섭취량과 이산화탄소 배출량을 기반으로 계산한다.
⑦ CFF(Critical Flicker Fusion frequency, 점멸융합주파수) : 사람이 깜빡이는 빛을 연속적인 빛으로 인식하게 되는 경계 주파수로, 높을수록 피로도가 낮고 시각적 반응이 빠르며 인지 능력이 우수함을 나타낸다.

02 생리적 부담척도

1 심방활동(Heart Activity)

심방활동은 심장이 얼마나 활발하게 뛰고 있는지를 측정하는 척도이다. 주로 심박수(heart rate)나 심전도(Electrocardiogram, ECG)를 통해 측정된다. 높은 심박수는 신체가 더 많은 에너지를 사용하고 있다는 것을 의미하며, 이는 생리적 부담이 증가했다는 것을 나타낼 수 있다.

2 산소 소비량

산소 소비량은 신체가 얼마나 많은 산소를 사용하고 있는지를 나타내는 척도이다. 주로 VO_2 max 측정을 통해 확인되며, 이는 최대 산소 섭취량을 의미한다. 산소 소비가 증가하면 신체가 더 많은 에너지를 소비하고 있다는 것을 나타내며, 이는 생리적 부담이 증가했다는 신호일 수 있다.

(1) 특징

① 산소 소비량과 심박수 사이에는 밀접한 관련이 있다.
② 산소 소비량은 에너지 소비와 직접적인 관련이 있다.
③ 심박수와 산소 소비량 사이의 관계는 개인에 따라 차이가 있다.

(2) 최대산소소비능력(MAP)

① 일의 속도가 증가하더라도 산소 섭취량이 일정하게 되는 수준을 말한다.
② 최대산소소비능력은 개인의 운동역량을 평가하는 데 활용된다.
③ 사춘기 이후 젊은 여성의 평균 MAP는 젊은 남성의 평균 MAP의 70~85% 정도이다.
④ MAP를 측정하기 위해서 주로 트레드밀(treadmill)이나 자전거 에르고미터(ergometer)를 활용한다.
⑤ 근육과 혈액 중에 축적되는 젖산(Lactic acid)의 양이 증가한다.
⑥ 이 수준에서는 주로 혐기성 에너지 대사가 발생한다.
⑦ 20세 전후로 최고가 되었다가 나이가 들수록 점차로 줄어든다.
⑧ 산소 섭취량이 일정 수준에 도달하면 더 이상 증가하지 않는 수준이다.
⑨ 개인의 MAP가 클수록 순환기 계통의 효능이 크다.

(3) 산소 소비량의 계산

① 산소 소비량 = 21% × 분당 흡기량 − O_2% × 분당 배기량

② 분당 배기량(L/min) = $\dfrac{\text{배기량(L)}}{\text{배기시간(분)}}$

③ 분당 흡기량(L/min) = $\dfrac{(100\% - O_2\% - CO_2\%)}{79\%}$ × 분당 배기량(L)

핵심 예제 어떤 들기 작업을 하고 작업자의 배기를 3분간 수집한 후 60리터(liter)의 가스를 가스 분석기로 성분 조사하였더니, 산소는 16%, 이산화탄소는 4%이었다. 분당 산소 소비량과 에너지가(價)를 구하라. (단, 공기 중 산소는 21%, 질소는 79%를 차지하고 있다.)

정답 해설 산소 소비량 = 21% × 분당 흡기량 − O_2% × 분당 배기량

① 분당 배기량 = $\dfrac{60L}{3분}$ = 20L/min

② 분당 흡기량 = $\dfrac{(100\% - 16\% - 4\%)}{79\%}$ × 20L = 20.25L/min

③ 산소 소비량 = 21% × 20.25L/min − 16% × 20L/min = 1.053L/min

④ 에너지가 = 1.053 × 5kcal/min = 5.265kcal/min

---

(4) 산소 소비량과 에너지 대사

① 산소 소비량은 에너지 소비량과 선형적인 관계를 가진다.
② 산소 소비량이 증가한다는 것은 육체적 부하가 증가한다는 것이다.
③ 에너지가의 계산에는 5kcal의 에너지 생성에 1리터의 산소가 소모되는 관계를 이용한다.
④ 산소 소비량은 육체활동에 요구되는 에너지 대사량을 활동 시 소비된 산소량으로 간접적으로 측정하는 것이다.
⑤ 산소 소비량과 심박수 사이에는 밀접한 관련이 있다.
⑥ 산소 소비량은 에너지 소비와 직접적인 관련이 있다.
⑦ 산소 소비량은 단위 시간당 배기량을 측정한 것이다.
⑧ 심박수와 산소 소비량 사이의 관계는 선형관계이나 개인에 따라 차이가 있다.

3. 근육 활동

(1) 개념

근육 활동은 근육이 얼마나 활발하게 사용되고 있는지를 측정하는 척도로 근전도(Electromyography, EMG)를 통해 측정되며, 이는 근육의 전기적 활동을 기록한다. 근육 활동이 증가하면 근육에 대한 생리적 부담이 커졌다는 것을 의미할 수 있다.

(2) 피로에 따른 근전도 양상

근육의 전기 활동을 측정하는 방법으로, 근육의 상태 및 신경근 기능을 평가한다. 근육이 피로해질수록 근전도(EMG) 신호는 변화한다.

① 신호 크기의 증가(Increased Amplitude) : 근육이 피로해질수록 더 많은 운동 단위가 활성화되어 더 큰 신호 크기가 나타날 수 있다. 이는 피로로 인해 동일한 근력을 유지하기 위해 더 많은 운동 단위가 동원되기 때문이다.

② 주파수 변화(Frequency Shift) : 근육 피로가 진행되면 EMG 신호의 주파수가 낮아지는 경향이 있다. 주파수 스펙트럼의 중심 주파수가 감소하고, 저주파 성분이 증가하게 된다.

③ 신호 간섭(Interference) : 피로가 쌓일수록 신경근 접합부의 효율성이 감소하여 신호 간섭이 증가할 수 있으며, 근육의 불규칙한 수축으로 인해서도 발생할 수 있다.

④ 근력 저하(Decreased Force Production) : 근육 피로가 심해질수록 근육이 생성하는 힘이 감소하고, 이에 따라 EMG 신호의 평균 전력이 줄어들 수 있다.

⑤ 신호의 불안정성(Increased Instability) : 피로로 인해 근육 수축이 불안정해지고, EMG 신호의 변동성이 증가할 수 있다.

03 심리적 부담척도

1. 정신활동(Mental Activity) 측정

정신활동은 인지적 과제 수행 중에 뇌가 얼마나 활발하게 활동하고 있는지를 측정하는 척도로 뇌파(EEG), 기능적 자기공명영상(fMRI) 등을 통해 측정되며, 뇌의 특정 영역의 활성화 정도를 관찰한다. 정신적 부담이 증가하면 뇌의 활성화 패턴에 변화가 나타난다.

(1) 정신적 부하척도 요건

- 뇌전도(Electroencephalography, EEG) : 뇌의 전기 활동을 측정하는 방법으로, 주로 뇌파를 기록하여 신경과학 연구나 뇌 질환 진단에 사용된다.

(2) 주관적 평가 방법

① NASA-TLX(Task Load Index) : 여섯 가지 하위 척도(정신적 요구, 신체적 요구, 시간 압박, 성과, 노력, 좌절)를 사용하여 작업부하를 평가한다. 각 하위 척도는 0부터 100까지의 점수로 평가되며, 가중 평균 점수가 총 작업부하를 나타낸다.

② SWAT(Subjective Workload Assessment Technique) : 세 가지 차원(시간 부하, 정신 부하, 노력을 요구하는 부하)으로 구성된 주관적 평가 도구이고, 각 차원은 등간 척도로 평가되며, 종합 점수를 통해 작업부하를 평가한다.

(3) 생리적 측정 방법

① 심박수 변동성(Heart Rate Variability, HRV) : 심박수 변동성은 정신적 부하와 스트레스 수준을 평가하고, 높은 부하는 심박수 변동성을 감소시킨다.

② 뇌파(Electroencephalography, EEG) : 뇌파 측정을 통해 특정 뇌파 주파수대역(예 베타파, 알파파 등)의 변화를 분석하여 정신적 부하를 평가한다.

③ 피부전도도(Galvanic Skin Response, GSR) : 피부의 전도도를 측정하여 스트레스 수준과 정신적 부하를 평가한다. 부하가 증가하면 피부전도도 역시 증가한다.

(4) 성과 기반 측정 방법

① 작업 성과 측정(Task Performance Measurement) : 작업 수행 시간, 정확성, 오류율 등을 측정하여 정신적 부하를 평가하는 것으로, 높은 부하는 성과 저하로 나타날 수 있다.

② 이중 작업 패러다임(Dual-Task Paradigm) : 피검자가 두 가지 작업을 동시에 수행하게 하여 주 작업과 보조 작업의 성과를 평가하는 것으로, 정신적 부하가 높을수록 보조 작업의 성과가 저하된다.

(5) 종합 평가 방법

① IMI(Instantaneous Self-Assessment Method) : 작업 중에 피검자가 즉시 자신의 정신적 부하를 평가하도록 하는 방법이다.

② 다차원 평가 : 주관적 평가, 생리적 측정, 성과 기반 측정을 종합하여 정신적 부하를 평가한다.

2 부정맥지수

부정맥지수(Arrhythmia Index)는 심장의 리듬이 얼마나 불규칙한지를 나타내는 척도로, 심장의 부정맥(비정상적인 심장 박동)을 측정하여 심장 건강 상태를 평가하는 지표이다. 심리적 스트레스나 부담이 높아질수록 심장 박동이 불규칙해질 수 있으며, 부정맥지수를 통해 이를 평가할 수 있다. 심전도(ECG)를 통해 심장 박동 패턴을 분석한다.

3 점멸융합주파수

(1) 이해

점멸융합주파수(Visual Flicker Fusion Frequency, VFF)는 깜빡이는 빛을 하나의 연속적인 빛으로 인식하는 주파수를 측정하는 척도이다. 주로 피로도와 주의력 상태를 평가하는 데 사용된다. 스트레스나 피로가 증가하면 점멸융합주파수가 낮아질 수 있다.

① 빛을 어느 일정한 속도로 점멸시키면 깜박거려 보이나 점멸의 속도를 빨리 하면 깜박임이 없고 융합되어 연속된 광으로 보이는데, 이러한 점멸주파수를 말한다.
② 피곤함에 따라 빈도가 감소하여 중추신경계의 피로, 정신피로의 척도로 사용된다. 잘 때나 멍하게 있을 때에 VFF가 낮아지고, 마음이 긴장되었을 때나 머리가 맑을 때에 높아진다.

(2) 영향을 미치는 요소

① VFF는 조명강도의 대수치에 선형적으로 비례한다.
② 시표와 주변의 휘도가 같을 때 VFF는 최대로 영향을 받는다.
③ 휘도만 같으면 색은 VFF에 영향을 주지 않는다.
④ 암조응 시에는 VFF가 감소한다.
⑤ VFF는 사람들 간에는 큰 차이가 있으나 개인의 경우 일관성이 있고 연습의 효과는 미미하다.

작업환경평가 및 관리

PART II 작업생리학

01 조명

1 빛과 조명

(1) 가시광선(Visible Light)

가시광선은 인간의 눈으로 볼 수 있는 빛의 범위를 말한다. 가시광선의 파장은 약 380nm(나노미터)에서 700nm 사이에 위치해 있다. 여기서, 1nm는 10억분의 1m이다. 이 범위 내의 빛이 우리의 눈에 색깔로 인식된다.

- 보라색 : 약 380~450nm
- 파란색 : 약 450~495nm
- 초록색 : 약 495~570nm
- 노란색 : 약 570~590nm
- 주황색 : 약 590~620nm
- 빨간색 : 약 620~700nm

(2) 휘도(Luminance)

빛의 밝기를 측정하는 물리적 양으로, 단위 면적당 단위 입체각에 의해 방출되거나 반사되는 빛의 양을 나타낸다. 휘도는 주로 시각적 인식을 위한 밝기의 척도로 사용되며, 단위는 니트 또는 칸델라(nit, cd/m^2)이다. 휘도는 화면, 조명 기기, 반사면 등에서 빛의 강도를 나타내는 데 사용된다. 예를 들어, 텔레비전이나 컴퓨터 모니터의 휘도가 높을수록 화면이 더 밝고 선명하게 보인다.

(3) 조도(Illuminance)

특정 표면에 도달하는 빛의 양을 나타내는 측정 단위로, 럭스(Lux) 단위로 표현되며, $1m^2$(제곱미터)의 표면에 1루멘(lumen)의 빛이 균일하게 도달했을 때의 밝기를 의미한다. 조도는 다양한 환경에서 조명 설계를 할 때 중요한 요소이다. 예를 들어, 작업 공간에서 적절한 조도를 확보하는 것은 효율성과 눈 건강에 매우 중요하다. 거리가 증가할 때에 조도는 거리의 제곱에 반비례한다. 이것은 점광원에 대해서만 적용된다.

$$조도 = \frac{광도}{거리^2}$$

(4) 반사율(Reflectance)

표면에 도달한 빛이 반사되는 비율을 의미한다. 반사율은 %로 표현되며, 0%는 모든 빛이 흡수된다는 것을 의미하고, 100%는 모든 빛이 반사된다는 것을 의미한다. 예를 들어, 흰색 표면은 높은 반사율을 가지며 대부분의 빛을 반사하는 반면, 검은색 표면은 낮은 반사율을 가지고 대부분의 빛을 흡수한다.

[실내의 추천반사율]

천장	80~90%
벽, 창문 발(blind)	40~60%
가구, 사무용기기, 책상	25~45%
바닥	20~40%

(5) 광량(Luminous Flux)

광원에서 방출되는 빛의 총량을 나타내는 것으로, 루멘(lumen) 단위로 측정되며, 광원이 얼마나 많은 빛을 방출하는지를 나타낸다. 예를 들어, 높은 광량을 가진 전구는 더 많은 빛을 방출하며, 따라서 더 밝게 빛난다.

(6) 광도(Luminous Intensity)

빛의 강도(세기)를 측정하는 단위로 특정 방향으로 방출되는 빛의 양을 나타내며, 국제단위계(SI)에서 칸델라(candela, cd)로 측정된다. 광도는 조명 기구, 광학 장치 및 디스플레이 기술 등 다양한 분야에서 중요한 역할을 한다. 예를 들어, 전구나 LED의 밝기를 평가할 때 사용된다. 광도계(luminometer)라는 장치를 사용하여 측정한다.

- 광도비
  ① 사무실 및 산업 상황에서의 일반적인 추천 광도비는 3 : 1이다.
  ② 이 비율은 작업 영역과 주변 영역 간의 명암 차이를 적절히 유지하여 작업자의 시각적 피로를 줄이고 작업 효율을 높이는 데 도움을 준다. 너무 큰 명암 차이는 눈의 피로를 유발할 수 있으므로, 적절한 광도비를 유지하는 것이 중요하다.

(7) 광속(Luminous Flux)

빛의 총량을 측정하는 물리적 양으로, 단위 시간당 빛의 출력을 나타낸다. 광속은 주로 조명과 관련된 분야에서 사용되며, 단위는 루멘(lumen, lm)이다.

2 작업장 조명 관리

(1) 조명의 방식

① **직접조명(Direct Lighting)** : 빛이 직접적으로 작업면이나 대상물에 비추는 방식으로 조도가 높아 효율적이지만, 눈부심이 발생할 수 있다. 주로 특정 작업에 집중 조명이 필요할 때 사용된다.

② **국소조명(Local Lighting)** : 특정 부위나 작업 공간에 집중적으로 조명을 비추는 방식이다. 작업환경에 적합하게 조절할 수 있으며, 에너지를 절약할 수 있다. 작업 효율성과 정확성을 높이는 데 도움을 주며, 주로 세밀한 작업이 필요한 곳에서 사용된다.

③ **반직접조명(Semi-Direct Lighting)** : 빛의 대부분이 아래쪽으로 비추는 방식이지만, 일부는 위쪽으로 반사되어 확산된다. 직접조명과 간접조명의 장점을 모두 활용할 수 있다.

④ **간접조명(Indirect Lighting)** : 빛을 천장이나 벽에 반사시켜 조명을 제공하는 방식으로 등기구에서 나오는 광속의 90~100%를 천장이나 벽에 투사하여 여기에서 반사되어 퍼져 나오는 광속을 이용한다. 눈부심이 적고, 조도가 균일하지만, 기구 효율이 낮고, 설치비용이 많이 소요된다. 눈의 피로를 줄이고 편안한 분위기를 조성하는 데 효과적이다. 주로 실내 디자인에서 자주 사용된다.

⑤ **전반조명(General Lighting)** : 전체 공간을 균등하게 비추는 조명 방식으로, 넓은 영역에 걸쳐 일관된 조도를 제공하여 작업환경을 밝고 균일하게 유지한다. 주로 공장, 사무실, 교실 등에서 많이 사용된다.

(2) 적정 조명 수준

작업의 종류	작업면 조명도
초정밀작업	750 lux 이상
정밀작업	300 lux 이상
보통작업	150 lux 이상
기타작업	75 lux 이상

(3) 기타

① 수술실의 조도는 최소 10,000lux 이상이다.
② 영상표시 단말기(VDT)를 취급하는 작업장 주변 환경의 조도는 일반적으로 300~500lux 정도가 적당하다.
③ 화면 바탕이 흰색 계통이면 500~700lux 정도이다.

02 소음

1 소음

(1) 소음작업
"소음작업"이란 1일 8시간 작업을 기준으로 85데시벨 이상의 소음이 발생하는 작업을 말한다.

(2) 소음의 영향
① 청력장해
② 대화방해
③ 작업방해
④ 수면방해
⑤ 기타

(3) 청력장해
① **일시장해** : 청각피로에 의해 일시적으로(폭로 후 2시간 이내) 들리지 않다가 보통 1~2시간 이후 회복되는 장해
② **영구장해** : 일시장해에서 회복이 불가능한 상태로 넘어가는 상태이다. 3,000~6,000Hz 범위에서 영향을 받고 특히 4,000Hz에서 현저히 커지고 음압 수준도 0~30dB의 광범위한 차이를 보인다. 이러한 소음성 난청의 초기 단계를 보이는 현상을 C5-dip 현상이라고 한다.

2 소음측정 및 노출기준

(1) 강렬한 소음작업
"강렬한 소음작업"이란 다음 각목의 어느 하나에 해당하는 작업을 말한다.

음압수준 dB(A)	노출허용시간/일
90	8
95	4
100	2
105	1
110	30
115	15

(2) 충격소음작업

충격소음작업은 소음이 1초 이상의 간격으로 발생하는 작업으로서, 다음 세 가지 유형 중 하나에 해당하는 작업을 말한다.

① 120데시벨을 초과하는 소음이 1일 1만 회 이상 발생하는 작업
② 130데시벨을 초과하는 소음이 1일 1천 회 이상 발생하는 작업
③ 140데시벨을 초과하는 소음이 1일 1백 회 이상 발생하는 작업

(3) 노출기준 및 측정

사업장에서 발생하는 소음의 노출기준은 각 나라마다 소음의 크기와 높낮이, 소음의 지속기간, 소음작업의 근무연수, 개인의 감수성 등을 고려하여 정하고 있다.

① 소음의 측정
② 주파수에 따른 반응을 보정하여 측정한 음압
   ㉠ A 특성치 : 40phon
   ㉡ B 특성치 : 70phon
   ㉢ C 특성치 : 100phon

(4) 소음노출지수

① 소음노출지수

$$\text{소음노출지수} = \frac{C(\text{노출시간})}{T(\text{허용노출시간})}$$

② 누적소음노출지수

$$\text{누적소음노출지수}(\%) = \frac{C_1}{T_1} + \frac{C_2}{T_2} + \frac{C_3}{T_3} + \cdots + \frac{C_n}{T_n} \times 100$$

(5) 시간가중평균지수

시간가중평균지수(TWA)는 누적소음 노출지수를 8시간 동안의 평균소음수준[dB(A)]로 변환한 값이다.

$$\text{TWA} = 16.61 \log\left(\frac{D}{100}\right) + 90[\text{dB}(A)]$$

여기서, D : 특정 소음에 노출된 시간, [dB(A)] : 8시간 동안의 평균소음수준

3 소음관리

(1) 적극적 대책

적극적 대책은 소음을 직접적으로 줄이기 위한 방법으로, 소음의 근본적인 원인을 제거하거나 감소시키는 것을 목표한다.

① 소음원 제어 : 소음을 발생시키는 기계나 장비를 더 조용한 모델로 교체하거나 소음 억제 장치를 설치한다.
② 소음 방지 기술 : 소음을 줄이기 위한 소음 방지 기술을 도입한다. 예를 들어, 소음 흡수재를 사용하거나 소음 차단벽을 설치할 수 있다.
③ 장비 유지보수 : 정기적으로 기계 및 장비를 점검하고 유지보수하여 소음 발생을 최소화한다.
④ 설비 개선 : 소음이 많이 발생하는 작업장이나 설비를 개선하여 소음 수준을 줄인다.

(2) 소극적 대책

소극적 대책은 소음이 이미 존재하는 환경에서 소음의 영향을 줄이는 방법으로, 소음을 직접적으로 줄이기보다는 소음에 대한 노출을 최소화하는 것을 목표로 한다.

① 작업환경 관리 : 작업장 내에서 소음 차단구역을 설정하여 소음이 다른 구역으로 확산되지 않도록 한다.
② 개인 보호구 사용 : 소음이 많은 환경에서 작업하는 근로자들에게 귀마개나 귀덮개와 같은 개인 보호장비를 제공하여 소음 노출을 줄인다.
③ 작업 시간 조정 : 소음이 많이 발생하는 작업을 피크 시간이 아닌 시간대로 조정하여 소음 노출을 줄인다.
④ 소음 모니터링 및 평가 : 정기적으로 소음 수준을 측정하여 소음이 기준치를 초과하지 않도록 모니터링하고 필요한 조치를 취한다.

(3) 능동 소음 제어

"능동 소음 제어(Active Noise Control)" 또는 "능동 소음 소거(Active Noise Cancellation)" 방법은 소음의 음파와 반대 위상의 음파를 생성하고 두 음파가 상쇄(interference)되도록 하는 원리를 사용하여 소음이 줄어들거나 제거될 수 있도록 하는 것이다.

① 소음 감지 : 마이크로폰을 사용하여 주변 소음을 감지한다.
② 반대 위상 신호 생성 : 감지된 소음의 반대 위상(역위상) 신호를 생성한다.
③ 반대 위상 신호 방출 : 생성된 반대 위상 신호를 스피커를 통해 방출하여 소음과 상쇄되도록 한다.
④ 소음 저감 : 두 신호가 상쇄되면서 소음이 줄어들거나 사라지게 한다.

(4) 소음수준의 주지 등

사업주는 근로자가 소음작업, 강렬한 소음작업 또는 충격소음작업에 종사하는 경우에 다음 각 호의 사항을 근로자에게 알려야 한다.

① 해당 작업장소의 소음 수준
② 인체에 미치는 영향과 증상
③ 보호구의 선정과 착용방법
④ 그 밖에 소음으로 인한 건강장해 방지에 필요한 사항

(5) 소음 감소 조치

사업주는 강렬한 소음작업이나 충격소음작업 장소에 대하여 기계·기구 등의 대체, 시설의 밀폐·흡음(吸音) 또는 격리 등 소음 감소를 위한 조치를 하여야 한다. 다만, 작업의 성질상 기술적·경제적으로 소음 감소를 위한 조치가 현저히 곤란하다는 관계 전문가의 의견이 있는 경우에는 그렇지 않다.

(6) 청력보존 프로그램 시행 사업장

① 근로자가 소음작업, 강렬한 소음작업 또는 충격소음작업에 종사하는 사업장
② 소음으로 인하여 근로자에게 건강장해가 발생한 사업장

03 진동

1 진동

(1) 진동에 의한 영향

① 심박수가 증가한다.
② 약간의 과도(過度) 호흡이 일어난다.
③ 장시간 노출 시 근육 긴장을 증가시킨다.
④ 혈액이나 내분비의 화학적 성질이 변하지 않는다.
⑤ 산소 소비량과 근장력이 증가하고, 말초혈관이 수축한다.
⑥ 진동은 시력, 추적 능력 등의 손상을 초래한다.
⑦ 시성능은 10~25Hz 대역의 경우 가장 심하게 영향을 받는다.
⑧ 중앙 신경계의 처리 과정과 관련되는 과업의 성능은 진동의 영향을 비교적 덜 받는다.
⑨ 약간의 과도(過度) 호흡이 일어난다.

⑩ 장시간 노출 시 근육 긴장을 증가시킨다.
⑪ 혈액이나 내분비의 화학적 성질이 변하지 않는다.
⑫ 레노 증후군(Raynaud's phenomenon)은 진동으로 인한 말초혈관운동의 장해로 발생한다.
⑬ 정확한 근육조절을 요구하는 작업의 경우 그 효율이 저하된다.

(2) 진동수에 따른 전신진동 장해

① 3~4Hz : 경부의 척추골
② 4Hz : 요추
③ 5Hz : 견갑대
④ 30~30Hz : 머리와 어깨 사이
⑤ 〉30Hz : 손가락, 손 및 팔
⑥ 60~90Hz : 안구

(3) 국소진동과 전신진동

① **국소진동** : 작업자의 손이나 팔로 전달되는 진동을 말한다.
   📖 휴대용 연삭기 등을 사용 시 손이나 팔에도 진동이 전달된다.

② **전신진동** : 지지하는 표면(보통 좌석이나 바닥)을 통해 신체가 진동을 하거나 심하게 흔들리는 것을 말한다.
   📖 크레인, 지게차, 대형운송 차량 등을 운전하는 경우나 큰 동력 기계에 부착된 구조물 위에 서 있는 경우 발생하는 진동이 신체에 전달된다.

③ **손과 팔 진동이 건강에 미치는 영향** : 손과 팔 진동은 손목골 증후군 같은 특정 질환뿐만 아니라 손과 팔 진동 증후군(HAVS)이라 알려진 일련의 상태를 야기할 수 있다.

④ **초기 증상**
   ㉠ 손가락이 따끔거리거나 마비증상이 있다.
   ㉡ 물체를 제대로 느끼지 못한다. (손의 힘이 저하되었다.)
   ㉢ 손가락이 새파랗게 되고, 회복 시 빨갛게 되며, 고통을 느낀다. (특히 겨울 및 젖었을 때. 처음에는 손가락 끝만 그럴 수 있다.)

⑤ 일부 작업자에게는 위험에 노출된 후 몇 달 안에 증상이 나타날 수 있지만, 또 다른 작업자에게는 수년이 걸릴 수 있다.

⑥ 진동 위험에 계속 노출되면 악화될 가능성이 높으며, 영구적으로 될 수 있다.

2. 진동측정 및 노출기준

(1) 진동측정
① 국소진동에 대한 1차적 측정단위는 주파수가중 가속도 실횻값(Root-mean-square)으로 하며, 단위는 m/s^2으로 한다.
② 가속도 실횻값 산정을 위한 가속도값의 적분은 선형 적분법을 사용하고, 대푯값을 사용하도록 적분시간을 선정한다.

(2) 정상 작업 시의 측정
① 진동원이나 해당 작업에 대하여 대표적인 평균진동이 측정될 수 있도록 한다. 진동원에 신체가 접촉되기 시작한 순간부터 측정을 시작하고 신체접촉이 끝나면 즉시 측정을 종료한다. 이 경우 측정시간에는 무진동 노출시간을 포함하고 가능한 한 하루 중 수회 해당 진동원이나 작업에 대한 측정을 실시한다.
② 총 측정시간은 최소한 1분 이상 되어야 한다.
③ 장시간 1회 측정보다는 단시간 수회 측정이 바람직하므로 해당 작업에 대하여 최소한 3회 이상 측정을 실시한다.
④ 8초 미만의 단시간 측정은 특히 저주파 진동에 대한 신뢰성을 떨어뜨리게 되므로 피하여야 하며, 불가피한 경우에는 총 측정시간이 1분 이상이 될 수 있도록 4회 이상 측정을 실시한다.

(3) 모의 작업을 통한 측정
① 짧은 작업을 반복하면서 진동원을 빈번히 들고 놓은 경우 등 정상작업이 이루어지는 동안 진동측정이 불가능하거나 어려운 경우에는 모의 작업을 통한 측정방법을 사용한다.
② 측정을 실시하는 모의 작업은 가능한 한 중단 없이 실제 작업시간보다 충분히 오랫동안 실시한다.

(4) 1일 진동 노출량과 작업자의 10% 수지백증 발생가능 노출기간과의 관계

노출기간(연)	1	2	4	8
1일 진동 노출량(m/s^2)	26	14	7	3.7

※ 8시간을 기준으로 한 일일 진동 노출량은 $5.0 m/s^2$를 초과하지 않도록 한다.

(5) 계산식

$$A(8) = a_{hw}\sqrt{\frac{T}{T_0}}$$

여기서, $A(8)$: 1일 진동 노출량, a_{hw} : 가속도 실횻값(m/s^2), T : 1일 진동 노출시간, T_0 : 8시간 기준시간(28,800초)

3 진동관리

(1) 진동작업에 종사 시 사업자가 알릴사항
① 인체에 미치는 영향과 증상
② 보호구의 선정과 착용방법
③ 진동 기계 · 기구 관리 및 사용 방법
④ 진동 장해 예방법

(2) 진동방지 대책
① 작업자는 방진 장갑을 착용하도록 한다.
② 공장의 진동 발생원을 기계적으로 격리한다.
③ 진동 발생원을 작동시키기 위하여 원격제어를 사용한다.

(3) 공학적 관리
① **진동 댐핑** : 고무 등 탄성을 가진 진동흡수재를 부착하여 진동을 최소화하는 것이다.
② **진동 격리** : 진동 발생원과 작업자 사이의 진동 노출 경로를 어긋나게 하는 것이다.
③ **공학적 관리** : 진동의 특성, 흡수재의 특성, 사업장 여건 등을 고려하여 신중히 검토한 후 적용하여야 한다.
④ 지그(Jig) 및 현가시스템(Suspension) 등을 사용하여 무거운 공구를 견고하게 잡아야 할 필요를 줄인다.
  > 예 반복적인 작업을 하기 위해 워크스테이션에 무거운 연삭기를 사용하는 경우, 카운터 밸런스(Counter Balance) 시스템을 사용하여 이를 매달아 작업자에 미치는 작업부담이나 손에 힘을 주어 쥐어야 하는 필요성을 줄인다.

04 고온, 저온 및 기후 환경

1 열 스트레스 및 평가

(1) 정의
① **고열** : 열에 의하여 근로자에게 열경련 · 열탈진 또는 열사병 등의 건강장해를 유발할 수 있는 더운 온도를 말한다.
② **한랭** : 냉각원(冷却源)에 의하여 근로자에게 동상 등의 건강장해를 유발할 수 있는 차가운 온도를 말한다.
③ **다습** : 습기로 인하여 근로자에게 피부질환 등의 건강장해를 유발할 수 있는 습한 상태를 말한다.

(2) 고온 스트레스

① 나이가 들수록 고온 스트레스에 적응하기 힘들다.
② 남자가 여자보다 고온에 적응하는 것이 어렵다.
③ 체지방이 많은 사람일수록 고온에 견디기 어렵다.
④ 체력이 좋은 사람일수록 고온 환경에서 작업할 때 잘 견딘다.

(3) 습구흑구온도지수(Wet Bulb Globe Temperature, WBGT)

기온, 습도, 바람, 태양 복사열을 종합적으로 고려하여 작업환경의 열적 스트레스를 평가한다.

① 옥외(태양광선이 내리쬐는 장소)

$$WBGT(℃) = 0.7 \times 자연습구온도 + 0.2 \times 흑구온도 + 0.1 \times 건구온도$$

② 옥내 또는 옥외(태양광선이 내리쬐지 않는 장소)

$$WBGT(℃) = 0.7 \times 자연습구온도 + 0.3 \times 흑구온도$$

(4) 열압박지수(Heat Stress Index)

고온 환경에서 작업하는 사람들의 열적 스트레스 수준을 평가하는 지수로, 체온, 심박수, 발한량 등을 고려하여 열압박 상태를 평가한다.

- 유효온도(Effective Temperature) : 온도, 습도, 기류를 종합적으로 고려하여 인간이 느끼는 체감 온도를 표현하는 지표로, 실제 기온과는 다르게 느껴지는 온도이다.

2 고열 및 한랭작업

(1) 고열작업

① 용광로, 평로(平爐), 전로 또는 전기로에 의하여 광물이나 금속을 제련하거나 정련하는 장소
② 용선로(鎔船爐) 등으로 광물·금속 또는 유리를 용해하는 장소
③ 가열로(加熱爐) 등으로 광물·금속 또는 유리를 가열하는 장소
④ 도자기나 기와 등을 소성(燒成)하는 장소
⑤ 광물을 배소(焙燒) 또는 소결(燒結)하는 장소
⑥ 가열된 금속을 운반·압연 또는 가공하는 장소
⑦ 녹인 금속을 운반하거나 주입하는 장소
⑧ 녹인 유리로 유리제품을 성형하는 장소
⑨ 고무에 황을 넣어 열처리하는 장소

⑩ 열원을 사용하여 물건 등을 건조시키는 장소
⑪ 갱내에서 고열이 발생하는 장소
⑫ 가열된 노(爐)를 수리하는 장소
⑬ 그 밖에 고용노동부장관이 인정하는 장소

(2) 한랭작업
① 다량의 액체공기 · 드라이아이스 등을 취급하는 장소
② 냉장고 · 제빙고 · 저빙고 또는 냉동고 등의 내부
③ 그 밖에 고용노동부장관이 인정하는 장소

(3) 다습작업
① 다량의 증기를 사용하여 염색조로 염색하는 장소
② 다량의 증기를 사용하여 금속 · 비금속을 세척하거나 도금하는 장소
③ 방적 또는 직포(織布) 공정에서 가습하는 장소
④ 다량의 증기를 사용하여 가죽을 탈지(脫脂)하는 장소
⑤ 그 밖에 고용노동부장관이 인정하는 장소

(4) 예방조치
① **고열장해 예방 조치** : 사업주는 근로자의 고열작업 시 열경련 · 열탈진 등의 건강장해를 예방하기 위한 조치
  ㉠ 근로자를 새로 배치할 경우에는 고열에 순응할 때까지 고열작업시간을 매일 단계적으로 증가시키는 등 필요한 조치를 할 것
  ㉡ 근로자가 온도 · 습도를 쉽게 알 수 있도록 온도계 등의 기기를 작업장소에 상시 갖추어 둘 것

② **한랭장해 예방 조치** : 사업주의 근로자 한랭작업 시 동상 등의 건강장해를 예방하기 위한 조치
  ㉠ 혈액 순환을 원활히 하기 위한 운동지도를 할 것
  ㉡ 적절한 지방과 비타민 섭취를 위한 영양지도를 할 것
  ㉢ 체온 유지를 위하여 더운물을 준비할 것
  ㉣ 젖은 작업복 등은 즉시 갈아입도록 할 것

③ **다습장해 예방 조치**
  ㉠ 근로자 다습작업 시 사업주는 습기 제거를 위하여 환기하는 등 적절한 조치를 하여야 한다. 다만, 작업의 성질상 습기 제거가 어려운 경우에는 그러하지 아니하다.
  ㉡ 사업주는 작업의 성질상 습기 제거가 어려운 경우에 다습으로 인한 건강장해가 발생하지 않도록 개인위생관리를 하도록 하는 등 필요한 조치를 하여야 한다.

ⓒ 사업주는 실내에서 다습작업을 하는 경우에 수시로 소독하거나 청소하는 등 미생물이 번식하지 않도록 필요한 조치를 하여야 한다.

(5) 고온 질환

① **열소모**(heat exhaustion) : 높은 온도에서 장시간 활동할 때 발생하는 상태로, 탈수와 피로를 동반한다.
② **열사병**(heat stroke) : 신체가 과도한 열에 노출되어 체온이 매우 높아진 상태로, 사망에 이를 수 있어 응급 의료가 필요하다.
③ **열발진**(heat rash) : 땀이 피부에 쌓여서 발생하는 작은 붉은 발진이다. 보통 더운 환경에서 많이 발생한다.
④ **참호족**(trench foot) : 습하고 차가운 환경에 오랜 시간 동안 발이 노출되었을 때 발생하는 상태로, 피부 손상과 감염의 위험이 있다.

(6) 저온 환경(스트레스)의 생리적 영향과 신체반응

① 근육강도와 내성이 감소하여 육체적 기능도가 줄어든다.
② 손 피부온도(HST)의 감소로 수작업 과업수행능력이 저하된다.
③ 저온 환경에서는 체내 온도를 유지하기 위해 근육의 대사율이 감소된다.
④ 저온은 말초운동신경의 신경전도 속도를 감소시킨다.
⑤ 저온은 조립이나 수리 작업에 나쁜 영향을 미친다.
⑥ 추적과업의 수행은 저온에 의해 악영향을 받는다.
⑦ 저온 환경에 노출되면 혈관수축이 발생한다.
⑧ 저온 스트레스를 받으면 피부가 파랗게 보인다.
⑨ 저온 환경에 노출되면 떨기반사(shivering reflex)가 나타난다.
⑩ 체표면적이 감소한다.
⑪ 피부의 혈관이 수축된다.
⑫ 근육긴장의 증가와 떨림이 발생한다.

(7) 열교환

열교환(Heat Exchange)은 두 개 이상의 물체 또는 유체가 서로 다른 온도를 가지는 경우, 온도 차이에 의해 열이 이동하는 과정이다.

> 열균형 방정식 S = M(대사) − E(증발) ± R(복사) ± C(대류) − W(한 일)
> 여기서, S : 열축적, M : 대사, E : 증발, R : 복사, C : 대류, W : 한 일

05 교대작업

1 교대작업

(1) 정의

"교대작업"이란 작업자들을 2개 반 이상으로 나누어 각각 다른 시간대에 근무하도록 함으로써 사업장의 전체 작업시간을 늘리는, 근로자 작업 일정이나 작업 조직 방법을 말한다.

> **더 알아보기**
> - **교대작업자** : 작업일정이 교대작업인 근로자를 말한다.
> - **야간작업** : 오후 10시부터 익일 오전 6시까지 사이의 시간이 포함된 교대작업을 말한다.
> - **야간작업자** : 야간 작업시간마다 적어도 3시간 이상 정상적 업무를 하는 근로자를 말한다.

2 작업주기 및 작업순환

(1) 교대작업자의 작업설계 시 유의사항

① 야간작업은 연속하여 3일을 넘기지 않도록 한다.
② 야간반 근무를 모두 마친 후 아침반 근무에 들어가기 전 최소한 24시간 이상 휴식을 하도록 한다.
③ 가정생활이나 사회생활을 배려할 때 주중에 쉬는 것보다는 주말에 쉬도록 하는 것이 좋으며 하루씩 떨어 쉬는 것보다는 주말에 이틀 연이어 쉬도록 한다.
④ 교대작업자 특히 야간작업자는 주간작업자보다 연간 쉬는 날이 더 많이 있어야 한다.
⑤ 근무반 교대 방향은 아침반 → 저녁반 → 야간반으로 정방향 순환이 되게 한다.
⑥ 아침반 작업은 너무 일찍 시작하지 않도록 한다.
⑦ 야간반 작업은 잠을 조금이라도 더 오래 잘 수 있도록 가능한 한 일찍 작업을 끝내도록 한다.
⑧ 교대작업 일정을 계획할 때 가급적 근로자 개인이 원하는 바를 고려하도록 한다.
⑨ 교대작업 일정은 근로자들에게 미리 통보되어 예측할 수 있도록 한다.

(2) 교대작업자의 건강관리를 위해 사업주가 고려해야 할 사항

① 야간작업의 경우 작업장의 조도를 밝게 하고 작업장의 온도를 최고 27℃가 넘지 않는 범위에서 주간작업 때보다 약 1℃ 정도 높여 주어야 한다.
② 야간작업 동안 사이 잠(Napping)을 자게 하면 졸림을 방지하는 데 효과적이므로 특히 사고위험이 높은 작업에서는 짧은 사이 잠을 자게 하는 것이 좋다. 사이 잠을 위하여 수면실을 설치하되 소음 또는 진동이 심한 장소를 피하고 남녀용으로 구분하여 설치하도록 한다.

③ 야간작업 동안 대부분의 회사 식당이 문을 닫기 때문에 규칙적이고 적절한 음식이 제공될 수 있도록 배려하여야 한다. 야간작업자에게 적절한 음식이란 칼로리가 낮으면서 소화가 잘 되는 음식이다.
④ 교대작업자에 대하여 주기적으로 건강상태를 확인하고 그 내용을 문서로 기록·보관한다.
⑤ 교대작업에 배치할 근로자에 대하여 교대작업에 대한 교육과 훈련을 실시하여 근로자가 교대작업에 잘 적응할 수 있도록 지도해 준다.
⑥ 교대작업자의 작업환경·작업내용·작업시간 등 직무스트레스요인조사와 뇌·심혈관질환 발병위험도평가(KOSHA GUIDE H-200-2018 참조)를 실시하고 그 결과에 따라 근로자 건강증진활동 지침(고용노동부고시 제2015-104호 참조) 등을 참고하여 적절한 조치를 실시한다.

(3) 신규입사자를 산업안전보건법 시행규칙 별표22(특수건강진단대상 유해인자)에 배치 시 배치예정업무에 대한 적합성 평가를 위하여 배치 전 건강진단을 실시하고, 배치 후 6개월 이내 특수건강진단을 실시한다.

① 야간작업(2종)
㉠ 6개월간 밤 12시부터 오전 5시까지의 시간을 포함하여 계속되는 8시간 작업을 월 평균 4회 이상 수행하는 경우
㉡ 6개월간 오후 10시부터 다음 날 오전 6시 사이의 시간 중 작업을 월 평균 60시간 이상 수행하는 경우

(4) 재직자는 배치 후 첫 번째 특수건강진단(6개월 이내)을 받은 이후 12개월 주기로 검진을 진행한다.

(5) 교대작업자로 배치할 때 업무 적합성 평가가 필요한 근로자

다음과 같은 건강상태의 근로자를 교대작업에 배치하고자 할 때는 의사인 보건관리자 또는 산업의학전문의에게 의뢰하여 업무적합성평가를 받은 후 배치하도록 권장한다.

① 간질증상이 잘 조절되지 않는 근로자
② 불안정 협심증(Unstable angina) 또는 심근경색증 병력이 있는 관상동맥질 환자
③ 스테로이드 치료에 의존하는 천식 환자
④ 혈당이 조절되지 않는 당뇨병 환자
⑤ 혈압이 조절되지 않는 고혈압 환자
⑥ 교대작업으로 인하여 약물치료가 어려운 환자(예 기관지확장제 치료 근로자)
⑦ 반복성 위궤양 환자
⑧ 증상이 심한 과민성대장증후군(Irritable bowel syndrome) 환자
⑨ 만성 우울증 환자
⑩ 교대제 부적응 경력이 있는 근로자

(6) 교대작업자의 개인 생활습관관리

① 야간작업 후 낮 수면을 효과적으로 취하는 방법
  ㉠ 야간작업자는 작업 후 가능한 한 빨리 잠자리에 든다.
  ㉡ 가족들은 야간작업자가 취침 중에 주위에서 소음이 나지 않도록 배려한다.
  ㉢ 교대작업자는 가족에게 자신의 교대작업 일정을 알려준다.
  ㉣ 개인 차이는 있지만 최소 6시간 이상 연속으로 수면을 취한다. 수면욕구는 자동적으로 조절되는 신체항상성 유지기능이다.

② 운동요법과 이완요법
  ㉠ 교대작업자는 잠들기 전 3시간 이내에 운동을 하지 않도록 한다. 지나치게 운동하면 잠을 빨리 깨게 되어 회복에 방해를 받기 때문이다.
  ㉡ 이완요법과 명상을 규칙적으로 하면 수면에 도움이 되고 교대작업에 적응하는 데도 도움이 된다.

③ 영양
  ㉠ 야간작업 후 잠들기 전에는 과량의 식사, 커피 및 음주는 피하는 것이 좋다. 위에서 음식이 소화될 때까지의 부담이 수면을 방해할 수 있기 때문이다.
  ㉡ 교대작업 중에 갈증을 느끼지 않더라도 자주 물을 마시도록 한다.

인간공학기사 **필기**

PART III

산업심리학 및 관련 법규

- CHAPTER 01 인간의 심리특성
- CHAPTER 02 휴먼에러
- CHAPTER 03 집단, 조직 및 리더
- CHAPTER 04 직무스트레스
- CHAPTER 05 관련 법규
- CHAPTER 06 안전보건관리

인간의 심리특성

01 행동이론

1. 인간관계와 집단

(1) 인간관계
인간은 사회적 동물로, 타인과의 상호작용과 관계에서 많은 영향을 받는다. 관계의 질과 형태는 개인의 정신적, 정서적 복지에 중요한 역할을 한다.

(2) 집단
사람들은 집단의 일원으로서 소속감을 느끼며 행동하고 집단 내에서의 역할, 규범, 가치관 등이 개인의 행동과 사고에 큰 영향을 미친다.

(3) 집단에서의 인간관계
집단에서의 인간관계는 개인의 삶에 큰 영향을 미치며, 이를 통해 개인은 성장하고 발전할 수 있다. 긍정적인 집단 경험은 개인의 정신적·정서적 복지에 기여한다.

① 소속감과 정체성
　㉠ 소속감 : 사람들은 집단에 속함으로써 자신이 그 집단의 일부임을 느끼고, 이는 정체성 형성에 큰 영향을 미친다.
　㉡ 정체성 : 집단의 가치관, 규범, 믿음 등이 개인의 정체성에 반영된다.

② 역할과 규범
　㉠ 역할 : 집단 내에서 각 구성원은 특정 역할을 맡게 된다. 예를 들어, 리더, 조력자, 비판자 등이 있다.
　㉡ 규범 : 집단은 특정 규범과 규칙을 따르게 되며, 이는 구성원들의 행동을 지배한다.

③ 의사소통
　㉠ 의사소통 : 집단 내 의사소통은 관계 형성에 중요한 요소이다. 명확하고 개방적인 의사소통은 긍정적인 인간관계를 촉진한다.

ⓒ 갈등 관리 : 갈등이 발생했을 때 이를 효과적으로 관리하는 것이 중요하다. 이를 통해 집단의 단합을 유지할 수 있다.

④ 사회적 지원
ⓐ 정서적 지원 : 집단 구성원들은 서로의 정서적 필요를 채워준다.
ⓑ 정보 제공 : 집단 내에서 유용한 정보와 자원을 공유한다.

2 집단행동

(1) 통제적 집단행동

① 관습(Custom) : 특정 문화나 사회에서 오랫동안 이어져 온 전통적인 행동 양식을 의미한다. 이는 사회 구성원들 사이에서 널리 받아들여지고 반복적으로 행해지는 행동 규범이다. 예를 들어, 명절에 가족들이 모여 음식을 나누는 것이 관습일 수 있다. 여기에는 풍습, 도덕규범, 예의, 금기 등이 포함된다.

② 유행(Trend) : 특정 기간 동안 사회적으로 널리 퍼지는 행동, 스타일, 생각 등을 의미한다. 이는 비교적 짧은 기간 동안 많은 사람들 사이에서 인기를 끌고, 시간이 지나면서 사라질 수 있다. 패션, 음악, 기술 등이 유행의 대표적인 예이다.

③ 제도적 행동(Institutional Behavior) : 공식적인 조직이나 제도 내에서 일어나는 행동을 의미한다. 이는 법, 규정, 정책 등에 의해 규제되며, 조직의 목표와 운영 방침에 따라 이루어진다. 예를 들어, 회사 내에서의 업무 절차나 학교에서의 교육 방식 등이 제도적 행동의 예이다.

(2) 비통제적 집단행동

① 모브(Mob) : 일반적으로 통제되지 않은 집단행동을 의미한다. 주로 감정적이고 즉흥적인 행동을 포함하며, 큰 군중이 일으키는 폭력적이거나 예측 불가능한 행동을 나타낼 때 사용된다. 모브는 감정적, 즉흥적, 폭력적, 예측 불가능의 특징을 가고 있다.

② 군중(Crowd) : 집단구성원 사이에 지위나 역할의 분화가 없고, 구성원 각자는 책임을 가지지 않으며, 비판력도 가지지 않는다.

③ 패닉(Panic) : 인간이 위험에 직면했을 때 나타날 수 있는 자연스러운 반응으로 극도의 두려움이나 공포로 인한 강렬한 감정 상태를 의미한다.

④ 심리적 전염(Psychological Infection) : 한 사람의 감정이나 행동이 다른 사람들에게 전파되어 동일한 감정이나 행동을 유발하는 현상이다.

3. 인간의 행동특성

(1) 레빈의 인간행동의 법칙

인간의 행동이 개인과 환경의 상호작용에 의해 결정된다는 것을 설명한 이론이다.

> 레빈(Lewin, K)의 행동 함수식 B=f(P·E)
> 여기서, B : Behavior(인간행동), f : function(함수관계), P : Person 개체(개인의 특성, 즉 연령, 성격, 심신 상태 등),
> E : Environment(환경적 요인, 심리적 환경, 인간관계 작업환경 등)

(2) 라스무센(Jens Rasmussen)의 인간행동 수준의 3단계

① 기술 기반 행동(Skill-Based Behavior) : 자동적이고 습관적인 행동을 의미한다. 개인이 반복적인 훈련과 경험을 통해 습득한 기술을 활용하여 수행하는 행동이다.
   예 자동차 운전 시, 기어 변경이나 방향지시등 사용 같은 기본적인 조작

② 규칙 기반 행동(Rule-Based Behavior) : 이미 알고 있는 규칙이나 절차에 따라 행동하는 것을 의미하며 특정 상황에 대한 경험과 규칙을 기반으로 한 행동이다.
   예 새로운 소프트웨어를 사용할 때 매뉴얼에 따라 설정을 변경하는 것

③ 지식 기반 행동(Knowledge-Based Behavior) : 문제 해결과 같은 복잡한 상황에서 나타나는 행동으로 새로운 상황에 직면했을 때 지식을 바탕으로 한 사고와 판단이 필요한 경우에 해당된다.
   예 복잡한 기술 문제를 해결하기 위해 문제의 원인을 분석하고 해결책을 찾는 과정

(3) 선호신분지수

개인이나 집단이 선호하는 사회적 신분을 나타내는 지수로, 개인이 특정 사회적 신분을 얼마나 중요하게 여기고, 이를 달성하기 위해 어떤 행동을 취하는지에 대한 측정을 기반으로 한다.

① 소시오그램

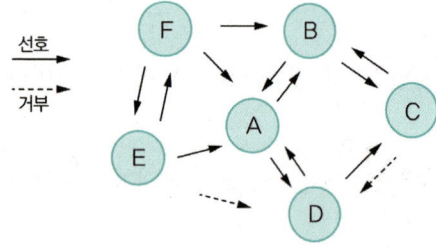

② 선호신분지수

$$\text{선호신분지수} = \frac{\text{선호총계}}{\text{구성원}-1} = \frac{3}{6-1} = \frac{3}{5}$$

02 주의/부주의

1 인간의 특성과 안전심리

(1) 인간의 특성

① **인지적 특성** : 인간은 복잡한 인지 과정을 통해 정보를 처리하고 결정을 내린다. 주의력, 기억력, 문제 해결 능력 등이 포함된다.
   - 예 위험 상황에서 빠르게 판단하고 대처하는 능력

② **정서적 특성** : 인간은 다양한 감정을 느끼고 표현한다. 이러한 감정은 행동에 큰 영향을 미칠 수 있다.
   - 예 스트레스나 두려움이 위험 상황에서의 대처 능력에 영향을 미칠 수 있다.

③ **사회적 특성** : 인간은 사회적 동물로서 타인과의 상호작용을 통해 많은 영향을 받는다. 이는 협력과 소통에 중요한 역할을 한다.
   - 예 팀워크와 의사소통이 안전한 작업환경

(2) 인간의 안전심리 5요소

① **동기** : 마음을 움직이는 원동력
② **기질** : 성격, 능력 등 개인적 특성
③ **감정** : 희로애락 등의 인식
④ **습성** : 동기, 기질, 감정 등이 인간의 행동에 영향을 미칠 수 있도록 하는 것
⑤ **습관** : 성장과정을 통해 형성된 특성 등이 자신도 모르게 습관화된 현상

(3) 인간의 성격 타입

① Type A 성격
   ㉠ 경쟁적이고 성취 지향적이다.
   ㉡ 일과 목표에 대해 열정적이며, 빨리빨리, 경쟁적으로 여러 가지를 한 번에 하여 종종 스트레스를 받을 수 있다.
   ㉢ 매우 조직적이고 시간을 철저히 관리한다.

② Type B 성격
   ㉠ 느긋하고 스트레스에 대해 관대하다.
   ㉡ 사회적이며, 여유를 즐긴다.
   ㉢ 창의적이고 유연한 사고방식을 가지고 있다.

③ Type C 성격
  ㉠ 신중하고 논리적이다.
  ㉡ 감정을 억누르며 갈등을 피하려고 한다.
  ㉢ 완벽주의 성향이 있다.
④ Type D 성격
  ㉠ 부정적인 감정을 자주 경험하며 이를 잘 드러내지 않는다.
  ㉡ 스트레스를 많이 받고, 걱정과 불안을 자주 느낀다.
  ㉢ 외향적이기보다는 내향적이다.

2 부주의 원인과 대책

(1) 주의의 세 가지 특성
① **변동성** : 주의는 장시간 지속될 수 없다.
② **선택성** : 주의는 한곳에만 집중할 수 있다.
③ **방향성** : 주의를 집중하는 곳 주변의 주의는 떨어진다.

(2) 부주의
① 부주의의 특성
  ㉠ 부주의는 불안전한 행위나 행동뿐만 아니라 불안전한 상태에서도 통용된다.
  ㉡ 부주의란 말은 결과를 표현한다.
  ㉢ 부주의에는 발생 원인이 있다.
  ㉣ 부주의와 유사한 현상 구분 : 착각이나 인간능력의 한계를 초과하는 요인에 의한 동작실패는 부주의에서 제외한다.
    ※ 부주의는 무의식행위나 그것에 가까운 의식의 주변에서 행해지는 행위에 한정한다.
② 부주의의 원인 및 대책

구분	원인	대책
외적원인	• 작업, 환경조건 불량 • 작업순서 부적당 • 작업강도 • 기상조건	• 환경정비 • 작업순서조절 • 작업량, 시간, 속도 등의 조절 • 온도, 습도 등의 조절
내적원인	• 소질적 요인 • 의식의 우회 • 경험 부족 및 미숙련 • 피로도 • 정서불안정 등	• 적성배치 • 상담 • 교육 • 충분한 휴식 • 심리적 안정 및 치료

③ 부주의 현상
  ㉠ 의식의 우회 : 근심걱정으로 집중하지 못하는 것(예 애가 아픔)
  ㉡ 의식의 과잉 : 갑작스러운 사태 목격 시 멍해지는 현상(=일점 집중현상)
  ㉢ 의식의 단절 : 수면상태 또는 의식을 잃어버리는 상태
  ㉣ 의식의 혼란 : 경미한 자극에 주의력이 흐트러지는 현상
  ㉤ 의식수준의 저하 : 단조로운 업무를 장시간 수행 시 몽롱해지는 현상(=감각차단현상)

④ 부주의 행위
  ㉠ 억측판단 : 상황을 정확히 판단하지 않고, 추측에 근거하여 행동을 결정하는 것을 말한다. 보행 신호등이 막 바뀌어도 자동차가 움직이기까지는 아직 시간이 있다고 스스로 판단하여 건널목을 건너는 것과 같다.
  ㉡ 주의력 결핍 : 작업이나 활동 중에 주의력을 유지하지 못하고 다른 것에 집중하는 경우
  ㉢ 무관심 : 안전 규칙이나 절차를 무시하거나 경시하는 태도

⑤ 정신적 측면의 대책
  ㉠ 주의력 집중 훈련
  ㉡ 스트레스 해소 대책
  ㉢ 안전 의식 재고
  ㉣ 작업 의욕 고취

03 의식단계

1 의식의 특성

(1) 인간 의식단계(레벨)의 종류 및 의식수준의 5단계

단계(phase)	뇌파패턴	의식상태(mode)	주의의 작용	생리적 상태	신뢰성
0	δ파	무의식, 실신	제로	수면, 뇌발작	없다. 0
I	θ파	의식이 둔한 상태, 흐림, 몽롱(subnormal)	활발하지 않음. (inactive)	피로 단조, 졸림, 취중	낮다. 0.9
II	α파	편안한 상태, 이완상태, 느긋함(normal, relaxed)	수동적 (passive)	안정적 상태, 휴식 시, 정상작업 시, 정례작업 시, 일반적으로 일을 시작할 때의 안정된 상태	다소 높다. 0.99~0.9999
III	β파	명석한 상태, 정상의식, 분명한 의식(normal, clear)	활발함, 적극적(active)	적극적 활동 시, 가장 좋은 의식수준상태	매우 높다. 0.9999 이상
IV	γ파 긴장과대	흥분상태(과긴장) (hypernormal)	일점에 응집, 판단정지	긴급방위반응, 당황, 패닉	낮다. 0.9 이하

2 피로

(1) 앨프리드 데이 허시(Alfred Day Hershey)의 피로 종류

① 신체적 피로(Physical Fatigue) : 육체적 노동이나 반복적인 작업으로 인해 발생하는 피로
   - 예 장시간 서서 일하거나 무거운 물건을 반복적으로 들어 올리는 작업

② 정신적 피로(Mental Fatigue) : 지속적인 정신적 노동이나 스트레스 상황에서 발생하는 피로
   - 예 복잡한 데이터 분석, 문제 해결 작업

③ 정서적 피로(Emotional Fatigue) : 정서적 스트레스나 감정적인 부담으로 인해 발생하는 피로
   - 예 고객 서비스 직무에서의 감정 노동

④ 감각적 피로(Sensory Fatigue) : 반복적인 감각 자극으로 인해 감각 기관이 지치는 현상
   - 예 컴퓨터 화면을 장시간 응시하는 것, 소음이 심한 환경에서의 작업

⑤ 사회적 피로(Social Fatigue) : 사회적 활동이나 인간관계에서 오는 피로
   - 예 협동 작업이나 팀 프로젝트에서의 긴밀한 협업

(2) 피로의 증상

① 신체적 증상(생리적 현상)
   - ㉠ 근육통 및 두통 : 피로가 쌓이면 근육이 뻐근한 통증이나 머리 통증이 생길 수 있다.
   - ㉡ 작업 저하 : 작업에 대한 몸자세가 흐트러지고 지치게 된다.
   - ㉢ 작업효율 저하 : 작업효과나 작업량이 저하된다.
   - ㉣ 소화 불량 : 소화 기능이 떨어져 소화 불량이나 변비가 발생할 수 있다.
   - ㉤ 수면 문제 : 쉽게 잠들지 못하거나 깊은 잠을 자지 못할 수 있다.

② 정신적 증상(심리적 현상)
   - ㉠ 집중력 저하 : 집중하는 능력이 떨어지고, 기억력이 약해질 수 있다.
   - ㉡ 정서 불안 : 피로가 쌓이면 불안감이나 우울감을 느끼기 쉬워진다.
   - ㉢ 스트레스 증가 : 피로는 스트레스를 증가시키고, 이로 인해 신경질적이거나 과민해질 수 있다.
   - ㉣ 동기 저하 : 일이나 일상생활에 대한 동기 부여가 줄어들 수 있다.
   - ㉤ 기분 저조 : 전반적으로 기분이 저조하고 활력이 없다.

(3) 피로의 측정

① 생리학적 피로의 측정 : 근전도(EMG), 심전도(ECG), 뇌전도(EEG), 안전도(EOG), 산소 소비량, 에너지소비량, 전기피부반응(GSR), 점멸융합주파수
② 심리학적 피로 측정 : 주의력 테스트, 집중력 테스트
③ 생화학적 방법 : 혈액, 요 중의 스테로이드 양, 아드레날린 배설량

04 반응시간

1 반응시간

반응시간(RT)는 자극에 대한 반응이 발생하기까지의 소요시간이다. 예를 들어, 신호등이 빨간색에서 녹색으로 바뀔 때, 이를 보고 차량이 움직이기 시작하는 시간으로 반응시간은 주로 신경계의 속도와 연관이 있다.

(1) 단순반응시간과 선택반응시간

① 단순반응시간 : 하나의 특정 자극에 대해 반응을 시작하는 시간으로 항상 같은 반응을 요구한다. 단순반응시간에 영향을 미치는 변수로는 자극 양식, 자극의 특성, 자극 위치, 연령 등이 있다.
② 선택반응시간 : 여러 개의 자극이 각각 서로 다른 반응을 요구하는 경우의 반응시간이다.

(2) Hick-Hyman의 법칙

Hick-Hyman의 법칙은 인간의 선택 반응 시간과 관련된 법칙으로, 심리학자 윌리엄 에드먼드 힉(William Edmund Hick)과 레이 하이먼(Ray Hyman)이 1952년에 제안했다. 이 법칙은 선택할 수 있는 항목의 수가 증가하면 반응 시간이 로그함수적으로 증가한다는 것이다.

> **더 알아보기**
>
> **Hick의 법칙(선택반응시간)**
> 주어진 선택가능한 선택지의 숫자에 따라 사용자가 결정하는 데 소요되는 시간이 결정된다는 법칙이다.
>
> • 공식
> $$RT = a + b\log_2 N$$
> 여기서, a : 상수, N : 자극정보의 수
> a는 상수이므로 자극 정보의 수만 계산한다.

핵심 예제 Hick-Hyman의 법칙에 의하면 인간의 반응시간(RT)은 자극 정보의 양에 비례한다고 한다. 자극 정보의 개수가 2개에서 8개로 증가한다면 반응시간은 몇 배 증가하겠는가?

정답 해설 Hick-Hyman의 법칙
$RT = a \times \log_2 N$ (a : 상수, N : 자극정보의 수)
a는 상수이므로 자극 정보의 수만 계산한다.
$\log_2 2 = 1$, $\log_2 8 = 3$
따라서 3배 증가

(3) Fitts의 법칙

피츠 법칙(Fitt's law)은 목표 지점까지의 거리가 멀거나 목표 지점의 크기가 작을수록 목표 지점에 도달하는 데 시간이 더 오래 걸린다는 것을 설명한다.

> **더 알아보기**
>
> **Fitts의 법칙(동작시간)**
> 동작시간 예측에 관한 법칙이다.
>
> • 공식
> $$ID(\text{bits}) = \log_2\left(\frac{2A}{W}\right)$$
> $$MT = a + b \cdot ID$$
> $$MT = a + b\log_2\left(\frac{2A}{W}\right)$$
>
> 여기서, ID : 난이도(Index of Difficulty), MT : 이동시간(Movement Time), a : 단순반응시간, b : 선택반응시간, A : 움직인 거리, W : 목표물의 넓이

05 작업동기

1 동기부여이론

(1) K. Davis(데이비스)의 동기부여이론

인간의 동기부여를 등식으로 정의

지식(Knowledge) × 기능(Skill)	능력(Ability)
상황(Situation) × 태도(Attitude)	동기유발(Motivation)
능력(Ability) × 동기유발(Motivation)	인간의 성과(Human Performance)
인간의 성과(Human Performance) × 물질의 성과	경영의 성과

(2) D.C. McClelland(맥클랜드)의 성취동기이론

① **성취욕구(Need for Achievement)** : 성취욕구가 높은 사람들은 도전적이지만 달성 가능한 목표를 선호한다. 그들은 자신의 성과를 측정할 수 있는 피드백을 원하며, 스스로의 능력을 향상시키고자 한다.
   예 기업가, 연구자, 운동선수 등

② **권력욕구(Need for Power)** : 권력욕구가 높은 사람들은 영향력을 행사하고, 다른 사람들의 행동에 영향을 미치고자 하는 경향이 있다. 또한, 리더십 역할을 추구하고 조직 내에서 높은 위치를 차지하고자 한다.
   예 정치가, 관리자, 군인 등

③ **친화욕구(Need for Affiliation)** : 친화욕구가 높은 사람들은 사회적 관계를 중요시하고, 다른 사람들과의 협력과 유대감을 중시한다. 그들은 갈등을 피하고, 공동체 내에서 팀워크와 긍정적인 관계를 유지하고자 한다.
   예 교사, 사회복지사, 상담가 등

(3) A.H. Maslow(매슬로)의 욕구이론

인간의 욕구를 다섯 가지 단계로 분류하였고, 각 단계의 욕구가 충족될 때 다음 단계의 욕구가 생긴다고 주장하였다.

단계	욕구	설명
1단계	생리적 욕구	가장 기본적인 욕구(의식주 등)
2단계	안전 욕구	안전에 대한 욕구
3단계	사회적 욕구	사회 관계성의 욕구
4단계	존경의 욕구	존경받고자 하는 욕구
5단계	자아실현의 욕구	자아실현, 자기만족의 욕구

(4) Herzberg(헤르츠베르크)의 2요인론(동기-위생이론)

① 직무 만족에 영향을 미치는 요인을 두 가지로 구분

위생요인(직무환경, 저차원적 요구)	동기요인(직무내용, 고차원적 요구)
• 회사정책과 관리 • 개인 상호 간의 관계 • 감독 • 임금 • 보수 • 작업조건 • 지위 • 안전	• 성취감 • 책임감 • 안정감 • 성장과 발전 • 도전감 • 일 그 자체

② Herzberg의 동기-위생이론의 만족도

요인/욕구	욕구충족이 되지 않을 경우	욕구충족이 될 경우
위생요인(불만요인)	불만 느낌.	만족감 느끼지 못함.
동기유발요인(만족요인)	불만 느끼지 않음.	만족감 느낌.

(5) C.P. Alderfer(앨더퍼)의 ERG이론

Maslow의 욕구단계이론을 발전시켜 만든 것으로, 인간의 욕구를 세 가지 주요 범주로 나누어 설명한다. ERG는 각각의 욕구를 의미한다.

① 존재 욕구(Existence Needs) : 생리적 욕구와 안전 욕구를 포함한다. 이는 생존과 관련된 기본적인 욕구로서, 음식, 물, 공기, 주거, 보안 등 물리적 안정을 의미한다.
② 관계 욕구(Relatedness Needs) : 사회적 관계와 연관된 욕구로, 사랑, 소속감, 인정 등 대인 관계와 관련된 욕구를 포함하며 이는 인간이 사회적 존재로서 다른 사람들과의 긍정적인 관계를 유지하려는 욕구를 나타낸다.
③ 성장 욕구(Growth Needs) : 자아실현과 성장을 위한 욕구로, 개인의 잠재력을 최대한 발휘하려는 욕구로 자기 개발, 능력 향상, 창의적 활동 등 개인의 성장과 발전을 추구한다.
④ ERG이론의 특징
　㉠ 욕구의 유연성 : Alderfer의 이론은 Maslow의 이론보다 더 유연하게 욕구가 상호 작용할 수 있다고 본다. 예를 들어, 상위 욕구가 충족되지 않을 경우 하위 욕구를 통해 보상할 수 있다.
　㉡ 욕구의 중복 : 인간은 여러 욕구를 동시에 경험할 수 있다. 따라서 특정 욕구가 충족되지 않더라도 다른 욕구가 이를 보완할 수 있다.

(6) 욕구이론의 상호 관련성

구분	Maslow 욕구단계론	Herzberg 2요인론	McClelland 성취동기이론	Alderfer ERG이론
1단계	생리적 욕구	위생요인	성취 욕구	생존 욕구
2단계	안전 욕구	위생요인	성취 욕구	생존 욕구
3단계	사회적 욕구	동기요인		관계 욕구
4단계	존경의 욕구	동기요인	권력 욕구	관계 욕구
5단계	자아실현의 욕구	동기요인	친화 욕구	성장 욕구

(7) 동기부여 방법

① 목표설정과 명확한 기대
② 인정과 보상
③ 자율성과 책임
④ 성장과 개발 기회 제공
⑤ 긍정적인 작업환경 조성
⑥ 동기부여와 관련된 이론 적용
⑦ 피드백과 커뮤니케이션

2 직무만족과 사기

(1) 직무만족(Job Satisfaction)

직무만족은 직원이 자신의 직무에 대해 느끼는 긍정적인 감정 상태를 의미하며, 직무만족은 다음과 같은 요소에 의해 영향을 받는다.

① 작업환경 : 안전하고 쾌적한 작업환경은 직무만족을 높이는 요소이다.
② 보상과 인정 : 적절한 보상과 성과에 대한 인정은 직원들이 만족감을 느끼는 요인이다.
③ 직무 설계 : 의미 있고 도전적인 직무는 직무만족을 증대시킨다.
④ 상사와의 관계 : 상사와의 긍정적이고 지지적인 관계는 직무만족을 높이는 역할을 한다.
⑤ 동료와의 관계 : 협력적이고 긍정적인 동료 관계는 직무만족에 큰 영향을 미친다.

(2) 사기(Morale)

사기는 조직 내에서 직원들이 느끼는 긍정적인 감정 상태와 에너지로 높은 사기는 생산성, 창의성, 협력 등 긍정적인 결과를 가져올 수 있다. 사기는 다음과 같은 요소에 의해 영향을 받는다.

① 의사소통 : 조직 내에서의 원활한 의사소통은 사기를 높이는 역할을 한다.
② 리더십 : 신뢰할 수 있고 지지적인 리더십은 직원들의 사기를 높인다.
③ 참여와 인정 : 직원들이 조직 내에서 중요한 역할을 하고 있다는 느낌을 받으면 사기가 높아진다.
④ 조직 문화 : 긍정적이고 지지적인 조직 문화는 사기를 높이는 역할을 한다.

(3) 직무만족과 사기 향상 방법

① 피드백 제공 : 정기적이고 건설적인 피드백을 통해 직원들의 성과를 인정하고 개선점을 제시한다.
② 교육과 개발 : 지속적인 교육과 개발 기회를 제공하여 직원들이 자신의 능력을 향상시킬 수 있도록 지원한다.
③ 업무와 생활의 균형 : 업무와 개인 생활의 균형을 유지하도록 지원하여 직원들의 스트레스를 줄인다.
④ 참여 유도 : 직원들이 조직의 의사결정 과정에 참여할 수 있도록 하여 그들의 의견을 반영한다.

CHAPTER 02 휴먼에러

PART Ⅲ 산업심리학 및 관련 법규

01 휴먼에러 유형

1. 인간의 착오와 실수

(1) 휴먼에러의 정의
사고를 일으키는 인간의 불안전한 행동특성으로, 인간-기계시스템에서의 불안전한 요소나 시스템의 안전과 성능을 저하시킬 수 있는 허용 범위를 벗어난 인간의 동작이다.

(2) 휴먼에러의 분류
① 행동 의도에 따라 : 의도적 착오 및 위반, 비의도적 실수 및 망각
② 정보처리 단계에 따라 : 인지착오(부주의, 입력) 에러, 판단착오(억측판단, 착오, 의사결정) 에러, 조작(실수, 망각, 행동) 에러

(3) 행동의도에 따른 분류

휴먼에러 분류			정의
의도적 행동	착오 (Mistake)	규칙기반 착오 (Rule-basd Mistake)	처음부터 잘못된 규칙을 기억하고 있거나 정확한 규칙이라 해도 상황에 맞지 않게 잘못 적용하는 경우의 에러
		지식기반 착오 (Knowledge-Mistake)	추론 혹은 유추 과정에서 실패해 오답을 찾는 경우의 에러
	위반 (Violation)	일상 위반	작업 수행 과정에 대한 올바른 지식을 가지고 있고, 이에 맞는 행동을 할 수 있음에도 일부러 바람직하지 않은 의도를 가지고 발생시키는 에러
		상황 위반	
		고의 위반	
비의도적 행동	실수 (Slip)	행동실수(slips)	부주의로 인해 실수를 하거나 주의력이 부족한 상태에서 발생하는 에러
	망각 (Lapse)	기억실수(lapse)	단기기억의 한계로 인해 기억을 잊어서 해야 할 일을 못해 발생하는 에러

① 착오(Mistake) : 무언가 잘못되거나 예상치 못한 상황이 발생하는 것이다. 이는 주로 의도치 않은 실수나 오류를 포함한다.
② 위반(Violation) : 규칙, 법 또는 계약을 어기는 행위로, 주로 의도적으로 규정을 어기는 경우이다.
③ 실수(Slip) : 잘못된 행동이나 판단으로 보통 의도치 않게 발생하며, 작은 오류나 잘못된 결정 등이다.
④ 망각(Lapse) : 기억하지 못하거나 잊어버리는 것으로, 정보나 경험을 기억하지 못하는 상황이다.

(4) 라스무센(Rasmussen)의 인간행동의 수준에 따른 휴먼에러

① 숙련기반 에러(Skill-based error) : 일상적인 작업에서 자동적으로 발생하는 실수로, 익숙해진 행동에서의 에러이다.
② 규칙기반 에러(Rule-based error) : 특정 상황에서 적용해야 할 규칙을 잘못 적용하거나 규칙을 잊어버려 발생하는 에러이다.
③ 지식기반 에러(Knowledge-based error) : 새로운 상황에서 문제를 해결하려고 할 때 부족한 지식 때문에 발생하는 에러이다.

2 오류모형

(1) 오류 분류

심리적 분류(Swain과 Guttman의 개별적 독립행동 오류)	원인별(레벨별) 수준적 분류
• 생략 오류(Omission Error) : 절차를 생략해 발생하는 오류 • 시간 오류(Time Error) : 절차의 수행지연에 의한 오류 • 작위 오류(Commission Error) : 절차의 불확실한 수행에 의한 오류 • 순서 오류(Sequential Error) : 절차의 순서착오에 의한 오류 • 과잉행동 오류(Extraneous Error) : 불필요한 작업/절차에 의한 오류	• Primary Error(1차 에러) : 작업자 자신에 의해 발생한 에러 • Secondary Error(2차 에러) : 작업 형태/조건에 의해 발생 또는 어떤 결함으로부터 파생하여 발생하는 에러 • Command Error : 작업자가 움직일 수 없는 상태에서 발생

(2) 착시현상(Optical Illusion)

시각적 정보가 실제와 다르게 보이는 현상이다. 예를 들어, 직선이 굽어 보이거나 색이 다르게 보이는 경우가 있다. 이는 눈과 뇌가 시각적 정보를 처리하는 방식에서 발생하는 오류로 인해 발생한다.

(3) 착각현상(Illusion)

착각현상은 감각적으로 받아들인 정보가 실제와 다르게 해석되는 현상이다. 예를 들어, 멀리 있는 물체가 더 크게 보이거나, 소리가 다른 방향에서 오는 것처럼 느껴지는 경우이다.

① 가현운동(Apparent Motion) : 실제로는 정지해 있는 물체가 움직이는 것처럼 보이는 현상이다.
   - 예) 영화에서 정지된 이미지들이 빠르게 전환되어 움직임이 있는 것처럼 보인다.
② 유도운동(Induced Motion) : 주변 환경의 움직임 때문에 정지해 있는 물체가 움직이는 것처럼 느껴지는 현상이다.
   - 예) 기차가 출발할 때 옆의 기차가 움직이는 것처럼 느껴진다.
③ 자동운동(Autokinetic Effect) : 어두운 배경에서 작은 빛 점이 움직이는 것처럼 보이는 현상이다.
   - 예) 눈의 미세한 움직임과 뇌의 해석 방식에 의해 발생한다.

02 휴먼에러 분석기법

1. 인간 신뢰도

인간 신뢰도는 인간의 성능이 특정한 기간 동안 실수를 범하지 않을 확률로 정의된다.

(1) 시스템의 신뢰도

① 직렬시스템의 신뢰도 : $R_p = R_1 \times R_2 \times \cdots \times R_n$
② 병렬시스템의 신뢰도 : $R_p = 1 - (1 - R_1)(1 - R_2) \cdots (1 - R_n)$

(2) 이산적 직무에서의 인간실수 확률

반복되는 이산적 직무에서 인간실수 확률은 사건당 실패 수로 표현된다.

① 휴먼에러율(Human Error Probability, HEP) : 주어진 작업을 수행하는 동안 발생하는 오류의 확률

$$HEP = \frac{\text{실제 인간의 오류횟수}}{\text{전체 에러 기회의 수}}$$

② 인간의 신뢰도 = $1 - HEP$
③ 이산적 직무에서 인간실수 확률 = $R(n_1, n_2) = (1-p)^{(n_2 - n_1 + 1)}$

핵심 예제 어느 검사자가 한 로트에 1,000개의 부품을 검사하면서 100개의 불량품을 발견하였다. 하지만 이 로트에는 실제 200개의 불량품이 있었다면, 동일한 로트 2개에서 휴먼에러를 범하지 않을 확률은 얼마인가?

정답 해설 반복되는 이산적 직무에서의 인간 신뢰도

$$R(n_1, n_2) = (1-p)^{(n_2-n_1+1)} = (1-0.1)^{(2-1+1)} = 0.81$$

여기서, p : 인간실수 확률

(3) 연속적 직무에서의 인간 신뢰도

$$R(t_1, t_2) = e^{-\lambda(t_2-t_1)}$$

핵심 예제 작업자의 휴먼에러 발생확률이 시간당 0.05로 일정하고 다른 작업과 독립적으로 실수를 한다고 가정할 때 8시간 동안 에러의 발생 없이 작업을 수행할 신뢰도는 약 얼마인가?

정답 해설
$$R(t_1, t_2) = e^{-\lambda(t_2-t_1)}$$
$$R(t) = e^{-0.05(8-0)} = 0.6703$$

핵심 예제 중복형태를 갖는 2인 1조 작업조의 신뢰도가 0.99 이상이어야 한다면 기계를 조종하는 임무를 수행하기 위해 한 사람이 갖는 신뢰도의 최댓값은 얼마인가?

정답 해설 신뢰도

$$R_p = 1 - (1-R_1)(1-R_2) \cdots (1-R_n)$$
$$= 1 - \prod_{i=1}^{n}(1-R_i) \geq 0.99$$
$$= (1-R_p)^2 \leq 0.001$$
$$= 1 - R_p \leq 0.1$$
$$\therefore R_p \geq 0.9$$

2 THERP

(1) THERP(Technique for Human Error Rate Prediction)

인간 오류를 예측하고 분석하기 위한 방법으로 인간의 작업 수행에서 발생할 수 있는 오류를 식별하고, 그 확률을 계산하여 시스템 신뢰성을 향상시키기 위해 사용한다. 정량적 분석 방법으로 사용되며, 인간의 오류가 시스템에 미치는 영향을 분석하여 안전성을 향상시킨다. 초기 사건을 이원적(binary) 의사결정(성공 또는 실패) 가지들로 모형화하고, 이후의 사건들의 확률은 모두 선행 사건에 대한 조건부 확률을 부여하여 이원적 의사결정 가지들로 분지해 나간다.

(2) THERP 분석법

$$\text{Prob}\{N \mid N-1\} = (\%_{dep})1.0 + (1-\%_{dep})\text{Prob}\{N\}$$

핵심 예제 원자력발전소 주 제어실에는 4명의 운전원으로 구성된 근무조가 수행하고, 이들의 직무 간에는 서로 영향을 끼치게 된다. 근무 조원 중 1차 계통의 운전원 A와 2차 계통의 운전원 B 간의 직무는 15%의 의존성이 있다. 운전원 A의 기초 인간 실수확률 HEP Prob{A} = 0.001일 때, 운전원 B의 직무 실패를 조건으로 한 운전원 A의 직무 실패 확률은? (단, THERP 분석법을 사용한다.)

정답 해설 B가 실패일 때 A의 실패확률 : Rrob{A | B}
$(\%_{dep})1.0 + (1-\%_{dep})\text{Prob}\{N\}$
$= (0.15) \times 1.0 + (1-0.15) \times (0.001) = 0.15085 = 0.151$

3 ETA

(1) 사건 수 분석(Event Tree Analysis, ETA) 개요

사건 수 분석은 특정 이벤트가 발생한 이후의 가능한 결과를 분석하는 방법으로 정량적 분석 방법으로 사용하고 이벤트의 발생 가능성과 그로 인한 결과를 시각적으로 표현하여 안전성을 평가한다.

(2) ETA 분석 기법

① 귀납적, 정량적 분석
② 재해 확대 요인 선정
③ 좌측에서 우측으로 전개, 성공사상은 상측, 실패사상은 하측
④ 분기의 확률 기재

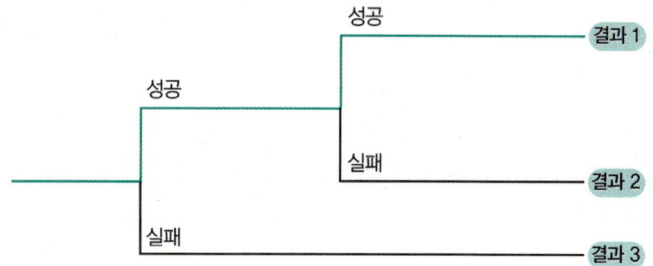

(3) 사건 수 분석 기법 절차(6단계)

① 초기사건 정의
② 안전조치 확인
③ ET 작성
④ 재해결과 분석/분류
⑤ 재해발생률 계산/해석
⑥ 평가 및 수정/보완

4 FTA 등

(1) 결함나무분석(Fault Tree Analysis, FTA) 개요

시스템, 장비 또는 프로세스에서 발생할 수 있는 특정 이벤트의 원인을 식별하고 분석하는 체계적인 방법이다. 이 기법은 고장 또는 실패 원인을 도식적으로 표현하여 원인-결과 관계를 명확히 하는 데 사용된다. FTA는 특히 안전성과 신뢰성을 평가하는 데 유용하고, 연역적이며, 톱다운(top-down) 접근방식이다.

(2) FTA의 주요 요소

① 톱 이벤트(Top Event) : 분석의 시작점이 되는 주요 실패 또는 고장 이벤트이다.
② 중간 이벤트(Intermediate Event) : 톱 이벤트로 이어지는 중간 과정에서 발생하는 이벤트이다.
③ 기본 이벤트(Basic Event) : 분석의 말단에 위치한 이벤트로, 추가적인 분석이 필요 없는 최종 원인이다.
④ AND 게이트 : 여러 원인이 모두 발생해야 특정 이벤트가 발생하는 경우를 나타낸다.
⑤ OR 게이트 : 여러 원인 중 하나만 발생해도 특정 이벤트가 발생하는 경우를 나타낸다.

(3) FTA의 사용 단계

① 시스템 정의 : 분석 대상 시스템을 명확히 정의한다.
② 정상사상 : 분석의 중심이 되는 주요 실패 이벤트를 결정한다.
③ 트리 구성 : 톱 이벤트로 이어지는 모든 원인 이벤트를 도식적으로 표현한다.
④ 분석 및 평가 : 트리를 분석하여 주요 원인을 파악하고, 개선 또는 예방 조치를 계획한다.

(4) FTA의 장점 및 특징

① 장점
  ㉠ **시각적 표현** : 복잡한 원인-결과 관계를 시각적으로 쉽게 이해할 수 있다.
  ㉡ **체계적 접근** : 구조화된 방법으로 원인을 분석하여 종합적인 대책 마련이 가능하다.
  ㉢ **다양한 적용** : 안전성, 신뢰성, 품질 관리 등 다양한 분야에 적용 가능하다.

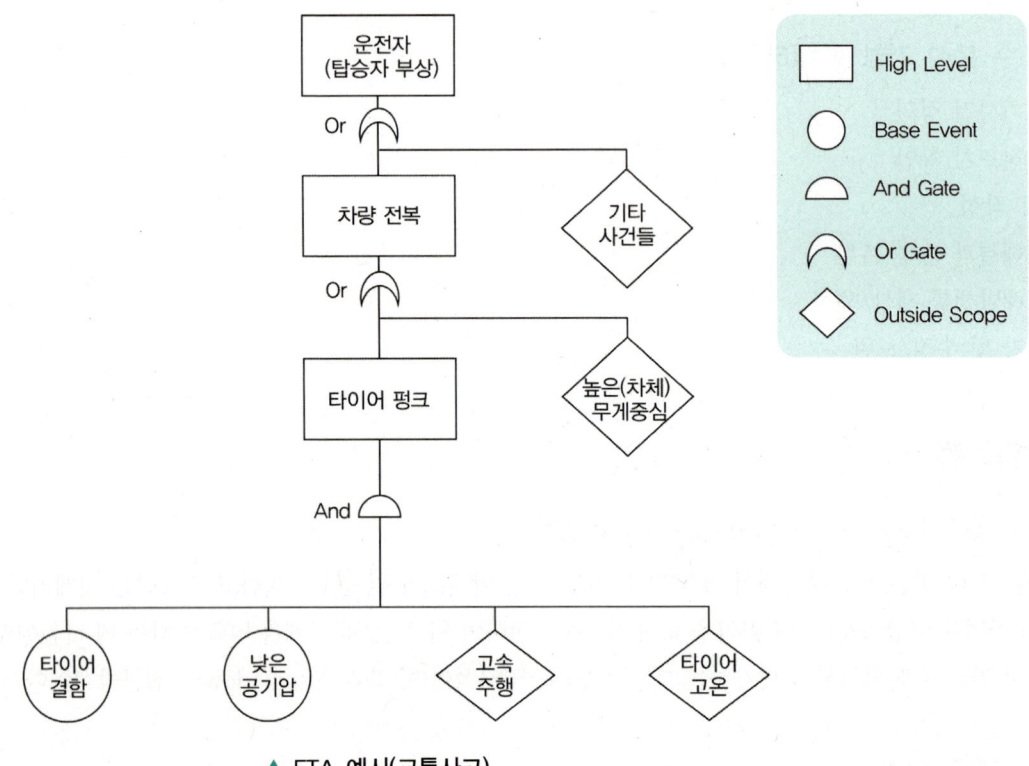

▲ FTA 예시(교통사고)

② FTA의 특징
  ㉠ 분석에는 게이트, 이벤트, 부호 등의 그래픽 기호를 사용하여 결함 단계를 표현하며, 각각의 단계에 확률을 부여하여 어떤 상황의 실패 확률 계산이 가능하다.
  ㉡ 연역적이고 정량적인 해석 방법(Top down 형식)이다.
  ㉢ 정량적 해석기법(컴퓨터처리 가능)이다.
  ㉣ 논리기호를 사용한 특정사상에 대한 해석이다.
  ㉤ 서식이 간단해서 비전문가도 짧은 훈련으로 사용할 수 있다.
  ㉥ Human Error의 검출이 어렵다.
  ㉦ FTA 수행 시 기본사상 간의 독립 여부는 공분산으로 판단한다.

③ FTA의 기본적인 가정
  ㉠ 기본사상들의 발생은 독립적이다.
  ㉡ 모든 기본사상은 정상사상과 관련되어 있다.
  ㉢ 기본사상의 조건부 발생확률은 이미 알고 있다.

(5) FTA(결함수 분석법)의 활용 및 기대효과
① 사고원인 규명의 간편화
② 사고원인 분석의 일반화
③ 사고원인 분석의 정량화
④ 노력, 시간의 절감
⑤ 시스템의 결함 진단
⑥ 안전점검표 작성

03 휴먼에러 예방대책

1. 휴먼에러 원인 및 예방대책

(1) 휴먼에러의 원인 및 영향 요소
① 외적 요소 : 환경, 작업시간, 작업방법, 휴식 등
② 내적 요소 : 경험, 숙련도, 성격, 연령 등
③ 스트레스 요소 : 직무, 부하량, 속도, 온습도, 피로 등

(2) 휴먼에러를 방지하기 위한 설계
① 기계설비 설계
  ㉠ 안전설계(Fail-safe Design) : 시스템이 고장 나거나 비정상적인 상태에서도 안전하게 동작하도록 설계하는 것이다. 예를 들어, 전기적 고장이 발생했을 때 시스템이 자동으로 전원을 차단하거나, 기계가 잘못된 작동을 할 때 자동으로 멈추는 기능을 포함할 수 있다.
  ㉡ 배타설계(Exclusion Design) : 특정 오류나 잘못된 사용이 발생하지 않도록 설계하는 것이다. 예를 들어, 특정 부품이 잘못된 위치에 설치되지 않도록 설계하거나, 사용자가 잘못된 조작을 하지 못하도록 구조적으로 막아놓는 설계이다.

ⓒ 보호설계(Prevention Design) : 잠재적인 위험을 미리 예측하고 예방할 수 있도록 설계하는 것이다. 예를 들어, 기계가 과열되지 않도록 냉각 시스템을 도입하거나, 사용자가 실수로 위험한 조작을 하지 않도록 경고 메시지와 보호 장치를 포함할 수 있다.

② 사용자 설계
ⓐ 조절설계(Adjustable Design) : 사용자의 필요나 상황에 따라 시스템을 조절할 수 있도록 설계하는 것이다. 예를 들어, 기계의 높이나 각도를 조절할 수 있게 하여 다양한 사용자에게 편리하게 사용할 수 있도록 한다.
ⓑ Interlock 설계 : 두 개 이상의 작동 요소가 특정 순서대로만 작동하도록 하는 기법으로, 잘못된 순서로 작동할 수 없게 한다. 예를 들어, 전자레인지의 문이 닫혀야만 작동되는 기능 등이 있다.

(3) 휴먼에러 방지대책

① 설비요인 대책
ⓐ 인체측정치의 적합화 : 작업자의 신체적 특성에 맞게 설비를 설계하고 조정하여 작업의 편의성과 안전성을 높인다.
ⓑ 자동화 및 기계화 : 인간의 직접적인 개입을 최소화하기 위해 자동화 설비를 도입하여 오류 가능성을 줄인다.
ⓒ 안전장치 도입 : 작업 중 사고를 예방하기 위한 안전장치를 설치한다. 예를 들어, 긴급 정지 버튼이나 보호 장비 등이 있다.

② 인적요인 대책
ⓐ 소집단 활동 : 작업자들이 서로 협력하고 의사소통을 강화할 수 있도록 소규모 팀 활동을 장려한다.
ⓑ 작업의 모의훈련 : 실제 작업 상황을 시뮬레이션 하여 작업자들이 작업 절차와 안전 규칙을 숙지하도록 한다.
ⓒ 작업에 관한 교육훈련과 작업 전 회의 : 정기적인 교육 훈련과 작업 전 회의를 통해 작업자들이 작업 방법과 안전 수칙을 충분히 이해하도록 한다.

③ 관리요인 대책
ⓐ 작업환경 개선 : 작업환경을 개선하여 작업자들이 더 효율적으로 일할 수 있도록 한다. 예를 들어, 조명, 환기, 소음 등이 있다.
ⓑ 업무 절차의 표준화 : 작업 절차를 명확히 정리하고 표준화하여 작업자들이 일관되게 작업할 수 있도록 한다.
ⓒ 적절한 인력 배치 : 각 작업에 적합한 인력을 배치하여 작업자의 능력과 업무가 잘 맞도록 한다.

CHAPTER 03 집단, 조직 및 리더

PART Ⅲ 산업심리학 및 관련 법규

01 조직이론

1 집단 및 조직의 특성

(1) 집단

집단은 공동목표의 달성을 위해 모인, 상호의존적인 둘 이상의 사람들의 집합체를 말한다.

① **공식집단(Formal Group)** : 조직 내에서 명확한 구조와 규칙에 의해 구성된 집단으로, 공식적인 목적과 목표를 가지고 있으며 조직의 목표를 달성하기 위해 관리자나 리더에 의해 의도적으로 형성된다.

② **비공식집단(Informal Group)** : 조직 내에서 자연스럽게 형성된 관계와 상호작용을 통해 형성된 집단으로, 개인적인 목표와 친분을 바탕으로 구성원들의 자발적인 참여와 관심사에 의해 자연스럽게 형성된다.

③ 공식집단과 비공식집단의 비교

특징	공식집단	비공식집단
형성	의도적, 조직의 필요에 의해 형성	자발적, 구성원의 관심사에 의해 형성
목표	조직의 목표 달성	사회적 지원, 소속감, 정서식 안정
구조	명확한 계층 구조와 직무 분담	유연한 구조, 공식적인 규칙 없음
운영	규칙과 절차에 의한 운영	자유로운 상호작용과 관계에 의한 운영
예	부서, 팀, 프로젝트 그룹	동호회, 친목 모임, 관심사 그룹

(2) 조직의 특성

① 조직의 특성
  ㉠ 조직은 달성하고자 하는 특정한 목표 내지 목적을 지닌다.
  ㉡ 조직은 목표를 달성하기 위한 개인들의 집합체이다.
  ㉢ 조직은 여러 요소로 구성되며, 이들은 상호의존하면서 상호작용을 하는 분업체제이다.
  ㉣ 조직은 사회적 환경속에 존재하며 사회적 환경과 상호 의존된 일종의 사회체제이다.
  ㉤ 조직은 사회체제 속의 한 부분 체제 또는 하위체제이다.

ⓗ 사회체제로서의 조직은 Parsons의 체제의 기능(AGIL), 즉 목표달성기능, 적응기능, 통합기능, 체제유지 기능을 가지고 있다.

② **조직의 종류**
㉠ **직계조직(라인조직)** : 명령 체계가 일직선으로 구성된 조직 구조로, 상급자와 하급자의 관계가 명확하게 정의된다.
㉡ **직계참모조직** : 직계조직에 참모 기능을 더한 구조로, 명령 체계는 그대로 유지하면서 참모들이 각 부서에 조언과 지원을 제공한다.
㉢ **참모조직** : 참모들이 직접 명령을 내리는 대신, 다양한 부서나 계층에 조언과 지침을 제공하는 조직 구조이다.
㉣ **직능조직** : 조직 내의 각 부서가 특정 기능을 담당하는 구조이다.
㉤ **위원회조직** : 특정 목적을 위해 구성된 위원회들이 결정을 내리는 구조이다.
㉥ **사업부제조직** : 각 사업부가 독립적으로 운영되는 구조이다.
㉦ **프로젝트조직** : 특정 프로젝트를 위해 구성된 조직 구조이다.

(3) 조직 현상

① **할로 효과(Halo Effect)** : 특정 특성이 전체적인 평가에 영향을 미치는 현상을 말하며, 후광효과라고도 한다. 예를 들어, 한 사람이 유능해 보인다면 그 사람의 다른 특성들도 긍정적으로 평가되는 경우이다.
② **대비오차(Contrast Effect)** : 두 가지 또는 그 이상의 항목을 비교할 때, 한 항목의 특성이 다른 항목의 특성 평가에 영향을 미치는 현상이다.
③ **근접오차(Proximity Effect)** : 서로 가까이 위치한 항목들이 비슷하게 평가되는 경향을 의미한다.
④ **관대화 경향(Centralization Tendency)** : 평가자가 중간 점수나 평가 범위의 중심에 가까운 점수를 주는 경향을 나타낸다.

(4) 막스 베버의 관료제

막스 베버(Max Weber)가 주장한 관료제(Bureaucracy)는 분업과 전문화, 명확한 계층구조, 규칙과 규정의 중요성, 그리고 성과 기반 평가라는 특성을 지닌다.
막스 베버의 관료주의는 복잡한 계층구조를 가지며, 명확한 권한과 책임의 분배를 통해 의사결정이 체계적이고 규범적으로 이루어지도록 설계되었다. 이는 상위리더의 독단적 의사결정을 방지하는 구조이다.

① **명확한 권한 계층** : 조직은 명확한 권한 계층을 가지고 있으며, 각 계층은 상위 계층과 하위 계층으로 나뉜다. 이는 책임과 권한의 분배를 명확히 하여 조직의 효율성을 높인다.
② **규칙과 규정의 중요성** : 조직 내의 모든 업무는 명확한 규칙과 절차에 따라 수행된다. 일관성을 유지하고, 예측 가능성을 높이며, 개인적인 차이를 줄인다.

③ **업무의 전문화** : 각 구성원은 특정한 업무를 담당하며, 이를 통해 전문성을 극대화한다. 이는 업무의 효율성과 생산성을 높인다.

④ **비개인적 관계** : 관료제 내에서는 업무와 관련된 관계가 비개인적으로 유지된다. 개인적 감정이나 편견이 업무에 영향을 미치지 않도록 한다.

⑤ **서류와 기록의 중요성** : 모든 업무와 절차는 서류로 기록되고, 이는 조직의 투명성과 책임성을 높인다. 기록은 또한 미래의 참고자료로 사용된다.

02 집단역학 및 갈등

1 집단 응집력

(1) 개요

일반적으로 집단의 구성원이 적을수록 구성원 간의 상호작용이 더 잦아지고, 이로 인해 응집력이 높아질 가능성이 크다. 소규모 집단에서는 구성원들이 서로 더 가까워지고 긴밀한 관계를 형성하기 쉽다. 집단 응집력(Group Cohesiveness)은 집단 구성원들이 서로에게 느끼는 유대감과 소속감을 의미하며, 이는 집단의 성공과 만족도를 높이는 데 중요한 역할을 한다.

(2) 집단 응집력을 결정하는 주요 요소

① **집단의 크기** : 작은 집단일수록 구성원 간의 상호작용이 많아져 응집력이 높아지는 경향이 있다.
② **공동의 목표** : 집단 구성원들이 명확하고 공유된 목표를 가지고 있을 때, 목표 달성을 위해 더 협력하게 되어 응집력이 높아진다.
③ **상호 의존성** : 구성원들이 서로 의존하며 도움을 주고받는 경우, 유대감이 강화되어 응집력이 높아진다.
④ **가입의 난이도** : 가입이 어려울수록, 구성원들은 집단에 소속되었다는 자부심을 느껴 응집력이 높아진다.
⑤ **외부의 위협** : 외부로부터 위협이 존재할 경우, 구성원들은 더 단결하게 되어 응집력이 높아진다.
⑥ **함께 보내는 시간** : 구성원들이 함께 보내는 시간이 많을수록, 서로를 이해하고 신뢰하게 되어 응집력이 높아진다.

(3) 집단 응집성

집단 구성원 간의 상호 매력이나 유대감으로 인해 그 집단에 남아 있고자 하는 정서적 결속력을 의미한다. 상황과 환경에 따라 가변적이라, 절대적이라기보다는 상대적이고 변화 가능한 특성을 가진다.

$$응집성지수 = \frac{실제\ 상호작용의\ 수}{가능한\ 상호작용의\ 수}$$

$$가능한\ 상호작용의\ 수 = {}_nC_2 = \frac{n \times (n-1)}{2}$$

여기서, n = 집단의 총 인원수

핵심 예제   10명으로 구성된 집단에서 소시오메트리(sociometry) 연구를 사용하여 조사한 결과 실제 긍정적인 상호작용을 맺고 있는 관계의 수가 16일 때 이 집단의 응집성지수는 약 얼마인가?

정답 해설   **집단의 응집성지수**

이 지수는 집단 내에서 가능한 두 사람의 상호작용 수와 실제의 수를 비교하여 구한다.

가능한 상호작용의 수 = ${}_{10}C_2 = \frac{10 \times 9}{2} = 45$

응집성지수 = $\frac{실제\ 상호작용의\ 수}{가능한\ 상호작용의\ 수} = \frac{16}{45} = 0.356$

---

2 규범

(1) 정의

규범은 특정 사회나 집단 내에서 구성원들이 따라야 할 행동 기준이나 기대를 말한다. 사회적 질서를 유지하고, 구성원들 간의 일관성과 협력을 촉진하는 역할을 한다.

(2) 주요 특징

① **명확성** : 집단규범은 명확해야 한다. 구성원들이 규범을 잘 이해하고, 그에 따라 행동할 수 있어야 한다.
② **공유성** : 모든 구성원들이 공유하는 가치와 신념을 반영해야 한다. 이를 통해 구성원들이 규범을 자연스럽게 받아들이고 준수할 수 있다.
③ **적용성** : 집단의 목표와 상황에 맞아야 한다. 상황에 따라 유연하게 조정될 수 있어야 한다.
④ **일관성** : 집단규범은 일관되어야 한다. 규범의 적용이 일관되지 않으면 구성원들이 혼란스러워질 수 있다.
⑤ **지속성** : 오랜 시간 동안 유지될 수 있어야 한다. 구성원들이 규범을 준수하는 습관을 들이기 위해서는 시간이 필요하다.

3 동조

(1) 정의
동조는 개인이 집단의 기대나 규범에 맞추어 자신의 행동이나 태도를 조정하는 현상이다. 이는 집단 내에서의 수용과 인정 욕구, 또는 집단 압력에 의해 발생할 수 있다.

(2) 주요 요인
① **사회적 압력** : 개인이 다른 사람들의 기대나 요구에 부응하려는 압력을 느낄 때 동조할 가능성이 높다.
② **정보적 영향** : 개인이 자신의 지식이나 판단이 부족하다고 느낄 때, 다른 사람들의 의견이나 행동을 따라가게 된다.
③ **동질성** : 집단 내에서의 유사성이나 일체감을 느낄 때, 동조가 더 잘 발생한다.
④ **보상과 처벌** : 집단 내에서 동조에 대한 보상이 주어지거나 비동조에 대한 처벌이 있을 때, 개인이 동조할 가능성이 커진다.

4 복종

권위나 명령에 따라 자신의 행동을 조정하는 현상이다. 이는 종종 상급자, 부모, 교사 등 권위 있는 인물의 명령에 따르는 것을 의미한다.

5 집단갈등

(1) 집단 간 갈등원인 및 해결방안
① 영역 모호성
  ㉠ 명확한 역할 정의 : 각 집단 구성원들의 역할과 책임을 명확하게 정의하고 공유하도록 한다.
  ㉡ 직무 기술서 작성 : 각 역할에 대한 직무 기술서를 작성하여 누구에게 어떤 책임이 있는지 명확히 한다.
② 자원 부족
  ㉠ 자원 배분 계획 수립 : 자원을 효율적으로 배분하기 위한 계획을 수립하고, 우선순위를 정한다.
  ㉡ 자원 최적화 : 자원을 최적화하여 사용하고, 필요시 추가 자원을 확보한다.
③ 불균형 상태
  ㉠ 평등한 기회 제공 : 모든 집단 구성원들에게 평등한 기회를 제공하고, 필요한 경우 조정한다.
  ㉡ 공정한 평가 시스템 도입 : 공정한 평가 시스템을 도입하여 불균형을 완화한다.

④ 작업 유동의 상호 의존성 해결
　㉠ 원활한 의사소통 채널 구축 : 집단 간의 원활한 의사소통을 위해 정기적인 회의와 피드백 시스템을 구축한다.
　㉡ 협력 문화 형성 : 협력을 장려하고 협력의 중요성을 강조하는 문화를 형성한다.

(2) 감정노동

① 개요 : 감정노동 종사자는 직업적인 맥락에서 자신의 감정을 관리하고, 조직이 요구하는 특정한 감정을 표현하는 행위를 하는 근로자로 서비스업이나 고객 대면 업무에서 중요한 역할을 한다. 감정노동자는 자신의 진짜 감정과는 상관없이 고객이나 상사, 동료들에게 긍정적이거나 친절한 감정을 표현해야 하는 경우가 많다.

② 감정노동의 주요 요소
　㉠ 표면 행동 : 실제 감정과는 달리 외적으로 보여지는 감정을 조절하는 것
　　예 화가 나도 미소를 짓는 것
　㉡ 내면 행동 : 자신의 감정을 실제로 변화시키는 것
　　예 긍정적인 생각을 통해 실제로 기분을 좋게 만드는 것
　㉢ 규범적 요구 : 조직이 직원들에게 요구하는 특정한 감정 표현
　　예 "항상 친절하게 대하세요"라는 지침

③ 감정노동의 영향 : 감정노동은 고객 만족도와 서비스 질을 높이는 데 기여할 수 있지만, 지속적으로 감정을 억누르거나 변형하는 과정에서 스트레스와 감정적 피로가 발생할 수 있다. 이러한 피로는 번 아웃이나 직무 만족도 저하로 이어질 수 있다.

6 인간관계 관리

(1) 호손(Hawthorne) 연구

1924년부터 1932년까지 미국 일리노이주 시카고 근처의 웨스턴 전기회사(Hawthorne Works)에서 진행된 일련의 실험이다. 이 연구는 인간관계와 작업환경이 노동자의 생산성에 미치는 영향을 조사하려는 목적으로 시작되었다. 결과는 노동자의 심리적 요인과 인간관계가 생산성에 큰 영향을 미친다는 것을 보여주었고, 인사관리와 인간 중심의 경영 관리 방식을 촉진하는 데 중요한 역할을 했다.

(2) 인간관계 관리방법

카운슬링 방법을 통한 직접 충고, 설득적 방법, 설명적 방법이 있으며, 효과로는 정신적 스트레스 해소, 동기부여, 안전태도 형성 등이 있다.

7 집단역학

집단 내에서 일어나는 다양한 상호작용, 구조, 프로세스를 연구하는 분야로 집단의 성과, 의사결정, 갈등 해결, 리더십 등에 영향을 미친다. 주요 요소로는 리더십, 권위와 순응, 소수자 영향력이 있다.

03 리더십 관련 이론

1 리더십과 팔로워십

리더가 구성원에게 효과적으로 영향력을 행사하기 위해 사용할 수 있는 아홉 가지 전략은 다음과 같다.

① **합리적 설득(Rational Persuasion)** : 논리적이고 사실적인 정보를 바탕으로 설득하는 방법이다.
   - 예 데이터를 제시하고 논리적으로 설명하여 구성원들을 설득한다.

② **영감적 호소(Inspirational Appeal)** : 감정을 자극하여 동기를 부여하는 방법이다.
   - 예 비전이나 미션을 제시하여 구성원들이 그 목표를 달성하고자 하도록 동기를 부여한다.

③ **협의(Consultation)** : 구성원의 의견을 구하고 참여를 유도하는 방법이다.
   - 예 의사결정 과정에서 구성원의 의견을 반영하여 동의를 얻는다.

④ **교환(Exchange)** : 보상을 제공하여 원하는 행동을 이끌어내는 방법이다.
   - 예 성과에 따른 인센티브를 제공하여 목표 달성을 촉진한다.

⑤ **개인적 호소(Personal Appeal)** : 개인적 관계를 기반으로 설득하는 방법이다.
   - 예 신뢰 관계를 바탕으로 개인적으로 부탁하거나 도움을 요청한다.

⑥ **압력(Pressure)** : 권위를 이용하여 강요하는 방법이다.
   - 예 기한을 설정하고 그에 맞추어 행동하도록 압박을 가한다.

⑦ **연합(Coalition)** : 다른 사람들의 지지를 얻어 설득하는 방법이다.
   - 예 동료나 상사의 지지를 통해 구성원들을 설득한다.

⑧ **합법적 권한(Legitimating Tactics)** : 규칙이나 정책을 근거로 행동을 요구하는 방법이다.
   - 예 조직의 규정을 근거로 특정 행동을 요구한다.

⑨ **호혜(Ingratiation)** : 칭찬이나 아부를 통해 호감을 얻고 설득하는 방법이다.
   - 예 구성원의 장점을 칭찬하여 긍정적인 반응을 이끌어낸다.

2 리더십 이론

(1) 경로-목표이론(path-goal theory)

R. House의 경로-목표이론(Path-Goal Theory)은 리더가 팀원들의 동기를 유발하고 목표를 달성할 수 있도록 돕는 역할을 강조하는 리더십 이론이다.

(2) 리더의 행동의 네 가지 범주

① **지시형 리더십(Directive Leadership)** : 리더가 명확한 지시와 기대를 제공하며, 팀원들에게 구체적인 업무 수행 방법을 제시하는 리더십이다. 역할이 모호하거나 복잡한 과제를 수행할 때 효과적이다.

② **지원형 리더십(Supportive Leadership)** : 리더가 팀원들의 복지를 우선시하고, 친절하고 접근 가능한 태도로 팀원들과 상호작용하는 리더십이다. 스트레스가 높은 작업환경에서 팀원들의 사기를 높이는 데 도움이 된다.

③ **참여형 리더십(Participative Leadership)** : 리더가 팀원들의 의견을 적극적으로 수렴하고, 의사 결정 과정에 팀원들을 참여시키는 리더십이다. 팀원들이 자율성과 책임감을 느낄 수 있도록 도와준다.

④ **성취 지향형 리더십(Achievement-Oriented Leadership)** : 리더가 팀원들에게 도전적인 목표를 설정하고, 목표 달성을 위해 높은 기대와 자율성을 부여하는 리더십이다. 높은 성과를 요구하는 상황에서 팀원들의 동기 부여에 효과적이다.

(3) 리더십의 특성

① **특성접근법(Trait Approach)** : 리더의 타고난 성격적 특성이나 자질에 따라 리더십이 발휘된다고 본다.
② **상황접근법(Situational Approach)** : 리더십의 효과는 특정 상황이나 환경에 따라 달라진다.
③ **행동접근법(Behavioral Approach)** : 리더의 행동을 통해 리더십이 학습되고 개발될 수 있다.
④ **제한적 특질접근법(Limited Trait Approach)** : 리더십 특성의 중요성을 인정하면서도 특정 조건과 상황에서만 발휘된다.

04 리더십의 유형 및 기능

1 리더십 유형

(1) 권위적(독재적), 민주적, 자유방임형

유형	개념	특징
권위적(독재적) 리더십 (맥그리거의 X이론 중심)	• 정책 결정에 부하직원의 참여 거부 • 리더의 의사에 복종 강요(리더 중심) • 집단성원의 행위는 공격적 아니면 무관심 • 집단구성원 간의 불신과 적대감	• 리더는 생산이나 효율의 극대화를 위해 완전한 통제를 하는 것이 목표
민주적 리더십 (맥그리거의 Y이론 중심)	• 집단토론이나 집단결정을 통하여 정책결정 (집단중심) • 리더나 집단에 대하여 적극적인 자세로 행동	• 참여적인 의사결정 및 목표설정(리더와 부하직원 간의 협동과 상호 의사소통이 필요)
자유방임형(개방적) 리더십	• 집단 구성원(종업원)에게 완전한 자유를 주고 리더의 권한 행사는 없음. • 집단 성원 간의 합의가 안 될 경우 혼란 야기 (종업원 중심)	• 리더는 자문기관으로서의 역할만 하고 부하직원들이 목표와 정책 수립

(2) 관리 격자모형

블레이크(R.R. Blake)와 머튼(J.S. Mouton)이 개발한 리더십 스타일 평가 모형으로, 두 가지 차원인 과업중심(Tasks/Production)과 사람 중심(People)을 기준으로 리더십 스타일을 구분한다.

① (1,1)형 – 무관심형(Impoverished Management) : 과업과 사람 모두에 무관심한 스타일로, 효과적인 리더십이 부족한 경우이다.

② (9,1)형 – 과업형(Authority-Compliance Management) : 과업에만 집중하고 사람에게는 무관심한 스타일로, 업무 성과는 높지만 인간적인 측면이 결여될 수 있다.

③ (1,9)형 – 인기형(Country Club Management) : 사람에게만 집중하고 과업에는 무관심한 스타일로, 인간 관계는 좋지만 업무 성과가 낮을 수 있다.

④ (5,5)형 – 중도형, 타협형(Middle-of-the-Road Management) : 과업과 사람 모두에 중간 정도의 관심을 가지는 스타일로, 어느 정도 균형을 이루지만 탁월한 성과를 이루기 어려울 수 있다.

⑤ (9,9)형 – 이상형(Team Management) : 과업과 사람 모두에 높은 관심을 가지는 스타일로, 높은 성과와 좋은 인간관계를 동시에 달성할 수 있는 이상적인 리더십 스타일이다.

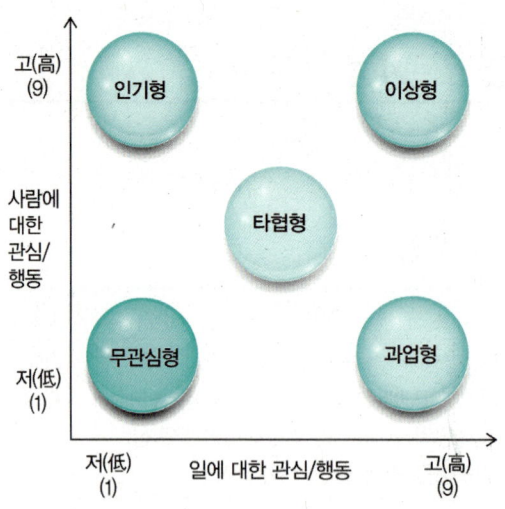

2 권한과 기능

(1) 헤드십

① 헤드십의 개념 : 집단 내에서 내부적으로 선출된 지도자를 리더십이라 하며, 반대로 외부에 의해 지도자가 선출되는 경우를 헤드십이라 한다.
② 헤드십의 권한
  ㉠ 부하들의 활동감독
  ㉡ 부하들의 지배
  ㉢ 처벌 등

(2) 헤드십과 리더십의 구분

구분	권한부여 및 행사	권한근거	상관과 부하와의 관계 및 책임귀속	부하와의 사회적 간격	지휘형태
헤드십	위에서 위임하여 임명	법적 또는 공식적	지배적, 상사	넓다	권위주의적
리더십	아래로부터의 동의에 의한 선출	개인능력	개인적인 경향, 상사와 부하	좁다	민주주의적

PART Ⅲ 산업심리학 및 관련 법규

직무스트레스

01 직무스트레스 개요

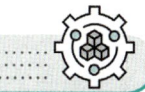

1 스트레스 이론

(1) 이론

스트레스는 개인의 신체적 · 정신적 상태에 미치는 영향을 설명하는, 다양한 학문적 접근을 포함한다.

① 한스 셀리에(Hans Selye)의 일반 적응 증후군(General Adaptation Syndrome, GAS)
  ㉠ 경고 단계(Alarm Stage) : 스트레스 요인에 처음 노출되었을 때 신체가 "싸움 – 도주 반응(fight-or-flight response)"을 보이며, 아드레날린과 코르티솔 등 스트레스 호르몬이 분비된다.
  ㉡ 저항 단계(Resistance Stage) : 신체가 스트레스에 적응하고 저항력을 유지하려는 단계로 신체는 평상시로 돌아가기 위해 노력하지만, 스트레스가 계속되면 신체적 자원이 소모된다.
  ㉢ 탈진 단계(Exhaustion Stage) : 장기적인 스트레스로 인해 신체 자원이 고갈되어 탈진 상태에 이르게 되면 신체적 · 정신적 건강에 심각한 영향을 미칠 수 있다.

② 라자루스(Richard Lazarus)와 폴크먼(Susan Folkman)의 스트레스 인지 평가 이론(Cognitive Appraisal Theory)
  ㉠ 1차 평가(Primary Appraisal) : 사건이나 상황이 스트레스 요인인지 여부를 판단하는 단계
  ㉡ 2차 평가(Secondary Appraisal) : 스트레스 요인에 대처할 수 있는 능력과 자원을 평가하는 단계
  ㉢ 재평가(Reappraisal) : 새로운 정보나 경험을 바탕으로 스트레스 상황을 다시 평가하는 단계

③ 유스트레스와 디스트레스(Eustress and Distress)
  ㉠ 유스트레스(Eustress) : 도전적이고 동기 부여를 주는 긍정적인 스트레스로 성취감과 자기 효능감을 높일 수 있다.
  ㉡ 디스트레스(Distress) : 부정적이고 해로운 스트레스로 불안, 우울, 건강 문제를 초래할 수 있다.

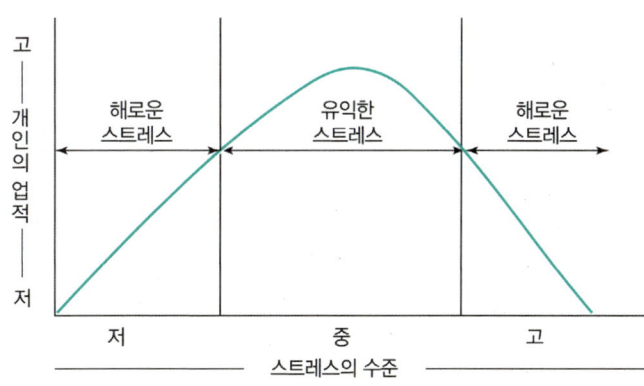

2 직무스트레스 정의 및 작업능률

(1) 직무스트레스의 정의

인간의 모든 삶의 영역에 존재하기에 누구도 스트레스를 피할 수 없다. 스트레스는 인간이 적응해야 할 어떤 변화를 의미하기도 한다. 우리가 스트레스 상황에 처하면 스트레스에 대한 신체 반응으로 자율신경계의 교감부가 활성화되고, 응급상황에 반응하도록 신체의 자원들이 동원된다. 스트레스를 유발하는 요인은 매우 다양하나 적응의 관점에서 볼 때 스트레스를 어떻게 평가하고 대처하느냐가 중요하다고 볼 수 있다.

(2) 스트레스와 작업능률

위협적인 환경특성에 대한 개인의 반응이라고 볼 수 있으며, 스트레스가 너무 없거나 너무 높은 경우 작업성과는 떨어진다. 적정 수준의 스트레스는 작업성과에 긍정적으로 작용할 수 있지만, 지나친 스트레스를 지속적으로 받으면 인체는 자기조절능력을 상실할 수 있다.

① 스트레스가 정보처리 수행에 미치는 영향
  ㉠ 스트레스 하에서 의사결정의 질은 저하된다.
  ㉡ 스트레스는 효율적인 학습을 어렵게 할 수 있다.
  ㉢ 스트레스는 정확한 수행보다는 빠른 수행으로 편하시키는 영향이 있다.
  ㉣ 스트레스에 의해 인지적 터널링이 발생하여 다양한 가설을 고려하지 못한다.

② 스트레스의 영향

구분	주요반응	설명
생리적 반응	호르몬 변화	아드레날린, 코르티솔 분비 증가로 심박수·혈압 상승
	근육 긴장	목, 어깨 등 특정 부위가 뻣뻣해짐.
	수면 장애	불면 또는 과다수면
	위장 장애	소화불량, 위염, 과민성 대장증후군 등
	면역력 저하	감기, 감염 질환에 쉽게 노출됨.
심리적 반응	불안·우울	지속 시 정신건강 문제로 이어질 수 있음.
	인지 기능 저하	집중력 감소, 기억력 감퇴
	동기·의욕 저하	무기력, 자기효능감 저하
	감정 기복	쉽게 짜증, 분노 폭발 등
행동적 반응	식습관 변화	과식, 폭식 또는 식욕 상실
	유해 습관 증가	흡연, 음주, 카페인 과다 섭취 등
	생산성 저하	실수 증가, 업무 지연, 결근 등
	대인관계 문제	사회적 위축, 타인과의 갈등 증가
	반복·강박 행동	손톱 물어뜯기, 스마트폰 과다 사용 등

③ 스트레스에 대한 신체 반응
  ㉠ 위협적인 상황에 직면하면 뇌 속에 있는 전기적, 화학적 정보가 신경통로를 통해 시상하부로 이동한다. 시상하부는 뇌의 제일 밑바닥에 있는데 이곳은 약물, 스트레스, 격한 감정 등에 민감하게 반응하는 부위로 식욕, 성욕, 갈증, 체중 조절, 수분의 균형, 감정 등을 조절하는 중요한 곳이다.
  ㉡ 시상하부에서는 피질자극 방출요인(Corticotrophic Releaseing Factor, CRF)이라 부르는 일종의 방출 호르몬을 생산하는데 CRF는 뇌의 가장 밑바닥에 위치하는 뇌하수체로 이동한다.
  ㉢ 뇌하수체는 다른 내분비선의 호르몬 방출을 통제하는 분비선이다. 이곳에서는 부신피질 자극 호르몬(Adrenocorticotrophic Hormone, ACTH)과 갑상선 자극 호르몬(Thyroid Stimulating Hormone, TSH)이라는 스트레스와 밀접한 호르몬을 생성·방출한다.
  ㉣ TSH는 목의 앞쪽에 있는 갑상선이라는 내분비선을 자극하여 이곳에서 갑상선호르몬인 타이록신(Thyroxine)을 분비한다. 이 호르몬은 신체의 에너지 수준을 높여 신진대사율을 증가시킨다.
  ㉤ ACTH는 부신피질을 자극하는 호르몬이다. 부신은 신장 가까이에 있는 두 개의 작은 분비선으로서 바깥 부분은 피질이고, 안쪽 부분은 수질이다.
  ㉥ 부신피질에서는 코르티솔(Cortisol)이라는 호르몬을 생성한다. 이 호르몬이 분비되면 혈액 내 당의 수준이 높아지고 신체의 대사 활동이 촉진된다.
  ㉦ ACTH는 부신의 안쪽에 있는 수질 부위에도 영향을 미친다. 부신수질에서는 아드레날린과 노어아드레날린이라는 호르몬이 생성되는데 이 호르몬들이 혈류에 분비되면 "싸울 것이냐 도망갈 것이냐"의 두 반응 중 하나가 일어난다.
  ㉧ 혈소판이나 혈액응고 인자가 증가한다.

02 직무스트레스 요인 및 관리

1 직무스트레스 요인 및 관리

(1) 미국 국립 산업안전보건연구소(NIOSH)에서 언급한 직무스트레스 요인
① **작업 요인** : 작업부하, 작업 속도, 교대근무 등
② **조직 요인** : 역할 모호성, 역할 갈등, 관리 유형, 의사결정 참여도, 고용의 불확실성 등
③ **환경 요인** : 소음, 온도, 조명, 환기 불량 등

이러한 요인들은 개인의 심리적·신체적·행동적 반응을 유발할 수 있으며, 급성 반응이 지속되면 다양한 질병에 이르게 될 수 있다.

(2) 역할과 관련된 직무스트레스 요인

① **역할 모호성** : 개인이 수행해야 할 역할과 책임에 대한 명확한 정보나 지침이 부족하여 발생하는 스트레스 요인이다. 예를 들어, 직무의 범위나 목표가 불분명하여 어떤 일을 해야 할지 모르는 경우 등이 있다.
② **역할 갈등** : 개인이 여러 가지 역할을 수행해야 할 때, 이들 역할 간에 상충되는 요구나 기대가 발생하여 스트레스를 유발하는 상황이다. 예를 들어, 직장에서 상사의 기대와 동료의 기대가 서로 다를 때 발생할 수 있다.
③ **과도한 역할 요구** : 업무 수행에 필요한 요구사항이 지나치게 많거나 복잡할 때 발생하는 스트레스 요인이다. 예를 들어, 과중한 업무량, 엄격한 마감 기한, 높은 성과 압력 등이 포함될 수 있다.
④ **역할의 불안정성** : 현재 맡은 역할의 지속 가능성이나 직업 안정성에 대한 불안감에서 비롯되는 스트레스이다.
⑤ **역할 수행 능력 부족** : 맡은 역할을 효과적으로 수행하는 데 필요한 기술이나 자원이 부족할 때 발생하는 스트레스이다.
⑥ **집단 압력** : 조직 내 동료나 집단으로부터 받는 사회적 압력으로 인해 발생하는 스트레스이다. 예를 들어, 동료들 사이에서의 경쟁, 집단 내 갈등, 집단 규범에 따르지 못할 때 받는 압박 등이 있다.

(3) NIOSH의 직무스트레스 관리모형 중 중재 요인(Moderatiing factors)

① **직무 요구** : 작업량, 작업 속도, 직무 복잡성 등 직무 자체가 요구하는 요소이다.
② **직무 자원** : 직무를 수행하는 데 도움이 되는 자원들로, 사회적 지원, 자율성, 역할 명확성 등이 포함된다.
③ **중재 요인** : 개인이 직무스트레스 요인들을 어떻게 지각하고, 이에 반응하는 방식을 중재하는 요소들이다. 개인의 성격, 대처 전략, 사회적 지원 등이 여기에 해당된다.
④ **스트레스 반응** : 스트레스 요인들이 개인에게 미치는 심리적·생리적 반응을 나타낸다.
⑤ **건강 및 안전 결과** : 직무스트레스가 장기적으로 개인의 건강과 안전에 미치는 영향을 포함된다. 예를 들어, 우울증, 불안, 심혈관 질환 등이 발생할 수 있다.

(4) 직무스트레스로 인한 건강장해 예방

① 작업환경·작업내용·근로시간 등 직무스트레스 요인에 대하여 평가하고 근로시간 단축, 장·단기 순환작업 등의 개선대책을 마련하여 시행할 것
② 작업량·작업일정 등 작업계획 수립 시 해당 근로자의 의견을 반영할 것
③ 작업과 휴식을 적절하게 배분하는 등 근로시간과 관련된 근로조건을 개선할 것
④ 근로시간 외의 근로자 활동에 대한 복지 차원의 지원에 최선을 다할 것
⑤ 건강진단 결과, 상담자료 등을 참고하여 적절하게 근로자를 배치하고 직무스트레스 요인, 건강문제 발생가능성 및 대비책 등에 대하여 해당 근로자에게 충분히 설명할 것
⑥ 뇌혈관 및 심장질환 발병위험도를 평가하여 금연, 고혈압 관리 등 건강증진 프로그램을 시행할 것

관련 법규

PART Ⅲ 산업심리학 및 관련 법규

01 산업안전보건법의 이해

1 법에 관한 사항

산업안전보건법은 산업 안전 및 보건에 관한 기준을 확립하고 그 책임의 소재를 명확하게 하여 산업재해를 예방하고 쾌적한 작업환경을 조성함으로써 노무를 제공하는 사람의 안전 및 보건을 유지·증진함을 목적으로 한다.

2 시행령에 관한 사항

이 영은 「산업안전보건법」에서 위임된 사항과 그 시행에 필요한 사항을 규정함을 목적으로 한 「산업안전보건법」(이하 "법"이라 한다) 제3조 단서에 따라 법의 전부 또는 일부를 적용하지 않는 사업 또는 사업장의 범위 및 해당 사업 또는 사업장에 적용되지 않는 법 규정은 나열과 같으며 이 영에서 사업의 분류는 「통계법」에 따라 통계청장이 고시한 한국표준산업분류에 따른다.

(1) 보건에 관한 사항 적용 제외 대상 사업

① 「광산안전법」 적용 사업(광업 중 광물의 채광·채굴·선광 또는 제련 등의 공정으로 한정하며, 제조공정은 제외한다.)
② 「원자력안전법」 적용 사업(발전업 중 원자력 발전설비를 이용하여 전기를 생산하는 사업장으로 한정한다.)
③ 「항공안전법」 적용 사업(항공기, 우주선 및 부품 제조업과 창고 및 운송관련 서비스업, 여행사 및 기타 여행보조 서비스업 중 항공 관련 사업은 각각 제외한다.)
④ 「선박안전법」 적용 사업(선박 및 보트 건조업은 제외한다.)

(2) 산업보건의 추가교육 적용 제외 대상 사업

① 소프트웨어 개발 및 공급업
② 컴퓨터 프로그래밍, 시스템 통합 및 관리업
③ 영상·오디오물 제공 서비스업
④ 정보서비스업

⑤ 금융 및 보험업
⑥ 기타 전문서비스업
⑦ 건축기술, 엔지니어링 및 기타 과학기술 서비스업
⑧ 기타 전문, 과학 및 기술 서비스업(사진 처리업은 제외한다)
⑨ 사업지원 서비스업
⑩ 사회복지 서비스업

(3) 50인 미만으로 적용 제외 사업장
① 농업
② 어업
③ 환경 정화 및 복원업
④ 소매업(자동차는 제외한다.)
⑤ 영화, 비디오물, 방송프로그램 제작 및 배급업
⑥ 녹음시설 운영업
⑦ 라디오 방송업 및 텔레비전 방송업
⑧ 부동산업(부동산 관리업은 제외한다.)
⑨ 임대업(부동산은 제외한다.)
⑩ 연구개발업
⑪ 보건업(병원은 제외한다.)
⑫ 예술, 스포츠 및 여가관련 서비스업
⑬ 협회 및 단체
⑭ 기타 개인 서비스업(세탁업은 제외한다.)

3 시행규칙에 관한 사항

이 규칙은 「산업안전보건법」 및 같은 법 시행령에서 위임된 사항과 그 시행에 필요한 사항을 규정함을 목적으로 한다.

4 산업보건기준에 관한 사항

이 규칙은 「산업안전보건법」 제5조, 제16조, 제37조부터 제40조까지, 제63조부터 제66조까지, 제76조부터 제78조까지, 제80조, 제81조, 제83조, 제84조, 제89조, 제93조, 제117조부터 제119조까지 및 제123조 등에서 위임한 산업안전보건기준에 관한 사항과 그 시행에 필요한 사항을 규정함을 목적으로 한다.

02 제조물 책임법의 이해

1 제조물 책임법

(1) 정의
① **제조물** : 제조되거나 가공된 동산(다른 동산이나 부동산의 일부를 구성하는 경우를 포함한다)을 말한다.
② **결함** : 해당 제조물에 다음 각 목의 어느 하나에 해당하는 제조상·설계상 또는 표시상의 결함이 있거나 그 밖에 통상적으로 기대할 수 있는 안전성이 결여되어 있는 것을 말한다.

(2) 결함의 종류
① **제조상의 결함** : 제조업자가 제조물에 대하여 제조상·가공상의 주의의무를 이행하였는지에 관계없이 제조물이 원래 의도한 설계와 다르게 제조·가공됨으로써 안전하지 못하게 된 경우를 말한다.
② **설계상의 결함** : 제조업자가 합리적인 대체설계(代替設計)를 채용하였더라면 피해나 위험을 줄이거나 피할 수 있었음에도 대체설계를 채용하지 아니하여 해당 제조물이 안전하지 못하게 된 경우를 말한다.
③ **표시상의 결함** : 제조업자가 합리적인 설명·지시·경고 또는 그 밖의 표시를 하였더라면 해당 제조물에 의하여 발생할 수 있는 피해나 위험을 줄이거나 피할 수 있었음에도 이를 하지 아니한 경우를 말한다.

(3) 제조업자
① 제조물의 제조·가공 또는 수입을 업(業)으로 하는 자
② 제조물에 성명·상호·상표 또는 그 밖에 식별(識別) 가능한 기호 등을 사용하여 자신을 가목의 자로 표시한 자 또는 가목의 자로 오인(誤認)하게 할 수 있는 표시를 한 자

(4) 손해배상
① 제조업자는 제조물의 결함으로 생명·신체 또는 재산에 손해(그 제조물에 대하여만 발생한 손해는 제외한다)를 입은 자에게 그 손해를 배상하여야 한다.
② "①"에도 불구하고 제조업자가 제조물의 결함을 알면서도 그 결함에 대하여 필요한 조치를 취하지 아니한 결과로 생명 또는 신체에 중대한 손해를 입은 자가 있는 경우에는 그 자에게 발생한 손해의 3배를 넘지 아니하는 범위에서 배상책임을 진다.
③ 배상액을 정할 때 고려사항
  ㉠ 고의성의 정도
  ㉡ 해당 제조물의 결함으로 인하여 발생한 손해의 정도
  ㉢ 해당 제조물의 공급으로 인하여 제조업자가 취득한 경제적 이익

ⓔ 해당 제조물의 결함으로 인하여 제조업자가 형사처벌 또는 행정처분을 받은 경우 그 형사처벌 또는 행정처분의 정도
ⓜ 해당 제조물의 공급이 지속된 기간 및 공급 규모
ⓗ 제조업자의 재산상태
ⓢ 제조업자가 피해구제를 위하여 노력한 정도

④ 피해자가 제조물의 제조업자를 알 수 없는 경우에 그 제조물을 영리 목적으로 판매·대여 등의 방법으로 공급한 자는 제1항에 따른 손해를 배상하여야 한다. 다만, 피해자 또는 법정대리인의 요청을 받고 상당한 기간 내에 그 제조업자 또는 공급한 자를 그 피해자 또는 법정대리인에게 고지(告知)한 때에는 그러하지 아니하다.

⑤ 손해배상책임의 면(免)책
㉠ 제조업자가 해당 제조물을 공급하지 아니하였다는 사실
㉡ 제조업자가 해당 제조물을 공급한 당시의 과학·기술 수준으로는 결함의 존재를 발견할 수 없었다는 사실
㉢ 제조물의 결함이 제조업자가 해당 제조물을 공급한 당시의 법령에서 정하는 기준을 준수함으로써 발생하였다는 사실
㉣ 원재료나 부품의 경우에는 그 원재료나 부품을 사용한 제조물 제조업자의 설계 또는 제작에 관한 지시로 인하여 결함이 발생하였다는 사실
㉤ 손해배상책임을 지는 자가 제조물을 공급한 후에 그 제조물에 결함이 존재한다는 사실을 알거나 알 수 있었음에도 그 결함으로 인한 손해의 발생을 방지하기 위한 적절한 조치를 하지 아니한 경우에는 면책을 주장할 수 없다.

⑥ 연대책임
동일한 손해에 대하여 배상할 책임이 있는 자가 2인 이상인 경우에는 연대하여 그 손해를 배상할 책임이 있다.

⑦ 소멸시효
손해배상의 청구권은 피해자 또는 그 법정대리인이 제조업자가 손해를 발생시킨 제조물을 공급한 날부터 10년 이내에 행사하여야 한다. 다만, 신체에 누적되어 사람의 건강을 해치는 물질에 의하여 발생한 손해 또는 일정한 잠복기간(潛伏期間)이 지난 후에 증상이 나타나는 손해에 대하여는 그 손해가 발생한 날부터 기산(起算)하며, 3년간 행사하지 아니하면 시효의 완성으로 소멸한다.

PART Ⅲ 산업심리학 및 관련 법규

CHAPTER 06 안전보건관리

01 안전보건관리의 원리

1 안전보건관리의 목적

① 인명의 존중
② 사회복지의 증진
③ 생산성 향상
④ 경제성의 향상

2 재해 발생 및 예방원리

(1) 재해 발생 이론

① 하인리히(H. W. Heinrich)의 도미노이론
  ㉠ 1단계 : 유전적인 요소 및 사회 환경(선천적 결함)
  ㉡ 2단계 : 개인의 결함(간접원인)
  ㉢ 3단계 : 불안전한 행동(인적결함) 및 불안전한 상태(물적결함)(직접원인) ※ 제거 가능
  ㉣ 4단계 : 사고
  ㉤ 5단계 : 재해

② 버드의 신연쇄성이론
  ㉠ 1단계 : 관리의 부족(관리의 부재, 통제부족)
  ㉡ 2단계 : 기본원인(기원)
  ㉢ 3단계 : 직접원인(징후) – 불안전한 행동, 불안전한 상태
  ㉣ 4단계 : 사고
  ㉤ 5단계 : 상해

③ 아담스의 연쇄성이론
  ㉠ 1단계 : 관리구조 결함
  ㉡ 2단계 : 작전적 에러(의사결정 오류)
  ㉢ 3단계 : 전술적 에러(불안전한 행동, 상태)
  ㉣ 4단계 : 사고(물적사고)
  ㉤ 5단계 : 재해(상해, 손실)

(2) 재해의 구성비율

① 하인리히(1 : 29 : 300)
  사망·중상 : 경상 : 무상해사고(아차사고)
② 버드(1 : 10 : 30 : 600)
  사망·중상 : 경상 : 물적사고 : 무상해사고(아차사고)

(3) 재해 발생 원인

① 기본원인

4M	
	㉠ 사람(Man) : 인간으로부터 비롯되는 재해의 발생원인(착오, 실수, 불안전행동, 오조작 등)
	㉡ 기계, 설비(Machine) : 기계로부터 비롯되는 재해 발생원(설계착오, 제작착오, 배치착오, 고장 등)
	㉢ 물질, 환경(Media) : 작업매체로부터 비롯되는 재해 발생원(작업정보 부족, 작업환경 불량 등)
	㉣ 관리(Management) : 관리로부터 비롯되는 재해 발생원(교육 부족, 안전조직 미비, 계획불량 등)

② 불안전한 행동(인적원인)

작업자가 작업을 수행할 때 안전 규정을 무시하거나 잘못된 행동을 하는 것

  ㉠ 보호장비 미착용 : 헬멧, 안전 장갑, 보호안경 등을 착용하지 않는 경우
  ㉡ 부적절한 작업 방법 : 적절한 도구나 방법을 사용하지 않고 작업을 수행하는 경우
  ㉢ 부주의 : 주의력 결핍으로 인해 작업 중에 실수를 하는 경우
  ㉣ 음주나 약물 복용 : 작업 중에 음주나 약물 복용으로 인해 판단력이 저하되는 경우

③ 불안전한 행동의 배후요인

인적 요인	심리적 요인	망각, 의식의 우회, 억측판단, 착오, 성격
	생리적 요인	피로, 영양과 에너지 대사, 적성과 작업의 종류
환경적 요인 (외적 요인)	설비적 요인	설비 취급상의 문제, 유지관리상의 문제
	작업적 요인	작업자세, 작업속도, 작업강도, 근로시간, 휴식시간, 작업공간, 조명, 색채, 소음, 온열 등
	관리적 요인	교육훈련의 부족, 감독지도 불충분, 적성배치 부족

④ 불안전한 상태(물적원인)

불안전한 상태는 작업환경이나 장비가 안전하지 않은 상태

㉠ 기계 및 장비 결함 : 고장 난 기계나 장비가 제대로 수리되지 않은 경우
㉡ 작업환경 불량 : 작업장이 청결하지 않거나 위험 요소가 방치된 경우
㉢ 불안전한 구조물 : 안전하지 않은 작업대나 발판이 사용되는 경우
㉣ 조명 부족 : 작업 공간이 어둡거나 조명이 충분하지 않은 경우

(4) 재해의 예방

① 재해예방의 4원칙
㉠ 예방 가능의 원칙 : 천재지변을 제외한 모든 인재는 예방이 가능하다.
㉡ 손실 우연의 원칙 : 사고의 결과 손실의 유무 또는 대소는 사고 당시의 조건에 따라서 우연적으로 발생한다.
㉢ 원인 연계의 원칙 : 사고에는 반드시 원인이 있으며, 원인은 대부분 복합적 연계 원인이다.
㉣ 대책 선정의 원칙 : 사고의 원인이나 불안전 요소가 발견되면 반드시 대책은 선정·실시되어야 하며, 대책 선정이 가능하다. 대책에는 재해 방지의 세 기둥이라 할 수 있는 3E, 즉 기술적 대책, 교육적 대책, 규제적 대책을 들 수 있다.

② 3E
㉠ 기술(Engineering)
㉡ 교육(Education)
㉢ 강제(Enforcement)

③ 하인리히 재해예방 대책 5단계
㉠ 안전관리조직(Organization)
㉡ 사실의 발견(Fact Finding)
㉢ 분석 평가(Analysis)
㉣ 시정책의 선정(Selection of Remedy)
㉤ 시정책의 적용(Application of Remedy)

④ 불안전한 행동예방을 위한 대책
㉠ 심리적 대책 : 교육 및 훈련, 스트레스 관리, 정기적인 심리평가, 안전문화 형성
㉡ 공학적 대책 : 기계적 안전장치, 경고시스템, 인체공학적 설계, 모니터링 및 분석

3 사업장 안전보건교육

(1) 근로자 안전보건교육

교육과정	교육대상		교육시간
가. 정기교육	1) 사무직 종사 근로자		매반기 6시간 이상
	2) 그 밖의 근로자	가) 판매업무에 직접 종사하는 근로자	매반기 6시간 이상
		나) 판매업무에 직접 종사하는 근로자 외의 근로자	매반기 12시간 이상
나. 채용 시 교육	1) 일용근로자 및 근로계약기간이 1주일 이하인 기간제근로자		1시간 이상
	2) 근로계약기간이 1주일 초과 1개월 이하인 기간제근로자		4시간 이상
	3) 그 밖의 근로자		8시간 이상
다. 작업내용 변경 시 교육	1) 일용근로자 및 근로계약기간이 1주일 이하인 기간제근로자		1시간 이상
	2) 그 밖의 근로자		2시간 이상
라. 대상	1) 일용근로자 및 근로계약기간이 1주일 이하인 기간제근로자: 별표 5 제1호라목(제39호는 제외한다)에 해당하는 작업에 종사하는 근로자에 한정한다.		2시간 이상
	2) 일용근로자 및 근로계약기간이 1주일 이하인 기간제근로자: 별표 5 제1호라목제39호에 해당하는 작업에 종사하는 근로자에 한정한다.		8시간 이상
	3) 일용근로자 및 근로계약기간이 1주일 이하인 기간제근로자를 제외한 근로자: 별표 5 제1호라목에 해당하는 작업에 종사하는 근로자에 한정한다.		가) 16시간 이상(최초 작업에 종사하기 전 4시간 이상 실시하고 12시간은 3개월 이내에서 분할하여 실시 가능) 나) 단기간 작업 또는 간헐적 작업인 경우에는 2시간 이상
마. 건설업 기초안전·보건교육	건설 일용근로자		4시간 이상

(2) 관리감독자 안전보건교육

교육과정	교육시간
가. 정기교육	연간 16시간 이상
나. 채용 시 교육	8시간 이상
다. 작업내용 변경 시 교육	2시간 이상
라. 특별교육	16시간 이상(최초 작업에 종사하기 전 4시간 이상 실시하고, 12시간은 3개월 이내에서 분할하여 실시 가능)
	단기간 작업 또는 간헐적 작업인 경우에는 2시간 이상

(3) 안전보건관리책임자 등에 대한 교육

교육대상	교육시간	
	신규교육	보수교육
가. 안전보건관리책임자	6시간 이상	6시간 이상
나. 안전관리자, 안전관리전문기관의 종사자	34시간 이상	24시간 이상
다. 보건관리자, 보건관리전문기관의 종사자	34시간 이상	24시간 이상
라. 건설재해예방전문지도기관의 종사자	34시간 이상	24시간 이상
마. 석면조사기관의 종사자	34시간 이상	24시간 이상
바. 안전보건관리담당자	–	8시간 이상
사. 안전검사기관, 자율안전검사기관의 종사자	34시간 이상	24시간 이상

(4) 특수형태근로종사자에 대한 안전보건교육

교육과정	교육시간
가. 최초 노무제공 시 교육	2시간 이상(단기간 작업 또는 간헐적 작업에 노무를 제공하는 경우에는 1시간 이상 실시하고, 특별교육을 실시한 경우는 면제)
나. 특별교육	16시간 이상(최초 작업에 종사하기 전 4시간 이상 실시하고 12시간은 3개월 이내에서 분할하여 실시 가능)
	단기간 작업 또는 간헐적 작업인 경우에는 2시간 이상

02 재해조사 및 원인분석

1 재해조사

(1) 중대재해의 정의

① 사망자가 1명 이상 발생한 재해
② 3개월 이상의 요양이 필요한 부상자가 동시에 2명 이상 발생한 재해
③ 부상자 또는 직업성 질병자가 동시에 10명 이상 발생한 재해

(2) 산업재해조사의 주요 목적

① 근로자 보호 : 산업재해조사를 통해 재해 원인을 파악하고, 비슷한 사고가 다시 발생하지 않도록 예방 조치를 마련한다.
② 안전 개선 : 작업환경과 절차를 개선하여 근로자들의 안전을 도모한다.

③ 법적 요구 충족 : 노동 관련 법률 및 규정을 준수하기 위해 필요한 조사를 실시한다.
④ 책임 규명 : 재해 발생 시 책임 소재를 명확히 하여 적절한 조치를 취한다.
⑤ 보상 및 지원 : 피해 근로자에게 적절한 보상 및 지원을 제공하기 위한 기초 자료를 마련한다.

(3) 산업재해 발생 보고 등

사업주는 산업재해로 사망자가 발생하거나 3일 이상의 휴업이 필요한 부상을 입거나 질병에 걸린 사람이 발생한 경우에 해당 산업재해가 발생한 날부터 1개월 이내에 산업재해조사표를 작성하여 관할 지방고용노동관서의 장에게 제출해야 한다. (전자문서로 제출하는 것을 포함한다.)

2 원인 분석

(1) 재해발생 형태

① 단순자극형 : 순간적으로 재해가 발생하는 유형으로 재해발생 장소나 시점 등 일시적으로 요인이 집중되는 형태이다.
② 연쇄형 : 원인들이 연쇄적 작용을 일으켜 결국 재해를 발생케 하는 형태이다.
③ 복합형 : 단순자극형과 연쇄형의 혼합형으로 대부분의 재해가 이 형태를 따른다.

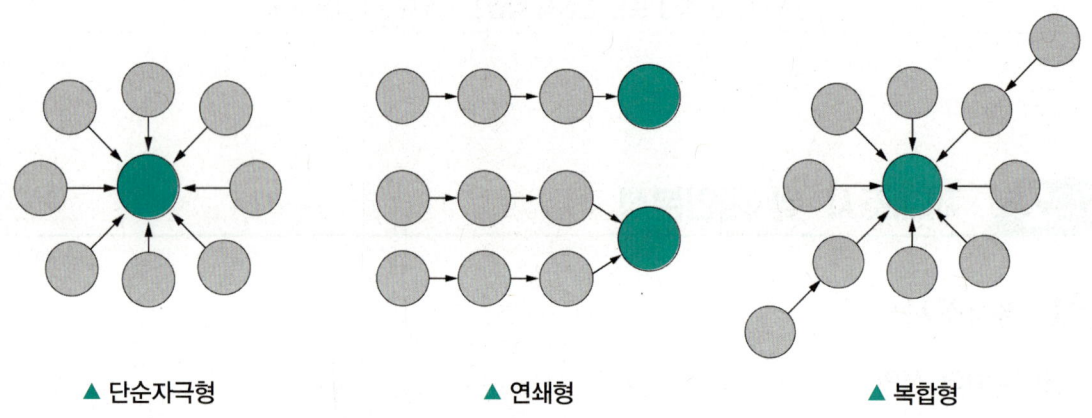

▲ 단순자극형　　　　▲ 연쇄형　　　　▲ 복합형

(2) 재해발생 분석

① 기인물 : 재해를 초래한 직접적인 원인이나 물체이다. 예를 들어, 기계 사고에서 기인물은 고장이 발생한 기계 부품일 수 있다.
② 가해물 : 재해로 인해 피해를 입힌 원인 또는 물체로 이는 기인물과 중첩될 수 있지만, 특정 상황에서는 기인물과 다를 수 있다. 예를 들어, 화재 발생 시 기인물은 전기 스파크일 수 있고, 가해물은 불길 그 자체일 수 있다.

3 분석도구

(1) 파레토도(Pareto Chart)

데이터 항목들을 빈도순으로 정렬하여 주요 문제를 식별하는 도구로 가장 큰 영향을 미치는 주요 문제를 시각적으로 파악하고, 해결의 우선순위를 정하는 데 사용한다. 제조 공정에서 불량 유형을 분석하여 가장 자주 발생하는 불량 유형을 파악할 수 있게 한다.

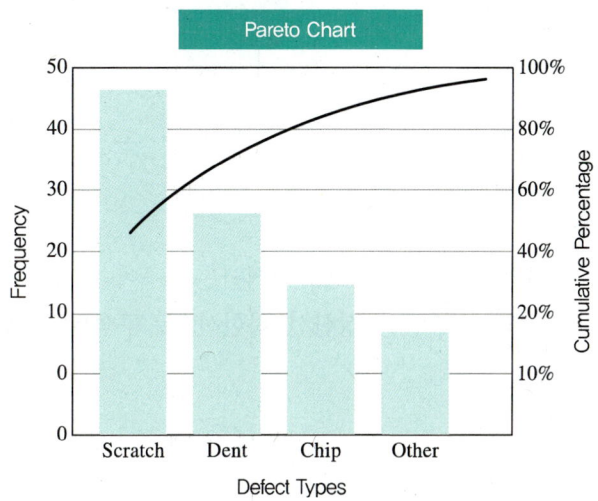

(2) 특성요인도(Fishbone Diagram 또는 Ishikawa Diagram)

문제의 원인을 체계적으로 분석하여 시각적으로 표현하는 도구로 문제의 원인을 분류하고, 근본 원인을 식별한다. 주요 원인(뼈대)과 세부 원인(갈비뼈)로 구성되며 제품 품질 문제의 근본 원인을 분석할 때 사용한다.

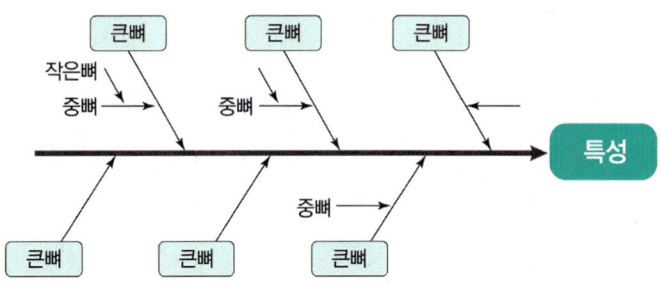

(3) 클로즈 분석(Cloze Analysis)

텍스트의 빈칸을 채워 넣는 방식으로 이해도와 기억력을 평가하는 분석 방법이다. 텍스트의 이해도를 평가하고 학습 효과를 높이는 데 사용한다. 교육 자료나 문서의 내용을 점검하고 평가할 때 사용한다.

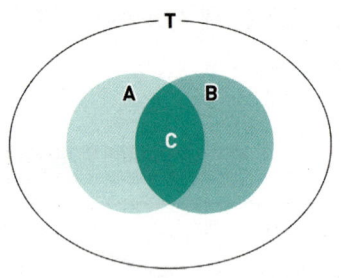

(4) 관리도(Control Chart)

공정 변동을 시각적으로 모니터링하고 통계적으로 분석하는 도구이다. 공정이 통제 상태에 있는지 확인하고, 이상 원인을 식별하는 데 사용되며, 중앙선, 상한선, 하한선으로 구성된다. 생산 공정에서 제품의 품질 변동을 모니터링할 때 사용한다.

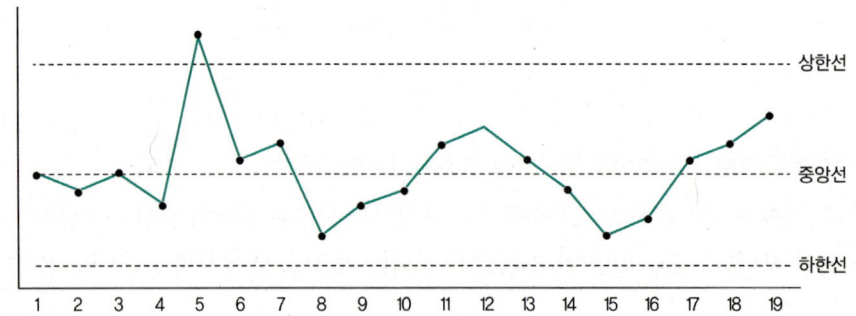

4 재해통계

(1) 재해통계

① 재해율 : 임금근로자 수 100명당 발생하는 재해자 수의 비율

$$재해율 = \frac{재해자\ 수}{임금근로자\ 수} \times 100$$

② 도수율(빈도율) : 1,000,000 근로시간당 재해발생 건수

$$도수율(빈도율) = \frac{재해건\ 수}{연\ 근로시간\ 수} \times 1,000,000$$

㉠ 도수율이 2라는 것은 1,000,000 근로시간당 2건의 재해가 발생했다는 것이다.
㉡ 환산도수(빈도)율 : 한 사람이 평생 작업할 때 예상 재해 건수

$$환산도수율 = 도수율 \times 0.1 \text{ 또는 } \frac{도수율}{10}$$

0.1과 10은 10만 시간 기준

③ 연천인율 : 근로자 1,000명에서 1년 기준으로 발생하는 재해자 수

$$연천인율 = \frac{연간\ 재해자\ 수}{연평균\ 근로자\ 수} \times 1,000$$

$$연천인율 = 도수(빈도)율 \times 2.4$$

2.4는 연평균 근로시간이 2,400시간으로 300일×8h

④ 강도율 : 근로시간 합계 1,000시간당 요양재해로 인한 근로손실일수를 말한다.

$$강도율 = \frac{총\ 요양\ 근로손실일수}{연\ 근로시간\ 수} \times 1,000$$

[별표 1] 요양 근로손실일수 산정 요령

총 요양 근로손실일수는 요양 재해자의 총 요양 기간을 합산하여 산출하되, 사망, 부상 또는 질병이나 장해자의 등급별 요양 근로손실일수는 다음과 같다.

- 신체장해등급이 결정되었을 때는 다음과 같이 등급별 근로손실일수를 적용한다.

구분	사망	신체 장해자 등급											
		1~3	4	5	6	7	8	9	10	11	12	13	14
근로손실일수 (일)	7,500	7,500	5,500	4,000	3,000	2,200	1,500	1,000	600	400	200	100	50

※ 부상 및 질병자의 요양 근로손실일수는 요양신청서에 기재된 요양일수를 말한다.

⑤ 평균강도율

$$평균강도율 = \frac{강도율}{도수율} \times 1,000$$

⑥ 종합재해지수(FSI)

$$종합재해지수(FSI) = \sqrt{빈도율(F \cdot R) \times 강도율(S \cdot R)}$$

⑦ 환산강도율(S) : 일평생 근로하는 동안 근로손실일수

$$환산강도율 = \frac{근로손실일수}{(연간)\ 총\ 근로시간\ 수} \times 평생\ 근로시간\ 수(10^5)$$

$$환산강도율 = 강도율 \times 100$$

⑧ 환산재해율

$$환산재해율 = \frac{환산\ 재해자\ 수}{상시\ 근로자\ 수} \times 100$$

⑨ 사망만인율 : 임금근로자 수 10,000명당 발생하는 사망자 수의 비율

$$사망만인율 = \frac{사망자\ 수}{임금근로자\ 수} \times 10,000$$

- 임금근로자 수란 통계청의 경제활동인구조사상 임금근로자 수를 말한다. 다만, 건설업 근로자 수는 통계청 건설업조사 피고용자 수의 경제활동인구조사 건설업 근로자 수에 대한 최근 5년 평균 배수를 산출하여 경제활동인구조사 건설업 임금근로자 수에 곱하여 산출한다.

⑩ 근로자 1인당 평생 근로시간 계산

$$근로자\ 1인당\ 평생\ 근로시간\ 계산 = 40년 \times 2,400시간 + 4,000시간 = 100,000시간$$

- 1인의 평생근로연수 : 40년
- 1년 총 근로시간 수 : 2,400시간 = 300일 × 8시간
- 일평생 잔업시간 : 4,000시간

(2) 재해손실비의 종류 및 계산

① 하인리히 방식(1 : 4)

총 재해비용 = 직접비(1) + 간접비(4)

직접비	간접비
치료비, 휴업, 요양, 유족, 장해, 간병, 직업재활급여, 상병 보상연금, 장례비	인적·물적손실비, 생산손실비, 기계·기구손실비

② 시몬즈 방식

㉠ 총 재해 코스트 = 보험 코스트 + 비보험 코스트
㉡ 비보험 코스트 = (A×휴업상해 건수) + (B×통원상해 건수) + (C × 구급조치상해 건수) + (D × 무상해사고 건수)
　　※ A, B, C, D – 장해정도별 비보험비용의 평균치

ⓒ 상해 종류
  ⓐ 휴업상해 : 영구 일부 노동 불능, 일시 전 노동 불능
  ⓑ 통원상해 : 일시 일부 노동 불능, 통원조치를 필요로 하는 상해
  ⓒ 구급조치상해 : 응급조치상해, 8시간 미만 휴업 의료조치 상해
  ⓓ 무상해사고 : 의료조치를 필요로 하지 않는 상해사고

03 위험성 평가 및 관리

1 위험성 평가 체계 구축

(1) 위험성 평가의 방법

① 안전보건관리책임자 등 해당 사업장에서 사업의 실시를 총괄 관리하는 사람에게 위험성 평가의 실시를 총괄 관리하게 할 것
② 사업장의 안전관리자, 보건관리자 등이 위험성 평가의 실시에 관하여 안전보건관리책임자를 보좌하고 지도·조언하게 할 것
③ 유해·위험요인을 파악하고 그 결과에 따른 개선조치를 시행할 것
④ 기계·기구, 설비 등과 관련된 위험성 평가에는 해당 기계·기구, 설비 등에 전문 지식을 갖춘 사람을 참여하게 할 것
⑤ 안전보건관리자의 선임의무가 없는 경우에는 "②"에 따른 업무를 수행할 사람을 지정하는 등 그 밖에 위험성 평가를 위한 체제를 구축할 것

(2) 위험성 평가의 실시 시기

① 사업주는 사업이 성립된 날(사업 개시일을 말하며, 건설업의 경우 실착공일을 말한다)로부터 1개월이 되는 날까지 위험성 평가의 대상이 되는 유해·위험요인에 대한 최초 위험성 평가의 실시에 착수하여야 한다. 다만, 1개월 미만의 기간 동안 이루어지는 작업 또는 공사의 경우에는 특별한 사정이 없는 한 작업 또는 공사 개시 후 지체 없이 최초 위험성 평가를 실시하여야 한다. 위험성 평가의 결과에 대한 적정성을 1년마다 재검토해야 한다.
② 작업 재개 전 위험성 평가 실시 대상 : 중대산업사고 또는 산업재해(휴업 이상의 요양을 요하는 경우에 한정) 발생
③ 수시 위험성 평가
  ㉠ 사업장 건설물의 설치·이전·변경 또는 해체

  © 기계·기구, 설비, 원재료 등의 신규 도입 또는 변경
  © 건설물, 기계·기구, 설비 등의 정비 또는 보수(주기적·반복적 작업으로서 이미 위험성 평가를 실시한 경우에는 제외)
  ② 작업방법 또는 작업절차의 신규 도입 또는 변경
  ⑩ 중대산업사고 또는 산업재해(휴업 이상의 요양을 요하는 경우에 한정) 발생
  ⑪ 그 밖에 사업주가 필요하다고 판단한 경우

(3) 위험성 평가의 절차

① 사전준비 – 상시근로자 5인 미만 사업장(건설공사의 경우 1억 원 미만)의 경우 생략 가능
② 유해·위험요인 파악
③ 위험성 결정
④ 위험성 감소대책 수립 및 실행
⑤ 위험성 평가 실시내용 및 결과에 관한 기록 및 보존

2 유해·위험요인 파악 방법

① 사업장 순회점검에 의한 방법
② 근로자들의 상시적 제안에 의한 방법
③ 설문조사·인터뷰 등 청취조사에 의한 방법
④ 물질안전보건자료, 작업환경측정결과, 특수건강진단결과 등 안전보건 자료에 의한 방법
⑤ 안전보건 체크리스트에 의한 방법
⑥ 그 밖에 사업장의 특성에 적합한 방법

3 위험성 평가 방법 결정

(1) 위험성 평가 방법의 종류

① 위험 가능성과 중대성을 조합한 빈도·강도법
② 체크리스트(Checklist)법
③ 위험성 수준 3단계(저·중·고) 판단법
④ 핵심요인 기술(One Point Sheet)법
⑤ 그 외 방법 : 상대위험순위 결정(Dow and Mond Indices), 작업자 실수 분석(HEA), 사고 예상 질문 분석(What-if), 위험과 운전 분석(HAZOP), 이상위험도 분석(FMECA), 결함 수 분석(FTA), 사건 수 분석(ETA), 원인결과 분석(CCA)법 등

(2) 위험성 결정

① 파악된 유해·위험요인이 근로자에게 노출되었을 때의 위험성을 따른 기준에 의해 판단하여야 한다.
② 사업주는 판단한 위험성의 수준이 허용 가능한 위험성의 수준인지 결정하여야 한다.

4 위험성 감소 대책 수립

사업주는 허용 가능한 위험성이 아니라고 판단한 경우에는 위험성의 수준, 영향을 받는 근로자 수 및 다음 각 호의 순서를 고려하여 위험성 감소를 위한 대책을 수립하여 실행하여야 한다.

① 위험한 작업의 폐지·변경, 유해·위험물질 대체 등의 조치 또는 설계나 계획 단계에서 위험성을 제거 또는 저감하는 조치
② 연동장치, 환기장치 설치 등의 공학적 대책
③ 사업장 작업절차서 정비 등의 관리적 대책
④ 개인용 보호구의 사용

■ 위험성 평가의 공유

① 공유방법 : 게시, 주지
② 위험성 평가 실시 결과 공유 사항
　㉠ 근로자가 종사하는 작업과 관련된 유해·위험요인
　㉡ 유해·위험요인의 위험성 결정 결과
　㉢ 유해·위험요인의 위험성 감소대책과 그 실행 계획 및 실행 여부
　㉣ 위험성 감소대책에 따라 근로자가 준수하거나 주의하여야 할 사항

04 안전보건 실무

1. 안전보건관리체계 확립

안전보건관리체계란 기업의 여러 기능들이 각각의 역할을 하면서도 유기적으로 연결되어 근로자들의 안전을 확보하는 통합된 조직체를 말한다.

[안전보건관리체계]

동기	성과달성 → 적극적
책임	경영자
평가	자체 점검
목표	안전하고 쾌적한 작업환경 조성

2. 보건관리계획 수립 및 평가

보건관리계획은 작업장에서 근로자들의 건강을 보호하고 증진하기 위한 계획으로 여기에는 건강검진, 교육 및 훈련, 작업환경의 개선 등이 포함된다. 평가는 계획이 제대로 실행되고 있는지, 목표를 달성하고 있는지를 점검하는 과정이다. 평가 결과를 바탕으로 계획을 수정하고 개선할 수 있다.

3. 건강관리

개인 건강관리는 개인이 자신의 건강을 유지하고 증진하기 위해 수행하는 활동이다. 식이요법, 운동, 휴식, 스트레스 관리 등이 포함된다. 직장 건강관리는 직장에서의 작업 조건과 환경을 개선하여 근로자의 건강을 보호하는 활동으로 정기적인 건강검진, 예방접종, 건강 교육 등이 포함된다.

4. 개인보호구

개인보호구(Personal Protective Equipment, PPE)는 근로자를 작업장의 위험 요소로부터 보호하기 위해 사용하는 장비로 헬멧, 장갑, 안전 안경, 마스크 등이 있으며, 상황과 장소에 따라 다르다.

5. 물질안전보건자료

물질안전보건자료(Material Safety Data Sheet, MSDS)는 화학 물질의 안전한 사용, 취급 및 저장에 관한 정보를 제공하는 문서로 각 물질의 물리적·화학적 특성, 건강 위험, 응급 조치 방법 등이 포함된다.

6. 안전보건표지

[안전보건표지의 종류와 형태]

1. 금지 표지	101 출입금지	102 보행금지	103 차량통행금지	104 사용금지	105 탑승금지	106 금연
	107 화기금지	108 물체이동금지	2. 경고 표지	201 인화성물질 경고	202 산화성물질 경고	203 폭발성물질 경고	204 급성독성물질 경고
205 부식성물질 경고	206 방사성물질 경고	207 고압전기 경고	208 매달린 물체 경고	209 낙하물 경고	210 고온 경고	211 저온 경고
212 몸균형 상실 경고	213 레이저광선 경고	214 발암성·변이원성·생식독성·전신독성·호흡기 과민성 물질 경고	215 위험장소 경고	3. 지시 표지	301 보안경 착용	302 방독마스크 착용

303 방진마스크 착용	304 보안면 착용	305 안전모 착용	306 귀마개 착용	307 안전화 착용	308 안전장갑 착용	309 안전복 착용

4. 안내 표지	401 녹십자표지	402 응급구호표지	403 들것	404 세안장치	405 비상용기구	406 비상구

	407 좌측비상구	408 우측비상구	5. 관계자외 출입금지	501 허가대상물질 작업장 **관계자외 출입금지** (허가물질 명칭) 제조/사용/보관 중 보호구/보호복 착용 흡연 및 음식물 섭취 금지	502 석면취급/해체 작업장 **관계자외 출입금지** 석면 취급/해체 중 보호구/보호복 착용 흡연 및 음식물 섭취 금지	503 금지대상물질의 취급 실험실 등 **관계자외 출입금지** 발암물질 취급 중 보호구/보호복 착용 흡연 및 음식물 섭취 금지

6. 문자추가시 예시문	▶ 내 자신의 건강과 복지를 위하여 안전을 늘 생각한다. ▶ 내 가정의 행복과 화목을 위하여 안전을 늘 생각한다. ▶ 내 자신의 실수로써 동료를 해치지 않도록 안전을 늘 생각한다. ▶ 내 자신이 일으킨 사고로 인한 회사 재산의 손실을 방지하기 위하여 안전을 늘 생각한다. ▶ 내 자신의 방심과 불안전한 행동이 조국의 번영에 장애가 되지 않도록 하기 위하여 안전을 늘 생각한다.

※ 안전보건표지의 제작에 있어 안전보건표지 속의 그림 또는 부호의 크기는 안전보건표지의 크기와 비례하여야 하며, 안전보건표지 전체 규격의 30[%] 이상이 되어야 한다.

• 안전표찰 – 안전모 등에 부착하는 녹십자표지로서 작업복 또는 보호의의 우측 어깨, 안전모의 좌우면, 안전완장

PART

IV

근골격계질환 예방을 위한 작업관리

- CHAPTER 01 근골격계질환
- CHAPTER 02 작업관리
- CHAPTER 03 작업분석
- CHAPTER 04 작업측정
- CHAPTER 05 유해요인 평가
- CHAPTER 06 작업설계 및 개선
- CHAPTER 07 예방관리 프로그램

근골격계질환

01 근골격계질환의 특성

1. 근골격계질환의 개요

① 근골격계 부담작업은 작업량·작업속도·작업강도 및 작업장 구조 등에 따라 근골격계질환의 원인이 되는 단순반복작업, 영상표시단말기 취급작업, 중량물 취급작업 등을 하는 사업이다.

② 근골격계질환은 반복적인 동작, 부적절한 작업자세, 무리한 힘의 사용, 날카로운 면과의 신체접촉, 진동 및 온도 등의 요인에 의하여 발생하는 건강장해로서 목, 어깨, 허리, 팔·다리의 신경·근육 및 그 주변 신체조직 등에 나타나는 질환을 말한다.

③ 근골격계질환 예방·관리 프로그램은 유해요인 조사, 작업환경 개선, 의학적 관리, 교육·훈련, 평가에 관한 사항 등이 포함된 근골격계질환을 예방관리하기 위한 종합적인 계획을 말한다.

2. 근골격계질환의 종류

① **외상과염(Lateral Epicondylitis)** : 테니스 엘보로도 알려져 있으며, 팔꿈치 바깥쪽의 통증과 압통을 동반한다. 주로 팔뚝 근육과 건의 과사용으로 인해 발생한다.

② **내상과염(Medial Epicondylitis)** : 엘보는 팔꿈치 안쪽의 튀어나온 뼈에 염증이 생겨 통증이 발생하는 질환이다. 주로 집안일이나 팔을 자주 사용하는 활동을 통해 발생한다. 증상으로는 팔꿈치 안쪽의 통증, 물건을 잡거나 손목을 비트는 동작 시 심한 통증, 자고 일어났을 때 팔꿈치가 뻣뻣한 느낌 등이 있다.

③ **극상근 건염(Supraspinatus Tendinitis)** : 어깨의 극상근 건에 염증이 생기는 상태로, 어깨의 운동 범위를 제한하고 통증을 유발할 수 있다. 주로 과도한 어깨 사용으로 인해 발생한다. 통증, 경직, 열감 등의 증상이 나타날 수 있다. (어깨 부위)

④ **견봉하 점액낭염(Subacromial Bursitis)** : 견봉하에 점액이 축적되는 상태로, 흉터 형성, 피부 갈라짐 등의 증상이 있을 수 있다. (어깨 부위)

⑤ **상완이두 건막염(Bicipital Tenosynovitis)** : 상완이두에 염증이 생기는 상태로, 통증, 부기, 열감 등의 증상이 나타날 수 있다. (어깨 부위)

⑥ 회내근 증후군(Pronator Syndrome) : 전완의 근육들이 신경을 압박하여 손목과 손의 저림, 통증을 유발하는 상태이다. 팔을 반복적으로 회전하는 동작으로 인해 생길 수 있다.

⑦ 수완진동 증후군(Hand-Arm Vibration Syndrome) : 손과 팔이 반복적으로 진동에 노출되면서 발생하는 신경과 혈관 문제로, 손 저림, 통증, 감각 이상 등을 유발할 수 있다. 주로 진동 도구를 장시간 사용하는 사람들에게 발생한다.

⑧ 회전근개 건염(Rotator Cuff Tendinitis) : 회전근의 근육과 림프절에 염증을 일으킨 상태이다. 주로 스트레스, 과도한 운동, 또는 특정 알레르기 반응으로 인해 발생할 수 있으며 발생하는 부위는 무릎, 엉덩이, 무릎 아래, 또는 엉덩이 뒤쪽이다. 증상으로는 근육통, 림프절 부근의 부기, 통증, 피부 염색 등이 나타날 수 있다. 치료 방법으로는 휴식, 얼굴 마사지, 약물 치료, 수술이 있다.

⑨ 결절종(Ganglion) : 손바닥 쪽이나 손등 쪽의 손목, 손가락, 발목에 발생하는 양성 종양으로 주로 손목 관절 주변이나 힘줄 부위에 나타나며, 손목을 자주 사용하면 크기가 커질 수 있다. 관절액이 채워진 주머니 모양의 종양이며, 피부 밑에 덩어리처럼 만져진다.

⑩ 수근관 증후군(Carpal Tunnel Syndrome, CTS) : 손목의 수근관(손목 허리)을 자극하거나 압박하여 손목과 손의 끝에 있는 신경이 손상되는 상태이다. 주로 반복적인 손목 움직임이나 손목을 무겁게 사용하는 활동으로 인해 발생한다. 손목과 손끝의 통증, 무감각, 저림, 손의 끝에서 손목까지 전달되는 민감도 감소, 손목의 피로감과 무력감이 생긴다. 이는 반복적인 손목 움직임, 손목을 무겁게 사용하는 작업, 손목의 손상이나 염증으로 발생한다.

⑪ 회전근개 증후군(Rotator Cuff Syndrome) : 어깨의 회전근개 근육과 힘줄에 영향을 미치는 모든 부상, 질병 또는 퇴행성 질환을 포괄한다. 회전근개는 어깨와 팔을 연결하는 4개의 근육(극상근, 극하근, 소원근, 견갑하근)과 힘줄로 이루어진 어깨 부위 질환이다. 어깨 통증, 어깨 움직임의 제한, 마찰음, 어깨 주위 근육 약화로 특히 밤에 통증이 심해질 수 있다. 이는 반복적인 어깨 움직임, 과도한 힘 사용, 좋지 않은 자세에 의해 생긴다.

⑫ 드퀘르뱅 건초염(Dequervain's Syndrome) : 손목의 엄지쪽에서 발생하는 건초염으로, 손목을 과도하게 사용하거나 반복적으로 손목을 돌릴 때, 근골이 약해진 경우 발생할 수 있다. 엄지손가락을 움직일 때 통증, 손목을 돌릴 때 통증, 손목을 아래로 꺾을 때 통증. 손목 주변 부종 및 종창이 생긴다.

⑬ 방아쇠 수지(Trigger Finger) : 손가락 내부의 굴곡건에 염증이 생기면서 손가락을 펴거나 구부리는 것이 힘들고 통증이 발생하는 상태를 말한다. 손가락이 잘 펴지지 않거나 억지로 펴면 잘 굽혀지지 않으며, 손가락을 구부리거나 펴면 통증이 발생하고 손가락이 딸깍거리는 느낌과 소리가 날 수 있다. 반복적인 손가락 사용과 긴장 상태에서의 작업, 특정 직업(요리사, 운전사, 드릴 작업자 등)에서 발생 가능하다.

⑭ 가이온 증후군(Guyon Canal Syndrome) : 손목의 척골 신경이 지나가는 관인 가이온 관을 의미한다. 이 신경이 압박되면 손의 저림과 무감각 같은 증상이 나타날 수 있다.

3. 부위별 정리

부위	질병명
손 및 손목	척골신경 포착 신경병증, 드쿼르뱅 증후군, 수근관 증후군, 무지수근중수 관절의 퇴행성 관절염, 방아쇠 수지, 결절종, 수완 및 완관절부의 건염 및 건활막염
팔 및 팔목	외상과염, 내상과염, 주두 점액낭염, 요골신경 포착 신경병증, 정중신경 포착 신경병증, 척골신경 포착 신경병증, 전완부의 근막동통증후군, 주관절 및 전환부의 건염 및 건활막염
어깨	견쇄관절의 퇴행성 관절염, 상완와의 퇴행성 관절염, 상완이두 건막염(파열 포함), 회전근개 건염(충돌증후군, 극상근 파열 포함), 견구축증(유착성 관절낭염, 오십견), 흉곽출구 증후군, 상완부의 근막동통증후군, 점액낭염
목 및 견갑골	경부 및 견갑부의 근막동통증후군, 경추 신경병증, 경부의 퇴행성 관절염
허리	요부염좌, 추간판 탈출증

02 근골격계질환의 원인과 현상

1. 근골격계질환의 발생원인

반복적인 동작, 부적절한 작업자세, 무리한 힘의 사용, 날카로운 면과의 신체접촉, 진동 및 온도 등의 요인에 의하여 발생하는 건강장해로서 목, 어깨, 허리, 팔·다리의 신경·근육 및 그 주변 신체조직 등에 나타나는 질환을 말한다.

작업환경(특성) 요인	개인적 요인	작업관련 요인	사회심리적 요인
• 과도한 반복작업 • 과도한 힘의 사용 • 접촉스트레스 • 진동 • 부적절한 자세 • 온도, 조명, 기타요인	• 작업경력 • 생활습관 • 작업습관 • 과거병력, 나이, 성별, 음주, 흡연	• 근무조건 • 휴식시간 • 작업방식 • 노동강도 • 직무스트레스	• 직무만족도 • 노동강도 강화 • 단조로운 작업 • 직무재량 • 사회적 지지

2. 근골격계질환 발생단계

① 1단계 : 통증이 하룻밤 지나면 사라진다.
② 2단계 : 작업을 수행하는 능력이 저하되며, 하룻밤이 지나도 통증은 지속된다.
③ 3단계 : 작업수행이 불가능해지며, 휴식시간에도 통증을 호소하게 된다.

3 근골격계 부담작업

① 하루에 4시간 이상 집중적으로 자료입력 등을 위해 키보드 또는 마우스를 조작하는 작업
② 하루에 총 2시간 이상 목, 어깨, 팔꿈치, 손목 또는 손을 사용하여 같은 동작을 반복하는 작업
③ 하루에 총 2시간 이상 머리 위에 손이 있거나 팔꿈치가 어깨 위에 있는 상태, 또는 팔꿈치를 몸통으로부터 들거나 팔꿈치를 몸통 뒤쪽에 위치하도록 하는 상태에서 이루어지는 작업
④ 지지되지 않은 상태이거나 임의로 자세를 바꿀 수 없는 조건에서, 하루에 총 2시간 이상 목이나 허리를 구부리거나 트는 상태에서 이루어지는 작업
⑤ 하루에 총 2시간 이상 쪼그리고 앉거나 무릎을 굽힌 자세에서 이루어지는 작업
⑥ 하루에 총 2시간 이상 지지되지 않은 상태에서 1kg 이상의 물건을 한 손의 손가락으로 집어 옮기거나, 2kg 이상에 상응하는 힘을 가하여 한 손의 손가락으로 물건을 쥐는 작업
⑦ 하루에 총 2시간 이상 지지되지 않은 상태에서 4.5kg 이상의 물건을 한 손으로 들거나 동일한 힘으로 쥐는 작업
⑧ 하루에 10회 이상 25kg 이상의 물체를 드는 작업
⑨ 하루에 25회 이상 10kg 이상의 물체를 무릎 아래 또는 어깨 위에서 들거나 팔을 뻗은 상태에서 드는 작업
⑩ 하루에 총 2시간 이상, 분당 2회 이상 4.5kg 이상의 물체를 드는 작업
⑪ 하루에 총 2시간 이상 시간당 10회 이상 손 또는 무릎을 사용하여 반복적으로 충격을 가하는 작업

03 근골격계질환의 관리방안

1 근골격계질환의 예방관리

(1) 직접원인 및 기초요인 관리

① 사업주는 모든 근로자 및 관리감독자를 대상으로 다음 사항을 주지시키도록 한다.
　㉠ 근골격계 부담작업에서의 유해요인
　㉡ 작업도구와 장비 등 작업시설의 올바른 사용방법
　㉢ 근골격계질환의 증상과 징후 식별방법 및 보고방법
　㉣ 근골격계질환 발생 시 대처요령
　㉤ 기타 근골격계질환 예방에 필요한 사항
② 사업주와 근로자는 근골격계질환 발병의 직접원인(부자연스런 작업자세, 반복성, 과도한 힘의 사용 등), 기초요인(체력, 숙련도 등) 및 촉진요인(업무량, 업무시간, 업무스트레스 등)을 제거하거나 관리하여 건강장해를 예방하거나 최소화한다.

③ 사업주와 근로자는 근골격계질환의 위험에 대한 초기관리가 늦어지게 되면 영구적인 장애를 초래할 가능성이 있을 뿐만 아니라 이에 대한 치료 등 관리 비용이 더 커짐을 인식한다.

④ 사업주와 근로자는 근골격계질환의 조기발견과 조기치료 및 조속한 직장복귀를 위하여 가능한 한 사업장 내에서 재활프로그램 등의 의학적 관리를 받을 수 있도록 한다.

(2) 관리방안

① 단기적 관리방안
   ㉠ 인간공학 교육
   ㉡ 위험요인의 인간공학적 분석 후 작업장 개선
   ㉢ 작업자에 대한 휴식시간 배려
   ㉣ 교대근무에 대한 고려
   ㉤ 안전예방 체조의 도입
   ㉥ 안전한 작업방법 교육
   ㉦ 재활복귀질환자에 대한 재활시설의 도입, 의료시설 및 인력확보
   ㉧ 휴게실, 운동시설 등 기타 관리시설 확충

② 장기적 관리방안
   ㉠ 작업적 유해 요인의 발견 및 조정을 통한 노동강도의 조절
   ㉡ 근골격계 예방·관리 프로그램의 도입

PART Ⅳ 근골격계질환 예방을 위한 작업관리

01 작업관리 개요

1. 작업관리의 정의

산업공학(IE)의 전통적 기초분야로서 생산활동을 구성하는 요소가 되는 작업 단위 또는 개별 작업 등을 조사·연구하여 무리와 낭비가 없이 작업이 원활히 수행되도록 최선의 작업방법을 합리적으로 설계·표준화하고, 이에 따라 작업활동을 조직·지휘·통제하는 생산관리의 한 영역이다.

2. 방법연구

① 동작연구(Motion Study)
  ㉠ 길브레스(Gilbreth) 부부는 적은 노력으로 최대의 성과를 짧은 시간에 이룰 수 있는 작업방법을 연구한 동작연구의 창시자로 알려져 있다.
  ㉡ 현장에서 벽돌 쌓기 작업을 하는 동작을 보고 필요 없는 동작의 생략에 착안하여 동작연구를 창안하였다.
  ㉢ 작업관리는 생산성 향상을 목적으로 경제적인 작업방법을 연구하는 작업연구와 표준작업시간을 결정하기 위한 작업측정으로 구분할 수 있다.
  ㉣ 호손(Hawthorn)의 실험결과는 작업장의 물리적 조건보다는 인간관계와 같은 사회적 조건이 생산성에 더 큰 영향을 준다는 사실에 관심을 갖도록 한 시발점이 되었다.
  ㉤ 동작연구는 작업을 수행하는 최선의 방법을 결정하기 위하여 사용되는 기법으로 가능한 한 불필요한 동작을 제거하고, 관련된 작업활동을 개선한다. 연속된 작업활동을 결합시키고, 작업활동의 능률을 증가시키며, 신체적 피로를 감소시킨다. 작업장의 배치를 개선하고, 작업활동을 보다 안전하게 하며, 원자재 운반 과정과 제품설계, 공구·기기의 설계를 개선한다. 또한, 작업의 최적 절차와 환경을 표준화함으로써 작업자가 작업에 최선을 다하도록 한다.

② 동작 순서(큰 순으로)
  공정 → 단위작업 → 요소작업 → 동작요소 → 서블릭

③ 시간연구
  ㉠ 직접측정 : 스톱워치, 워크 샘플링
  ㉡ 간접측정 : 실적자료법, 표준자료법, PTS법(Work Factor법, MTM법)

3. 작업 측정

테일러(F.W.Taylor)의 스톱워치를 이용한 시간연구에서 시작한 작업 측정은 작업자가 행하는 여러 활동을 시간으로 측정하여 작업의 합리화를 위한 여러 정보의 모집과 표준시간을 설정하는 것이다.

① 스톱워치 시간연구(Stopwatch Time Study)
② 1인의 작업자에 대해 여러 차례에 걸친 관측을 통해 시간표준을 수립한 뒤 동일한 작업을 수행하는 모든 작업자에게 적용
③ 시간연구의 기본단계
  ㉠ 연구할 작업 선정, 연구대상이 되는 작업자에게 통보
  ㉡ 관측횟수 결정
  ㉢ 작업시간 측정, 작업자의 수행도 평가
  ㉣ 표준시간 계산

02 작업관리 절차

1. 작업관리의 목적

(1) 작업관리의 목적

① 최선의 개선방법의 발견
② 방법, 재료 설비 공구 등의 표준화
③ 제품품질의 균일
④ 생산비의 절감
⑤ 새로운 방법의 작업지도
⑥ 안전

(2) 작업관리의 목표

① 작업의 능률화
② 작업시간의 단축

③ 생산량 증대
④ 품질의 개선과 균일
⑤ 원가의 절감

2 문제해결 절차

(1) 기본 문제해결 5단계 절차

① 연구대상 선정
② 분석, 기록
③ 분석자료 검토
④ 개선안 수립
⑤ 개선안 도입

(2) 작업관리의 문제해결 절차

① 문제의 발견
② 현상에 대한 분석
③ 중요도의 발견
④ 개선안의 검토
⑤ 개선안의 수립과 시행
⑥ 표준작업과 표준시간의 설정

(3) 작업관리의 문제해결 방법

① 브레인스토밍(Brainstorming) : 창의적인 아이디어를 자유롭게 제안하고 공유하는 방법으로, 비판 없이 다양한 아이디어를 모으는 데 초점을 맞춘다. 그룹 내에서 각자의 생각을 자유롭게 표현하여 문제 해결이나 새로운 아이디어를 도출하는 데 사용한다.
② 마인드 매핑(Mind Mapping) : 중심 아이디어를 기준으로 관련된 개념과 정보를 시각적으로 연결하여 표현하는 기법이다. 이는 정보의 구조화와 기억을 돕는 데 유용하며, 창의적인 사고를 촉진한다.
③ 마인드 멜딩(Mind Melding) : 이 용어는 주로 SF 작품에서 사용되지만, 창의적 아이디어를 교환하고 결합하는 과정으로 해석할 수 있다.
④ 델파이 기법(Delphi Technique) : 전문가들 간의 반복적인 설문조사와 의견 조율을 통해 특정 문제에 대한 합의나 예측을 도출하는 방법으로 익명성을 유지한다. 전문가들의 의견을 종합하고 분석하여 최종 결론을 도출하는 방법이다.

(4) SEARCH의 원칙

일반적으로 문제 해결이나 정보 검색에 대한 체계적인 접근 방식을 말한다. 각 단어의 첫 글자를 따서 만든 약어로 작업 단순화, 불필요한 작업의 제거, 순서 변경, 작업의 결합 등을 가지고 문제를 해결하는 방법이다.

① Simplify operation(작업의 단순화)
② Eliminate unnecessary work and material(불필요한 도구나 자재 제거)
③ Alter sequence(순서의 변경)
④ Requirements(요구조건)
⑤ Combine operations(작업의 결합)
⑥ How often(얼마나 자주)

(5) 개선안의 수립

① 작업방법의 분석 시에는 공정도나 시간차트, 흐름도 등을 사용한다.
② 선정된 개선안은 작업자나 관련 부서의 이해와 협조 과정을 거쳐 시행하도록 한다.
③ 개선절차는 연구대상선정 → 현 작업방법 분석 → 분석 자료의 검토 → 개선안 선정 → 개선안 도입 순이다.
④ 5W1H
　㉠ What(무엇) : 무엇을 개선할 것인가에 대한 질문
　㉡ Where(어디서) : 개선이 필요한 위치는 어디인가를 묻는 것
　㉢ When(언제) : 개선할 시기나 시간에 관한 질문
　㉣ Who(누가) : 누가 이 작업을 수행할 것인가에 대한 질문
　㉤ Why(왜) : 왜 이 작업이 필요한가에 대한 질문
　㉥ How(어떻게) : 어떻게 개선할 것인가에 대한 방법론을 묻는 것

3 디자인 프로세스

(1) 디자인 프로세스

① 프로세스
　㉠ 디자인 프로세스 : 문제 정의 → 문제 분석 → 대안 도출 → 대안 평가 → 선정안 제시
　㉡ 척도 : 대안(Alternatives), 제약조건(Restrictions), 판단기준(Criteria), 연구시한(Time Limit)
② 디자인 Cycle
　문제의 형성 → 문제분석 → 대안탐색 → 대안평가 → 선정안의 명시 → 승인 취득 노력 → 설치의 감독 → 사용자 초기의 점검 → 사용되는 방안의 계속적 점검 → 효율성 평가 → 디자인의 개선 결정 → 문제의 형성

03 작업개선원리

1 개선안의 도출방법 및 개선원리

(1) 작업개선 도출방법
① 다른 사람에게 열심히 탐문한다.
② 유사한 문제로부터 아이디어를 얻도록 한다.
③ 현재의 작업방법을 완전히 잊어버리도록 한다.
④ 대안 탐색 시에는 질보다 양에 우선순위를 둔다.

(2) 공학적 개선과 관리적 개선
① **공학적 개선** : 공구장비, 작업장, 포장, 부품, 제품의 재배열, 수정, 재설계, 교체 등을 말한다.
② **관리적 개선** : 작업량 조정을 위하여 컨베이어의 속도를 재설정하는 것이다.

(3) 개선원리
① 자연스러운 자세를 취한다.
② 과도한 힘을 줄인다.
③ 손이 닿기 쉬운 곳에 둔다.
④ 적절한 높이에서 작업한다.
⑤ 반복동작을 줄인다.
⑥ 피로와 정적부하를 최소화한다.
⑦ 신체가 압박받지 않도록 한다.
⑧ 충분한 여유공간을 확보한다.
⑨ 적절히 움직이고 운동과 스트레칭을 한다.
⑩ 쾌적한 작업환경을 유지한다.
⑪ 표시장치와 조종장치를 이해할 수 있도록 한다.
⑫ 작업조직을 개선한다.

(4) 작업개선을 위한 ECRS 원칙
① Eliminate(제거) : 불필요한 작업이나 절차를 제거하여 효율성을 높이는 원칙
② Combine(결합) : 유사한 작업을 결합하여 중복되는 단계를 줄이고 작업을 간소화하는 원칙
③ Rearrange(재배치) : 작업 순서를 재배치하여 작업 흐름을 최적화하고 시간을 절약하는 원칙
④ Simplify(단순화) : 복잡한 작업을 단순화하여 이해하기 쉽게 하고, 작업 속도를 높이는 원칙

CHAPTER 03 작업분석

01 문제분석도구

1. 문제의 분석도구(파레토차트, 특성요인도 등)

(1) 작업분석의 목적

① 최선의 작업 방법 개발과 표준화
② 표준시간의 산정
③ 최적 작업 방법에 의한 작업자 훈련
④ 생산성 향상

(2) 문제의 분석도구

① **파레토 차트(Pareto Chart)** : 문제의 원인을 식별하고 우선순위를 정하는 데 사용한다. 가장 큰 영향을 미치는 소수의 원인을 찾아내기 위해 전체 문제를 분석하고 정렬한다. 이는 80/20 법칙에 기초하여, 전체 문제의 80%가 20%의 원인에 의해 발생한다는 원칙을 따른다.
　㉠ 시각화한 차트로, 문제의 주요 원인을 파악하는 데 유용하며 재고관리에서는 ABC 곡선으로 부르기도 한다.
　㉡ 20% 정도에 해당하는 중요한 항목을 찾아내는 것이 목적이다.
　㉢ 불량이나 사고의 원인이 되는 중요한 항목을 찾아 관리하기 위함이다.
　㉣ 작성 방법은 빈도수가 높은 항목부터 낮은 항목 순으로 차례대로 나열하고, 항목별 점유비율과 누적비율을 구한다.

② **간트 차트(Gantt Chart)** : 프로젝트 관리 도구로, 작업 계획과 진행 상황을 시각적으로 나타낸다. 막대그래프로 작업의 시작과 끝, 그리고 각 작업 간의 관계를 표시하여 프로젝트 일정을 관리하는 데 사용한다.

③ **특성요인도** : 문제의 원인과 결과를 시각적으로 나타내는 도구로, 일반적으로 원인-결과 다이어그램 또는 피쉬본 다이어그램(Fishbone Diagram), 어골도(漁骨圖)라고도 불린다. 이 다이어그램은 문제 해결과 품질 관리에서 많이 사용된다.

④ **PERT 차트** : 프로젝트의 작업 순서와 기간을 분석해 최적의 일정 계획을 수립하는 데 사용되는 차트이다.

⑤ 다중활동분석(Multiple Activity Chart, MAC) : 여러 작업자와 기계가 동시에 작업을 수행하는 경우에 사용되는 분석 도구이다.

⑥ 흐름도(Flow Diagram) : 공정이나 작업의 단계를 시각적으로 나타낸 도구로 이를 통해 각 단계가 어떻게 연결되어 있는지, 작업 흐름이 어떻게 진행되는지를 명확하게 볼 수 있다. 이는 공정의 개선이나 문제 해결에 도움을 주며 역류현상 점검 등에 가장 유용하게 사용할 수 있다.

⑦ 사람-기계 차트(Man-Machine Chart) : 사람-기계 차트는 작업자가 기계를 어떻게 사용하는지, 작업자와 기계의 상호작용을 분석하는 도구이다. 기계의 가동 시간과 비가동 시간을 분석하여 효율성을 높이는 데 사용된다.

⑧ 작업 공정도(Operation Process Chart) : 작업 공정도는 작업자의 활동을 시간 순서대로 기록하여 분석하는 도구이다. 각 작업 단계와 작업 간의 상호작용을 시각적으로 나타내어, 비효율적인 단계를 식별하고 공정을 최적화하는 데 도움을 준다.

02 공정분석

1 공정효율

(1) 목적

공정효율(Process Efficiency)은 생산 공정에서 각 단계가 얼마나 효율적으로 이루어지는지를 나타내는 지표로 시간, 자원, 비용 등을 최소화하면서 최대의 생산성을 도출하는 것을 목표로 한다.

(2) 공정효율을 높이기 위한 요소

① **작업 표준화** : 작업의 표준화는 모든 작업자가 동일한 방법으로 작업을 수행하도록 함으로써 일관된 품질과 생산성을 유지한다.

② **자동화 도입** : 자동화된 시스템과 장비를 도입하여 인간의 개입을 최소화하고, 작업 속도와 정확성을 높여 인력 비용을 절감할 수 있다.

③ **작업 흐름 최적화** : 생산 공정의 각 단계를 분석하고, 불필요한 단계를 제거하거나 간소화하여 작업 흐름을 최적화한다. 그리하여 생산 시간을 단축하고 효율성을 높인다.

④ **재고 관리** : 적정 재고 수준을 유지하여 자재의 부족이나 과잉을 방지한다. 그리하여 자원의 효율적인 사용을 도모하며, 비용을 절감한다.

⑤ **품질 관리** : 생산 공정의 각 단계에서 품질 관리를 철저히 하여 불량품을 최소화하고, 생산성을 유지하여 고객 만족도를 향상한다.

⑥ **교육 및 훈련** : 작업자들에게 정기적인 교육과 훈련을 제공하여 작업 능력을 향상시키고, 공정의 효율성을 높인다.

(3) 공정의 균형효율

① **작업부하 균형** : 각 작업자가 동일한 작업부하를 가지도록 작업을 배치하여 작업자가 과도한 작업부하를 가지는 것을 방지하고, 작업 효율성을 극대화한다.

② **작업 시간 균형** : 각 작업 단계의 소요시간을 균일하게 조정하여 작업 흐름이 원활하게 이루어지도록 하고, 특정 단계에서의 병목 현상을 줄인다.

③ **자원 배분** : 인력, 기계, 도구 등의 자원을 효율적으로 배분하여 최적의 작업 조건을 유지한다. 자원의 효과적인 배분은 작업 속도와 품질을 높인다.

④ **생산 흐름 최적화** : 작업 공정을 최적화하여 생산의 흐름이 방해받지 않도록 하며, 각 작업 단계 간의 인터페이스를 정리하고, 작업의 순서를 최적화한다.

⑤ **정기적인 분석과 조정** : 정기적인 분석과 조정은 생산성 향상과 비용 절감을 동시에 이룰 수 있다.

(4) 주기시간(Cycle Time)

특정 작업이나 프로세스의 시작부터 끝까지 소요되는 시간으로, 주로 제조, 생산, 서비스 및 기타 다양한 분야에서 활용된다. 주기시간은 각 단계별 소요시간을 분석하여 전체 프로세스를 개선하고 효율성을 높이는 데 사용한다.

핵심 예제 표를 보고 공정손실, 애로작업, 주기시간, 시간당 생산량, 균형효율을 구하시오.

작업	1. 조립	2. 납땜	3. 검사	4. 포장
시간(초)	10초	9초	8초	7초

정답 해설

① 공정손실 $= \dfrac{\text{총 유휴시간}}{\text{작업자 수} \times \text{주기시간}} = \dfrac{6}{4 \times 10} = 0.15$

※ 총 유휴시간은 각 공정별(주기시간 − 작업시간)
- 납땜 : 10초 − 9초 = 1초
- 검사 : 10초 − 8초 = 2초
- 포장 : 10초 − 7초 = 3초
- ∴ 1 + 2 + 3 = 6(유휴시간)

② **애로작업** : 작업시간이 가장 긴 작업으로 조립작업
③ **라인의 주기시간** : 가장 긴 작업 10초
④ **라인의 시간당 생산량** : 1개에 10초, 1시간은 3,600초로 $\dfrac{3,600초}{10초}=360개$
⑤ **균형효율** $=\dfrac{총\ 작업시간}{총\ 작업자\ 수 \times 주기시간}\times 100$

---

2 공정도

(1) 공정도의 종류

① **유통선도(Flow Diagram)** : 프로세스나 시스템의 흐름을 시각적으로 나타낸 것으로, 주로 프로세스 분석 및 개선에 사용된다. 유통선로의 기능은 자재 흐름의 분석, 공정의 효율성 향상, 혼잡지역의 파악, 시설물의 위치나 배치관계 파악, 그리고 공정 과정에서의 역류 현상 발생 여부 점검 등이다.

② **활동분석표(Activity Chart)** : 작업이나 활동의 단계를 기록하고 분석하는 도구로 각 활동의 시작 시간, 종료 시간, 소요시간을 포함하여 작업의 효율성을 분석한다.

③ **복수작업자분석표(Gang Process Chart)** : 여러 작업자가 동시에 수행하는 작업을 분석하는 도구로 각 작업자의 역할과 활동을 기록하여 작업 흐름을 최적화한다.

④ **작업자 공정도(Worker Process Chart)** : 작업자 공정도는 작업자가 수행하는 활동을 시간 순서대로 기록하여 분석하는 도구이다. 이를 통해 작업 순서를 최적화하고 비효율적인 단계를 제거하여 작업 시간을 단축할 수 있다.

(2) 작업 공정도 기호

생산 공정이나 작업 흐름을 시각적으로 표현할 때 사용되는 표준 기호로, 이 기호들을 사용하여 작업 단계를 명확히 하고, 효율적인 공정 설계를 할 수 있다.

① **가공** : 제품이나 공정을 검사하는 작업, 기호 : ○(원형)
② **운반** : 물체나 자재를 옮기는 작업, 기호 : ⇨(화살표)
③ **정체** : 작업이 지연, 정체 되거나 대기 상태임, 기호 : D(D 모양)
④ **저장** : 자재나 제품을 저장하는 작업, 기호 : ▽(역삼각형)
⑤ **검사** : 검사, 기호 : □(사각형)
⑥ **조립(Assembly)** : 부품을 결합하거나 제품을 조립하는 작업, 기호 : ◇(마름모)
⑦ **처리(Process)** : 자재를 변환하거나 가공하는 작업, 기호 : ▭(직사각형)

가공	운반	정체	저장	검사	조립	처리
○	⇨	D	▽	□	◇	▭

(3) 작업구분(큰 것에서부터 작은 것 순)

공정 → 단위작업 → 요소작업 → 동작요소 → 서블릭

3 다중활동분석표

(1) 다중활동분석표 개요

다중활동분석표(Multiple Activity Chart)는 여러 작업자나 장비의 활동을 동시에 분석하는 데 사용된다. 이는 작업 흐름을 시각적으로 나타내어 각 작업자의 역할과 작업 간의 상호 작용을 이해하고 최적화할 때 사용한다.

(2) 다중활동분석표의 주요 요소

① **작업자 또는 장비의 이름** : 각각의 작업자나 장비가 행하는 활동을 구분한다.
② **시간 축** : 작업이 시작되고 종료되는 시간을 나타내며, 활동의 시간 순서를 이해한다.
③ **활동 구간** : 각 작업자가 수행하는 특정 활동을 시간 경과에 따라 시각적으로 표시하여 작업 사이의 대기시간이나 비효율성을 쉽게 파악할 수 있다.

(3) 다중활동분석표의 활용

① **생산 공정 분석** : 제조 공정에서 여러 작업자의 활동을 동시에 분석하여 병목 현상이나 비효율적인 부분을 찾아낸다.
② **프로젝트 관리** : 프로젝트의 여러 팀원들이 동시에 수행하는 작업을 시각화하여 협업의 효율성을 높인다.
③ **서비스 산업** : 예를 들어, 병원에서 의사, 간호사, 기타 직원들의 활동을 분석하여 환자 진료 과정을 최적화한다.

(4) 다중활동분석표의 사용 목적

① 가장 경제적인 작업조 편성
② 적정 인원수 결정
③ 작업자 한 사람이 담당할 기계 소요대수나 적정 기계 담당대수의 결정
④ 작업자와 기계의(작업효율 극대화를 위한) 유휴시간 단축

(5) 이론적 기계 대수(n)

$$n = \frac{a+t}{a+b}$$

여기서, a : 작업자와 기계의 동시작업시간, b : 독립적인 작업자 활동시간, t : 기계가동시간

> **핵심 예제** 기계 – 작업분석표가 다음과 같을 때 작업자와 기계의 유휴가 발생되지 않는 이론적 기계의 대수를 구하시오.
>
> **정답 해설** 이론적 기계대수(n)
> $$n = \frac{a+t}{a+b} = \frac{0.12+1.6}{0.12+0.54} = 2.61\text{대}$$
> 여기서, a : 작업자와 기계의 동시 작업시간($=0.12$)
> b : 독립적인 작업자 활동시간($=0.54$분)
> t : 기계가동시간($=16$분)

03 동작분석

1. 동작분석과 서블릭

(1) 개요

서블릭(Therblig)은 작업 분석을 위한 기본 단위로 프랭크 길브레스(Frank Gilbreth)와 릴리언 길브레스(Lillian Gilbreth)가 개발했으며, 작업을 수행하는 데 필요한 기본적인 움직임을 분석한다. 이를 통해 비효율적인 움직임을 줄이고 작업 효율성을 높이는 데 사용한다.

(2) 명칭 및 기호

분류		명칭	기호		분류		명칭	기호	
제1류 (작업 시 필요한 동작)	*	쥐기(Grasp)	G	∩	제2류 (제1류의 동작을 늦출 수 있는 동작)	#	찾기(Search)	SH	◯◯
	*	빈손 이동(Transport Empty)	TE	⌣		#	선택(Select)	St	→
	*	운반(Transport Loaded)	TL	⋃		*	미리 놓기(Pre-Position)	PP	8
	*	내려놓기(Release Load)	RL	⌒		#	계획(Plan)	Pn	⏏
	#	바로 놓기(Position)	P	9			찾아냄(Find)	F	👁

분류		명칭	기호	분류		명칭	기호
제1류 (작업 시 필요한 동작)	#	검사(Inspect)	I ◯	제3류 (작업 진행 없는 동작)	##	잡고 있기(Hold)	H
	**	조립(Assemble)	A #		##	불가피한 지연 (Unavoidable Delay)	UD
	**	분해(Disassemble)	DA #		##	피할 수 있는 지연 (Avoidable Delay)	AD
	**	사용(Use)	U		##	휴식(Rest)	R

① 효율적 서블릭
  ㉠ * : 기본동작
  ㉡ ** : 동작 목적을 가진 부분

② 비효율적 서블릭(Therblig)
  ㉠ # : 정신적 또는 반정신적 부분
  ㉡ ## : 정체적인 부분

2 비디오분석

(1) 목적
① 효율적 방법의 개선
② 작업자 훈련

(2) 종류
① 미세동작 연구(Micro Analysis) : 화면 안에 시계와 작업진행 상황이 동시에 들어가도록 사진이나 비디오카메라로 촬영을 한 뒤 한 프레임씩 서블릭에 의하여 SIMO Chart를 그려 동작을 분석한다. Cycle이 짧고 반복적인 작업과 대량 생산하는 작업에 유용하며 비용과 시간이 많이 든다.

② 메모모션 분석(Memo Motion Analysis) : 저속으로 작업의 진행상황을 촬영한 후 도표로 그려 분석하는 방법이다. Cycle이 길고 불규칙한 작업과 장시간에 걸치는 작업을 빠른 시간 내 검토할 수 있다.

③ 사이클그래프(Cycle Graph) : 신체의 어떤 부분의 동작경로를 알기 위하여 원하는 부분에 광원을 부착하여 사직을 찍는 방법으로 작업자의 동작을 전구의 빛 궤적으로 알아낸다.
④ Strobo 분석 : 움직이는 동작을 1초 동안에 여러 번 찍은 사진들을 한 매의 사진에 합친 효과로 동작교정에 활용한다.
⑤ VTR 분석 : 즉시성, 확실성, 재현성 침 편의성을 가지고 있으며 레이팅의 오차한계가 5% 이내로 레이팅의 신뢰도가 높다.

3 동작경제원칙

(1) 개요

인간공학적 동작경제 원칙으로 어떻게 하면 작업을 좀 더 쉽게 할 수 있을 것인가를 고려하여 작업장과 작업방법을 개선하는 데 유용하게 사용되는 원칙이다.

(2) 동작경제의 3원칙

① 신체의 사용에 관한 원칙

신체사용의 원칙은 작업 효율성을 높이기 위해 인체의 운동 과정을 분석하고, 이를 가장 적절하고 효율적으로 사용하는 방법을 규명하는 것을 목표로 한다.
㉠ 양손의 동작은 동시에 시작하여 동시에 끝나야 한다.
㉡ 양손은 휴식시간을 제외하고는 동시에 쉬어서는 안 된다.
㉢ 팔의 동작은 서로 반대의 대칭적 방향으로 이루어져야 하며, 동시에 행해야 한다.
㉣ 손과 몸의 동작은 일에 만족스럽게 할 수 있는 가장 단순한 동작에 한정되어야 한다.
㉤ 작업에 도움이 되도록 가급적 물체의 관성(慣性)을 활용하고, 근육운동으로 작업을 수행하는 경우를 최소한으로 줄여야 한다.
㉥ 갑자기 예각 방향으로 변화를 하는 직선 동작보다는 유연하고 연속적인 곡선 동작을 하는 것이 좋다.
㉦ 제한되거나 통제된 동작보다는 탄도적 동작이 보다 빠르고 쉬우며 정확하다.
㉧ 작업을 원활하고 자연스럽게 수행하는 데는 리듬이 중요하다. 가급적 쉽고 자연스러운 리듬이 가능하도록 작업이 배열되어야 한다.
㉨ 눈의 고정은 가급적 줄이고 함께 가까이 있도록 한다.

② 작업역 배치에 관한 원칙
㉠ 모든 공구와 재료는 일정한 위치에 정돈되어야 한다.
㉡ 공구와 재료는 작업이 용이하도록 작업자의 주위에 있어야 한다.
㉢ 중력을 이용한 부품상자나 용기를 이용하여 부품을 부품 사용 장소 가까이 보낼 수 있도록 한다.
㉣ 가능하면 낙하시키는 방법을 이용한다.

ⓜ 공구 및 재료는 동작에 가장 편리한 순서로 배치한다.
　　ⓗ 채광 및 조명장치를 잘 하여야 한다.
　　ⓢ 의자와 작업대의 모양과 높이는 각 작업자에게 알맞도록 설계되어야 한다.
　　ⓞ 작업자가 좋은 자세를 취할 수 있는 모양, 높이의 의자를 지급해야 한다.

③ 공구 및 설비의 디자인에 관한 원칙
　　㉠ 치구, 고정 장치나 발을 사용함으로써 손의 작업을 보존하고 손은 다른 동작을 담당하도록 하면 편리하다.
　　㉡ 공구류는 될 수 있는 대로 두 가지 이상의 기능을 조합한 것을 사용하여야 한다.
　　㉢ 공구류 및 재료는 될 수 있는 대로 다음에 사용하기 쉽도록 놓아두어야 한다.
　　㉣ 각 손가락이 사용되는 작업에서는 각 손가락의 힘이 같지 않음을 고려한다.
　　㉤ 각종 손잡이는 손에 가장 알맞게 고안함으로써 피로를 감소시킬 수 있다.
　　㉥ 각종 레버나 핸들은 작업자가 최소의 움직임으로 사용할 수 있는 위치에 있어야 한다.

CHAPTER 04. 작업측정

PART Ⅳ 근골격계질환 예방을 위한 작업관리

01 작업측정의 개요

1. 표준시간

(1) 개요
표준시간은 작업 효율성을 향상시키기 위한 핵심 개념이다. 특정 작업을 정상적인 속도로 수행할 때 필요한 기준 시간으로, 작업자가 일정한 조건에서 평균적 능률을 발휘하며 작업했을 때의 시간을 말한다.

(2) 표준시간 산정과 측정기법
① 직접측정
  ㉠ 시간연구법 : 스톱워치법
  ㉡ 워크 샘플링법 : 직접 관찰법
② 간접측정
  ㉠ PTS법 : MTM법, Work factor법
  ㉡ 실적자료법 : 과거의 실적데이터 기반

(3) 표준시간의 계산
표준시간은 정미시간에 여유시간을 더하여 구한다.
① 표준시간(N) = 정미시간(NT) + 여유시간(AT)
  ㉠ 정미시간(Nomal Time, NT) : 정미시간은 정상시간이라고도 하며 매회 또는 일정한 간격으로 주기적으로 발생하는 작업 요소의 수행시간이다.

$$\text{정미시간(NT)} = \text{관측 평균시간}(T_0) \times \frac{\text{레이팅 계수}(R)}{100}$$

ⓒ 레이팅(Rating) 계수(R) : 레이팅은 측정 작업시간을 정상 작업시간으로 보정하는 과정이다.

$$R = \frac{정상\ 작업속도}{실제\ 작업속도} \times 100$$

ⓒ 여유시간(Allowance Time) : 작업의 지연이나 중단으로 인한 소요시간을 정미시간에 가산하는 형식으로 보상하는 시간값이며, 여유율로 나타낸다.

② 표준시간을 구하는 공식
  ㉠ 외경법
    ⓐ 정미시간에 대한 비율을 여유율로 사용한다.
    ⓑ 여유율$(A) = \dfrac{여유시간의\ 총계}{정미시간의\ 총계} \times 100$
    ⓒ 표준시간$(ST) = $정미시간$\times(1 + $여유율$) = NT(1 + A) = NT \times \left(1 + \dfrac{AT}{NT}\right)$

    여기서, NT : 정미시간, AT : 여유시간

  ㉡ 내경법
    ⓐ 근무시간에 대한 비율을 여유율로 사용한다.
    ⓑ 여유율$(A) = \dfrac{일반\ 여유시간}{실동시간} \times 100 = \dfrac{여유시간}{정미시간 + 여유시간} \times 100 = \dfrac{AT}{NT + AT} \times 100$
    ⓒ 표준시간$(ST) = $정미시간$\times \left(\dfrac{1}{1 - 여유율}\right)$

핵심 예제 어느 조립작업의 부품 1개 조립당 관측 평균시간이 1.5분, rating 계수가 110%, 외경법에 의한 일반 여유율이 20%라고 할 때, 외경법에 의한 개당 표준시간(A)과 8시간 작업에 따른 총 일반 여유시간(B)은 얼마인가?

정답 해설
• 표준시간, 여유시간, 외경법에 의한 표준시간(A)

정미시간$(NT) = $관측시간의 대푯값$(T_o) \times \dfrac{레이팅\ 계수(R)}{100} = 1.5 \times \dfrac{110}{100} = 1.65$

표준시간$(ST) = $정미시간$(NT) \times (1 + $여유율$) = 1.65 \times (1 + 0.2) = 1.98$min

• 8시간 작업에 따른 총 일반 여유시간(B)

정미시간$= 480 \times \dfrac{1.65}{1.98} = 400$

총 일반 여유시간$= 480 - 400 = 80$min

2 시간연구

(1) 시간연구의 개요

시간연구(Time Study)란 실제 작업을 관찰하고 측정하여 작업 시간을 분석하는 방법으로, 스톱워치 등을 사용하여 작업 요소별로 시간을 측정하고, 이를 바탕으로 작업 시간의 표준을 설정한다. 이는 작업의 효율성을 높이는 데 도움이 된다. TV 조립공정과 같이 짧은 주기의 작업은 비디오 촬영에 의한 시간연구법이 좋다.

(2) 스톱워치에 의한 시간연구

① 관측방법
  ㉠ 계속법
  ㉡ 반복법
  ㉢ 누적법
  ㉣ 순환법

② 관측횟수의 결정

관측횟수(N)는 관측시간의 변화성, 요구되는 정확도, 요구되는 신뢰수준과 함수 관계를 갖는다.

㉠ 신뢰도 95%, 허용오차 ±5%인 경우

$$N = \left(\frac{t(n-1, 0.025) \times s}{0.05\bar{x}} \right)^2, \text{ 여기서 } s = \sqrt{\frac{\sum x_i^2 - (\sum x_i)^2/n}{n}}$$

㉡ 신뢰도 95%, 허용오차 ±10%인 경우

$$N = \left(\frac{t(n-1, 0.025) \times s}{0.10\bar{x}} \right)^2, \text{ 여기서 } s = \sqrt{\frac{\sum x_i^2 - (\sum x_i)^2/n}{n}}$$

③ 필요한 관측횟수

$$N = \left(\frac{t \times s}{e \times \bar{x}} \right)^2$$

여기서, t : 신뢰도계수, s : 표준편차, e : 허용오차, $\bar{x}$: 관측 평균시간

핵심 예제 요소작업을 20번 측정한 결과 관측 평균시간은 0.20분, 표준편차는 0.08분이었다. 신뢰도 95%, 허용오차 ±5%를 만족시키는 관측횟수는 얼마인가? (단, t(0.025, 19)는 2.09이다.)

정답 해설 $N = \left(\dfrac{2.09 \times .08}{0.05 \times \overline{0.2}} \right)^2 = 279.55$회

핵심 예제 평균 관측시간이 0.9분, 레이팅 계수가 120%, 여유시간이 하루 8시간 근무시간 중에 28분으로 설정되었다면 표준시간은 약 몇 분인가?

정답 해설 표준시간(내경법)

정미시간 = 관측시간의 대푯값 × $\frac{레이팅\ 계수}{100}$ = $0.9 \times \frac{120}{100}$ = 1.08

여유율 = $\frac{여유시간}{실동시간} \times 100$ = $\frac{28}{60 \times 8} \times 100$ = 5.8%

표준시간 = 정미시간 × $\left(\frac{1}{1-여유율}\right)$ = $1.08 \times \left(\frac{1}{1-5.8\%}\right)$ = 1.147

핵심 예제 관측평균시간이 0.8분, 레이팅 계수 120%, 정미시간에 대한 작업 여유율이 15%일 때 표준시간은 약 얼마인가?

정답 해설 표준시간의 산정(외경법)

표준시간(ST) = 정미시간 × (1 + 여유율) = (관측시간의 대푯값 × 레이팅 계수) × (1 + 여유율)
= $\left(0.8 \times \frac{120}{100}\right) \times (1 + 0.15)$ = 1.104분

---

3 수행도평가

(1) 개요

실제 업무 수행 과정을 직접 평가하는 방법으로 기준속도에 비해 작업이 얼마나 빨리 진행되었는가를 평가하며 레이팅 계수로 표현된다.

(2) 수행도 평가기법

① **속도평가법(Time Study)** : 작업자가 작업을 수행하는 데 걸리는 시간을 측정하여 작업의 효율성을 평가한다.
  ㉠ 방법 : 작업 과정 전체를 단계별로 나누고, 각 단계의 시간을 측정하여 최적의 작업 시간을 도출한다.
  ㉡ 장점 : 작업 효율성 향상에 도움을 준다.
  ㉢ 단점 : 평가자가 작업을 지켜보는 동안 작업자의 수행이 다소 영향을 받을 수 있다.

② 객관적평가법(Objective Rating Method) : 작업자의 수행도를 객관적으로 평가한다.
  ㉠ 방법 : 사전에 정해진 객관적 기준에 따라 작업자의 수행을 평가한다.
  ㉡ 장점 : 주관적 편견을 최소화할 수 있다.
  ㉢ 단점 : 모든 작업의 세부사항을 객관적으로 평가하기 어려울 수 있다.
③ 합성평가법(Synthetic Rating Method) : 여러 평가 요소를 종합하여 작업자의 시간연구를 통해 개별 시간을 구한다.
  ㉠ 방법 : 시간 연구, 기준 시간, 작업의 복잡성 등 다양한 요소를 종합하여 평가한다.
  ㉡ 장점 : 복합적인 평가가 가능하여 정확한 평가를 할 수 있다.
  ㉢ 단점 : 평가 과정이 복잡하고 시간이 많이 소요될 수 있다.
④ 웨스팅하우스법(Westinghouse System of Rating) : 작업자의 숙련도, 노력, 작업 조건 등을 종합적으로 평가한다.
  ㉠ 방법 : 숙련도, 노력, 작업 조건, 일관성 등의 요소를 평가하고 각 요소에 점수를 부여하여 종합 점수를 계산한다.
  ㉡ 장점 : 다양한 요소를 고려한 종합적인 평가가 가능하다.
  ㉢ 단점 : 주관적인 요소가 개입될 수 있다.

4 여유시간

(1) 개요
불규칙적으로 발생하는 여러 가지 요소에 의한 지연시간을 말한다.

(2) 여유시간의 분류
① 일반여유 : 작업장의 생리적, 심리적 요구에 의한 지연시간
  ㉠ 개인여유 : 생리적 욕구
  ㉡ 불가피한 지연여유 : 작업자와 관계없이 발생하는 지연시간(재료의 품질, 기계의 조정)
  ㉢ 피로여유 : 작업자가 느끼는 정신적·육체적 피로에 의한 지연시간
② 특수여유 : 기계간섭 여유, 그룹 여유, 소로트 여유, 장사이클 여유 등
③ ILO 여유율 : ILO(국제노동기구) 제정 여유율(인적 여유율=생리여유+고정 피로여유+변동 피로여유)

(3) 여유율의 계산

① 작업 여유율 $= \dfrac{\text{여유시간}}{\text{정미시간}}$

② 근무 여유율 $= \dfrac{\text{여유시간}}{\text{근무시간}}$

③ 근무시간 = 정미시간 + 여유시간

④ 내경법(Critical Path Method, CPM) : 실동시간에 대한 비율을 사용하여 산정

$$\text{여유율} = \dfrac{\text{여유시간}}{(\text{정미시간} + \text{여유시간})}$$

$$\text{표준시간} = \text{정미시간} \times \dfrac{1}{1 - \text{여유율}}$$

⑤ 외경법(Program Evaluation and Review Technique, PERT) : 정미시간에 대한 비율을 사용하여 산정

$$\text{여유율} = \dfrac{\text{여유시간}}{\text{정미시간}}$$

$$\text{표준시간} = \text{정미시간} \times (1 + \text{여유율})$$

핵심 예제 정미시간이 0.177분인 작업을 여유율 10%에서 외경법으로 계산하면 표준시간이 0.195분이 된다. 이를 8시간 기준으로 계산하면 여유시간은 총 44분이 된다. 같은 작업을 내경법으로 계산할 경우 8시간 기준으로 총 여유시간은 약 몇 분이 되겠는가? (단, 여유율은 외경법과 동일하다.)

정답 해설 **내경법에 의한 계산**

표준시간$(ST) = $ 정미시간 $\times \left(\dfrac{1}{1 - \text{여유율}}\right) = 0.177 \times \left(\dfrac{1}{1 - 0.1}\right) = 0.196$분

8시간 근무 중 총 정미시간 $= 480 \times \left(\dfrac{0.177}{0.1967}\right) = 432$분

8시간 근무 중 총 여유시간 $= 480 - 432 = 48$분

02 워크 샘플링(Work sampling)

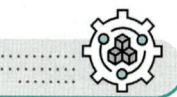

1 워크 샘플링 원리

(1) 개요
작업 현장에서 실제로 수행되는 작업들을 표본으로 뽑아 작업의 상태를 측정하고 평가하는 방법이다. 표본의 크기가 충분하다면 모집단의 분포와 일치한다는 통계적 이론에 근거하고, 모든 구성원이 샘플에 포함될 동일한 확률을 가지도록 무작위로 샘플을 선택하여 관측하며, 상태를 기록한다.

(2) 특징
① 간단한 측정 : 스톱워치와 같은 측정 기구를 사용하지 않고, 관측자가 작업자나 기계의 상태를 순간적으로 관측한다.
② 비용 절감 : 시간관측법에 비해 비용이 적게 든다.
③ 신뢰도 : 관측 결과를 통계적으로 평가하여 신뢰도를 높일 수 있다.
④ 적은 방해 요소 : 작업자에게 심리적 압박을 주지 않고 순간적으로 측정한다.

(3) 종류
① 계층별 비례 샘플링(Stratified Sampling) : 모집단을 여러 층(Strata)으로 나눈 후 각 층에서 비례적으로 샘플을 추출하는 방법이다. 각 층이 모집단 전체를 잘 대표할 수 있도록 한다.
② 체계적 워크 샘플링(Systematic Work Sampling) : 주기적으로 일정한 간격마다 샘플을 추출하는 방법으로 전체 작업의 전반적인 패턴을 파악하는 데 유용하다.
③ 퍼포먼스 워크 샘플링(Performance Work Sampling) : 작업 수행 중 특정 시간 동안 작업자의 퍼포먼스를 측정하고 평가하는 방법이다. 실제 작업환경에서의 성과를 파악할 수 있다.

(4) 장·단점
① 장점
  ㉠ 효율성 향상 : 관측을 순간적으로 하기 때문에 작업자를 방해하지 않으면서 측정한다.
  ㉡ 비용 절감 : 조사기간을 길게 하여 평상시 작업 상황을 그대로 반영시킬 수 있다. 작업을 최적화하면 자원과 시간을 절약할 수 있어 비용을 절감할 수 있다. 특별한 측정 장치가 필요치 않다.
  ㉢ 품질 향상 : 연구를 일시 중지하였다가 다시 계속할 수도 있다. 작업의 품질을 높이고, 결과물을 향상시킨다.
  ㉣ 문제 해결 : 한 사람의 평가자가 동시에 여러 작업을 동시에 측정할 수 있으므로 문제를 식별하고 해결하는 데 도움을 준다.

② 단점
ㄱ. **시간 소요** : 워크 샘플링을 수행하는 데 시간이 많이 걸릴 수 있다.
ㄴ. **복잡성** : 작업의 복잡성에 따라 워크 샘플링 과정이 복잡해질 수 있다. 짧은 주기나 반복작업인 경우 적당하지 않다.
ㄷ. **비용 발생** : 초기에는 비용이 발생할 수 있으며, 이는 작업의 크기와 복잡성에 따라 다르다.
ㄹ. **결과 예측 불확실성** : 워크 샘플링 결과가 실제 결과와 일치하지 않을 수 있다.

2 절차

(1) 워크 샘플링의 절차

① 연구목적의 수립
② 신뢰수준 허용오차 결정
③ 연구에 관련되는 사람과의 협의
④ 관측계획의 구체화
⑤ 관측실시

(2) 관측 횟수의 결정

① 워크 샘플링에 의한 관측 횟수 결정

$$N = \frac{Z_{1-\alpha/2}^2 \times \overline{P}(1-\overline{P})}{e^2}$$

이때 e는 허용오차(절대오차인 경우 $\pm e\%$, 상대오차인 경우 $\pm p \times e\%$), $\overline{P}$는 idle rate로, $\overline{P} = \dfrac{\text{관측된 횟수}}{\text{총 관측 횟수}}$로 구한다.

② 모수가 작을 시의 관측 횟수

$$\text{관측 횟수}(N) = \left(\frac{T \times S}{e}\right)^2$$

여기서, e : 허용오차, T : 신뢰도계수, S : 표준편차

핵심 예제 워크 샘플링 조사에서 $\overline{P}=0.1867$, 95% 신뢰수준, 절대오차 ±2%의 경우 워크 샘플링 횟수는 몇 회인가? (단, $Z_{0.025}=1.96$이다.)

정답 해설 $N = \dfrac{Z_{1-\alpha/2}^2 \times \overline{P}(1-\overline{P})}{e^2} = \dfrac{1.96^2 \times 0.1867(1-0.1867)}{0.02^2} = 1458.3$

3 응용

① 여유율 산정
② 중요 설비의 가동률 분석
③ 작업자의 근무상황 파악
④ 표준시간의 설정
⑤ 작업개선과 정원 설정

03 표준자료

1 표준자료

(1) 표준자료의 이해

과거의 시간연구로부터 얻어진 데이터를 이용하여 표준시간을 설정하는 방법으로, 작업시간을 새로 측정하기 보다는 과거 측정한 기록들을 이용하고 동작에 영향을 미치는 요인들을 검토하여 만든 함수식, 표, 그래프 등이다. 동작시간을 추정하는 것으로 표준자료들을 다중회귀 분석법을 이용하여 합성한다.

(2) 특성

① 제조원가의 사전 견적이 가능하며, 직접 측정하지 않더라도 표준시간을 구할 수 있다.
② 레이팅이 필요 없다.
③ 표준시간의 정도가 떨어진다.
④ 표준자료 작성의 초기비용이 크기 때문에 생산량이 적거나 제품이 큰 경우에는 부적합하다.

(3) PTS(Predetermined Time Standards)법

① 개요

사람이 행하는 작업을 기본 동작으로 분류하고, 각 기본 동작들은 동작의 성질과 조건에 따라 이미 정해진 기준 시간을 적용하여 전체 작업의 정미시간을 구하는 방법으로 기본 인간 동작에 대한 사전 정의된 시간 값을 사용하여 작업의 표준시간을 설정. 이를 통해 지속적인 시간 연구가 필요 없으며, 일관된 작업 측정 방식이다.

② 주요 특징

㉠ 직접 작업자를 대상으로 작업시간을 측정하지 않아도 된다.
㉡ 표준시간의 설정에 논란이 되는 레이팅이 필요 없어 표준시간의 일관성이 증대된다.
㉢ 실제 생산 현장에서 보지 않고도 작업대의 배치와 작업방법을 알면 표준시간의 산출이 가능하다.
㉣ 분석에 긴 시간이 소요되며 많은 비용이 요구된다.

③ 종류

㉠ MTM(Methods Time Measurement)
㉡ WF(Work Factor)
㉢ MODAPTS(Moduler Arrangement of Predetermined Time Standards)
㉣ BMT(Basic Motion Time Study)
㉤ DMT(Dimensional Motion Times)

2 MTM

(1) 개요

MTM(Methods-Time Measurement)은 작업의 각 기본 동작에 대해 시간을 측정하고 분석하는 방법이다.

(2) 용도

① 능률적인 설비, 기계류의 선택
② 작업 개선 의미 향상 교육
③ 표준시간에 대한 불만 처리

(3) MTM의 시간 값

1TMU=0.00001시간=0.0006분=0.036초
1초=27.8TMU
1분=1,666.7TMU
1시간=100,000TMU　　　　　※ TMU는 Time Measurement Unit

(4) MTM 표기법

기본동작+이동거리+목표물의 조건(Case A, B, C, D, E)+중량(저항)

핵심 예제 12lb의 물건을 대략적인 위치로 20인치 운반하는 것은?

정답 해설 M20B12
(M : 운반, 20 : 이동거리, B : Case, 12 : 중량)

---

(5) 기본동작

기호 : 동작		기호 : 동작	
Reach(R)	손을 뻗음	Release(RL)	물체를 놓음, 방치
Move(M)	운반	Turn(T)	회전
Grasp(G)	잡음	Apply Pressure(AP)	누름
Position(P)	물체를 특정 위치에 둠(정치)	Eye Travel(ET)	눈의 이동
Disengage(D)	떼어놓음	Crank(K)	크랭크(물체의 회전)
Eye Focus(EF)	눈의 초점 맞추기	Body Motion(BM)	신체의 동작

3 워크 팩터(Work Factor)

(1) 개요

신체 부위에 따라 각 동작의 워크 팩터별로 정상시간치를 미리 설정해 놓고, 필요한 동작의 시간치를 찾아 표준시간을 산정한다. 8가지의 신체부위와 움직이는 거리에서 나타나는 기초동작과 동작 시 중량, 저항 및 동작의 곤란도에 따른 지수인 WF에 의해 시간을 구하는 것이다.

(2) 동작시간 결정 시 고려하는 네 가지 요인

① **동작 거리** : 작업자가 이동하거나 물건을 옮기는 거리를 고려한다.
② **중량이나 저항** : 작업 중 들어올리거나 옮겨야 하는 물체의 중량이나 저항을 고려한다.
③ **인위적 조절 정도** : 작업자가 작업을 수행하기 위해 필요한 조절의 정도를 고려한다.
　　　　　　[방향조절(S), 주의(P), 방향의 변경(U), 일정한 정지(D)]
④ **동작의 난이도** : 작업 동작의 복잡성과 난이도를 고려한다.
　　　　　　사용하는 신체부위 7가지(손가락과 손, 팔, 앞팔회전, 몸통, 발, 다리, 머리회전)

(3) 워크 팩터(Work Factor)의 8 표준요소

1	동작	Transport, T
2	쥐기	Grasp, Gr
3	미리놓기	Preposion, PP
4	조립	Assemble, Asy
5	사용	Use, U
6	분해	Disassemble, Dsy
7	내려놓기	Release, Rl
8	정신과정	Menlal Process, MP

PART Ⅳ 근골격계질환 예방을 위한 작업관리

CHAPTER 05 유해요인 평가

01 유해요인 평가 원리

1. 유해요인 평가

(1) 유해요인 조사 시기 및 내용

① 조사시기

사업주는 최초의 유해요인 조사를 하고, 완료한 날로부터 3년마다 주기적으로 실시한다. 다만, 신설사업장은 신설일로부터 1년 이내에 최초의 유해요인 조사를 실시한다.

② 지체 없이 유해요인 조사를 실시해야 하는 경우
  ㉠ 법에 따른 임시건강진단 등에서 근골격계질환자가 발생하였거나 근로자가 근골격계질환으로「산업재해보상보험법 시행령」에 따라 업무상 질병으로 인정받은 경우
  ㉡ 근골격계 부담작업에 해당하는 새로운 작업·설비를 도입한 경우
  ㉢ 근골격계 부담작업에 해당하는 업무의 양과 작업공정 등 작업환경을 변경한 경우

③ 조사 내용
  ㉠ 설비·작업공정·작업량·작업속도 등 작업장 상황
  ㉡ 작업시간·작업자세·작업방법 등 작업조건
  ㉢ 작업과 관련된 근골격계질환 징후(Signs)와 증상(Symptoms) 유무 등

(2) 유해요인 세부 조사내용

① 작업장 상황조사 항목
  ㉠ 작업공정
  ㉡ 작업설비
  ㉢ 작업량
  ㉣ 작업속도 및 최근 업무의 변화 등

② 작업조건 조사항목
  ㉠ 반복동작
  ㉡ 부적절한 자세
  ㉢ 과도한 힘
  ㉣ 접촉스트레스
  ㉤ 진동
  ㉥ 작업시간
  ㉦ 작업방법
  ㉧ 기타 요인(예 극저온, 직무스트레스)

③ 증상 설문조사 항목
  ㉠ 증상과 징후
  ㉡ 직업력(근무력)
  ㉢ 근무형태(교대제 여부 등)
  ㉣ 취미활동
  ㉤ 과거 질병력 등

(3) 유해요인 조사 방법

사업주는 유해요인 조사에 근로자 대표 또는 해당 작업 근로자를 참여시킨다.

① 각각의 작업에 대해 실시하되, 근로자와의 면담, 증상 설문조사, 인간공학적 측면을 고려한 조사 등 적절한 방법을 활용한다.
② 유해요인 조사표(별지 제1호 서식)를 활용하여 근로자와의 면담을 통해 조사개요, 작업장 상황조사, 작업조건 조사를 실시한다. 작업조건 조사를 실시할 때 인간공학적 측면을 고려한 작업분석·평가도구를 활용하여 조사대상 근골격계 부담작업 또는 근골격계질환 발생 유해요인에 대해 분석·평가할 수 있다.
③ 근골격계질환 증상조사표를 활용하여 근로자의 직업력, 근무형태, 근골격계질환의 징후 또는 증상 특징 등의 정보를 파악한다.
④ 동일한 작업형태와 동일한 작업조건의 근골격계 부담작업 존재 시 근골격계 부담작업의 종류와 수에 대한 대표성, 조사 실시 주기 또는 연도 등을 고려하여 단계적으로 일부 작업에 대해서 조사할 수 있다.
⑤ 한 단위작업에 10개 이하의 근골격계 부담작업이 동일 작업으로 이루어지는 경우에는 작업강도가 가장 높은 2개 이상의 작업을 표본으로 선정한다. 10개를 초과하는 경우에는 초과하는 5개의 작업당 1개의 작업을 표본으로 추가한다.

(4) 유해요인 조사 흐름도

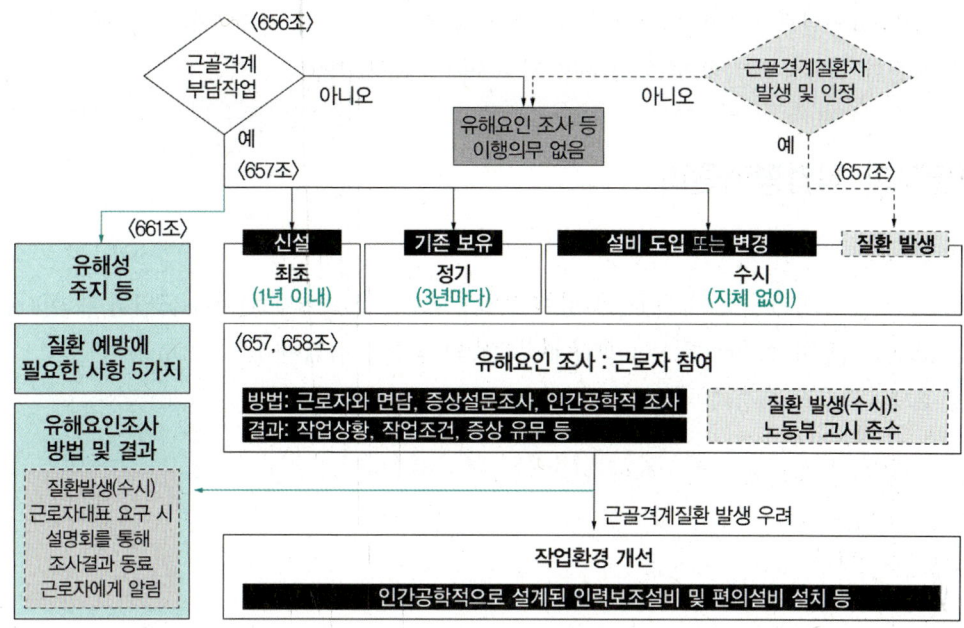

(5) 유해요인의 개선방법

사업주는 작업관찰을 통해 유해요인을 확인하고, 그 원인을 분석하여 그 결과에 따라 공학적 개선(Engineering Control) 또는 관리적 개선(Administrative Control)을 실시한다.

공학적 개선	관리적 개선
• 공구·장비 재배열, 수정, 재설계, 교체 • 작업장 재배열, 수정, 재설계, 교체 • 포장 재배열, 수정, 재설계, 교체 • 부품 재배열, 수정, 재설계, 교체 • 제품 재배열, 수정, 재설계, 교체	• 작업의 다양성 제공 • 작업일정 및 작업 속도 조절 • 회복시간 또는 회복시간 제공 • 작업순환 • 작업자 적정배치 • 체조시간 강화 등

(6) 유해요인 평가

① 업무에 종사한 기간과 시간, 업무의 양과 강도, 업무수행 자세와 속도, 업무수행 장소의 구조 등이 근골격계에 부담을 주는 업무
② 신체부위별 근골격계 질병의 범위, 신체부담업무의 기준
③ 진동에 노출되는 부위에 발생하는 레노 현상, 말초순환장해, 말초신경장해, 운동기능장해

(7) 위험성 결정

① 유해·위험요인별로 추정한 위험성의 크기가 허용 가능한 범위인지 여부를 판단하는 것
② 미리 설정한 위험성 크기별(범위별) 허용 가능 여부 기준과 비교

2 샘플링과 작업평가원리

(1) 샘플링 방법

① 수시 조사 : 근로자가 근골격계질환을 발표하거나 새로운 작업이나 설비가 도입될 때 실시한다.
② 정기 조사 : 일정한 주기(보통 3년마다)에 작업장의 상황을 점검한다.
③ 특별 조사 : 작업장 환경이나 작업 방법이 크게 변화할 때 실시한다.

(2) 작업평가원리

① 인간공학적 접근
② 작업분석
③ 평가도구 사용
④ 개선 제안

02 중량물 취급 작업

1 중량물 취급 방법

(1) 중량물의 취급

① 5kg 이상의 중량물을 들어올리는 작업 시 조치사항
　㉠ 주로 취급하는 물품에 대하여 근로자가 쉽게 알 수 있도록 물품의 중량과 무게중심에 대하여 작업장 주변에 안내표시를 한다.
　㉡ 취급하기 곤란한 물품에 대해서는 손잡이를 붙이거나 갈고리, 진공빨판 등 적절한 보조도구를 활용한다.

② 인력으로 중량물 취급 시 아래의 그림과 같이 작업점에 따라 적절한 작업영역에서 취급하도록 한다.

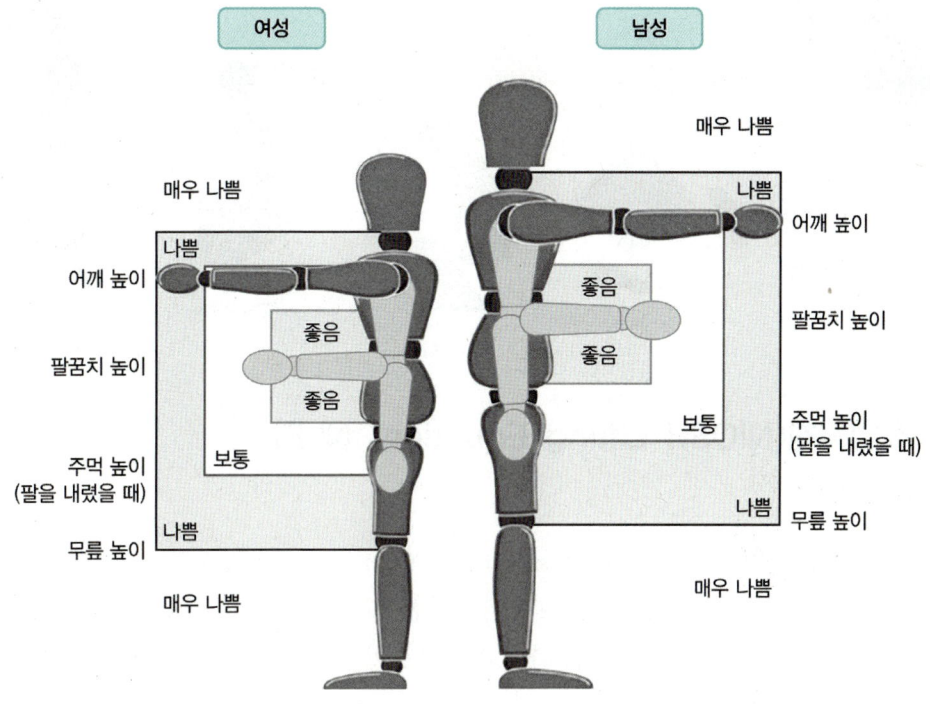

▲ 작업점의 높이에 따른 적정 작업영역

③ 운반구의 손잡이는 잡기에 불편하지 않도록 길이, 두께, 깊이 등을 고려하고 미끄러지지 않도록 마찰력이 높은 재질과 구조를 사용한다.
④ 적정중량 초과 물건 취급 시 2인 이상이 함께 작업하도록 하고, 이 경우 가능한 한 각 근로자에게 중량이 균일하게 전달되도록 한다.
⑤ 중량물을 취급하는 작업장의 바닥은 요철 부위가 없고, 잘 미끄러지지 않으며, 쉽게 움푹 들어가지 않도록 탄력성과 내충격성이 뛰어난 재료를 사용한다.
⑥ 가능한 한 중량물 취급 작업 전부 또는 일부를 자동화하거나 기계화하여 근로자의 허리부담을 경감시키도록 노력한다. 다만, 이것이 곤란한 경우에는 운반용 대차 등적절한 보조기기를 사용하도록 하며 보조기기는 작업자가 사용하기에 불편하지 않도록 한다.
⑦ 근로자는 인력으로 중량물 취급 시 다음 작업방법에 따라 작업한다.
　㉠ 중량물에 몸의 중심을 가깝게 한다.
　㉡ 발을 어깨너비 정도로 벌리고 몸은 정확하게 균형을 유지한다.
　㉢ 무릎을 굽힌다.
　㉣ 가능하면 중량물을 양손으로 잡는다.
　㉤ 목과 등이 거의 일직선이 되도록 한다.

ⓑ 등을 반듯이 유지하면서 무릎의 힘으로 일어난다.

2. 들기 작업지침(NIOSH Lifting Equation, NLE)

(1) NLE의 개요

미국 국립 산업안전보건연구소(National Institute for Occupational Safety and Health, NIOSH)에서 들기 작업의 안전성을 평가하기 위해 개발한 지표로 다양한 조건에서 들기의 권장무게한계(RWL)를 결정하는 데 사용되며, 허리 부상 및 기타 근골격계질환의 위험을 줄이는 것을 목표로 한다.

(2) NLE의 지수

$$들기지수(Lifting\ Index) = \frac{작업물의\ 무게}{RWL(권장무게한계)}$$

- 계산

  RWL = LC × HM × VM × DM × AM × FM × CM

  LC = 부하상수 = 23kg

  HM = 수평계수 = 25/H

  VM = 수직계수 = 1−(0.003× | V−75 |)

  DM = 거리계수 = 0.82+(4.5/D)

  AM = 대칭계수 = 1−(0.0032×A)

  FM = 빈도계수(표 활용)

  CM = 결합계수(표 활용)

LC(부하상수)는 RWL을 계산하는 데 사용되며, 상수로 23kg이다. 다른 계수들은 모두 0~1 사이의 값을 가지며, 부하상수는 23kg을 넘지 않는다.

LI가 1보다 크게 되는 것은 요통의 발생위험이 높은 것으로 나타낸다. 따라서 LI가 1 이하가 되도록 작업설계 또는 재설계할 필요가 있다.

03 유해요인 평가방법

1. OWAS(Ovako Working posture Analysis System)

(1) OWAS의 개요

핀란드의 철강회사인 Ovako와 핀란드 노동위생연구소가 1970년대 중반에 개발한 인간공학적 평가도구로, 작업자의 작업자세를 평가하고 근골격계에 미치는 영향을 분석하여 작업자세의 편리성과 개선 필요성을 평가하는 것이다.

(2) OWAS의 주요 특징

① 장·단점

장점	단점
• 단순하고 현장 적용이 가능하다.	• 몸통과 팔의 자세 분류가 상세하지 못하다. • 분석 결과가 구체적이지 못하다. • 세밀한 분석이 어렵다.

② 도구요약

분석 가능 유해 요인	적용 신체 부위(전신)	적용 가능 업종
• 반복동작 • 부적절한 자세 • 과도한 힘	• 위팔 : 어깨/목 • 몸통 : 허리 • 다리 : 무릎	• 조립작업 : 생산작업 • 중공업, 건설업 등 • 인력에 의한 중량물 취급작업 • 무리한 힘이 요구되는 작업

(3) 평가

① Category 1 : 개선이 불필요하다.
② Category 2 : 가까운 시일 내 개선이 필요하다.
③ Category 3 : 가능한 한 빠른 시일 내에 개선할 필요가 있다.
④ Category 4 : 즉시 개선할 필요가 있다.

2 RULA(Rapid Upper Limb Assessment)

(1) RULA의 개요

상지(팔, 손목, 어깨)의 작업자세와 관련된 근골격계질환의 위험도를 평가하며 어깨, 팔꿈치, 손목, 목, 몸통의 각도와 자세를 분석한다. 사무실 작업, 제조업 등 다양한 작업환경에서 사용한다.

(2) RULA의 주요 특징

① 장·단점

장점	단점
• OWAS보다 접근방식이 합리적이다. • 나쁜 작업자세 비율이 어느 정도인지를 쉽고 빠르게 파악하는 것이 가능하다. • 상체를 주로 사용하는 조립라인에 용이하다. • 특별한 장비가 필요 없이 분석 가능하다.	• 세밀한 분석결과를 제시하지 못한다. • 상지 분석에만 초점을 둔다. • 인간공학 전문가만이 사용 가능하다. • 반복성과 정직자세의 고려가 미흡하다.

② 도구요약

분석 가능 유해 요인	적용 신체 부위(상지)	적용 가능 업종
• 반복동작 • 부적절한 자세	• 손목 • 아래팔 • 팔꿈치 • 어깨 • 목 • 몸통	• 조립작업 : 생산작업 • 재봉업 : 관리업 • 정비업 : 육류가공업 • 식료품 출납원 : 전화 교환원 • 초음파 기술자 : 치과의사/치과 기술자

(3) 평가

RULA 평가는 1점에서 7점까지 있으며, 점수가 높을수록 근골격계질환의 위험이 높다는 것을 나타낸다.

① 1~2점 : 수용 가능한 안전한 작업으로 평가된다.
② 3~4점 : 계속적으로 추가 관찰을 요하는 작업으로 평가된다.
③ 5~6점 : 빠른 작업개선과 작업 위험요인 분석이 요구된다.
④ 7점 이상 : 즉각적인 개선과 작업 위험요인의 정밀조사가 요구된다.

| 핵심 예제 | 어느 병원의 간호사에 대한 근골격계질환의 위험을 평가하기 위하여 인강공학분야에서 많이 사용되는 유해요인 평가도구 중 하나인 RULA(Rapid Upper Limb Assessment)를 적용하여 작업을 평가한 결과, 최종 점수가 4점으로 평가되었다. 평가 결과에 대한 해석을 하시오. |

| 정답 해설 | RULA(Rapid Upper Limb Assessment) 평가 결과가 4점으로 나왔다는 것은 근골격계질환의 위험성이 상당히 높다는 것을 의미한다. RULA 점수는 1점에서 7점까지 있으며, 점수가 높을수록 근골격계질환의 위험이 높다는 것을 나타낸다.
1점에서 4점까지는 중간 수준으로, 근육과 관절에 무리가 가해지고 있다는 것과 개선이 필요한 작업임을 의미한다. 이 경우, 간호사들의 작업 방식을 개선하거나 작업환경을 조정하여 근골격계질환의 위험을 줄이는 것이 중요하다. |

3. REBA(Rapid Entire Body Assessment)

(1) REBA의 개요

전신 작업자세와 관련된 근골격계질환의 위험도를 평가하는 것으로 평가 요소로는 목, 몸통, 다리, 팔, 손목, 다리 각도와 자세이다. 건강관리, 사회복지사, 물류 작업 등 다양한 작업환경에서 사용한다.

(2) REBA의 주요 특징

① 장·단점

장점	단점
• RULA의 단점을 보완하여 개발된 평가기법이다. • 하지 분석을 자세히 할 수 있다.	• 목과 허리의 신전 자세에 대해 과소평가한다. • 굴곡 자세와 다리를 쪼그린 자세에 대해 과대평가한다. • RULA에 비해 작업자세 부하를 저평가하는 경향이 있다. • 반복성을 고려하지 않는다.

② 도구요약

분석 가능 유해 요인	적용 신체 부위(상지)	적용 가능 업종
• 반복동작 • 부적절한 전신 자세 • 과도한 힘	• 손목 • 아래팔 • 팔꿈치 • 어깨 : 목 • 몸통 : 허리 • 다리 : 무릎	• 환자를 들거나 이송 : 간호사, 간호보조, 관리업, 가정부 • 식료품 창고 : 식료품 • 출납원, 전화교환원 • 초음파 기술자 • 치과의사/치위생사, 수의사

(3) 평가

신체부위별로 A, B 그룹으로 나누고 각 그룹별로 작업자세, 근육과 힘을 평가한다.

4 JSI(Job Strain Index)

(1) JSI의 개요

상지 말단(손, 손목, 팔꿈치)의 근골격계질환 위험을 평가하기 위한 도구로 힘을 발휘하는 강도(Intensity of Exertion), 힘을 발휘하는 지속시간(Duration of Exertion), 분당 힘 발휘(Efforts per Minute) 횟수, 손·손목의 자세(Hand/Wrist Posture), 작업 속도(Speed of Work), 1일 작업의 지속시간(Duration of Task per Day)을 평가하여 JSI 점수를 계산하고, 이 점수를 기준으로 작업의 위험도를 평가한다.

(2) JSI의 주요 특징

① 손가락 및 손목의 움직임이 많은 작업에 적합하지만, 손·손목 부위 작업에 한정되어 있으며, 평가의 객관성이 약하다.

② 도구요약

분석 가능 유해 요인	적용 신체 부위(상지)	적용 가능 업종
• 반복동작 • 부적절한 상지 자세 • 과도한 힘	• 손가락 • 손목	• 중소제조업 : 검사업 • 재봉업 : 육류가공업 • 포장업 : 자료입력 • 자료처리 : 손목의 움직임이 많은 작업

(3) 평가

1~4단계로 평가하며 1점에서 7점까지 평가하며 OWAS와 흡사하다.

04 영상표시단말기(Visual Display Terminal, VDT) 작업

1 작업 설계지침

(1) 영상표시단말기(VDT) 취급 시의 작업자세
① 손목은 일직선이 되도록 한다.
② 화면과의 거리는 최소 40cm 이상이 확보되어야 한다.
③ 화면상의 시야범위는 수평선상에서 10~15° 밑에 오도록 한다.
④ 위팔(Upper Arm)은 자연스럽게 늘어뜨리고, 팔꿈치의 내각은 90° 이상이 되어야 한다.
⑤ 영상표시단말기 취급근로자 의자의 높이를 조절하고, 화면·키보드·서류받침대 등의 위치를 조정하도록 한다.

(2) 작업 시 시선과 팔의 위치
① 시선
  ㉠ 화면상단과 눈높이가 일치할 정도로 하고, 작업 화면상의 시야는 수평선상으로부터 아래로 10° 이상 15° 이하에 오도록 하며, 화면과 근로자의 눈과의 거리(시거리: Eye-Screen Distance)는 40cm 이상을 확보하도록 한다.
  ㉡ 작업자의 시선은 수평선상으로부터 아래로 10~15° 이내를 유지하도록 한다.
  ㉢ 눈으로부터 화면까지의 시거리는 40cm 이상을 유지하도록 한다.

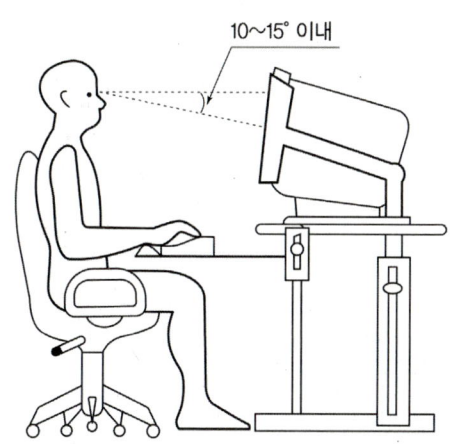

② 위팔(Upper Arm)은 자연스럽게 늘어뜨리고, 작업자의 어깨가 들리지 않아야 하며, 팔꿈치의 내각은 90° 이상이 되어야 한다. 아래팔(Forearm)은 손등과 수평을 유지하여 키보드를 조작하도록 한다.

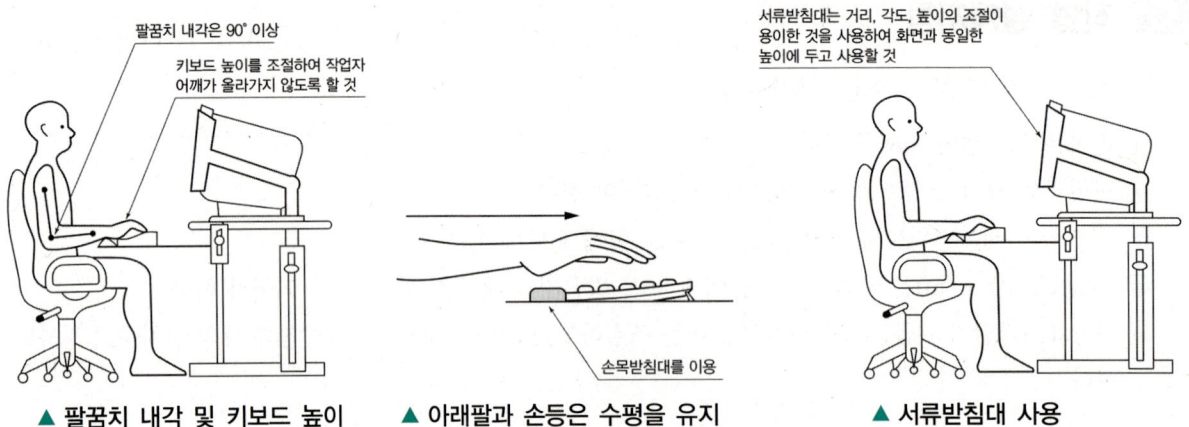

▲ 팔꿈치 내각 및 키보드 높이　　▲ 아래팔과 손등은 수평을 유지　　▲ 서류받침대 사용

③ 아래팔은 손등과 일직선을 유지하여 손목이 꺾이지 않도록 한다.
④ 연속적인 자료의 입력 작업 시에는 서류받침대(Document Holder)를 사용하도록 하고, 서류받침대는 높이·거리·각도 등을 조절하여 화면과 동일한 높이 및 거리에 두어 작업하도록 한다.
⑤ 의자에 앉을 때는 의자 깊숙이 앉아 의자등받이에 등이 충분히 지지되도록 한다.
⑥ 영상표시단말기 취급근로자의 발바닥 전면이 바닥면에 닿는 자세를 기본으로 하되, 그러하지 못할 때에는 발받침대(Foot Rest)를 조건에 맞는 높이와 각도로 설치하도록 한다.

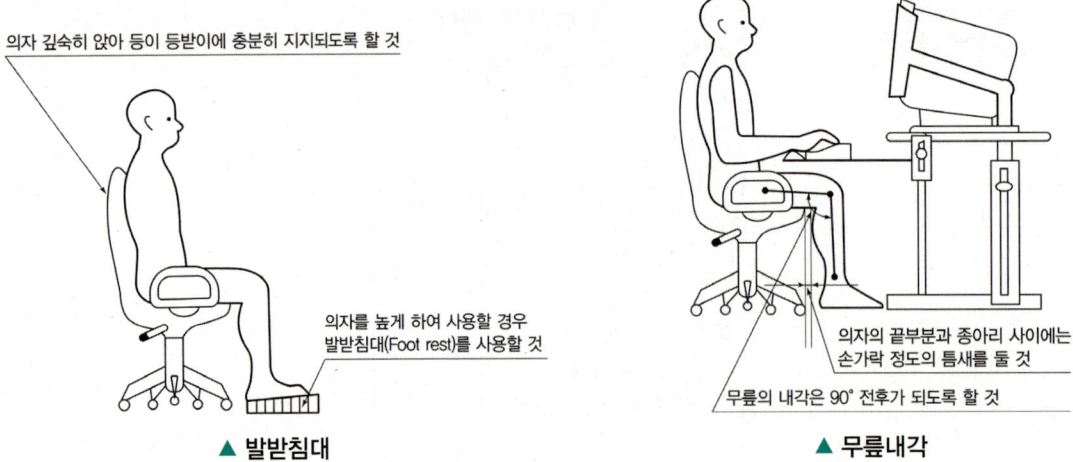

▲ 발받침대　　▲ 무릎내각

⑦ 무릎의 내각(Knee Angle)은 90° 전후가 되도록 하되, 의자의 앉는 면의 앞부분과 영상표시단말기 취급근로자의 종아리 사이에는 손가락을 밀어 넣을 정도의 틈새를 두어 종아리와 대퇴부에 무리한 압력이 가해지지 않도록 한다.

⑧ 키보드를 조작하여 자료를 입력할 때 양 손목을 바깥으로 꺾은 자세가 오래 지속되지 않도록 주의한다.

(3) 작업기기의 조건

① 키보드와 키 윗부분의 표면은 무광택으로 하는 것이 좋다.
② 영상표시단말기 화면은 회전 및 경사조절이 가능하다.
③ 키보드의 경사는 5 ~ 15° 이하, 두께는 3cm 이하로 하는 것이 좋다.
④ 단색화면일 경우 색상은 일반적으로 어두운 배경에 밝은 황·녹색 또는 백색 문자를 사용하고, 적색 또는 청색의 문자는 가급적 사용하지 않도록 한다.

PART IV 근골격계질환 예방을 위한 작업관리

작업설계 및 개선

01 작업방법

1. 작업방법 및 효율성

(1) 작업방법 설계 시 고려사항
① 눈동자의 움직임을 최소화한다.
② 동작을 천천히 하여 최대 근력을 얻도록 한다.
③ 가능하다면 중력 방향으로 작업을 수행하도록 한다.

(2) 부적절한 작업설계 시의 결과
① 많은 사고의 가능성
② 더 높은 에러율
③ 제품의 문제
④ 불량품 증가
⑤ 낮은 품질

02 작업대 및 작업공간

1. 작업대 및 작업공간의 개선 원리

(1) 작업대
① 작업대(작업점) 높이는 정면을 보면서 팔꿈치 각도가 90°를 이루는 자세로 작업할 수 있도록 조절하고, 근로자와 작업면의 각도 등을 적절히 조절할 수 있도록 한다.
② 작업대의 작업면은 팔꿈치 높이 또는 약간 아래에 있도록 하고, 팔꿈치 이하 부위는 수평이거나 약간 아래로 기울게 한다. 또한, 아주 정밀한 작업인 경우에는 팔꿈치 높이보다 높게 하고 팔걸이를 제공한다.

(2) 입식 작업대

① 작업장 설계는 다양한 작업자의 형태나 크기에 맞아야 하며, 각기 다른 작업을 하기에 적합하도록 지원이 되어야 한다.
② 작업의 내용에 따라 다른 작업표면 높이가 요구된다.
③ 쓰기, 전자부품 조립과 같은 정밀 작업은 팔꿈치 높이보다 5cm 높게 하도록 하고, 팔꿈치 지지대가 필요하다.
④ 조립 작업이나 기계적인 작업 같은 가벼운 작업인 경우는 5~10cm 정도 팔꿈치보다 낮게 하도록 한다.
⑤ 아래로 향하는 힘이 요구되는 무거운 작업은 20~40cm 정도 팔꿈치보다 낮게 하도록 한다.

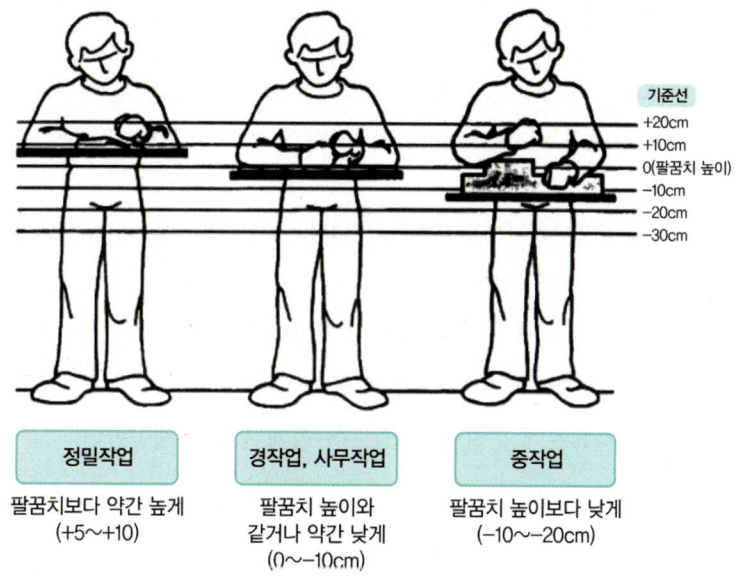

(3) 작업영역

가능한 한 정상작업영역 이내에서 이루어지도록 한다. 부득이한 경우에는 최대작업영역에서 하되, 그 작업이 최소화되도록 한다.

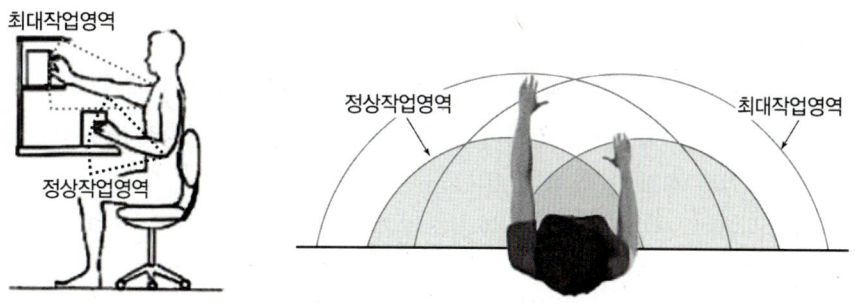

(4) 의자

① 장시간 앉아서 작업하는 경우
  ㉠ 의자의 높이는 눈과 손의 위치가 적절하고 무릎 관절의 각도가 90° 전후가 되도록 조절할 수 있어야 한다.
  ㉡ 의자는 충분한 너비의 등받이가 있어야 하고 근로자의 체형에 따라 허리 부위부터 어깨 부위까지 편안하게 지지될 수 있어야 한다.
  ㉢ 의자의 앉는 면은 근로자의 엉덩이가 앞으로 미끄러지지 않는 재질과 구조로 하고, 의자의 깊이는 근로자의 등이 등받이에 닿을 수 있어야 한다.
  ㉣ 가능한 한 팔걸이가 있는 것을 사용한다.
  ㉤ "㉠~㉣"을 만족시키기 위하여 필요한 경우 발받침대를 사용한다.

② 장시간 서서 작업하는 경우
  ㉠ 입식 작업에 적합한 입좌식 의자(Sit-stand)나 작업 중 잠시 앉아 휴식을 취할 수 있는 의자를 제공한다.
  ㉡ 입좌식 의자의 높이는 편안하게 서 있을 때 엉덩이를 의자의 앉는 면에 걸칠 수 있도록, 허벅지에서 엉덩이 전후가 되도록 조절할 수 있어야 한다.
  ㉢ 입좌식 의자의 앉는 면(좌면) 각도는 조절할 수 있어야 한다.
  ㉣ 입좌식 의자는 몸을 기댈 때 뒤로 밀리거나 흔들리지 않고 지지할 수 있는 구조이어야 한다.

③ 작업면 아래에서 다리가 자유롭게 움직일 수 있도록 설계된 것을 제공한다.

03 작업설비/도구

1. 수공구 및 설비의 개선원리

(1) 수공구 조건

① 수공구는 가능한 한 가벼운 것으로 사용한다.
② 수공구는 잡을 때 손목이 비틀리지 않고 팔꿈치를 들지 않아도 되는 형태의 것을 사용한다.
③ 수공구의 손잡이는 손바닥 전체에 압력이 분포되도록 너무 크거나 작지 않도록 하고 미끄러지지 않으며 충격을 흡수할 수 있는 재질( 폼 슬리브(Foam Sleeve))을 사용한다.
④ 무리한 힘을 요구하는 공구는 동력을 사용하는 공구로 교체하거나 지그를 활용하되 소음 및 진동을 최소화하고 주기적으로 유지보수한다.
⑤ 진동공구는 진동의 크기가 작고, 진동의 인체전달이 작은 것을 선택한다. 또한, 연속 사용시간을 제한한다.

(2) 자세에 관한 수공구 개선

① 손목을 곧게 유지한다.
② 힘이 요구되는 작업에는 파워그립(Power Grip)을 사용한다.
③ 지속적인 정적 근육부하(Loading)를 피한다.
④ 반복적인 손가락 동작을 피한다.
⑤ 양손 중 어느 손으로도 사용이 가능하고 적은 스트레스를 주는 공구를 설계한다.
⑥ 정확성이 요구되는 작업에서는 파워그립이 아닌 피지컬 그립을 사용해야 한다.

(3) 수공구의 기계적 개선

① 수동공구 대신에 전동공구를 사용한다.
② 가능한 한 손잡이의 접촉면을 넓게 한다.
③ 제일 강한 힘을 낼 수 있는 중지와 엄지를 사용한다.
④ 손잡이의 길이가 최소한 10cm는 되도록 설계한다.
⑤ 손잡이가 두 개 달린 공구들은 손잡이 사이의 거리를 알맞게 설계한다.
⑥ 손잡이의 표면은 충격을 흡수할 수 있고, 비전도성으로 설계한다.
⑦ 공구의 무게는 2.3kg 이하로 설계한다.
⑧ 장갑을 알맞게 사용한다.
⑨ 진동 패드, 진동 장갑 등으로 손에 전달되는 진동 효과를 줄인다.
⑩ 동력 공구는 그 무게를 지탱할 수 있도록 매달거나 지지한다.
⑪ 힘이 요구되는 작업에 대해서는 감싸 쥐기를 이용한다.

04 관리적 개선

1. 관리적 개선 원리 및 방법

(1) 관리적 해결방안

① **작업 확대(Job Enlargement)** : 작업자가 수행하는 작업의 범위와 다양성을 넓혀준다. 반복적인 단일 작업보다 여러 작업을 통해 직무 만족도를 높이고, 지루함을 줄이며, 작업자의 역량을 강화할 수 있다.

② **작업자 교대(Job Rotation)** : 일정 기간 동안 작업자들이 서로 다른 업무를 경험하도록 배치하여 다양한 기술을 습득하게 하고, 직무스트레스를 줄이며, 전체적인 업무 능력을 향상시킬 수 있다.

③ **작업휴직 반복주기(Work-Leave Cycles)** : 작업자들이 주기적으로 휴식을 취할 수 있도록 작업 시간을 조정하는 방안으로 작업자의 피로를 줄이고, 생산성을 유지한다. 또한, 작업 중 사고를 예방하는 데 도움이 된다.

④ **작업자 교육(Employee Training)** : 작업자들에게 업무에 필요한 기술과 지식을 제공하는 교육 프로그램 운영으로 작업자들은 자신의 업무에 대한 이해도를 높이고, 효율성을 증대시킬 수 있다.

⑤ **스트레칭(Stretching)** : 작업 시간 중 정기적으로 스트레칭을 하여 작업자의 신체 피로를 줄이고, 근골격계질환 예방으로 작업자의 건강을 유지하며, 작업환경을 더욱 안전하게 만든다.

05 작업공간 설계

1 작업공간

(1) 작업장 설계의 중요성

① 작업장 설계는 근로자의 안전보건에 큰 영향을 미친다. 작업장 설계에는 작업통제, 작업장 및 작업설비의 배치 등이 포함되어야 한다.

② 작업장 설계 시 근로자의 실수로 인한 사고와 질병을 예방하기 위하여 근로자에 적합한 작업절차와 내용, 사용 장비, 작업배치 등을 고려하여야 한다.

③ 근로자 개인과 전체 조직에 심각한 안전보건문제가 발생하는 것을 예방하기 위하여 인간공학적 원칙을 준수하여야 한다. 인간공학적 원리의 효과적인 적용으로 작업의 안전성과 생산성을 높일 수 있다.

④ 작업장 설계 과정에서 인적 요소와 인간공학에 대한 고려가 이르면 이를수록 더 나은 결과가 될 가능성이 높아지며, 잘못된 설계는 많은 안전보건상의 문제를 야기시킨다는 것을 인식하여야 한다.

(2) 인간공학적 고려사항

① 작업장 설계 및 작업장비의 배치와 작업절차는 주요 인간공학적 표준에 따라 설계되어야 한다.

② 작업장 설계 시 생산, 유지, 보수 및 시스템 지원 담당자 등 다양한 유형의 근로자의 의견을 적극 반영하여야 한다.

③ 디자인은 근로자의 신체 크기, 강점, 지적 능력을 포함하는 근로자의 특성을 고려하여야 한다.

④ 작업절차는 안전성과 운용성 및 유지관리에 적합하도록 설계되어야 한다.

⑤ 비정상 또는 긴급을 요구하는 모든 예측 가능한 운영조건을 고려하여 설계하여야 한다.

⑥ 근로자와 시스템 간의 상호작용을 고려하여 설계하여야 한다.

2 작업공간의 범위 : 작업공간 포락면

작업자가 한 장소에서 앉거나 서서 일할 때 팔과 손이 닿을 수 있는 3차원의 공간범위를 말한다.

(1) 정상 작업 영역(Normal area)
① 상완을 자연스럽게 몸에 붙인 채로 전완을 움직일 때 닿을 수 있는 거리(약 34~45cm)
② 자주 사용하는 공구나 부품은 이 영역에 배치

(2) 최대 작업 영역(Maximum area)
① 팔을 뻗었을 때 도달하는 거리(약 55~65cm)
② 가끔 사용하는 기기나 부자재 배치

3 공간 이용 및 배치

(1) 작업공간 및 기기 배치
① 부자연스러운 작업자세 및 동작을 제거하기 위하여 작업장, 사무실, 통로 등의 작업공간을 충분히 확보하고 제품·부품 및 기기(이하 '물품') 등의 모양, 치수 등을 고려하여 배치한다.
② 작업공간에 물품 등을 배치 시 고려사항
　㉠ 가장 빈번하게 사용되는 물품은 가장 사용하기 편리한 곳에 배치시킨다.
　㉡ 상대적으로 더 중요한 물품은 사용하기 편리한 지점에 위치시킨다.
　㉢ 연속해서 사용해야 하는 물품은 서로 옆에 놓거나 순서를 반영하여 위치시킨다.
③ 작업장의 작업기기는 근로자가 부자연스러운 자세로 작업해야 하지 않도록 배치한다.
④ 장시간 서서 작업하는 경우에는 작업동작의 위치에 맞추어 발받침대를 제공한다.

PART IV 근골격계질환 예방을 위한 작업관리

예방관리 프로그램

01 예방관리 프로그램 구성요소

1. 근골격계질환 예방관리 프로그램의 기본 원칙

① 인식의 원칙
② 시스템 접근의 원칙
③ 지속적인 문제 해결의 원칙
④ 사업장 내 자율적 해결 원칙

2. 구성요소 및 절차

(1) 근골격계질환 예방·관리추진팀

① 근골격계질환 예방·관리추진팀의 구성

㉠ 예방·관리추진팀에는 예산 등에 대한 결정권한이 있는 자가 반드시 참여하도록 한다.

㉡ 예방·관리추진팀의 인력구성

소규모 사업장	대규모 사업장	산업안전보건위원회가 구성된 사업장
• 근로자대표 또는 명예산업안전감독관을 포함하여 그가 위임하는 자 • 관리자(예산결정권자) • 정비·보수담당자 • 보건·안전담당자 • 구매담당자 등	• 중·소규모 사업장 추진팀원 이외 기술자(생산, 설계, 보수기술자), 노무담당자 등을 추가 • 부서별로 추진팀 구성 • 해당 부서의 예산 결정권자	• 산업안전보건위원회에 위임

② 예방·관리추진팀 역할
- ㉠ 예방·관리 프로그램의 수립 및 수정에 관한 사항을 결정한다.
- ㉡ 예방·관리 프로그램의 실행 및 운영에 관한 사항을 결정한다.
- ㉢ 교육 및 훈련에 관한 사항을 결정하고 실행한다.
- ㉣ 유해요인 평가, 개선계획의 수립 및 시행에 관한 사항을 결정하고 실행한다.
- ㉤ 근골격계질환자에 대한 사후조치 및 근로자 건강보호에 관한 사항 등을 결정하고 실행한다.

(2) 예방·관리를 위한 구성원의 역할

① 사업주의 역할
- ㉠ 기본정책을 수립하고 근로자에게 알린다.
- ㉡ 근골격계질환의 증상·유해요인을 보고하고, 대응체계를 구축한다.
- ㉢ 예방·관리 프로그램의 지속적인 관리·운영을 지원한다.
- ㉣ 예방·관리추진팀에게 예방·관리 프로그램 운영의무를 명시한다.
- ㉤ 예방·관리추진팀에게 예방·관리 프로그램을 운영할 수 있도록 사내자원을 제공한다.
- ㉥ 근로자에게 예방관리 프로그램의 개발·수행·평가에 참여기회를 부여한다.

② 근로자의 역할
- ㉠ 기본정책을 수립하고 근로자에게 알린다.
- ㉡ 작업과 관련된 근골격계질환의 증상 및 질병발생, 유해요인을 관리감독자에게 보고한다.
- ㉢ 예방·관리 프로그램의 개발·평가·시행에 적극적으로 참여·준수한다.

③ 보건/안전관리자의 역할
- ㉠ 근골격계질환 유발 공정 및 작업유해요인을 파악한다. (주기적 작업장 순회)
- ㉡ 근골격계질환 증상 호소자를 조기 발견한다. (주기적 근로자 면담)
- ㉢ 지속적인 관찰, 전문의 진단의뢰 등 필요한 조치(7일 이상 증상이 지속되는 자가 있을 경우)
- ㉣ 근골격계질환자를 주기적으로 면담하여 가능한 한 조기에 작업장 복귀할 수 있도록 돕는다.
- ㉤ 예방·관리추진팀이 예방·관리 프로그램을 운영할 수 있도록 사내자원을 제공한다.
- ㉥ 예방·관리 프로그램의 운영을 위한 정책 결정에 참여한다.

인간공학기사 필기

PART V

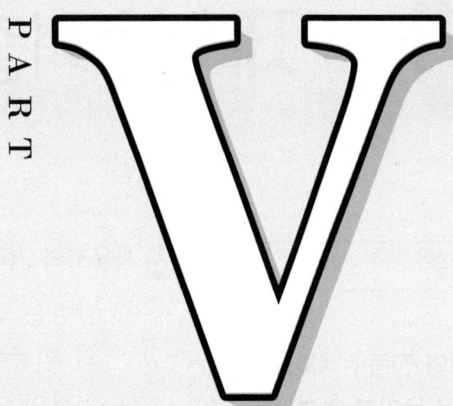

8개년 기출복원문제

- 2018년 제1회 / 제3회
- 2019년 제1회 / 제3회
- 2020년 제1·2회 / 제3회
- 2021년 제1회 / 제3회
- 2022년 제1회 / 제3회
- 2023년 제1회 / 제2회 / 제3회
- 2024년 제1회 / 제2회 / 제3회
- 2025년 제1회 / 제2회 / 제3회

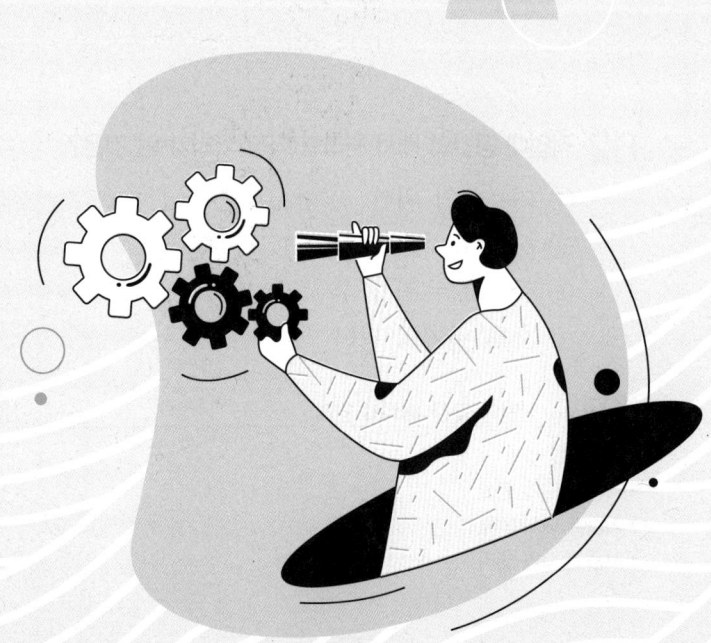

2018년 제1회 기출복원문제

1과목 인간공학개론

01 청각의 특성 중 두 개 음 사이의 진동수 차이가 얼마 이상이 되면 울림(Beat)이 들리지 않고 각각 다른 두 개의 음으로 들리는가?

① 5Hz
② 11Hz
③ 22Hz
④ 33Hz

해설 두 개 음 사이의 진동수 차이

두 개 음 사이의 진동수 차이가 33Hz 이상이 되면 울림(Beat)이 들리지 않고 각각 다른 두 개의 음으로 들린다.

02 작업대 공간의 배치 원리와 가장 거리가 먼 것은?

① 기능성의 원리
② 사용 순서의 원리
③ 중요도의 원리
④ 오류 방지의 원리

해설 작업대 공간 배치의 원리

- 중요성의 원리
- 사용 빈도의 원리
- 기능별 배치의 원리
- 사용 순서의 원리

03 사용자의 기억단계에 대한 설명으로 맞는 것은?

① 잔상은 단기기억(Short-term memory)의 일종이다.
② 인간의 단기기억(Short-term memory) 용량은 유한하다.
③ 장기기억을 작업기억(Working memory)이라고도 한다.
④ 정보를 수 초 동안 기억하는 것을 장기기억(Long-term memory)이라 한다.

해설 단기기억

인간의 단기기억 용량은 7±2(chunk)이다.

04 시스템의 성능 평가척도에 대한 설명으로 맞는 것은?

① 적절성 : 평가척도가 시스템의 목표를 잘 반영해야 한다.
② 실제성 : 기대되는 차이에 적합한 단위로 측정할 수 있어야 한다.
③ 무오염성 : 비슷한 환경에서 평가를 반복할 경우에 일정한 결과를 나타낸다.
④ 신뢰성 : 측정하려는 변수 이외의 다른 변수들의 영향을 받지 않아야 한다.

해설 시스템의 성능평가척도

- 적절성 : 기준이 의도된 목적에 적당하다고 판단되는 척도이다.
- 무오염성 : 측정하고자 하는 변수 외의 다른 변수들의 영향을 받아서는 안 된다는 것을 의미한다.
- 신뢰성 : 결과가 일관되게 나오는 정도를 의미한다.

정답 01 ④ 02 ④ 03 ② 04 ①

05 최소치를 이용한 인체 측정치 원리를 적용해야 할 것은?

① 문의 높이
② 안전대의 하중강도
③ 비상탈출구의 크기
④ 기구조작에 필요한 힘

해설 최소집단값에 의한 설계

문의 높이, 안전대 하중강도, 비상탈출구의 크기는 최대집단값, 기구조작에 필요한 힘은 최소집단값을 사용한다.

06 그림은 인간-기계 통합 체계의 인간 또는 기계에 의해서 수행되는 기본 기능의 유형이다. 그림의 A 부분에 가장 적합한 내용은?

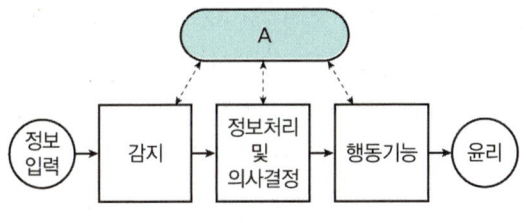

① 통신
② 정보수용
③ 정보보관
④ 신체제어

해설 정보의 보관

인간-기계시스템에 있어서의 정보보관은 인간의 기억과 유사하고 여러 가지 방법으로 기록된다. 정보를 입력 후 감지하고 처리 및 의사결정, 행동으로까지 가기 위해서는 정보의 보관이 이뤄진다.

07 동적 표시장치에 해당하는 것은?

① 도표
② 지도
③ 속도계
④ 도로표지판

해설 표시장치의 종류
- 동적 표시장치 : 온도계, 속도계, 기압계, 고도계, 레이더 등 표시장치가 움직이는 것이다.
- 정적 표시장치 : 도표, 지도 도로표지판 등 움직이지 않는 것이다.

08 조종장치에 대한 설명으로 맞는 것은?

① C/R 비가 크면 민감한 장치이다.
② C/R 비가 작은 경우에는 조종장치의 조종시간이 적게 필요하다.
③ C/R 비가 감소함에 따라 이동시간은 감소하고, 조종시간은 증가한다.
④ C/R 비는 반응장치의 움직인 거리를 조종장치의 움직인 거리로 나눈 값이다.

해설 조종장치

C/R 비가 크면 둔감한 장치로 조종시간이 적게 소요되며, C/R 비가 감소함에 따라 이동시간은 감소하고 조종시간은 증가한다.

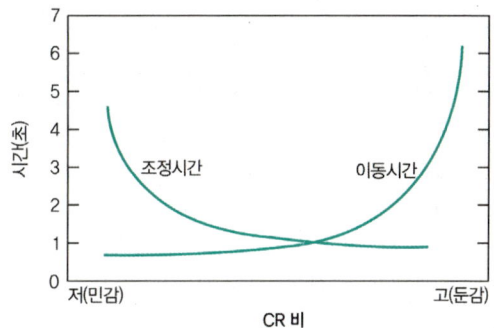

09 빛이 어떤 물체에 반사되어 나온 양을 지칭하는 용어는?

① 휘도(Brightness)
② 조도(Illumination)
③ 반사율(Reflectance)
④ 광량(Luminous Intensity)

해설 빛의 용어
① 휘도 : 빛이 어떤 물체에 반사되어 나온 양(광량)을 지칭하는 것이다.
② 조도 : 특정 표면에 도달하는 빛의 양을 나타내는 단위이다.
③ 반사율 : 표면에 도달한 빛이 반사되는 비율을 의미한다.
④ 광량 : 광원에서 방출되는 빛의 총량을 나타낸다.

정답 05 ④ 06 ③ 07 ③ 08 ③ 09 ①

10 출입문, 탈출구, 통로의 공간, 줄사다리의 강도 등은 어떤 설계기준을 적용하는 것이 바람직한가?

① 조절식 원칙
② 최소 치수의 원칙
③ 평균 치수의 원칙
④ 최대 치수의 원칙

해설 설계원칙

① **조절식 원칙** : 다양한 체격의 사람들이 사용할 수 있도록 설계하는 원칙이다. 일반적으로 5%에서 95% 범위를 수용대상으로 하며 의자의 좌판 높이와 앞뒤 거리를 조절식으로 설계하여 작은 사람과 큰 사람 모두가 편안하게 사용할 수 있도록 한다.
② **최소 치수의 원칙** : 작은 사람을 기준으로 설계하여 모든 사람이 사용할 수 있도록 한다. 일반적으로 5% 백분위수를 기준으로 하며 선반의 높이나 조종장치까지의 거리를 작은 사람이 사용할 수 있도록 설계한다.
③ **평균 치수의 원칙** : 평균적인 사람을 기준으로 설계하는 원칙이다. 주로 남녀 혼합 50% 백분위수를 기준으로 식당 테이블이나 출근버스의 손잡이 높이를 평균적인 사람이 사용하기 쉽도록 설계한다.
④ **최대 치수의 원칙** : 큰 사람을 기준으로 설계하여 모든 사람이 사용할 수 있도록 한다. 일반적으로 95% 백분위수를 기준으로 한다. 비상구나 통로의 높이 출입문, 줄사다리 강도 등 큰 사람이 통과할 수 있도록 설계한다.

11 음압수준이 100dB인 1,000Hz 순음의 sone 값은 얼마인가?

① 32   ② 64
③ 128   ④ 256

해설 sone 값

$$\text{sone 값} = 2^{(\text{phon값} - 40)/10}$$
$$= 2^{(100-40)/10}$$
$$= 64$$

12 인간공학과 관련된 용어로 사용되는 것이 아닌 것은?

① Ergonomics
② Just In Time
③ Human Factors
④ User Interface Design

해설 인간공학의 정의

① Ergonomics : 인간공학
② Just In Time : 적시생산방식
③ Human Factors : 인간기계의 관계 및 상호작용 연구
④ User Interface Design : 사용자 인터페이스 설계

13 양립성에 관한 설명으로 틀린 것은?

① 직무에 알맞은 자극과 응답방식에 대한 것을 직무 양립성이라고 한다.
② 표시장치와 제어장치의 움직임에 관련된 것을 운동 양립성이라고 한다.
③ 코드와 기호를 인간들의 사고에 일치시키는 것을 개념적 양립성이라고 한다.
④ 제어장치와 표지장치의 물리적 배열이 사용자 기대와 일치하도록 하는 것을 공간적 양립성이라고 한다.

해설 양립성

직무에 알맞은 자극과 응답방식에 대한 것을 양식 양립성이라고 한다.

14 반응시간이 가장 빠른 감각은?

① 미각   ② 후각
③ 시각   ④ 청각

해설 감각기관의 반응시간

• 청각 : 0.17초   • 촉각 : 0.18초
• 시각 : 0.20초   • 미각 : 0.29초
• 통각 : 0.70초

정답 10 ④ 11 ② 12 ② 13 ① 14 ④

15 시스템의 평가척도 유형으로 볼 수 없는 것은?

① 인간 기준(Human criteria)
② 관리 기준(Management criteria)
③ 시스템 기준(System-descriptive criteria)
④ 작업성능 기준(Task performance criteria)

해설 시스템의 평가척도 유형
- 인간 기준(Human criteria) : 작업실행 중의 인간의 행동과 응답을 다루는 것으로 성능척도, 생리적 반응지표, 주관적 반응 등으로 측정한다.
- 시스템 기준(System-descriptive criteria) : 시스템이 원래 의도하는 바를 얼마나 달성하는가를 나타내는 척도이다.
- 작업성능 기준(Task performance criteria) : 대개의 작업 결과에 관한 효율을 나타낸다.

16 시각장치를 사용하는 경우보다 청각장치가 더 유리한 경우는?

① 전언이 복잡할 때
② 전언이 후에 재참조 될 때
③ 전언이 즉각적인 행동을 요구할 때
④ 직무상 수신자가 한 곳에 머무를 때

해설 청각장치가 유리한 경우
- 전언이 짧고, 간단할 때
- 전언이 재참조 되지 않을 때
- 자주 움직이는 경우
- 즉각적인 행동을 요구할 때
- 주위가 너무 밝거나 어두울 때
- 시각계통이 과부하일 때

17 표시장치를 사용할 때 자극 전체를 직접 나타내거나 재생시키는 대신, 정보나 자극을 암호화하는 경우가 흔하다. 이와 같이 정보를 암호화하는 데 있어서 지켜야 할 일반적 지침으로 볼 수 없는 것은?

① 암호의 민감성   ② 암호의 양립성
③ 암호의 변별성   ④ 암호의 검출성

해설 암호의 일반적 지침
- 암호의 양립성
- 암호의 검출성
- 암호의 변별성

18 암순응에 대한 설명으로 맞는 것은?

① 암순응 때에 원추세포는 감수성을 갖게 된다.
② 어두운 곳에서는 주로 간상세포에 의해 보게 된다.
③ 어두운 곳에서 밝은 곳으로 들어갈 때 발생한다.
④ 완전 암순응에는 일반적으로 5~10분 정도 소요된다.

해설 암순응
밝은 곳에서 어두운 곳으로 이동할 때의 순응을 암순응이라 하며, 두 가지 단계를 거치게 된다. 어두운 곳에서 원추세포는 색에 대한 감수성을 잃게 되고, 간상세포에 의존하게 된다.

19 신호검출이론에 의하면 시그널(Signal)에 대한 인간의 판정결과는 네 가지로 구분되는데 이 중 시그널을 노이즈(Noise)로 판단한 결과를 지칭하는 용어는 무엇인가?

① 긍정(Hit)
② 누락(Miss)
③ 허위(False Alarm)
④ 부정(Correct Rejection)

해설 신호검출이론
① 신호의 정확한 판정 : Hit
② 신호검출 실패 : Miss
③ 허위 경보 : False Alarm
④ 잡음을 제대로 판정 : Correct Noise

정답 15 ② 16 ③ 17 ① 18 ② 19 ②

20 발생 확률이 0.1과 0.9로 다른 2개의 이벤트의 정보량은 발생 확률이 0.5로 같은 2개의 이벤트의 정보량에 비해 어느 정도 감소되는가?

① 51% ② 52%
③ 53% ④ 54%

해설 정보량

- 여러 개의 실현 가능한 대안이 있을 경우

$$H = \sum_{i=1}^{n} P_i \log_2\left(\frac{1}{P_i}\right) = 0.1 \times \log_2\left(\frac{1}{0.1}\right) + 0.9 \times \log_2\left(\frac{1}{0.9}\right) = 0.47$$

- 실현 가능성이 같은 n개의 대안이 있을 경우

$$H = \log_2 N = \log_2 2 = 1$$

∴ $1 - 0.47 = 0.53$

2과목 작업생리학

21 주파수가 가청영역 이하인 소음을 무엇이라고 하는가?

① 충격 소음 ② 초음파 소음
③ 간헐 소음 ④ 초저주파 소음

해설 가청주파수

주파수가 가청 영역 이하인 소음은 초저주파 소음 또는 인프라소닉 소음(Infrasound)이라고 한다. 인간의 가청주파수 범위는 대략 20Hz에서 20,000Hz 사이인데, 인프라소닉 소음은 20Hz 이하의 주파수를 가지는 소음을 의미한다.

22 한랭대책으로서 개인위생에 해당되지 않는 사항은?

① 과음을 피할 것
② 식염을 많이 섭취할 것
③ 더운 물과 더운 음식을 섭취할 것
④ 얼음 위에서 오랫동안 작업하지 말 것

해설 한랭대책

식염을 많이 섭취하는 것은 고열에 대한 대책이다.

23 최대산소소비능력(Maximum Aerobic Power, MAP)에 대한 설명으로 틀린 것은?

① 근육과 혈액 중에 축적되는 젖산의 양이 감소한다.
② 이 수준에서는 주로 혐기성 에너지 대사가 발생한다.
③ 20세 전후로 최고가 되었다가 나이가 들수록 점차 줄어든다.
④ 산소 섭취량이 일정 수준에 도달하면 더 이상 증가하지 않는 수준이 된다.

해설 최대산소소비능력

인체활동의 강도가 높아질수록 산소요구량이 증가하고 이때 에너지 생성에 필요한 산소를 충분하게 공급해 주지 못하면 체내에 젖산이 축적된다. 작업 종료 후에도 체내에 쌓인 젖산을 제거하기 위하여 계속적으로 산소량이 필요하게 된다.

24 정적 작업과 국소 근육피로에 대한 설명으로 적절하지 않은 것은?

① 근육이 발휘할 수 있는 힘의 최대치를 MVC라 한다.
② 국소 근육피로를 측정하기 위하여 산소 소비량이 측정된다.
③ 국소 근육피로는 정적인 근육수축을 요구하는 직무들에서 자주 관찰된다.
④ MVC가 10% 미만인 경우에만 정적 수축이 거의 무한하게 유지될 수 있다.

해설 정작 작업과 국소 근육피로

정적작업과 국소 근육피로를 측정하기 위해 근전도(Electromyogram, EMG)를 측정하는데, 이는 개별 근육이나 근육군의 국소 근육활동에 대한 척도로 이용된다.

정답 20 ③ 21 ④ 22 ② 23 ① 24 ②

25 장기간 침상 생활을 하던 환자의 뼈가 정상인의 뼈보다 쉽게 골절이 일어나는 이유는 뼈의 어떤 기능에 의해 설명되는가?

① 재형성 기능 ② 조혈 기능
③ 지렛대 기능 ④ 지지 기능

해설 뼈의 기능
① 재형성 기능 : 흡수와 형성을 반복해서 조직을 새롭게 구성한다.
② 조혈 기능 : 혈액의 세포성분을 형성하는 것이다.
③ 지렛대 기능 : 뼈에는 근육이 부착되어 있어 관절의 운동에 대해 지렛대의 역할 중 힘판의 작용을 한다.
④ 지지 기능 : 코 등의 연부조직을 형태적으로 지지하는 것 외에 추골과 하지의 뼈는 체중을 지지하는 작용을 한다.

26 연축(Twitch)이 일어나는 일련의 과정이 맞는 것은?

① 근섬유의 자극 → 활동전압 → 흥분수축 연결 → 근원섬유의 수축
② 활동전압 → 근섬유의 자극 → 흥분수축 연결 → 근원섬유의 수축
③ 흥분수축 연결 → 활동전압 → 근섬유의 자극 → 근원섬유의 수축
④ 근원섬유의 수축 → 근섬유의 자극 → 활동전압 → 흥분수축 연결

해설 연축(Twitch)
골격근 또는 신경에 전기적인 단일자극을 가하면 자극이 유효할 때 활동전위가 발생하여 급속한 수축이 일어나고 이어서 이완현상이 생기는 것을 말한다.

27 허리부위의 요추는 몇 개의 뼈로 구성되어 있는가?

① 4개   ② 5개
③ 6개   ④ 7개

해설 요추의 구성
요추는 1~5번까지 5개로 구성되어 있다.

28 근력에 관한 설명으로 틀린 것은?

① 근력이란 수의적인 노력으로 근육이 등장성으로 낼 수 있는 힘의 최대치이다.
② 정적 근력의 측정은 피검자가 고정 물체에 대하여 최대의 힘을 내도록 하여 측정한다.
③ 동적 근력은 가속과 관절 각도 변화가 힘의 발휘에 영향을 미치므로 측정에 어려움이 있다.
④ 근력의 측정은 자세, 관절각도, 동기 등의 인자가 영향을 미치므로 반복 측정이 필요하다.

해설 근력의 특징
한 번의 수의적인 노력에 의하여 근육이 등척성(isometric)으로 낼 수 있는 힘의 최댓값이며, 손, 팔, 다리 등의 특정 근육이나 근육군과 관련이 있다.

29 힘에 대한 설명으로 틀린 것은?

① 능동적 힘은 근수축에 의하여 생성된다.
② 힘은 근골격계를 움직이거나 안정시키는 데 작용한다.
③ 수동적 힘은 관절 주변의 결합조직에 의하여 생성된다.
④ 능동적 힘과 수동적 힘은 근절의 안정길이에서 발생한다.

해설 힘에 대한 설명
능동적인 힘은 근절의 안정길이에서 발생한다.

정답 25 ③ 26 ① 27 ② 28 ① 29 ④

2018년 제1회 기출복원문제

30 전신진동의 영향에 대한 설명으로 틀린 것은?

① 10~25Hz에서 시성능이 가장 저하된다.
② 5Hz 이하의 낮은 진동수에서 운동성능이 가장 저하된다.
③ 머리와 어깨 부위의 공명주파수는 20~30Hz이다.
④ 등이나 허리뼈에 가장 위험한 주파수는 60~90Hz이다.

해설 진동의 영향
진동이 신체에 미치는 영향은 진동주파수에 따라 달라진다. 몸통의 공진주파수는 4~8Hz로 이 범위에서 내구수준이 가장 낮다.

31 자율신경계의 교감, 부교감신경에 대한 설명 중 틀린 것은?

① 교감신경은 동공을 축소시키고, 부교감신경은 동공을 확대시킨다.
② 교감신경은 동공을 확대시키고, 부교감신경은 동공을 축소시킨다.
③ 교감신경은 심장 박동을 촉진시키고, 부교감신경은 심장 박동을 억제시킨다.
④ 교감신경은 소화 운동을 억제시키고, 부교감신경은 소화 운동을 촉진시킨다.

해설 교감신경과 부교감신경
- **교감신경** : 심장박동 촉진(증가), 소화 운동 억제, 동공 확대, 혈관(혈압) 수축(증가), 방광 이완, 침분비 억제, 심장축소 속도 감소
- **부교감신경** : 심장박동 억제(감소), 소화 운동 촉진, 동공 축소, 혈관(혈압) 이완(감소), 방광 수축, 침분비 촉진, 심장축소 속도 증가

32 남성 작업자의 육체작업에 대한 에너지를 평가한 결과 산소 소모량이 1.5L/min이 나왔다. 작업자의 4시간에 대한 휴식시간은 약 몇 분 정도인가? (단, Murrell의 공식을 이용한다.)

① 75분 ② 100분
③ 125분 ④ 150분

해설 휴식시간의 산정

$$R = \frac{T(E-S)}{E-1.5} = \frac{240(7.5-5)}{7.5-1.5} = 100분$$

R : 휴식시간(분)
T : 총 작업시간(분) : 240
E : 평균 에너지 소모량(kcal/min) : 5×1.5 = 7.5
S : 권장 평균 에너지 소모량(kcal/min) : 5

33 근육이 수축할 때 생성 및 소모되는 물질(에너지원)이 아닌 것은?

① 글리코겐(Glycogen)
② CP(Creatine Phosphate)
③ 글리콜리시스(Glycolysis)
④ ATP(Adenosine Triphosphate)

해설 글리콜리시스(Glycolysis)
생물세포 내에서 당이 분해되어 에너지를 얻는 물질대사 과정을 말하며, 근육을 사용 시 소모되는 물질과는 관련이 없다.

34 인간이 휴식을 취하고 있을 때 혈액이 가장 많이 분포하는 신체부위는?

① 뇌 ② 심장근육
③ 근육 ④ 소화기관

해설 휴식 시 혈액 분포
소화기관 → 콩팥 → 골격근 → 뇌 순으로 분포한다.

정답 30 ④ 31 ① 32 ② 33 ③ 34 ④

35 일반적으로 소음계는 주파수에 따른 사람의 느낌을 감안하여 A, B, C 세 가지 특성에서 음압을 측정할 수 있도록 보정되어 있는데, A 특성치란 몇 phon의 등음량곡선과 비슷하게 주파수에 따른 반응을 보정하여 측정한 음압수준을 말하는가?

① 20 ② 40
③ 70 ④ 100

해설 소음레벨의 세 가지 특성

지시소음계에 의한 소음레벨의 측정에는 A, B, C의 세 가지 특성이 있다. A는 플레처의 청감 곡선의 40phon, B는 70phon의 특성에 대강 맞춘 것이고, C는 100phon의 특성에 맞춘 것이다.

36 공기정화시설을 갖춘 사무실에서의 환기기준으로 맞는 것은?

① 환기횟수는 시간당 2회 이상으로 한다.
② 환기횟수는 시간당 3회 이상으로 한다.
③ 환기횟수는 시간당 4회 이상으로 한다.
④ 환기횟수는 시간당 6회 이상으로 한다.

해설 환기기준

사무실 공기관리지침 [고용노동부고시 제2020-45호]에 따라 공기정화시설을 갖춘 사무실에서 근로자 1인당 필요한 최소 외기량은 분당 0.57m³ 이상이며, 환기횟수는 시간당 4회 이상으로 한다.

37 실내표면에서 추천반사율이 낮은 것부터 높은 순서대로 나열한 것은?

① 벽 < 가구 < 천장 < 바닥
② 천장 < 벽 < 가구 < 바닥
③ 가구 < 바닥 < 벽 < 천장
④ 바닥 < 가구 < 벽 < 천장

해설 추천반사율

천장	80~90%
벽, 창문 발(blind)	40~60%
가구, 사무용기기, 책상	25~45%
바닥	20~40%

38 일반적인 성인 남성 작업자의 산소 소비량이 2.5L/min일 때, 에너지 소비량은 약 얼마인가?

① 7.5kcal/min
② 10.0kcal/min
③ 12.5kcal/min
④ 15.0kcal/min

해설 에너지 소비량

작업의 에너지 값은 흔히 분당 또는 시간당 산소 소비량으로 측정하며 이 수치는 liter O_2 소비 = 5kcal의 관계를 통하여 분당 또는 시간당 kcal 값으로 바꿀 수 있다.

• 에너지 소비량 = 산소 소비량 × 5kcal

39 빛의 측정치를 나타내는 단위의 관계가 틀린 것은?

① 1 fc = 10 lux
② 반사율 = 휘도 / 조도
③ 1 candela = 10 lumen
④ 조도 = 광도 / 단위면적(m²)

해설 빛의 측정단위

1 candela = 4π(12.57) lumen

40 신체의 작업부하에 대하여 작업자들이 주관적으로 지각한 신체적 노력의 정도를 6~20의 값으로 평가한 척도는 무엇인가?

① 부정맥지수
② 점멸융합주파수(VFF)
③ 운동자각도(Borg's RPE)
④ 최대산소소비능력(Maximum Aerovic Power)

해설 운동자각도(Borg's RPE)

Borg의 RPE 척도는 많이 사용되는 주관적 평정척도로 작업자들이 주관적으로 지각한 신체적 노력의 정도를 6~20 사이의 척도로 평정한다. 이 척도의 양끝은 각각 최소 심장박동률과 최대 심장박동률을 나타낸다.

3과목 산업심리학 및 관련 법규

41 제조물 책임법상 제조업자가 제조물에 대하여 제조·가공상의 주의의무를 이행하였는지에 관계없이 제조물이 원래 의도한 설계와 다르게 제조·가공됨으로써 안전하지 못하게 된 경우에 해당되는 결함은?

① 제조상의 결함 ② 설계상의 결함
③ 표시상의 결함 ④ 기타 유형의 결함

해설 제조물 책임법

- **제조상의 결함**: 제조업자가 제조물에 대하여 제조상·가공상의 주의의무를 이행하였는지에 관계없이 제조물이 원래 의도한 설계와 다르게 제조·가공됨으로써 안전하지 못하게 된 경우를 말한다.
- **설계상의 결함**: 제조업자가 합리적인 대체설계(代替設計)를 채용하였다면 피해나 위험을 줄이거나 피할 수 있었음에도 대체설계를 채용하지 아니하여 해당 제조물이 안전하지 못하게 된 경우를 말한다.
- **표시상의 결함**: 제조업자가 합리적인 설명·지시·경고 또는 그 밖의 표시를 하였다면 해당 제조물에 의하여 발생할 수 있는 피해나 위험을 줄이거나 피할 수 있었음에도 이를 하지 아니한 경우를 말한다.

42 사고의 유형, 기인물 등 분류항목을 큰 순서대로 분류하여 사고방지를 위해 사용하는 통계적 원인분석 도구는?

① 관리도(Control Chart)
② 크로스도(Cross Diagram)
③ 파레토도(Pareto Diagram)
④ 특성요인도(Cause and Effect Diagram)

해설 통계적 원인분석

① **관리도(Control Chart)**: 공정이나 프로세스가 안정 상태인지 확인하는 데 사용된다. 통계적 방법을 사용하여 데이터의 변동성을 모니터링하고, 이상 징후를 빨리 발견할 수 있다.
② **크로스도(Cross Diagram)**: 두 변수 사이의 관계를 시각화하여 분석할 때 사용된다. 변수 간 상관관계를 쉽게 파악할 수 있다.
③ **파레토도(Pareto Diagram)**: 문제의 주요 원인을 식별하기 위해 사용된다. 일반적으로 문제의 80%가 원인의 20%에서 비롯된다는 파레토 원칙에 기초하며 순서대로 분류한다.
④ **특성요인도(Cause and Effect Diagram)**: 문제의 원인을 시각적으로 정리하여 분석하는 도구이다. 흔히 "생선뼈 다이어그램"이라고도 불리며, 복잡한 문제를 여러 요인으로 분해해 파악하기 좋다.

43 리더십 이론 중 관리격자이론에서 인간에 대한 관심이 낮은 유형은?

① 타협형   ② 인기형
③ 이상형   ④ 무관심형

해설 관리격자이론

① **타협형(Compromising Style)**: 협력과 경쟁 사이에서 균형을 찾으려는 리더십 유형으로, 타협을 통해 문제를 해결하고, 양쪽의 이익을 모두 고려하려 한다. 그러나 때로는 중요한 결정을 내릴 때 강력한 주장을 펼치지 못할 수도 있다.
② **인기형(Popular Style)**: 사람들의 지지를 얻고, 팀원들과의 좋은 관계를 유지하는 데 중점을 두는 리더십 유형이다. 직원들의 의견을 존중하고, 팀워크와 사기를 높이기 위해 노력한다. 하지만 때로는 인기와 지지를 얻기 위해 중요한 결정을 미룰 수 있다.

정답 40 ③ 41 ① 42 ③ 43 ④

③ **이상형**(Idealistic Style) : 이상형 리더는 높은 목표와 비전을 제시하며, 팀원들이 그 목표를 향해 나아가도록 영감을 준다. 혁신적·창의적인 접근 방식을 강조하며, 변화를 주도한다. 그러나 때로는 현실적인 문제를 간과할 수 있고, 실현 가능한 계획을 수립하는 데 어려움을 겪을 수 있다.

④ **무관심형**(Apathetic Style) : 무관심형 리더는 팀의 문제나 진행 상황에 큰 관심을 두지 않는 경향이 있다. 지시와 통제를 최소화하고, 팀원들이 스스로 문제를 해결하도록 놔두는 편이다. 그러나 이런 접근은 팀의 방향성이나 목표 달성에 부정적인 영향을 미칠 수 있다.

44 알더퍼(P.Alderfer)의 ERG이론에서 3단계로 나눈 욕구 유형에 속하지 않은 것은?

① 성취 욕구 ② 성장 욕구
③ 존재 욕구 ④ 관계 욕구

해설 알더퍼(P.Alderfer)의 ERG이론 3단계

① **존재 욕구**(Existence Needs) : 기본적인 생존과 관련된 욕구이다. 신체적 안정과 안전, 음식, 물, 공기, 주거지 등의 물리적 및 생리적 요구를 포함한다. 매슬로의 생리적 욕구와 안전 욕구를 포함하는 범주이다.

② **관계 욕구**(Relatedness Needs) : 사회적 상호작용과 관계 형성에 대한 욕구다. 가족, 친구, 동료 등과의 인간관계, 소속감, 인정, 애정 등의 욕구를 포함한다. 이는 매슬로의 소속감과 애정 욕구, 존중 욕구의 일부를 반영한다.

③ **성장 욕구**(Growth Needs) : 개인적 성취와 자아실현과 관련된 욕구다. 자신의 잠재력을 최대한 발휘하고, 능력과 지식을 개발하며, 개인적인 성장과 발전을 이루고자 하는 욕구를 포함한다. 이는 매슬로의 존중 욕구와 자아실현 욕구를 포함한다.

45 레빈(Lewin)의 인간행동에 관한 공식은?

① B=f(P·E)
② B=f(P·B)
③ B=E(P·f)
④ B=f(B·E)

해설 레빈(Lewin)의 인간행동 공식

B = f(P · E)
B : Behavior(행동)
P : Person(개인)
E : Environment(환경)
f : Function(함수)

46 Max Weber가 제시한 관료주의 조직을 움직이는 네 가지 기본원칙으로 틀린 것은?

① 구조 ② 노동의 분업
③ 권한의 통제 ④ 통제의 범위

해설 Max Weber의 네 가지 기본원칙

① **구조** : 조직의 높이와 폭
② **노동의 분업** : 작업의 단순화 및 전문화
③ **권한의 위임** : 관리자를 소단위로 분산
④ **통제의 범위** : 각 관리자가 책임질 수 있는 작업자의 수

47 집단역학에 있어 구성원 상호 간의 선호도를 기초로 집단 내부에서 발생하는 상호관계를 분석하는 기법을 무엇이라 하는가?

① 갈등 관리 ② 소시오메트리
③ 시너지 효과 ④ 집단의 응집력

해설 소시오메트리(Sociometry)

구성원 상호 간의 선호도를 기초로 집단 내부이동태적 상호관계를 분석하는 기법으로, 구성원 간의 좋고 싫은 감정을 관찰, 검사, 면접 등을 통하여 분석한다.

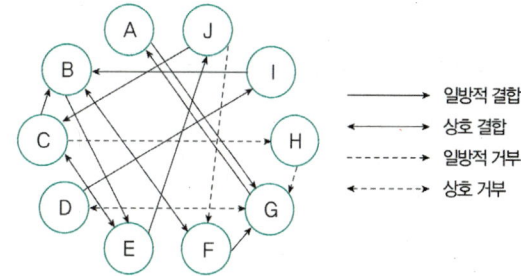

48 인간의 불안전행동을 예방하기 위해 Harvey에 의해 제안된 안전대책의 3E에 해당하지 않는 것은?

① Education
② Enforcement
③ Engineering
④ Environment

해설 안전대책의 3E
① Education(교육)
② Enforcement(강제)
③ Engineering(기술)

49 재해발생에 관한 하인리히(H. W. Heinrich)의 도미노이론에서 제시된 5가지 요인에 해당하지 않는 것은?

① 제어의 부족
② 개인적 결함
③ 불안전한 행동 및 상태
④ 유전 및 사회 환경적 요인

해설 하인리히(H. W. Heinrich)의 도미노이론 5가지 요인
① 사회적 환경과 유전적 요인 : 개인의 행동과 성향에 영향을 미치는 배경 요인들로, 이를 통해 행동 패턴이 형성된다.
② 개인적 결함 : 사회적 환경과 유전적 요인에 의해 형성된 개인의 결함이나 약점이 원인이다.
③ 불안전한 행동 또는 상태 : 개인적 결함으로 인해 불안전한 행동을 하거나 위험한 상태를 초래한다.
④ 사고 : 불안전한 행동이나 상태로 인해 사고가 발생한다.
⑤ 상해 : 사고의 결과로 부상(상해)이 발생한다.

50 휴먼에러로 이어지는 배경원인이 아닌 것은?

① 인간(Man)
② 매체(Media)
③ 관리(Management)
④ 재료(Material)

해설 4M
① 인간(Man)
② 매체(Media)
③ 관리(Management)
④ 기계설비(Machine)

51 선택반응시간(Hick의 법칙)과 동작시간(Fitts의 법칙)의 공식에 대한 설명으로 맞는 것은?

- 선택반응시간 $= a + b \log_2 N$
- 동작시간 $= a + b \log_2 \left(\dfrac{2A}{W}\right)$

① N은 자극과 반응의 수, A는 목표물의 너비, W는 움직인 거리를 나타낸다.
② N은 감각기관의 수, A는 목표물의 너비, W는 움직인 거리를 나타낸다.
③ N은 자극과 반응의 수, A는 움직인 거리, W는 목표물의 너비를 나타낸다.
④ N은 감각기관의 수, A는 움직인 거리, W는 목표물의 너비를 나타낸다.

해설 선택반응시간과 동작시간
N은 가능한 자극-반응대안들의 수, A는 표적중심선까지의 이동거리, W는 표적 폭으로 나타낸다.

52 연 평균 근로자 수가 2,000명인 회사에서 1년에 중상해 1명과 경상해 1명이 발생하였다. 연천인율은 얼마인가?

① 0.5
② 1
③ 2
④ 4

해설 연천인율
연천인율 $= \dfrac{\text{연간 사상자 수}}{\text{연평균 근로자 수}} \times 1,000 = \dfrac{2}{2,000} \times 1,000 = 1$

정답 48 ④ 49 ① 50 ④ 51 ③ 52 ②

53 작업수행에 의해 발생하는 피로를 방지, 경감시키고 효율적으로 회복시키는 방법으로 틀린 것은?

① 동일한 작업을 될 수 있는 한 적은 에너지로 수행할 수 있도록 한다.
② 정적 근력작업을 하도록 하여 작업자의 에너지 소비를 될 수 있는 한 줄인다.
③ 작업속도나 작업의 정확도가 작업자에게 너무 과중하게 되지 않도록 한다.
④ 작업방법을 개선하여 무리한 자세로 작업이 진행되지 않도록 하고 특히 정적 근력작업을 배제한다.

해설 정적 근력작업
정적 근력작업의 제거가 작업에 수반되는 피로를 줄이기 위한 대책이다. 부자연스러운 또는 취하기 어려운 자세는 작업 활동이 수행되는 동안 중립 자세로부터 벗어나는 자세로, 정적 동작을 오래 하는 경우를 말한다.

54 리더십의 유형에 따라 나타나는 특징에 대한 설명으로 틀린 것은?

① 권위주의적 리더십 : 리더에 의해 모든 정책이 결정된다.
② 권위주의적 리더십 : 각 구성원의 업적을 평가할 때 주관적이기 쉽다.
③ 민주적 리더십 : 모든 정책은 리더에 의해 지원을 받는 집단토론식으로 결정된다.
④ 민주적 리더십 : 리더는 보통 과업과 그 과업을 함께 수행할 구성원을 지정해 준다.

해설 민주적 리더십
참여적 리더십이라고도 한다. 조직의 방침, 활동 등을 될 수 있는 대로 조직구성원의 의사를 종합하여 결정하고, 그들의 자발적인 의용과 참여에 의하여 조직목적을 달성하려는 것이 특징이다. 민주적 리더십에서는 각 성원의 활동은 자신의 계획과 선택에 따라 이루어지지만, 그 지향점은 생산향상에 있다.

55 인간오류 확률 추정 기법 중 초기 사건을 이원적(Binary) 의사결정(성공 또는 실패) 가지들로 모형화하고, 이 이후의 사건들의 확률은 모두 선행 사건에 대한 조건부 확률을 부여하여 이원적 의사결정 가지들로 분지해 나가는 방법은?

① 결함 나무 분석(Fault Tree Analysis)
② 조작자 행동 나무(Operator Action Tree)
③ 인간오류 시뮬레이터(Human Action Tree)
④ 인간실수율 예측기법(Technique for Human Error Rate Prediction)

해설 시스템위험 분석기법
① **결함 나무 분석(Fault Tree Analysis)** : 시스템의 실패 원인을 분석하기 위해 논리 다이어그램을 사용하여 다양한 원인 요소를 식별하고 분석하는 기법이다.
② **조작자 행동 나무(Operator Action Tree)** : 작업자의 행동과 시스템 반응을 시각적으로 표시하여, 특정 작업이 어떻게 이루어지고 어떤 결과를 초래하는지를 분석하는 도구이다.
③ **인간오류 시뮬레이터(Human Action Tree)** : 작업 수행 중 발생할 수 있는 다양한 인간오류를 시뮬레이션하여 그 영향을 평가하고 개선 방안을 찾는 기법이다.
④ **인간실수율 예측기법(Technique for Human Error Rate Prediction)** : 작업 환경에서 발생할 수 있는 인간실수를 예측하고, 이를 바탕으로 실수율을 줄이기 위한 방법을 제시하는 기법이다.

정답 53 ② 54 ④ 55 ④

2018년 제1회 기출복원문제

56 오류를 범할 수 없도록 사물을 설계하는 기법은?

① Fail-Safe 설계
② Interlock 설계
③ Exclusion 설계
④ Prevention 설계

해설 기계의 안전설계 기법

① Fail-Safe 설계 : 시스템이 실패하더라도 안전하게 작동하거나 최소한의 위험 상태로 유지되는 설계이다. 예를 들어, 엘리베이터 전력 손실 시 자동으로 가장 가까운 층에 정지하는 기능이 이에 해당한다.

② Interlock 설계 : 특정 조건이 충족되지 않으면 시스템이 작동하지 않도록 하는 설계이다. 예를 들어, 전자레인지 도어가 열려 있을 때 작동하지 않도록 하는 것이 이에 해당한다.

③ Exclusion 설계 : 오류가 발생할 가능성을 사전에 차단하는 설계이다. 예를 들어, USB 커넥터가 한 방향으로만 연결될 수 있도록 하는 디자인이 이에 해당한다.

④ Prevention 설계 : 사용자 오류를 방지하고 예방하는 설계이다. 예를 들어, 자동차의 시트벨트 경고 시스템이 운전자가 벨트를 착용하지 않으면 경고음을 울리는 것이 이에 해당한다.

57 인간 신뢰도에 대한 설명으로 맞는 것은?

① 반복되는 이산적 직무에서 인간실수확률은 단위 시간당 실패 수로 표현한다.
② 인간 신뢰도는 인간의 성능이 특정한 기간 동안 실수를 범하지 않을 확률로 정의된다.
③ THERP는 완전 독립에서 완전 정(正)종속까지의 비연속을 종속정도에 따라 3수준으로 분류하여 직무의 종속성을 고려한다.
④ 연속적 직무에서 인간의 실수율이 불변(stationary)이고, 실수과정이 과거와 무관(independent)하다면 실수과정은 베르누이 과정으로 묘사된다.

해설 인간 신뢰도

인간이 주어진 작업을 얼마나 정확하고 일관되게 수행할 수 있는지를 측정하는 척도로 인간 신뢰도를 평가하고 향상시키기 위해 다양한 기법과 도구로 THERP(Technique for Human Error Rate Prediction), FMEA(Failure Modes and Effects Analysis) 등이 사용된다.

• 반복되는 이산적 직무에서 인간실수확률은 사건당 실패 수로 표현한다.
• THERP는 완전 독립에서 완전 정(正)종속까지의 5 이상 수준의 종속도로 분류하여 직무를 고려한다.
• 연속적 직무에서 인간의 실수율이 불변(stationary)이고, 실수과정이 과거와 무관(independent)하다면 실수과정은 푸아송 과정(Poisson Process)으로 묘사된다.

58 인간이 장시간 주의를 집중하지 못하는 것은 주의의 어떤 특성 때문인가?

① 선택성   ② 방향성
③ 변동성   ④ 배칭성

해설 주의의 특성

주의력은 변동성으로 인해 장시간 집중할 수 없다.

59 미국의 산업안전보건연구원(NIOSH)에서 직무 스트레스 요인에 해당하지 않는 것은?

① 성능 요인
② 환경 요인
③ 작업 요인
④ 조직 요인

해설 직무스트레스 요인

• 작업 요인 : 작업부하, 작업 속도, 교대근무 등
• 조직적 요인 : 역할 모호성, 역할 갈등, 관리 유형, 의사결정 참여도, 고용의 불확실성 등
• 환경적 요인 : 소음, 온도, 조명, 환기 불량 등

정답 56 ③ 57 ② 58 ③ 59 ①

60 스트레스에 관한 설명으로 틀린 것은?

① 위협적인 환경특성에 대한 개인의 반응이라고 볼 수 있다.
② 스트레스 수준은 작업 성과와 정비례의 관계에 있다.
③ 적정 수준의 스트레스는 작업 성과에 긍정적으로 작용할 수 있다.
④ 지나친 스트레스를 지속적으로 받으면 인체는 자기조절능력을 상실할 수 있다.

해설 스트레스

스트레스가 너무 없거나 너무 높은 경우 작업 성과는 떨어진다. 따라서 스트레스 수준과 작업 성과는 정비례 관계에 있지 않다.

4과목 근골격계질환 예방을 위한 작업관리

61 파레토 차트에 관한 설명으로 틀린 것은?

① 재고관리에서는 ABC곡선으로 부르기도 한다.
② 20% 정도에 해당하는 중요한 항목을 찾아내는 것이 목적이다.
③ 불량이나 사고의 원인이 되는 중요한 항목을 찾아 관리하기 위함이다.
④ 작성 방법은 빈도수가 낮은 항목부터 큰 항목 순으로 차례대로 나열하고, 항목별 점유비율과 누적비율을 구한다.

해설 파레토 차트

작성 방법은 빈도수가 큰 항목부터 낮은 항목 순으로 차례대로 나열하고, 항목별 점유비율과 누적비율을 구하는 방식이다.

62 유해요인 조사도구 중 JSI(Job Strain Index)의 평가 항목에 해당하지 않는 것은?

① 손/손목의 자세
② 1일 작업의 생산량
③ 힘을 발휘하는 강도
④ 힘을 발휘하는 지속시간

해설 JSI(Job Strain Index)

상지 말단(손, 손목, 팔꿈치)의 근골격계질환 위험을 평가하기 위한 도구로, 다음과 같은 6개 항목을 평가한다.
① 힘을 발휘하는 강도(Intensity of Exertion) : 작업을 수행하는 동안 사용하는 힘의 강도를 평가한다.
② 힘을 발휘하는 지속시간(Duration of Exertion) : 힘을 발휘하는 시간을 평가한다.
③ 분당 힘 발휘(Efforts per Minute) : 분당 힘을 발휘하는 횟수를 평가한다.
④ 손/손목의 자세(Hand/Wrist Posture) : 손목의 자세를 평가한다.
⑤ 작업 속도(Speed of Work) : 작업의 속도를 평가한다.
⑥ 1일 작업의 지속시간(Duration of Task per Day) : 하루 동안 작업을 수행하는 시간을 평가한다.

이 6개 항목을 평가하여 JSI 점수를 계산하고, 이 점수를 기준으로 작업의 위험도를 평가한다.

63 근골격계질환 예방을 위한 바람직한 관리적 개선 방안으로 볼 수 없는 것은?

① 규칙적이고 적절한 휴식을 통하여 피로의 누적을 예방한다.
② 작업 확대를 통하여 한 작업자가 할 수 있는 일의 다양성을 넓힌다.
③ 전문적인 스트레칭과 체조 등을 교육하고 작업 중 수시로 실시하도록 유도한다.
④ 중량물 운반 등 특정 작업에 적합한 작업자를 선별하여 상대적 위험도를 경감시킨다.

해설 관리개선 방안

특정 작업에 적합한 작업자는 없다. 작업 확대를 통해 한 작업자가 할 수 있는 일의 다양성을 넓힌다.

정답 60 ② 61 ④ 62 ② 63 ④

2018년 제1회 기출복원문제

64 적절한 입식 작업대 높이에 대한 설명으로 맞는 것은?

① 일반적으로 어깨 높이를 기준으로 한다.
② 작업자의 체격에 따라 작업대의 높이가 조정 가능하도록 하는 것이 좋다.
③ 미세부품 조립과 같은 섬세한 작업일수록 작업대의 높이는 낮아야 한다.
④ 일반적인 조립라인이나 기계 작업 시에는 팔꿈치 높이보다 5~10cm 높아야 한다.

해설 입식 작업대의 높이
- 정밀작업 : 팔꿈치 높이보다 약 100~200mm 높게 설정한다.
- 경작업 : 팔꿈치 높이보다 약 50~100mm 낮게 설정하는 것이 좋다.
- 중작업 : 팔꿈치 높이보다 약 100~200mm 낮게 설정하는 것이 적합하다.

65 손동작(Manual Operation)을 목적에 따라 효율적과 비효율적인 기본 동작으로 구분한 것은?

① Task
② Motion
③ Process
④ Therblig

해설 서블릭(Therblig)
인간이 행하는 손동작에서 분해 가능한 최소한의 기본단위 동작이다.

66 SEARCH 원칙에 대한 내용으로 틀린 것은?

① Composition : 구성
② How often : 얼마나 자주
③ Alter sequence : 순서의 변경
④ Simplify opertion : 작업의 단순화

해설 SEARCH의 원칙
- Simplify operation : 작업의 단순화
- Eliminate unnecessary work and material : 불필요한 도구나 자재의 제거
- Alter sequence : 순서의 변경
- Requirements : 요구조건
- Combine operations : 작업의 결합
- How often : 얼마나 자주

67 동작경제의 원칙 세 가지 범주에 들어가지 않는 것은?

① 작업개선의 원칙
② 신체의 사용에 관한 원칙
③ 작업장의 배치에 관한 원칙
④ 공구 및 설비의 디자인에 관한 원칙

해설 동작경제의 원칙 세 가지 범주
① 신체의 사용에 관한 원칙
② 작업장의 배치에 관한 원칙
③ 공구 및 설비의 디자인에 관한 원칙

68 작업관리에 관한 설명으로 틀린 것은?

① Gilbreth 부부는 적은 노력으로 최대의 성과를 짧은 시간에 이룰 수 있는 작업방법을 연구한 동작연구(Motion Study)의 창시자로 알려져 있다.
② Taylor(Frederick W. Taylor)는 벽돌쌓기 작업을 대상으로 작업방법과 작업도구를 개선하였으며 이를 발전시켜 과학적 관리법을 주장하였다.
③ 작업관리는 생산성 향상을 목적으로 경제적인 작업방법을 연구하는 작업연구와 표준작업시간을 결정하기 위한 작업측정으로 구분할 수 있다.
④ Hawthorn의 실험결과는 작업장의 물리적 조건보다는 인간관계와 같은 사회적 조건이 생산성에 더 큰 영향을 준다는 사실에 관심을 갖도록 한 시발점이 되었다.

정답 64 ② 65 ④ 66 ① 67 ① 68 ②

해설 길브레스(Gilbreth)

현장에서 벽돌 쌓기 작업을 하는 동작을 보고 필요 없는 동작의 생략에 착안하여 동작연구를 창안하였다.

69 워크샘플링 조사에서 초기 idle rate가 0.05라면, 99% 신뢰도를 위한 워크샘플링 횟수는 약 몇 회인가? (단, u0.995는 2.58이다.)

① 1,232 ② 2,557
③ 3,060 ④ 3,162

해설 워크샘플링 횟수

$$N = \frac{Z_{1-\alpha/2}^2 \times \overline{P}(1-\overline{P})}{e^2} = \frac{2.58^2 \times 0.05 \times 0.95}{0.01^2} = 3,162$$

이때, e는 허용오차, $\overline{P}$는 idle rate이다.

70 A 공장의 한 컨베이어 라인에는 5개의 작업공정으로 이루어져 있다. 각 작업공정의 작업시간이 다음과 같을 때 이 공정의 균형효율은 약 얼마인가? (단, 작업은 작업자 1명이 맡고 있다.)

㉠ → ㉡ → ㉢ → ㉣ → ㉤
5분 7분 6분 6분 3분

① 21.86% ② 22.86%
③ 78.14% ④ 77.14%

해설 균형효율(라인밸런싱효율, 공정효율)

균형효율 = 총 작업시간 / (작업장 수 × 주기시간)
= (5+7+6+6+3) / (5 × 7) = 0.7714
= 77.14%

71 관측 평균시간이 5분, 레이팅 계수가 120%, 여유시간이 0.4분인 작업에서 제품의 개당 표준시간과 여유율(%)을 내경법에 의하여 구하면 각각 얼마인가?

① 4.5분, 2.20% ② 6.4분, 6.25%
③ 8.5분, 7.25% ④ 9.7분, 10.25%

해설 표준시간과 여유율 계산

• 정미시간(NT) = 관측시간의 대푯값(T_o) × $\left(\dfrac{\text{레이팅 계수}(R)}{100}\right)$

$= 5 \times \left(\dfrac{120}{100}\right) = 6$

• 여유율(A) = $\dfrac{\text{여유시간}}{\text{정미시간} + \text{여유시간}} \times 100$

$= \dfrac{0.4}{6+0.4} \times 100 = 6.25\%$

• 표준시간(ST) = 정미시간 × $\left(\dfrac{1}{1-\text{여유율}}\right)$

$= 6 \times \left(\dfrac{1}{1-0.0625}\right) = 6.4$분

72 공정도에 사용되는 공정도 기호인 "○"으로 표시하기에 가장 적합한 것은?

① 작업 대상물을 다른 장소로 옮길 때
② 작업 대상물이 분해되거나 조립될 때
③ 작업 대상물을 지정된 장소에 보관할 때
④ 작업 대상물이 올바르게 시행되었는지를 확인할 때

해설 공정도 기호

• 저장(Storage) : 자재나 제품을 저장하는 작업, ▽(사각형)
• 가공(Operation) : 제품이나 공정을 검사하는 작업, ○(원형)
• 조립(Assembly) : 부품을 결합하거나 제품을 조립하는 작업, ◇(마름모)
• 지연(Delay) : 작업이 지연되거나 대기 상태, D(D 모양)
• 운반(Move) : 물체나 자재를 이동시키는 작업, ⇨(화살표)
• 처리(Process) : 자재를 변환하거나 가공하는 작업, ▭(직사각형)

정답 69 ④ 70 ④ 71 ② 72 ②

73 사람이 행하는 작업을 기본 동작으로 분류하고, 각 기본 동작들을 동작의 성질과 조건에 따라 이미 정해진 기준시간을 적용하여 전체 작업의 정미시간을 구하는 방법은?

① PTS법
② Rationg법
③ Therblig 분석
④ Work Sampling법

해설 PTS(Predetermined Time Standards)

작업의 소요시간을 미리 예정된 표준시간으로 측정하는 방법으로, 작업을 기본 동작으로 분류하고, 각 동작에 대해 미리 설정된 시간을 할당하여 작업의 총 소요시간을 계산한다.

74 근골격계질환 예방·관리 프로그램의 기본 원칙에 속하지 않는 것은?

① 인식의 원칙
② 시스템 접근의 원칙
③ 일시적인 문제 해결의 원칙
④ 사업장 내 자율적 해결 원칙

해설 근골격계질환 예방·관리

근골격계질환 예방·관리는 일시적인 문제 해결보다 지속적인 문제 해결의 원칙을 적용한다.

75 상완, 전완, 손목을 그룹 A로 목, 상체, 다리를 그룹 B로 나누어 측정, 평가하는 유해요인의 평가방법은?

① RULA(Rapid Upper Limb Assessment)
② REBA(Rapid Entire Body Assessment)
③ OWAS(Ovako Working posture Analysis System)
④ NIOSH 들기 작업지침(Revised NIOSH Lifting Equation)

해설 유해요인의 평가방법

① RULA(Rapid Upper Limb Assessment)
  - 목적 : 상지(팔, 손목, 어깨)의 작업 자세와 관련된 근골격계질환의 위험도를 평가
  - 평가 요소 : 어깨, 팔꿈치, 손목, 목, 몸통의 각도와 자세
  - 활용 : 사무실 작업, 제조업 등 다양한 작업 환경에서 사용
② REBA(Rapid Entire Body Assessment)
  - 목적 : 전신 작업 자세와 관련된 근골격계질환의 위험도를 평가
  - 평가 요소 : 목, 몸통, 다리, 팔, 손목, 다리 각도와 자세
  - 활용 : 건강관리, 사회복지사, 물류 작업 등 다양한 작업 환경에서 사용
③ OWAS(Ovako Working Posture Analysis System)
  - 목적 : 작업 자세의 편리성과 개선 필요성을 평가
  - 평가 요소 : 몸통, 팔, 다리, 목의 위치와 자세
  - 활용 : 제조업, 건설업 등 물리적 작업이 많은 환경에서 사용
④ NIOSH 들기 작업지침(Revised NIOSH Lifting Equation)
  - 목적 : 들기 작업에서의 허리 부상 위험을 평가
  - 평가 요소 : 무게, 들기 주기, 작업 조건, 허리 자세
  - 활용 : 물류, 제조, 건설 등 무거운 물체를 들어 올리는 작업 환경에서 사용

76 NOISH Lifting Equation(NLE) 평가에서 권장무게한계(Recommended Weight Limit)가 20kg이고, 현재 작업물의 무게가 23kg일 때, 들기지수(Lifting Index)의 값과 이에 대한 평가가 맞는 것은?

① 0.87, 요통의 발생위험이 낮다.
② 0.87, 작업을 재설계할 필요가 있다.
③ 1.15, 요통의 발생위험이 높다.
④ 1.15, 작업을 재설계할 필요가 없다.

해설 들기지수

들기지수(Lifting Index)
= 작업물의 무게 / RWL(권장무게한계)
= 23kg / 20 = 1.15

LI가 1보다 크게 되는 것은 요통의 발생위험이 높은 것을 나타낸다. 따라서 LI가 1 이하가 되도록 작업설계 또는 재설계할 필요가 있다.

정답 73 ① 74 ③ 75 ① 76 ③

77 근골격계질환 중 어깨 부위 질환이 아닌 것은?

① 외상과염(Lateral Epicondlitis)
② 극상근 건염(Supraspinatus Tendinitis)
③ 견봉하 점액낭염(Subacromial Bursitis)
④ 상완이두 건막염(Biciptal Tenosynovitis)

해설 외상과염(Lateral Epicondlitis)

외상과염은 팔꿈치 바깥쪽 통증이며, 특히 물건을 들어 올리거나 팔을 비트는 동작 시 통증이 심해지는 질환으로 흔히 테니스 엘보라 하기도 한다.
나머지 질환은 어깨 부위의 질환이다.

78 근골격계질환의 예방에서 단기적 관리방안으로 볼 수 없는 것은?

① 안전한 작업방법의 교육
② 작업자의 대한 휴식시간의 배려
③ 근골격계질환 예방·관리프로그램의 도입
④ 휴게실, 운동시설 등 기타 관리시설의 확충

해설 단기적 관리방안

- 인간공학 교육
- 위험요인의 인간공학적 분석 후 작업장 개선
- 작업자에 대한 휴식시간 배려
- 교대근무에 대한 고려
- 안전예방 체조의 도입
- 안전한 작업 방법 교육
- 재활 복귀 질환자에 대한 재활시설의 도입, 의료시설 및 인력확보
- 휴게실, 운동시설 등 기타 관리시설 확충
- 근골격계질환 예방·관리프로그램의 도입은 장기적 관리 방안

79 다음 설명은 수행도 평가의 어느 방법을 설명한 것인가?

- 작업을 요소작업으로 구분한 후, 시간 연구를 통해 개별시간을 구한다.
- 요소작업 중 임의로 작업자 조절이 가능한 요소를 정한다.
- 선정된 작업에서 PTS 시스템 중 한 개를 적용하여 대응되는 시간치를 구한다.
- PTS법에 의한 시간치와 관측시간 간의 비율을 구하여 레이팅 계수를 구한다.

① 속도평가법 ② 객관적평가법
③ 합성평가법 ④ 웨스팅하우스법

해설 수행도 평가방법

① 속도평가법(Time Study)
- 목적 : 작업자가 작업을 수행하는 데 걸리는 시간을 측정하여 작업의 효율성을 평가한다.
- 방법 : 작업 과정 전체를 단계별로 나누고, 각 단계의 시간을 측정하여 최적의 작업시간을 도출한다.

② 객관적평가법(Objective Rating Method)
- 목적: 작업자의 수행도를 객관적으로 평가한다.
- 방법 : 사전에 정해진 객관적 기준에 따라 작업자의 수행을 평가한다.

③ 합성평가법(Synthetic Rating Method)
- 목적 : 여러 평가 요소를 종합하여 작업자의 수행도를 평가한다.
- 방법 : 시간 연구, 기준 시간, 작업의 복잡성 등 다양한 요소를 종합하여 평가한다.

④ 웨스팅하우스법(Westinghouse System of Rating)
- 목적 : 작업자의 숙련도, 노력, 작업 조건 등을 종합적으로 평가한다.
- 방법 : 숙련도, 노력, 작업 조건, 일관성 등의 요소를 평가하고 각 요소에 점수를 부여하여 종합 점수를 계산한다.

정답 77 ① 78 ③ 79 ③

80 근골격계질환을 유발시킬 수 있는 주요 부담작업에 대한 설명으로 맞는 것은?

① 충격 작업의 경우 분당 2회를 기준으로 한다.
② 단순 반복 작업은 대개 4시간을 기준으로 한다.
③ 들기 작업의 경우 10kg, 25kg이 기준무게로 사용된다.
④ 쥐기(grip) 작업의 경우 쥐는 힘과 1kg과 4.5kg을 기준으로 사용한다.

해설 | 근골격계질환의 주요 부담작업

- 하루에 4시간 이상 집중적으로 자료입력 등을 위해 키보드 또는 마우스를 조작하는 작업
- 하루에 총 2시간 이상 목, 어깨, 팔꿈치, 손목 또는 손을 사용하여 같은 동작을 반복하는 작업
- 하루에 총 2시간 이상 머리 위에 손이 있거나, 팔꿈치가 어깨 위에 있거나, 팔꿈치를 몸통으로부터 들거나, 팔꿈치를 몸통 뒤쪽에 위치하도록 하는 상태에서 이루어지는 작업
- 지지되지 않은 상태이거나 임의로 자세를 바꿀 수 없는 조건에서, 하루에 총 2시간 이상 목이나 허리를 구부리거나 트는 상태에서 이루어지는 작업
- 하루에 총 2시간 이상 쪼그리고 앉거나 무릎을 굽힌 자세에서 이루어지는 작업
- 하루에 총 2시간 이상 지지되지 않은 상태에서 1kg 이상의 물건을 한 손의 손가락으로 집어 옮기거나, 2kg 이상에 상응하는 힘을 가하여 한 손의 손가락으로 물건을 쥐는 작업
- 하루에 총 2시간 이상 지지되지 않은 상태에서 4.5kg 이상의 물건을 한 손으로 들거나 동일한 힘으로 쥐는 작업
- 하루에 10회 이상 25kg 이상의 물체를 드는 작업
- 하루에 25회 이상 10kg 이상의 물체를 무릎 아래에서 들거나, 어깨 위에서 들거나, 팔을 뻗은 상태에서 드는 작업
- 하루에 총 2시간 이상, 분당 2회 이상 4.5kg 이상의 물체를 드는 작업
- 하루에 총 2시간 이상 시간당 10회 이상 손 또는 무릎을 사용하여 반복적으로 충격을 가하는 작업

정답 80 ③

1과목 인간공학개론

01 시스템 평가 척도의 요건에 대한 설명으로 적절하지 않은 것은?

① 신뢰성 : 평가를 반복할 경우 일정한 결과를 얻을 수 있다.
② 실제성 : 현실성을 가지며, 실질적으로 이용하기 쉽다.
③ 타당성 : 측정하고자 하는 평가 척도가 시스템의 목표를 반영한다.
④ 무오염성 : 측정하고자 하는 변수 이외의 외적 변수에 영향을 받는다.

해설 무오염성
측정하고자 하는 변수 이외의 외적 변수에 영향을 받아서는 안 된다.

02 광도(Luminous Intensity)를 측정하는 단위는?

① lux
② candela
③ lumen
④ lambert

해설 측정 단위
① lux : 조도
② candela : 광도
③ lumen : 광속
④ lambert : 휘도

03 정신 작업부하를 측정하는 척도로 적합하지 않은 것은?

① 심박수
② Cooper-Harper 축척(scale)
③ 주임무(Primary Task) 수행에 소요된 시간
④ 부임무(Secondary Task) 수행에 소요된 시간

해설 정신 작업부하의 측정
정신 작업부하 측정은 크게 네 부분으로 나뉘는데 주작업 측정, 부수작업 측정, 생리적 측정, 주관적 측정으로 구분한다.
심박수는 육체 작업평가에 적합하다.

04 기계가 인간보다 더 우수한 기능이 아닌 것은? (단, 인공지능은 제외한다.)

① 자극에 대하여 연역적으로 추리한다.
② 이상하거나 예기치 못한 사건들을 감지한다.
③ 장시간에 걸쳐 신뢰성 있는 작업을 수행한다.
④ 암호화된 정보를 신속하고, 정확하게 회수한다.

해설 인간과 기계

인간이 우수한 기능	기계가 우수한 기능
• 귀납적 추리	• 연역적 추리
• 과부하 상태에서 선택	• 과부하 상태에서도 효율적
• 예기치 못한 사건을 감지	• 장시간 걸쳐 신뢰성 있는 작업 수행
	• 암호화 정보를 신속하고 정확하게 수행

정답 01 ④ 02 ② 03 ① 04 ②

2018년 제3회 기출복원문제

05 버스의 의자 앞뒤 사이의 간격을 설계할 때 적용하는 인체치수 적용원리로 가장 적절한 것은?

① 평균치 원리 ② 최대치 원리
③ 최소치 원리 ④ 조절식 원리

해설 최대치의 원리

구분	최대집단치	최소집단치
개념	대상 집단에 대한 인체 측정 변수의 상위 백분위수를 기준으로 90, 95, 99% 치를 사용	관련 인체 측정 변수 분포의 하위 백분위수를 기준으로 1, 5, 10% 치를 사용
적용예	• 출입문, 통로, 의자 사이의 간격 등 • 줄사다리, 그네 등의 지지물의 최소 지지중량(강도)	• 선반의 높이 또는 조종장치까지의 거리, 버스나 전철의 손잡이 등

06 제어장치와 표시장치의 일반적인 설계원칙이 아닌 것은?

① 눈금이 움직이는 동침형 표시장치를 우선 적용한다.
② 눈금을 조절 노브와 같은 방향으로 회전시킨다.
③ 눈금 수치는 왼쪽에서 오른쪽으로 돌릴 때 증가하도록 한다.
④ 증가량을 설정할 때 제어장치를 시계방향으로 돌리도록 한다.

해설 제어장치와 표시장치

• 사용자와 시스템 간의 상호작용을 최적화하는 중요한 요소로 각각의 목적과 사용 환경에 따라 다르게 설계된다.
• 나타내고자 할 눈금이 많을 경우 동목형이 좋다.

07 촉각적 표시장치에 대한 설명으로 맞는 것은?

① 시각 및 청각 표시장치를 대체하는 장치로 사용할 수 없다.
② 3점 문턱값(Three-Point Threshold)을 척도로 사용한다.
③ 세밀한 식별이 필요한 경우 손가락보다 손바닥 사용을 유도해야 한다.
④ 촉감은 피부온도가 낮아지면 나빠지므로, 저온 환경에서 촉감 표시장치를 사용할 때는 아주 주의하여야 한다.

해설 촉각적 표시장치

• 촉각적 표시장치는 시각 및 청각 표시장치를 대체하는 장치로 사용할 수 있다.
• 세밀한 식별이 필요한 경우 손바닥보다 손가락 사용을 유도해야 한다.

08 소리의 차폐효과(Masking)에 관한 설명으로 맞는 것은?

① 주파수별로 같은 소리의 크기를 표시한 개념
② 하나의 소리가 다른 소리의 판별에 방해를 주는 현상
③ 내이(Inner Ear)의 달팽이관(Cochlea) 안에 있는 섬모(Fiber)가 소리의 주파수에 따라 민감하게 반응하는 현상
④ 하나의 소리의 크기가 다른 소리에 비해 몇 배나 크게(또는 작게) 느껴지는지를 기준으로 소리의 크기를 표시하는 개념

해설 차폐(은폐)효과

음의 차폐, 은폐효과(Masking effect)란 음의 한 성분이 다른 성분의 청각감지를 방해하는 현상을 말한다.

정답 05 ② 06 ① 07 ④ 08 ②

09 정상조명 하에서 100m 거리에서 볼 수 있는 원형 시계탑을 설계하고자 한다. 시계의 눈금단위를 1분 간격으로 표시하고자 할 때 원형문자판의 직경은 약 몇 cm인가?

① 250
② 300
③ 350
④ 400

> **해설** 문자판의 직경
> - 71cm 거리일 때 문자판의 직경 원주
>   1.3mm × 60 = 78mm
> - 원주 공식에 이해
>   78mm = 지름 × 3.14
>   지름 = 2.5cm
> - 100m 거리에서 문자판의 직경
>   0.71m : 2.5cm = 100m : X
>   X = 350cm

10 시각의 기능에 대한 설명으로 틀린 것은?

① 밤에는 빨간색보다는 초록색이나 파란색이 잘 보인다.
② 눈이 초점을 맞출 수 있는 가장 가까운 거리를 근점이라 한다.
③ 근시인 사람은 수정체가 얇아져 가까운 물체를 제대로 볼 수 없다.
④ 간상체나 원추체가 빛을 흡수하면 화학반응이 일어나 뇌로 전달된다.

> **해설** 근시
> 수정체가 두꺼운 상태로 유지되어 상이 망막 앞에 맺혀 멀리 있는 물체를 볼 때에는 초점을 정확히 맞출 수 없다.

11 작업환경 측정법이나 소음 규제법에서 사용되는 음의 강도의 척도는?

① dB(A)
② dB(B)
③ Sone
④ Phpn

> **해설** 음의 강도의 척도
> 소음계는 주파수에 따른 사람의 느낌을 감안하여 A, B, C 세 가지의 특성에서 음압을 측정할 수 있도록 보정되어 있다. 일반적으로 소음레벨은 그 소리의 대소에 관계없이 원칙으로 A 특성으로 측정한다.

12 구성요소 배치의 원칙에 관한 기술 중 틀린 것은?

① 사용빈도를 고려하여 배치한다.
② 작업공간의 활용을 고려하여 배치한다.
③ 기능적으로 관련된 구성요소들을 한데 모아서 배치한다.
④ 시스템의 목적을 달성하는 데 중요한 정도를 고려하여 배치한다.

> **해설** 구성요소(부품) 배치의 원칙
> - 중요성의 원칙
> - 사용빈도의 원칙
> - 기능별 배치의 원칙
> - 사용 순서의 원칙

13 정보이론의 응용과 가장 거리가 먼 것은?

① 정보이론에 따르면 자극의 수와 반응시간은 무관하다.
② 주의를 번갈아가며 두 가지 이상의 일을 돌보아야 하는 것을 시배분이라 한다.
③ 단일 차원의 자극에서 확인할 수 있는 범위는 Magic number 7±2로 제시되었다.
④ 선택반응시간은 자극 정보량의 선형함수임을 나타내는 것이 Hick-Hyman 법칙이다.

> **해설** 정보이론
> 일반적으로 자극의 수가 증가할수록 반응시간도 길어진다.

정답 09 ③ 10 ③ 11 ① 12 ② 13 ①

14 회전운동을 하는 조종장치의 레버를 25° 움직였을 때 표시장치의 커서는 1.5cm 이동하였다. 레버의 길이가 15cm일 때 이 조종장치의 C/R 비는 약 얼마인가?

① 2.09　　② 3.49
③ 4.36　　④ 5.23

해설 조종장치의 C/R 비

$$C/R\ 비 = \frac{(a/360) \times 2\pi L}{표시장치의\ 이동거리}$$
$$= \frac{(25/360) \times 2\pi \times 15}{1.5} = 4.36$$

a : 조종장치가 움직인 각도
L : 반지름

15 인체측정에 관한 설명으로 틀린 것은?
① 활동 중인 신체의 자세를 측정한 것을 기능적 치수라 한다.
② 일반적으로 구조적 치수는 나이, 성별, 인종에 따라 다르게 나타난다.
③ 인간-기계 시스템의 설계에서는 구조적 치수만을 활용하여야 한다.
④ 표준자세에서 움직이지 않는 상태를 인체측정기로 측정한 측정치를 구조적 치수라 한다.

해설 인체측정
인간-기계 시스템의 설계에서는 구조적 치수와 기능적 치수 모두 활용하여야 한다.

16 Wickens의 인간의 정보처리체계(Human information processing) 모형에 의하면 외부자극으로 인한 정보가 처리될 때, 인간의 주의집중(attention resources)이 관여하지 않는 것은?
① 인식(Perception)
② 감각저장(Sensory storage)
③ 작업기억(Working memory)
④ 장기기억(Long-term memory)

해설 정보처리체계
인간의 정보처리 과정에서 감각저장은 감각기관에서 일어난다.

17 인간공학의 정보이론에 있어 1bit에 관한 설명으로 가장 적절한 것은?
① 초당 최대 정보 기억 용량이다.
② 정보 저장 및 회송(recall)에 필요한 시간이다.
③ 2개의 대안 중 하나가 명시되었을 때 얻어지는 정보량이다.
④ 일시에 보낼 수 있는 정보전달 용량의 크기로서 통신 채널의 Capacity를 의미한다.

해설 정보의 기본단위, bit
정보의 기본단위가 bit이며 2개의 대안 중 하나가 명시되었을 때 얻어지는 정보량이다.

정답　14 ③　15 ③　16 ②　17 ③

18 인간-기계 시스템의 설계원칙으로 적절하지 않은 것은?

① 인체의 특성에 적합하여야 한다.
② 인간의 기계적 성능에 적합하여야 한다.
③ 시스템의 동작은 인간의 예상과 일치되어야 한다.
④ 단독의 기계를 배치하는 경우 기계의 성능을 우선적으로 고려하여야 한다.

해설 인간-기계 시스템의 설계원칙

단독의 기계에 대하여 수행해야 할 배치는 인간의 심리 및 기능에 부합되도록 한다.

19 신호 및 정보 등의 경우 빛의 검출성에 따라서 신호, 경보 효과가 달라지는데, 빛의 검출성에 영향을 주는 인자에 해당되지 않는 것은?

① 색광
② 배경광
③ 점멸속도
④ 신호등 유리의 재질

해설 빛의 검출성에 영향을 주는 인자
- 크기
- 광속발산도 및 노출시간
- 색광
- 점멸속도
- 배경광

20 인간공학의 목적과 가장 거리가 먼 것은?

① 생산성 향상
② 안전성 향상
③ 사용성 향상
④ 인간기능 향상

해설 인간공학의 목적
- 인간-기계 시스템 구성요소의 최적 설계를 통해 인간-기계 간의 상호작용을 개선하여 시스템의 성능을 높인다.
- 일과 활동을 수행하는 효능과 효율을 향상시켜 사용편의성 증대, 오류 감소, 생산성 향상 등을 도모할 수 있다.
- 인간가치를 향상하는 것으로 안전성 개선, 피로와 스트레스 감소, 쾌적감 증가, 사용자 수용성 향상, 작업 만족도 증대, 생활의 질 개선 등을 들 수 있다.

2과목 작업생리학

21 신체부위를 움직이지 않으면서 고정된 물체에 힘을 가하는 상태의 근력을 의미하는 용어는?

① 등장성 근력(isotonie strength)
② 등척성 근력(isometric strength)
③ 등속성 근력(isokinetic strength)
④ 등관성 근력(isoinertial strength)

해설 근력

① **등장성 근력** : 근육이 일정한 장력을 유지하면서 길이가 변하는 운동
② **등척성 근력** : 물건을 들고 있을 때처럼 인체 부위를 움직이지 않으면서 고정된 물체에 힘을 가하는 상태의 근력
③ **등속성 근력** : 운동 내내 근육의 수축 속도가 일정하게 유지되도록 하는 운동
④ **등관성 근력** : 관성 저항을 이기기 위해 근육이 수축하는 운동

정답 18 ④ 19 ④ 20 ④ 21 ②

2018년 제3회 기출복원문제

22 어떤 들기 작업을 한 후 작업자의 배기를 3분간 수집한 후 60리터(liter)의 가스를 가스 분석기로 성분을 조사하였더니, 산소는 16%, 이산화탄소는 4%이었다. 분당 산소 소비량과 에너지가(價)를 구한 것으로 맞는 것은? (단, 공기 중 산소는 21%, 질소는 79%를 차지하고 있다.)

① 1.053L/min, 5.265kcal/min
② 1.053L/min, 10.525kcal/min
③ 2.105L/min, 5.265kcal/min
④ 2.105L/min, 10.525kcal/min

해설 산소 소비량의 측정

- 분당 배기량 = $\frac{60L}{3분} = 20L/min$
- 분당 흡기량 = $\frac{(100\% - 16\% - 4\%)}{79\%} \times 20L = 20.25L/min$
- 산소 소비량 = $21\% \times 20.25L/min - 16\% \times 20L/min = 1.053L/min$
- 에너지가 = $1.053 \times 5kcal/min = 5.265kcal/min$

23 휴식을 취할 때나 힘든 작업을 수행할 때 혈류량의 변화가 없는 기관은?

① 뼈　　② 근육
③ 소화기계　　④ 심장

해설 혈류의 배분
심장의 혈류량은 휴식을 취할 때나 힘든 작업을 수행할 때 항상 4~5% 비율을 유지한다.

24 근육이 피로해질수록 근전도(EMG) 신호의 변화로 맞는 것은?

① 저주파 영역이 증가하고 진폭도 커진다.
② 저주파 영역이 감소하나 진폭은 커진다.
③ 저주파 영역이 증가하나 증폭은 작아진다.
④ 저주파 영역이 감소하고 진폭도 작아진다.

해설
정적수축으로 인한 피로 누적 시 진폭의 증가와 저주파 성분의 증가가 동시에 근전도에 관측된다.

25 척추를 구성하고 있는 뼈 가운데 요추의 수는 몇 개인가?

① 5개　　② 6개
③ 7개　　④ 8개

해설 요추의 수
요추는 1~5번까지로 5개이다.

26 진동방지 대책으로 적합하지 않은 것은?

① 진동의 강도를 일정하게 유지한다.
② 작업자는 방진 장갑을 착용하도록 한다.
③ 공장의 진동 발생원을 기계적으로 격리한다.
④ 진동 발생원을 작동시키기 위하여 원격제어를 사용한다.

해설 진동방지 대책
진동의 강도를 유지하는 것은 방지 대책이 아니다.

27 정신적 부하 측정치로 가장 거리가 먼 것은?

① 뇌전도
② 부정맥지수
③ 근전도
④ 점멸융합주파수

해설 근전도
근육활동의 전위차를 기록하는 것으로 육제적 부하를 측정한다.

정답　22 ①　23 ④　24 ①　25 ①　26 ①　27 ③

28 환경요소와 관련한 복합지수 중 열과 관련된 것이 아닌 것은?

① 긴장지수(strain index)
② 습건지수(oxford index)
③ 열압박지수(heat stress index)
④ 유효온도(effective temperature)

해설 | 환경요소와 관련한 복합지수

① **긴장지수(Strain Index)** : 신체가 작업이나 활동 중에 경험하는 근골격계 부담을 평가하는 도구다. 주로 반복적인 작업이나 지속적인 힘을 요구하는 작업에서 발생하는 근육의 긴장을 측정한다.
② **습건지수(Oxford Index)** : "습구흑구온도지수(Wet Bulb Globe Temperature, WBGT)"이며, 기온, 습도, 바람, 태양 복사열을 종합적으로 고려하여 작업 환경의 열적 스트레스를 평가한다.
③ **열압박지수(Heat Stress Index)** : 고온 환경에서 작업하는 사람들의 열적 스트레스 수준을 평가하는 지수로, 체온, 심박수, 발한량 등을 고려하여 열압박 상태를 평가한다.
④ **유효온도(Effective Temperature)** : 온도, 습도, 기류를 종합적으로 고려하여 인간이 느끼는 체감 온도를 표현하는 지표이다. 실제 기온과는 다르게 느껴지는 온도를 나타낸다.

29 육체적인 작업을 수행할 때 생리적 변화에 대한 설명으로 틀린 것은?

① 작업부하가 지속적으로 커지면 산소 흡입량이 증가할 수 있다.
② 정적인 작업의 부하가 커지면 심박출량과 심박수가 감소한다.
③ 교대작업을 하는 작업자는 수면 부족, 식욕 부진 등을 일으킬 수 있다.
④ 서서 하는 작업이 앉아서 하는 작업보다 심혈관계의 순환이 활발해질 수 있다.

해설 | 작업부하

정적인 작업의 부하가 커지면 심박출량과 심박수가 증가한다.

30 기초 대사량(BMR)에 관한 설명으로 틀린 것은?

① 기초 대사량은 개인차가 심하여 나이에 따라 달라진다.
② 일상생활을 하는 데 필요한 단위 시간당 에너지양이다.
③ 일반적으로 체격이 크고 젊은 남성의 기초 대사량이 크다.
④ 공복상태로 쾌적한 온도에서 신체적 휴식을 취하는 엄격한 조건에서 측정한다.

해설 | 기초 대사량

우리의 호흡, 심장 박동, 체온 유지 등 기본적인 생리적 기능을 유지하기 위해 필요한 최소한의 에너지이다.

31 신체의 지지와 보호 및 조혈 기능을 담당하는 것은?

① 근육계   ② 순환계
③ 신경계   ④ 골격계

해설 | 신체의 구조

① **근육계** : 신체의 움직임과 자세를 유지하는 데 중요한 역할을 하는 근육과 힘줄로 구성된다. 근육계는 수의근(골격근), 불수의근(평활근), 심근 등으로 나뉜다.
② **순환계** : 심장, 혈액, 혈관으로 구성되며, 신체의 각 부위에 산소와 영양소를 공급하고, 노폐물을 제거한다. 심혈관계와 림프계가 포함된다.
③ **신경계** : 신체의 모든 기능을 조절하고 통제하는 뇌, 척수, 신경으로 구성된다. 중추신경계(뇌와 척수)와 말초신경계로 나뉜다.
④ **골격계** : 뼈, 연골, 인대 등으로 구성되며, 신체의 구조를 지지하고 보호한다. 신체의 움직임을 가능하게 하고, 중요한 장기를 보호하며, 혈구 생산과 무기질 저장에도 중요한 역할을 한다.

정답 28 ① 29 ② 30 ② 31 ④

2018년 제3회 기출복원문제

32 진동에 의한 영향으로 틀린 것은?

① 심박수가 감소한다.
② 약간의 과도(過度) 호흡이 일어난다.
③ 장시간 노출 시 근육 긴장을 증가시킨다.
④ 혈액이나 내분비의 화학적 성질이 변하지 않는다.

해설 진동의 영향

진동이 발생하면 심박수가 증가한다.

33 실내 표면의 추천반사율이 높은 곳에서 낮은 순으로 맞게 나열된 것은?

① 창문 발(blind) – 사무실 천장 – 사무용 기기 – 사무실 바닥
② 사무실 바닥 – 사무실 천장 – 창문 발(blind) – 사무실 바닥
③ 사무실 천장 – 창문 발(blind) – 사무용기기 – 사무실 바닥
④ 사무용기기 – 사무실 바닥 – 사무실 천장 – 창문 발(blind)

해설 추천반사율

천장	80~90%
벽, 창문 발(blind)	40~60%
가구, 사무용기기, 책상	25~45%
바닥	20~40%

34 육체적 작업을 위하여 휴식시간을 산정할 때 가장 관련이 깊은 척도는?

① 눈 깜빡임 수(blink rate)
② 점멸융합주파수(flicker test)
③ 부정맥 지수(cardiac arrhythmia)
④ 에너지 대사율(relative metabolic rate)

해설 휴식시간 산정

작업부하에 따라 휴식시간을 산정 시 평균 에너지 소모량과 권장 에너지 소모량을 기초로 한다.

$$R = \frac{T(E-S)}{E-1.5}$$

R : 휴식시간/min
T : 총 작업시간/min
E : 평균 에너지 소비량
S : 권장 에너지 소비량

35 음식물을 섭취하여 기계적인 일과 열로 전환하는 화학적인 과정을 무엇이라 하는가?

① 에너지가 ② 산소부채
③ 신진대사 ④ 에너지 소비량

해설 용어의 개념

① 에너지가 : 에너지가 또는 에너지 대사라는 용어는 신체가 필요한 에너지를 생성하고 사용하는 과정을 의미한다. 에너지는 주로 음식에서 섭취한 영양소를 통해 얻어진다.
② 산소부채(Oxygen Debt) : 고강도 운동 후 신체가 정상적인 상태로 회복되는 동안 추가적인 산소가 필요한 상태를 의미한다. 이는 운동 중에 발생한 에너지 부족을 보충하기 위해 필요한 산소량을 나타낸다.
③ 신진대사(Metabolism) : 신체 내에서 일어나는 모든 화학 반응을 의미하며, 이는 음식을 에너지로 변환하고, 세포를 생성 및 수리하며, 노폐물을 제거하는 등의 과정을 포함한다.
④ 에너지 소비량(Energy Expenditure) : 신체가 활동과 생리적 기능을 유지하기 위해 사용하는 총 에너지 양을 의미한다. 이는 기초 대사량, 신체활동, 음식 소화 등에 의해 결정된다.

정답 32 ① 33 ③ 34 ④ 35 ③

36 작업장에서 8시간 동안 85dB(A)로 2시간, 90dB(A)로 3시간, 95dB(A)로 3시간 소음에 노출되었을 경우 소음노출지수는? (단, 국내의 관련 규정을 따른다.)

① 0.975 ② 1.125
③ 1.25   ④ 1.5

해설 소음노출지수

음압수준dB(A)	노출허용시간/일
90	8
95	4
100	2
105	1
110	30
115	15

소음노출지수 $= \dfrac{C(\text{노출시간})}{T(\text{허용노출시간})} = \left(\dfrac{3}{8}\right) + \left(\dfrac{3}{4}\right) = 1.125$

37 근육의 수축에 대한 설명으로 틀린 것은?
① 근육이 최대로 수축할 때 Z선이 A대에 맞닿는다.
② 근섬유(muscle fiber)가 수축하면 I대 및 H대가 짧아진다.
③ 근육이 수축할 때 근세사(myofilament)의 원래 길이는 변하지 않는다.
④ 근육이 수축하면 굵은 근세사(myofilament)가 가는 근세사 사이로 미끄러져 들어간다.

해설 근육의 수축
- 근육은 자극을 받으면 수축하고, 수축은 근육의 유일한 활동으로 근육의 길이가 단축된다.
- 근육이 수축할 때 짧아지는 것은 미오신 필라멘트 속으로 액틴 필라멘트가 미끄러져 들어간 결과이다. 액틴과 미오신 필라멘트의 길이는 변하지 않는다.
- 섬유가 수축하면 I대와 H대가 짧아진다.

38 교대작업에 대한 설명으로 틀린 것은?
① 일반적으로 야간 근무자의 사고 발생률이 높다.
② 교대작업은 생산설비의 가동률을 높이고자 하는 제도 중의 하나이다.
③ 교대작업 주기를 자주 바꿔주는 것이 근무자의 건강에 도움이된다.
④ 상대적으로 가벼운 작업을 야간 근무조에 배치하고 업무 내용을 탄력적으로 조정한다.

해설 교대작업
교대작업 주기를 자주 바꿔주는 것은 근무자의 교대작업에 잘 적응하기 힘들 수 있다.

39 생체역할 용어에 대한 설명으로 틀린 것은?
① 힘을 3소요는 크기, 방향, 작용점이다.
② 벡터(vector)는 크기와 방향을 갖는 양이다.
③ 스킬라(scglgr)는 벡터양과 유사하나 방향이 다르다.
④ 모멘트(moment)란 변형시킬 수 있거나 회전시킬 수 있는 관절에 가해지는 힘이다.

해설 생체역할 용어
스킬라는 질량, 온도, 일, 에너지 등 크기만을 지니고 있다.

정답 36 ② 37 ④ 38 ③ 39 ③

40 눈으로 볼 수 있는 빛의 가시광선 파장에 속하는 것은?

① 250nm ② 600nm
③ 1,000nm ④ 1,200nm

해설 가시광선
가시광선은 인간의 눈으로 볼 수 있는 빛의 범위를 말하며, 가시광선의 파장은 약 380nm(나노미터)에서 700nm 사이에 위치해 있다. 1나노미터는 10억분의 1미터이며, 이 범위 내의 빛이 우리의 눈에 색깔로 인식된다.

3과목 산업심리학 및 관련 법규

41 재해예방의 4원칙에 해당되지 않는 것은?

① 예방 가능의 원칙
② 손실 우연의 원칙
③ 보상 분배의 원칙
④ 대책 선정의 원칙

해설 재해예방의 4원칙
- 예방 가능의 원칙
- 손실 우연의 원칙
- 원인 계기의 원칙
- 대책 선정의 원칙

42 원자력발전소 주제어실의 직무는 4명의 운전원으로 구성된 근무조에 의해 수행되고, 이들의 직무 간에는 서로 영향을 끼치게 된다. 근무조원 중 1차 계통의 운전원 A와 2차 계통의 운전원 B간의 직무는 중간 정도의 의존성(15%)이 있다. 그리고 운전원 A의 기초 인간실수확률 HEP Prob{A} = 0.001일 때, 운전원 B의 직무실패를 조건으로 한 운전원 A의 직무실패 확률은? (단, THERP분석법을 사용한다.)

① 0.151 ② 0.161
③ 0.171 ④ 0.181

해설 THERP분석

prob{N | N − 1} = (%dep)1.0 + (1 − %dep)Prob{N}

- B가 실패일 때 A의 실패확률

Rrob{A | B} = (0.15) × 1.0 + (1 − 0.15) × (0.001)
= 0.15075
= 0.151

43 작업자의 인지과정을 고려한 휴먼에러의 정성적 분석방법이 아닌 것은?

① 연쇄적 오류모형
② GEMS(Generic Error Modeling System)
③ PHECA(Potential Human Error Cause Analysis)
④ CREMA(Cognitive Reliability Error Analysis Method)

해설 휴먼에러의 분석방법
PHECA(Potential Human Error Cause Analysis)는 작업수행 단계에서의 휴먼에러 분석

44 손과 발 등의 동작시간과 이동시간이 표적의 크기와 표적까지의 거리에 따라 결정된다는 법칙은?

① Fitts의 법칙
② Alderfer의 법칙
③ Rasmussen의 법칙
④ Hicks-Hymann의 법칙

정답 40 ② 41 ③ 42 ① 43 ③ 44 ①

> **해설** Fitts의 법칙
>
> 인간이 목표를 정확히 지향하는 데 걸리는 시간을 예측하는 법칙으로, 주로 인간-컴퓨터 상호작용(HCI)에서 사용된다. 이 법칙은 목표의 크기와 목표까지의 거리와 관련이 있으며, 목표가 작을수록 또는 목표까지의 거리가 멀수록 시간이 더 오래 걸린다는 것이다.

45 안전 수단을 생략하는 원인으로 적합하지 않은 것은?

① 감정
② 의식과잉
③ 피로
④ 주변의 영향

> **해설** 안전 수단
>
> 안전 수단을 생략하는 경우는 의식과잉, 피로 또는 과로, 주변 영향이다.

46 많은 동작들이 바뀌는 신호등이나 청각적 경계적 신호와 같은 외부자극을 계기로 하여 시작된다. 자극이 있은 후 동작을 개시할 때까지 걸리는 시간은 무엇이라 하는가?

① 동작시간
② 반응시간
③ 감지시간
④ 정보 처리시간

> **해설** 동작시간과 반응시간 차이
>
> ① 동작시간(Movement Time) : 특정 작업이나 움직임을 수행하는 데 걸리는 시간이다. 예를 들어, 손을 들어 버튼을 누르거나 물건을 잡는 데 소요되는 시간이다. Fitts의 법칙에 따르면, 목표의 크기와 목표까지의 거리에 따라 동작시간이 결정된다.
> ② 반응시간(Reaction Time) : 자극을 인지한 후 반응을 시작하는 데 걸리는 시간이다. 예를 들어, 신호등이 빨간색에서 녹색으로 바뀔 때, 이를 보고 차량이 움직이기 시작하는 시간이다. 반응시간은 주로 신경계의 속도와 연관이 있다.
> ③ 감지시간(Detection Time) : 특정 자극이나 신호를 감지하고 이를 인식하는 데 걸리는 시간이다. 예를 들어, 위험 상황을 감지하고 이를 인지하는 시간으로 감지시간은 감각 기관과 뇌의 처리 능력에 따라 달라진다.
> ④ 정보 처리시간(Information Processing Time) : 감지한 정보를 분석하고 판단을 내리는 데 걸리는 시간이다. 이는 자극을 받은 후 반응을 결정하기까지의 과정으로, 주로 복잡한 상황에서 중요한 역할을 하며, 인지적 부담과 관련이 있다.

47 피로의 생리학적(physiological) 측정방법과 거리가 먼 것은?

① 뇌파 측정(EEG)
② 심전도 측정(ECG)
③ 근전도 측정(EMG)
④ 변별역치 측정(촉각계)

> **해설** 피로의 측정방법
>
> 변별역치 측정은 감각계의 민감감도를 평가하는 방법이다.

48 통제적 집단행동 요소가 아닌 것은?

① 관습
② 유행
③ 군중
④ 제도적 행동

> **해설** 통제적 집단행동 요소
>
> ① 관습(Custom) : 특정 문화나 사회에서 오랫동안 이어져 온 전통적인 행동 양식을 의미한다.
> ② 유행(Trend) : 특정 기간 동안 사회적으로 널리 퍼지는 행동, 스타일, 생각 등을 의미한다.
> ③ 군중(Crowd) : 특정 목적이나 이유로 한 장소에 모인 많은 사람들을 의미한다.
> ④ 제도적 행동(Institutional Behavior) : 공식적인 조직이나 제도 내에서 일어나는 행동을 의미한다.

정답 45 ① 46 ② 47 ④ 48 ③

49 A 사업장의 도수율이 2로 계산되었다면, 이에 대한 해석으로 가장 적절한 것은?

① 근로자 1,000명당 1년 동안 발생한 재해자 수가 2명이다.
② 근로자 1,000명당 1년간 발생한 사망자 수가 2명이다.
③ 연 근로시간 1,000시간당 발생한 근로손실일수가 2일이다.
④ 연 근로시간 합계 100만 인시(man-hour)당 2건의 재해가 발생하였다.

해설 도수율

$$도수율 = \frac{재해발생 건수}{연 근로시간 수} \times 10^6$$

도수율이 2라는 것은 1,000,000 근로시간당 2건의 재해가 발생했다는 것이다.

50 제조물 책임법에서 동일한 손해에 대하여 배상할 책임이 있는 사람이 최소한 몇 명 이상이어야 연대하여 그 손해를 배상할 책임이 있는가?

① 2인 이상   ② 4인 이상
③ 6인 이상   ④ 8인 이상

해설 제조물 책임법

동일한 손해에 대하여 배상할 책임이 있는 자가 2인 이상인 경우에는 연대하여 그 손해를 배상할 책임이 있다.

51 동기를 부여하는 방법이 아닌 것은?

① 상과 벌을 준다.
② 경쟁을 자제하게 한다.
③ 근본이념을 인식시킨다.
④ 동기부여의 최적수준을 유지한다.

해설 동기부여

- 경쟁을 자제하게 하면 동기부여가 되지 않는다.
- 동기부여는 목표설정, 긍정피드백, 보상시스템, 자기효능감 증진, 참여와 자율성, 개인적 흥미와 열정, 도전과제 부여 등을 통해 할 수 있다.

52 정서노동(emotional labor)의 정의를 가장 적절하게 설명한 것은?

① 스트레스가 심한 사람을 상대하는 노동
② 정서적으로 우울 성향이 높은 사람을 상대하는 노동
③ 조직에 부정적 정서를 갖고 있는 종업원들의 노동
④ 자신이 느끼는 원래 정서와는 다른 정서를 고객에게 의무적으로 표현해야 하는 노동

해설 정서노동

감정을 관리하고, 조직이 요구하는 특정한 감정을 표현하는 행위를 말한다. 이는 주로 서비스업이나 고객 대면 업무에서 중요한 역할을 한다. 정서노동자는 자신의 진짜 감정과는 상관없이 고객이나 상사, 동료들에게 긍정적이거나 친절한 감정을 표현해야 하는 경우가 많다.

53 다음은 인적 오류가 발생한 사례이다. Swain Guttman이 사용한 개별적 독립행동에 의한 오류 중 어느 것에 해당하는가?

> 컨베이어 벨트 수리공이 작업을 시작하면서 동료에게 컨베이어 벨트의 작동버튼을 살짝 눌러서 벨트를 조금만 움직이라고 이른 뒤 수리작업을 시작하였다. 그러나 작동버튼 옆에서 서성이던 동료가 순간적으로 중심을 잃으면서 작동버튼을 힘껏 눌러 컨베이어 벨트가 전속력으로 움직이며 수리공의 신체 일부가 끼이는 사고가 발생하였다.

정답 49 ④ 50 ① 51 ② 52 ④ 53 ④

① 시간 오류(Timing Error)
② 순서 오류(Sequence Error)
③ 부작위 오류(Omission Error)
④ 작위 오류(Commission Error)

> **해설** 인적 오류
>
> - **작위 오류(Commission Error)** : 수행해야 할 작업을 부정확하게 하는 오류. 예를 들어, 필요하지 않은 버튼을 눌러 시스템을 잘못 작동시키는 경우이다.
> - **부작위(누락) 오류(Omission Error)** : 수행해야 할 작업을 빠뜨리는 오류. 예를 들어, 필수 절차를 무시하거나 놓친 경우.
> - **순서 오류(Sequence Error)** : 수행해야 할 작업의 순서가 틀린 오류. 예를 들어, 작업 절차를 잘못 진행하여 결과가 예상치 못한 것.
> - **시간 오류(Time Error)** : 정해진 시간 동안 수행해야 할 작업이 완료되지 않는 오류.
> - **불필요한 수행 오류(Extraneous Act Error)** : 불필요한 작업이 수행되는 오류. 예를 들어, 필요하지 않은 작업을 추가로 수행하여 문제를 일으키는 경우이다.

55 호손(Hawthorne) 연구의 내용으로 맞는 것은?

① 종업원의 이적률을 결정하는 중요한 요인은 임금수준이다.
② 호손 연구의 결과는 맥그리거(McGreger)의 XY이론 중 X이론을 지지한다.
③ 작업자의 작업능률은 물리적인 작업조건보다는 인간관계의 영향을 더 많이 받는다.
④ 종업원의 높은 임금 수준이나 좋은 작업 조건 등은 개인의 직무에 대한 불만족을 방지하고 직무 동기 수준을 높인다.

> **해설** 호손 연구
>
> 호손 연구의 결과는 노동자의 심리적 요인과 인간관계가 생산성에 큰 영향을 미친다는 것을 보였다.

54 재해 발생원인 중 불안전한 상태에 해당하는 것은?

① 보호구의 결함
② 불안전한 조장
③ 안전장치 기능의 제거
④ 불안전한 자세 및 위치

> **해설** 재해 발생원인
>
> - 불안전한 상태는 물적 원인, 불안전한 행동은 인적 원인이다.
> - 보기 중 보호구의 결함은 물적 원인이고, 나머지는 불안전한 행동으로 인적 원인에 해당한다.

56 전술적(tactical) 에러, 전략적(poerational) 에러, 그리고 관리구조(organizational) 결함 등의 용어를 사용하여 사고연쇄반응에 대한 이론을 제안한 사람은?

① 버드(Bird)
② 아담스(Adams)
③ 웨버(Weaver)
④ 하인리히(Heinrich)

> **해설** 아담스의 연쇄이론
>
> 관리구조 – 작전적(전략적) 에러 – 전술적 에러 – 사고 – 상해

정답 54 ① 55 ③ 56 ②

57 스트레스 수준과 수행(성능) 사이의 일반적 관계는?

① W형
② 뒤집힌 U형
③ U자형
④ 증가하는 직선형

해설 스트레스의 수준

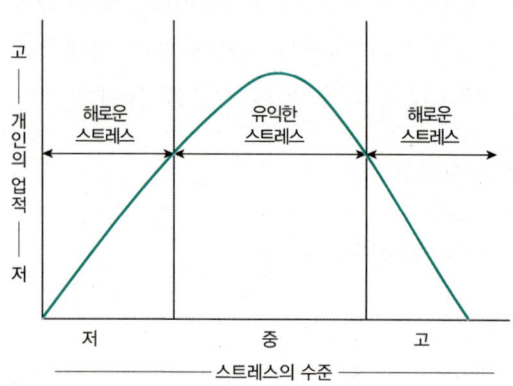

58 리더십 이론 중 관리 그리드 이론에서 인간에 대한 관심이 높은 유형으로만 나열된 것은?

① 인기형, 타협형
② 인기형, 이상형
③ 이상형, 타협형
④ 이상형, 과업형

해설 관리 그리드 이론

- (1,1)형 – 무관심형(Impoverished Management)
  과업과 사람 모두에 무관심한 스타일로, 효과적인 리더십이 부족한 경우이다.
- (9,1)형 – 과업형(Authority-Compliance Management)
  과업에만 집중하고 사람에게는 무관심한 스타일로, 업무 성과는 높지만 인간적인 측면이 결여될 수 있다.
- (1,9)형 – 인기형(Country Club Management)
  사람에게만 집중하고 과업에는 무관심한 스타일로, 인간관계는 좋지만 업무 성과가 낮을 수 있다.
- (5,5)형 – 타협형(Middle-of-the-Road Management)
  과업과 사람 모두에 중간 정도의 관심을 가지는 스타일로, 어느 정도 균형을 이루지만 탁월한 성과를 이루기 어려울 수 있다.
- (9,9)형 – 이상형(Team Management)
  과업과 사람 모두에 높은 관심을 가지는 스타일로, 높은 성과와 좋은 인간관계를 동시에 달성할 수 있는 이상적인 리더십 스타일이다.

59 미사일을 탐지하는 경보 시스템이 있다. 조작자는 한 시간마다 일련의 스위치를 작동해야 하는데 휴먼에러 확률(HEP)은 0.01이다. 2시간에서 5시간까지의 인간 신뢰도는 약 얼마인가?

① 0.9412
② 0.9510
③ 0.9606
④ 0.9703

해설 연속적 직무에서 인간 신뢰도

$$R(t_1, t_2) = e^{-\lambda(t_2 - t_1)} = e^{-0.01(5-2)} = 0.9703$$

60 게스탈트 지각원리에 해당하지 않은 것은?

① 근접성의 원리
② 유사성의 원리
③ 부분우세의 원리
④ 대칭성 원리

해설 게스탈트 7가지 원칙

① 근접성　② 유사성
③ 연속성　④ 폐쇄성
⑤ 단순성　⑥ 공동운명성
⑦ 대칭성

정답 57 ②　58 ②　59 ④　60 ③

4과목 근골격계질환 예방을 위한 작업관리

61 어느 회사의 컨베이어 라인에서 작업순서가 다음 표의 번호와 같이 구성되어 있을 때, 설명 중 맞는 것은?

작업	1. 조립	2. 납땜	3. 검사	4. 포장
시간(초)	10초	9초	8초	7초

① 공정 손실은 15%이다.
② 애로 작업은 검사작업이다.
③ 라인의 주기 시간은 7초이다.
④ 라인의 시간당 생산량은 6개이다.

해설 컨베이어 라인의 작업 효율성

- 공정 손실 : $\dfrac{\text{총 유휴시간}}{\text{작업자 수} \times \text{주기시간}} = \dfrac{6}{4 \times 10} = 0.15$
- 애로 작업 : 조립작업(작업시간이 가장 긴 작업)
- 주기 시간 : 가장 긴 작업이 10초이므로 10초
- 시간당 생산량 : 1개에 10초 걸리므로 $\dfrac{3,600초}{10초} = 360$개

62 1시간을 TMU(Time Measurement Unit)로 환산한 것은?

① 0.036TMU
② 27.8TMU
③ 1,667TMU
④ 100,000TMU

해설 TMU(Time Measurement Unit)
1TMU = 0.00001시간 = 0.0006분 = 0.036초
1시간 = 100,000TMU

63 들기작업의 안전작업 범위 중 주의 작업 범위에 해당하는 것은?

① 팔을 몸체에 붙이고 손목만 위, 아래로 움직일 수 있는 범위
② 팔은 완전히 뻗쳐서 손을 어깨까지 올리고 허벅지까지 내리는 범위
③ 물체를 놓치기 쉽거나 허리가 안전하게 그 무게를 지탱할 수 있는 범위
④ 팔꿈치를 몸의 측면에 붙이고 손이 어깨 높이에서 허벅지 부위까지 닿을 수 있는 범위

해설 들기작업

- **가장 안전한 작업 범위** : 팔을 몸체부에 붙이고 손목만 위, 아래로 움직일 수 있는 범위이다.
- **안전작업 범위** : 팔꿈치를 몸의 측면에 붙이고 손이 어깨 높이에서 허벅지 부위까지 닿을 수 있는 범위이다.
- **주의 작업 범위** : 팔을 완전히 뻗쳐서 손을 어깨까지 올리고 허벅지까지 내리는 범위이다.
- **위험작업 범위** : 몸의 안전작업 범위에서 완전히 벗어난 상태에서 작업을 하면 물체를 놓치기 쉬울 뿐만 아니라 허리가 안전하게 그 무게를 지탱할 수가 있다.

64 근골격계질환의 예방원리에 관한 설명으로 가장 적절한 것은?

① 예방이 최선의 정책이다.
② 작업자의 정신적 특징 등을 고려하여 작업장을 설계한다.
③ 공학적 개선을 통해 해결하기 어려운 경우에는 그 공정을 중단한다.
④ 사업장 근골격계질환의 예방정책에 노사가 협의하면 작업자의 참여는 중요하지 않다.

해설 근골격계질환
근골격계질환의 예방원리는 예방이 최선의 정책이라는 것이다.

정답 61 ① 62 ④ 63 ② 64 ①

2018년 제3회 기출복원문제

65 작업관리의 궁극적인 목적인 생산성 향상을 위한 대상 항목이 아닌 것은?
① 노동 ② 기계
③ 재료 ④ 세금

해설 | 대상 항목
- 최선의 개선방법의 발견
- 방법, 재료 설비 공구 등의 표준화
- 제품품질의 균일
- 생산비의 절감
- 새로운 방법의 작업지도
- 안전

66 NIOSH의 들기작업 지침에서 들기지수 값이 1이 되는 경우 대상 중량물의 무게는 얼마인가?
① 18kg ② 21kg
③ 23kg ④ 25kg

해설 | 들기지수
들기지수(Lifting Index) = 작업물의 무게 / RWL(권장 무게 한계)
- RWL = LC × HM × VM × DM × AM × FM × CM
- LC = 부하상수 = 23kg
- HM = 수평계수 = 25 | H
- VM = 수직계수 = 1 − (0.003 × | V−75 |)
- DM = 거리계수 = 0.82 + (4.5 / D)
- AM = 대칭계수 = 1 − (0.0032 × A)
- FM = 빈도계수(표 활용)
- CM = 결합계수(표 활용)

※ LC(부하상수)는 RWL을 계산하는데 상수로 23kg이다. 다른 계수들은 모두 0~1 사이의 값을 가지며, 부하상수는 23kg을 넘지 않는다.

67 작업연구의 내용과 가장 관계가 먼 것은?
① 재고량 관리
② 표준시간의 산정
③ 최선의 작업방법 개발과 표준화
④ 최적 작업방법에 의한 작업자 훈련

해설 | 작업연구
작업연구는 표준시간을 산정하고 최선의 작업방법 개발과 표준화, 최적 작업방법에 의한 작업자 훈련을 포함하고 있다.

68 배치설비를 분석하는 데 있어 가장 필요한 것은?
① 서블릭 ② 유통선도
③ 관리도 ④ 간트 차트

해설 | 배치설비
① 서블릭(Sublick) : 작업 연구와 동작 분석에서 사용되는 용어로, 인간이 수행하는 작업을 최소한의 기본 단위 동작으로 분해하여 분석하는 방법
② 유통선도(Distribution Chart) : 제조과정에서 발생하는 작업, 운반, 정체 검사, 보관 등의 사항이 생산현장의 어느 위치에서 발생하는지 알수 있도록 부품의 이동경로를 배치도 상에 선으로 표시한 후 유통공정도에 사용되는 기호와 번호를 발생위치에 따라 유통선상에 표시한 도표이다.
③ 관리도(Control Chart) : 통계적 품질 관리에서 사용하는 도구로, 공정이 통계적으로 통제 상태에 있는지를 모니터링하는 데 사용된다 주로 생산 공정의 변동성을 분석하여 문제를 조기에 발견하고, 개선하는 데 중요한 역할을 한다.
④ 간트 차트(Gantt Chart) : 프로젝트 관리에서 사용하는 도구로, 작업 일정과 진척 상황을 시각적으로 표현하는 데 사용된다. 각 작업의 시작과 종료 시점을 막대로 표시하여 프로젝트의 진행 상황을 쉽게 파악할 수 있다.

69 다음 중 작업 대상물의 품질 확인이나 수량의 조사, 검사 등에 사용되는 공정도 기호에 해당하는 것은?
① ○ ② □
③ △ ④ ⇨

해설 | 공정도 기호

가공	운반	정체	저장	검사
○	⇨	D	▽	□

정답 65 ④ 66 ③ 67 ① 68 ② 69 ②

70 작업개선에 따른 대안을 도출하기 위한 사항과 가장 거리가 먼 것은?

① 다른 사람에게 열심히 탐문한다.
② 유사한 문제로부터 아이디어를 얻도록 한다.
③ 현재의 작업방법을 완전히 잊어버리도록 한다.
④ 대안 탐색 시에는 양보다 질에 우선순위를 둔다.

> **해설** 작업개선에 따른 대안 도출
> 대안 탐색 시에는 질보다 양에 우선순위를 둔다.

71 근골격계질환 중 손과 손목에 관련된 질환으로 분류되지 않는 것은?

① 결절종(Ganglion)
② 수근관 증후군(Carpal Tunnel Syndrome)
③ 회전근개 증후군(Rotator Cuff Syndrome)
④ 드퀘르뱅 건초염(Dequervain's Syndrome)

> **해설** 회전근개 증후군(Rotator Cuff Syndrome)
> 어깨의 회전근개 근육과 힘줄에 영향을 미치는 모든 부상, 질병 또는 퇴행성 질환을 포괄한다. 회전근개는 어깨와 팔을 연결하는 4개의 근육(극상근, 극하근, 소원근, 견갑하근)과 힘줄로 이루어진 어깨 부위 질환이다.

72 근골격계질환 발생의 주요한 작업 위험요인으로 분류하기에 적절하지 않는 것은?

① 부적절한 휴식
② 과도한 반복 작업
③ 작업 중 과도한 힘의 사용
④ 작업 중 적절한 스트레칭의 부족

> **해설** 근골격계질환
> 작업 중 적절한 스트레칭 부족은 근골격계 작업 위험요인에 해당하지 않는다.

73 근골격계질환 예방·관리 프로그램의 실행을 위한 보건관리자의 역할과 가장 밀접한 관계가 있는 것은?

① 기본 정책을 수립하여 근로자에게 알려야 한다.
② 예방·관리 프로그램의 수립 및 수정에 관한 사항을 결정한다.
③ 예방·관리 프로그램의 개발·평가에 적극적으로 참여하고 준수한다.
④ 주기적인 근로자 면담 등을 통하여 근골격계질환 증상 호소자를 조기에 발견하는 일을 한다.

> **해설** 보건관리자의 역할
> • 주기적으로 작업장을 순회하여 근골격계질환을 유발하는 작업공정 및 작업유해요인을 파악한다.
> • 주기적으로 작업자 면담 등을 통하여 근골격계질환 증상 호소자를 조기에 발견하는 일을 한다.
> • 7일 이상 지속되는 증상을 가진 작업자가 있을 경우 지속적인 고찰, 전문의 진단의뢰 등의 필요한 조치를 한다.
> • 근골격계질환자를 주기적으로 면담하여 가능한 한 조기에 작업자에 복귀할 수 있도록 도움을 준다.
> • 예방·관리 프로그램 운영을 위한 정책 결정에 참여한다.

74 유해요인의 공학적 개선사례로 볼 수 없는 것은?

① 로봇을 도입하여 수작업을 자동화하였다.
② 중량물 작업 개선을 위하여 호이스트를 도입하였다.
③ 작업량 조정을 위하여 컨베이어의 속도를 재설정하였다.
④ 작업피로 감소를 위하여 바닥을 부드러운 재질로 교체하였다.

> **해설** 공학적 개선
> 공구장비, 작업장, 포장, 부품, 제품의 재배열·수정·재설계·교체 등을 말하며, 작업량 조정을 위하여 컨베이어의 속도를 재설정 하는 것은 관리적 개선이다.

정답 70 ④ 71 ③ 72 ④ 73 ④ 74 ③

2018년 제3회 기출복원문제

75 신체 사용에 관한 동작경제 원칙으로 틀린 것은?

① 두 손은 순차적으로 동작하도록 한다.
② 두 팔의 동작은 서로 반대방향에서 대칭적으로 움직이도록 한다.
③ 손과 신체의 동작은 작업을 원만하게 처리할 수 있는 범위 내에서 가장 낮은 동작등급을 사용한다.
④ 가능한 한 관성을 이용하여 작업을 하되, 작업자가 관성을 억제해야 하는 경우에는 발생하는 관성을 최소한으로 줄인다.

> **해설** 신체 사용에 관한 원칙
> 양손은 동시에 동작을 시작하고 또 끝마쳐야 한다.

76 정미시간이 0.177분인 작업을 여유율 10%에서 외경법으로 계산하면 표준시간이 0.195분이 된다. 이를 8시간 기준으로 계산하면 여유시간은 총 44분이 된다. 같은 작업을 내경법으로 계산할 경우 8시간 기준으로 총 여유시간은 약 몇 분이 되겠는가? (단, 여유율은 외경법과 동일하다.)

① 12분 ② 24분
③ 48분 ④ 60분

> **해설** 내경법
> - 표준시간(ST) = 정미시간(NT) × (1 / 1 − 여유율)
>   = 0.177 × (1 / 1 − 0.1)
>   = 0.196(분)
> - 8시간 근무 중 총 정미시간 = 480 × (0.177 / 0.1967) = 432분
> - 8시간 근무 중 총 여유시간 = 480 − 432 = 48분

77 작업측정에 관한 설명으로 틀린 내용은?

① 정미시간은 반복생산에 요구되는 여유시간을 포함한다.
② 인적 여유는 생리적 욕구에 의해 작업이 지연되는 시간을 포함한다.
③ 레이팅은 측정 작업시간을 정상작업 시간으로 보정하는 과정이다.
④ TV조립공정과 같이 짧은 주기의 작업은 비디오 촬영에 의한 시간연구법이 좋다.

> **해설** 정미시간(NT)
> 정상시간이라고 하며, 매회 또는 일정한 간격으로 주기적으로 발생하는 작업요소의 수행시간이다. 표준시간은 정미시간에 여유시간을 더하여 구한다.

78 워크샘플링 방법 중 관측을 등간격 시점마다 행하는 것은?

① 랜덤 샘플링
② 층별 비례 샘플링
③ 체계적 워크샘플링
④ 퍼포먼스 워크샘플링

> **해설** 워크샘플링 방법
> ① 랜덤 샘플링(Random Sampling)
>   모든 구성원이 샘플에 포함될 동일한 확률을 가지도록 무작위로 샘플을 선택하는 방법으로, 표본 추출의 공정성을 보장하지만, 표본의 대표성이 낮을 수 있다.
> ② 층별 비례 샘플링(Stratified Proportional Sampling)
>   모집단을 여러 층(Strata)으로 나눈 후 각 층에서 비례적으로 샘플을 추출하는 방법이다. 각 층이 모집단 전체를 잘 대표할 수 있도록 한다.
> ③ 체계적 워크샘플링(Systematic Work Sampling)
>   주기적으로 일정한 간격마다 샘플을 추출하는 방법으로 전체 작업의 전반적인 패턴을 파악하는 데 유용하다.
> ④ 퍼포먼스 워크샘플링(Performance Work Sampling)
>   작업 수행 중 특정 시간 동안 작업자의 퍼포먼스를 측정하고 평가하는 방법이다. 실제 작업 환경에서의 성과를 파악할 수 있다.

정답 75 ① 76 ③ 77 ① 78 ③

79 OWAS에 대한 설명이 아닌 것은?

① 핀란드에서 개발되었다.
② 중량물의 취급은 포함하지 않는다.
③ 정밀한 작업 자세 분석은 포함하지 않는다.
④ 작업 자세를 평가 또는 분석하는 checklist 이다.

해설 | OWAS

- 핀란드의 철강회사인 Ovako와 핀란드 노동위생연구소가 1970년대 중반에 개발한 인간공학적 평가 도구이다. 이 시스템은 작업자의 작업 자세를 평가하여 근골격계에 미치는 영향을 분석하는 데 사용된다. 허리, 팔, 다리 등의 신체 부위별로 자세를 분석하여 평가한다.
- 현장에서 쉽게 기록하고 해석할 수 있어 많은 작업장에서 사용되며 작업자의 자세를 평가하여 필요한 개선 조치를 제안하는 데 도움을 준다. 이를 통해 작업장의 안전성과 효율성을 높일 수 있고 작업 대상물의 무게를 분석요인에 포함한다.

80 문제분석을 위한 기법 중 원과 직선을 이용하여 아이디어 문제, 개념 등을 개괄적으로 빠르게 설정할 수 있도록 도와주는 연연적 추론 기법에 해당하는 것은?

① 공정도(Process Chart)
② 마인드 매핑(Mind Maping)
③ 파레토 차트(Pareto Chart)
④ 특성요인도(Cause and Effect Diagram)

해설 | 문제분석을 위한 기법

① **공정도(Process Chart)**
작업 과정이나 절차를 시각적으로 표현한 도구로 각 단계의 순서를 그림으로 나타내어 전체 과정을 쉽게 이해할 수 있도록 한다. 주요 사용 목적은 절차의 최적화와 효율성 향상이다.

② **마인드 매핑(Mind Mapping)**
아이디어를 시각적으로 조직하고 구조화하는 도구이다. 중심 주제를 중심에 두고, 관련된 아이디어와 개념을 가지처럼 연결하여 확장한다. 창의적 사고와 브레인스토밍에 유용하다.

③ **파레토 차트(Pareto Chart)**
80/20 법칙을 기반으로 한 도구로 가장 중요한 문제나 원인을 시각적으로 강조하여, 주요한 몇 가지 원인이 대부분의 문제를 일으킨다는 것을 보여준다. 품질 관리와 문제 해결에 유용하다.

④ **특성요인도(Cause and Effect Diagram)**
피시본 다이어그램이라고도 불리며, 특정 문제의 원인을 분석하는 도구이다. 문제를 중심으로 관련된 원인들을 가지처럼 연결하여 나타내어 문제의 근본 원인을 파악하는 데 도움을 준다.

제1회 기출복원문제

1과목 인간공학개론

01 인간의 피부가 느끼는 3종류의 감각에 속하지 않는 것은?
① 압각 ② 통각
③ 온각 ④ 미각

해설 피부감각
미각은 혀가 느끼는 감각이다.

02 각각의 변수가 다음과 같을 때, 정보량을 구하는 식으로 틀린 것은?

n : 대안의 수
p : 대안의 실현확률
p_k : 각 대안의 실패확률
p_i : 각 대안의 실현확률

① $H = \log_2 n$
② $H = \log_2 \left(\dfrac{1}{p}\right)$
③ $H = \sum_{i=1}^{n} p_i \log_2 \left(\dfrac{1}{p_i}\right)$
④ $H = \sum_{k=0}^{n} p_k + \log_2 \left(\dfrac{1}{p_k}\right)$

해설 정보량을 구하는 식
$H = \sum_{k=0}^{n} p_k + \log_2 \left(\dfrac{1}{p_k}\right)$

03 물리적 공간의 구성요소를 배열하는 데 적용될 수 있는 원리에 대한 설명으로 틀린 것은?
① 사용빈도 원리 : 자주 사용되는 구성요소를 편리한 위치에 두어야 한다.
② 기능성 원리 : 대표 기능을 수행하는 구성요소를 편리한 위치에 배치해야 한다.
③ 중요도 원리 : 시스템 목표 달성에 중요한 구성요소를 편리한 위치에 두어야 한다.
④ 사용 순서 원리 : 구성요소들 간의 관련 순서나 사용 패턴에 따라 배치해야 한다.

해설 부품배치의 원칙
기능성 원리 : 같은 기능을 수행하는 구성요소를 편리한 위치에 배치해야 한다.

04 어떤 시스템의 사용성을 평가하기 위해 사용하는 기준으로 적절하지 않은 것은?
① 효율성
② 학습용이성
③ 가격 대비 성능
④ 기억용이성

해설 닐슨(Nielsen)의 사용성 정의
가격 대비 성능 : 사용성을 평가하기 위해 사용하는 기준으로 적절하지 않다.

정답 01 ④ 02 ④ 03 ② 04 ③

05 Fitts의 법칙에 관한 설명으로 맞는 것은?

① 표적이 작을수록, 이동거리가 짧을수록 작업의 난이도와 소요 이동시간이 증가한다.
② 표적이 작을수록, 이동거리가 길수록 작업의 난이도와 소요 이동시간이 증가한다.
③ 표적이 클수록, 이동거리가 길수록 작업의 난이도와 소요 이동시간이 증가한다.
④ 표적이 클수록, 이동거리가 짧을수록 작업의 난이도와 소요 이동시간이 증가한다.

> 해설   Fitts의 법칙

목표 지점까지의 이동시간이 목표의 크기와 이동거리의 함수라는 법칙으로, 표적이 작을수록, 이동거리가 길수록 작업의 난이도와 소요 이동시간이 증가한다.

06 귀의 청각 과정이 순서대로 올바르게 나열된 것은?

① 신경전도 → 액체전도 → 공기전도
② 공기전도 → 액체전도 → 신경전도
③ 액체전도 → 공기전도 → 신경전도
④ 신경전도 → 공기전도 → 액체전도

> 해설   귀의 청각 과정

공기가 고막에서 진동하여 중이소골에서 고막의 진동을 내이의 난원창으로 전달한 후 음압의 변화에 반응하여 달팽이관의 림프액이 진동한다. 이 진동을 유모세포와 말초신경이 코르티기관에 전달하고 말초신경에서 포착된 신경충동을 청신경을 통해서 뇌에 전달된다.

07 신호검출이론을 적용하기에 가장 적합하지 않은 것은?

① 의료진단
② 정보량 측정
③ 음파탐지
④ 품질검사 과업

> 해설   신호검출이론

다양한 분야에서 응용되며, 특히 의료 진단, 품질 관리, 음파탐지, 심리학 연구 등에서 중요한 역할을 한다.

08 회전운동을 하는 조종장치의 레버를 30° 움직였을 때 표시장치의 커서는 4cm 이동하였다. 레버의 길이가 20cm일 때, 이 조종장치의 C/R 비는 약 얼마인가?

① 2.62   ② 5.24
③ 8.33   ④ 10.48

> 해설   조종장치의 C/R 비

$$C/R \text{ 비} = \frac{(a/360) \times 2\pi L}{\text{표시장치의 이동거리}} = \frac{(30/360) \times 2\pi \times 20}{4} = 2.62$$

a : 조종장치가 움직인 각도
L : 반경(지레의 길이)

09 밀러(Miller)의 신비의 수(Magic Number) 7±2와 관련이 있는 인간의 정보처리 계통은?

① 장기기억   ② 단기기억
③ 감각기관   ④ 제어기관

> 해설   인간의 정보처리

단기기억의 용량은 7±2청크(chunk)이다.

2019년 제1회 기출복원문제

10 인간공학 연구에 사용되는 기준(criterion, 종속변수) 중 인적 기준(human criterion)에 해당하지 않은 것은?

① 보전도
② 사고 빈도
③ 주관적 반응
④ 인간성능

해설 종속변수
- 인적 기준은 인간성능척도, 생리학적 지표
- 보전도는 시스템이나 장비가 고장나거나 성능 저하 시 복구하거나 유지·보수 시 걸리는 시간과 노력

11 시력에 관한 설명으로 틀린 것은?

① 근시는 수정체가 두꺼워져 먼 물체를 볼 수 없다.
② 시력은 시각(visual angle)의 역수로 측정한다.
③ 시각(visual angle)은 표적까지의 거리를 표적두께로 나누어 계산한다.
④ 눈이 파악할 수 있는 표적 사이의 최소공간을 최소 분간시력(minimum separable acuity)이라고 한다.

해설 시력
시각(visual angle)은 표적두께(물체의 높이 또는 크기)를 표적까지의 거리로 나누어 계산한다.

12 인간의 나이가 많아짐에 따라 시각 능력이 쇠퇴하여 근시력이 나빠지는 이유로 가장 적절한 것은?

① 시신경의 둔화로 동공의 반응이 느려지기 때문
② 세포의 팽창으로 망막에 이상이 발생하기 때문
③ 수정체의 투명도가 떨어지고 유연성이 감소하기 때문
④ 안구 내의 공막이 얇아져 영양 공급이 잘 되지 않기 때문

해설 근시력이 나빠지는 이유
망막에 상을 맺히게 하여 볼록렌즈의 역할을 하는 수정체의 투명도가 떨어지고 유연성이 감소하면 시각능력이 쇠퇴하여 근시력이 나빠진다.

13 음 세기(sound intensity)에 관한 설명으로 맞는 것은?

① 음 세기의 단위는 Hz이다.
② 음 세기는 소리의 고저와 관련이 있다.
③ 음 세기는 단위 시간에 단위 면적을 통과하는 음의 에너지이다.
④ 음압수준 측정 시에는 2,000Hz의 순음을 기준음압으로 사용한다.

해설 음 세기(sound intensity)
- 음 세기의 단위는 dB이다.
- 음 세기는 소리의 진폭과 관련이 있다.
- 음압수준 측정 시에는 1,000Hz의 순음을 기준음압으로 사용한다.

정답 10 ① 11 ③ 12 ③ 13 ③

14 청각적 코드화 방법에 관한 설명으로 틀린 것은?

① 진동수는 많을수록 좋으며, 간격은 좁을수록 좋다.
② 음의 방향은 두 귀 간의 강도차를 확실하게 해야 한다.
③ 강도(순음)의 경우는 1,000~4,000Hz로 한정할 필요가 있다.
④ 지속시간은 0.5초 이상 지속시키고, 확실한 차이를 두어야 한다.

> **해설** 청각적 암호화 방법
> 청각적 암호화 방법에서는 진동수가 적은 저주파가 좋다.

15 인체측정 자료의 유형에 대한 설명으로 틀린 것은?

① 기능적 치수는 정적 자세에서의 신체치수를 측정한 것이다.
② 정적 치수에 의해 나타나는 값과 동적 치수에 의해 나타나는 값은 다르다.
③ 정적 치수에는 골격 치수(skeletal dimension)와 외곽 치수(contour dimension)가 있다.
④ 우리나라에서는 국가기술표준원 주관하에 'SIZE KOREA'라는 이름으로 인체치수조사사업을 실시하여 인체 측정에 관한 결과를 제공하고 있다.

> **해설** 인체의 측정
> 기능적 인체치수는 동적 인체계측으로 신체적 기능 수행 시 필요한 인체치수이다.

16 정량적 시각 표시장치의 기본 눈금선 수열로 가장 적당한 것은?

① 2, 4, 6 …
② 3, 6, 9 …
③ 8, 16, 24 …
④ 0, 10, 20 …

> **해설** 눈금선의 수열(Sequence of Tick Marks)
> 눈금선은 일관된 간격으로 배열되어 있어야 하며, 측정 단위를 명확하게 구분할 수 있도록 해야 한다. 예를 들어, 0, 1, 2, 3 … 과 같이 정수로 표시되거나, 0.1, 0.2, 0.3 … 과 같이 소수로 표시될 수 있다.

17 인간공학을 지칭하는 용어로 적절하지 않은 것은?

① Biology
② Ergonomics
③ Human factors
④ Human factors engineering

> **해설** 인간공학의 정의
> Biology은 생물학으로 생명과 생명체를 연구하는 학문이다.

18 웹 내비게이션 설계 시 검토해야 할 인터페이스 요소로서 가장 적절하지 않은 것은?

① 일관성이 있어야 한다.
② 쉽게 학습할 수 있어야 한다.
③ 전체적인 문맥을 이해하기 쉬워야 한다.
④ 시각적 이미지가 최대한 많이 제공되어야 한다.

> **해설** 인터페이스 요소
> 인터페이스 요소로 가시성이 필요하긴 하지만 시각적 이미지를 최대한 많이 제공해야 할 필요성이 있지는 않다.

정답 14 ① 15 ① 16 ④ 17 ① 18 ④

 제1회 기출복원문제

19 인간이 기계를 조종하여 임무를 수행해야 하는 직렬구조의 인간-기계 체계가 있다. 인간의 신뢰도가 0.9, 기계의 신뢰도 0.9이라면 이 인간-기계 통합 체계의 신뢰도는 얼마인가?

① 0.64 ② 0.72
③ 0.81 ④ 0.98

해설 인간-기계 통합 체계의 신뢰도
- 직렬 신뢰도 : n × n
- 병렬 신뢰도 : 1−(1−n)(1−n)
- 인간-기계 통합 체계의 신뢰도 : 0.9 × 0.9 = 0.81

20 인체측정치의 응용원칙과 관계가 먼 것은?

① 극단치를 이용한 설계
② 평균치를 이용한 설계
③ 조절식 범위를 이용한 설계
④ 기능적 치수를 이용한 설계

해설 인체측정 자료의 응용원칙
- 극단치(최소, 최대)를 이용한 설계
- 조절식 설계
- 평균치를 이용한 설계

2과목 작업생리학

21 점광원으로부터 어떤 물체나 표면에 도달하는 빛의 밀도를 나타내는 단위로 맞는 것은?

① nit ② Lambert
③ candela ④ lumen/m^2

해설 단위
① nit : 휘도(luminance)의 단위로 광원으로부터 복사되는 빛의 밝기를 말한다.
② Lambert : 휘도의 단위 중 하나로, 1Lambert는 1제곱센티미터당 $1/\pi$ 칸델라의 밝기를 의미한다.
③ candela : 광도(luminous intensity)의 기본 단위로 특정 방향으로 방출되는 빛의 강도이다.
④ lumen/m^2(또는 lux) : 조도(illuminance)의 단위로, 평방미터당 떨어지는 빛의 양

22 최대산소소비능력(MAP)에 관한 설명으로 틀린 것은?

① 산소 섭취량이 일정하게 되는 수준을 말한다.
② 최대산소소비능력은 개인의 운동역량을 평가하는 데 활용된다.
③ 젊은 여성의 평균 MAP는 젊은 남성의 평균 MAP 20~30% 정도이다.
④ MAP를 측정하기 위해서 주로 트레드밀(Treadmill)이나 자전거 에르고미터(Ergometer)를 활용한다.

해설 최대산소소비능력
젊은 여성의 평균 MAP는 젊은 남성의 평균 MAP보다 15~30% 정도 낮게 나온다.

23 정적 자세를 유지할 때의 떨림(tremor)을 감소시킬 수 있는 방법으로 적당한 것은?

① 손을 심장 높이보다 높게 한다.
② 몸과 작업에 관계되는 부위를 잘 받친다.
③ 작업 대상물에 기계적인 마찰을 제거한다.
④ 시각적인 기준(reference)을 정하지 않는다.

해설 진전을 감소시키는 방법
- 시각적 참조
- 몸과 작업에 관계되는 부위를 잘 받친다.
- 손이 심장 높이에 있을 때가 손 떨림이 적다.
- 시작업 대상물에 기계적인 마찰을 추가한다.

정답 19 ③ 20 ④ 21 ④ 22 ③ 23 ②

24 신경계에 관한 설명으로 틀린 것은?

① 체신경계는 피부, 골격근, 뼈 등에 분포한다.
② 자율신경계는 교감신경계와 부교감신경계로 세분된다.
③ 중추신경계는 척수신경과 말초신경으로 이루어진다.
④ 기능적으로는 체신경계와 자율신경계로 나눌 수 있다.

해설 신경계

중추신경계는 뇌와 척수로 이루어진다.

25 어떤 작업자의 5분 작업에 대한 전체 심박수는 400회, 일박출량은 65mL/회로 측정되었다면 이 작업자의 분당 심박출량(L/min)은?

① 4.5L/min ② 4.8L/min
③ 5.0L/min ④ 5.2L/min

해설 심박출량

- 심박출량(CO, Cardiac Output) [ℓ/분] = 심장박동(HR, Heart Rate) [회/분] × 박출량(SV, Stroke Volume) [ℓ/회]
- 분당 심박출량 → (400회 / 5분) × 박출량(65mL / 1)
  = 5,200 = 5.2L/min

26 육체적인 작업을 할 경우 순환기계의 반응이 아닌 것은?

① 혈압의 상승
② 혈류의 재분배
③ 심박출량의 증가
④ 산소 소모량의 증가

해설 순환기계의 반응

- 산소 소비량의 증가
- 심박출량의 증가
- 심박수의 증가
- 혈류의 재분배

27 인체의 해부학적 자세에서 팔꿈치 관절의 굴곡과 신전 동작이 일어나는 면은?

① 시상면(sagittal plane)
② 정중면(median plane)
③ 관상면(coronal plane)
④ 횡단면(transverse plane)

해설 인체의 해부학적 자세

① 시상면(Sagittal Plane) : 인체를 좌우로 나누는 평면으로, 정중선을 기준으로 좌우 대칭이 될 수 있도록 나누는 평면이다.
② 정중면(Median Plane) : 시상면의 일종으로, 인체를 정확히 중앙에서 좌우로 나누는 평면이다. 정중선에 위치한 평면으로, 좌우 대칭이 되는 기준이다.
③ 관상면(Coronal Plane) : 인체를 앞뒤로 나누는 평면으로, 몸을 앞(배쪽)과 뒤(등쪽)로 나누는 역할을 한다.
④ 횡단면(Transverse Plane) : 인체를 상하로 나누는 평면으로, 몸을 위쪽(두부)과 아래쪽(족부)으로 나누는 역할을 한다.

28 소음방지대책 중 다음과 같은 기법을 무엇이라 하는가?

> 감쇠 대상의 음파와 동위상인 신호를 보내어 음파 간에 간섭현상을 일으키면서 소음이 저감되도록 하는 기법

① 음원 대책   ② 능동제어 대책
③ 수음자 대책 ④ 전파경로 대책

해설 능동소음제어

감쇠 대상의 음파와 역위상인 신호를 보내어 음파 간에 간섭현상을 일으키면서 소음이 저감되도록 하는 기법

29 기초 대사량의 측정과 가장 관계가 깊은 자세는 무엇인가?

① 누워서 휴식을 취하고 있는 상태
② 앉아서 휴식을 취하고 있는 상태
③ 선자세로 휴식을 취하고 있는 상태
④ 벽에 기대어 휴식을 취하고 있는 상태

해설 기초 대사량의 측정

기초 대사량은 공복상태로 쾌적한 온도에서 신체적 휴식을 취하는 조건에서 측정(누운자세)한다.

30 소음에 의한 청력손실이 가장 크게 발생하는 주파수 대역은?

① 1,000Hz ② 2,000Hz
③ 4,000Hz ④ 10,000Hz

해설 소음의 영향

영구장해는 일시장해에서 회복이 불가능한 상태로 넘어가는 상태로, 3~6,000Hz 범위에서 영향을 받고, 특히 4,000Hz에서 현저히 커지며, 음압 수준도 0~30dB의 광범위한 차이를 보인다. 이러한 소음성 난청의 초기 단계를 보이는 현상을 C5-dip 현상이라고 한다.

31 어떤 작업의 총 작업시간이 35분이고 작업 중 평균 에너지 소비량이 분당 7kcal라면 이때 필요한 휴식시간은 약 몇 분인가? (단, Murrell의 공식을 이용하며, 기초 대사량은 분당 1.5kcal, 남성의 권장 평균 에너지 소비량은 분당 5kcal 이다.)

① 8분 ② 13분
③ 18분 ④ 23분

해설 필요한 휴식시간

$R = \dfrac{T \times (E-S)}{E-1.5} = \dfrac{35(7-5)}{7-1.5} = 13분$

R : 휴식시간(분), T : 총 작업시간(분), E : 평균 에너지 소모량, S : 권장 평균 에너지 소모량

32 정적 평형상태에 대한 설명으로 틀린 것은?

① 힘이 거리에 반비례하여 발생한다.
② 물체나 신체가 움직이지 않는 상태이다.
③ 작용하는 모든 힘의 총합이 0인 상태이다.
④ 작용하는 모든 모멘트의 총합이 0인 상태이다.

해설 정적 평형상태

힘이 거리에 비례하여 발생한다.

33 정신활동의 부담척도로 사용되는 시각적 점멸융합주파수(VFF)에 대한 설명으로 틀린 것은?

① 연습의 효과는 적다.
② 암조응 시는 VFF가 증가한다.
③ 휘도만 같으면 색은 VFF에 영향을 주지 않는다.
④ VFF는 조명 강도의 대수치에 선형적으로 비례한다.

해설 VFF

암조응 시는 VFF가 감소한다.

34 근세포막에 전달된 흥분을 근세포 내부로 전달하는 통로역할을 하는 것은?

① 근초(sarcolemma)
② 근섬유속(fasciculuse)
③ 가로세관(transverse tubules)
④ 근형질세망(sarcoplasmic reticulum)

해설 근육의 구성 및 역할

① 근초 : 근섬유를 둘러싸고 있는 막이다.
② 근섬유속 : 근섬유의 집합체로 근속이라고도 한다.
③ 가로세관 : 근세포막에 전달된 흥분을 근세포 내부로 전달하는 통로역할을 한다.
④ 근형질세망 : 칼슘의 저장소이며, 근수축을 위한 칼슘이온을 방출한다.

정답 29 ① 30 ③ 31 ② 32 ① 33 ② 34 ③

35 근육 대사 작용에서 혐기성 과정으로 글루코오스가 분해되어 생성되는 물질은?

① 물
② 피루브산
③ 젖산
④ 이산화탄소

해설
인체활동수준이 너무 높아 근육에 공급되는 산소가 부족할 경우 글루코오스가 분해되어 혈액 중에 젖산이 축적됨

36 근(筋)섬유에 관한 설명으로 틀린 것은?

① 적근섬유(slow twitch fiber)는 주로 작은 근육 그룹에서 볼 수 있다.
② 백근섬유(fast twitch fiber)는 무산소 운동에 좋아 단거리 달리기 등에 사용된다.
③ 근섬유는 백근섬유(fast twitch fiber)와 적근섬유(slow twitch fiber)로 나눌 수 있다.
④ 운동이 격렬하여 근육에 산소공급이 원활하지 않은 경우에는 엽산이 생성되어 피곤함을 느낀다.

해설 근섬유
운동이 격렬하여 근육에 산소공급이 원활하지 않은 경우에는 '젖산'이 생성되어 피곤함을 느낀다.

37 교대근무와 생체리듬과의 관계에서 야간근무를 하는 동안 근무시간이 길어질 때 졸음이 증가하고 작업능력이 저하되는 현상을 무엇이라 하는가?

① 항상성 유지기능
② 작업적응 유지기능
③ 생리적응 유지기능
④ 야간적응 유지기능

해설 신체 유지기능
수면욕구는 자동적으로 조절되는 신체항상성 유지기능이다.

38 수술실과 같이 대비가 아주 낮고, 크기가 작은 아주 특수한 시각적 작업의 실행에 가장 적절한 조도는?

① 500~1,000럭스
② 1,000~2,000럭스
③ 3,000~5,000럭스
④ 10,000~20,000럭스

해설 조도
수술실의 조도는 최소 10,000럭스 이상이다.

39 근력 및 지구력에 대한 설명으로 틀린 것은?

① 정적인 근력 측정치로부터 동적 작업에서 발휘할 수 있는 최대 힘을 정확히 추정할 수 있다.
② 근력 측정치는 작업 조건뿐만 아니라 검사자의 지시내용, 측정방법 등에 의해서도 달라진다.
③ 근육이 발휘할 수 있는 힘은 근육의 최대자율수축(MVC)에 대한 백분율로 나타난다.
④ 등척력(isometric strength)은 신체를 움직이지 않으면서 자발적으로 가할 수 있는 힘의 최댓값이다.

해설 근력과 지구력
정적 근력 측정치로는 동적 근력을 측정할 수 없다.

정답 35 ③ 36 ④ 37 ① 38 ④ 39 ①

40 고온 스트레스의 개인차에 대한 설명 중 틀린 것은?

① 나이가 들수록 고온 스트레스에 적응하기 힘들다.
② 남자가 여자보다 고온에 적응하는 것이 어렵다.
③ 체지방이 많은 사람일수록 고온에 견디기 어렵다.
④ 체력이 좋은 사람일수록 고온 환경에서 작업할 때 잘 견딘다.

해설 고온 스트레스의 개인차

일반적으로 고온 스트레스는 성별 때문이 아니라 평소 생활습관이나 근육량, 체중에 따라 달라지며, 여자가 남자보다 고온에 적응하는 것이 어렵다.

3과목 산업심리학 및 관련 법규

41 검사작업자가 한 로트에 100개인 부품을 조사하여 6개의 부적합품을 발견했으나 로트에는 실제로 10개의 부적합품이 있었다면, 이 검사 작업자의 휴먼에러 확률은 얼마인가?

① 0.04   ② 0.06
③ 0.1   ④ 0.6

해설 휴먼에러 확률

HEP = 실제 휴먼에러 횟수 / 전체 에러기회 횟수
    = 4 / 1,000 = 0.04

42 안전관리의 개요에 관한 설명으로 틀린 것은?

① 안전의 3요소는 Engineering, Education, Economy이다.
② 안전의 기본원리는 사고방지 차원에서의 산업재해 예방활동을 통해 무재해를 추구하는 것이다.
③ 사고방지를 위해서 현장에 존재하는 위험을 찾아내고, 이를 제거하거나 위험성(risk)을 최소화한다는 위험통제의 개념이 적용되고 있다.
④ 안전관리란 생산성을 향상시키고 재해로 인한 손실을 최소화하기 위하여 행하는 것으로 재해의 원인 및 경과의 규명과 재해방지에 필요한 과학 기술에 관한 계통적 지식 체계의 관리를 의미한다.

해설 안전관리의 3E요소

① Engineering ② Education ③ Enforcement

43 주의의 범위가 높고 신뢰성이 매우 높은 상태의 의식수준으로 맞는 것은?

① Phase 0   ② Phase Ⅰ
③ Phase Ⅱ   ④ Phase Ⅲ

해설 단계별 의식수준

단계 (phase)	뇌파패턴	의식상태 (mode)	주의의 작용	생리적 상태	신뢰성
0	δ파	무의식, 실신	제로	수면, 뇌발작	없다. 0
Ⅰ	θ파	의식이 둔한 상태, 흐림, 몽롱 (subnormal)	활발하지 않음. (inactive)	피로 단조, 졸림, 취중	낮다. 0.9
Ⅱ	α파	편안한 상태, 이완상태, 느긋함 (normal, relaxed)	수동적 (passive)	안정적 상태, 휴식 시, 정상작업 시, 정례작업 시, 일반적으로 일을 시작할 때의 안정된 상태	다소 높다. 0.99~ 0.9999

정답 40 ② 41 ① 42 ① 43 ④

단계(phase)	뇌파패턴	의식상태(mode)	주의의 작용	생리적 상태	신뢰성
Ⅲ	β파	명석한 상태, 정상의식, 분명한 의식 (normal, clear)	활발함, 적극적 (active)	적극적 활동 시, 가장 좋은 의식수준 상태	매우 높다. 0.9999 이상
Ⅳ	γ파 긴장과대	흥분상태 (과긴장) (hypernormal)	일점에 응집, 판단 정지	긴급방위 반응, 당황, 패닉	낮다. 0.9 이하

44 근로자가 400명이 작업하는 사업장에서 1일 8시간씩 연간 300일 근무하는 동안 10건의 재해가 발생하였다. 도수율(빈도율)은 얼마인가? (단, 결근율은 10%이다.)

① 2.50 ② 10.42
③ 11.57 ④ 12.54

해설 도수율(빈도율)

$$도수율(빈도율) = \frac{재해 건수}{연 근로시간 수} \times 1{,}000{,}000$$

$$= \frac{10}{400 \times 8 \times 300 \times 0.9} \times 1{,}000{,}000 = 11.5740$$

$$= 11.57$$

45 재해발생 원인의 4M에 해당하지 않는 것은?

① Man ② Movement
③ Machine ④ Management

해설 4M

① 사람(Man) : 인간으로부터 비롯되는 재해의 발생원인(착오, 실수, 불안전행동, 오조작 등)
② 기계, 설비(Machine) : 기계로부터 비롯되는 재해 발생원(설계착오, 제작착오, 배치착오, 고장 등)
③ 물질, 환경(Media) : 작업매체로부터 비롯되는 재해 발생원(작업정보 부족, 작업환경 불량 등)
④ 관리(Management) : 관리로부터 비롯되는 재해 발생원(교육 부족, 안전조직 미비, 계획불량 등)

46 인간과오를 방지하기 위하여 기계설비를 설계하는 원칙에 해당되지 않는 것은?

① 안전설계(fail-safe design)
② 배타설계(exclusion design)
③ 조절설계(adjustable design)
④ 보호설계(prevention design)

해설 기계설비 설계원칙

조절설계는 사용자의 필요 상황에 따라 시스템을 조절할 수 있도록 하는 설계원칙이다.

47 부주의를 일으키는 의식수준에 대한 설명으로 틀린 것은?

① 의식의 저하 : 귀찮은 생각에 해야 할 과정을 빠뜨리고 행동하는 상태
② 의식의 과잉 : 순간적으로 의식이 긴장되고 한 방향으로만 집중되는 상태
③ 의식의 단질 : 외부의 정보를 받아들일 수도 없고 의사결정도 할 수 없는 상태
④ 의식의 우회 : 습관적으로 작업을 하지만 머릿속엔 고민이나 공상으로 가득 차 있는 상태

해설 부주의 현상

- 의식의 우회 : 근심걱정으로 집중을 못하는 상태
- 의식의 과잉 : 갑작스러운 사태 목격 시 멍해지는 현상(=일점 집중현상)
- 의식의 단절 : 수면상태 또는 의식을 잃어버리는 상태
- 의식의 혼란 : 경미한 자극에 주의력이 흐트러지는 현상
- 의식수준의 저하 : 단조로운 업무를 장시간 수행 시 몽롱해지는 현상 (=감각차단현상)

정답 44 ③ 45 ② 46 ③ 47 ①

2019년 제1회 기출복원문제

48 조직을 유지하고 성장시키기 위한 평가를 실행함에 있어서 평가자가 저지르기 쉬운 과오 중, 어떤 사람에 관한 평가자의 개인적 인상이 피평가자 개개인의 특징에 관한 평가에 영향을 미치는 영향을 설명하는 이론은?

① 할로 효과(Halo Effect)
② 대비오차(Contrast Effect)
③ 근접오차(Proximity Effect)
④ 관대화 경향(Centralization Tendency)

해설 평가자가 저지르기 쉬운 과오

① 할로 효과(Halo Effect) : 특정 특성이 전체적인 평가에 영향을 미치는 현상을 한다. 예를 들어, 한 사람이 유능해 보인다면 그 사람의 다른 특성들도 긍정적으로 평가되는 경우가 있는데 후광효과라고도 한다.
② 대비오차(Contrast Effect) : 두 가지 또는 그 이상의 항목을 비교할 때, 한 항목의 특성이 다른 항목의 특성 평가에 영향을 미치는 현상이다.
③ 근접오차(Proximity Effect) : 서로 가까이에 위치한 항목들이 비슷하게 평가되는 경향을 의미한다.
④ 관대화 경향(Centralization Tendency) : 평가자가 중간 점수나 평가 범위의 중심에 가까운 점수를 주는 경향을 나타낸다.

49 집단 간 갈등원인과 이에 대한 대책으로 틀린 것은?

① 영역 모호성 : 역할과 책임을 분명하게 한다.
② 자원 부족 : 계열사나 자회사로의 전직기회를 확대한다.
③ 불균형 상태 : 승진에 대한 동기를 부여하기 위하여 직급 간 처우에 차이를 크게 둔다.
④ 작업유동의 상호의존성 : 부서 간의 협조, 정보교환, 동조, 협력체계를 견고하게 구축한다.

해설 집단 간 갈등원인과 대책

불균형 상태에서는 모든 집단 구성원들에게 평등한 기회를 제공하고 필요시 조정한다.

50 제조업자가 합리적인 대체설계를 채용하였더라면 피해나 위험을 줄이거나 피할 수 있었음에도 대체설계를 채용하지 아니하여 해당 제조물이 안전하지 못하게 된 경우를 지칭하는 결함의 유형은?

① 제조상의 결함
② 지시상의 결함
③ 경고상의 결함
④ 설계상의 결함

해설 제조물 책임법

• **제조상의 결함** : 제조업자가 제조물에 대하여 제조상·가공상의 주의의무를 이행하였는지에 관계없이 제조물이 원래 의도한 설계와 다르게 제조·가공됨으로써 안전하지 못하게 된 경우를 말한다.
• **설계상의 결함** : 제조업자가 합리적인 대체설계(代替設計)를 채용하였더라면 피해나 위험을 줄이거나 피할 수 있었음에도 대체설계를 채용하지 아니하여 해당 제조물이 안전하지 못하게 된 경우를 말한다.
• **표시상의 결함** : 제조업자가 합리적인 설명·지시·경고 또는 그 밖의 표시를 하였더라면 해당 제조물에 의하여 발생할 수 있는 피해나 위험을 줄이거나 피할 수 있었음에도 이를 하지 아니한 경우를 말한다.

51 테일러(F.W. Taylor)에 의해 주장된 조직형태로서 관리자가 일정한 관리기능을 담당하도록 기능별 전문화가 이루어진 조직은?

① 위원회 조직
② 직능식 조직
③ 프로젝트 조직
④ 사업부제 조직

해설 조직

직능식 조직은 기능이나 전문 분야별로 조직이 구성된 구조이다.

정답 48 ① 49 ③ 50 ④ 51 ②

52 어떤 사람의 행동이 "빨리빨리, 경쟁적으로, 여러 가지를 한꺼번에" 한다고 하면 어떤 성격 특성을 설명하는가?

① type-A 성격
② type-B 성격
③ type-C 성격
④ type-D 성격

해설 성격 유형
① type-A 성격 : 진취적, 경쟁적
② type-B 성격 : 사회적, 창의적
③ type-C 성격 : 완벽주의, 논리적
④ type-D 성격 : 내향적, 소심

53 NIOSH 직무스트레스 모형에서 직무스트레스 요인과 성격이 다른 한 가지는?

① 작업 요인
② 조직 요인
③ 환경 요인
④ 상황 요인

해설 직무스트레스 요인
- 작업 요인 : 작업부하, 작업 속도, 교대근무 등
- 조직 요인 : 역할 모호성, 역할 갈등, 관리 유형, 의사결정 참여도, 고용의 불확실성 등
- 환경 요인 : 소음, 온도, 조명, 환기 불량 등

54 심리적 측면에서 분류한 휴먼에러의 분류에 속하는 것은?

① 입력 오류
② 정보처리 오류
③ 생략 오류
④ 의사결정 오류

해설 휴먼에러의 심리적 분류

심리적 분류(Swain의 분류)	원인별(레벨별) 분류
• 생략 오류(Omission Error) : 절차를 생략해 발생하는 오류 • 시간 오류(Time Error) : 절차의 수행지연에 의한 오류 • 작위 오류(Commission Error) : 절차의 불확실한 수행에 의한 오류 • 순서 오류(Sequential Error) : 절차의 순서착오에 의한 오류 • 과잉행동 오류(Extraneous Error) : 불필요한 작업/절차에 의한 오류	• Primary Error(1차 에러) : 작업자 자신에 의해 발생한 에러 • Secondary Error(2차 에러) : 작업 형태/조건에 의해 발생. 또는 어떤 결함으로부터 파생하여 발생하는 Error • Command Error : 작업자가 움직일 수 없는 상태에서 발생

55 스트레스가 정보처리 수행에 미치는 영향에 대한 설명으로 거리가 가장 먼 것은?

① 스트레스 하에서 의사결정의 질은 저하된다.
② 스트레스는 효율적인 학습을 어렵게 할 수 있다.
③ 스트레스는 빠른 수행보다는 정확한 수행으로 편파 시키는 경향이 있다.
④ 스트레스에 의해 인지적 터널링이 발생하여 다양한 가설을 고려하지 못한다.

해설 스트레스
스트레스는 정확한 수행보다는 빠른 수행으로 편파 시키는 영향이 있다.

56 여러 개의 자극을 제시하고 각각의 자극에 대하여 반응을 하는 과제를 준 후, 자극이 제시되어 반응할 때까지의 시간을 무엇이라 하는가?

① 기초반응시간
② 단순반응시간
③ 집중반응시간
④ 선택반응시간

해설 반응시간
자극이 있고 선택하여 반응하는 데까지 걸리는 시간을 선택반응시간이라고 한다.

정답 52 ① 53 ④ 54 ③ 55 ③ 56 ④

2019년 제1회 기출복원문제

57 재해예방 원칙에 대한 설명 중 틀린 것은?

① 예방 가능의 원칙 : 천재지변을 제외한 모든 인재는 예방이 가능하다.
② 손실 우연의 원칙 : 재해손실은 우연한 사고원인에 따라 발생한다.
③ 원인 연계의 원칙 : 사고에는 반드시 원인이 있고 원인은 대부분 복합적 연계 원인이 있다.
④ 대책 선정의 원칙 : 사고의 원인이나 불안전요소가 발견되면 반드시 대책을 선정하여 실시하여야 한다.

해설 재해예방 4원칙
① 예방 가능의 원칙 : 천재지변을 제외한 모든 인재는 예방이 가능하다.
② 손실 우연의 원칙 : 사고의 결과 손실의 유무 또는 대소는 사고 당시의 조건에 따라서 우연적으로 발생한다.
③ 원인 연계의 원칙 : 사고에는 반드시 원인이 있으며, 원인은 대부분 복합적 연계 원인이다.
④ 대책 선정의 원칙 : 사고의 원인이나 불안전 요소가 발견되면 반드시 대책은 선정 실시되어야 하며, 대책 선정이 가능하다. 대책에는 재해 방지의 세 기둥이라 할 수 있는 3E, 즉 기술적 대책, 교육적 대책, 규제적 대책을 들 수 있다.

58 휴먼에러 확률에 대한 추정기법 중 Tree구조와 비슷한 그림을 이용하며, 사건들을 일련의 2지(binary) 의사결정 분지(分枝)들로 모형화 하여 직무의 올바른 수행 여부를 확률적으로 부여함으로 에러율을 추정하는 기법은?

① FMEA
② THERP
③ fool proof method
④ Monte Carlo method

해설 휴먼에러 확률
① FMEA(Failure Modes and Effects Analysis)
시스템, 설계, 프로세스 등의 잠재적 고장 모드를 식별하고, 이들 고장이 미치는 영향을 분석하는 기법이다. 고장의 원인과 결과를 파악하고, 이를 통해 예방 조치를 마련하는 데 쓰인다.
② THERP(Technique for Human Error Rate Prediction)
인간오류를 예측하고 분석하기 위한 기법이다. 인간의 작업 수행에서 발생할 수 있는 오류를 식별하고, 그 확률을 계산하여 시스템 신뢰성을 향상시키는 데 사용한다.
③ Fool Proof Method(Poka-Yoke)
작업자의 실수를 방지하기 위해 설계된 기법으로, 시스템이나 장치가 잘못된 방법으로 사용될 수 없도록 설계하여 오류를 예방한다.
④ Monte Carlo Method
통계적 시뮬레이션 기법으로, 무작위 샘플링을 통해 복잡한 시스템의 행동을 모델링하고 분석한다. 주로 확률 분포나 불확실성을 처리하는 데 쓰인다.

59 동기이론 중 직무 환경요인을 중시하는 것은?

① 기대이론 ② 자기조절이론
③ 목표설정이론 ④ 작업설계이론

해설 동기이론
① **기대이론** : 결과에 대한 기대감이 동기부여를 한다는 이론
② **자기조절이론** : 목표를 위해 스스로 조절한다는 이론
③ **목표설정이론** : 목표가 성과를 향상시킨다는 이론
④ **작업설계이론** : 직무구조와 내용을 어떻게 설계하느냐에 따라 동기가 달라진다는 이론

60 리더가 구성원에 영향력을 행사하기 위한 9가지 영향 방략과 가장 거리가 먼 것은?

① 자문 ② 무시
③ 제휴 ④ 합리적 설득

해설 리더의 영향력 행사
리더가 구성원에게 영향력을 행사하기 위해서는 구성원을 무시하면 안 된다.

정답 57 ② 58 ② 59 ④ 60 ②

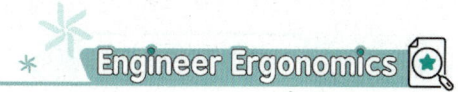

4과목 근골격계질환 예방을 위한 작업관리

61 근골격계질환 예방·관리 프로그램에서 추진팀의 구성원이 아닌 것은?

① 관리자
② 근로자대표
③ 사용자대표
④ 보건담당자

해설 추진팀의 구성원

중·소규모 사업장	대규모 사업장
• 근로자대표 또는 명예산업안전감독관을 포함하여 그가 위임하는 자 • 관리자(예산결정권자) • 정비·보수담당자 • 보건·안전담당자 • 구매담당자 등	• 중·소규모 사업장 추진팀원 • 기술자(생산, 설계, 보수기술자) • 노무담당자 등

62 작업관리의 문제분석 도구로서, 가로축에 항목, 세로축에 항목별 점유비율과 누적비율로 막대-꺾은선 혼합 그래프를 사용하는 것은?

① 파레토 차트
② 간트 차트
③ 특성요인도
④ PERT 차트

해설 작업관리의 문제분석 도구

① **파레토 차트** : 시각화한 차트로, 문제의 주요 원인을 파악하는데 유용하다. 작성 방법은 빈도수가 큰 항목부터 낮은 항목 순으로 차례대로 나열하고, 항목별 점유비율과 누적비율을 구한다.
② **간트 차트** : 프로젝트의 작업 일정과 진행 상황을 바 형식으로 보여주는 차트로, 프로젝트 관리에서 자주 사용된다.
③ **특성요인도** : 원인과 결과를 시각적으로 연결해 문제의 원인을 분석하는 데 사용한다.
④ **PERT 차트** : 프로젝트의 작업 순서와 기간을 분석해 최적의 일정계획을 수립하는 데 사용된다.

63 작업분석에 사용되는 공정도나 차트가 아닌 것은?

① 유통선도(Flow Diagram)
② 활동분석표(Activity Chart)
③ 간접노동분석표(Indirect Labor Chart)
④ 복수작업자분석표(Gang Process Chart)

해설 공정도와 차트

① **유통선도(Flow Diagram)** : 프로세스나 시스템의 흐름을 시각적으로 나타낸 다이어그램으로 주로 프로세스 분석 및 개선에 사용된다.
② **활동분석표(Activity Chart)** : 작업이나 활동의 단계를 기록하고 분석하는 도구로 각 활동의 시작 시간, 종료 시간, 소요시간을 포함하여 작업의 효율성을 분석한다.
③ **간접노동분석표(Indirect Labor Chart)** : 간접 노동자의 활동을 분석하여 작업 효율성을 평가하는 도구이다. 간접 노동자는 직접적인 생산 활동에 참여하지 않는 인력을 의미한다.
④ **복수작업자분석표(Gang Process Chart)** : 여러 작업자가 동시에 수행하는 작업을 분석하는 도구로 각 작업자의 역할과 활동을 기록하여 작업 흐름을 최적화한다.
※ 직접노동에 참여하지 않는 것은 작업분석에 사용되지 않는다.

64 근골격계질환을 예방하기 위한 대책으로 적절하지 않은 것은?

① 단순 반복 작업은 기계를 사용한다.
② 작업방법과 작업공간을 재설계한다.
③ 작업순환(Job Rotation)을 실시한다.
④ 작업속도와 작업강도를 점진적으로 강화한다.

해설 근골격계질환 예방 대책

작업속도와 강도를 점진적으로 감소시킨다.

정답 61 ③ 62 ① 63 ③ 64 ④

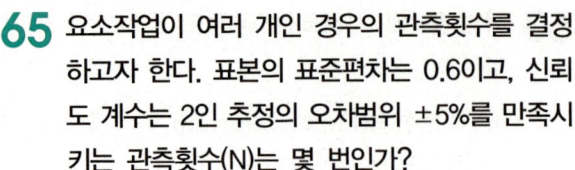

65 요소작업이 여러 개인 경우의 관측횟수를 결정하고자 한다. 표본의 표준편차는 0.6이고, 신뢰도 계수는 2인 추정의 오차범위 ±5%를 만족시키는 관측횟수(N)는 몇 번인가?

① 24번　　② 66번
③ 144번　　④ 576번

해설 관측횟수

$\left(\dfrac{2 \times 0.6}{0.05}\right)^2 = 576$번

66 개정된 NIOSH 들기 작업지침에 따라 권장 무게한계(RWL)를 산출하고자 할 때, RWL이 최적이 되는 조건과 거리가 먼 것은?

① 정면에서 중량물 중심까지의 비틀림이 없을 때
② 작업자와 물체의 수평거리가 25cm보다 작을 때
③ 물체를 이동시킨 수직거리가 75cm보다 작을 때
④ 수직높이가 팔을 편안히 늘어뜨린 상태의 손 높이일 때

해설 들기 작업지침

- RWL = LC × HM × VM × DM × AM × FM × CM
- LC = 부하상수 = 23kg
- HM = 수평계수 = 25 | H
- VM = 수직계수 = 1 − (0.003 × |V − 75|)
- DM = 거리계수 = 0.82 + (4.5 / D)
- AM = 대칭계수 = 1 − (0.0032 × A)
- FM = 빈도계수(표 활용)
- CM = 결합계수(표 활용)

※ 수직거리가 75일 때 최적이다.

67 셀(Cell) 생산방식에 가장 적합한 제품은?

① 의류　　② 가구
③ 선박　　④ 컴퓨터

해설 셀(cell) 생산방식

셀 생산방식(Cellular Manufacturing)은 생산 과정에서 유사한 공정을 그룹으로 묶어 '셀' 형태로 배치하는 방식이다.

68 근골격계질환 관련 위험작업에 대한 관리적 개선으로 볼 수 없는 것은?

① 작업의 다양성 제공
② 스트레칭 체조의 활성화
③ 작업도구나 설비의 개선
④ 작업일정 및 작업속도 조절

해설 유해요인 개선방법 중 관리적 개선

- 작업의 다양성 제공
- 작업일정 및 작업 속도 조절
- 회복시간 제공
- 작업 습관 변화
- 작업 공간, 공구 및 장비의 주기적인 청소 및 유지보수
- 작업자 적정배치
- 직장체조 강화 등

69 근골격계질환의 요인에 있어 작업 관련 요인에 해당하는 것은?

① 매장 경력
② 작업 만족도
③ 휴식시간 부족
④ 작업의 자율적 조절

해설 근골격계질환

반복적인 동작, 부적절한 작업 자세, 무리한 힘의 사용, 날카로운 면과의 신체접촉, 진동 및 온도 등의 요인에 의하여 발생하는 건강장해로서 목, 어깨, 허리, 팔·다리의 신경·근육 및 그 주변 신체조직 등에 나타나는 질환을 말한다.

정답　65 ④　66 ③　67 ④　68 ③　69 ③

70 간헐적으로 랜덤한 시점에서 연구대상을 순간적으로 관측하여 대상이 처한 상황을 파악하고, 이를 토대로 관측시간 동안에 나타난 항목별로 차지하는 비율을 추정하는 방법은?

① PTS법
② 워크샘플링
③ 웨스팅하우스법
④ 스톱워치를 이용한 시간연구

해설 관측방법

① PTS법(Predetermined Time Systems)
기본적인 인간 동작에 대한 사전 결정된 시간을 사용하여 작업에 필요한 시간을 측정하는 방법이다.
② 워크샘플링(Work Sampling)
일정 시간 동안 임의로 작업자의 활동을 관찰하고 기록하여 다양한 작업에 소비되는 시간을 백분율로 산출하는 방법이다.
③ 웨스팅하우스법(Westinghouse System)
작업 중 작업자의 기술, 노력, 작업 조건을 평가하는 데 사용되는 방법이다.
④ 스톱워치를 이용한 시간연구(Stopwatch Time Study)
스톱워치를 사용하여 작업 또는 작업의 일부를 완료하는 데 걸리는 시간을 측정하는 전통적인 방법이다.

71 1TMU(Time Measurement Unit)를 초단위로 환산한 것은?

① 0.0036초
② 0.036초
③ 0.36초
④ 1.667초

해설 1TMU

1TMU = 0.00001시간 = 0.0006분 = 0.036초

72 동작경제원칙 중 신체의 사용에 관한 원칙이 아닌 것은?

① 두 손은 동시에 시작하고, 동시에 끝나도록 한다.
② 두 팔은 서로 반대 방향으로 대칭적으로 움직이도록 한다.
③ 가능하다면 쉽고 자연스러운 리듬이 생기도록 동작을 배치한다.
④ 타자 칠 때와 같이 각 손가락이 서로 다른 작업을 할 때에는 작업량을 각 손가락의 능력에 맞게 배분해야 한다.

해설 신체사용에 관한 원칙

- 양손의 동작은 동시에 시작하여 동시에 끝나야 한다.
- 양손은 휴식시간을 제외하고는 동시에 쉬어서는 안 된다.
- 팔의 동작은 서로 반대의 대칭적 방향으로 이루어져야 하며 동시에 행해져야 한다.
- 손과 몸의 동작은 일을 만족스럽게 할 수 있는 가장 단순한 동작에 한정되어야 한다.
- 작업에 도움이 되도록 가급적 물체의 관성(慣性)을 활용하고, 근육운동으로 작업을 수행하는 경우를 최소한으로 줄여야 한다.
- 갑자기 예각방향으로 변화를 하는 직선동작보다는 유연하고 연속적인 곡선동작을 하는 것이 좋다.
- 제한되거나 통제된 동작보다는 탄도동작이 보다 빠르고 쉬우며 정확하다.
- 작업을 원활하고 자연스럽게 수행하는 데는 리듬이 중요하다. 가급적 쉽고 자연스러운 리듬이 가능하도록 작업이 배열되어야 한다.
- 눈의 고정은 가급적 줄이고 함께 가까이 있도록 한다.

73 설비의 배치 방법 중 제품별 배치의 특성에 대한 설명 중 틀린 것은?

① 재고와 재공품이 적어 저장면적이 작다.
② 운반거리가 짧고 가공물의 흐름이 빠르다.
③ 작업 기능이 단순화되며 작업자의 작업 지도가 용이하다.
④ 설비의 보전이 용이하고 가동률이 높기 때문에 자본투자가 적다.

해설 제품별 배치의 특성

보전이 어렵고 가동율이 높아 자본투자가 많다.

정답 70 ② 71 ② 72 ④ 73 ④

74 작업분석의 활용 및 적용에 관한 사항 중 틀린 것은?

① 조업정지의 손실이 큰 작업부터 대상으로 한다.
② 주기기간이 짧은 작업의 동작분석은 서블릭 분석법을 이용한다.
③ 사람의 동작이 많은 작업을 개선하려는 경우에 적용하는 것이 바람직하다.
④ 반복 작업이 많은 작업의 동작개선은 미세한 동작개선을 중심으로 한다.

> **해설** 작업분석의 활용 및 적용
> 주기기간이 길거나 생산량이 적은 수작업의 동작분석은 서블릭 분석법을 이용한다.

76 보다 많은 아이디어를 창출하기 위하여 가능한 한 모든 의견을 비판 없이 받아들이고 수정 발언을 허용하며 대량 발언을 유도하는 방법은?

① Brainstorming
② SEARCH
③ Mind Mapping
④ ECRS 원칙

> **해설** Brainstorming(브레인스토밍)
> - Brainstorming(브레인스토밍) : 여러 사람들이 모여 자유롭게 아이디어를 제시하고, 비판 없이 다양한 의견을 수렴하는 방법이다. 창의적인 해결책을 찾는 데 효과적이다.
> - SEARCH(검색) : 정보를 검색하여 문제를 해결하는 방법으로 인터넷, 도서, 학술 자료 등 다양한 소스를 활용할 수 있다.
> - Mind Mapping(마인드 매핑) : 중심 주제를 중심으로 관련 아이디어를 시각적으로 도식화하는 방법으로 이를 통해 복잡한 문제를 구조적으로 분석하고 해결할 수 있다.
> - ECRS 원칙(Eliminate, Combine, Rearrange, Simplify) : 작업 공정을 개선하기 위해 사용하는 방법이다.
> - Eliminate(제거) : 불필요한 작업이나 요소를 제거한다.
> - Combine(결합) : 유사한 작업이나 요소를 결합한다.
> - Rearrange(재배열) : 작업 순서를 재조정한다.
> - Simplify(단순화) : 복잡한 작업을 단순화한다.

75 A 작업의 관측평균시간이 25DM이고, 제1 평가에 의한 속도평가계수는 120%이며, 제2 평가에 의한 2차 조정계수가 10%일 때 객관적 평가법에 의한 정미시간은 몇 초인가? (단, IDM=0.6초이다.)

① 19.8
② 23.8
③ 26.1
④ 28.8

> **해설** 정미시간
> 정미시간(NT) = 관측시간 × 속도평가계수 × (1+2차 고정계수)
> = 25 × 0.6 × 1.20 × (1+0.1) = 19.8

77 작업관리의 목적에 부합하지 않는 것은?

① 안전하게 작업을 실시하도록 한다.
② 작업의 효율성을 높여 재고량을 확보한다.
③ 생산 작업을 합리적이고 효율적으로 개선한다.
④ 표준화된 작업의 실시과정에서 그 표준이 유지되도록 한다.

> **해설** 작업관리의 목적
> 작업의 효율성을 높여 재고량을 확보하는 것은 생산관리에 포함된다.

정답 74 ② 75 ① 76 ① 77 ②

78 어느 병원의 간호사에 대한 근골격계질환의 위험을 평가하기 위하여 인강공학분야에서 많이 사용되는 유해요인 평가도구 중 하나인 RULA(Rapid Upper Linb Assessment)를 적용하여 작업을 평가한 결과, 최종 점수가 4점으로 평가되었다. 평가 결과에 대한 해석으로 맞는 것은?

① 수용가능한 안전한 작업으로 평가됨.
② 계속적 추가관찰을 요하는 작업으로 평가됨.
③ 빠른 작업 개선과 작업 위험요인의 분석이 요구됨.
④ 즉각적인 개선과 작업 위험요인의 정밀조사가 요구됨.

해설 RULA(Rapid Upper Linb Assessment)
RULA 평가는 1점에서 7점까지 있으며, 점수가 높을수록 근골격계질환의 위험이 높다는 것을 나타낸다.
• 수용가능한 안전한 작업으로 평가됨 : 1~2점
• 계속적으로 추가관찰을 요하는 작업으로 평가됨 : 3~4점
• 빠른 작업 개선과 작업 위험요인 분석이 요구됨 : 5~6점
• 즉각적인 개선과 작업 위험요인의 정밀조사가 요구됨 : 7점 이상

79 근골격계질환에 관한 설명으로 틀린 것은?

① 신체의 기능적 장해를 유발할 수 있다.
② 사전조사에 의하여 완전 예방이 가능하다.
③ 초기에 치료하지 않으면 심각해질 수 있다.
④ 미세한 근육이나 조직의 손상으로 시작된다.

해설 근골격계질환
사전조사에 의하더라도 완전 예방은 불가능하다.

80 단위작업 장소 내에 4개, 8개의 동일 작업으로 이루어진 부담작업이 있다. 이러한 작업장에 대한 유해요인 조사 시 표본 작업 수는 각각 얼마 이상인가?

① 2, 2   ② 2, 3
③ 2, 4   ④ 4, 8

해설 유해요인 조사 시 표본 작업 수
• 한 단위작업에 10개 이하의 근골격계 부담작업이 동일 작업으로 이루어지는 경우에는 작업 강도가 가장 높은 2개 이상의 작업을 표본으로 선정한다.
• 만일, 한 단위작업에 동일 근골격계 부담작업의 수가 10개를 초과하는 경우에는 초과하는 5개의 작업당 1개의 작업을 표본으로 추가한다.

정답 78 ② 79 ② 80 ①

제3회 기출복원문제

1과목 인간공학개론

01 음량의 측정과 관련된 사항으로 적절하지 않은 것은?
① 물리적 소리강도는 지각되는 음의 강도와 비례한다.
② 소리의 세기에 대한 물리적 측정 단위는 데시벨(dB)이다.
③ 손(sone)과 폰(phon)은 지각된 음의 강약을 측정하는 단위다.
④ 손(sone)의 값 1은 주파수가 1,000Hz이고, 강도가 40dB인 음이 지각되는 소리의 크기이다.

해설 음량의 측정
소리 강도가 일정 수준 이상이 되면, 사람의 귀는 더 큰 소리 변화를 인식하기 어려워지는데 이를 비례성의 한계라고도 한다.

02 부품배치의 원칙이 아닌 것은?
① 중요성의 원칙
② 사용 빈도의 원칙
③ 사용 순서의 원칙
④ 크기별 배치의 원칙

해설 부품배치의 원칙
크기별 배치의 원칙은 해당사항이 아니다.

03 산업현장에서 필요한 인체치수와 같이 움직이는 자세에서 측정한 인체치수는?
① 기능적 인체치수 ② 정적 인체치수
③ 구조적 인체치수 ④ 고정 인체치수

해설 인체치수
① **기능적 인체치수** : 특정 작업이나 활동을 수행할 때 인체가 차지하는 공간을 측정한 치수. 예를 들어, 팔을 뻗었을 때의 길이나 앉아서 작업할 때의 높이 등이 포함된다.
② **정적 인체치수** : 인체가 움직이지 않는 상태에서 측정한 치수로, 일반적으로 신체 각 부분의 기본적인 크기와 길이를 의미. 예를 들어, 키, 가슴둘레, 팔 길이 등이 포함된다.
③ **구조적 인체치수** : 인체의 구조적 특성에 기반한 치수. 이는 인체의 형태와 관련된 치수로, 예를 들어, 골격 구조와 관련된 치수 등이 포함될 수 있다.
④ **고정 인체치수** : 특정 위치나 자세에서 인체의 특정 부분이 차지하는 크기를 의미. 이는 보통 고정된 자세에서의 치수를 의미하며, 예를 들어, 앉았을 때의 다리 길이 등이 포함된다.

04 청각적 표시장치에 적용되는 지침으로 적절하지 않은 것은?
① 신호음은 배경소음과 다른 주파수를 사용한다.
② 신호음은 최소한 0.5~1초 동안 지속시킨다.
③ 300m 이상 멀리 보내는 신호음은 1,000Hz 이하의 주파수가 좋다.
④ 주변 소음은 주로 고주파이므로 은폐효과를 막기 위해 200Hz 이하의 신호음을 사용하는 것이 좋다.

정답 01 ① 02 ④ 03 ① 04 ④

> **해설** 청각적 표시장치 적용 지침

주변 소음은 주로 저주파이므로 은폐효과를 막기 위해 500~1,000Hz의 신호음을 사용하는 것이 좋다.

05 인간과 기계의 역할분담에 이어 인간은 시스템 설치와 보수, 유지 및 감시 등의 역할만 담당하게 되는 시스템은?

① 수동시스템   ② 기계시스템
③ 자동시스템   ④ 반자동시스템

> **해설** 인간과 기계의 역할에 따른 시스템

구분	내용
수동 시스템	• 인간의 신체적인 힘을 동력으로 사용하여 작업통제(동력원 제어 : 사람, 수공구나 기타 보조물로 사용) • 다양성 있는 체계로 역할 할 수 있는 능력을 최대한 활용하는 시스템(융통성이 있는 운용 가능)
기계화 시스템	• 반자동체계, 변화가 적은 기능들을 수행하도록 설계(고도로 통합된 부품들로 구성되며 융통성이 없는 체계) • 기계가 동력을 제공하며, 조정 장치를 사용하는 통제는 사람이 담당
자동화 시스템	• 감지, 정보처리 및 의사결정 행동을 포함한 모든 임무 수행 (기계동력원 및 운전, 프로그램 감시 또는 통제, 관리) • 대부분의 폐회로 체계이며, 설계, 설치, 감시, 프로그램 작성 및 수정 정비, 유지 등은 사람이 담당

06 연구조사에서 사용되는 기준척도의 요건에 대한 설명으로 옳은 것은?

① 타당성 : 반복 실험 시 재현성이 있어야 한다.
② 민감도 : 동일 단위로 환산 가능한 척도여야 한다.
③ 신뢰성 : 기준이 의도한 목적에 부합하여야 한다.
④ 무오염성 : 기준 척도는 측정하고자 하는 변수 이외에 다른 변수의 영향을 받아서는 안 된다.

> **해설** 기준척도의 요건
• 타당성 : 측정하고자 하는 평가 척도가 시스템의 목표를 반영한다.
• 민감도 : 제로 조건이 존재하는 경우에 그 조건을 올바르게 탐지해내는 비율이다.
• 신뢰성 : 평가를 반복할 경우 일정한 결과를 얻을 수 있다.

07 인간의 감각기관 중 작업자가 가장 많이 사용하는 감각은?

① 시각
② 청각
③ 촉각
④ 미각

> **해설** 인간의 감각기관

인간의 감각기관 중에서 작업자가 가장 많이 사용하는 감각은 시각으로 많은 작업 환경에서 시각은 매우 중요한 역할을 하며, 작업자가 주변 환경을 인식하고, 도구나 장비를 정확하게 사용할 수 있도록 한다.

08 시각적 암호화(Coding) 설계 시 고려사항이 아닌 것은?

① 코딩 방법의 분산화
② 사용될 정보의 종류
③ 수행될 과제의 성격과 수행조건
④ 코딩의 중복 또는 결합에 대한 필요성

> **해설** 시각적 암호화(Coding) 설계

코딩 방법의 표준화이다.

정답 05 ③ 06 ④ 07 ① 08 ①

2019년 제3회 기출복원문제

09 시식별에 영향을 주는 인자에 대한 설명으로 옳은 것은?

① 휘도의 척도로는 foot-candle과 lx가 흔히 쓰인다.
② 어떤 물체나 표면에 도달하는 광의 밀도를 휘도라고 한다.
③ 과녁이나 관측자(또는 양자)가 움직일 경우에는 시력이 감소한다.
④ 일반적으로 조도가 큰 조건에서는 노출시간이 작을수록 식별력이 커진다.

> **해설** 시식별에 영향을 주는 인자
> • 휘도의 척도로는 lambert가 쓰인다.
> • 어떤 물체나 표면에 도달하는 광의 밀도를 조도라고 한다.
> • 일반적으로 조도가 큰 조건에서는 노출시간이 클수록 식별력이 커진다.

10 인체측정치의 응용원칙으로 적합한 것은?

① 침대의 길이는 5퍼센타일 치수를 적용한다.
② 비상버튼까지의 거리는 5퍼센타일 치수를 적용한다.
③ 의자의 좌판깊이는 95퍼센타일 치수를 적용한다.
④ 지하철의 손잡이 높이는 95퍼센타일 치수를 적용한다.

> **해설** 인체측정치의 응용원칙
> • 침대의 길이는 95퍼센타일 치수를 적용한다.
> • 의자의 좌판깊이는 5퍼센타일 치수를 적용한다.
> • 지지하철의 손잡이 높이는 5퍼센타일 치수를 적용한다.

11 인간공학의 목적에 관한 내용으로 틀린 것은?

① 사용편의성의 증대, 오류감소, 생산성 향상 등을 목적으로 둔다.
② 인간공학은 일과 활동을 수행하는 효능과 효율을 향상시키는 것이다.
③ 안전성 개선, 피로와 스트레스 감소, 사용자 수용성 향상, 작업 만족도 증대를 목적으로 한다.
④ Chapanis는 목적 달성을 위해 구체적 응용에서 가장 중요한 목표는 몇 가지뿐이며, 그들은 서로 상호연관성은 없다고 했다.

> **해설** 인간공학의 목적
> Chapanis는 목적 달성을 위해 구체적 응용에서 가장 중요한 목표는 몇 가지뿐이며, 그들의 환경조건은 인간의 특성 및 인간과 기계의 조화 있는 체계를 갖추기 위한 것이라 했다.

12 신호검출이론(SDT)에 관한 설명으로 틀린 것은? (단, β는 응답편견척도(response bias)이고, d는 감도척도(sensitivity)이다.)

① β값이 클수록 '보수적인 판단자'라고 한다.
② d값은 정규분포를 이용하여 구할 수 있다.
③ 민감도는 신호와 잡음 평균 간의 거리로 표현한다.
④ 잡음이 많을수록, 신호가 약하거나 분명하지 않을수록 d값은 커진다.

> **해설** 신호검출이론
> 잡음이 많을수록 신호를 구분하기 어렵기 때문에 d' 값은 작아집니다.

정답 09 ③ 10 ② 11 ④ 12 ④

13 제품의 행동 유도성에 대한 설명으로 적절하지 않은 것은?

① 사용자의 행동에 단서를 제공한다.
② 행동에 제약을 주지 않는 설계를 해야 한다.
③ 제품에 물리적 또는 의미적 특성을 부여함으로써 달성이 가능하다.
④ 사용 설명서를 별도로 읽지 않아도 사용자가 무엇을 해야 할지 알게 설계해야 한다.

해설 제품의 행동 유도성
행동에 제약을 주어 사용방법을 유인해야 한다.

14 시식별 요소에 대한 설명으로 옳지 않은 것은?

① 표면으로부터 반사되는 비율을 반사율이라 한다.
② 단위면적당 표면에서 반사되는 광량을 광도라 한다.
③ 광원으로부터 나오는 빛 에너지의 양을 휘도라 한다.
④ 어떤 물체나 표면에 도달하는 빛의 단위면적당 밀도를 조도라 한다.

해설 시식별 요소
- 광원으로부터 나오는 빛 에너지의 양을 광속이라 한다.
- 휘도는 단위면적당 표면에서 반사 또는 방출되는 광량이다.

15 Fitts의 법칙과 관련이 없는 것은?

① 표적의 폭
② 표적의 개수
③ 이동소요시간
④ 표적 중심선까지의 이동거리

해설 Fitts의 법칙
표적이 작을수록 이동거리가 길수록 작업의 난이도와 소요 이동시간이 증가한다.

$$T = a + b\log_2\left(\frac{D}{W} + 1\right)$$

T : 이동시간
a와 b : 경험적으로 결정된 상수
D : 목표까지의 거리
W : 목표의 크기

16 배경 소음 하에서 신호의 발생 유무를 판정하는 경우 네 가지 반응 결과에 대한 설명으로 틀린 것은?

① 허위 경보(False Alarm) : 신호가 없을 때 신호가 있다고 판단한다.
② 신호의 정확한 판정(Hit) : 신호가 있을 때 신호가 있다고 판단한다.
③ 신호검출 실패(Miss) : 정보의 부족으로 신호의 유무를 판단할 수 없다.
④ 잡음을 제대로 판정(Correct Rejection) : 신호가 없을 때 신호가 없다고 판단한다.

해설 신호검출
- 신호검출 실패(Miss) : 신호를 놓쳐 신호를 신호로 인식하지 않음.
- Hit : 신호를 신호로 인식하지 않음.

2019년 제3회 기출복원문제

17 하나의 소리가 다른 소리의 청각 감지를 방해하는 현상을 무엇이라 하는가?

① 기피(avoid)효과
② 은폐(masking)효과
③ 제거(exclusion)효과
④ 차단(interception)효과

해설 은폐효과

① 기피(avoid)효과 : 특정 자극이나 상황을 피하는 행동을 의미
② 은폐(masking)효과 : 한 자극이 다른 자극을 덮어 시각적 또는 청각적 인식을 방해하는 현상
③ 제거(exclusion)효과 : 특정 요소를 완전히 배제하거나 제거하는 행위
④ 차단(interception)효과 : 어떤 것이 중간에 끼어들어 다른 것을 방해하거나 차단하는 현상

18 회전운동을 하는 조종장치의 레버를 30° 움직였을 때 표시장치의 커서는 2cm 이동하였다. 레버의 길이가 15cm일 때 이 조종장치의 C/R 비는 약 얼마인가?

① 2.62
② 3.93
③ 5.24
④ 8.33

해설 조종장치의 C/R 비

$$\text{C/R 비} = \frac{(a/360) \times 2\pi L}{\text{표시장치의 이동거리}} = \frac{(30/360) \times 2\pi \times 15}{2} = 3.93$$

19 기계화 시스템에 대한 설명으로 적절하지 않은 것은?

① 동력은 기계가 제공한다.
② 반자동화 시스템이라고도 부른다.
③ 인간은 조종장치를 통해 체계를 제어한다.
④ 무인공장이 기계화 시스템의 대표적 예이다.

해설 기계화 시스템

무인공장이 자동화 시스템의 대표적 예이다.

20 계기판에 등이 4개가 있고, 그중 하나에만 불이 켜지는 경우, 얻을 수 있는 정보량은 얼마인가?

① 2bits
② 3bits
③ 4bits
④ 5bits

해설 정보량

$H = \log_2(n) = 2$

2과목 작업생리학

21 산업안전보건법령상 작업환경측정에 사용되는 단위로서 고열환경을 종합적으로 평가할 수 있는 지수는?

① 실효온도(ET)
② 열스트레스지수(HSI)
③ 습구흑구온도지수(WBGT)
④ 옥스퍼드지수(Oxford index)

해설 고열환경평가지수

① 실효온도(ET) : 인간이 느끼는 쾌적감을 평가하는 지표로, 온도, 습도, 풍속 등을 종합하여 계산된다.
② 열스트레스지수(HSI) : 작업 환경에서 열 스트레스를 평가하는 지표로, 기온, 습도, 방사열, 풍속 등을 고려하여 계산된다.
③ 습구흑구온도지수(WBGT) : 열환경에서의 안전을 평가하는 지표로, 기온, 습도, 방사열, 풍속 등을 종합적으로 고려하여 계산된다.
④ 옥스퍼드지수(Oxford index) : 습구온도(Twb)와 건구온도(Tdb)를 가중치를 사용하여 계산된 지수이다.

22 신체동작 유형 중 관절의 각도가 감소하는 동작에 해당하는 것은?

① 굽힘(flexion)
② 내선(medial retation)
③ 폄(extension)
④ 벌림(abduction)

정답 17 ② 18 ② 19 ④ 20 ① 21 ③ 22 ①

> **해설** 신체동작 유형
> ① 굽힘(flexion) : 관절을 구부려 각도를 줄이는 동작. 예를 들어, 팔꿈치를 구부리는 동작이 굽힘이다.
> ② 내선(medial rotation) : 신체의 중심축을 기준으로 내부로 회전하는 동작. 예를 들어, 팔을 내부로 돌리는 동작이 내선이다.
> ③ 폄(extension) : 관절을 펴서 각도를 늘리는 동작. 예를 들어, 팔꿈치를 펴는 동작이 폄이다.
> ④ 벌림(abduction) : 신체의 중심에서 멀어지는 방향으로 움직이는 동작. 예를 들어, 팔을 옆으로 들어 올리는 동작이 벌림이다.

23 교대작업 근로자를 위한 교대제 지침으로 옳지 않은 것은?

① 4조 3교대보다 2조 2교대가 바람직하다.
② 작업을 최소화한다.
③ 연속적인 야간교대작업은 줄인다.
④ 근무시간 종료 후 11시간 이상의 휴식시간을 둔다.

> **해설** 교대작업자의 작업설계
> - 야간작업은 연속하여 3일을 넘기지 않도록 한다.
> - 야간반 근무를 모두 마친 후 아침반 근무에 들어가기 전 최소한 24시간 이상 휴식을 하도록 한다.
> - 가정생활이나 사회생활을 배려할 때 주중에 쉬는 것보다는 주말에 쉬도록 하는 것이 좋으며, 하루씩 띄어 쉬는 것보다는 주말에 이틀 연이어 쉬도록 한다.
> - 교대작업자 특히 야간작업자는 주간작업자보다 연간 쉬는 날이 더 많이 있어야 한다.
> - 근무반 교대방향은 아침반 → 저녁반 → 야간반으로 정방향 순환이 되게 한다.
> - 아침반 작업은 너무 일찍 시작하지 않도록 한다.
> - 야간반 작업은 잠을 조금이라도 더 오래 잘 수 있도록 가능한 한 일찍 작업을 끝내도록 한다.
> - 교대작업일정을 계획할 때 가급적 근로자 개인이 원하는 바를 고려하도록 한다.
> - 교대작업일정은 근로자들에게 미리 통보하여 대비할 수 있도록 한다.
> - 2조 2교대보다 4조 3교대가 바람직하다.

24 지면으로부터 가벼운 금속조각을 줍는 일에 대하여 취하는 다음의 자세 중 에너지 소비량(kcal/min)이 가장 낮은 것은?

① 한 팔을 대퇴부에 지지하는 등 구부린 자세
② 두 팔의 지지가 없는 등 구부인 자세
③ 손을 지면에 지지하면서 무릎을 구부린 자세
④ 두 손을 지면에 지지하지 않은 무릎을 구부린 자세

> **해설** 자세와 에너지 소비량
> 지면에 지지하는 것이 에너지 소비량이 적다.

25 다음 중 객관적으로 육체적 활동을 측정할 수 있는 생리학적 측정방법으로 옳지 않은 것은?

① EMG
② 에너지 대사량
③ RPE 척도
④ 심박수

> **해설** 생리학적 측정방법
> ① EMG(근전도) : 근육이 생성하는 전기 활동을 측정하여 근육 기능을 평가한다.
> ② 에너지 대사량 : 다양한 활동, 기본 신체 기능 및 신체활동을 수행하는 데 사용되는 에너지 양을 의미한다.
> ③ RPE 척도(주관적 운동 강도 척도) : 운동 중 얼마나 힘들게 느끼는지를 주관적으로 측정하는 척도로, 일반적으로 1에서 10까지의 척도로 사용한다.
> ④ 심박수 : 심장이 1분 동안 뛰는 횟수로, 운동 중 심혈관 적합성과 노력의 주요 지표이다.

정답 23 ① 24 ③ 25 ③

2019년 제3회 기출복원문제

26 산업안전보건법령상 영상표시단말기(VDT) 취급근로자의 건강장해를 예방하기 위한 방법으로 옳지 않은 것은?

① 작업물을 보기 쉽도록 주위 조명 수준을 1,000lux 이상으로 높인다.
② 저휘도형 조명기구를 사용한다.
③ 빛이 작업화면에 도달하는 각도는 화면으로부터 45° 이내로 한다.
④ 화면상의 문자와 배경과의 휘도비를 낮춘다.

해설 영상표시단말기(VDT) 취급근로자
사무실의 추천 조도는 300~500 lux다.

27 순환계의 기능 및 특성에 관한 설명으로 옳지 않은 것은?

① 심장으로부터 말초로 혈액을 운반하는 혈관을 정맥이라고 한다.
② 모세혈관은 소동맥과 소정맥을 연결하는 혈관이다.
③ 동맥은 혈액을 심장으로부터 직접 받아들이고 맥관계에서 가장 높은 압력을 유지한다.
④ 폐순환은 우심실, 폐동맥, 폐, 폐정맥, 좌심방순의 경로로 혈액이 흐르는 것을 말한다.

해설 순환계
- 동맥 : 심장으로부터 말초로 혈액을 운반하는 혈관
- 정맥 : 말초에서 심장으로 되돌아가는 구심성 혈관

28 다음 중 근육의 대사(metabolism)에 관한 설명으로 적절하지 않은 것은?

① 대사과정에 있어 산소의 공급이 충분하면 젖산이 축적된다.
② 산소를 이용하는 유기성과 산소를 이용하지 않는 무기성 대사로 나눌 수 있다.
③ 음식물을 섭취하여 기계적인 일과 열로 전환하는 화학적 과정이다.
④ 활동수준이 평상시에 공급되는 산소 이상을 필요로 하는 경우, 순환계통은 이에 맞추어 호흡수와 맥박수를 증가시킨다.

해설 근육의 대사
대사과정에 있어 산소의 공급이 부족하면 젖산이 축적된다.

29 다음 중 모멘트(moment)에 관한 설명으로 옳지 않은 것은?

① 모멘트는 특정한 축에 관하여 회전을 일으키는 힘의 경향이다.
② 모멘트의 크기는 힘의 크기와 회전축으로부터 힘의 작용선까지의 거리에 의해 결정된다.
③ 모멘트의 단위는 N·m이다.
④ 힘의 방향과 관계없이 모멘트의 방향은 항상 일정하다.

해설 모멘트
힘의 방향을 시계방향이나 반시계 방향으로 표시한다.

정답 26 ① 27 ① 28 ① 29 ④

30 다음 중 인간의 근육에 관한 설명으로 옳지 않은 것은?

① 근조직은 형태와 기능에 따라 골격근, 평활근, 심근으로 분류된다.
② 골격근의 수축은 운동신경의 지배를 받으며 수의적 조절에 따라 일어난다.
③ 평활근의 수축은 자율신경계, 호르몬, 화학신호의 지배를 받으며, 불수의적 조절에 따라 일어난다.
④ 적근은 체표면 가까이에 존재하며 주로 급속한 동작을 하기 때문에 쉽게 피로해진다.

해설

적색근, 또는 빨간 근육 섬유는 주로 지구력과 관련된 활동에 사용된다. 적색근은 높은 미토콘드리아 밀도를 가지고 있어 산소를 효율적으로 사용하고, 지속적인 에너지를 생성할 수 있다. 이는 적색근이 장시간의 유산소 운동에 적합하다는 의미이다. 또한, 적색근은 마이오글로빈이라는 산소 결합 단백질이 풍부하여 붉은 색을 띠고 있다. 따라서 급속한 동작을 하지 않는다.

31 다음 중 진동이 인체에 미치는 영향에 대한 설명으로 적절하지 않은 것은?

① 진동은 시력, 추적 능력 등의 손상을 초래한다.
② 시간이 경과함에 따라 영구 청력손실을 가져온다.
③ 레노 증후군(Raynaud's phenomenon)은 진동으로 인한 말초혈관운동의 장해로 발생한다.
④ 정확한 근육조절을 요구하는 작업의 경우 그 효율이 저하된다.

해설

진동은 주로 신체의 다른 부위에 영향을 미치며, 청력 손실은 주로 소음으로 인해 발생한다.

32 작업장의 소음 노출정도를 측정한 결과가 다음과 같다면 이 작업장 근로자의 소음노출지수는 얼마인가?

소음수준[dB(A)]	노출시간[h]	허용시간[h]
80	3	64
90	4	8
100	1	2

① 1.00 ② 1.05
③ 1.10 ④ 1.15

해설 노출지수(EI)

$$\text{소음노출지수} = \frac{C(\text{노출시간})}{T(\text{허용노출시간})} = \frac{C_1}{T_1} + \frac{C_2}{T_2} + \cdots\cdots + \frac{C_n}{T_n}$$
$$= \frac{3}{64} + \frac{4}{8} + \frac{1}{2} = 1.046 = 1.05$$

33 다음 인체해부학의 용어 중 몸을 전후로 나누는 기상의 면(plane)을 뜻하는 것은?

① 정중면(Median plane)
② 시상면(Sagittal plane)
③ 관상면(Coronal plane)
④ 횡단면(Transverse plane)

해설 인체해부학의 용어

① **정중면(Median plane)** : 시상면의 일종으로, 인체를 정확히 중앙에서 좌우로 나누는 평면이다. 정중선에 위치한 평면으로, 좌우 대칭이 되는 기준이다.
② **시상면(Sagittal plane)** : 인체를 좌우로 나누는 평면으로, 정중선을 기준으로 좌우 대칭이 될 수 있도록 나누는 평면이다.
③ **관상면(Coronal plane)** : 인체를 앞뒤로 나누는 평면으로, 몸을 앞쪽(배)과 뒤쪽(등)으로 나누는 역할을 한다.
④ **횡단면(Transverse plane)** : 인체를 상하로 나누는 평면으로, 몸을 위쪽(두부)과 아래쪽(족부)으로 나누는 역할을 한다.

정답 30 ④ 31 ② 32 ② 33 ③

2019년 제3회 기출복원문제

34 근수축 활동에 관한 설명으로 옳지 않은 것은?
① 근수축은 액틴과 미오신 필라멘트의 미끄러짐 작용에 의해 이루어진다.
② 액틴과 미오신 필라멘트는 미끄러짐 작용을 통해 길이 자체가 짧아진다.
③ ATP의 분해 시 유리된 에너지가 근육에 이용된다.
④ 운동 시 부족했던 산소를 운동이 끝나고 휴식시간에 보충하는 것을 산소부채라 한다.

해설 근수축
근수축은 액틴과 미오신 필라멘트의 미끄러짐 작용에 의해 이루어지지만, 필라멘트 자체의 길이는 변화하지 않는다.

35 일반적으로 눈을 감고 편안한 자세로 조용히 앉아 있는 사람에게 나타나며 안정파라고 불리는 뇌파 형태에 해당하는 것은?
① α파 ② β파
③ θ파 ④ δ파

해설 뇌파
- β파 : 활동파
- θ파 : 방추파(수면상태)
- δ파 : 숙면상태

36 작업자 A의 작업 중 평균 흡기량은 50L/min, 배기량은 40L/min이며 배기량 중 산소의 함량이 17%일 때 산소 소비량은 얼마인가? (단, 공기 중 산소 함량은 21%이다.)
① 2.7L/min ② 3.7L/min
③ 4.7L/min ④ 5.7L/min

해설 산소 소비량
산소 소비량 = 21% × 분당 흡기량 − O_2% × 분당 배기량
= 21% × 50L/min − 17% × 40L/min = 3.7L/min

37 다음 중 작업부하 및 휴식시간 결정에 관한 설명으로 옳은 것은?
① 작업부하는 작업자 개인의 능력과 관계없이 산출된다.
② 정신적인 권태감은 주관적인 요소이므로 휴식시간 산정 시 고려할 필요가 없다.
③ 작업방법이나 설비를 재설계하는 공학적 대책으로는 작업부하를 감소시킬 수 없다.
④ 장기적인 전신피로는 직무 만족감을 낮추고, 건강상의 위험을 증가시킬 수 있다.

해설 작업부하
작업부하는 작업자 개인의 능력과 관계가 있고, 정신적 권태감으로 휴식시간 산정을 고려할 필요가 있으며, 공학적 대책으로 작업부하를 감소시킬 수 있다.

38 다음의 산업안전보건법령상 "강렬한 소음작업" 정의에서 ( )에 적합한 수치는?

( ) 데시벨 이상의 소음이 1일 30분 이상 발생하는 작업

① 80 ② 90
③ 100 ④ 110

해설 강렬한 소음작업

음압수준 dB(A)	노출허용시간/일
90	8
95	4
100	2
105	1
110	30
115	15

정답 34 ② 35 ① 36 ② 37 ④ 38 ④

39 조도(Illuminance)의 단위로 옳은 것은?

① m
② lumen
③ lux
④ candela

해설 조도의 단위

① m : 길이의 단위
② lumen : 광속의 단위
③ lux : 조도의 단위
④ candela : 광도의 단위

40 근육의 정적상태의 근력을 나타내는 용어는?

① 등속성 근력(Isokinetic strength)
② 등장성 근력(Isotonic strength)
③ 등관성 근력(Isoinertia strength)
④ 등척성 근력(Isometric strength)

해설 근력

① 등속성 근력(Isokinetic strength)
운동 속도가 일정하게 유지되며 저항이 변화하는 형태의 근력
② 등장성 근력(Isotonic strength)
저항이 일정하게 유지되며 근육 길이가 변화하는 형태의 근력
③ 등관성 근력(Isoinertia strength)
운동이 일정한 관성에서 이루어지는 형태의 근력
④ 등척성 근력(Isometric strength)
근육 길이가 변화하지 않고 일정한 상태에서 힘을 발휘하는 형태의 근력

3과목 산업심리학 및 관련 법규

41 산업안전보건법령상 유해요인 조사 및 개선 등에 관한 내용으로 옳지 않은 것은?

① 법에 의한 임시건강진단 등에서 근골격계 질환자가 발생한 경우에는 지체 없이 유해요인 조사를 하여야 한다.
② 근골격계 부담작업에 근로자를 종사하도록 하는 신설 사업장의 경우에는 지체 없이 유해요인 조사를 하여야 한다.
③ 근골격계 부담작업에 해당하는 새로운 작업, 설비를 도입한 경우에는 지체 없이 유해요인 조사를 하여야 한다.
④ 근골격계 부담작업에 해당하는 업무의 양과 작업공정 등 작업환경을 변경한 경우에는 지체 없이 유해요인 조사를 하여야 한다.

해설 유해요인 조사

사업주는 근골격계 부담작업을 보유하는 경우 최초의 유해요인 조사를 하고, 완료한 날로부터 3년마다 주기적으로 실시한다. 다만, 신설사업장은 신설일로부터 1년 이내에 최초의 유해요인 조사를 실시한다.

42 조직차원에서의 스트레스 관리방안과 가장 거리가 먼 것은?

① 직무재설계
② 긴장완화훈련
③ 우호적인 직장 분위기 조성
④ 경력계획과 개발 과정의 수립 및 상담 제공

해설 스트레스 관리방안

긴장완화훈련은 스트레스 관리방안과 거리가 멀다.

정답 39 ③ 40 ④ 41 ② 42 ②

43 개인의 성격을 건강과 관련하여 연구하는 성격 유형 중 아래와 같은 행동 양식을 가지는 유형으로 옳은 것은?

> - 항상 분주하고, 시간에 강박관념을 가진다.
> - 동시에 많은 일을 하려고 한다.
> - 공격적이고 경쟁적이다.
> - 양적인 면으로 성공을 측정한다.

① A형 행동양식   ② B형 행동양식
③ C형 행동양식   ④ D형 행동양식

해설 성격 유형

- Type A 성격
  - 경쟁적이고 성취 지향적이다.
  - 일과 목표에 대해 열정적이며, 빨리빨리, 경쟁적으로 여러 가지를 한꺼번에 해야 해서 종종 스트레스를 받을 수 있다.
  - 매우 조직적이고 시간을 철저히 관리한다.
- Type B 성격
  - 느긋하고 스트레스에 대해 관대하다.
  - 사회적이며, 여유를 즐긴다.
  - 창의적이고 유연한 사고방식을 가지고 있다.
- Type C 성격
  - 신중하고 논리적이다.
  - 감정을 억누르며 갈등을 피하려고 한다.
  - 완벽주의 성향이 있다.
- Type D 성격
  - 부정적인 감정을 자주 경험하며 이를 잘 드러내지 않는다.
  - 스트레스를 많이 받고, 걱정과 불안을 자주 느낀다.
  - 외향적이기보다는 내향적이다.

44 산업안전보건법령상 산업재해조사에 관한 설명으로 옳은 것은?

① 재해 조사의 목적은 인적, 물적 피해 상황을 알아내고 사고의 책임자를 밝히는 데 있다.
② 재해 발생 시, 가장 먼저 조치할 사항은 직접 원인, 간접 원인 등의 재해원인을 조사하는 것이다.
③ 3개월 이상의 요양이 필요한 부상자가 동시에 2인 이상 발생했을 때 중대재해로 분류한다.
④ 사업주는 사망자가 발생했을 때에는 재해가 발생한 날로부터 10일 이내에 산업재해 조사표를 작성하여 관할 지방노동관서의 장에게 제출해야 한다.

해설 중대재해의 범위

- 사망자가 1명 이상 발생한 재해
- 3개월 이상의 요양이 필요한 부상자가 동시에 2명 이상 발생한 재해
- 부상자 또는 직업성 질병자가 동시에 10명 이상 발생한 재해
  - 재해 조사의 목적은 인적, 물적 피해 상황을 알아내고 안전을 개선함에 있다.
  - 재해 발생 시, 가장 먼저 조치할 사항은 즉각적인 응급조치, 안전 확보, 관리자에게 보고, 조사 준비 순이다.
  - 사업주는 산업재해로 사망자가 발생하거나 3일 이상의 휴업이 필요한 부상을 입거나 질병에 걸린 사람이 발생한 경우에는 법 제57조 제3항에 따라 해당 산업재해가 발생한 날부터 1개월 이내에 별지 제30호 서식의 산업재해조사표를 작성하여 관할 지방고용노동관서의 장에게 제출해야 한다. (전자문서로 제출하는 것을 포함한다.)

45 인적 요인 개선을 통한 휴먼에러 방지 대책으로 적합한 것은?

① 작업자의 특성과 작업설비의 적합성 점검·개선
② 인간공학적 설계 및 적합화
③ 모의훈련으로 시나리오에 따른 리허설
④ 안전 설계(fail-safe design)

해설 휴먼에러 방지 대책

인적 요인의 개선 방법은 모의훈련이 포함된다.

정답 43 ①   44 ③   45 ③

46 작업자의 휴먼에러 발생확률은 매 시간마다 0.05로 일정하고 다른 작업과 독립적으로 실수를 한다고 가정할 때, 8시간 동안 에러의 발생 없이 작업을 수행할 신뢰도는 얼마인가?

① 0.60
② 0.67
③ 0.86
④ 0.95

해설 신뢰도

신뢰도 $= e^{-\lambda(t_1-t_2)} = e^{-0.05(8-0)} = 0.6703$

47 반응시간(reaction time)에 관한 설명으로 옳은 것은?

① 자극이 요구하는 반응을 행하는 데 걸리는 시간을 의미한다.
② 반응해야 할 신호가 발생한 때부터 반응이 종료될 때까지의 시간을 의미한다.
③ 단순반응시간에 영향을 미치는 변수로는 자극 양식, 자극의 특성, 자극 위치, 연령 등이 있다.
④ 여러 개의 자극을 제시하고, 각각에 대한 서로 다른 반응을 할 과제를 준 후에 자극이 제시되어 반응할 때까지의 시간을 단순반응시간이라 한다.

해설 반응시간

반응시간은 자극을 인지한 후 반응을 시작하는 데 걸리는 시간을 의미한다.

48 민주적 리더십에 관한 내용으로 옳은 것은?

① 리더에 의한 모든 정책의 결정
② 리더의 지원에 의한 집단 토론식 결정
③ 리더의 과업 및 과업 수행 구성원 지정
④ 리더의 최소 개입 또는 개인적인 결정의 완전한 자유

해설 맥그리거 XY이론

유형	개념	특징
독재적(권위주의자) 리더십(맥그리거의 X이론 중심)	• 정책 결정에 부하직원의 참여 거부 • 리더의 의사에 복종 강요(리더 중심) • 집단성원의 행위는 공격적 아니면 무관심 • 집단구성원 간의 불신과 적대감	• 리더는 생산이나 효율의 극대화를 위해 완전한 통제를 하는 것이 목표
민주적 리더십(맥그리거의 Y이론 중심)	• 집단토론이나 집단결정을 통하여 정책 결정(집단 중심) • 리더나 집단에 대하여 적극적인 자세로 행동	• 참여적인 의사결정 및 목표 설정(리더와 부하직원 간의 협동과 상호 의사소통이 필요)

49 어느 사업장의 도수율은 40이고, 강도율은 4이다. 이 사업장의 재해 1건당 근로손실일수는 얼마인가?

① 1
② 10
③ 50
④ 100

해설 근로손실일수

평균강도율 $= \dfrac{강도율}{도수율} \times 1,000 = \dfrac{4}{40} \times 1,000 = 100$

50 교육 프로그램에 대한 평가 준거 중 교육 프로그램이 회사에 주는 경제적 가치와 가장 밀접한 관련이 있는 것은?

① 반응 준거
② 학습 준거
③ 행동 준거
④ 결과 준거

해설 교육 프로그램

교육 프로그램에 대한 평가 결과는 경제적 가치와 관련이 있다.

정답 46 ② 47 ③ 48 ② 49 ④ 50 ④

2019년 제3회 기출복원문제

51 부주의에 의한 사고방지를 위한 정신적 측면의 대책으로 옳지 않은 것은?

① 작업의욕의 고취
② 작업환경의 개선
③ 안전의식의 제고
④ 스트레스 해소 방안 마련

해설 사고방지 대책

정신적 측면은 내적 원인으로 작업환경 개선이 옳지 않다.

구분	원인	대책
외적 원인	• 작업, 환경조건 불량 • 작업순서 부적당 • 작업강도 • 기상조건	• 환경정비 • 작업순서 조절 • 작업량, 시간, 속도 등의 조절 • 온도, 습도 등의 조절
내적 원인	• 소질적 요인 • 의식의 우회 • 경험 부족 및 미숙련 • 피로도 • 정서불안정 등	• 적성배치 • 상담 • 교육 • 충분한 휴식 • 심리적 안정 및 치료

52 다음 중 산업재해방지를 위한 대책으로 적절하지 않은 것은?

① 산업재해 감소를 위하여 안전관리체계를 자율화하고 안전관리자의 직무권한을 최소화하여야 한다.
② 재해와 원인 사이에는 인과관계가 있으므로 재해의 원인분석을 통한 방지대책이 필요하다.
③ 재해방지를 위해서는 손실의 유무와 관계없는 아차사고(near accident)를 예방하는 것이 중요하다.
④ 불안전한 행동의 방지를 위해서는 심리적 대책과 공학적 대책이 동시에 필요하다.

해설 산업재해방지를 위한 대책

산업재해 감소를 위하여 안전관리체계를 강화하고 안전관리자의 직무권한을 최대화하여야 한다.

53 호손(Hawthorn) 실험의 결과에 따라 작업자의 작업능률에 영향을 미치는 주요 요인은?

① 작업장의 온도
② 물리적 작업조건
③ 작업장의 습도
④ 작업자의 인간관계

해설 호손 연구

호손 연구의 결과는 노동자의 심리적 요인과 인간관계가 생산성에 큰 영향을 미친다는 것을 보여주었다. 이 연구는 인사 관리와 인간 중심의 경영 관리 방식을 촉진하는 데 중요한 역할을 하였다.

54 스웨인(Swain)의 휴먼에러 분류 중 다음 사례에서 재해의 원인이 된 동료작업자 B의 휴먼에러로 적합한 것은?

> 컨베이어 벨트 위에 앉아 있는 작업자 A가 동료 작업자 B에게 작동 버튼을 살짝 눌러서 벨트가 조금만 움직이다가 멈추게 하라고 요청했다. 동료작업자 B는 버튼을 누르던 중 균형을 잃고 버튼을 과도하게 눌러서 벨트가 전속력으로 움직여 작업자 A가 전도되는 재해가 발생하였다.

① Time Error
② Sequential Error
③ Omission Error
④ Commission Error

해설 심리적 분류

• 생략 오류(Omission Error) : 절차를 생략해 발생하는 오류
• 시간 오류(Time Error) : 절차의 수행지연에 의한 오류
• 작위 오류(Commission Error) : 절차의 불확실한 수행에 의한 오류
• 순서 오류(Sequential Error) : 절차의 순서착오에 의한 오류
• 과잉행동 오류(Extraneous Error) : 불필요한 작업/절차에 의한 오류

정답 51 ② 52 ① 53 ④ 54 ④

55 뇌파의 유형에 따라 인간의 의식수준을 단계별로 분류할 때, 의식이 명료하여 가장 적극적인 활동이 이루어지고 실수의 확률이 가장 낮은 단계는?

① Ⅰ단계   ② Ⅱ단계
③ Ⅲ단계   ④ Ⅳ단계

해설 단계별 의식수준

단계 (phase)	뇌파패턴	의식상태 (mode)	주의의 작용	생리적 상태	신뢰성
0	δ파	무의식, 실신	제로	수면, 뇌발작	없다. 0
Ⅰ	θ파	의식이 둔한 상태, 흐림, 몽롱 (subnormal)	활발하지 않음. (inactive)	피로 단조, 졸림, 취중	낮다. 0.9
Ⅱ	α파	편안한 상태, 이완상태, 느긋함 (normal, relaxed)	수동적 (passive)	안정적 상태, 휴식 시, 정상작업 시, 정례작업 시, 일반적으로 일을 시작할 때의 안정된 상태	다소 높다. 0.99~ 0.9999
Ⅲ	β파	명석한 상태, 정상의식, 문명한 의식 (normal, clear)	활발함, 적극적 (active)	적극적 활동 시, 가장 좋은 의식수준 상태	매우 높다. 0.9999 이상
Ⅳ	γ파 긴장과대	흥분상태 (과긴장) (hypernormal)	일점에 응집, 판단 정지	긴급방위 반응, 당황, 패닉	낮다. 0.9 이하

56 FTA(Fault Tree Analysis)에 관한 설명으로 옳은 것은?

① 연역적이며, 톱다운(top-down) 접근방식이다.
② 귀납적이며, 위험 그 자체와 영향을 강조하고 있다.
③ 시스템 구상에 있어 가장 먼저 하는 분석으로 위험요소가 어떤 상태에 있는지를 정성적으로 평가하는 데 적합하다.
④ 한 사건에 대하여 실패와 성공으로 분개하고, 동일한 방법으로 분개된 각각의 가지에 대하여 실패 또는 성공의 확률을 구하는 것이다.

해설 FTA
- 연역적이고, 실패고장 등의 원인을 분석한다.
- 시스템 구상에 있어 가장 먼저 하는 분석은 PHA이다.
- 고장 또는 실패 원인을 도식적으로 표현하여 원인-결과 관계를 명확히 하는 데 사용된다..

57 직무스트레스 요인 중 역할 관련 스트레스 요인의 설명으로 옳지 않은 것은?

① 역할 모호성이 클수록 스트레스가 크다.
② 역할 부하가 적을수록 스트레스가 적다.
③ 조직의 중간에 위치하는 중간관리자 등은 역할갈등에 노출되기 쉽다.
④ 역할 과부하는 직무요구가 능력을 초과하는 경우의 스트레스 요인이다.

해설 과도한 역할 요구
맡은 역할이 너무 많거나 지나치게 높은 기대를 받아서 발생하는 스트레스로 이는 업무 과부하를 초래할 수 있다.

58 안전대책의 중심적인 내용이라 할 수 있는 3E에 포함되지 않는 것은?

① Education   ② Engineering
③ Environment ④ Enforcement

해설 3E
① Education ② Engineering ③ Enforcement

정답 55 ③ 56 ① 57 ② 58 ③

59 매슬로(Maslow)의 욕구위계설에서 제시한 인간 욕구들을 낮은 단계부터 높은 단계의 순서로 바르게 나열한 것은?

① 생리적 욕구 → 안전 욕구 → 사회적 욕구 → 존경 욕구 → 자아실현의 욕구
② 안전 욕구 → 생리적 욕구 → 사회적 욕구 → 존경 욕구 → 자아실현의 욕구
③ 생리적 욕구 → 사회적 욕구 → 존경 욕구 → 자아실현의 욕구 → 안전 욕구
④ 생리적 욕구 → 사회적 욕구 → 안전 욕구 → 존경 욕구 → 자아실현의 욕구

해설 매슬로의 욕구위계

- **생리적 욕구** : 생존을 위해 필요한 기본적인 욕구로, 음식, 물, 잠, 공기 등의 필요를 포함한다.
- **안전 욕구** : 신체적, 경제적, 건강상의 안전을 원하는 욕구이다. 직업 안정성, 주거의 안전성을 말한다.
- **사회적 욕구** : 사랑과 소속감을 원하는 욕구이다. 친구, 가족, 연인과의 관계를 통해 친밀감과 소속감을 느끼고자 한다.
- **존경 욕구** : 자신에 대한 존경과 타인에게서의 존경을 받고자 하는 욕구이다. 성취감, 자신감, 인정을 받고자한다.
- **자아실현의 욕구** : 자신의 잠재력을 최대한 발휘하고, 개인적인 성장과 발전을 이루고자 하는 욕구. 자기 계발, 창의성, 도덕적 성장 등이 포함된다.

60 리더십의 이론 중, 경로-목표이론(path-goal theory)에서 리더 행동에 따른 네 가지 범주의 설명으로 옳은 것은?

① 후원적 리더는 부하들의 욕구, 복지문제 및 안정, 온정에 관심을 기울이고, 친밀한 집단 분위기를 조성한다.
② 성취지향적 리더는 부하들과 정보자료를 많이 활용하여 부하들의 의견을 존중하여 의사결정에 반영한다.
③ 주도적 리더는 도전적 목표를 설정하고, 높은 수준의 수행을 강조하여 부하들이 그러한 목표를 달성할 수 있다는 자신감을 갖게 한다.
④ 참여적 리더는 부하들의 작업을 계획하고 조정하며 그들에게 기대하는 바가 무엇인지 알려주고 구체적인 작업지시를 하며 규칙과 절차를 따르도록 요구한다.

해설 경로-목표이론의 네 가지 리더십

- **지시형 리더십(Directive Leadership)** : 리더가 명확한 지시와 기대를 제공하며, 팀원들에게 구체적인 업무 수행 방법을 제시하는 리더십으로, 역할이 모호하거나 복잡한 과제를 수행할 때 효과적이다.
- **지원형 리더십(Supportive Leadership)** : 리더가 팀원들의 복지를 우선시하고, 친절하며, 접근 가능한 태도로 팀원들과 상호작용하는 리더십이다. 스트레스가 높은 작업 환경에서 팀원들의 사기를 높이는 데 도움이 된다.
- **참여형 리더십(Participative Leadership)** : 리더가 팀원들의 의견을 적극적으로 수렴하고, 의사 결정 과정에 팀원들을 참여시키는 리더십으로, 팀원들이 자율성과 책임감을 느낄 수 있도록 도와준다.
- **성취 지향형 리더십(Achievement-Oriented Leadership)** : 리더가 팀원들에게 도전적인 목표를 설정하고, 목표 달성을 위해 높은 기대와 자율성을 부여하는 리더십으로, 높은 성과를 요구하는 상황에서 팀원들의 동기 부여에 효과적이다.

4과목 근골격계질환 예방을 위한 작업관리

61 위험작업의 관리적 개선에 속하지 않는 것은?

① 위험표지 부착
② 작업자의 교육 및 훈련
③ 작업자의 작업속도 조절
④ 작업자의 신체에 맞는 작업장 개선

해설 공학적 개선 대책

작업자의 신체에 맞는 작업장 개선은 공학적 개선 대책이다.

정답 59 ① 60 ① 61 ④

62 작업관리에서 결과에 대한 원인을 파악할 목적의 문제분석 도구는?

① 브레인스토밍
② 공정도(Process Chart)
③ 마인드 매핑(Mind Mapping)
④ 특성요인도

해설 문제분석 도구

① 브레인스토밍 : 여러 아이디어를 자유롭게 떠올리고, 생각나는 대로 나열하는 방법으로 창의적 문제 해결이나 새로운 아이디어가 필요할 때 유용하다.
② 공정도(Process Chart) : 작업의 흐름을 시각적으로 표현한 다이어그램으로, 각 단계와 절차를 명확히 나타낸다. 효율적인 작업 계획이나 프로세스 개선에 도움을 준다.
③ 마인드 매핑(Mind Mapping) : 중심 주제에서부터 관련 아이디어를 가지 형태로 확장해가는 시각적 도구로, 복잡한 정보나 개념을 조직화하고 이해하는 데 사용된다.
④ 특성요인도(Cause and Effect Diagram) : 특정 문제의 원인과 결과를 시각적으로 분석하는 도구로, 종종 '물고기 뼈 다이어그램' 또는 '이시카와 다이어그램'이라고도 불린다.

63 NIOSH의 들기 작업지침에 따른 중량물 취급작업에서 권장무게한계를 산정하는 데 고려해야 할 변수로 옳지 않은 것은?

① 상체의 비틀림 각도
② 작업자의 평균보폭거리
③ 물체를 이동시킨 수직이동거리
④ 작업자의 손과 물체 사이의 수직거리

해설 RWL(권장무게한계)

- RWL = LC × HM × VM × DM × AM × FM × CM
- LC = 부하상수 = 23kg
- HM = 수평계수 = 25 / H
- VM = 수직계수 = 1 − (0.003 × |V−75|)
- DM = 거리계수 = 0.82 + (4.5 / D)
- AM = 대칭계수 = 1 − (0.0032 × A)
- FM = 빈도계수(표 활용)
- CM = 결합계수(표 활용)

64 근골격계질환 발생단계 가운데 2단계에 해당하는 것은?

① 작업 수행이 불가능함.
② 휴식시간에도 통증을 호소함.
③ 통증이 하룻밤 지나면 없어짐.
④ 작업을 수행하는 능력이 저하됨.

해설 근골격계질환 발생단계

- 1단계 : 통증이 하룻밤 지나면 사라진다.
- 2단계 : 작업을 수행하는 능력이 저하된다. 하룻밤 지나도 통증은 지속된다.
- 3단계 : 작업수행이 불가능하다. 휴식시간에도 통증을 호소한다.

65 손가락을 구부릴 때 힘줄의 굴곡운동에 장애를 주는 근골격계질환의 명칭으로 옳은 것은?

① 회전근개 건염
② 외상과염
③ 방아쇠 수지
④ 내상과염

해설 근골격계질환

① 회전근개 건염 : 회전근의 근육과 림프절이 염증을 일으키는 상태이다.
② 외상과염 : 외상 후 발생하는 염증 반응을 의미이다.
③ 방아쇠 수지 : 방아쇠 수지 증후군(Trigger Finger)으로도 알려져 있다. 이 질환은 손가락 내부의 굴곡건에 염증이 생기면서 손가락을 펴거나 구부리는 것이 힘들고 통증이 발생하는 질환이다.
④ 내상과염 : 팔꿈치 안쪽의 튀어나온 뼈에 염증이 생겨 통증이 발생하는 질환으로 주로 집안일을 많이 하거나 팔을 자주 사용하는 활동을 통해 발생한다.

정답 62 ④ 63 ② 64 ④ 65 ③

66 워크샘플링에 대한 장·단점으로 적합하지 않은 것은?

① 시간연구법보다 더 자세하다.
② 특별한 측정 장치가 필요 없다.
③ 관측이 순간적으로 이루어져 작업에 방해가 적다.
④ 자료수집이나 분석에 필요한 순수시간이 다른 시간연구방법에 비하여 짧다.

해설 워크샘플링
시간연구법보다 더 자세하지 않다.

67 3시간 동안 작업 수행과정을 촬영하여 워크샘플링 방법으로 200회를 샘플링한 결과 30번의 손목꺾임이 확인되었다. 이 작업의 시간당 손목꺾임 시간은?

① 6분 ② 9분
③ 18분 ④ 30분

해설 워크샘플링
$\frac{관측된 횟수}{총 관측 횟수} = \frac{30}{200} = 0.15$
시간당 손목꺾임 시간 = 0.15 × 60 = 9분

68 동작경제의 원칙에 해당되지 않는 것은?

① 신체 사용에 관한 원칙
② 작업장의 배치에 관한 원칙
③ 제품과 공정별 배치에 관한 원칙
④ 공구 및 설비 디자인에 관한 원칙

해설 동작경제원칙
• 신체 사용에 관한 원칙
• 작업장의 배치에 관한 원칙
• 공구 및 설비 디자인에 관한 원칙

69 근골격계질환을 예방하기 위한 대책으로 적절하지 않은 것은?

① 작업방법과 작업공간을 재설계한다.
② 작업 순환(Job Rotation)을 실시한다.
③ 단순 반복적인 작업은 기계를 사용한다.
④ 작업속도와 작업강도를 점진적으로 강화한다.

해설 근골격계질환 예방 대책
작업속도와 작업강도를 점진적으로 감소한다.

70 다음의 동작 중 주머니로 운반, 다시 잡기, 볼펜 회전은 동시에 수행되는 결합동작이다. 주머니로 운반의 시간은 15.2TMU, 다시 잡기는 5.6TMU, 볼펜 회전은 4.1TMU일 때, 다음의 왼손 작업 정미시간(Normal time)은 얼마인가?

왼손 작업	동작	TMU	동작	오른손 작업
볼펜 잡기	G3	5.6	RL1	
주머니로 운반	M12C	15.2		
다시 잡기	G2	5.6		볼펜 놓기
볼펜 회전	T60S	4.1		
주머니에 넣기	P1SE	5.6		

① 11.2TMU ② 26.4TMU
③ 32.0TMU ④ 36.1TMU

해설 정미시간
5.6 + 15.2 + 5.6 = 26.4

71 어느 작업시간의 관측평균시간이 1.2분, 레이팅 계수가 110%, 여유율이 25%일 때 외경법에 의한 개당 표준시간은 얼마인가?

① 1.32분 ② 1.50분
③ 1.53분 ④ 1.65분

정답 66 ① 67 ② 68 ③ 69 ④ 70 ② 71 ④

> **해설** 외경법에 의한 개당 표준시간

- 정미시간 = 관측시간의 대푯값 × (레이팅 계수 / 100)
  = 1.2 × (110 / 100) = 1.32
- 표준시간 = 정미시간 × (1+여유율)
  = 1.32 × (1 + 0.25) = 1.65

72 설비의 배치 방법 중 공정별 배치의 특성에 대한 설명으로 틀린 것은?

① 작업 할당에 융통성이 있다.
② 운반거리가 직선적이며 짧아진다.
③ 작업자가 다루는 품목의 종류가 다양하다.
④ 설비의 보전이 용이하고 가동률이 높기 때문에 자본투자가 적다.

> **해설** 공정별 배치

공정별 배치는 유사한 작업을 하는 설비들이 그룹화되어 배치되는 방식으로, 운반거리는 직선적이기보다는 복잡하고 길어질 수 있다.

73 작업구분을 큰 것에서부터 작은 것 순으로 나열한 것은?

① 공정 → 단위작업 → 요소작업 → 동작요소 → 서블릭
② 공정 → 요소작업 → 단위작업 → 서블릭 → 동작요소
③ 공정 → 단위작업 → 동작요소 → 요소작업 → 서블릭
④ 공정 → 단위작업 → 요소작업 → 서블릭 → 동작요소

> **해설** 작업구분

공정 → 단위작업 → 요소작업 → 동작요소 → 서블릭

74 시계 조립과 같이 정밀한 작업을 위한 작업대의 높이로 가장 적절한 것은?

① 팔꿈치 높이로 한다.
② 팔꿈치 높이보다 5~15cm 낮게 한다.
③ 팔꿈치 높이보다 5~15cm 높게 한다.
④ 작업면과 눈의 거리가 30cm 정도 되도록 한다.

> **해설** 작업대의 높이

- 쓰기, 전자부품 조립과 같은 정밀 작업은 팔꿈치 높이보다 5cm 높게, 팔꿈치 지지대가 필요하다.
- 조립라인 작업이나 기계적인 작업 같은 가벼운 작업은 5~10cm 정도 팔꿈치보다 낮게 한다.
- 아래로 향하는 힘이 요구되는 무거운 작업은 20~40cm 정도 팔꿈치보다 낮게 한다.

75 유해요인 조사 방법 중 OWAS(Ovako Working Posture Analysis System)에 관한 설명으로 옳지 않은 것은?

① OWAS의 작업 자세 수준은 4단계로 분류된다.
② OWAS는 작업 자세로 인한 부하를 평가하는 데 초점이 맞추어져 있다.
③ OWAS는 신체 부위의 자세뿐만 아니라 중량물의 사용도 고려하여 평가한다.
④ OWAS는 작업 자세를 허리, 팔, 손목으로 구분하여 각 부위의 자세를 코드로 표현한다.

> **해설** OWAS

OWAS는 허리, 상지, 하지, 작업물의 4개 항목으로 구분한다.

정답 72 ② 73 ① 74 ③ 75 ④

76. 산업안전보건법령상 근로자가 근골격계 부담작업을 하는 경우 유해요인 조사의 실시주기는? (단, 신설되는 사업장은 제외한다.)

① 6개월 ② 1년
③ 2년   ④ 3년

해설 유해요인 조사의 실시주기

사업주는 근골격계 부담작업을 보유하는 경우에 다음 각호의 사항에 대해 최초의 유해요인 조사를 하고, 완료한 날로부터 3년마다 주기적으로 실시한다. 다만, 신설사업장은 신설일로부터 1년 이내에 최초의 유해요인 조사를 실시한다.

77. 다음의 설명에 적합한 서블릭 용어는?

> 다음에 진행할 동작을 위하여 대상물을 정해진 장소에 놓는 동작

① 바로 놓기 ② 놓기
③ 미리 놓기 ④ 운반

해설 서블릭 용어

다음에 진행할 동작을 위한 것이니 미리 놓기이다.

78. 표준시간의 산정 방법과 구체적인 측정기법의 연결이 옳지 않은 것은?

① 시간연구법 - 스톱워치법
② PTS법 - MTM법, Work factor법
③ 워크샘플링법 - 직접 관찰법
④ 실적자료법 - 전자식 자료 집적기

해설 실적자료법
- 전자식 자료 집적기와 직접적으로 연관되지 않는다.
- 주로 과거의 실적 데이터를 바탕으로 시간 표준을 산정하는 방법이다.

79. 상세한 작업 분석의 도구로 적합하지 않은 것은?

① 서블릭
② 파레토 차트
③ 다중활동분석표
④ 작업자 공정도

해설 작업 분석 도구

① **서블릭(Therblig)** : 작업 분석을 위한 기본 단위로 Frank와 Lillian Gilbreth가 개발했으며, 작업을 수행하는 데 필요한 기본적인 움직임을 분석한다. 이를 통해 비효율적인 움직임을 줄이고 작업 효율성을 높이는 데 사용한다.
② **파레토 차트(Pareto Chart)** : 문제의 원인을 식별하고 우선순위를 정하는 데 사용한다. 가장 큰 영향을 미치는 소수의 원인을 찾아내기 위해 전체 문제를 분석하고 정렬한다. 이는 80/20 법칙에 기초하여, 전체 문제의 80%가 20%의 원인에 의해 발생한다는 원칙을 따른다.
③ **다중활동분석표(Multiple Activity Chart)** : 여러 작업자나 장비의 활동을 동시에 분석하는 데 사용된다. 이는 작업 흐름을 시각적으로 나타내어 각 작업자의 역할과 작업 간의 상호 작용을 이해하고 최적화할 때 사용한다.
④ **작업자 공정도(Worker Process Chart)** : 작업자가 수행하는 활동을 시간 순서대로 기록하여 분석하는 도구이다. 이를 통해 작업 순서를 최적화하고 비효율적인 단계를 제거하여 작업 시간을 단축할 수 있다.

80. 공정도에 관한 설명으로 옳지 않은 것은?

① 작업을 기본적인 동작요소로 나눈다.
② 부품의 이동을 확인할 수 있다.
③ 역류 현상을 점검할 수 있다.
④ 작업과 검사 과정을 표시할 수 있다.

해설 공정도

작업을 기본적인 동작요소로 나눈 것은 서블릭에 관한 설명이다.

정답 76 ④ 77 ③ 78 ④ 79 ② 80 ①

2020년 제1·2회 기출복원문제

1과목 인간공학개론

01 회전운동을 하는 조종창치의 레버를 20° 움직였을 때 표시장치의 커서는 2cm 이동하였다. 레버의 길이가 15cm일 때 이 조종장치의 C/R 비는 약 얼마인가?

① 2.62
② 5.24
③ 8.33
④ 10.48

해설 조종장치의 C/R 비

$$C/R\ 비 = \frac{(a/360) \times 2\pi L}{표시장치의\ 이동거리}$$
$$= \frac{(20/360) \times 2\pi \times 15}{2}$$
$$= 2.62$$

02 정보에 관한 설명으로 옳은 것은?

① 대안의 수가 늘어나면 정보량은 감소한다.
② 선택반응시간은 선택대안의 개수에 선형으로 반비례한다.
③ 정보이론에서 정보란 불확실성의 감소라 정의할 수 있다.
④ 실현 가능성이 동일한 대안이 두 가지일 경우 정보량은 2bit이다.

해설 정보
- 대안의 수가 늘어나면 정보량은 증가한다.
- 선택반응 시간은 선택대안의 개수에 로그함수의 정비례로 증가하고, 실현 가능성이 동일한 대안이 두 가지일 경우 정보량은 1bit이다.

03 인간-기계 시스템에서의 기본적인 기능을 볼 수 없는 것은?

① 정보의 수용
② 정보의 생성
③ 정보의 저장
④ 정보처리 및 결정

해설 인간-기계 시스템에서의 기본 기능
정보의 수용, 정보의 저장, 정보의 처리 및 의사결정 행동의 네 가지 기본적인 기능을 수행한다.

04 신호검출이론(Signal Detection Theory)에서 판정기준을 나타내는 우도비(Likelihood Ratio) β와 민감도(Sensitibity) d에 대한 설명 중 옳은 것은?

① β가 클수록 보수적이고 d가 클수록 민감함을 나타낸다.
② β가 작을수록 보수적이고 d가 클수록 민감함을 나타낸다.
③ β가 클수록 보수적이고 d가 클수록 둔감함을 나타낸다.
④ β가 작을수록 보수적이고 d가 클수록 둔감함을 나타낸다.

해설 우도비와 민감도
- 반응기준이 오른쪽으로 이동 시($\beta > 1$) : 판정자는 신호라고 판정하는 기회가 줄어들게 되므로 신호가 나타났을 때 신호의 정확한 판정은 적어지나 허위 경보를 덜하게 된다. 이것을 보수적이라고 한다.
- 반응기준이 왼쪽으로 이동 시($\beta < 1$) : 신호로 판정하는 기회가 많아지게 되므로 신호의 정확한 판정은 많아지나 허위 경보도 증가하게 된다. 이것을 진취적 모험이라고 한다.
- 민감도 : d로 표현하며 두 분포의 꼭짓점의 간격을 분포의 표준편차 단위로 나타낸다. 다시 말해 두 분포가 떨어져 있을수록 민감도는 커지며 판정자는 신호와 잡음을 정확하게 판정하기 쉽다.

정답 01 ① 02 ③ 03 ② 04 ①

2020년 제1·2회 기출복원문제

05 다음 피부의 감각기 중 감수성이 제일 높은 것은?
① 온각   ② 통각
③ 압각   ④ 냉각

해설 피부의 감각기
통각의 감수성이 가장 높다.

06 인간공학의 개념과 가장 거리가 먼 것은?
① 효율성 제고
② 심미성 제고
③ 안전성 제고
④ 편리성 제고

해설 인간공학의 개념
- 인간·기계 시스템 구성요소의 최적 설계를 통해 인간-기계 간의 상호작용을 개선하여 시스템의 성능을 높인다.
- 일과 활동을 수행하는 효능과 효율을 향상시켜 사용편의성 증대, 오류 감소, 생산성 향상 등을 들 수 있다.
- 인간가치를 향상하는 것으로 안전성 개선, 피로와 스트레스 감소, 쾌적감 증가, 사용자 수용성 향상, 작업 만족도 증대, 생활의 질 개선 등을 들 수 있다.

07 인체 측정자료의 응용 시 평균치 설계에 관한 내용으로 옳지 않은 것은?
① 최소, 최대집단값이 사용 불가능한 경우에 사용된다.
② 인체측정학적인 면에서 보면 모든 부분에서 평균인 인간은 없다.
③ 은행 창구의 접수대는 평균값을 기준으로 한 설계의 좋은 예이다.
④ 일반적으로 평균치를 이용한 설계에는 보통 집단 특성치의 5%에서 95%까지의 범위가 사용된다.

해설 인체 측정자료
④는 조절식 설계 원칙이다.

08 정량적인 표시장치에 대한 설명으로 옳은 것은?
① 표시장치 설계 시 끝이 둥근 지침이 권장된다.
② 계수형 표시장치의 기본 형태는 지침이 고정되고 눈금이 움직이는 형이다.
③ 동침형 표시장치는 인식적 암시 신호를 나타내는 데 적합하다.
④ 눈금이 고정되고 지침이 움직이는 표시장치를 동목형 표시장치라 한다.

해설 정량적인 표시장치
- 표시장치 설계 시 끝이 뾰족한 지침이 권장된다.
- 계수형 표시장치의 기본 형태는 숫자로 표시되는 표시장치로, 빠르고 정확한 수치 확인에 용이하다.
- 눈금이 고정되고 지침이 움직이는 표시장치를 동침형 표시장치라 한다.

09 음량수준(phon)이 80인 순음의 sone 치는 얼마인가?
① 4   ② 8
③ 16 ④ 32

해설 sone과 phon
$$\text{sone 값} = 2^{(\text{phon 값} - 40)/10} = 2^{(80-40)/10} = 16$$

10 다음 눈의 구조 중 빛이 도달하여 초점이 가장 선명하게 맺히는 부위는?
① 동공   ② 홍채
③ 황반   ④ 수정체

정답 05 ② 06 ② 07 ④ 08 ③ 09 ③ 10 ③

해설 눈의 구조

① 동공(Pupil) : 빛이 눈 속으로 들어가는 입구이며, 크기가 변해서 들어오는 빛의 양을 조절한다.
② 홍채(Iris) : 눈동자의 색을 결정하며, 동공의 크기를 조절한다.
③ 황반(Macula) : 시신경이 밀집된 부분으로, 시력의 중심 역할을 한다.
④ 수정체(Lens) : 빛을 굴절시켜 망막에 상이 맺히도록 하는 역할을 한다.

11 시감각 체계에 관한 설명으로 옳지 않은 것은?

① 동공은 조도가 낮을 때는 많은 빛을 통과시키기 위해 확대된다.
② 1디옵터는 1m 거리에 있는 물체를 보기 위해 요구되는 조절능이다.
③ 망막의 표면에는 빛을 감지하는 광수용기인 원추체와 간상체가 분포되어 있다.
④ 안구의 수정체는 공막에 정확한 이미지가 맺히도록 형태를 스스로 조절하는 일을 담당한다.

해설 시감각 체계

수정체는 볼록렌즈와 같이 빛을 굴절시켜 망막에 상이 맺히게 한다.

12 정적 인체 측정 자료를 동적 자료로 변환할 때 활용될 수 있는 크로머(Kroemer)의 경험 법칙을 설명한 것으로 옳지 않은 것은?

① 키, 눈, 어깨, 엉덩이 등의 높이는 3% 정도 줄어든다.
② 팔꿈치 높이는 대개 변화가 없지만, 작업 중 5%까지 증가하는 경우가 있다.
③ 앉은 무릎 높이 또는 오금 높이는 굽 높은 구두를 신지 않는 한 변화가 없다.
④ 전방 및 측방 팔길이는 편안한 자세에서 30% 정도 늘어나고, 어깨와 몸통을 심하게 돌리면 20% 정도 감소한다.

해설 크로머(Kroemer)의 경험 법칙

전방 및 측방 팔길이는 상체의 움직임을 편안한 자세로 하면 30% 정도 줄고, 어깨와 몸통을 심하게 돌리면 20% 정도 늘어난다.

13 청각을 이용한 경계 및 경보 신호의 설계에 관한 내용으로 옳지 않은 것은?

① 500~3,000Hz의 진동수를 사용한다.
② 장거리용으로는 1,000Hz 이하의 진동수를 사용한다.
③ 신호가 칸막이를 통과해야 할 때는 500Hz 이상의 진동수를 사용한다.
④ 주의를 끌기 위해서 초당 1~3번 오르내리는 변조된 신호를 사용한다.

해설 진동수

신호가 칸막이를 통과해야 할 때는 500Hz 이하의 진동수를 사용한다.

14 사람이 일정한 시간에 두 가지 이상의 작업을 처리할 수 있도록 하는 것을 무엇이라 하는가?

① 시배분(time sharing)
② 변화감지(variety sense)
③ 절대식별(absolute judgment)
④ 비교식별(comparative judgment)

해설 시배분

① **시배분(time sharing)** : 두 가지 이상 작업이나 활동 사이에서 시간을 배분하는 능력으로 흔히 멀티태스킹과 관련이 있다.
② **변화감지(variety sense)** : 환경이나 자극의 변화를 감지하고 반응하는 것이다.
③ **절대식별(absolute judgment)** : 참조 없이 어떤 것을 절대적인 기준에 따라 식별하거나 판단하는 것이다.
④ **비교식별(comparative judgment)** : 두 개 이상의 자극이나 항목을 비교하고 차이점이나 유사점을 식별하는 것이다.

정답 11 ④ 12 ④ 13 ③ 14 ①

2020년 제1·2회 기출복원문제

15 사용성 평가에 주로 사용되는 평가척도로 적합하지 않은 것은?

① 과제물 내용
② 에러의 빈도
③ 과제의 수행시간
④ 사용자의 주관적 만족도

해설 닐슨의 사용성 정의

과제의 수행시간, 학습용이성, 효율성, 기억용이성, 에러 빈도 및 정도 그리고 주관적 만족도로 정의했다.

16 키를 측정할 때 체중계가 아닌 줄자를 이용하는 것처럼 연구조사 시 측정하고자 하는 바를 얼마나 정확하게 측정하였는가를 평가하는 척도는?

① 타당성(Validity)
② 신뢰성(Reliability)
③ 상관성(Correlation)
④ 민감성(Sensitivity)

해설

① 타당성(Validity) : 연구나 측정 도구가 실제로 의도한 대로 측정하고 있는지의 여부를 나타낸다. 즉, 결과의 정확성과 관련 있다.
② 신뢰성(Reliability) : 연구나 측정 도구가 일관된 결과를 제공하는지의 여부를 나타낸다. 즉, 동일한 조건에서 반복 측정했을 때 일관된 결과를 얻을 수 있는지를 의미한다.
③ 상관성(Correlation) : 두 변수 간의 관계를 나타내며, 한 변수의 변화가 다른 변수의 변화와 어떻게 연관되는지를 설명한다.
④ 민감성(Sensitivity) : 특정 현상이나 변화를 감지하는 능력을 나타내며, 특히 작은 변화를 얼마나 잘 감지할 수 있는지를 의미한다.

17 청각적 신호를 설계하는 데 고려되어야 하는 원리 중 검출성(Detectability)에 대한 설명으로 옳은 것은?

① 사용자에게 필요한 정보만을 제공한다.
② 동일한 신호는 항상 동일한 정보를 지정하도록 한다.
③ 사용자가 알고 있는 친숙한 신호의 차원과 코드를 선택한다.
④ 신호는 주어진 상황 하의 감지장치나 사람이 감지할 수 있어야 한다.

해설 청각적 신호

신호는 주어진 상황 하의 감지장치나 사람이 감지할 수 있어야 한다. 다시 말해 검출할 수 있어야 한다.

18 동전 던지기에서 앞면이 나올 확률은 0.4이고, 뒷면이 나올 확률은 0.6일 경우 이로부터 기대할 수 있는 평균정보량은 약 얼마인가?

① 0.65bit
② 0.88bit
③ 0.97bit
④ 1.99bit

해설 평균정보량(bit)

여러 개의 실현 가능한 안이 있을 시 평균정보량은 각 안의 정보량에 실현 확률을 모두 곱한 것을 합하면 된다.

$$H = \sum_{i=1}^{n} p_i \log_2\left(\frac{1}{P_i}\right) = (0.4 \times 1.32) + (0.6 \times 0.74) = 0.97$$

P_i : 각 대안의 실현 확률

정답 15 ① 16 ① 17 ④ 18 ③

19 손잡이의 설계에 있어 촉각정보를 통하여 분별, 확인할 수 있는 코딩(coding) 방법이 아닌 것은?

① 색에 의한 코딩
② 크기에 의한 코딩
③ 표면의 거칠기에 의한 코딩
④ 형상에 의한 코딩

해설 코딩(coding) 방법
색에 의한 코딩은 시각정보를 통하여 분별·확인할 수 있는 코딩 방법이다.

20 다음 양립성의 종류 중 특정 사물들, 특히 표시장치(display)나 조종장치(control)에서 물리적 형태나 공간적인 배치의 양립성을 나타내는 것은?

① 양식(modality) 양립성
② 공간적(spatial) 양립성
③ 운동(movement) 양립성
④ 개념적(conceptual) 양립성

해설 양립성
자극과 반응의 관계가 인간의 기대와 모순되지 않는 성질이다.
① 양식 양립성 : 직무에 맞는 자극과 응답 양식의 존재에 대한 양립성
② 공간적 양립성 : 표시장치, 조종장치의 형태 및 공간적 배치의 양립성
  예 오른쪽 조리대는 오른쪽 조절장치로, 왼쪽 조리대는 왼쪽 조절장치로
③ 운동 양립성 : 표시장치, 조종장치 등의 운동 방향의 양립성
  예 조종장치를 오른쪽으로 돌리면 표시장치의 지침이 오른쪽으로 이동하는 것
④ 개념적 양립성 : 외부 자극에 대한 인간의 개념적 현상의 양립성
  예 빨간 버튼 : 온수, 파란 버튼 : 냉수

2과목 작업생리학

21 영상표시단말기(VDT)를 취급하는 작업장 주변 환경의 조도(lux)는 얼마인가? (단, 화면의 바탕 색상은 검정색 계통이며 고용노동부 고시를 따른다.)

① 100~300 ② 300~500
③ 500~700 ④ 700~900

해설 조도
영상표시단말기(VDT)를 취급하는 작업장 주변 환경의 조도는 일반적으로 300~500lux이다.

22 인체활동이나 작업종료 후에도 체내에 쌓인 젖산을 제거하기 위해 산소가 더 필요하게 되는 것을 무엇이라 하는가?

① 산소 빚(oxygen debt)
② 산소 값(oxygen value)
③ 산소 피로(oxygen fatigue)
④ 산소 대사(oxygen metabolism)

해설 산소 빚
산소 빚 또는 산소부채에 관한 설명이다.

23 다음 중 불수의근(Involuntary muscle)과 관계가 없는 것은?

① 내장근 ② 평활근
③ 골격근 ④ 민무늬근

해설 수의근과 불수의근
골격근은 수의근이며, 수의근은 수의적으로, 즉 의식적으로 조절할 수 있는 근육이다.

정답 19 ① 20 ② 21 ② 22 ① 23 ③

24 시소 위에 올려놓은 물체 A와 B는 평형을 이루고 있다. 물체 A는 시소 중심에서 1.2m 떨어져 있고 무게는 35kg이며, 물체 B는 물체 A와 반대방향으로 중심에서 1.5m 떨어져 있다고 가정하였을 때 물체 B의 무게는 몇 kg인가?

① 19 ② 28
③ 35 ④ 42

해설 모멘트의 크기

모멘트는 $F \times d$로 표현한다.
물체 A와 B는 평형을 이루고 있으므로
$(W_A \times d_A) = (W_B \times d_B)$
35kg × 1.2m = $x$kg × 1.5m
$x$kg = 28kg

25 작업강도의 증가에 따른 순환기 반응의 변화로 옳지 않은 것은?

① 혈압의 상승
② 적혈구의 감소
③ 심박출량의 증가
④ 혈액의 수송량 증가

해설 순환기 반응

순환기의 반응은 적혈구의 증가이다.

26 어떤 물체 또는 표면에 도달하는 빛의 밀도는?

① 조도 ② 광도
③ 반사율 ④ 점광원

해설 빛의 밀도

① **조도** : 빛의 밝기, 즉 특정 면적에 도달하는 빛의 양
② **광도** : 빛의 세기, 즉 광원에서 방출되는 빛의 강도
③ **반사율** : 표면이 빛을 반사하는 정도
④ **점광원** : 아주 작은 광원, 모든 방향으로 동일하게 빛을 발산

27 시각적 점멸융합주파수(VFF)에 영향을 주는 변수에 대한 내용으로 옳지 않은 것은?

① 암조응 시는 VFF가 증가한다.
② 연습의 효과는 아주 적다.
③ 휘도만 같으면 색은 VFF에 영향을 주지 않는다.
④ VFF는 조명 강도의 대수치에 선형적으로 비례한다.

해설 시각적 점멸융합주파수

암조응 시는 VFF가 감소한다.

28 인체의 척추 구조에서 경추는 몇 개로 구성되어 있는가?

① 5개 ② 7개
③ 9개 ④ 12개

해설 인체의 척추 구조

요추 5개, 흉추 12개, 경추 7개, 천추 5개, 미추 3~5개

29 근육 운동에 있어 장력이 활발하게 생기는 동안 근육이 가시적으로 단축되는 것을 무엇이라 하는가?

① 연축(twitch)
② 강축(tetanus)
③ 원심성 수축(eccentric contraction)
④ 구심성 수축(concentric contraction)

해설 근육 운동

① **연축(twitch)** : 근육 섬유가 짧게 한 번 수축하는 현상
② **강축(tetanus)** : 연속된 자극으로 근육이 지속적으로 수축하는 상태
③ **원심성 수축(eccentric contraction)** : 근육이 늘어나면서 힘을 내는 수축
④ **구심성 수축(concentric contraction)** : 근육이 짧아지면서 힘을 내는 수축

정답 24 ② 25 ② 26 ① 27 ① 28 ② 29 ④

30 나이에 따라 발생하는 청력손실은 다음 중 어떤 주파수의 음에서 가장 먼저 나타나는가?

① 500Hz   ② 1,000Hz
③ 2,000Hz ④ 4,000Hz

해설 C5-dip

3,000~6,000Hz 범위에서 영향을 받고 특히 4,000Hz에서 현저히 커지고 음압 수준도 0~30dB의 광범위한 차이를 보인다. 이러한 소음성 난청의 초기 단계를 보이는 현상을 C5-dip 현상이라고 한다.

31 어떤 작업자의 8시간 작업 시 평균 흡기량은 40L/min, 배기량은 30L/min로 측정되었다. 만일 배기량에 대한 산소함량이 15%로 측정되었다고 가정하면 이때의 분당 산소 소비량(L/min)은 얼마인가?

① 3.3   ② 3.5
③ 3.7   ④ 3.9

해설 분당 산소 소비량

산소 소비량 = 21% × 분당 흡기량 - O_2% × 분당 배기량
= 21% × 40 - 15% × 30
= 3.9L/min

32 생리적 활동의 척도 중 Borg의 RPE(Ratings of Perceived Exertion) 척도에 대한 설명으로 옳지 않은 것은?

① 육체적 작업부하의 주관적 평가방법이다.
② NASA-TLX와 동일한 평가척도를 사용한다.
③ 척도의 양끝은 최소 심장 박동률과 최대 심장 박동률을 나타낸다.
④ 작업자들이 주관적으로 지각한 신체적 노력의 정도를 6~20 사이의 척도로 평정한다.

해설 작업부하에 대한 주관적 측정

Borg의 RPE 척도는 육체적 작업부하의 주관적 평가 방법으로, 작업자가 자신의 신체적 노력을 6에서 20 사이의 숫자로 평가한다. 이 척도는 최소 심장 박동률(6)과 최대 심장 박동률(20)을 기준으로 한다. 반면, NASA-TLX는 작업부하를 평가하는 데 사용되는 다른 척도로, 주로 정신적 작업부하를 평가한다.

33 신경계 중 반사(reflex)와 통합(integration)의 기능적 특징을 갖는 것은?

① 중추신경계 ② 운동신경계
③ 교감신경계 ④ 감각신경계

해설 신경계

① 중추신경계(Central Nervous System) : 뇌와 척수로 구성되어 있으며, 신경 신호의 처리와 통합을 담당한다. 반사 작용은 척수에서 일어나며, 신속한 반응을 제공하기 위해 중추신경계에서 통합된다.
② 운동신경계(Motor Nervous System) : 근육으로 신호를 보내어 움직임을 조절하는 신경계이다. 중추신경계의 명령을 받아 신체의 근육을 활성화한다.
③ 교감신경계(Sympathetic Nervous System) : 스트레스나 위기 상황에서 신체를 준비시키는 신경계이다. 심장 박동을 빠르게 하거나, 동공을 확장시키는 등의 반응을 일으키다
④ 감각신경계(Sensory Nervous System) : 외부 자극을 받아들여 중추신경계로 전달하는 신경계이다. 감각기관(눈, 귀, 피부 등)에서 발생하는 정보를 뇌로 전달한다.

34 근력의 상태 중 물체를 들고 있을 때처럼 신체 부위를 움직이지 않으면서 고정된 물체에 힘을 가하는 상태는?

① 정적 상태(static condition)
② 동적 상태(dynamic condition)
③ 등속 상태(isokinetic condition)
④ 가속 상태(acceleration condition)

정답 30 ④ 31 ④ 32 ② 33 ① 34 ①

> **해설** 근력의 상태
> ① 정적 상태(static condition) : 근육이 수축하여 힘을 발휘하지만, 실제로 움직임이 없는 상태이다. 예를 들어, 물체를 들고 있을 때 등이다.
> ② 동적 상태(dynamic condition) : 근육이 수축하여 힘을 발휘하면서 움직임이 발생하는 상태이다. 예를 들어, 걷거나 뛰는 동작 등이다.
> ③ 등속 상태(isokinetic condition) : 일정한 속도로 근육이 수축하는 상태이다. 주로 특정 운동 장비를 사용할 때 적용된다.
> ④ 가속 상태(acceleration condition) : 움직임의 속도가 증가하는 상태이다. 예를 들어, 달리기를 시작할 때 가속하는 동작 등이다.

35 다음 중 추천반사율(IES)이 가장 높은 것은?
① 벽
② 천장
③ 바닥
④ 책상

> **해설** 추천반사율(IES)
>
> | 천장 | 80~90% |
> |---|---|
> | 벽, 창문 발(blind) | 40~60% |
> | 가구, 사무용기기, 책상 | 25~45% |
> | 바닥 | 20~40% |

36 사업장에서 발생하는 소음의 노출기준을 정할 때 고려해야 할 결정요인과 가장 거리가 먼 것은?
① 소음의 크기
② 소음의 높낮이
③ 소음의 지속시간
④ 소음 발생체의 물리적 특성

> **해설** 소음의 노출기준
> 사업장에서 발생하는 소음의 노출기준은 각 나라마다 소음의 크기와 높낮이, 소음의 지속기간, 소음 작업의 근무연수, 개인의 감수성 등을 고려하여 정하고 있다.

37 특정 과업에서 에너지 소비량에 영향을 미치는 인자로 가장 거리가 먼 것은?
① 작업 속도
② 작업 자세
③ 작업 순서
④ 작업 방법

> **해설** 에너지 소비량에 영향을 미치는 인자
> • 작업 방법   • 작업 자세
> • 작업 속도   • 도구 설계

38 진동이 인체에 미치는 영향으로 옳지 않은 것은?
① 심박수가 증가한다.
② 시성능은 10~25Hz 대역의 경우 가장 심하게 영향을 받는다.
③ 진동수와 추적 작업과의 상호연관성이 적어 운동성능에 영향을 미치지 않는다.
④ 중앙 신경계의 처리 과정과 관련되는 과업의 성능은 진동의 영향을 비교적 덜 받는다.

> **해설** 진동의 영향
> 전신 진동은 진폭에 비례하여 시력이 손상되고, 추적 작업의 효율을 떨어뜨린다.

39 다음 중 고온 작업장에서의 작업 시 신체 내부의 체온조절 계통의 기능이 상실되어 발생하며, 체온이 과도하게 오를 경우 사망에 이를 수 있는 고열장해는?
① 열소모
② 열사병
③ 열발진
④ 참호족

정답 35 ② 36 ④ 37 ③ 38 ③ 39 ②

해설 고열

① **열소모**(heat exhaustion) : 높은 온도에서 장시간 활동할 때 발생하는 상태로, 탈수와 피로를 동반한다.
② **열사병**(heat stroke) : 신체가 과도한 열에 노출되어 체온이 매우 높아진 상태로, 사망에 이를 수 있어 응급 의료가 필요하다.
③ **열발진**(heat rash) : 땀이 피부에 쌓여서 발생하는 작은 붉은 발진이다. 보통 더운 환경에서 많이 발생한다.
④ **참호족**(trench foot) : 습하고 차가운 환경에 오랜 시간 동안 발이 노출되었을 때 발생하는 상태로, 피부 손상과 감염의 위험이 있다.

40 작업생리학 분야에서 신체활동의 부하를 측정하는 생리적 반응치가 아닌 것은?

① 심박수(Heart Rate)
② 혈류량(Blood Flow)
③ 폐활량(Lung Capacity)
④ 산소 소비량(Oxygen Consumption)

해설 작업에 따른 인체의 생리적 반응

- 산소 소비량 증가
- 심박출량 증가
- 심박수 증가
- 혈류의 재분배

3과목 산업심리학 및 관련 법규

41 산업재해의 발생형태 중 상호 자극에 의하여 순간적(일시적)으로 재해가 발생하는 유형은?

① 복합형
② 단순자극형
③ 단순연쇄형
④ 복합연쇄형

해설 산업재해의 발생형태

- **단순자극형** : 순간적으로 재해가 발생하는 유형으로 재해발생 장소나 시점 등 일시적으로 요인이 집중되는 형태이다.
- **연쇄형** : 원인들이 연쇄적 작용을 일으켜 결국 재해를 발생하게 하는 형태이다.
- **복합형** : 단순자극형과 연쇄형의 혼합형으로 대부분의 재해가 이 형태를 따른다.

단순자극형	연쇄형	복합형

42 단순반응시간을 a, 선택반응시간을 b, 움직인 거리를 A, 목표물의 넓이를 W라 할 때, 동작시간 예측에 관한 피츠 법칙(Fitt's law)으로 옳은 것은?

① 동작시간 $= a + b\log_2\left(\dfrac{2A}{W}\right)$
② 동작시간 $= b + a\log_2\left(\dfrac{2A}{W}\right)$
③ 동작시간 $= a + b\log_2\left(\dfrac{2W}{A}\right)$
④ 동작시간 $= b + a\log_2\left(\dfrac{2W}{A}\right)$

해설 피츠 법칙(Fitt's law)

$ID(\text{bits}) = \log_2\left(\dfrac{2A}{W}\right)$
$MT = a + b \cdot ID$
ID(Index of Difficulty) : 난이도
MT(Movement Time) : 이동시간

43 보행 신호등이 바뀌었지만 자동차가 움직이기까지는 아직 시간이 있다고 주관적으로 판단하여 신호등을 건너는 경우는 어떤 상태인가?

① 억측판단
② 근도반응
③ 초조반응
④ 의식의 과잉

해설 판단

억측판단의 설명이다.

정답 40 ③ 41 ② 42 ① 43 ①

44 갈등 해결방안 중 자신의 이익이나 상대방의 이익에 모두 무관심한 것은?

① 경쟁 ② 순응
③ 타협 ④ 회피

> **해설** 갈등 해결방안
> ① 경쟁 : 서로 더 잘하려고 노력하는 상황을 말한다. 예를 들어, 회사에서 승진을 위해 직원들이 서로 경쟁할 수 있다.
> ② 순응 : 주어진 환경이나 상황에 맞추어 자신을 변화시키는 것을 말한다. 예를 들어, 새로운 회사 규정에 맞춰 행동하는 것이 순응이다.
> ③ 타협 : 서로 다른 의견이나 입장을 조율하여 중간 지점을 찾는 것을 말한다.
> ④ 회피 : 어려운 상황이나 문제를 피하려고 하는 행동을 말한다. 예를 들어, 갈등을 피하기 위해 논쟁을 피하는 것 등이다.

45 스트레스에 관한 설명으로 옳지 않은 것은?

① 스트레스 수준은 작업 성과와 정비례의 관계에 있다.
② 위협적인 환경특성에 대한 개인의 반응이라고 볼 수 있다.
③ 적정 수준의 스트레스는 작업 성과에 긍정적으로 작용한다.
④ 지나친 스트레스를 지속적으로 받으면 인체는 자기조절능력을 상실할 수 있다.

> **해설** 스트레스
> 스트레스 수준은 작업 성과와 정비례의 관계에 있지 않다.

46 재해예방의 4원칙에 해당하지 않는 것은?

① 손실 우연의 원칙
② 조직 구성의 원칙
③ 원인 계기의 원칙
④ 대책 선정의 원칙

> **해설** 재해예방의 4원칙
> ① 예방 가능의 원칙 : 천재지변을 제외한 모든 인재는 예방이 가능하다.
> ② 손실 우연의 원칙 : 사고의 결과 손실의 유무 또는 대소는 사고 당시의 조건에 따라서 우연적으로 발생한다.
> ③ 원인 연계의 원칙 : 사고에는 반드시 원인이 있으며, 원인은 대부분 복합적 연계 원인이다.
> ④ 대책 선정의 원칙 : 사고의 원인이나 불안전 요소가 발견되면 반드시 대책은 선정 · 실시되어야 하며, 대책 선정이 가능하다. 대책에는 재해 방지의 세 기둥이라 할 수 있는 3E, 즉 기술적 대책, 교육적 대책, 규제적 대책을 들 수 있다.

47 제조물 책임법에서 손해배상 책임에 대한 설명으로 옳지 않은 것은?

① 해당 제조물 결함에 의해 발생한 손해가 그 제조물 자체만에 그치는 경우에는 제조물 책임 대상에서 제외한다.
② 피해자가 제조물의 제조업자를 알 수 없는 경우 그 제조물을 영리 목적으로 판매한 공급자가 손해를 배상하여야 한다.
③ 제조자가 결함 제조물로 인하여 생명, 신체 또는 재산상의 손해를 입은 자에게 손해를 배상할 책임을 의미한다.
④ 제조업자가 제조물의 결함을 알면서도 필요한 조치를 취하지 아니하면 손해를 입은 자에게 발생한 손해의 2배 범위 내에서 배상책임을 진다.

> **해설** 제조물 책임법
> 제조업자가 제조물의 결함을 알면서도 그 결함에 대하여 필요한 조치를 취하지 아니한 결과로 생명 또는 신체에 중대한 손해를 입은 자가 있는 경우에는 그 자에게 발생한 손해의 3배를 넘지 아니하는 범위에서 배상책임을 진다.

정답 44 ④ 45 ① 46 ② 47 ④

48 리더십(leadership)과 비교한 헤드십(headship)의 특징으로 옳은 것은?

① 민주주의적 지휘형태
② 개인능력에 따른 권한 근거
③ 구성원과의 사회적 간격이 넓음.
④ 집단의 구성원들에 의해 선출된 지도자

해설 ▎헤드십과 리더십

구분	권한부여 및 행사	권한근거	상관과 부하와의 관계 및 책임귀속	부하와의 사회적 간격	지휘형태
헤드십	위에서 위임하여 임명	법적 또는 공식적	지배적, 상사	넓다.	권위주의적
리더십	아래로 부터의 동의에 의한 선출	개인능력	개인적인 경향, 상사와 부하	좁다.	민주주의적

49 하인리히는 재해연쇄론에서 재해가 발생하는 과정을 5단계 요인으로 나누어 설명하였다. 그중 사고를 예방하기 위한 관리 활동들이 가장 효과적으로 적용될 수 있는 단계는 무엇이라고 주장하였는가?

① 개인적 결함
② 사고 그 자체
③ 사회적 환경(분위기)
④ 불안전행동 및 불안전상태

해설 ▎하인리히(H. W. Heinrich)의 도미노이론

- 1단계 : 유전적인 요소 및 사회 환경(선천적 결함)
- 2단계 : 개인의 결함(간접 원인)
- 3단계 : 불안전한 행동(인적 결함) 및 불안전한 상태(물적 결함) (직접 원인) ※ 제거 가능
- 4단계 : 사고
- 5단계 : 재해

50 다음 소시오그램에서 B의 선호신분지수로 옳은 것은?

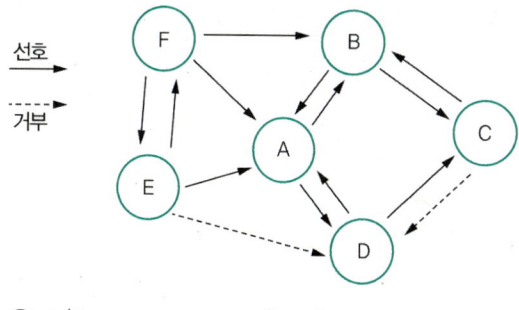

① 1/5
② 2/5
③ 3/5
④ 4/5

해설 ▎선호신분지수

$$\text{선호신분지수} = \frac{\text{선호총계}}{\text{구성원}-1} = \frac{3}{6-1} = 3/5$$

51 FTA(Fault Tree Analysis)에 대한 설명으로 옳지 않은 것은?

① 해석하고자 하는 정상사상(top event)과 기본사상(basic event)의 인과관계를 도식화하여 나타낸다.
② 고장이나 재해요인의 정성적 분석뿐만 아니라 정량적 분석이 가능하다.
③ "사건이 발생하려면 어떤 조건이 만족되어야 하는가?"에 근거한 연역적 접근방법을 이용한다.
④ 정성적 결함 나무(FT : Fault Tree)를 작성하기 전에 정상사상이 발생할 확률을 계산한다.

해설 ▎FTA

- 정성적 결함 나무(FT : Fault Tree)를 작성하기 전에 정상사상이 발생할 확률을 계산하지 않는다.
- 결함 나무 분석(FTA)은 사건이 발생하려면 어떤 조건이 만족되어야 하는가에 근거한 연역적 접근 방법을 사용하며, 정상사상과 기본사상의 인과관계를 도식화하여 나타내고, 정성적 및 정량적 분석이 가능하다.

정답 48 ③ 49 ④ 50 ③ 51 ④

52 다음 중 민주적 리더십과 관련된 이론이나 조직 형태는?

① X이론
② Y이론
③ 라인형 조직
④ 관료주의 조직

해설 민주적 리더십

① X이론 : 더글러스 맥그리거가 제안한 이론으로, 사람들은 본래 일을 싫어하고 피하려고 한다고 주장한다. 따라서 강한 감독과 통제가 필요하다고 본다.
② Y이론 : 더글러스 맥그리거의 이론으로, 사람들은 본래 일을 즐기고 스스로를 동기부여할 수 있다고 바라본다. 따라서 민주적 리더십과 관련이 있다.
③ 라인형 조직 : 명령체계가 일직선으로 이어진 조직형태로, 상사가 하급자에게 직접 지시를 내리는 구조이며, 전통적인 군대 조직이 이에 해당한다.
④ 관료주의 조직 : 공식적 규칙과 절차에 의해 운영되는 조직으로, 명확한 계층 구조와 역할 분담이 특징이다.

53 피로의 생리학적(physiological) 측정방법과 거리가 먼 것은?

① 뇌파 측정(EEG)
② 심전도 측정(ECG)
③ 근전도 측정(EMG)
④ 변별역치 측정(촉각계)

해설 피로의 생리학적(physiological) 측정방법

• 피로의 생리학적 측정 : 근전도(EMG), 심전도(ECG), 뇌전도(EEG), 안전도(EOG), 산소 소비량, 에너지 소비량, 전기피부반응(GSR), 점멸융합주파수
• 변별역치 측정 : 촉각계와 관련된 감각 측정 방법이며, 피로의 생리학적 측정과는 거리가 있다.

54 어느 작업자가 평균적으로 100개의 부품을 검사하여 불량품 5개를 검출해 내었으나 실제로는 15개의 불량품이 있었다. 이 작업자가 100개가 1로트로 구성된 로트 2개를 검사하면서 2개의 로트 모두에서 휴먼에러를 범하지 않을 확률은?

① 0.01   ② 0.1
③ 0.81   ④ 0.9

해설 휴먼에러 확률

반복되는 이산적 직무에서의 인간 신뢰도
$R(n_1, n_2) = (1-p)^{(n_2 - n_1 + 1)} = (1-0.1)^{(2-1+1)} = 0.81$
p : 인간실수 확률

55 상시작업자가 1,000명이 근무하는 사업장의 강도율이 0.6이었다. 이 사업장에서 재해발생으로 인한 연간 총 근로손실일수는 며칠인가? (단, 작업자 1인당 연간 2,400시간을 근무하였다.)

① 1,220일   ② 1,320일
③ 1,440일   ④ 1,630일

해설 근로손실일수

$$강도율 = \frac{총\ 요양근로손실일수}{연\ 근로시간\ 수} \times 1,000$$

$$0.6 = \frac{x}{1,000 \times 2,400} \times 1,000$$

$x = 1,440$

56 라스무센(Rasmussen)은 인간 행동의 종류 또는 수준에 따라 휴먼에러를 세 가지로 분류하였는데, 이에 속하지 않는 것은?

① 숙련기반 에러(skill-based error)
② 기억기반 에러(memory-based error)
③ 규칙기반 에러(rule-based error)
④ 지식기반 에러(knowledge-based error)

정답 52 ② 53 ④ 54 ③ 55 ③ 56 ②

> **해설** 라스무센(Rasmussen)의 세 가지 휴먼에러
① 숙련기반 에러(skill-based error) : 일상적인 작업에서 자동적으로 발생하는 실수로, 잘 익숙해진 행동에서의 에러
② 규칙기반 에러(rule-based error) : 특정 상황에서 적용해야 할 규칙을 잘못 적용하거나 규칙을 잊어버려 발생하는 에러
③ 지식기반 에러(knowledge-based error) : 새로운 상황에서 문제를 해결하려고 할 때 부족한 지식 때문에 발생하는 에러

57 휴먼에러 방지대책을 설비 요인, 인적 요인, 관리요인 대책으로 구분할 때 인적 요인에 관한 대책으로 볼 수 없는 것은?

① 소집단 활동
② 작업의 모의훈련
③ 인체측정치의 적합화
④ 작업에 관한 교육훈련과 작업 전 회의

> **해설** 인체측정치의 적합화
설비 요인과 관련된 대책으로, 작업환경이나 설비를 작업자의 신체적 특성에 맞게 조정하는 것을 의미한다. 반면, 소집단 활동, 작업의 모의훈련, 작업에 관한 교육훈련과 작업 전 회의는 모두 인적 요인에 관한 대책이다.

58 관리 그리드 모형(management grid model)에서 제시한 리더십의 유형에 대한 설명으로 옳지 않은 것은?

① (9,1)형은 인간에 대한 관심은 높으나 과업에 대한 관심은 낮은 인기형이다.
② (1,1)형은 과업과 인간관계 유지 모두에 관심을 갖지 않는 무관심형이다.
③ (9,9)형은 과업과 인간관계 유지의 모두에 관심이 높은 이상형으로서 팀형이다.
④ (5,5)형은 과업과 인간관계 유지에 모두 적당한 정도의 관심을 갖는 중도형이다.

> **해설** 관리 그리드 모형
(9,1)형 - 과업형(Authority-Compliance Management)
과업에만 집중하고 사람에게는 무관심한 스타일로, 업무 성과는 높지만 인간적인 측면이 결여될 수 있다.

59 NIOSH의 직무스트레스 모형에서 직무스트레스 요인에 해당하지 않는 것은?

① 작업 요인
② 개인적 요인
③ 조직 요인
④ 환경 요인

> **해설** 직무스트레스 요인
- 작업 요인 : 작업부하, 작업 속도, 교대근무 등
- 조직 요인 : 역할 모호성, 역할 갈등, 관리 유형, 의사결정 참여도, 고용의 불확실성 등
- 환경 요인 : 소음, 온도, 조명, 환기 불량 등

60 Herzberg의 동기-위생이론에서 위생요인에 대한 설명으로 옳지 않은 것은?

① 위생요인이 갖추어지지 않으면 구성원들은 불만족해진다.
② 위생요인이 갖추어지지 않으면 조직을 떠날 수 있다.
③ 위생요인이 갖추어지지 않으면 성과에 좋지 않은 영향을 준다.
④ 위생요인이 잘 갖추어지게 되면 구성원들에게 열심히 일하도록 동기를 자극하게 된다.

> **해설** 동기-위생이론의 만족도

요인/욕구	욕구 충족이 되지 않을 경우	욕구 충족이 될 경우
위생요인 (불만요인)	불만 느낌.	만족감 느끼지 못함.
동기유발요인 (만족요인)	불만 느끼지 않음.	만족감 느낌.

위생요인이 잘 갖추어지게 되더라도 구성원들은 만족을 느끼지 못한다.

정답 57 ③ 58 ① 59 ② 60 ④

2020년 제1·2회 기출복원문제

4과목 근골격계질환 예방을 위한 작업관리

61 어떤 한 작업의 25회 시험관측치가 평균 0.35, 표준편차가 0.08일 때, 오차확률 5%에서 필요한 최소 관측횟수는 얼마인가? (단, t(25, 0.05) = 2.069, t(24, 0.05) = 2.064, t(26, 0.05) = 2.056이다.)

① 89
② 90
③ 91
④ 92

해설 | 관측횟수

$$N = \left(\frac{t(n-1, 0.05) \times 8}{0.05 \times \bar{x}}\right)^2$$

$$= \left(\frac{2.604 \times 0.08}{0.05 \times 0.35}\right)^2$$

$$= 89.027 ≒ 90회$$

62 동작 경제의 3원칙 중 신체 사용에 관한 원칙에 해당하지 않는 것은?

① 가능하다면 중력을 이용한 운반 방법을 사용한다.
② 두 손의 동작은 같이 시작하고 같이 끝나도록 한다.
③ 휴식시간을 제외하고는 양손이 동시에 쉬지 않도록 한다.
④ 두 팔의 동작은 동시에 서로 반대방향으로 대칭적으로 움직이도록 한다.

해설 | 신체 사용에 관한 원칙

- 양손의 동작은 동시에 시작하여 동시에 끝나야 한다.
- 양손은 휴식시간을 제외하고는 동시에 쉬어서는 안 된다.
- 팔의 동작은 서로 반대의 대칭적 방향으로 이루어져야 하며 동시에 행해져야 한다.
- 손과 몸의 동작은 일에 만족스럽게 할 수 있는 가장 단순한 동작으로 한정되어야 한다.
- 작업에 도움이 되도록 가급적 물체의 관성(慣性)을 활용하고, 근육운동으로 작업을 수행하는 경우를 최소한으로 줄여야 한다.
- 갑자기 예각방향으로 변화를 하는 직선동작보다는 유연하고 연속적인 곡선동작을 하는 것이 좋다.
- 제한되거나 통제된 동작보다는 탄도동작이 보다 빠르고 쉬우며 정확하다.
- 작업을 원활하고 자연스럽게 수행하는 데는 리듬이 중요하다. 가급적 쉽고 자연스러운 리듬이 가능하도록 작업이 배열되어야 한다.
- 눈의 고정은 가급적 줄이고 함께 가까이 있도록 한다.

63 작업장 시설의 재배치, 기자재 소통상 혼잡지역 파악, 공정과정 중 역류현상 점검 등에 가장 유용하게 사용할 수 있는 공정도는?

① Gantt Chart
② Flow Diagram
③ Man-Machine Chart
④ Operation Process Chart

해설 | 공정도

① Gantt Chart(간트 차트)
프로젝트 관리 도구로, 작업 계획과 진행 상황을 시각적으로 나타낸다. 막대그래프로 작업의 시작과 끝, 그리고 각 작업 간의 관계를 표시하여 프로젝트 일정을 관리하는 데 사용한다.

② Flow Diagram(유통선도)
흐름도는 공정이나 작업의 단계를 시각적으로 나타낸 도구로 이를 통해 각 단계가 어떻게 연결되어 있는지, 작업 흐름이 어떻게 진행되는지를 명확하게 볼 수 있다. 이는 공정의 개선이나 문제 해결에 도움을 주며, 역류현상 점검 등에 가장 유용하게 사용할 수 있다.

③ Man-Machine Chart(사람-기계 차트)
작업자와 기계의 상호작용을 분석하는 도구이다. 이를 통해 작업자가 기계를 어떻게 사용하는지, 그리고 기계의 가동 시간과 비가동 시간을 분석하여 효율성을 높이는 데 사용된다.

④ Operation Process Chart(작업 공정도)
작업자의 활동을 시간 순서대로 기록하여 분석하는 도구이다. 각 작업 단계와 작업 간의 상호작용을 시각적으로 나타내어, 비효율적인 단계를 식별하고 공정을 최적화하는 데 도움을 준다.

정답 61 ② 62 ① 63 ②

64 산업안전보건법령상 근골격계 부담작업 유해요인 조사에 관한 설명으로 옳지 않은 것은?

① 사업주는 유해요인 조사에 근로자 대표 또는 해당 작업 근로자를 참여시켜야 한다.
② 사업주는 근로자가 근골격계 부담작업을 하는 경우 3년마다 유해요인 조사를 하여야 한다.
③ 신규 입사자가 근골격계 부담작업에 배치되는 경우 즉시 유해요인 조사를 실시해야 한다.
④ 신설되는 사업장의 경우 신설일로부터 1년 이내에 최초의 유해요인 조사를 실시해야 한다.

해설 근골격계 부담작업 유해요인 조사

사업주는 근골격계 부담작업을 보유하는 경우에 다음 각호의 사항에 대해 최초의 유해요인 조사를 하고, 완료한 날로부터 3년마다 주기적으로 실시한다. 다만, 신설사업장은 신설일로부터 1년 이내에 최초의 유해요인 조사를 실시한다.
- 설비 · 작업공정 · 작업량 · 작업속도 등 작업장 상황
- 작업시간 · 작업 자세 · 작업방법 등 작업조건
- 작업과 관련된 근골격계질환 징후(Signs)와 증상(Symptoms) 유무 등

65 표본의 크기가 충분히 크다면 모집단의 분포와 일치한다는 통계적 이론에 근거하여 인간 활동이나 기계의 가동상황 등을 무작위로 관측하여 측정하는 표준시간 측정방법은?

① Work Sampling법
② Work Factor법
③ PTS(Predetermined Time Standards)법
④ MTM(Methods Time Measurement)법

해설 표준시간 측정방법

① **작업 표본법(Work Sampling법)** : 이 방법은 일정 기간 동안 무작위로 작업자를 관찰하고 활동을 기록한다. 이를 통해 다양한 활동에 소요되는 시간을 추정하고, 개선할 영역을 식별하여 작업 흐름을 최적화할 수 있다.

② **워크 팩터 법(Work Factor법)** : 사전 결정된 운동 시간을 사용하여 작업을 기본 동작으로 분해하고 표준시간을 할당하는 시스템. 이를 통해 시간 기준을 설정하고 작업 방법을 분석 및 최적화할 수 있다.
③ **사전 결정 시간 표준(PTS, Predetermined Time Standards)법** : 기본 인간 동작에 대한 사전 정의된 시간 값을 사용하여 작업의 표준시간을 설정. 이를 통해 지속적인 시간 연구가 필요 없으며, 일관된 작업 측정 방식이다.
④ **방법 시간 측정(MTM, Methods Time Measurement)법** : PTS 시스템의 일종으로, 작업을 수행하는 데 필요한 동작을 상세하게 분석. 각 동작에 시간 값을 할당하여 정확한 작업 측정과 비효율성을 식별할 수 있다.

66 문제분석 도구 중 빈도수가 큰 항목부터 차례대로 나열하는 방법으로 불량이나 사고의 원인이 되는 항목을 찾아내는 기법은?

① 간트 차트
② 특성요인도
③ PERT 차트
④ 파레토 차트

해설

TIP 문제의 지문 중 "항목대로, 차례대로"라는 지문 시 파레토.

① **Gantt Chart(간트 차트)** : 간트 차트는 프로젝트 관리 도구로, 작업 계획과 진행 상황을 시각적으로 나타낸다. 막대 그래프로 작업의 시작과 끝, 그리고 각 작업 간의 관계를 표시하여 프로젝트 일정을 관리하는데 사용한다.
② **특성요인도(Cause and Effect Diagram)** : 문제의 원인을 체계적으로 분석하여 시각적으로 나타내는 도구. 물고기 뼈 다이어그램(Fishbone Diagram)으로도 알려져 있으며, 주로 제조업과 품질 관리에서 사용된다. 특정 문제의 근본 원인을 파악하여 해결책을 찾는 데 유용하다.
③ **PERT 차트(Program Evaluation and Review Technique)** : 프로젝트 관리 도구로, 프로젝트 작업을 계획하고 관리하는 데 사용된다. PERT 차트는 프로젝트의 각 단계를 시각적으로 나타내며, 작업 간의 상호 의존성을 보여준다. 이를 통해 프로젝트의 예상 소요시간을 계산하고, 일정을 최적화할 수 있다.
④ **파레토 차트(Pareto Chart)** : 데이터를 시각적으로 나타내는 도구로, 문제의 주요 원인을 식별하는 데 사용된다. 파레토 원칙(80/20 법칙)에 기반하여, 대부분의 문제는 소수의 원인에 의해 발생한다는 가정을 한다.

정답 64 ③ 65 ① 66 ④

67 근골격계질환 예방·관리 교육에서 사업주가 모든 작업자 및 관리감독자를 대상으로 실시하는 기본교육 내용에 해당되지 않는 것은?

① 근골격계질환 발생 시 대처요령
② 근골격계 부담작업에서의 유해요인
③ 예방·관리 프로그램의 수립 및 운영 방법
④ 작업도구와 장비 등 작업시설의 올바른 사용 방법

해설 근골격계질환 예방·관리 교육
- 근골격계 부담작업에서의 유해요인
- 작업도구와 장비 등 작업시설의 올바른 사용방법
- 근골격계질환의 증상과 징후 식별방법 및 보고방법
- 근골격계질환 발생 시 대처요령
- 기타 근골격계질환 예방에 필요한 사항

68 근골격계질환의 발생 원인을 개인적 특성요인과 작업 특성요인으로 구분할 때, 개인적 특성요인에 해당하는 것은?

① 반복적인 동작
② 무리한 힘의 사용
③ 작업방법 및 기술수준
④ 동력을 이용한 공구 사용 시 진동

해설 근골격계질환의 발생 원인
개인적 특성요인은 작업방법 및 기술수준이다.

69 근골격계질환의 예방원리에 관한 설명으로 옳은 것은?

① 예방보다는 신속한 사후조치가 더 효과적이다.
② 작업자의 신체적 특성 등을 고려하여 작업장을 설계한다.
③ 공학적 개선을 통해 해결하기 어려운 경우에는 그 공정을 중단해야 한다.
④ 사업장 근골격계 예방정책에 노사가 협의하면 작업자의 참여는 중요치 않다.

해설 근골격계질환
예방관리를 효과적으로 진행하고 끊임없이 노력해야 한다. 예방정책에 작업자의 참여는 필수이다.

70 작업관리에 관한 내용으로 옳지 않은 것은?

① 작업연구에는 시간연구, 동작연구, 방법연구가 있다.
② 방법연구는 테일러에 의해 시작, 길브레스에 의해 더욱 발전되었다.
③ 작업관리는 생산과정에서 인간이 관여하는 작업을 주 연구대상으로 한다.
④ 작업관리는 생산 활동의 여러 과정 중 작업 요소를 조사, 연구하여 합리적인 작업방법을 설정하는 것이다.

해설 작업관리
- Gilbreth 부부는 적은 노력으로 최대의 성과를 짧은 시간에 이룰 수 있는 작업방법을 연구한 동작연구(Motion Study)의 창시자로 알려져 있다.
- 길브레스(Gilbreth)는 현장에서 벽돌 쌓기 작업을 하는 동작을 보고 필요 없는 동작의 생략에 착안하여 동작연구를 창안하였다.

정답 67 ③ 68 ③ 69 ② 70 ②

71 입식 작업대에서 무거운 물건을 다루는 작업(중작업)을 할 때 다음 중 작업대의 높이로 가장 적절한 것은?

① 작업자의 팔꿈치 높이로 한다.
② 작업자의 팔꿈치 높이보다 10~20cm 정도 높게 한다.
③ 작업자의 팔꿈치 높이보다 5~10cm 정도 낮게 한다.
④ 작업자의 팔꿈치 높이보다 10~30cm 정도 낮게 한다.

해설 입식 작업대의 높이
- 쓰기, 전자부품 조립과 같은 정밀 작업은 팔꿈치 높이보다 5cm 높게, 팔꿈치 지지대가 필요하다.
- 조립라인 작업이나 기계적인 작업 같은 가벼운 작업은 5~10cm 정도 팔꿈치보다 낮게 한다.
- 아래로 향하는 힘이 요구되는 무거운 작업은 20~40cm 정도 팔꿈치보다 낮게 한다.

72 작업관리의 문제해결방법으로 전문가 집단의 의견과 판단을 추출하고 종합하여 집단적으로 판단하는 방법은?

① 브레인스토밍(Brainstorming)
② 마인드 매핑(Mind Mapping)
③ 마인드 멜딩(Mind Melding)
④ 델파이 기법(Delphi Technique)

해설 작업관리의 문제해결방법
① 브레인스토밍(Brainstorming) : 다양한 아이디어를 자유롭게 제시하고 검토하는 과정을 말한다. 주로 팀이 함께 참여하여 창의적인 해결책을 찾기 위함이다.
② 마인드 매핑(Mind Mapping) : 중심 개념을 중심으로 관련된 아이디어들을 시각적으로 정리하는 방법으로, 생각을 구조화하고 이해하기 쉽게 도와준다.

③ 마인드 멜딩(Mind Melding) : 이 용어는 주로 SF 작품에서 사용되지만, 창의적 아이디어를 교환하고 결합하는 과정으로 해석할 수 있다.
④ 델파이 기법(Delphi Technique) : 전문가들 간의 반복적인 설문조사를 통해 합의를 도출하는 방법으로, 객관적이고 신뢰성 있는 결과를 얻는 데 유용하다.

73 Work Factor에서 고려하는 네 가지 시간 변동 요인이 아닌 것은?

① 동작 타임 ② 신체 부위
③ 인위적 조절 ④ 중량이나 저항

해설 WF(Work Factor)
- 사용하는 신체부위
- 이동거리
- 중량 또는 저항
- 인위적 조절

74 영상표시단말기(VDT) 취급작업자 작업관리지침상 취급작업자의 작업 자세로 적절하지 않은 것은?

① 손목은 일직선이 되도록 한다.
② 화면과의 거리는 최소 40cm 이상이 확보되어야 한다.
③ 화면상의 시야범위는 수평선상에서 10~15° 위에 오도록 한다.
④ 위팔(upper arm)은 자연스럽게 늘어뜨리고, 팔꿈치의 내각은 90° 이상이 되어야 한다.

해설 영상표시단말기(VDT) 작업 자세
화면상의 시야범위는 수평선상에서 10~15° 밑에 오도록 한다.

정답 71 ④ 72 ④ 73 ① 74 ③

75 각 한 명의 작업자가 배치되어 있는 3개의 라인으로 구성된 공정의 공정시간이 각각 3분, 5분, 4분일 때 공정효율은?

① 65% ② 70%
③ 75% ④ 80%

해설 공정효율

$$균형효율 = \frac{총\ 작업시간}{총\ 작업자\ 수 \times 주기시간} \times 100$$

$$= \frac{3(분)+5(분)+4(분)}{3(명) \times 5(분)} \times 100$$

$$= 80$$

76 어느 회사가 외경법을 기준으로 10%의 여유율을 제공한다. 8시간 동안 한 작업자를 워크샘플링한 결과가 다음 표와 같다. 이 작업자의 수행도 평가 결과 110%였다. 청소 작업의 표준시간은 약 얼마인가?

요소 작업	관측 횟수
적재	15
이동	15
청소	5
유휴	15
합계	50

① 7분 ② 58분
③ 74분 ④ 81분

해설 표준시간

- 평균시간 = $\frac{총\ 작업시간}{관측횟수} = 480 \times \frac{5}{50} = 48분$
- 정미시간 = $\frac{48 \times 110}{100} = 52.8분$
- 표준시간 = 정미시간 × (1 + 여유율) = 52.8 × (1 + 0.1) = 58.08

77 NIOSH Lifting Equation의 변수와 결과에 대한 설명으로 옳지 않은 것은?

① 수평거리 요인이 변수로 작용한다.
② 권장무게한계(RWL)의 최대치는 23kg이다.
③ LI(들기지수) 값이 1 이상이 나오면 안전하다.
④ 빈도 계수의 들기 빈도는 평균적으로 분당 들어 올리는 횟수(회/분)를 나타낸다.

해설 NIOSH Lifting Equation

LI가 1보다 크게 되는 것은 요통의 발생위험이 높은 것을 나타낸다. LI가 1 이하가 되도록 작업을 설계, 재설계할 필요가 있다.

- RWL = LC × HM × VM × DM × AM × FM × CM
- LC = 부하상수 = 23kg
- HM = 수평계수 = 25 | H
- VM = 수직계수 = 1 − (0.003 × | V−75 |)
- DM = 거리계수 = 0.82 + (4.5 / D)
- AM = 대칭계수 = 1 − (0.0032 × A)
- FM = 빈도계수(표 활용)
- CM = 결합계수(표 활용)

78 비효율적인 서블릭(Therblig)에 해당하는 것은?

① 계획(Pn) ② 조립(A)
③ 사용(U) ④ 쥐기(G)

해설 비효율적인 서블릭(Therblig)

- 정신적 또는 반정신적 부문
  - 찾기(Sh)
  - 고르기(St)
  - 검사(I)
  - 바로 놓기(P)
  - 계획(Pn)

- 정체적인 부문
  - 휴식(R)
  - 피할 수 있는 지연(AD)
  - 잡고 있기(H)
  - 불가피한 지연(UD)

정답 75 ④ 76 ② 77 ③ 78 ①

79 작업방법 설계 시 고려해야 할 사항으로 옳지 않은 것은?

① 눈동자의 움직임을 최소화한다.
② 동작을 천천히 하여 최대 근력을 얻도록 한다.
③ 최대한 발휘할 수 있는 힘의 30% 이하로 유지한다.
④ 가능하다면 중력 방향으로 작업을 수행하도록 한다.

해설 지구력

최대근력으로 유지할 수 있는 것은 몇 초이고, 최대근력의 50% 힘으로는 약 1분간 유지할 수 있고, 최대근력의 15% 이하의 힘에서는 상당히 오래 유지할 수 있다.

80 근골격계 부담작업에 해당하지 않는 작업은?

① 하루에 10회 이상 25kg 이상의 물체를 드는 작업
② 하루에 총 2시간 이상, 분당 2회 이상 4.5kg 이상의 물체를 드는 작업
③ 하루에 2시간 이상 집중적으로 자료입력 등을 위해 키보드 또는 마우스를 조작하는 작업
④ 하루에 총 2시간 이상 목, 어깨, 팔꿈치, 손목 또는 손을 사용하여 같은 동작을 반복하는 작업

해설 근골격계 부담작업

- 하루에 4시간 이상 집중적으로 자료입력 등을 위해 키보드 또는 마우스를 조작하는 작업
- 하루에 총 2시간 이상 목, 어깨, 팔꿈치, 손목 또는 손을 사용하여 같은 동작을 반복하는 작업
- 하루에 총 2시간 이상 머리 위에 손이 있거나, 팔꿈치가 어깨 위에 있거나, 팔꿈치를 몸통으로부터 들거나, 팔꿈치를 몸통 뒤쪽에 위치하도록 하는 상태에서 이루어지는 작업
- 지지되지 않은 상태이거나 임의로 자세를 바꿀 수 없는 조건에서, 하루에 총 2시간 이상 목이나 허리를 구부리거나 트는 상태에서 이루어지는 작업
- 하루에 총 2시간 이상 쪼그리고 앉거나 무릎을 굽힌 자세에서 이루어지는 작업
- 하루에 총 2시간 이상 지지되지 않은 상태에서 1kg 이상의 물건을 한 손의 손가락으로 집어 옮기거나, 2kg 이상에 상응하는 힘을 가하여 한 손의 손가락으로 물건을 쥐는 작업
- 하루에 총 2시간 이상 지지되지 않은 상태에서 4.5kg 이상의 물건을 한 손으로 들거나 동일한 힘으로 쥐는 작업
- 하루에 10회 이상 25kg 이상의 물체를 드는 작업
- 하루에 25회 이상 10kg 이상의 물체를 무릎 아래에서 들거나, 어깨 위에서 들거나, 팔을 뻗은 상태에서 드는 작업
- 하루에 총 2시간 이상, 분당 2회 이상 4.5kg 이상의 물체를 드는 작업
- 하루에 총 2시간 이상 시간당 10회 이상 손 또는 무릎을 사용하여 반복적으로 충격을 가하는 작업

정답 79 ③ 80 ③

2020년 제3회 기출복원문제

1과목 인간공학개론

01 회전운동을 하는 조종장치의 레버를 40° 움직였을 때 표시장치의 커서는 3cm 이동하였다. 레버의 길이가 15cm일 때 이 조종장치의 C/R 비는 약 얼마인가?

① 2.62　　② 3.49
③ 8.33　　④ 10.48

해설 조종장치의 C/R 비

$$C/R \text{ 비} = \frac{(a/360) \times 2\pi L}{\text{표시장치의 이동거리}}$$
$$= \frac{(40°/360) \times 2\pi \times 15}{3}$$
$$= 3.49$$

a : 조종장치가 움직인 각도
L : 반경(지레의 길이)

02 사용자의 기억 단계에 대한 설명으로 옳은 것은?

① 잔상은 단기기억(Short-term memory)의 일종이다.
② 인간의 단기기억(Short-term memory) 용량은 유한하다.
③ 장기기억을 작업기억(Working memory)이라고도 한다.
④ 정보를 수 초 동안 기억하는 것을 장기기억(Long-term memory)이라 한다.

해설 사용자의 기억 단계

인간의 단기기억 용량은 7±2 청크이다.
• 잔상은 감각기억(Short-term memory)의 일종이다.
• 장기기억과 작업기억은 다른 개념이다.
• 정보를 수 초 동안 기억하는 것을 단기기억(Short-term memory)이라 한다.

03 정량적 표시장치(Quantitative display)에 대한 설명으로 옳지 않은 것은?

① 시력이 나쁜 사람이나 조명이 낮은 환경에서 계기를 사용할 때는 눈금단위(Scale unit) 길이를 크게 하는 편이 좋다.
② 기계식 표시장치에는 원형, 수평형, 수직형 등의 아날로그 표시장치와 디지털 표시장치로 구분된다.
③ 아날로그 표시장치의 눈금단위(Scale unit) 길이는 정상 가시거리를 기준으로 정상 조명 환경에서는 1.3mm 이상이 권장된다.
④ 아날로그 표시장치는 눈금이 고정되고 지침이 움직이는 동목(Moving scale)형과 지침이 고정되고 눈금이 움직이는 동침(Moving pointer)형으로 구분된다.

해설 정량적 표시장치

아날로그 표시장치는 눈금이 고정되고 지침이 움직이는 동침(Moving pointer)형과 지침이 고정되고 눈금이 움직이는 동목(Moving scale)형으로 구분된다.

정답 01 ② 02 ② 03 ④

04 작업장에서 인간공학을 적용함으로써 얻게 되는 효과를 볼 수 없는 것은?

① 회사의 생산성 증가
② 작업손실 시간의 감소
③ 노사 간의 신뢰성 저하
④ 건강하고 안전한 작업조건 마련

해설 인간공학
작업장에서 인간공학을 적용함으로써 노사 간의 신뢰구축이 이루어진다.

05 다음 중 기능적 인체치수(Functional body dimension) 측정에 대한 설명으로 가장 적합한 것은?

① 앉은 상태에서만 측정하여야 한다.
② 5~95%tile에 대해서만 정의된다.
③ 신체 부위의 동작범위를 측정하여야 한다.
④ 움직이지 않는 표준자세에서 측정하여야 한다.

해설 기능적 인체치수
- 기능적 인체치수는 앉은 상태에서만 측정할 필요는 없다. 다양한 자세와 상황에서 측정될 수 있다.
- 기능적 인체치수는 특정 퍼센타일 범위에만 제한되지 않다.
- 기능적 인체치수는 움직임을 포함한 동작 범위를 측정하는 것이기 때문에, 움직이지 않는 표준자세에서 측정하는 것은 적절한 설명이 아니다.

06 음의 한 성분이 다른 성분의 청각감지를 방해하는 현상은?

① 은폐효과   ② 밀폐효과
③ 소멸효과   ④ 도플러효과

해설 은폐효과
- 은폐효과에 대한 설명이다.
- 도플러효과는 움직이는 소리의 원천이나 관찰자의 움직임 때문에 발생하는 현상이다. 예를 들어, 구급차가 다가올 때 사이렌 소리가 더 높게 들리고, 멀어질 때는 소리가 더 낮게 들리게 된다.

07 조종장치에 대한 설명으로 옳은 것은?

① C/R 비가 크면 민감한 장치이다.
② C/R 비가 작은 경우에는 조종장치의 조종시간이 적게 필요하다.
③ C/R 비가 감소함에 따라 이동시간은 감소하고, 조종시간은 증가한다.
④ C/R 비는 반응장치의 움직인 거리를 조종장치의 움직인 거리로 나눈 값이다.

해설 조종장치
- C/R 비가 크면 둔감한 장치이다.
- C/R 비가 작은 경우에는 조종장치의 조종시간이 많이 필요하다.
- C/R 비는 조종장치의 움직인 거리(회전수)와 표시 장치상의 지침이 움직인 거리의 비이다.

08 연구 자료의 통계적 분석에 대한 설명으로 옳지 않은 것은?

① 최빈값은 자료의 중심 경향을 나타낸다.
② 분산은 자료의 퍼짐 정도를 나타내 주는 척도이다.
③ 상관계수 값 +1은 두 변수가 부의 상관관계임을 나타낸다.
④ 통계적 유의수준 5%는 100번 중 5번 정도는 판단을 잘못하는 확률을 뜻한다.

해설 통계적 분석
상관계수(Correlation coefficient) 값 +1은 두 변수가 완전한 양의 상관관계를 나타낸다. 즉, 한 변수가 증가할 때 다른 변수도 증가한다는 것을 의미한다. 반대로, −1은 완전한 부의 상관관계를 나타낸다.

정답 04 ③ 05 ③ 06 ① 07 ③ 08 ③

2020년 제3회 기출복원문제

09 시각적 표시장치와 청각적 표시장치 중 청각적 표시장치를 사용하는 것이 더 유리한 경우는?

① 수신 장소가 너무 시끄러운 경우
② 직무상 수신자가 한곳에 머무르는 경우
③ 수신자의 청각 계통이 과부하 상태일 경우
④ 수신 장소가 너무 밝거나 암조응이 요구될 경우

해설 청각적 표시장치 VS 시각적 표시장치

청각장치 사용	시각장치 사용
• 전언이 간단하다. • 전언이 짧다. • 전언이 후에 재참조 되지 않는다. • 전언이 시간적 사상을 다룬다. • 전언이 즉각적인 행동을 요구한다 (긴급할 때). • 수신 장소가 너무 밝거나 암조응 유지가 필요시 • 직무상 수신자가 자주 움직일 때 • 수신자가 시각 계통이 과부하 상태일 때	• 전언이 복잡하다. • 전언이 길다. • 전언이 후에 재참조 된다. • 전언이 공간적인 위치를 다룬다. • 전언이 즉각적인 행동을 요구하지 않는다. • 수신 장소가 너무 시끄러울 때 • 직무상 수신자가 한곳에 머물 때 • 수신자의 청각 계통이 과부하 상태일 때

10 신호검출이론(SDT)에서 신호의 유무를 판별함에 있어 네 가지 반응 대안에 해당하지 않는 것은?

① 긍정(Hit)
② 누락(Miss)
③ 채택(Acceptation)
④ 허위(False alarm)

해설 신호의 판별

판정결과 결과	상태	부호
신호의 정확한 판정 (Hit)	신호를 신호로 인식함	P(S/S)
신호검출 실패 (Miss)	신호가 나타났는데도 잡음으로 판정	P(N/S)
허위 경보 (False Alarm)	잡음을 신호로 판정	P(S/N)
잡음을 잡음으로 판정 (Correct Rejection)	잡음만 있을 때 잡음으로 판정	P(N/N)

11 암조응(Dark adaptation)에 대한 설명으로 옳은 것은?

① 적색 안경은 암조응을 촉진한다.
② 어두운 곳에서는 주로 원추세포에 의하여 보게 된다.
③ 완전한 암조응을 위해 보통 1~2분 정도의 시간이 요구된다.
④ 어두운 곳에 들어가면 눈으로 들어오는 빛을 조절하기 위하여 동공이 축소된다.

해설 암순응(Dark adaptation)

• **정의** : 어두운 환경에 적응하는 과정이다.
• **과정** : 밝은 환경에서 어두운 환경으로 이동할 때, 초기에는 거의 보이지 않다가 시간이 지나면서 점점 더 잘 보이게 된다. 이 과정은 주로 막대세포가 활성화되면서 이루어지는데, 막대세포는 적색 빛에 크게 영향을 미치지 않아 암조응을 촉진하는 데 효과가 있다.
• **시간** : 완전히 암순응되기까지 약 20~30분이 소요된다.
• **생리학적 변화** : 망막의 막대세포가 광자에 대한 민감도를 높이며, 로돕신이라는 시각 색소가 재합성된다.
④ 어두운 곳에 들어가면 눈으로 들어오는 빛을 더 많이 받아들이기 위하여 동공이 확장된다.

12 다음에서 설명하고 있는 것은?

> 모든 암호 표시는 다른 암호 표시와 구별될 수 있어야 한다. 인접한 자극들 간에 적당한 차이가 있어 전부 구별 가능하더라도, 인접 자극의 상이도는 암호 체계의 효율에 영향을 끼친다.

① 암호의 검출성(Detectability)
② 암호의 양립성(Compatibility)
③ 암호의 표준화(Standardization)
④ 암호의 변별성(Discriminability)

정답 09 ④ 10 ③ 11 ① 12 ④

해설 | 개념 이해

① 암호의 검출성(Detectability) : 암호가 얼마나 쉽게 식별될 수 있는지를 나타내는 척도이다. 쉽게 탐지될 수 있는 암호는 높은 검출성을 가지고 있다.
② 암호의 양립성(Compatibility) : 특정 환경이나 시스템 내에서 암호가 얼마나 잘 호환되는지를 나타내는 개념으로 높은 양립성을 갖춘 암호는 다양한 시스템에서 원활하게 사용될 수 있다.
③ 암호의 표준화(Standardization) : 암호가 얼마나 표준화된 형식을 따르는지를 의미한다. 표준화된 암호는 일관성을 유지하고, 다른 시스템 간에 쉽게 상호 운용될 수 있다.
④ 암호의 변별성(Discriminability) : 암호가 다른 암호와 얼마나 잘 구별될 수 있는지를 나타낸다. 변별성이 높은 암호는 혼동 없이 명확하게 구분될 수 있다.

13 다음 그림은 Sanders와 McCormick이 제시한 인간-기계 통합 체계의 인간 또는 기계에 의해서 수행되는 기본 기능의 유형이다. 그림의 A 부분에 가장 적합한 것은?

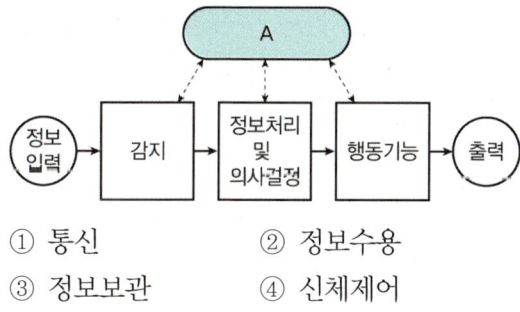

① 통신
② 정보수용
③ 정보보관
④ 신체제어

해설 | 정보의 보관

감지, 정보의 처리 및 의사결정 행동기능을 위해서는 정보가 보관되어야 한다.

14 인간공학적 설계에서 사용하는 양립성의 개념 중 인간이 사용한 코드와 기호가 얼마나 의미를 가진 것인가를 다루는 것은?

① 개념적 양립성
② 공간적 양립성
③ 운동 양립성
④ 양식 양립성

해설 | 양립성(Compatibility)

① 개념적 양립성 : 외부 자극에 대해 인간의 개념적 현상의 양립성
　예 빨간 버튼 온수, 파란 버튼 냉수
② 공간적 양립성 : 표시장치, 조종장치의 형태 및 공간적 배치의 양립성
　예 오른쪽 조리대는 오른쪽 조절장치로, 왼쪽 조리대는 왼쪽 조절장치로
③ 운동 양립성 : 표시장치, 조종장치 등의 운동 방향의 양립성
　예 조종장치를 오른쪽으로 돌리면 표시장치의 지침이 오른쪽으로 이동하는 것
④ 양식 양립성 : 직무에 맞는 자극과 응답 양식의 존재에 대한 양립성

15 지하철이나 버스의 손잡이 설치 높이를 결정하는데 적용하는 인체치수 적용원리는?

① 평균치 원리
② 최소치 원리
③ 최대치 원리
④ 조절식 원리

해설 | 극단치의 설계 중 최소집단값에 의한 설계

관련 인체 측정 변수 분포의 하위 백분위수를 기준으로 1, 5, 10% 치를 사용, 선반의 높이 또는 조정 장치까지의 거리, 버스나 전철의 손잡이 등의 설계 시에 적용한다.

16 시스템의 평가척도 유형으로 볼 수 없는 것은?

① 인간 기준(Human criteria)
② 관리 기준(Management criteria)
③ 시스템 기준(System-descriptive criteria)
④ 작업성능 기준(Task performance criteria)

해설 | 시스템의 평가척도 유형

① 인간 기준(Human criteria) : 시스템 평가에서 인간 중심의 기준은 사용자 경험, 편의성, 안전성 등을 평가하는 중요한 척도가 될 수 있다.
② 관리 기준(Management criteria) : 관리 기준은 시스템 평가와는 직접적인 관련이 없다. 보통 관리와 운영에 필요한 기준일 뿐이다.
③ 시스템 기준(System-descriptive criteria) : 시스템의 특성과 기능을 설명하는 척도로, 시스템 평가에 사용될 수 있다.
④ 작업성능 기준(Task performance criteria) : 작업성과를 측정하는 척도로, 시스템 평가에서 중요한 기준이 될 수 있다.

정답 13 ③ 14 ① 15 ② 16 ②

2020년 제3회 기출복원문제

17 실현 가능성이 같은 N개의 대안이 있을 때 총 정보량(H)을 구하는 식으로 옳은 것은?

① $H = \log N^2$　② $H = \log_2 N$
③ $H = 2\log_2 N^2$　④ $H = \log_2 N$

해설 정보량

일반적으로 실현 가능성이 같은 N개의 대안이 있을 때 총 정보량 $H = \log_2(n)$

18 인간의 후각 특성에 대한 설명으로 옳지 않은 것은?

① 훈련을 통하면 식별 능력을 향상시킬 수 있다.
② 특정한 냄새에 대한 절대적 식별 능력은 떨어진다.
③ 후각은 특정 물질이나 개인에 따라 민감도의 차이가 있다.
④ 후각은 훈련을 통하여 구별할 수 있는 일상적인 냄새의 수는 최대 7가지 종류이다.

해설 후각 특성

후각은 훈련을 통하여 많은 냄새를 구별할 수 있으며, 60종류까지도 식별할 수 있다.

19 작업 중인 프레스기로부터 50m 떨어진 곳에서 음압을 측정한 결과 음압 수준이 100dB이었다면, 100m 떨어진 곳에서의 음압수준은 약 몇 dB 인가?

① 90　② 92
③ 94　④ 96

해설 음압수준(SPL)

$dB_2 = dB_1 - 20\log(d_2/d_1)$
　　$= 100 - 20\log(100/50) = 94$

20 종이의 반사율이 70%이고, 인쇄된 글자의 반사율이 15%일 경우 대비(Contrast)는?

① 15%　② 21%
③ 70%　④ 79%

해설 대비

대비(%) $= \dfrac{L_b - L_t}{L_b} \times 100 = \dfrac{0.7 - 0.15}{0.7} \times 100 = 79\%$

2과목 작업생리학

21 물체가 정적 평형상태(Static Equilibrium)를 유지하기 위한 조건으로 작용하는 모든 힘의 총합과 외부 모멘트의 총합이 옳은 것은?

① 힘의 총합 : 0, 모멘트의 총합 : 0
② 힘의 총합 : 1, 모멘트의 총합 : 0
③ 힘의 총합 : 0, 모멘트의 총합 : 1
④ 힘의 총합 : 1, 모멘트의 총합 : 1

해설 정적 평형상태

물체가 정적 평형상태(Static Equilibrium)를 유지하기 위한 조건으로 작용하는 모든 힘의 총합과 외부 모멘트의 총합이 0이 되어야 한다.

22 전신의 생리적 부담을 측정하는 척도로 가장 적절한 것은?

① 뇌전도(EEG)　② 산소 소비량
③ 근전도(EMG)　④ Flicker 테스트

해설 생리적 부담척도와 심리적 부담척도 구분

- 생리적 부담척도 : 심방활동, 산소 소비량, 근육활동
- 심리적 부담척도 : 정신활동, 부정맥지수, 점멸융합주파수

보기 중 전신의 생리적 부담을 측정하는 척도로는 산소 소비량이 가장 적절하다.

정답 17 ②　18 ④　19 ③　20 ④　21 ①　22 ②

23 최대산소소비능력(Maximum Aerobic Power, MAP)에 대한 설명으로 옳은 것은?

① MAP는 실제 작업현장에서 작업 시 측정한다.
② 젊은 여성의 MAP는 남성의 40~50% 정도이다.
③ MAP란 산소 소비량이 최대가 되는 수준을 의미한다.
④ MAP는 개인의 운동역량을 평가하는 데 널리 활용된다.

해설 최대산소소비능력(Maximum Aerobic Power, MAP)
- 운동 실험실에서 체력검사 도중에 주로 측정하며, 젊은 여성의 최대산소소비능력은 대개 남성의 70~80% 정도로 측정된다.
- 운동할 때 소비할 수 있는 산소의 최대량을 뜻한다.

24 교대작업 운영의 효율적인 방법으로 볼 수 없는 것은?

① 고정적이거나 연속적인 야간근무 작업은 줄인다.
② 교대일정은 정기적이고 작업자가 예측 가능하도록 해 주어야 한다.
③ 교대작업은 주간근무 → 야간근무 → 저녁근무 → 주간근무 식으로 진행해야 피로를 빨리 회복할 수 있다.
④ 2교대 근무는 최소화하며, 1일 2교대 근무가 불가피한 경우에는 연속 근무일이 2~3일이 넘지 않도록 한다.

해설 교대작업 설계 시 유의사항
- 야간작업은 연속하여 3일을 넘지 않도록 한다.
- 야간반 근무를 모두 마친 후 아침반 근무에 들어가기 전 최소한 24시간 이상 휴식을 하도록 한다.
- 가정생활이나 사회생활을 배려할 때 주중에 쉬는 것보다는 주말에 쉬도록 하는 것이 좋으며, 하루씩 띄어 쉬는 것보다는 주말에 이틀 연이어 쉬도록 한다.
- 교대작업자 특히 야간작업자는 주간작업자보다 연간 쉬는 날이 더 많이 있어야 한다.
- 근무반 교대방향은 아침반 → 저녁반 → 야간반으로 정방향 순환이 되게 한다.
- 아침반 작업은 너무 일찍 시작하지 않도록 한다.
- 야간반 작업은 잠을 조금이라도 더 오래 잘 수 있도록 가능한 한 일찍 작업을 끝내도록 한다.
- 교대작업 일정을 계획할 때 가급적 근로자 개인이 원하는 바를 고려하도록 한다.
- 교대작업 일정은 근로자들에게 미리 통보되어 예측할 수 있도록 한다.

25 생리적 측정을 주관적 평점등급으로 대체하기 위하여 개발된 평가척도는?

① Fitts Scale
② Likert Scale
③ Gerg Scale
④ Borg-RPE Scale

해설 평가척도
- Fitts Scale : 작업 수행의 정확성과 속도 사이의 관계를 설명하는 피츠의 법칙(Fitts' Law)과 관련이 있다. 주로 인지심리학 및 인간-컴퓨터 상호작용에서 사용된다.
- Likert Scale : 설문조사에서 응답자의 태도나 의견을 측정하기 위해 사용되는 척도로, 보통 5점 또는 7점 척도이며, 응답자가 특정 진술에 대해 얼마나 동의하는지를 평가한다.
- Borg-RPE Scale : 운동 중 개인의 주관적인 노력도를 평가하기 위해 사용된다. 숫자(보통 6에서 20까지)로 표시되며, 피로도와 운동강도를 주관적으로 평가한다.

26 시각연구에 오랫동안 사용되어 왔으며, 망막의 함수로 정신피로의 척도에 사용되는 것은?

① 부정맥
② 뇌파(EFG)
③ 전기피부반응(GSR)
④ 점멸융합주파수(VFF)

해설 점멸융합주파수(VFF)
- 깜빡이는 빛을 하나의 연속적인 빛으로 인식하는 주파수를 측정하는 척도이다.
- 주로 피로도와 주의력 상태를 평가하는 데 사용된다. 스트레스나 피로가 증가하면 점멸융합주파수가 낮아질 수 있다.

정답 23 ④ 24 ③ 25 ④ 26 ④

27 광도와 거리를 이용하여 조도를 산출하는 공식으로 옳은 것은?

① 조도 = 광도 / 거리
② 조도 = 광도 / 거리^2
③ 조도 = 거리 / 광도
④ 조도 = 거리 / 광도^2

> **해설** 조도
> 거리가 증가할 때에 조도는 거리의 제곱에 반비례한다. 이것은 점광원에 대해서만 적용된다.
> 조도 = $\dfrac{광도}{거리^2}$

28 육체적으로 격렬한 작업 시 충분한 양의 산소가 근육활동에 공급되지 못해 근육에 축적되는 것은?

① 젖산
② 피루브산
③ 글리코겐
④ 초성포도산

> **해설** 근육활동
> 육체적으로 격렬한 작업 시 충분한 양의 산소가 근육활동에 공급되지 못해 근육에 젖산이 축적되어 근육의 피로를 유발한다.

29 K작업장에서 근무하는 작업자가 90dB(A)에 6시간, 95dB(A)에 2시간 동안 노출되었다. 음압수준별 허용시간이 다음 표와 같을 때 소음노출지수(%)는 얼마인가?

음압수준 dB(A)	노출 허용시간/일
90	8
95	4
100	2
105	1
110	0.5
115	0.25
-	0.125

① 55%
② 85%
③ 105%
④ 125%

> **해설** 소음노출지수
> 소음노출지수(%) = $\dfrac{C(노출시간)}{T(허용노출시간)}$
> $= \dfrac{C_1}{T_1} + \dfrac{C_2}{T_2} + \dfrac{C_3}{T_3} + \cdots + \dfrac{C_n}{T_n} \times 100$
> $= \dfrac{6}{8} + \dfrac{2}{4} \times 100 = 125\%$

30 조명에 관한 용어의 설명으로 옳지 않은 것은?

① 조도는 광도에 비례하고, 광원으로부터의 거리의 제곱에 반비례한다.
② 휘도는 단위 면적당 표면에 반사 또는 방출되는 빛의 양을 의미한다.
③ 조도는 점광원에서 어떤 물체나 표면에 도달하는 빛의 양을 의미한다.
④ 광도(Luminous intensity)는 단위 입체각당 물체나 표면에 도달하는 광속으로 측정하며, 단위는 램버트(Lambert)이다.

> **해설** 광도(Luminous Intensity)
> • 빛의 강도(세기)를 측정하는 단위로 특정 방향으로 방출되는 빛의 양을 나타낸다.
> • 국제단위계(SI)에서 칸델라(candela, cd)로 측정된다.

31 어떤 작업자에 대해서 미국 직업안전위생관리국(OSHA)에서 정한 허용소음노출의 소음수준이 130%로 계산되었다면 이때 8시간 시간가중평균(TWA) 값은 약 얼마인가?

① 89.3dB(A)
② 90.7dB(A)
③ 91.9dB(A)
④ 92.5dB(A)

> **해설** 시간가중평균(TWA)
> TWA = $16.61 \log\left(\dfrac{D}{100}\right) + 90(\text{dB(A)})$
> $= 16.61 \log\left(\dfrac{130}{100}\right) + 90(\text{dB(A)}) = 91.9\text{dB(A)}$

정답 27 ② 28 ① 29 ④ 30 ④ 31 ③

32. 척추동물의 골격근에서 1개의 운동신경이 지배하는 근섬유군을 무엇이라 하는가?

① 신경섬유 ② 운동단위
③ 연결조직 ④ 근원섬유

해설 근육

① **신경섬유** : 신경세포의 돌기로, 신경 신호를 전달하는 역할을 한다. 말초신경계와 중추신경계에서 신경 신호를 빠르게 전달한다.
② **운동단위(Motor Unit)** : 하나의 운동신경이 지배하는 근섬유군을 말한다. 이 단위는 신경신호가 근육에 전달되어 수축을 유발하는 기본 단위이며, 근육의 힘과 조절 능력을 결정하는 요소이다.
③ **연결조직** : 신체의 다양한 부분을 서로 연결하고 지지하는 조직으로 결합 조직, 혈액, 뼈, 연골 등 여러 형태를 포함한다.
④ **근원섬유** : 근섬유의 미세한 구조 단위로, 근육 수축의 기본 단위이다. 각각의 근원섬유는 액틴과 미오신 필라멘트로 구성되어 있다.

33. 관절의 움직임 중 모음(내전, Adduction)을 설명한 것으로 옳은 것은?

① 정중면 가까이로 끌어 들이는 운동이다.
② 신체를 원형으로 또는 원추형으로 돌리는 운동이다.
③ 굽혀진 상태를 해부학적 자세로 되돌리는 운동이다.
④ 뼈의 긴축을 중심으로 제자리에서 돌아가는 운동이다.

해설 관절의 움직임

- **원회전운동** : 신체를 원형으로 또는 원추형으로 돌리는 운동이다.
- **신전운동** : 굽혀진 상태를 해부학적 자세로 되돌리는 운동이다.
- **회전운동** : 뼈의 긴축을 중심으로 제자리에서 돌아가는 운동이다.

34. 격심한 작업활동 중에 혈류분포가 가장 높은 신체 부위는?

① 뇌 ② 골격근
③ 피부 ④ 소화기관

해설 작업 시 혈류 분포

- 근육 : 80~85%
- 심장 : 4~5%
- 간 및 소화기관 : 3~5%
- 뇌 : 3~4%
- 신장 : 2~4%
- 뼈 : 0.5~1%
- 피부, 피하 : 비율이 거의 없음

35. 전신 진동에 있어 안구에 공명이 발생하는 진동수의 범위로 가장 적합한 것은?

① 8~12Hz ② 10~20Hz
③ 20~30Hz ④ 60~90Hz

해설 진동수에 따른 전신 진동 장해

- 3~4Hz : 경부의 척주골
- 4Hz : 요추
- 5Hz : 견갑대
- 30~30Hz : 머리와 어깨 사이
- 〉30Hz : 손가락, 손 및 팔
- 60~90Hz : 안구

36. 근육의 수축원리에 관한 설명으로 옳지 않은 것은?

① 근섬유가 수축하면 I대와 H대가 짧아진다.
② 액틴과 미오신 필라멘트의 길이는 변하지 않는다.
③ 최대로 수축했을 때는 Z선이 A대에 맞닿는다.
④ 근육 전체가 내는 힘은 비활성화된 근섬유수에 의해 결정된다.

해설 근육의 수축원리

근육 전체가 내는 힘은 활성화된 근섬유의 수에 의해 결정된다. 활성화된 근섬유 수가 많을수록 더 큰 힘을 낼 수 있다.

정답 32 ② 33 ① 34 ② 35 ④ 36 ④

2020년 제3회 기출복원문제

37 해부학적 자세를 기준으로 신체를 좌우로 나누는 면(Plane)은?

① 횡단면　② 시상면
③ 관상면　④ 전두면

> **해설** 해부학적 자세
> - 횡단면 : 신체를 사이로 나누는 면
> - 광상면 : 신체를 앞뒤로 나누는 면
> - 전두면 : 관상면과 의미가 같음.

38 정적 근육 수축이 무한하게 유지될 수 있는 최대자율수축(MVC)의 범위는?

① 10% 미만　② 25% 미만
③ 40% 미만　④ 50% 미만

> **해설** 최대자율수축(MVC)
> - 정적 근육 수축이 무한하게 유지될 수 있는 최대자율수축(MVC)의 범위는 10%이다.
> - 일반적으로 정적 근육 수축을 오랜 시간 유지하려면 낮은 수준의 근력 수축이 필요하다.
> - 최대자율수축(MVC) 범위가 높아질수록 근육 피로가 빨리 온다.

39 인간과 주위와의 열교환 과정을 올바르게 나타낸 열균형 방정식은? (단, S는 열축적, M은 대사, E는 증발, R은 복사, C는 대류, W는 한 일이다.)

① S = M - E ± R - C + W
② S = M - E - R ± C + W
③ S = M - E ± R ± C - W
④ S = M ± E - R ± C - W

> **해설** 열교환 과정
> M(대사) - E(증발) ± R(복사) ± C(대류) - W(한 일)

40 생명을 유지하기 위하여 필요로 하는 단위 시간당 에너지양을 무엇이라 하는가?

① 산소 소비량
② 에너지 소비율
③ 기초 대사율
④ 활동 에너지

> **해설** 기초 대사율
> ① 산소 소비량(Oxygen Consumption Rate) : 산소를 소모하는 속도를 말한다. 신체활동을 하면서 산소를 얼마나 많이 소비하는지를 나타낸다. 운동 중에는 산소 소비량이 증가한다.
> ② 에너지 소비율(Energy Expenditure Rate) : 신체가 에너지를 소비하는 비율로 기초대사, 신체활동, 음식 소화 등 다양한 활동에서 소모되는 에너지를 포함한다.
> ③ 기초 대사율(Basal Metabolic Rate) : 완전한 휴식 상태에서 신체가 유지하는 데 필요한 최소한의 에너지를 말한다. 즉, 숨쉬기, 심장 박동, 체온 유지 등 기본적인 생명 유지 활동에 사용되는 에너지이다.
> ④ 활동 에너지(Activity Energy) : 신체활동을 하는 동안 소비되는 에너지이다. 걷기, 뛰기, 운동 등 모든 신체활동에 의해 소모된다.

3과목 산업심리학 및 관련 법규

41 Herzberg의 2요인론(동기-위생이론)을 Maslow의 욕구단계설과 비교하였을 때, 동기요인과 거리가 먼 것은?

① 존경 욕구　② 안전 욕구
③ 사회적 욕구　④ 자아실현 욕구

> **해설** 상호비교
>
> | 구분 | Maslow 욕구단계 | Herzberg 2요인론 | 맥클랜드 성취동기이론 | Alderfer ERG이론 |
> |---|---|---|---|---|
> | 1단계 | 생리적 욕구 | 위생요인 | 성취욕구 | 생존욕구 |
> | 2단계 | 안전 욕구 | | | |
> | 3단계 | 사회적 욕구 | 동기요인 | 권력욕구 | 관계욕구 |
> | 4단계 | 존경의 욕구 | | | |
> | 5단계 | 자아실현의 욕구 | | 친화욕구 | 성장욕구 |

정답 37 ② 38 ① 39 ③ 40 ③ 41 ②

- 동기요인은 주로 성취감, 인정을 받는 것, 일 자체의 흥미, 책임감, 성장 기회 등과 관련이 있다. 이는 주로 Maslow의 상위 욕구단계인 자아실현 욕구, 존경 욕구, 사회적 욕구와 연결된다.
- 위생요인은 근무 조건, 급여, 회사 정책, 직장 관계 등과 관련되며, 이는 주로 Maslow의 하위 욕구단계인 생리적 욕구와 안전 욕구와 관련이 있다.

42 직무 행동의 결정요인이 아닌 것은?

① 능력　　② 수행
③ 성격　　④ 상황적 제약

해설　결정요인

결정요인이란 개인의 직무 행동에 영향을 미치는 요소를 말한다.
① **능력** : 개인이 직무를 수행할 수 있는 잠재력을 의미한다.
② **수행** : 직무 행동의 결과나 성과를 의미한다.
③ **성격** : 개인의 행동, 태도, 감정을 결정짓는 심리적 특성을 포함한다.
④ **상황적 제약** : 직무 환경이나 상황적 요인들이 개인의 직무 행동에 미치는 영향을 말한다.
직무 행동의 결정요인 중에서 "수행"은 결정요인으로 볼 수 없다.

43 결함 나무 분석(Fault Tree Analysis, FTA)에 대한 설명으로 옳지 않은 것은?

① 고장이나 재해요인의 정성적 분석뿐만 아니라 정량적 분석이 가능하다.
② 정성적 결함 나무를 작성하기 전에 정상사상(Top event)이 발생할 확률을 계산한다.
③ "사건이 발생하려면 어떤 조건이 만족되어야 하는가?"에 근거한 연역적 접근방법을 이용한다.
④ 해석하고자 하는 정상사상(Top event), 기본사상(Basic event)의 인과관계를 도식화하여 나타낸다.

해설　FTA 이해

FTA는 결함 나무를 작성한 후에 정상사상(Top event)이 발생할 확률을 계산하는 방식으로 진행된다. 따라서 결함 나무를 작성하기 전에 정상사상의 발생 확률을 계산한다는 설명은 옳지 않다.

44 버드의 신연쇄성이론에서 불안전한 상태와 불안전한 행동의 근원적 원인은?

① 작업(Media)
② 작업자(Man)
③ 기계(Machine)
④ 관리(Management)

해설　버드의 신연쇄성이론

버드의 신연쇄성이론에서 불안전한 상태와 불안전한 행동의 근원적 원인은 관리(Management)이다.
버드(Bird)의 이론에 따르면, 대부분의 사고와 불안전한 행동, 상태의 근본 원인은 조직의 관리 실패로 인한 것이라고 한다. 효과적인 관리가 이루어지지 않으면 안전한 작업 환경과 적절한 작업 조건을 유지할 수 없으며, 이는 결국 불안전한 상태와 행동으로 이어지게 된다.

45 부주의의 발생원인과 이를 없애기 위한 대책의 연결이 옳지 않은 것은?

① 내적원인 – 적성배치
② 정신적 원인 – 주의력 집중 훈련
③ 기능 및 작업적 원인 – 안전의식 제고
④ 설비 및 환경적 원인 – 표준작업 제도의 도입

해설　부주의 원인 및 대책

구분	원인	대책
외적 원인	• 작업, 환경조건 불량 • 작업순서 부적당 • 작업강도 • 기상조건	• 환경정비 • 작업순서 조절 • 작업량, 시간, 속도 등의 조절 • 온도, 습도 등의 조절
내적 원인	• 소질적 요인 • 의식의 우회 • 경험 부족 및 미숙련 • 피로 • 정서불안정 등	• 적성배치 • 상담 • 교육 • 충분한 휴식 • 심리적 안정 및 치료

정답　42 ②　43 ②　44 ④　45 ③

2020년 제3회 기출복원문제

46 중복형태를 갖는 2인 1조 작업조의 신뢰도가 0.99 이상이어야 한다면 기계를 조종하는 임무를 수행하기 위해 한 사람이 갖는 신뢰도의 최댓값은 얼마인가?

① 0.99
② 0.95
③ 0.90
④ 0.85

해설 신뢰도

$R_p = 1 - (1-R_1)(1-R_2)\cdots(1-R_n)$
$= 1 - \prod_{i=1}^{n}(1-R_i) \geq 0.99$
$= (1-R_p)^2 \leq 0.001$
$= 1 - R_p \leq 0.1$
$\therefore R_p \geq 0.9$

47 직무스트레스의 요인 중 자신의 직무에 대한 책임 영역과 직무 목표를 명확하게 인식하지 못할 때 발생하는 요인은?

① 역할 과소
② 역할 갈등
③ 역할 모호성
④ 역할 과부하

해설 역할 모호성

자신의 직무에 대한 책임 영역과 직무 목표를 명확하게 인식하지 못할 때 발생하는 직무스트레스 요인으로 이는 어떤 업무를 해야 하는지, 어느 정도의 책임을 져야 하는지 명확하지 않기 때문에 생기는 불안감과 스트레스를 의미한다.

48 최고 상위에서부터 최하위의 단계에 이르는 모든 직위가 단일 명령권한의 라인으로 연결된 조직형태는?

① 직능식 조직
② 프로젝트 조직
③ 직계식 조직
④ 직계 참모 조직

해설 조직형태

직계식 조직에 대한 설명이다.

49 재해의 발생형태에 해당하지 않는 것은?

① 화상
② 협착
③ 추락
④ 폭발

해설 재해와 상해

화상은 상해의 종류별 분류에 해당한다.

50 주의를 기울여 시선을 집중하는 곳의 정보는 잘 받아들여지지만 주변의 정보는 놓치기 쉽다. 이것은 주의의 어떠한 특성 때문인가?

① 주의의 선택성
② 주의의 변동성
③ 주의의 연속성
④ 주의의 방향성

해설 주의의 3특성

① **변동성** : 주의는 장시간 지속될 수 없다.
② **선택성** : 주의는 한곳에만 집중할 수 있다.
③ **방향성** : 주의를 집중하는 곳 주변의 주의는 떨어진다.

51 인간행동에 대한 Rasmussen의 분류에 해당되지 않는 것은?

① 숙련기반 행동(Skill-based behavior)
② 규칙기반 행동(Rule-based behavior)
③ 능력기반 행동(Ability-based behavior)
④ 지식기반 행동(Knowledge-based behavior)

해설 Rasmussen의 인간행동 수준에 따른 휴먼에러

- **숙련기반 에러(Skill-based error)** : 일상적인 작업에서 자동적으로 발생하는 실수로, 잘 익숙해진 행동에서의 에러
- **규칙기반 에러(Rule-based error)** : 특정 상황에서 적용해야 할 규칙을 잘못 적용하거나 규칙을 잊어버려 발생하는 에러
- **지식기반 에러(Knowledge-based error)** : 새로운 상황에서 문제를 해결하려고 할 때 부족한 지식 때문에 발생하는 에러

정답 46 ③　47 ③　48 ③　49 ①　50 ④　51 ③

52 연평균 작업자 수가 2,000명인 회사에서 1년에 중상해 1명과 경상해 1명이 발생하였다. 연천인율은 얼마인가?

① 0.5　② 1
③ 2　④ 4

해설 연천인율

$$\text{연천인율} = \frac{\text{연간 재해자 수}}{\text{연평균 근로자 수}} \times 1000$$
$$= \frac{2}{2,000} \times 1000 = 1$$

53 NIOSH의 직무스트레스 관리모형 중 중재요인 (Moderating Factors)에 해당하지 않는 것은?

① 개인적 요인
② 조직 외 요인
③ 완충작용 요인
④ 물리적 환경 요인

해설 중재요인
물리적 환경 요인은 중재요인에 해당하지 않는다.

54 리더십 이론 중 경로-목표이론에서 리더들이 보여주어야 하는 네 가지 행동유형에 속하지 않는 것은?

① 권위적　② 지시적
③ 참여적　④ 성취지향적

해설 경로-목표이론의 네 가지 리더십

- **지시형 리더십(Directive Leadership)**: 리더가 명확한 지시와 기대를 제공하며, 팀원들에게 구체적인 업무 수행 방법을 제시하는 리더십으로, 역할이 모호하거나 복잡한 과제를 수행할 때 효과적이다.
- **지원형 리더십(Supportive Leadership)**: 리더가 팀원들의 복지를 우선시하고, 친절하며, 접근 가능한 태도로 팀원들과 상호작용하는 리더십이다. 스트레스가 높은 작업 환경에서 팀원들의 사기를 높이는 데 도움이 된다.
- **참여형 리더십(Participative Leadership)**: 리더가 팀원들의 의견을 적극적으로 수렴하고, 의사 결정 과정에 팀원들을 참여시키는 리더십으로, 팀원들이 자율성과 책임감을 느낄 수 있도록 도와준다.
- **성취 지향형 리더십(Achievement-Oriented Leadership)**: 리더가 팀원들에게 도전적인 목표를 설정하고, 목표 달성을 위해 높은 기대와 자율성을 부여하는 리더십으로, 높은 성과를 요구하는 상황에서 팀원들의 동기 부여에 효과적이다.

55 하인리히의 사고예방 대책의 다섯 가지 기본원리를 순서대로 올바르게 나열한 것은?

① 사실의 발견 → 안전조직 → 분석평가 → 시정책 선정 → 시정책 적용
② 안전조직 → 사실의 발견 → 분석평가 → 시정책 선정 → 시정책 적용
③ 안전조직 → 분석평가 → 사실의 발견 → 시정책 선정 → 시정책 적용
④ 사실의 발견 → 분석평가 → 안전조직 → 시정책 선정 → 시정책 적용

해설 하인리히 재해예방 5단계
안전조직 → 사실의 발견 → 분석평가 → 시정책 선정 → 시정책 적용 (암기법: 조사분시시)

56 헤드십(Headship)과 리더십에 대한 설명으로 옳지 않은 것은?

① 헤드십은 부하와의 사회적 간격이 넓다.
② 리더십에서 책임은 리더와 구성원 모두에게 있다.
③ 리더십에서 구성원과의 관계는 개인적인 영향에 따른다.
④ 헤드십은 권한 부여가 구성원으로부터 동의에 의한 것이다.

정답 52 ②　53 ④　54 ①　55 ②　56 ④

2020년 제3회 기출복원문제

해설 헤드십과 리더십

구분	권한부여 및 행사	권한근거	상관과 부하와의 관계 및 책임귀속	부하와의 사회적 간격	지휘형태
헤드십	위에서 위임하여 임명	법적 또는 공식적	지배적, 상사	넓다.	권위주의적
리더십	아래로 부터의 동의에 의한 선출	개인능력	개인적인 경향, 상사와 부하	좁다.	민주주의적

57 제조물 책임법령상 제조업자가 제조물에 대해 충분한 설명, 지시, 경고 등 정보를 제공하지 않아 피해가 발생하였다면 이것은 어떤 결함 때문인가?

① 표시상의 결함 ② 제조상의 결함
③ 설계상의 결함 ④ 고지의무의 결함

해설 제조물 책임법 중 결함

- **제조상의 결함** : 제조업자가 제조물에 대하여 제조상·가공상의 주의의무를 이행하였는지에 관계없이 제조물이 원래 의도한 설계와 다르게 제조·가공됨으로써 안전하지 못하게 된 경우를 말한다.
- **설계상의 결함** : 제조업자가 합리적인 대체설계(代替設計)를 채용하였더라면 피해나 위험을 줄이거나 피할 수 있었음에도 대체설계를 채용하지 아니하여 해당 제조물이 안전하지 못하게 된 경우를 말한다.
- **표시상의 결함** : 제조업자가 합리적인 설명·지시·경고 또는 그 밖의 표시를 하였더라면 해당 제조물에 의하여 발생할 수 있는 피해나 위험을 줄이거나 피할 수 있었음에도 이를 하지 아니한 경우를 말한다.

58 인간의 정보처리 과정 측면에서 분류한 휴먼에러(Human error)에 해당하는 것은?

① 생략 오류(Omission Error)
② 순서 오류(Sequentila Error)
③ 작위 오류(Commission Error)
④ 의사결정 오류(Decision Making Error)

해설 정보처리 과정 측면에서 분류한 휴먼에러

- 인지 착오(입력) 에러
- 판단 착오(의사결정) 에러
- 조작(행동) 에러

59 다음 인간의 감각기관 중 신체 반응시간이 빠른 것부터 느린 순서대로 나열된 것은?

① 청각 → 시각 → 미각 → 통각
② 청각 → 미각 → 시각 → 통각
③ 시각 → 청각 → 미각 → 통각
④ 시각 → 미각 → 청각 → 통각

해설 감각기관별 반응시간

- 청각 : 0.17초   • 촉각 : 0.18초
- 시각 : 0.20초   • 미각 : 0.29초
- 통각 : 0.70초

60 집단 간 갈등의 원인과 가장 거리가 먼 것은?

① 제한된 자원
② 조직구조의 개편
③ 집단 간 목표 차이
④ 견해와 행동 경향 차이

해설 집단 간 갈등

집단과 집단 사이에 작업유동의 상호의존성, 불균형 상태, 역할 모호성, 자원부족으로 인해 갈등이 야기된다.

정답 57 ① 58 ④ 59 ① 60 ②

4과목 근골격계질환 예방을 위한 작업관리

61 적절한 입식 작업대 높이에 대한 설명으로 옳은 것은?

① 일반적으로 어깨 높이를 기준으로 한다.
② 작업자의 체격에 따라 작업대의 높이가 조정 가능하도록 하는 것이 좋다.
③ 미세부품 조립과 같은 섬세한 작업일수록 작업대의 높이는 낮아야 한다.
④ 일반적인 조립라인이나 기계 작업 시에는 팔꿈치 높이보다 5~10cm 높아야 한다.

해설 작업대 높이
- 작업장 설계는 다양한 작업자의 형태나 크기에 맞아야 하며 각기 다른 작업을 하기에 적합하도록 지원이 되어야 한다.
- 작업의 내용에 따라 다른 작업표면 높이가 요구된다.
- 쓰기, 전자부품 조립과 같은 정밀 작업은 팔꿈치 높이보다 5cm 높게, 팔꿈치 지지대가 필요하다.
- 조립라인 작업이나 기계적인 작업 같은 가벼운 작업은 5~10cm 정도 팔꿈치보다 낮게 한다.
- 아래로 향하는 힘이 요구되는 무거운 작업은 20~40cm 정도 팔꿈치보다 낮게 한다.

62 NIOSH의 들기 작업지침에서 들기지수(LI)를 산정하는 식에서 반영되는 변수가 아닌 것은?

① 표면계수 ② 수평계수
③ 빈도계수 ④ 비대칭계수

해설 들기 작업지침
들기지수(Lifting Index) = 작업물의 무게 / RWL(권장무게한계)
- RWL = LC × HM × VM × DM × AM × FM × CM
- LC = 부하상수 = 23kg
- HM = 수평계수 = 25 | H
- VM = 수직계수 = 1 − (0.003 × | V − 75 |)
- DM = 거리계수 = 0.82 + (4.5 / D)
- AM = 대칭계수 = 1 − (0.0032 × A)
- FM = 빈도계수(표 활용)
- CM = 결합계수(표 활용)

63 사람이 행하는 작업을 기본 동작으로 분류하고, 각 기본 동작들은 동작의 성질과 조건에 따라 이미 정해진 기준 시간을 적용하여 전체 작업의 정미시간을 구하는 방법은?

① PTS법
② Rating법
③ Therblig법
④ Work Sampling법

해설
- **Rating법**: 이 방법은 작업자의 능력이나 작업 환경에 따라 작업 시간을 조정하는 것으로 작업자가 수행하는 속도나 작업 조건 등을 평가하여 실제 소요시간을 예측하고, 표준시간과 비교·조정하는 것이다.
- **Therblig법**: 인간의 작업 동작을 18개의 기본 동작으로 나눈 것으로 각 동작에 대한 시간을 측정하여 효율성을 분석하고, 개선 가능한 부분을 찾아 작업의 세부 동작을 최적화할 수 있다.
- **Work Sampling법**: 작업 표본법은 작업의 여러 시간대에 작업자가 무슨 일을 하고 있는지 기록하여 작업의 분포를 분석하여 작업자의 시간 사용 패턴을 파악하고, 비효율적인 부분을 찾아 개선할 수 있도록 한다.

64 공정도(Process chart)에 사용되는 기호와 명칭이 잘못 연결된 것은?

① ⇨ : 운반   ② □ : 검사
③ ○ : 가공   ④ D : 저장

해설 공정도 기호

가공	운반	정체	저장	검사
○	⇨	D	▽	□

65 다음 근골격계질환의 발생원인 중 작업요인이 아닌 것은?

① 작업강도   ② 작업 자세
③ 직무만족도 ④ 작업의 반복도

정답 61 ② 62 ① 63 ① 64 ④ 65 ③

2020년 제3회 기출복원문제

> **해설** 근골격계질환의 발생원인
>
> "근골격계질환"이란 반복적인 동작, 부적절한 작업 자세, 무리한 힘의 사용, 날카로운 면과의 신체접촉, 진동 및 온도 등의 요인에 의하여 발생하는 건강장해로서 목, 어깨, 허리, 팔·다리의 신경·근육 및 그 주변 신체조직 등에 나타나는 질환을 말한다.

66 산업안전보건법령상 근골격계 부담작업의 유해요인 조사를 해야 하는 상황이 아닌 것은?

① 법에 따른 건강진단 등에서 근골격계질환자가 발생한 경우
② 근골격계 부담작업에 해당하는 기존의 동일한 설비가 도입된 경우
③ 근골격계 부담작업에 해당하는 업무의 양과 작업공정 등 작업환경이 바뀐 경우
④ 작업자가 근골격계질환으로 관련 법령에 따라 업무상 질환으로 인정받는 경우

> **해설** 지체 없이 유해요인 조사를 실시해야 하는 경우
>
> - 법에 따른 임시건강진단 등에서 근골격계질환자가 발생하였거나 근로자가 근골격계질환으로 「산업재해보상보험법 시행령」에 따라 업무상 질병으로 인정받은 경우
> - 근골격계 부담작업에 해당하는 새로운 작업·설비를 도입한 경우
> - 근골격계 부담작업에 해당하는 업무의 양과 작업공정 등 작업환경을 변경한 경우

67 근골격계질환 예방·관리 프로그램 실행을 위한 보건관리자의 역할로 볼 수 없는 것은?

① 사업장 특성에 맞게 근골격계질환의 예방·관리추진팀을 구성한다.
② 주기적으로 작업장을 순회하여 근골격계질환 유발공정 및 작업 유해요인을 파악한다.
③ 주기적인 작업자 면담을 통하여 근골격계질환 증상 호소자를 조기에 발견할 수 있도록 노력한다.
④ 7일 이상 지속되는 증상을 가진 작업자가 있을 경우 지속적인 관찰, 전문의 진단의뢰 등의 필요한 조치를 한다.

> **해설** 보건관리자의 역할
>
> - 주기적으로 작업장을 순회하여 근골격계질환을 유발하는 작업공정 및 작업 유해요인을 파악한다.
> - 주기적으로 작업자 면담 등을 통하여 근골격계질환 증상 호소자를 조기에 발견하는 일을 한다.
> - 7일 이상 지속되는 증상을 가진 작업자가 있을 경우 지속적인 관찰, 전문의 진단의뢰 등의 필요한 조치를 한다.
> - 근골격계질환자를 주기적으로 면담하여 가능한 한 조기에 작업장에 복귀할 수 있도록 도움을 준다.
> - 예방·관리 프로그램 운영을 위한 정책결정에 참여한다.

68 작업자–기계 작업 분석 시 작업자와 기계의 동시 작업시간이 1.8분, 기계와 독립적인 작업자의 활동시간이 2.5분, 기계만의 가동시간이 4.0분일 때, 동시성을 달성하기 위한 이론적 기계 대수는 약 얼마인가?

① 0.28   ② 0.74
③ 1.35   ④ 3.61

> **해설** 이론적 기계 대수(n)
>
> $$n = \frac{a+t}{a+b} = \frac{1.8+4}{1.8+2.5} = 1.35$$
>
> a : 작업자와 기계의 동시작업시간
> b : 독립적인 작업자 활동시간
> t : 기계가동시간

69 문제해결 절차에 관한 설명으로 옳지 않은 것은?

① 작업방법의 분석 시에는 공정도나 시간차트, 흐름도 등을 사용한다.
② 선정된 개선안은 작업자나 관련 부서의 이해와 협조 과정을 거쳐 시행하도록 한다.

③ 개선절차는 "연구대상선정 → 현 작업방법 분석 → 분석 자료의 검토 → 개선안 선정 → 개선안 도입" 순으로 이루어진다.
④ 개선 분석 시 5W1H의 What은 작업 순서의 변경, Where, When, Who는 작업 자체의 제거, How는 작업의 결합 분석을 의미한다.

해설 5W1H
- What(무엇) : 무엇을 개선할 것인가에 대한 질문
- Where(어디서) : 개선이 필요한 위치는 어디인가를 의미
- When(언제) : 개선할 시기나 시간에 관한 질문
- Who(누가) : 누가 이 작업을 수행할 것인가에 대한 질문
- Why(왜) : 왜 이 작업이 필요한가에 대한 질문
- How(어떻게) : 어떻게 개선할 것인가에 대한 방법론을 묻는 것

70 동작경제(Motion economy)의 원칙에 해당하지 않는 것은?

① 가능한 기본동작의 수를 많이 늘린다.
② 공구의 기능을 결합하여 사용하도록 한다.
③ 두 손의 동작은 같이 시작하고 같이 끝나도록 한다.
④ 공구, 재료 및 제어 장치는 사용 위치에 가까이 두도록 한다.

해설 동작경제의 원칙
- 불필요한 동작 제거 : 작업 수행 시 필요하지 않은 동작을 최소화하여 효율성을 높인다.
- 자연스러운 동작 : 인체의 자연스러운 움직임을 따르도록 작업을 설계한다.
- 양손 사용 : 두 손을 동시에 사용하여 작업을 수행하면 시간과 노력을 절약한다.

71 산업안전보건법령상 사업주가 근골격계 부담작업 종사자에게 반드시 주지시켜야 하는 내용에 해당되지 않는 것은?

① 근골격계 부담작업의 유해요인
② 근골격계질환의 요양 및 보상
③ 근골격계질환의 징후 및 증상
④ 근골격계질환 발생 시의 대처 요령

해설 사업주 주지사항
- 근골격계 부담작업에서의 유해요인
- 작업도구와 장비 등 작업시설의 올바른 사용방법
- 근골격계질환의 증상과 징후 식별방법 및 보고방법
- 근골격계질환 발생 시 대처요령
- 기타 근골격계질환 예방에 필요한 사항

72 평균 관측시간이 0.9분, 레이팅 계수가 120%, 여유시간이 하루 8시간 근무시간 중에 28분으로 설정되었다면 표준시간은 약 몇 분인가?

① 0.926   ② 1.080
③ 1.147   ④ 1.151

해설 표준시간(내경법)
- 정미시간 = 관측시간의 대푯값 × $\dfrac{레이팅 계수}{100}$

  $= 0.9 \times \dfrac{120}{100} = 1.08$

- 여유율 = $\dfrac{여유시간}{실동시간} \times 100$

  $= \dfrac{28}{60 \times 8} \times 100 = 5.8\%$

- 표준시간 = 정미시간 × $\left(\dfrac{1}{1-여유율}\right)$

  $= 1.08 \times \left(\dfrac{1}{1-5.8\%}\right) = 1.147$

73 손과 손목 부위에 발생하는 작업 관련성 근골격계질환이 아닌 것은?

① 방아쇠 손가락(Trigger finger)
② 외상과염(Lateral epicondylitis)
③ 가이언 증후군(Canal of guyon)
④ 수근관 증후군(Carpal tunnel syndrome)

정답 70 ① 71 ② 72 ③ 73 ②

2020년 제3회 기출복원문제

> **해설** 근골격계질환
>
> ① 방아쇠 손가락(Trigger finger) : 손가락이 굽힌 상태에서 펴지지 않다가 갑자기 펴지는 현상으로 건초(腱鞘)의 염증과 좁아짐에 의해 발생한다.
> ② 외상과염(Lateral epicondylitis) : 테니스 엘보로도 알려져 있으며, 팔꿈치 바깥쪽의 통증과 압통을 동반하며 팔뚝 근육과 건의 과사용으로 인해 발생한다.
> ③ 가이언 증후군(Canal of guyon) : 손목의 척골 신경이 지나가는 관인 가이언 관을 말하며 이 신경이 압박되면 손의 저림과 무감각 같은 증상이 나타날 수 있다.
> ④ 수근관 증후군(Carpal tunnel syndrome) : 손목에서 정중신경이 압박되어 손의 저림, 무감각, 약화 등의 증상이 나타나는 상태이다.

74 근골격계질환 예방을 위한 바람직한 관리적 개선 방안으로 볼 수 없는 것은?

① 규칙적이고 적절한 휴식을 통하여 피로의 누적을 예방한다.
② 작업 확대를 통하여 한 작업자가 할 수 있는 일의 다양성을 넓힌다.
③ 전문적인 스트레칭과 체조 등을 교육하고 작업 중 수시로 실시하도록 유도한다.
④ 중량물 운반 등 특정 작업에 적합한 작업자를 선별하여 상대적 위험도를 경감시킨다.

> **해설** 근골격계질환 예방 방안
>
> • ①, ②, ③은 작업 환경을 개선하고, 작업자의 피로를 줄이며, 건강을 증진하는 데 도움을 줄 수 있는 방안이다.
> • 중량물 운반 등 특정 작업에 적합한 작업자를 선별하여 상대적 위험도를 경감시키는 것은 근골격계질환 예방을 위한 바람직한 관리적 개선 방안으로 볼 수 없다. 이 방법은 특정 작업자를 선별하는 것이지만, 작업자의 건강을 개선하거나 근골격계질환을 예방하는 데 큰 도움이 되지 않는다.

75 상완, 전완, 손목을 그룹을 A로 목, 상체, 다리를 그룹 B로 나누어 측정, 평가하는 유해요인의 평가기법은?

① RULA(Rapid Upper Limb Assessment)
② REBA(Rapid Entire Body Assessment)
③ OWAS(Ovako Working Posture Analysis System)
④ NIOSH 들기 작업지침(Revised NIOSH Lifting Equation)

> **해설** 유해요인의 평가기법
>
> ① RULA(Rapid Upper Limb Assessment) : 작업자들의 상지(어깨, 팔, 손목 등)의 부담을 평가하는 도구로, 작업 자세와 반복적인 동작이 신체에 미치는 영향을 분석
> ② REBA(Rapid Entire Body Assessment) : 전체 몸의 자세를 평가하는 방법으로, 목, 상체, 다리뿐만 아니라 상지까지 포함하여 작업자의 작업 환경을 평가
> ③ OWAS(Ovako Working Posture Analysis System) : 작업 중인 사람의 자세를 평가하여 근골격계 위험을 분석하는 방법으로, 자세, 힘, 반복적인 동작 등을 평가
> ④ NIOSH 들기 작업지침(Revised NIOSH Lifting Equation) : 무거운 물건을 들고 옮기는 작업을 평가하기 위해 개발된 방법으로, 들기 작업의 위험을 줄이기 위한 가이드라인을 제공

76 서블릭(Therblig) 기호의 심벌과 영문이 잘못된 것은?

① → : TL
② ⧎ : DA
③ ◉ : Sh
④ ∩ : H

> **해설** 서블릭 기호 및 심벌
>
> → : 선택(St)
> ◉ : 운반(TL)

정답 74 ④ 75 ① 76 ①

77 다음 중 수행도 평가기법이 아닌 것은?

① 속도 평가법
② 합성 평가법
③ 평준화 평가법
④ 사이클 그래프 평가법

해설 수행도 평가기법
- 속도 평가법
- 웨스팅하우스
- 평준화 평가법
- 리더십 평가법
- 수행 평가법

78 파레토 원칙(Pareto princiloe : 80-20원칙)에 대한 설명으로 옳은 것은?

① 20%의 항목이 전체의 80%를 차지한다.
② 40%의 항목이 전체의 60%를 차지한다.
③ 60%의 항목이 전체의 40%를 차지한다.
④ 80%의 항목이 전체의 20%를 차지한다.

해설 파레토 원칙, 또는 80-20원칙

전체 결과의 대부분(80%)이 일부 원인(20%)에 의해 발생한다는 법칙으로 경제학자 빌프레도 파레토가 발견한 것이며, 다양한 분야에서 널리 적용되고 있다.

79 다음 중 간헐적으로 랜덤한 시점에 연구대상을 순간적으로 관측하여 관측기간 동안 나타난 항목별로 차지하는 비율을 추정하는 방법은?

① Work Factor법
② Work Sampling법
③ PTS(Predetermined Time Standards)법
④ MTM(Methods Time Measurement)법

해설

① Work Factor법 : 작업 요인 법으로, 작업 수행에 필요한 시간을 미리 정해진 표준시간으로 측정하는 방법으로 주로 작업의 복잡성에 따라 분류된 표준시간을 적용한다.

② Work Sampling법 : 작업 샘플링 법으로, 작업자의 활동을 일정 시간 간격으로 무작위로 관찰하여 작업 수행 비율을 추정하는 방법이다. 주로 작업의 효율성과 생산성을 평가하는 데 사용된다.

③ PTS(Predetermined Time Standards)법 : 미리 정해진 시간 표준 법으로, 작업 수행에 필요한 시간과 동작을 미리 정해진 표준시간으로 측정하는 방법이다. 주로 반복적인 작업에 대해 적용한다.

④ MTM(Methods Time Measurement)법 : 방법 시간 측정법으로, 작업 수행에 필요한 시간과 동작을 표준화된 시간으로 측정하는 방법이다. 작업의 세부 동작을 분석하여 표준시간을 적용한다.

80 ECRS의 4원칙에 해당되지 않는 것은?

① Eliminate : 꼭 필요한가?
② Simplify : 단순화할 수 있는가?
③ Control : 작업을 통제할 수 있는가?
④ Rearrange : 작업순서를 바꾸면 효율적인가?

해설 ECRS의 4원칙

① Eliminate(제거) : 불필요한 작업이나 절차를 제거하여 효율성을 높이는 원칙이다.
② Combine(결합) : 유사한 작업을 결합하여 중복되는 단계를 줄이고 작업을 간소화하는 원칙이다.
③ Rearrange(재배치) : 작업 순서를 재배치하여 작업 흐름을 최적화하고 시간을 절약하는 원칙이다.
④ Simplify(단순화) : 복잡한 작업을 단순화하여 이해하기 쉽게 하고 작업 속도를 높이는 원칙이다.

정답 77 ④ 78 ① 79 ② 80 ③

제1회 기출복원문제

1과목 인간공학개론

01 시각 및 시각과정에 대한 설명으로 옳지 않은 것은?

① 원추체(cone)는 황반(fovea)에 집중되어 있다.
② 멀리 있는 물체를 볼 때는 수정체가 두꺼워진다.
③ 동공(pupil)의 크기는 어두우면 커진다.
④ 근시는 수정체가 두꺼워져 원점이 너무 가까워진다.

해설 시각 및 시각과정
수정체는 먼 거리를 볼 때 얇아지고, 가까운 거리를 볼 때 두꺼워진다.

02 시식별에 영향을 주는 인자로 적합하지 않은 것은?

① 조도
② 휘도비
③ 대비
④ 온·습도

해설 시식별에 영향을 주는 인자
시식별에 필요한 요소들은 조도, 광도, 대비, 색상, 깊이 인식 등 다양한 측면을 포함한다. 이러한 요소들은 시각 정보 처리와 인식을 위해 중요한 역할을 한다.

03 실제 사용자들의 행동 분석을 위해 사용자가 생활하는 자연스러운 생활환경에서 조사하는 사용성 평가기법으로 옳은 것은?

① Heuristic Evaluation
② Usability Lab Testing
③ Focus Group Interview
④ Observation Ethnography

해설 평가기법

① Heuristic Evaluation(휴리스틱 평가)
전문가들이 시스템의 사용자 인터페이스를 검토하고, 주로 알려진 사용성 원칙(휴리스틱)을 기준으로 문제점을 찾아내는 방법으로 비교적 빠르고, 비용상 효율적이지만, 경험이 많은 평가자들이 필요하다.

② Usability Lab Testing(사용성 실험실 테스트)
사용자가 특별히 설계된 실험실 환경에서 시스템을 사용하면서 발생하는 문제를 파악하는 방법으로, 사용자의 행동을 관찰하고 기록하며, 사용성 문제를 식별한다.

③ Focus Group Interview(포커스 그룹 인터뷰)
여러 명의 사용자를 모아 특정 주제에 대해 토론을 진행하는 방법으로 사용자의 다양한 의견을 수렴하고, 제품이나 서비스에 대한 인식을 이해하는 데 사용한다.

④ Observation Ethnography(관찰 에스노그래피)
사용자가 실제 생활환경에서 제품이나 서비스를 어떻게 사용하는지를 관찰하는 방법이다. 이를 통해 사용자의 행동과 맥락을 깊이 있게 이해할 수 있다.

정답 01 ② 02 ④ 03 ④

04 인체의 감각기능 중 후각에 대한 설명으로 옳은 것은?

① 후각에 대한 순응은 느린 편이다.
② 후각은 훈련을 통해 식별능력을 기르지 못한다.
③ 후각은 냄새 존재 여부보다 특정 자극을 식별하는 데 효과적이다.
④ 특정 냄새의 절대 식별 능력은 떨어지나 상대적 비교능력은 우수한 편이다.

> **해설** 후각
> 후각은 훈련되지 않은 사람이 식별할 수 있는 일상적인 냄새의 수는 15~32종류이지만, 훈련을 통하여 60종류까지도 냄새를 식별할 수 있다.

05 제어장치가 가지는 저항의 종류에 포함되지 않는 것은?

① 탄성 저항(elastic resistance)
② 관성 저항(inertia resistance)
③ 점성 저항(viscous resistance)
④ 시스템 저항(system resistance)

> **해설** 조종장치의 저항력
> ① **탄성 저항**(elastic resistance) : 물체가 변형될 때 저항하는 힘이다. 예를 들어, 스프링을 압축하거나 늘릴 때의 저항이다.
> ② **관성 저항**(inertia resistance) : 물체가 움직이기 시작하거나 멈출 때 저항하는 힘이다 물체의 질량과 연관이 있으며, 물체가 기존의 운동 상태를 유지하려는 성질이다.
> ③ **점성 저항**(viscous resistance) : 유체(액체 또는 기체) 내부에서 발생하는 저항이다. 물체가 유체 내에서 움직일 때, 유체의 점성에 의해 저항을 받는다.
> ④ **시스템 저항**(system resistance) : 주로 전체 시스템의 특성을 의미하는 용어로 사용되며, 제어장치의 저항 종류에 포함되지 않는다.

06 음 세기(Sound intensity)에 관한 설명으로 옳은 것은?

① 음 세기의 단위는 Hz이다.
② 음 세기는 소리의 고저와 관련이 있다.
③ 음 세기는 단위 시간에 단위 면적을 통과하는 음의 에너지를 말한다.
④ 음압수준(sound pressure level) 측정 시 주로 1,000Hz 순음을 기준 음압으로 사용한다.

> **해설** 음 세기(Sound intensity)
> • 음 세기의 단위는 데시벨(dB)이다.
> • 음 세기는 소리의 고저(pitch)와 관련이 없고, 고저는 주파수와 관련이 있다.
> • 음 세기(Sound intensity)는 단위 시간에 단위 면적을 통과하는 음의 에너지를 의미하는 물리적 개념이다.

07 시스템의 사용성 검증 시 고려되어야 할 변인이 아닌 것은?

① 경제성
② 낮은 에러율
③ 효율성
④ 기억용이성

> **해설** 사용성의 정의
> 학습용이성, 효율성, 기억용이성, 에러 빈도 및 정도 그리고 주관적 만족도로 정의한다.

정답 04 ④ 05 ④ 06 ③ 07 ①

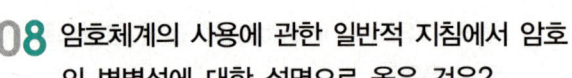

08 암호체계의 사용에 관한 일반적 지침에서 암호의 변별성에 대한 설명으로 옳은 것은?

① 정보를 암호화한 자극은 검출이 가능하여야 한다.
② 자극과 반응 간의 관계가 인간의 기대와 모순되지 않아야 한다.
③ 두 가지 이상의 암호 차원을 조합하여 사용하면 정보전달이 촉진된다.
④ 모든 암호표시는 감지장치에 의하여 다른 암호 표시와 구별될 수 있어야 한다.

해설 암호의 변별성

① 정보를 암호화한 자극은 검출이 가능하여야 한다 : 이는 변별성과 직접적인 관련이 없으며, 주로 암호화된 정보의 검출 가능성을 의미한다.
② 자극과 반응 간의 관계가 인간의 기대와 모순되지 않아야 한다 : 사용자의 직관적인 이해와 관련된 내용으로, 암호의 변별성과는 관계가 없다.
③ 두 가지 이상의 암호 차원을 조합하여 사용하면 정보전달이 촉진된다 : 이는 정보전달의 효율성을 높이는 방법으로 변별성과는 다소 거리가 있다.
④ 모든 암호표시는 감지장치에 의하여 다른 암호 표시와 구별될 수 있어야 한다 : 변별성을 정의하는 내용으로, 감지장치가 각각의 암호를 명확히 식별할 수 있어야 함을 의미한다.

09 주의(attention)의 종류에 포함되지 않는 것은?

① 병렬주의(parallel attention)
② 분할주의(divided attention)
③ 초점주의(focused attention)
④ 선택적 주의(selective attention)

해설 주의의 종류

주의의 주요 종류로는 보통 선택적 주의(selective attention), 분할주의(divided attention), 그리고 초점주의(focused attention)가 있다.

10 인간공학에 관한 내용으로 옳지 않은 것은?

① 인간의 특성 및 한계를 고려한다.
② 인간을 기계와 작업에 맞추는 학문이다.
③ 인간 활동의 최적화를 연구하는 학문이다.
④ 편리성, 안정성, 효율성을 제고하는 학문이다.

해설 인간공학의 정의

인간을 중심에 두고 효과적이고 안전한 시스템을 설계하기 위한 수단을 연구하는 학문으로, 인간의 신체적, 심리적 특성을 고려하여 작업환경, 제품, 시스템 등을 설계하고 최적화하는 학문이다. (인간의 편리성을 위한 설계)

11 움직이는 몸의 동작을 측정한 인체치수를 무엇이라고 하는가?

① 조절 치수
② 파악한계 치수
③ 구조적 인체치수
④ 기능적 인체치수

해설 인체치수

구조적 인체치수 (정적 인체계측)	• 신체를 고정시킨 자세에서 피측정자를 인체 측정기 등으로 측정
	• 여러 가지 설계의 표준이 되는 기초적 치수 결정
	• 마틴식 인체 계측기 사용
	• 종류
	  – 골격치수 : 신체의 관절 사이를 측정(신체 각 부위의 길이 등)
	  – 외곽치수 : 머리, 허리, 가슴, 엉덩이 등의 표면 치수 측정 (신체 둘레)
	  – 수직파악한계, 대퇴여유

기능적 인체치수 (동적 인체계측)	• 동적 치수는 운전을 위해 핸들을 조작하거나 브레이크를 밟는 행위 또는 물체를 잡기 위해 손을 뻗는 행위 등 움직이는 신체의 자세로부터 측정 • 신체적 기능 수행 시 각 신체 부위는 독립적으로 움직이는 것이 아니라, 부위별 특성이 조합되어 나타나기 때문에 정적 치수와 차별화 • 소마토그래피 : 신체적 기능 수행을 정면도, 측면도, 평면도의 형태로 표현하여 신체 부위별 상호작용을 보여주는 그림

정답 08 ④ 09 ① 10 ② 11 ④

12 인간의 기억 체계에 대한 설명으로 옳지 않은 것은?

① 단위시간당 영구 보관할 수 있는 정보량은 7bit/sec이다.
② 감각 저장(Sensory storage)에서는 정보의 코드화가 이루어지지 않는다.
③ 장기기억(Long-term memory)내의 정보는 의미적으로 코드화 된 정보이다.
④ 작업기억(Working memory)은 현재 또는 최근의 정보를 잠시 동안 기억하기 위한 저장소의 역할을 한다.

해설
단위 시간당 영구 보관할 수 있는 정보량에 대한 구체적인 수치는 존재하지 않으며 이는 개인의 기억 능력과 관련된 다양한 변수들에 의해 달라질 수 있다.

13 인체측정 자료의 최대집단값에 의한 설계 원칙에 관한 내용으로 옳은 것은?

① 통상 1, 5, 10%의 하위 백분위수를 기준으로 정한다.
② 통상 70, 75, 80%의 상위 백분위수를 기준으로 정한다.
③ 문, 탈출구, 통로 등과 같은 공간의 여유를 정할 때 사용한다.
④ 선반의 높이, 조종장치까지의 거리 등을 정할 때 사용한다.

해설 설계원칙

구분	최대집단치	최소집단치
개념	대상 집단에 대한 인체 측정 변수의 상위 백분위수를 기준으로 90, 95, 99% 치를 사용	관련 인체 측정 변수 분포의 하위 백분위수를 기준으로 1, 5, 10% 치를 사용
적용 예	• 출입문, 통로, 의자 사이의 간격 등 • 줄사다리, 그네 등의 지지물의 최소 지지중량(강도)	• 선반의 높이 또는 조종장치까지의 거리, 버스나 전철의 손잡이 등

14 다음과 같은 확률로 발생하는 네 가지 대안에 대한 중복률(%)은 얼마인가?

결과	확률(p)	$-\log_2 p$
A	0.1	3.32
B	0.3	1.74
C	0.4	1.32
D	0.2	2.32

① 1.8 ② 2.0
③ 7.7 ④ 8.7

해설 중복률

중복률 $= 1 - \dfrac{\text{총 평균정보량}}{\text{최대정보량}} \times 100(\%)$

$= 1 - \dfrac{1.846}{2} \times 100(\%) = 7.7$

• 총 평균정보량 : $-\sum p_i \log_2(p_i)$
 $= (0.1 \times 3.32 + 0.3 \times 1.74 + 0.4 \times 1.32 + 0.2 \times 2.32) = 1.846$

• 최대정보량 : $\log_2 n = \log_2 4 = 2$

15 인간-기계 체계(Man-Mchine System)의 신뢰도(R_S)가 0.85 이상이어야 한다. 이때 인간의 신뢰도(R_H)가 0.9라면 기계의 신뢰도(R_E)는 얼마 이상이어야 하는가? (단, 인간-기계 체계는 직렬체계이다.)

① $R_E \geq 0.831$
② $R_E \geq 0.877$
③ $R_E \geq 0.915$
④ $R_E \geq 0.944$

해설 설비의 신뢰도

$R_s = R_1 \cdot R_3 \cdots R_n = \prod_{i=1}^{n} R_i$ 이므로

인간 신뢰도(R_H) × 기계 신뢰도(R_E) ≥ R_S
0.9 × 기계 신뢰도(R_E) ≥ 0.85
따라서 기계 신뢰도(R_E)는 0.944

정답 12 ① 13 ③ 14 ③ 15 ④

16 선형 표시장치를 움직이는 조종구(레버)에서의 C/R 비를 나타내는 다음 식에서 변수 a의 의미로 옳은 것은? (단, L은 컨트롤러의 길이를 의미한다.)

$$\text{C/R 비} = \frac{(a/360) \times 2\pi L}{\text{표시장치의 이동거리}}$$

① 조종장치의 여유율
② 조종장치의 최대 각도
③ 조종장치가 움직인 각도
④ 조종장치가 움직인 거리

해설 조종-반응 비율

$$\text{C/R 비} = \frac{(a/360) \times 2\pi L}{\text{표시장치의 이동거리}}$$

a : 조종장치가 움직인 각도
L : 반경(지레의 길이)

17 신호검출이론(Signal Detection Theory)에서 판정기준을 나타내는 우도비(Likelihood Ratio) β와 민감도(Sensitivity) d에 대한 설명으로 옳은 것은?

① β가 클수록 보수적이고, d가 클수록 민감함을 나타낸다.
② β가 클수록 보수적이고, d가 클수록 둔감함을 나타낸다.
③ β가 작을수록 보수적이고, d가 클수록 민감함을 나타낸다.
④ β가 작을수록 보수적이고, d가 클수록 둔감함을 나타낸다.

해설 우도비(Likelihood Ratio) β와 민감도(Sensitivity) d

- 반응기준이 오른쪽으로 이동 시($\beta > 1$) : 판정자는 신호라고 판정하는 기회가 줄어들게 되므로 신호가 나타났을 때 신호의 정확한 판정은 적어지나 허위 경보를 덜 하게 된다. 이것을 보수적이라고 한다.
- 반응기준이 왼쪽으로 이동 시($\beta < 1$) : 신호로 판정하는 기회가 많아지게 되므로 신호의 정확한 판정은 많아지나 허위 경보도 증가하게 된다. 이것을 진취적 모험적이라고 한다.
- 민감도 : d로 표현하며 두 분포의 꼭짓점의 간격을 분포의 표준편차 단위로 나타낸다. 다시 말해 두 분포가 떨어져 있을수록 민감도는 커지며, 판정자는 신호와 잡음을 정확하게 판정하기 쉽다.

따라서 β가 클수록 보수적이고 d가 클수록 민감함을 나타낸다.

18 정량적 표시장치의 지침(pointer) 설계에 있어 일반적인 요령으로 적합하지 않은 것은?

① 뾰족한 지침을 사용한다.
② 지침을 눈금면과 최대한 밀착시킨다.
③ 지침의 끝은 최소 눈금선과 맞닿고 겹치게 한다.
④ 원형눈금의 경우 지침의 색은 지침 끝에서 중앙까지 칠한다.

해설 지침설계

- 선각이 약 20도 되는 뾰족한 지침을 사용한다.
- 지침의 끝은 작은 눈금과 맞닿되 겹치지 않게 한다.
- 원형 눈금의 경우 지침의 색은 선단에서 눈금의 중심까지 칠한다.
- 시차를 없애기 위해 지침을 눈금면과 밀착시킨다.

19 표시장치와 제어장치를 포함하는 작업장을 설계할 때 고려해야 할 사항과 가장 거리가 먼 것은?

① 작업시간
② 제어장치와 표시장치와의 관계
③ 주 시각 임무와 상호작용하는 주제어장치
④ 자주 사용되는 부품을 편리한 위치에 배치

해설 작업장설계지침

주된 시각적 임무, 주시각 임무와 상호작용하는 주조종장치, 조종장치와 표시장치 간의 관계, 순서적으로 사용되는 부품의 배치, 체계 내 혹은 다른 체계의 여타 배치와 일관성 있게 배치, 자주 사용되는 부품을 편리한 위치에 배치

정답 16 ③ 17 ① 18 ③ 19 ①

20 통화 이해도 측정을 위한 척도로 적합하지 않은 것은?

① 명료도 지수
② 인식 소음 수준
③ 이해도 점수
④ 통화 간섭 수준

해설 통화 이해도

- **명료도 지수** : 통화의 명확성을 평가하는 척도로, 사용자가 얼마나 명확하게 통화를 이해하는지 측정한다.
- **이해도 점수** : 사용자가 통화 내용을 얼마나 잘 이해했는지를 나타내는 점수이다.
- **통화 간섭 수준** : 통화 중 발생하는 간섭이 사용자의 이해에 미치는 영향을 평가한다.

2과목 작업생리학

21 산업안전보건법령상 "소음작업"이란 1일 8시간 작업을 기준으로 얼마 이상의 소음이 발생하는 작업을 뜻하는가?

① 80데시벨   ② 85데시벨
③ 90데시벨   ④ 95데시벨

해설 소음작업

1일 8시간 작업을 기준으로 85데시벨 이상의 소음이 발생하는 작업을 말한다.

22 중량물을 운반하는 작업에서 발생하는 생리적 반응으로 옳은 것은?

① 혈압이 감소한다.
② 심박수가 감소한다.
③ 혈류량이 재분배된다.
④ 산소 소비량이 감소한다.

해설 생리적 반응

- **혈압 증가** : 작업 중에 심박수와 혈압이 증가한다.
- **심박수 증가** : 체내 에너지 요구량이 증가하기 때문에 심장이 더 빨리 뛰게 된다.
- **혈류량 재분배** : 근육에 더 많은 혈액이 공급되기 위해 혈류가 재분배된다.
- **산소 소비량 증가** : 작업을 수행하는 데 필요한 에너지를 생산하기 위해 산소 소비량이 증가한다.

23 수의근(Voluntary muscle)에 대한 설명으로 옳은 것은?

① 민무늬근과 줄무늬근을 통칭한다.
② 내장근 또는 평활근으로 구분한다.
③ 대표적으로 심장근이 있으며 원통형 근섬유 구조를 이룬다.
④ 중추신경계의 지배를 받아 내 의지대로 움직일 수 있는 근육이다.

해설 수의근(Voluntary muscle)

우리 의지대로 움직일 수 있는 근육으로, 일반적으로 골격근(Skeletal muscles)을 포함한다.

24 신체에 전달되는 진동은 전신진동과 국소진동으로 구분되는데 진동원의 성격이 다른 것은?

① 크레인   ② 지게차
③ 대형 운송차량   ④ 휴대용 연삭기

해설 전신진동과 국소진동

① **크레인** : 주로 전신진동을 유발한다. 큰 기계를 운전하거나 작업할 때 발생하는 진동이 신체 전체에 전달될 수 있다.
② **지게차** : 운전할 때 전신진동을 유발한다. 지게차 작업 시 발생하는 진동이 신체 전체에 영향을 미칠 수 있다.
③ **대형 운송차량** : 주로 전신진동을 유발한다. 차량이 움직일 때 발생하는 진동이 신체 전체에 전달된다.
④ **휴대용 연삭기** : 주로 국소진동을 유발한다. 손에 잡고 사용하는 도구로, 작업할 때 손과 팔에 진동이 전달된다.

정답 20 ② 21 ② 22 ③ 23 ④ 24 ④

2021년 제1회 기출복원문제

25 다음 중 중추신경계의 피로, 즉 정신피로의 측정척도로 사용할 때 가장 적합한 것은?

① 혈압(blood pressure)
② 근전도(electromyogram)
③ 산소 소비량(oxygen consumption)
④ 점멸융합주파수(flicker fusion frequency)

해설 정신피로의 측정척도

- 혈압(blood pressure) : 주로 신체적 스트레스와 관련된 측정 도구이다.
- 근전도(electromyogram) : 근육의 전기적 활동을 측정하는 도구로, 근육 피로를 평가하는 데 사용된다.
- 산소 소비량(oxygen consumption) : 신체활동 중 소비되는 산소량을 측정하는 도구로, 주로 신체적 피로를 평가하는 데 사용된다.

26 힘에 대한 설명으로 옳지 않은 것은?

① 능동적 힘은 근수축에 의하여 생성된다.
② 힘은 근골격계를 움직이거나 안정시키는 데 작용한다.
③ 수동적 힘은 관절 주변의 결합조직에 의하여 생성된다.
④ 능동적 힘과 수동적 힘의 합은 근절의 안정길이의 50%에서 발생한다.

해설 힘에 대한 설명

능동적 힘은 근육의 안정길이에서 가장 튼 힘을 내며, 수동적 힘은 근육의 안정길이에서부터 발생한다. 그러므로 힘과 수동적인 힘의 합은 근절의 안정길이에서 최대로 발생한다.

27 휴식 중의 에너지 소비량이 1.5kcal/min인 작업자가 분당 평균 8kcal의 에너지를 소비한 작업을 60분 동안 했을 경우 총 작업시간 60분에 포함되어야 하는 휴식 시간은 약 몇 분인가? (단, Murrell의 식을 적용하며, 작업시 권장 평균 에너지 소비량은 5kcal/min으로 가정한다.)

① 22분   ② 28분
③ 34분   ④ 40분

해설 휴식시간(R)의 산정

$$R = \frac{T(E-S)}{E-1.5} = \frac{60(8-5)}{8-1.5} = 27.69분 = 28분$$

R : 휴식시간/min
T : 총 작업시간/min
E : 평균 에너지 소비량
S : 권장 에너지 소비량

28 근력과 지구력에 관한 설명으로 옳지 않은 것은?

① 근력에 영향을 미치는 대표적인 개인적 인자로는 성(姓)과 연령이 있다.
② 정적(static) 조건에서의 근력이란 자의적 노력에 의해 등척적으로(isometrically) 낼 수 있는 최대 힘이다.
③ 근육이 발휘할 수 있는 최대 근력의 50% 정도의 힘으로는 상당히 오래 유지할 수 있다.
④ 동적(dynamic) 근력은 측정이 어려우며, 이는 가속과 관절 각도의 변화가 힘의 발휘와 측정에 영향을 주기 때문이다.

해설 근력과 지구력

최대 근력의 50%를 지속적으로 유지하기는 어렵다. 보통 이러한 수준의 근력은 비교적 짧은 시간 동안만 유지될 수 있다.

29 열교환에 영향을 미치는 요소와 가장 거리가 먼 것은?

① 기압   ② 기온
③ 습도   ④ 공기의 유동

해설 열교환

열교환 과정은 기온이나 습도, 공기의 흐름, 주위의 표면 온도에 영향을 받는다.

정답 25 ④ 26 ④ 27 ② 28 ③ 29 ①

30 전체 환기가 필요한 경우로 볼 수 없는 것은?

① 유해물질의 독성이 적을 때
② 실내에 오염물 발생이 많지 않을 때
③ 실내 오염 배출원이 분산되어 있을 때
④ 실내에 확산된 오염물의 농도가 전체적으로 일정하지 않을 때

해설 환기

실내에 확산된 오염물의 농도가 전체적으로 일정하지 않을 때 특정 구역에서만 국소적인 환기를 할 수 있다.

31 다음 중 일정(constant) 부하를 가진 작업 수행 시 인체의 산소 소비량 변화를 나타낸 그래프로 옳은 것은?

①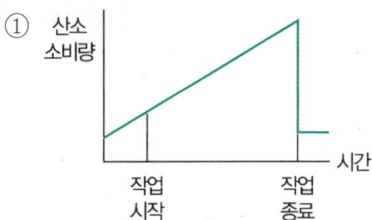

②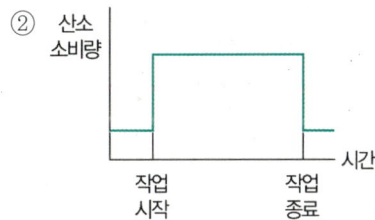

③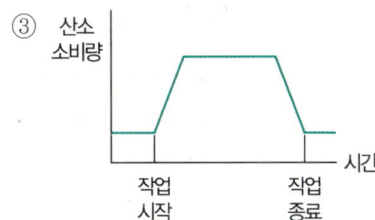

④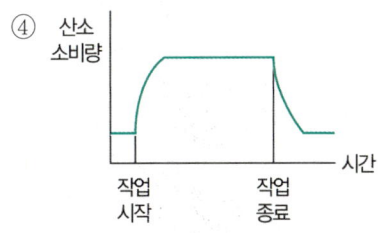

해설 산소 빚(부채) 설명

고강도 운동 후 신체가 정상적인 상태로 회복되는 동안 추가적인 산소가 필요한 상태를 의미한다. 이는 운동 중에 발생한 에너지 부족을 보충하기 위해 필요한 산소량을 나타낸다.

32 다음 생체신호를 측정할 때 이용되는 측정방법이 잘못 연결된 것은?

① 뇌의 활동 측정 – EOG
② 심장근의 활동 측정 – ECG
③ 피부의 전기 전도 측정 – GSR
④ 국부 골격근의 활동 측정 – EMG

해설

- 뇌의 활동 측정 – EEG(Electroencephalogram)
- 눈의 활동 측정 – EOG(Electrooculogram)

33 어떤 작업에 대해서 10분간 산소 소비량을 측정한 결과 100L배기량에 산소가 15%, 이산화탄소가 6%로 분석되었다. 에너지 소비량은 몇 kcal/min인가? (단, 산소 1L가 몸에서 소비되면 5kcal의 에너지가 소비되며, 공기 중에서 산소는 21%, 질소는 79%를 차지하는 것으로 가정한다.)

① 2 ② 3
③ 4 ④ 6

해설 산소 소비량

산소 소비량 = 21% × 분당 흡기량 − O_2% × 분당 배기량

① 분당 배기량 = $\dfrac{100L}{10분} = 10L/min$

② 분당 흡기량 = $\dfrac{(100\% - 15\% - 6\%)}{79\%} \times 10L = 10L/min$

③ 산소 소비량 = $(21\% \times 10L/min) - (15\% \times 10L/min)$
   $= 0.6L/min$

④ 에너지가 = $0.6 \times 5 = 3kcal/min$

정답 30 ④ 31 ④ 32 ① 33 ②

34 중추신경계(Central Nervous System)에 해당하는 것은?

① 신경절(Ganglia)
② 척수(Spinal cord)
③ 뇌신경(Cranial nerve)
④ 척수신경(Spinal nerve)

해설 중추신경계(Central Nervous System)의 구성요소
- 뇌(Brain) : 신경계의 중심 기관으로, 사고, 감정, 기억, 운동 조절 등 다양한 기능을 수행한다.
- 척수(Spinal cord) : 뇌와 말초신경계 사이의 신호 전달 경로로, 신경 신호를 전달하고 반사 작용을 조절한다.

35 다음 중 안정 시 신체 부위에 공급하는 혈액 분배 비율이 가장 높은 곳은?

① 뇌
② 근육
③ 소화기계
④ 심장

해설 휴식(안정) 시 혈액 분배
- 간 및 소화기관 : 20~25%
- 신장 : 20%
- 근육 : 15~20%
- 뇌 : 15%
- 심장 : 4~5%

36 다음 중 작업장 실내에서 일반적으로 추천반사율이 가장 높은 곳은? (단, IES 기준이다.)

① 천장
② 바닥
③ 벽
④ 책상면

해설 추천반사율

천장	80~90%
벽, 창문 발(blind)	40~60%
가구, 사무용기기, 책상	25~45%
바닥	20~40%

37 신체부위의 동작유형 중 관절에서의 각도가 증가하는 동작을 무엇이라고 하는가?

① 굴곡(Flexion)
② 신전(Extension)
③ 내전(Adduction)
④ 외전(Abduction)

해설 동작유형
① 굴곡(Flexion) : 관절의 각도가 줄어드는 동작으로, 팔꿈치를 구부리는 동작 등이 있다.
② 신전(Extension) : 관절의 각도가 증가하는 동작으로, 팔꿈치를 펴는 동작 등이 있다.
③ 내전(Adduction) : 신체의 중심선 방향으로 팔다리를 움직이는 동작이다.
④ 외전(Abduction) : 신체의 중심선에서 멀어지도록 팔다리를 움직이는 동작이다.

38 소음에 의한 회화 방해현상과 같이 한 음의 가청 역치가 다른 음 때문에 높아지는 현상을 무엇이라 하는가?

① 사정효과
② 차폐효과
③ 은폐효과
④ 흡음효과

해설 은폐효과(Masking Effect)
한 소리(신호)가 다른 소음이나 신호에 의해 가려져서 잘 들리지 않게 되는 현상을 말한다. 이는 특히 시끄러운 환경에서 작은 소리나 약한 신호가 큰 소음이나 강한 신호에 의해 가려질 때 발생한다.

39 강도 높은 작업을 마친 후 휴식 중에도 근육에 추가적으로 소비되는 산소량을 무엇이라 하는가?

① 산소부채
② 산소결핍
③ 산소결손
④ 산소요구량

해설
① 산소부채(빚) : 고강도 운동 후 신체가 정상적인 상태로 회복되는 동안 추가적인 산소가 필요한 상태를 의미한다. 이는 운동 중에 발생한 에너지 부족을 보충하기 위해 필요한 산소량을 나타낸다.
② 산소결핍(Oxygen Deficiency) : 신체가 필요로 하는 산소보다 적은 양의 산소를 공급받는 상태이다. 이로 인해 조직이 제 기능을 하지 못할 수 있다.

정답 34 ② 35 ③ 36 ① 37 ② 38 ③ 39 ①

③ 산소결손(Oxygen Deficit) : 운동 시작 시 신체가 에너지를 공급하기 위해 필요한 산소량과 실제로 소비된 산소량 사이의 차이를 의미한다. 즉, 초기 운동 단계에서 필요한 산소가 충분히 공급되지 않는 상태를 말한다.
④ 산소요구량(Oxygen Requirement) : 특정 조건에서 신체가 필요로 하는 총 산소량을 의미한다. 이는 활동 수준, 체중, 운동 강도 등에 따라 달라질 수 있다.

40 광도비(luminance ratio)란 주된 장소와 주변 광도의 비이다. 사무실 및 산업 상황에서의 일반적인 추천 광도비는 얼마인가?

① 1 : 1
② 2 : 1
③ 3 : 1
④ 4 : 1

해설 광도비

사무실 및 산업 상황에서의 일반적인 추천 광도비는 3 : 10다. 이 비율은 작업 영역과 주변 영역 간의 명암 차이를 적절히 유지하여 작업자의 시각적 피로를 줄이고 작업 효율을 높이는 데 도움을 준다. 너무 큰 명암 차이는 눈의 피로를 유발할 수 있으므로, 적절한 광도비를 유지하는 것이 중요하다.

3과목 산업심리학 및 관련 법규

41 인간의 불안전행동을 예방하기 위해 Harvey에 의해 제안된 안전대책의 3E에 해당하지 않는 것은?

① Education
② Enforcement
③ Engineering
④ Environment

해설 3E

① Education
② Enforcement
③ Engineering

42 휴먼에러의 배후요인 네 가지(4M)에 속하지 않는 것은?

① Man
② Machine
③ Motive
④ Management

해설 4M

① 사람(Man) : 인간으로부터 비롯되는 재해의 발생원인(착오, 실수, 불안전행동, 오조작 등)
② 기계, 설비(Machine) : 기계로부터 비롯되는 재해 발생원(설계착오, 제작착오, 배치착오, 고장 등)
③ 물질, 환경(Media) : 작업매체로부터 비롯되는 재해 발생원(작업정보 부족, 작업환경 불량 등)
④ 관리(Management) : 관리로부터 비롯되는 재해 발생원(교육 부족, 안전조직 미비, 계획불량 등)

43 작업자 한 사람의 성능 신뢰도가 0.95일 때, 요원을 중복하여 2인 1조로 작업을 할 경우 이 조의 인간 신뢰도는 얼마인가? (단, 작업 중에는 항상 요원지원이 되며, 두 작업자의 신뢰도는 동일하다고 가정한다.)

① 0.9025
② 0.9500
③ 0.9975
④ 1.0000

해설 신뢰도

$$R_p = 1 - (1-R_1)(1-R_2)\cdots(1-R_n)$$
$$= 1 - \prod_{i=1}^{n}(1-R_i) = 1 - (1-0.95)\times(1-0.95)$$
$$= 0.9975$$

44 NIOSH의 직무스트레스 모형에서 같은 직무스트레스 요인에서도 개인들이 지각하고 상황에 반응하는 방식에 차이가 있는데 이를 무엇이라 하는가?

① 환경 요인
② 작업 요인
③ 조직 요인
④ 중재 요인

정답 40 ③ 41 ④ 42 ③ 43 ③ 44 ④

해설 │ NIOSH의 직무스트레스 모형

개인이 직무스트레스 요인들을 지각하고, 이에 반응하는 방식을 중재하는 요소들로 개인의 성격, 대처 전략, 사회적 지원 등이 중재 요인에 해당된다.

45 선택반응시간(Hick의 법칙)과 동작시간(Fitts의 법칙)의 공식에 대한 설명으로 옳은 것은?

- 선택반응시간 $= a + b\log_2 N$
- 동작시간 $= a + b\log_2\left(\dfrac{2A}{W}\right)$

① N은 자극과 반응의 수, A는 목표물의 너비, W는 움직인 거리를 나타낸다.
② N은 감각기관의 수, A는 목표물의 너비, W는 움직인 거리를 나타낸다.
③ N은 자극과 반응의 수, A는 움직인 거리, W는 목표물의 너비를 나타낸다.
④ N은 감각기관의 수, A는 움직인 거리, W는 목표물의 너비를 나타낸다.

해설 │ 선택반응시간과 동작시간

- $MT = a + b\log_2\left(\dfrac{2A}{W}\right)$
  A : 움직인 거리
  W : 목표물의 너비
- $T = a + b\log_2 N$
  N : 자극과 반응수를 나타냄

46 재해 원인을 불안전한 행동과 불안전한 상태로 구분할 때 불안전한 상태에 해당하는 것은?

① 규칙의 무시
② 안전장치 결함
③ 보호구 미착용
④ 불안전한 조작

해설 │ 인적 요인과 물적 요인

- **불안전한 행동(인적 원인)** : 작업자가 작업을 수행할 때 안전 규정을 무시하거나 잘못된 행동을 하는 것으로 보호 장비 미착용, 부적절한 작업 방법, 부주의, 음주나 약물 복용 등이다.
- **불안전한 상태(물적 원인)** : 작업 환경이나 장비가 안전하지 않은 상태를 의미한다. 기계 및 장비 결함, 작업 환경 불량, 불안전한 구조물, 조명 부족 등이다.

47 시스템 안전 분석기법 중 정량적 분석 방법이 아닌 것은?

① 결함 나무 분석(FTA)
② 사상 나무 분석(ETA)
③ 고장모드 및 영향분석(FMEA)
④ 휴먼에러율 예측기법(THERP)

해설 │ 시스템 안전 분석기법

고장모드 및 영향분석(FMEA)은 주로 정성적, 귀납적 분석 방법으로 고장을 분석하고 그 영향을 평가하는 데 사용된다.

48 조직의 리더(leader)에게 부여하는 권한 중 구성원을 징계 또는 처벌할 수 있는 권한은?

① 보상적 권한　② 강압적 권한
③ 합법적 권한　④ 전문성의 권한

해설 │ 리더의 권한

① **보상적 권한** : 보상을 제공하는 권한을 의미한다.
② **강압적 권한** : 리더가 구성원의 행동을 통제하고, 규정을 어길 경우 징계나 처벌을 내릴 수 있는 권한을 말한다.
③ **합법적 권한** : 법적 권한을 의미한다.
④ **전문성의 권한** : 전문 지식과 관련된 권한을 의미한다.

49 허즈버그(Herzberg)의 동기요인에 해당되지 않는 것은?

① 성장　　　② 성취감
③ 책임감　　④ 작업조건

정답 45 ③　46 ②　47 ③　48 ②　49 ④

해설 | 2요인 이론

위생요인 (직무환경, 저차원적 요구)	동기요인 (직무내용, 고차원적 요구)
• 회사정책과 관리 • 개인 상호 간의 관계 • 감독 • 임금 • 보수 • 작업조건 • 지위 • 안전	• 성취감 • 책임감 • 안정감 • 성장과 발전 • 도전감 • 일 그 자체

50 다음 중 에러 발생 가능성이 가장 낮은 의식수준은?

① 의식수준 0
② 의식수준 Ⅰ
③ 의식수준 Ⅱ
④ 의식수준 Ⅲ

해설 | 단계별 의식수준

단계 (phase)	뇌파패턴	의식상태 (mode)	주의의 작용	생리적 상태	신뢰성
0	δ파	무의식, 실신	제로	수면, 뇌발작	없다. 0
Ⅰ	θ파	의식이 둔한 상태, 흐림, 몽롱 (subnormal)	활발하지 않음. (inactive)	피로 단조, 졸림, 취중	낮다. 0.9
Ⅱ	α파	편안한 상태, 이완상태, 느긋함 (normal, relaxed)	수동적 (passive)	안정적 상태, 휴식 시, 정상작업 시, 정례작업 시, 일반적으로 일을 시작할 때의 안정된 상태	다소 높다. 0.99~ 0.9999
Ⅲ	β파	명석한 상태, 정상의식, 분명한 의식 (normal, clear)	활발함, 적극적 (active)	적극적 활동 시, 가장 좋은 의식수준 상태	매우 높다. 0.9999 이상
Ⅳ	γ파 긴장과대	흥분상태 (과긴장) (hypernormal)	일점에 응집, 판단 정지	긴급방위 반응, 당황, 패닉	낮다. 0.9 이하

51 개인의 기술과 능력에 맞게 직무를 할당하고 작업환경 개선을 통하여 안심하고 작업할 수 있도록 하는 스트레스 관리 대책은?

① 직무 재설계
② 긴장 이완법
③ 협력관계 유지
④ 경력계획과 개발

해설 | 직무 재설계

개인의 능력과 적성에 맞게 직무를 변경하거나 조정하여 작업 효율성을 높이고 스트레스를 줄이는 방법

52 Rasmussen의 인간행동 분류에 기초한 인간 오류에 해당하지 않는 것은?

① 규칙에 기초한 행동(Rule-based behavior) 오류
② 실행에 기초한 행동(Commission-based behavior) 오류
③ 기능에 기초한 행동(Skill-based behavior) 오류
④ 지식에 기초한 행동(Knowledge-based behavior) 오류

해설 | Rasmussen의 인간행동 분류에 기초한 인간오류

• **기능기반 에러(Skill-based error)** : 일상적인 작업에서 자동적으로 발생하는 실수로, 잘 익숙해진 행동에서의 에러
• **규칙기반 에러(Rule-based error)** : 특정 상황에서 적용해야 할 규칙을 잘못 적용하거나 규칙을 잊어버려 발생하는 에러
• **지식기반 에러(Knowledge-based error)** : 새로운 상황에서 문제를 해결하려고 할 때 부족한 지식 때문에 발생하는 에러

정답 50 ④ 51 ① 52 ②

2021년 제1회 기출복원문제

53 사고발생에 있어 부주의 현상의 원인에 해당되지 않는 것은?

① 의식의 우회
② 의식의 혼란
③ 의식의 중단
④ 의식수준의 향상

> **해설** 부주의 현상
> - **의식의 우회** : 근심걱정으로 집중을 못하는 상태
> - **의식의 과잉** : 갑작스러운 사태 목격 시 멍해지는 현상(=일점 집중 현상)
> - **의식의 단절** : 수면상태 또는 의식을 잃어버리는 상태
> - **의식의 혼란** : 경미한 자극에 주의력이 흐트러지는 현상
> - **의식수준의 저하** : 단조로운 업무를 장시간 수행 시 몽롱해지는 현상(=감각차단현상)

54 제조물 책임법상 결함의 종류에 해당되지 않는 것은?

① 재료상의 결함
② 제조상의 결함
③ 설계상의 결함
④ 표시상의 결함

> **해설** 제조물 책임법
> - **제조상의 결함** : 제조업자가 제조물에 대하여 제조상·가공상의 주의의무를 이행하였는지에 관계없이 제조물이 원래 의도한 설계와 다르게 제조·가공됨으로써 안전하지 못하게 된 경우를 말한다.
> - **설계상의 결함** : 제조업자가 합리적인 대체설계(代替設計)를 채용하였더라면 피해나 위험을 줄이거나 피할 수 있었음에도 대체설계를 채용하지 아니하여 해당 제조물이 안전하지 못하게 된 경우를 말한다.
> - **표시상의 결함** : 제조업자가 합리적인 설명·지시·경고 또는 그 밖의 표시를 하였더라면 해당 제조물에 의하여 발생할 수 있는 피해나 위험을 줄이거나 피할 수 있었음에도 이를 하지 아니한 경우를 말한다.

55 레빈(Lewin. K)이 주장한 인간의 행동에 대한 함수식(B = f(P · E)에서 개체(Person)에 포함되지 않는 변수는?

① 연령
② 성격
③ 심신 상태
④ 인간관계

> **해설** 레빈(Lewin, K)의 행동 함수식
> B = f(P · E)
> B : Behavior(인간행동)
> f : function(함수관계)
> P : Person 개체(개인의 특성, 즉 연령, 성격, 심신 상태 등)
> E : Environment(환경적 요인, 심리적 환경, 인간관계 작업환경 등)

56 재해율과 관련된 설명으로 옳은 것은?

① 재해율은 근로자 100명당 1년간에 발생하는 재해자 수를 나타낸다.
② 도수율은 연간 총 근로시간 합계에 10만 시간당 재해발생 건수이다.
③ 강도율은 근로자 1,000명당 1년 동안에 발생하는 재해자 수(사상자 수)를 나타낸다.
④ 연천인율은 연간 총 근로시간에 1,000시간당 재해발생에 의해 잃어버린 근로손실일수를 말한다.

> **해설** 재해율
> - **재해율** : 임금근로자 수 100명당 발생하는 재해자 수의 비율
> $$재해율 = \frac{재해자 \ 수}{임금근로자 \ 수} \times 100$$
> - **도수율** : 1,000,000 근로시간당 재해발생 건수
> $$도수율(빈도율) = \frac{재해 \ 건수}{연 \ 근로시간 \ 수} \times 1,000,000$$
> - **강도율** : 근로시간 합계 1,000시간당 요양재해로 인한 근로손실일수를 말한다.
> $$강도율 = \frac{총 \ 요양 \ 근로손실일수}{연 \ 근로시간 \ 수} \times 1,000$$
> - **연천인율** : 근로자 1,000명을 1년 기준으로 발생하는 재해자 수
> $$연천인율 = \frac{연간 \ 재해자 \ 수}{연평균 \ 근로자 \ 수} \times 1,000$$

정답 53 ④ 54 ① 55 ④ 56 ①

57 막스 베버(Max Weber)가 주장한 관료주의에 관한 설명으로 옳지 않은 것은?

① 노동의 분업화를 전제로 조직을 구성한다.
② 부서장들의 권한 일부를 수직적으로 위임하도록 했다.
③ 단순한 계층구조로 상위리더의 의사결정이 독단화되기 쉽다.
④ 산업화 초기의 비규범적 조직운영을 체계화시키는 역할을 했다.

해설 관료주의

막스 베버(Max Weber)가 주장한 관료주의의 특성을 살펴보면, 관료제는 분업과 전문화, 명확한 계층구조, 규칙과 규정의 중요성, 그리고 성과 기반 평가를 강조한다. 복잡한 계층구조를 가지며, 명확한 권한과 책임의 분배를 통해 의사결정이 체계적이고 규범적으로 이루어지도록 설계되었다. 이는 상위리더의 독단적 의사결정을 방지하는 구조를 가지도록 되어 있다.

58 집단 응집력(group cohesiveness)을 결정하는 요소에 대한 내용으로 옳지 않은 것은?

① 집단의 구성원이 적을수록 응집력이 낮다.
② 외부의 위협이 있을 때에 응집력이 높다.
③ 가입의 난이도가 쉬울수록 응집력이 낮다.
④ 함께 보내는 시간이 많을수록 응집력이 높다.

해설 집단 응집력 결정 요소

일반적으로 집단의 구성원이 적을수록 구성원 간의 상호작용이 더 잦아지고, 이로 인해 응집력이 높아질 가능성이 크다. 소규모 집단에서는 구성원들이 서로 더 가까워지고 긴밀한 관계를 형성하기 쉽다.

59 재해 발생에 관한 하인리히(H. W. Heinrich)의 도미노이론에서 제시된 다섯 가지 요인에 해당하지 않는 것은?

① 제어의 부족
② 개인적 결함
③ 불안전한 행동 및 상태
④ 유전 및 사회 환경적 요인

해설 하인리히(H. W. Heinrich)의 도미노이론

- 1단계 : 유전적인 요소 및 사회 환경(선천적 결함)
- 2단계 : 개인의 결함(간접 원인)
- 3단계 : 불안전한 행동(인적 결함) 및 불안전한 상태(물적 결함) (직접 원인) ※ 제거 가능
- 4단계 : 사고
- 5단계 : 재해

60 리더십 이론 중 관리격자이론에서 인간관계에 대한 관심이 낮은 유형은?

① 타협형 ② 인기형
③ 이상형 ④ 무관심형

해설 관리격자이론

- (1,1)형 – 무관심형(Impoverished Management)
  과업과 사람 모두에 무관심한 스타일로, 효과적인 리더십이 부족한 경우이다.
- (9,1)형 – 과업형(Authority–Compliance Management)
  과업에만 집중하고 사람에게는 무관심한 스타일로, 업무 성과는 높지만 인간적인 측면이 결여될 수 있다.
- (1,9)형 – 인기형(Country Club Management)
  사람에게만 집중하고 과업에는 무관심한 스타일로, 인간관계는 좋지만 업무 성과가 낮을 수 있다.
- (5,5)형 – 중도형, 타협형(Middle-of-the-Road Management)
  과업과 사람 모두에 중간 정도의 관심을 가지는 스타일로, 어느 정도 균형을 이루지만 탁월한 성과를 이루기 어려울 수 있다.
- (9,9)형 – 이상형(Team Management)
  과업과 사람 모두에 높은 관심을 가지는 스타일로, 높은 성과와 좋은 인간관계를 동시에 달성할 수 있는 이상적인 리더십 스타일이다.

정답 57 ③ 58 ① 59 ① 60 ④

2021년 제1회 기출복원문제

4과목 근골격계질환 예방을 위한 작업관리

61 작업측정에 관한 설명으로 옳지 않은 것은?

① 정미시간을 반복생산에 요구되는 여유시간을 포함한다.
② 인적여유는 생리적 욕구에 의해 작업이 지연되는 시간을 포함한다.
③ 레이팅은 측정 작업시간을 정상 작업시간으로 보정하는 과정이다.
④ TV 조립공정과 같이 짧은 주기의 작업은 비디오 촬영에 의한 시간연구법이 좋다.

해설 정미시간(Net Time)
- 작업에 실제로 소요되는 시간으로, 여유시간(Allowance Time)을 포함하지 않는다.
- 정미시간에 여유시간을 포함시키면 정확한 작업시간을 산정할 수 없게 된다.

62 다음 중 작업개선에 있어서 개선의 ECRS에 해당하지 않는 것은?

① 보수(Repair)
② 제거(Eliminate)
③ 단순화(Simplify)
④ 재배치(Rearrange)

해설 ECRS
작업 개선을 위한 네 가지 원칙을 의미한다.
① Eliminate(제거)
② Combine(결합)
③ Rearrange(재배치)
④ Simplify(단순화)

63 Work Factor에서 동작시간 결정 시 고려하는 네 가지 요인에 해당하지 않는 것은?

① 수행도
② 동작 거리
③ 중량이나 저항
④ 인위적 조절정도

해설 동작시간 결정 시의 주요 요인 네 가지
① 동작 거리 : 작업자가 이동하거나 물건을 옮기는 거리를 고려한다.
② 중량이나 저항 : 작업 중 들어 올리거나 옮겨야 하는 물체의 중량이나 저항을 고려한다.
③ 인위적 조절정도 : 작업자가 작업을 수행하기 위해 필요한 조절의 정도를 말한다. [방향조절(S), 주의(P), 방향의 변경(U), 일정한 정지(D)]
④ 동작의 난이도 : 작업 동작의 복잡성과 난이도를 말한다. 사용하는 신체부위 7가지이다. (손가락과 손, 팔, 앞팔 회전, 몸통, 발, 다리, 머리회전)

64 산업안전보건법령상 근골격계 부담작업에 해당하는 기준은?

① 하루에 5회 이상 20kg 이상의 물체를 드는 작업
② 하루에 총 1시간 키보드 또는 마우스를 조작하는 작업
③ 하루에 총 2시간 이상 목, 허리, 팔꿈치, 손목 또는 손을 사용하여 다양한 동작을 반복하는 작업
④ 하루에 총 2시간 이상 지지되지 않은 상태에서 4.5kg 이상의 물건을 한 손으로 들거나 동일한 힘으로 쥐는 작업

해설 근골격계 부담작업
- 하루에 4시간 이상 집중적으로 자료입력 등을 위해 키보드 또는 마우스를 조작하는 작업
- 하루에 총 2시간 이상 목, 어깨, 팔꿈치, 손목 또는 손을 사용하여 같은 동작을 반복하는 작업

정답 61 ① 62 ① 63 ① 64 ④

- 하루에 총 2시간 이상 머리 위에 손이 있거나, 팔꿈치가 어깨 위에 있거나, 팔꿈치를 몸통으로부터 들거나, 팔꿈치를 몸통 뒤쪽에 위치하도록 하는 상태에서 이루어지는 작업
- 지지되지 않은 상태이거나 임의로 자세를 바꿀 수 없는 조건에서, 하루에 총 2시간 이상 목이나 허리를 구부리거나 트는 상태에서 이루어지는 작업
- 하루에 총 2시간 이상 쪼그리고 앉거나 무릎을 굽힌 자세에서 이루어지는 작업
- 하루에 총 2시간 이상 지지되지 않은 상태에서 1kg 이상의 물건을 한 손의 손가락으로 집어 옮기거나, 2kg 이상에 상응하는 힘을 가하여 한 손의 손가락으로 물건을 쥐는 작업
- 하루에 총 2시간 이상 지지되지 않은 상태에서 4.5kg 이상의 물건을 한 손으로 들거나 동일한 힘으로 쥐는 작업
- 하루에 10회 이상 25kg 이상의 물체를 드는 작업
- 하루에 25회 이상 10kg 이상의 물체를 무릎 아래에서 들거나, 어깨 위에서 들거나, 팔을 뻗은 상태에서 드는 작업
- 하루에 총 2시간 이상, 분당 2회 이상 4.5kg 이상의 물체를 드는 작업
- 하루에 총 2시간 이상 시간당 10회 이상 손 또는 무릎을 사용하여 반복적으로 충격을 가하는 작업

65 워크샘플링(Work sampling)의 특징으로 옳지 않은 것은?

① 짧은 주기나 반복 작업에 효과적이다.
② 관측이 순간적으로 이루어져 작업에 방해가 적다.
③ 작업 방법이 변화되는 경우에는 전체적인 연구를 새로 해야 한다.
④ 관측자가 여러 명의 작업자나 기계를 동시에 관측할 수 있다.

해설 워크샘플링(Work sampling)의 특징
- 작업 주기가 길고 반복성이 낮은 작업에 더 적합한 방법이다.
- 짧은 주기나 반복 작업에는 시간 연구(Time Study)와 같은 방법이 더 효과적이다.

66 NIOSH 들기 공식에서 고려되는 평가요소가 아닌 것은?

① 수평거리
② 목 자세
③ 수직거리
④ 비대칭 각도

해설
들기지수(Lifting Index) = 작업물의 무게 / RWL(권장무게한계)
- RWL = LC × HM × VM × DM × AM × FM × CM
- LC = 부하상수 = 23kg
- HM = 수평계수 = 25 | H
- VM = 수직계수 = 1 − (0.003 × |V−75|)
- DM = 거리계수 = 0.82 + (4.5 / D)
- AM = 대칭계수 = 1 − (0.0032 × A)
- FM = 빈도계수(표 활용)
- CM = 결합계수(표 활용)

67 관측평균시간이 0.8분, 레이팅 계수 120%, 정미시간에 대한 작업 여유율이 15%일 때 표준시간은 약 얼마인가?

① 0.78분
② 0.88분
③ 1.104분
④ 1.264분

해설 표준시간의 산정(외경법)

표준시간(ST) = 정미시간 × (1 + 여유율)
= (관측시간의 대푯값 × 레이팅계수) × (1 + 여유율)
$= \left(0.8 \times \dfrac{120}{100}\right) \times (1 + 0.15)$
= 1.104분

2021년 제1회 기출복원문제

68 동작경제의 원칙에서 작업장 배치에 관한 원칙에 해당하는 것은?

① 각 손가락이 서로 다른 작업을 할 때 작업량을 각 손가락의 능력에 맞게 분배한다.
② 중력이송원리를 이용한 부품상자나 용기를 이용하여 부품을 사용 장소에 가까이 보낼 수 있도록 한다.
③ 손과 신체의 동작은 작업을 원만하게 처리할 수 있는 범위 내에서 가장 낮은 동작등급을 사용한다.
④ 눈의 초점을 모아야 할 수 있는 작업은 가능한 한 적게 하고, 이것이 불가피한 경우 두 작업 간의 거리를 짧게 한다.

해설 작업장의 배치에 관한 원칙
- 모든 공구와 재료는 일정한 위치에 정돈 되어야 한다.
- 공구와 재료는 작업이 용이하도록 작업자의 주위에 있어야 한다.
- 중력을 이용한 부품상자나 용기를 이요하여 부품을 부품 사용 장소 가까이 보낼 수 있도록 한다.
- 가능하면 낙하시키는 방법을 이용한다.
- 공구 및 재료는 동작에 가장 편리한 순서로 배치한다.
- 채광 및 조명장치를 잘 하여야 한다.
- 의자와 작업대의 모양과 높이는 각 작업자에게 알맞도록 설계되어야 한다.
- 작업자가 좋은 자세를 취할 수 있는 모양, 높이의 의자를 지급해야 한다.
①, ③, ④은 동작경제의 원칙 중 신체사용의 원칙이다.

69 작업 개선방법을 관리적 개선방법과 공학적 개선방법으로 구분할 때 공학적 개선방법에 속하는 것은?

① 적절한 작업자의 선발
② 작업자의 교육 및 훈련
③ 작업자의 작업속도 조절
④ 작업자의 신체에 맞는 작업장 개선

해설 공학적 개선과 관리적 개선

공학적 개선	관리적 개선
• 공구·장비 재배열, 수정, 재설계, 교체 • 작업장 재배열, 수정, 재설계, 교체 • 포장 재배열, 수정, 재설계, 교체 • 부품 재배열, 수정, 재설계, 교체 • 제품 재배열, 수정, 재설계, 교체	• 작업의 다양성 제공 • 작업일정 및 작업 속도 조절 • 회복시간 제공 • 작업 습관 변화 • 작업 공간, 공구 및 장비의 주기적인 청소 및 유지보수 • 작업자 적정배치 • 직장체조 강화 등

70 근골격계질환 예방을 위한 방안과 거리가 먼 것은?

① 손목을 곧게 유지한다.
② 춥고 습기 많은 작업환경을 피한다.
③ 손목이나 손의 반복동작을 활용한다.
④ 손잡이는 손에 접촉하는 면적을 넓게 한다.

해설 자세에 관한 수공구 개선
- 손목을 곧게 유지한다.
- 힘이 요구되는 작업에는 파워그립(power grip)을 사용한다.
- 지속적인 정적 근육부하(loading)를 피한다.
- 반복적인 손가락 동작을 피한다.
- 양손 중 어느 손으로도 사용이 가능하고 적은 스트레스를 주는 공구가 개인에게 사용되도록 설계한다.

71 수공구를 이용한 작업 개선원리에 대한 내용으로 옳지 않은 것은?

① 진동 패드, 진동 장갑 등으로 손에 전달되는 진동 효과를 줄인다.
② 동력 공구는 그 무게를 지탱할 수 있도록 매달거나 지지한다.
③ 힘이 요구되는 작업에 대해서는 감싸 쥐기(power grip)를 이용한다.
④ 적합한 모양의 손잡이를 사용하되, 가능하면 손바닥과 접촉면을 좁게 한다.

정답 68 ② 69 ④ 70 ③ 71 ④

> **해설** 수공구를 이용한 작업 개선원리
>
> - 수동공구 대신에 전동공구를 사용한다.
> - 가능한 한 손잡이의 접촉면을 넓게 한다.
> - 제일 강한 힘을 낼 수 있는 중지와 엄지를 사용한다.
> - 손잡이의 길이가 최소한 10cm는 되도록 설계한다.
> - 손잡이가 두 개 달린 공구들은 손잡이 사이의 거리를 알맞게 설계한다.
> - 손잡이의 표면은 충격을 흡수할 수 있고, 비전도성으로 설계한다.
> - 공구의 무게는 2.3kg 이하로 설계한다.
> - 진동 패드, 진동 장갑 등으로 손에 전달되는 진동 효과를 줄인다.
> - 동력 공구는 그 무게를 지탱할 수 있도록 매달거나 지지한다.
> - 힘이 요구되는 작업에 대해서는 감싸 쥐기(power grip)를 이용한다.

72 어느 회사의 컨베이어 라인에서 작업순서가 다음 표의 번호와 같이 구성되어 있을 때, 다음 설명 중 옳은 것은?

작업	1. 조립	2. 납땜	3. 검사	4. 포장
시간(초)	10초	9초	8초	7초

① 공정 손실은 15%이다.
② 애로 작업은 검사작업이다.
③ 라인의 주기시간은 7초이다.
④ 라인의 시간당 생산량은 6개이다.

> **해설** 컨베이어 라인의 작업 효율성
>
> ① 공정 손실 = $\frac{총 유휴시간}{작업자 수 \times 주기시간} = \frac{6}{4 \times 10} = 0.15$
>
>   ※ 총 유휴시간은 각 공정별(주기시간 − 작업시간)
>   - 납땜 : 10초 − 9초 = 1초
>   - 검사 : 10초 − 8초 = 2초
>   - 포장 : 10초 − 7초 = 3초
>   - ∴ 1 + 2 + 3 = 6(유휴시간)
>
> ② 애로 작업 : 작업시간이 가장 긴 작업으로 조립작업
> ③ 라인의 주기 시간 : 가장 긴 작업 10초
> ④ 라인의 시간당 생산량 : 1개에 10초 1시간은 3,600초로 $\frac{3,600초}{10초} = 360개$

73 동작분석(motion study)에 관한 설명으로 옳지 않은 것은?

① 동작분석 기법에는 서블릭법과 작업측정 기법을 이용하는 PTS법이 있다.
② 작업과정에서 무리·낭비·불합리한 동작을 제거, 최선의 작업방법으로 개선하는 것이 목표이다.
③ 미세 동작분석은 작업주기가 짧은 작업, 규칙적인 작업주기시간, 단기적 연구대상 작업 분석에는 사용할 수 없다.
④ 작업을 분해 가능한 세밀한 단위로 분석하고 각 단위의 변이를 측정하여 표준작업방법을 알아내기 위한 연구이다.

> **해설** 동작분석
>
> 미세 동작분석은 제품의 수명이 길고, 생산량이 많으며, 생산 사이클이 짧은 제품을 대상으로 한다.

74 사업장 근골격계질환 예방·관리 프로그램에 있어 예방·관리추진팀의 역할이 아닌 것은?

① 교육 및 훈련에 관한 사항을 결정하고 실행한다.
② 예방·관리 프로그램의 수립 및 수정에 관한 사항을 결정한다.
③ 근골격계질환의 증상·유해요인 보고 및 대응체계를 구축한다.
④ 유해요인 평가 및 개선계획의 수립과 시행에 관한 사항을 결정하고 실행한다.

정답 72 ① 73 ③ 74 ③

2021년 제1회 기출복원문제

해설 | 예방·관리추진팀 역할
- 예방·관리 프로그램의 수립 및 수정에 관한 사항 결정
- 예방·관리 프로그램의 실행 및 운영에 관한 사항 결정
- 교육 및 훈련에 관한 사항을 결정하고 실행
- 유해요인 평가, 개선계획의 수립 및 시행에 관한 사항을 결정하고 실행
- 근골격계질환자에 대한 사후조치 및 근로자 건강보호에 관한 사항 등을 결정하고 실행
③ 사업주의 역할이다.

75 산업안전보건법령상 근골격계 부담작업의 유해요인 조사에 대한 내용으로 옳지 않은 것은? (단, 해당 사업장은 근로자가 근골격계 부담작업을 하는 경우이다.)

① 정기 유해요인 조사는 2년마다 유해요인 조사를 하여야 한다.
② 신설되는 사업장의 경우에는 신설일로부터 1년 이내 최초의 유해요인 조사를 하여야 한다.
③ 조사항목으로는 작업량, 작업속도 등의 작업장의 상황과 작업 자세, 작업방법 등의 작업조건이 있다.
④ 근골격계 부담작업에 해당하는 새로운 작업·설비를 도입한 경우 지체 없이 유해요인 조사를 해야 한다.

해설 | 유해요인 조사
최초의 유해요인 조사를 실시한 이후 3년마다 정기적으로 실시한다.

76 유통선로(flow diagram)의 기능으로 옳지 않은 것은?

① 자재 흐름의 혼잡지역 파악
② 시설물의 위치나 배치관계 파악
③ 공정과정의 역류현상 발생 유무 점검
④ 운반과정에서 물품의 보관 내용 파악

해설 | 유통선로의 기능
유통선로(flow diagram)의 기능은 자재 흐름의 분석, 공정의 효율성 향상, 혼잡지역의 파악, 시설물의 위치나 배치관계 파악, 공정과정에서의 역류현상 발생 여부 점검 등이 있다.

77 팔꿈치 부위에 발생하는 근골격계질환 유형은?

① 결절종(Ganglion)
② 방아쇠 손가락(Trigger Finger)
③ 외상과염(Lateral Epicondylitis)
④ 수근관 증후군(Carpal Tunnel Syndrome)

해설 | 근골격계질환
① 결절종(Ganglion) : 손바닥 쪽이나 손등 쪽의 손목, 손가락, 발목에 발생하는 양성 종양
② 방아쇠 손가락(Trigger Finger) : 손가락이 굽힌 상태에서 펴지지 않다가 갑자기 펴지는 현상으로 건초(腱鞘)의 염증과 좁아짐에 의해 발생한다.
③ 외상과염(Lateral Epicondylitis) : 테니스 엘보로도 알려져 있으며, 팔꿈치 바깥쪽의 통증과 압통을 동반하고, 주로 팔뚝 근육과 건의 과사용으로 인해 발생한다.
④ 수근관 증후군(Carpal Tunnel Syndrome) : 손목에서 정중신경이 압박되어 손의 저림, 무감각, 약화 등의 증상이 나타난다.

78 작업관리의 주목적과 가장 거리가 먼 것은?

① 생산성 향상
② 무결점 달성
③ 최선의 작업방법 개발
④ 재료, 설비, 공구 등의 표준화

해설 | 작업관리의 주요 목적
- 최선의 방법 발견
- 방법, 재료, 설비 공구들의 표준화
- 제품품질의 균일화
- 생산비의 절감
- 새로운 방법의 작업지도
- 안전

정답 75 ① 76 ④ 77 ③ 78 ②

79 다음 서블릭(Therblig) 기호 중 효율적 서블릭에 해당하는 것은?

① Sh
② G
③ P
④ H

해설 서블릭(Therblig) 기호
- 효율적 서블릭 : 쥐기(G)
- 비효율적 서블릭 : 찾기(Sh), 바로 놓기(P), 잡고 있기(H)

80 영상표시단말기(VDT) 취급근로자 작업관리지침상 작업기기의 조건으로 옳지 않은 것은?

① 키보드와 키 윗부분의 표면은 무광택으로 할 것
② 영상표시단말기 화면은 회전 및 경사조절이 가능할 것
③ 키보드의 경사는 3° 이상 20° 이하, 두께는 4cm 이하로 할 것
④ 단색화면일 경우 색상은 일반적으로 어두운 배경에 밝은 황녹색 또는 백색문자를 사용하고 적색 또는 청색의 문자는 가급적 사용하지 않을 것

해설 VDT 작업기기 조건
키보드의 경사는 5~15° 이하, 두께는 3cm 이하로 할 것

정답 79 ② 80 ③

제3회 기출복원문제

1과목 인간공학개론

01 신호검출이론에서 판정기준(criterion)이 오른쪽으로 이동할 때 나타나는 현상으로 옳은 것은?

① 허위 경보(false alarm)가 줄어든다.
② 신호(signal)의 수가 증가한다.
③ 소음(noise)의 분포가 커진다.
④ 적중 확률(실제 신호를 신호로 판단)이 높아진다.

해설 반응기준이 오른쪽으로 이동 시

(β) 1) 신호와 소음을 구분하는 기준이 더 엄격해져서 신호로 오인되는 소음이 줄어들게 된다. 따라서 허위 경보의 수가 감소하게 되는 반면, 적중 확률이 높아지지는 않으며, 오히려 놓치는 신호가 증가할 수 있다. 판정자는 신호라고 판정하는 기회가 줄어들게 되므로 신호가 나타났을 때 신호의 정확한 판정은 적어지나 허위 경보를 덜 하게 된다.

02 인간공학의 연구 목적과 가장 거리가 먼 것은?

① 인간오류의 특성을 연구하여 사고를 예방
② 인간의 특성에 적합한 기계나 도구의 설계
③ 병리학을 연구하여 인간의 질병퇴치에 기여
④ 인간의 특성에 맞는 작업환경 및 작업방법의 설계

해설 인간공학의 목적

- 인간·기계 시스템 구성요소의 최적 설계를 통해 인간-기계 간의 상호작용을 개선하여 시스템의 성능을 높인다.
- 일과 활동을 수행하는 효능과 효율을 향상시켜 사용편의성 증대, 오류감소, 생산성 향상 등을 들 수 있다.
- 인간가치를 향상하는 것으로 안전성 개선, 피로와 스트레스 감소, 쾌적감 증가, 사용자 수용성 향상, 작업 만족도 증대, 생활의 질 개선 등을 들 수 있다.

03 조종-반응 비율(C/R ratio)에 관한 설명으로 옳지 않은 것은?

① C/R 비가 증가하면 이동시간도 증가한다.
② C/R 비가 작으면(낮으면) 민감한 장치이다.
③ C/R 비는 조종장치의 이동거리를 표시장치의 이동거리로 나눈 값이다.
④ C/R 비가 감소함에 따라 조종시간은 상대적으로 작아진다.

해설 조종-반응 비율

C/D비가 작을수록 이동시간은 짧고, 조종은 어려워서 민감한 조정 장치이다.

$$C/D비 = \frac{조종장치의\ 이동거리}{표시장치의\ 이동거리}$$

04 인간 기억의 여러 가지 형태에 대한 설명으로 옳지 않은 것은?

① 단기기억의 용량은 보통 7청크(chunk)이며 학습에 의해 무한히 커질 수 있다.
② 단기기억에 있는 내용을 반복하여 학습(research)하면 장기기억으로 저장된다.
③ 일반적으로 작업기억의 정보는 시각(visual), 음성(phonetic), 의미(semantic) 코드의 세 가지로 코드화 된다.
④ 자극을 받은 후 단기기억에 저장되기 전에 시각적인 정보는 아이코닉 기억(iconic memory)에 잠시 저장된다.

해설

단기기억의 용량은 보통 7±2청크(chunk)이다.

정답 01 ① 02 ③ 03 ④ 04 ①

05 시각적 표시장치에 관한 설명으로 옳은 것은?

① 정확한 수치를 필요로 하는 경우에는 디지털 표시장치보다 아날로그 표시장치가 우수하다.
② 온도, 압력과 같이 연속적으로 변하는 변수의 변화경향, 변화율 등을 알고자 할 때는 정량적 표시장치를 사용하는 것이 좋다.
③ 정성적 표시장치는 동침형(moving pointer), 동목형(moving scale) 등의 형태로 구분할 수 있다.
④ 정량적 눈금을 식별하는 데에 영향을 미치는 요소는 눈금 단위의 길이, 눈금의 수열 등이 있다.

해설 시각적 표시장치

- 정확한 수치를 필요로 하는 경우에는 아날로그 표시장치보다 디지털 표시장치가 우수하다.
- 온도, 압력과 같이 연속적으로 변하는 변수의 변화경향, 변화율 등을 알고자 할 때는 정성적 표시장치를 사용하는 것이 좋다.
- 정량적 표시장치는 동침형(moving pointer), 동목형(moving scale) 등의 형태로 구분할 수 있다.

06 소리의 차폐효과(masking effect)란?

① 주파수별로 같은 소리의 크기를 표시한 개념
② 하나의 소리가 다른 소리의 판별에 방해를 주는 현상
③ 내이(Inner ear)의 달팽이관(Cochlea) 안에 있는 섬모(Fiber)가 소리의 주파수에 따라 민감하게 반응하는 현상
④ 하나의 소리의 크기가 다른 소리에 비해 몇 배나 크게(또는 작게) 느껴지는지를 기준으로 소리의 크기를 표시하는 개념

해설

차폐·은폐효과(masking effect)는 한 신호음이 다른 신호음을 듣기 어렵게 만드는 현상을 말한다.

07 멀리 있는 물체를 선명하게 보기 위해 눈에서 일어나는 현상으로 옳은 것은?

① 홍채가 이완한다.
② 수정체가 얇아진다.
③ 동공이 커진다.
④ 모양체근이 수축한다.

해설

멀리 있는 물체를 보기 위해서는 눈의 수정체가 얇아져야 한다. 이는 모양체근이 이완하여 수정체를 평평하게 만들어준다. 이로 인해 빛이 망막에 정확히 초점을 맞출 수 있게 된다.

08 인체측정을 구조적 치수와 기능적 치수로 구분할 때 기능적 치수 측정에 대한 설명으로 옳은 것은?

① 형태학적 측정을 의미한다.
② 나체 측정을 원칙으로 하다.
③ 마틴식 인체측정 장치를 사용한다.
④ 상지나 하지의 운동범위를 측정한다.

해설 인체측정

①, ②, ③은 구조적 치수를 설명한 것이다.

09 손의 위치에서 조종장치 중심까지의 거리가 30cm, 조종장치의 폭이 5cm일 때 Fitts의 난이도 지수(index of difficulty) 값은 약 얼마인가?

① 2.6
② 3.2
③ 3.6
④ 4.1

> **해설** Fitts의 난이도 지수(index of difficulty) 값

$$ID(bits) = \log_2 \frac{2A}{W} = \log_2 \frac{2 \times 30}{5} = 3.6$$

A : 표적 중심선까지 이동거리
W : 표적 폭

10 인간의 신뢰도가 70%, 기계의 신뢰도가 90%이면 인간과 기계가 직렬체계로 작업할 때의 신뢰도는 몇 %인가?

① 30% ② 54%
③ 63% ④ 98%

> **해설** 신뢰도(직렬)

$$R_s = R_1 \cdot R_2 \cdot R_3 \cdots R_n = \prod_{i=1}^{n} R_i$$
$$= 0.7 \times 0.9 = 0.63 = 63\%$$

11 1,000Hz, 40dB을 기준으로 음의 상대적인 주관적 크기를 나타내는 단위는?

① sone ② siemens
③ bell ④ phon

> **해설** sone의 이해

1sone은 1,000Hz에서 40phon에 해당하는 소리이다.

12 직렬시스템과 병렬시스템의 특성에 대한 설명으로 옳은 것은?

① 직렬시스템에서 요소의 개수가 증가하면 시스템의 신뢰도도 증가한다.
② 병렬시스템에서 요소의 개수가 증가하면 시스템의 신뢰도는 감소한다.
③ 시스템의 높은 신뢰도를 안정적으로 유지하기 위해서는 병렬시스템으로 설계하여야 한다.
④ 일반적으로 병렬시스템으로 구성된 시스템은 직렬시스템으로 구성된 시스템보다 비용이 감소한다.

> **해설** 직렬시스템과 병렬시스템

병렬시스템에서 여러 요소가 동시에 작동하여 시스템 신뢰도를 높일 수 있다. 반면, 직렬시스템에서는 하나의 요소라도 고장이 나면 시스템 전체가 영향을 받기 때문에 신뢰도가 떨어질 수 있다.

13 시(視)감각 체계에 관한 설명으로 옳지 않은 것은?

① 동공은 조도가 낮을 때는 많은 빛을 통과시키기 위해 확대된다.
② 안구의 수정체는 모양체근으로 긴장을 하면 얇아져 가까운 물체만 볼 수 있다.
③ 망막의 표면에는 빛을 감지하는 광수용기인 원추체와 간상체가 분포되어 있다.
④ 1디옵터는 1m 거리에 있는 물체를 보기 위해 요구되는 수정체의 초점 조절능력을 나타낸 값이다.

> **해설** 시(視)감각 체계

모양체근이 이완되면 수정체가 얇아지고 먼 곳의 물체를 볼 수 있다. 반대로, 모양체근이 수축하면 수정체가 두꺼워져 가까운 물체를 선명하게 볼 수 있다.

14 은행이나 관공서의 접수창구의 높이를 설계하는 기준으로 옳은 것은?

① 조절식 설계 ② 최소집단치 설계
③ 최대집단치 설계 ④ 평균치 설계

> **해설** 평균치 설계

- 극단치를 이용한 설계가 곤란한 경우에는 평균치를 이용하여 설계할 수 있다.
- 은행창구 높이를 일반적인 사람에 맞추는 경우 적용한다.

정답 10 ③ 11 ① 12 ③ 13 ② 14 ④

15 정보이론(information theory)에 대한 내용으로 옳은 것은?

① 정보를 정량적으로 측정할 수 있다.
② 정보의 기본 단위는 바이트(byte)이다.
③ 확실한 사건의 출현에는 많은 정보가 담겨있다.
④ 정보란 불확실성의 증가(addition of uncertainty)로 정의한다.

💡 **해설** 정보이론
- 정보이론에서 정보란 불확실성의 감소라 정의할 수 있다.
- 대안의 수가 늘어나면 정보량은 증가한다. 정보의 기본 단위는 비트(bit)이다.

16 시각 표시장치보다 청각 표시장치를 사용하는 것이 유리한 경우는?

① 소음이 많은 경우
② 전하려는 정보가 복잡할 경우
③ 즉각적인 행동이 요구되는 경우
④ 전하려는 정보를 다시 확인해야 하는 경우

💡 **해설** 청각적 표시장치 vs 시각적 표시장치

청각장치 사용	시각장치 사용
• 전언이 간단하다.	• 전언이 복잡하다.
• 전언이 짧다.	• 전언이 길다.
• 전언 이후에 재참조 되지 않는다.	• 전언이 후에 재참조 된다.
• 전언이 시간적 사상을 다룬다.	• 전언이 공간적인 위치를 다룬다.
• 전언이 즉각적인 행동을 요구한다(긴급할 때).	• 전언이 즉각적인 행동을 요구하지 않는다.
• 수신 장소가 너무 밝거나 암조응 유지가 필요시	• 수신 장소가 너무 시끄러울 때
• 직무상 수신자가 자주 움직일 때	• 직무상 수신자가 한곳에 머물 때
• 수신자 시각 계통이 과부하 상태일 때	• 수신자의 청각 계통이 과부하 상태일 때

17 다음 중 반응시간이 가장 빠른 감각은?

① 청각　　② 미각
③ 시각　　④ 후각

💡 **해설** 감각의 반응시간
- **청각** : 0.17초
- **촉각** : 0.18초
- **시각** : 0.20초
- **미각** : 0.29초
- **통각** : 0.70초

18 인간-기계 시스템에서 인간의 과오나 동작상의 실패가 있어도 안전사고를 발생시키지 않도록 하는 설계 시스템을 무엇이라고 하는가?

① Lock System
② Fail-Safe System
③ Fool-Proof System
④ Accident-Check System

💡 **해설** 인간의 과오를 방지하는 시스템

① Lock System : 사용자가 인증된 접근을 통해서만 잠금을 해제할 수 있도록 보안 기능을 제공하는 시스템이다. 예를 들어, 비밀번호, PIN, 생체 인식 등을 사용하여 접근을 통제한다.

② Fail-Safe System : 오류나 고장이 발생했을 때 안전한 상태로 전환되도록 설계된 시스템이다. 예를 들어, 엘리베이터는 전력 공급이 중단되었을 때 자동으로 가장 가까운 층으로 이동하여 문을 열도록 설계될 수 있다.

③ Fool-Proof System : 사용자가 실수를 하거나 잘못된 동작을 하더라도 오류를 방지하거나 최소화하도록 설계된 시스템이다. 예를 들어, USB 케이블은 특정 방향으로만 연결될 수 있도록 설계되어 잘못된 방향으로 연결되는 것을 방지한다.

④ Accident-Check System : 사고를 예방하거나 발생한 사고를 감지하여 경고하는 시스템이다. 예를 들어, 차량의 사고 감지 시스템은 충돌이 감지될 때 에어백을 팽창시키고 긴급 구조 서비스를 호출하는 기능을 포함할 수 있다.

정답 15 ① 16 ③ 17 ① 18 ③

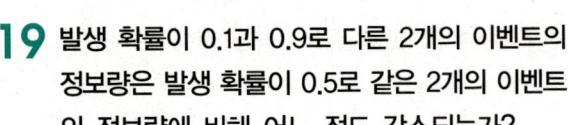

19 발생 확률이 0.1과 0.9로 다른 2개의 이벤트의 정보량은 발생 확률이 0.5로 같은 2개의 이벤트의 정보량에 비해 어느 정도 감소되는가?

① 42%   ② 45%
③ 50%   ④ 53%

해설 정보량

- 여러 개의 실현 가능한 대안이 있을 경우
$$H = \sum_{i=1}^{n} p_i \log_2\left(\frac{1}{P_i}\right) = 0.1 \times \log_2\left(\frac{1}{0.1}\right) + 0.9 \times \log_2\left(\frac{1}{0.9}\right) = 0.47$$
P_i : 각 대안의 실현 확률

- 실현 가능성이 같은 N개의 대안이 있는 경우
$$H = \log_2 N = \log_2 2 = 1$$

따라서, 1 − 0.47 = 0.53 = 53%

20 일반적으로 연구 조사에 사용되는 기준(criterion)의 요건으로 볼 수 없는 것은?

① 적절성   ② 사용성
③ 신뢰성   ④ 무오염성

해설 기준의 요건

사용성은 기준 요건이 아니다.

2과목 작업생리학

21 다음 중 유산소 대사의 하나인 크렙스 사이클(Kreb's cycle)에서 일어나는 반응이 아닌 것은?

① 산화가 발생한다.
② 젖산이 생성된다.
③ 이산화탄소가 생성된다.
④ 구아노신 3인산(GTP)의 전환을 통하여 ATP가 생성된다.

해설 유산소 대사

- 산소를 이용하여 탄수화물, 지방, 단백질을 에너지원으로 분해하는 과정을 유산소 대사라 한다.
- 글리코겐, 지방, 단백질이 산소와 결합하여 에너지를 생성한다. 크렙스 사이클(Kreb's cycle)에서 젖산은 생성되지 않으며, 젖산은 무산소 대사 과정인 해당과정(glycolysis)에서 생성된다. 일어나는 반응에는 산화가 발생하여 NADH와 FADH2가 생성되고, 이산화탄소가 생성되며, 구아노신 3인산(GTP)이 ATP로 전환되어 에너지가 생성된다.

22 다음 그림과 같이 작업할 때 팔꿈치의 반작용력과 모멘트 값은 얼마인가? (단, CG_1은 물체의 무게중심, CG_2는 하박의 무게중심, W_1은 물체의 하중, W_2는 하박의 하중이다.)

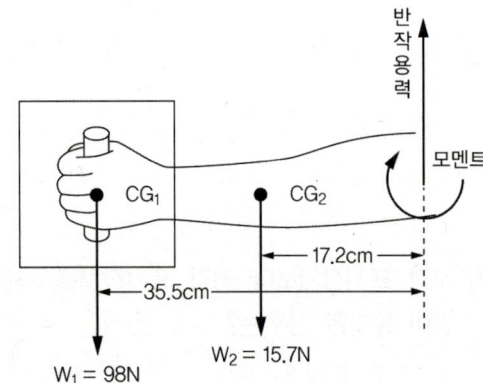

① 반작용력 : 79.3N, 모멘트 : 22.42N·m
② 반작용력 : 79.3N, 모멘트 : 37.5N·m
③ 반작용력 : 113.7N, 모멘트 : 22.42N·m
④ 반작용력 : 113.7N, 모멘트 : 37.5N·m

해설 팔꿈치의 반작용력

- 팔꿈치에 걸리는 반작용 힘(R_E)
$$\sum F = 0$$
$$-98N - 15.7N + R_E = 0$$
$$R_E = 113.7N$$

- 팔꿈치 모멘트(M_E)
$$M_E = 0$$
$$(-98N \times 0.355m) + (-15.7N \times 0.172m) + M_E = 0$$
$$M_E = 37.5N \cdot m$$

23 다음 중 실내의 면에서 추천반사율(IES)이 가장 낮은 곳은?

① 벽 ② 천장
③ 가구 ④ 바닥

해설 추천반사율

천장	80~90%
벽, 창문 발(blind)	40~60%
가구, 사무용기기, 책상	25~45%
바닥	20~40%

24 교대작업의 주의사항에 관한 설명으로 옳지 않은 것은?

① 12시간 교대제가 적정하다.
② 야간근무는 2~3일 이상 연속하지 않는다.
③ 야간근무의 교대는 심야에 하지 않도록 한다.
④ 야간근무 종료 후에는 48시간 이상의 휴식을 갖도록 한다.

해설 교대작업

- 야간작업은 연속하여 3일을 넘기지 않도록 한다.
- 야간반 근무를 모두 마친 후 아침반 근무에 들어가기 전 최소한 24시간 이상 휴식을 하도록 한다.
- 가정생활이나 사회생활을 배려할 때 주중에 쉬는 것보다는 주말에 쉬도록 하는 것이 좋으며, 하루씩 띄어 쉬는 것보다는 주말에 이틀 연이어 쉬도록 한다.
- 교대작업자 특히 야간작업자는 주간작업자보다 연간 쉬는 날이 더 많이 있어야 한다.
- 근무반 교대방향은 아침반 → 저녁반 → 야간반으로 정방향 순환이 되게 한다.
- 아침반 작업은 너무 일찍 시작하지 않도록 한다.
- 야간반 작업은 잠을 조금이라도 더 오래 잘 수 있도록 가능한 한 일찍 작업을 끝내도록 한다.
- 교대작업 일정을 계획할 때 가급적 근로자 개인이 원하는 바를 고려하도록 한다.
- 교대작업 일정은 근로자들에게 미리 통보되어 예측할 수 있도록 한다.

25 한랭대책으로서 개인위생에 해당되지 않는 사항은?

① 과음을 피할 것
② 식염을 많이 섭취할 것
③ 따뜻한 물과 음식을 섭취할 것
④ 얼음 위에서 오랫동안 작업하지 말 것

해설 한랭대책으로서 개인위생

식염을 많이 섭취하는 것은 고열작업자에 대한 대책이다.

26 동일한 관절운동을 일으키는 주동근(agonists)과 반대되는 작용을 하는 근육은?

① 박근(gracilis)
② 장요근(iliopsoas)
③ 길항근(antagonists)
④ 대퇴직근(rectus femoris)

해설 근육의 작용

주동근과 길항근은 운동의 균형을 유지하고, 관절의 움직임을 원활하게 조절하며, 길항근은 주동근과 반대되는 작용을 하는 근육으로, 주동근이 수축할 때 길항근은 이완하여 관절운동을 조절하고 균형을 유지한다.

정답 23 ④ 24 ① 25 ② 26 ③

2021년 제3회 기출복원문제

27 윤활 관절(synovial joint)인 팔굽 관절(elbow joint)은 연결 형태를 기준으로 어느 관절에 해당되는가?

① 관절구(condyloid)
② 경첩 관절(hinge joint)
③ 안장 관절(saddle joint)
④ 구상 관절(ball and socket joint)

해설 관절의 종류

① 관절구(condyloid) : 관절면이 타원형으로 되어 있어 두 축을 중심으로 운동이 가능하다. 예를 들어 손목관절이 이에 해당한다.
② 경첩 관절(hinge joint) : 하나의 축을 중심으로 굽힘과 펴짐 운동이 이루어지는 관절로 팔꿈치 관절이나 무릎 관절이 이에 해당한다.
③ 안장 관절(saddle joint) : 두 관절면이 안장 모양으로 맞물려 여러 방향으로 운동이 가능하다. 예를 들어 엄지손가락의 기저 관절이 이에 해당한다.
④ 구상 관절(ball and socket joint) : 구형의 관절면이 컵 모양의 관절면에 들어가 자유로운 운동이 가능하다. 예를 들어 어깨 관절과 고관절 등이다.

28 사람의 근골격계와 신경계에 대한 설명으로 옳지 않은 것은?

① 신체골격구조는 206개의 뼈로 구성되어 있다.
② 관절은 섬유질 관절, 연골 관절, 활액 관절로 구분된다.
③ 심장근은 수의근으로 민무늬의 원통형 근섬유구조를 가지고 있다.
④ 신경계는 구조적인 측면으로 중추신경계와 말초신경계로 나누어진다.

해설 근골격계와 신경계

심장근은 가로무늬(횡문근)을 가지고 있으며, 심장근육은 불수의적 근육이다. 이는 심장근육이 우리가 의식적으로 조절할 수 없는 방식으로 자동으로 수축하고 이완된다.

29 다음 중 근육이 움직일 때 나오는 미세한 전기신호를 측정하여 근육의 활동 정도를 나타낼 수 있는 것을 무엇이라고 하는가?

① ECG(electrocardiogram)
② EMG(electromyograph)
③ GSR(galvanic skin response)
④ EEG(electroencephalogram)

해설 근전도

① ECG(Electrocardiogram) : 심전도, 심장의 전기적 활동을 기록하는 검사이다. 심장 리듬과 전기적 활동을 확인한다.
② EMG(Electromyograph) : 근전도, 근육의 전기적 활동을 측정하는 검사이다. 근육 및 신경의 기능을 평가한다.
③ GSR(Galvanic Skin Response) : 피부전기반응, 피부의 전기적 반응을 측정하는 검사로 스트레스나 감정 변화를 감지한다.
④ EEG(Electroencephalogram) : 뇌파검사, 뇌의 전기적 활동을 기록하는 검사로 뇌 기능과 활동을 평가한다.

30 남성 작업자의 육체작업에 대한 대사량을 측정한 결과, 분당 산소 소모량이 1.5L/min으로 나왔다. 작업자의 4시간에 대한 휴식시간은 약 몇 분 정도인가? (단, Murrell의 공식을 이용한다.)

① 75분   ② 100분
③ 125분 ④ 150분

해설 Murrell의 공식

$$R = \frac{T(E-S)}{E-1.5} = \frac{4 \times 60(7.5-5)}{7.5-1.5} = 100분$$

평균 에너지 소비량 = 1.5L/m × 5kcal/L = 7.5kcal/min
R : 휴식시간/min
T : 총 작업시간/min
E : 평균 에너지 소비량
S : 권장 에너지 소비량

정답 27 ② 28 ③ 29 ② 30 ②

31 근력(strength)과 지구력(endurance)에 대한 설명으로 옳지 않은 것은?

① 동적근력(dynamic strength)을 등속력(isokinetic strength)이라 한다.
② 지구력(endurance)이란 등척적으로 근육이 낼 수 있는 최대 힘을 말한다.
③ 정적근력(static strength)을 등척력(isometric strength)이라 한다.
④ 근육이 발휘하는 힘은 근육의 최대자율수축(MVC, Maximum Voluntary Contraction)에 대한 백분율로 나타낸다.

해설 근력과 지구력

지구력(endurance)은 근육이 오랜 시간 동안 지속적으로 힘을 발휘할 수 있는 능력을 의미하지, 최대의 힘을 내는 것과는 다르다. 최대의 힘을 내는 능력은 보통 근력(strength)과 관련이 있다.

32 정신피로의 척도로 사용되는 시각적 점멸융합주파수(VFF)에 영향을 주는 변수에 관한 내용으로 옳지 않은 것은?

① 암조응 시 VFF는 증가한다.
② 휘도만 같으면 색은 VFF에 영향을 주지 않는다.
③ 조명 강도의 대수치(불꽃돌)에 선형적으로 비례한다.
④ 사람들 간에는 큰 차이가 있으나, 개인의 경우 일관성이 있다.

해설 시각적 점멸융합주파수(VFF)

빛의 깜빡임을 연속적인 빛으로 인식하는 주파수로 암조응 시에는 눈이 어두운 환경에 적응하므로 VFF가 감소하게 된다. 따라서 암조응 시 VFF는 증가하지 않고 오히려 감소한다.

33 에너지 소비량에 영향을 미치는 인자 중 중량물 취급 시 쪼그려 앉아(squat) 들기와 등을 굽혀(stoop) 들기와 가장 관련이 깊은 것은?

① 작업 자세   ② 작업 방법
③ 작업 속도   ④ 도구 설계

해설 에너지 소비량에 영향을 미치는 인자

쪼그려 앉아(squat) 들기와 등을 굽혀(stoop) 들기는 작업 자세와 관련이 깊다.

34 산업안전보건법령상 소음작업이란 1일 8시간 작업을 기준으로 얼마 이상의 소음(dB)이 발생하는 작업을 말하는가?

① 80   ② 85
③ 90   ④ 100

해설 소음작업

1일 8시간 작업을 기준으로 85데시벨 이상의 소음이 발생하는 작업을 말한다.

35 다음 중 조도가 균일하고, 눈부심이 적지만 기구 효율이 나쁘며 설치비용이 많이 소요되는 조명방식은?

① 직접조명   ② 국소조명
③ 반직접조명   ④ 간접조명

해설 조명방식

① **직접조명**(Direct Lighting) : 빛이 직접적으로 작업면이나 대상물에 비추는 방식으로 조도가 높아 효율적이지만, 눈부심이 발생할 수 있다.
② **국소조명**(Local Lighting) : 특정 부위나 작업 공간에 집중적으로 조명을 비추는 방식이다. 작업 환경에 적합하게 조절할 수 있으며, 에너지를 절약할 수 있다.
③ **반직접조명**(Semi-Direct Lighting) : 빛의 대부분이 아래쪽으로 비추는 방식이지만, 일부는 위쪽으로 반사되어 확산된다. 직접조명과 간접조명의 장점을 모두 활용할 수 있다.
④ **간접조명**(Indirect Lighting) : 빛을 천장이나 벽에 반사시켜 조명을 제공하는 방식으로 눈부심이 적고, 조도가 균일하지만, 기구 효율이 낮고, 설치비용이 많이 소요된다.

정답 31 ② 32 ① 33 ① 34 ② 35 ④

2021년 제3회 기출복원문제

36 산소 소비량에 관한 설명으로 옳지 않은 것은?
① 산소 소비량과 심박수 사이에는 밀접한 관련이 있다.
② 산소 소비량은 에너지 소비와 직접적인 관련이 있다.
③ 산소 소비량은 단위 시간당 흡기량만 측정한 것이다.
④ 심박수와 산소 소비량 사이의 관계는 개인에 따라 차이가 있다.

해설 산소 소비량
산소 소비량 = 21% × 분당 흡기량 − O_2% × 분당 배기량

37 다음 중 엉덩이 관절(hip joint)에서 일어날 수 있는 움직임이 아닌 것은?
① 굴곡(flexion)과 신전(extension)
② 외전(abduction)과 내전(adduction)
③ 내선(internal rotation)과 외선(external rotation)
④ 내번(inversion)과 외번(eversion)

해설 구상(절구) 관절
- 엉덩이 관절(hip joint)은 구상 관절로서 관절 모서리와 관절오목이 모두 반구상의 것이며 3개의 운동 축을 가지고 있어 운동범위가 가장 크다.
- 구상(절구) 관절에서 일어날 수 있는 움직임은 굴곡, 신전, 외전, 내전, 내선, 외선이다.

38 육체적 작업강도가 증가함에 따른 순환계(circulatory system)의 반응이 옳지 않은 것은?
① 혈압상승
② 백혈구 감소
③ 근혈류의 증가
④ 심박출량 증가

해설 순환계
육체적 작업강도가 증가하면 순환계의 반응으로 혈압 상승, 근혈류의 증가, 심박출량 증가가 나타날 수 있다.

39 진동에 의한 인체의 영향으로 옳지 않은 것은?
① 심박수가 감소한다.
② 약간의 과도(過度) 호흡이 일어난다.
③ 장시간 노출 시 근육 긴장을 증가시킨다.
④ 혈액이나 내분비의 화학적 성질이 변하지 않는다.

해설 진동에 의한 영향
심박수가 감소하지 않고 증가한다.

40 손-팔 진동 증후군의 피해를 줄이기 위한 방법으로 적절하지 않은 것은?
① 진동수준이 최저인 연장을 선택한다.
② 진동 연장의 하루 사용시간을 줄인다.
③ 연장을 잡거나 조절하는 악력을 늘린다.
④ 진동 연장을 사용할 때는 중간 휴식시간을 길게 한다.

해설 손-팔 진동 증후군
연장을 잡거나 조절하는 악력을 늘리는 것은 피해를 줄이기 위한 방법으로 부적절하다.

정답 36 ③ 37 ④ 38 ② 39 ① 40 ③

3과목 산업심리학 및 관련 법규

41 사고의 유형, 기인물 등 분류항목을 큰 순서대로 분류하여 사고방지를 위해 사용하는 통계적 원인분석 도구는?

① 관리도(Control Chart)
② 크로스도(Cross Diagram)
③ 파레토도(Pareto Diagram)
④ 특성요인도(Cause and Effect Diagram)

해설 통계적 원인분석
① 관리도(Control Chart) : 프로세스가 통계적으로 안정적인 상태인지 감시하기 위해 사용하는 도구로 변동을 시각화하여 문제를 조기에 발견하고 해결하는 데 사용한다.
② 크로스도(Cross Diagram) : 두 개의 변수 간의 상관관계를 시각적으로 표현하는 도구로 일반적으로 두 변수 사이의 관계를 명확하게 나타내기 위해 교차표(cross table)로 사용된다.
③ 파레토도(Pareto Diagram) : 문제의 원인을 중요도 순으로 나열하여 시각적으로 나타내는 도구로 80/20 법칙에 따라 중요한 원인을 먼저 해결하는 데 도움을 준다.
④ 특성요인도(Cause and Effect Diagram) : 문제의 원인과 결과를 시각적으로 정리하여 문제를 분석하는 도구로, 이시가와 다이어그램(Ishikawa Diagram) 또는 물고기 뼈 다이어그램(Fishbone Diagram), 어골도라 한다.

42 다음 ( ) 안에 들어갈 알맞은 것은?

> 산업안전보건법령상 사업주는 근로자가 근골격계 부담작업을 하는 경우에 ( )마다 유해요인 조사를 하여야 한다. 다만, 신설되는 사업장의 경우에는 1년 이내에 최초의 유해요인 조사를 하여야 한다.

① 1년　② 2년
③ 3년　④ 4년

해설 유해요인 조사
3년마다 유해요인 조사를 실시하여야 한다.

43 심리적 측면에서 분류한 휴먼에러의 분류에 속하는 것은?

① 입력 오류
② 정보처리 오류
③ 의사결정 오류
④ 생략 오류

해설 휴먼에러의 심리적 분류
• 생략 오류(Omission Error) : 절차를 생략해 발생하는 오류
• 시간 오류(Time Error) : 절차의 수행지연에 의한 오류
• 작위 오류(Commission Error) : 절차의 불확실한 수행에 의한 오류
• 순서 오류(Sequential Error) : 절차의 순서착오에 의한 오류
• 과잉행동 오류(Extraneous Error) : 불필요한 작업/절차에 의한 오류
①, ②, ③은 정보처리 과정 측면에서의 휴먼에러이다.

44 스트레스 상황에서 일어나는 현상으로 옳지 않은 것은?

① 동공이 수축된다.
② 혈당, 호흡이 증가하고 감각기관과 신경이 예민해진다.
③ 스트레스 상황에서 심장 박동수는 증가하나, 혈압은 내려간다.
④ 스트레스를 지속적으로 받게 되면 자기조절능력을 상실하게 되고 체내항상성이 깨진다.

해설 스트레스 현상
스트레스 상황에서 심장 박동수는 증가하고, 혈압은 올라간다.

45 Hick-Hyman의 법칙에 의하면 인간의 반응시간(RT)은 자극 정보의 양에 비례한다고 한다. 자극정보의 개수가 2개에서 8개로 증가한다면 반응시간은 몇 배 증가하겠는가?

① 3배　② 4배
③ 16배　④ 32배

정답 41 ③　42 ③　43 ④　44 ③　45 ①

해설 Hick-Hyman의 법칙

$RT = a \times \log_2 N$

a : 상수이므로 자극 정보의 수만 계산한다.
N : 자극정보의 수
$\log_2 2 = 1$, $\log_2 8 = 3$
따라서 3배 증가

46 어느 사업장의 도수율은 40이고 강도율은 4일 때 이 사업장의 재해 1건당 근로손실일수는?

① 1　　② 10
③ 50　　④ 100

해설 평균강도율

평균강도율 $= \dfrac{\text{강도율}}{\text{도수율}} \times 1{,}000 = \dfrac{4}{40} \times 1{,}000 = 100$

47 인간오류 확률 추정 기법 중 초기 사건을 이원적(binary) 의사결정(성공 또는 실패) 가지들로 모형화하고, 이 이후의 사건들의 확률은 모두 선행 사건에 대한 조건부 확률을 부여하여 이원적 의사결정 가지들로 분지해 나가는 방법은?

① 결함 나무 분석(Fault Tree Analysis)
② 조작자 행동 나무(Operator Action Tree)
③ 인간오류 시뮬레이터(Human Error Simulator)
④ 인간실수율 예측기법(Technique for Human Error Rate Prediction)

해설 시스템위험 분석기법

① **결함 나무 분석(Fault Tree Analysis)** : 시스템, 장비 또는 프로세스에서 발생할 수 있는 특정 이벤트의 원인을 식별하고 분석하는 체계적인 방법. 이 기법은 고장 또는 실패 원인을 도식적으로 표현하여 원인-결과 관계를 명확히 하는 데 사용된다.
② **조작자 행동 나무(Operator Action Tree)** : 작업자가 수행해야 하는 행동을 순서대로 나열하고, 각 행동의 결과를 트리 구조로 표현한다. 작업 절차를 시각화하고, 오류를 줄이는 데 사용한다.
③ **인간오류 시뮬레이터(Human Error Simulator)** : 작업 환경에서 발생할 수 있는 인간오류를 시뮬레이션하여 분석하는 도구로 이를 통해 작업 절차를 개선하고 오류를 예방하는 데 사용한다.
④ **인간실수율 예측기법(Technique for Human Error Rate Prediction, THERP)** : 초기 사건을 이원적(binary) 의사결정(성공 또는 실패) 가지들로 모형화하고, 이 이후의 사건들의 확률은 모두 선행 사건에 대한 조건부 확률을 부여하여 이원적 의사결정 가지들로 분지해 나가는 방법이다.

48 NIOSH 직무스트레스 모형에서 직무스트레스 요인과 성격이 다른 한 가지는?

① 작업 요인　　② 조직 요인
③ 환경 요인　　④ 상황 요인

해설 직무스트레스 요인

- **작업 요인** : 작업부하, 작업 속도, 교대근무 등
- **조직 요인** : 역할 모호성, 역할 갈등, 관리 유형, 의사결정 참여도, 고용의 불확실성 등
- **환경 요인** : 소음, 온도, 조명, 환기 불량 등

49 보행 신호등이 막 바뀌어도 자동차가 움직이기까지는 아직 시간이 있다고 스스로 판단하여 건널목을 건너는 것과 같은 부주의 행위와 가장 관계가 깊은 것은?

① 억측판단　　② 근도반응
③ 생략행위　　④ 초조반응

해설 억측판단

상황을 정확히 판단하지 않고, 추측에 근거하여 행동을 결정하는 것을 말한다.

50 다음 중 통제적 집단행동이 아닌 것은?

① 모브(mob)
② 관습(custom)
③ 유행(fashion)
④ 제도적 행동(institutional behavior)

해설) 통제적 집단행동

① 모브(mob) : 일반적으로 통제되지 않은 집단행동을 의미하며, 주로 감정적이고 즉흥적인 행동을 포함하며, 큰 군중이 일으키는 폭력적이거나 예측 불가능한 행동을 나타낼 때 사용된다.
② 관습(custom) : 특정 사회나 문화에서 지속적으로 관찰되는 행동양식이다.
③ 유행(fashion) : 특정 시기나 사회에서 널리 유행하는 스타일이나 행동을 의미한다.
④ 제도적 행동(institutional behavior) : 공식적인 규칙과 절차에 따라 이루어지는 집단행동을 의미한다.

해설) 평가자가 저지르기 쉬운 과오

① 할로 효과(Halo Effect) : 특정 특성이 전체적인 평가에 영향을 미치는 현상을 한다. 예를 들어, 한 사람이 유능해 보인다면 그 사람의 다른 특성들도 긍정적으로 평가되는 경우가 있는데 후광효과라고도 한다.
② 대비오차(Contrast Effect) : 두 가지 또는 그 이상의 항목을 비교할 때, 한 항목의 특성이 다른 항목의 특성 평가에 영향을 미치는 현상이다.
③ 근접오차(Proximity Effect) : 서로 가까이에 위치한 항목들이 비슷하게 평가되는 경향을 의미한다.
④ 관대화 경향(Centralization Tendency) : 평가자가 중간 점수나 평가 범위의 중심에 가까운 점수를 주는 경향을 나타낸다.

51 막스 베버(Max Weber)의 관료주의에서 주장하는 네 가지 원칙이 아닌 것은?

① 노동의 분업
② 창의력 중시
③ 통제의 범위
④ 권한의 위임

해설) 막스 베버 관료주의의 네 가지 원칙

① 노동의 분업
② 통제의 범위
③ 권한의 위임
④ 구조

52 조직을 유지하고 성장시키기 위한 평가를 실행함에 있어서 평가자가 저지르기 쉬운 과오 중 어떤 사람에 관한 평가자의 개인적 인상이 피평가자 개개인의 특징에 관한 평가에 영향을 미치는 것을 설명하는 이론은?

① 할로 효과(Halo Effect)
② 대비오차(Contrast Error)
③ 근접오차(Proximity Error)
④ 관대화 경향(Centralization Tendency)

53 인간 신뢰도에 대한 설명으로 옳은 것은?

① 반복되는 이산적 직무에서 인간실수확률은 단위 시간당 실패 수로 표현된다.
② 인간 신뢰도는 인간의 성능이 특정한 기간동안 실수를 범하지 않을 확률로 정의된다.
③ THERP는 완전 독립에서 완전 정(正)종속까지의 비연속을 종속정도에 따라 3수준으로 분류하여 직무의 종속성을 고려한다.
④ 연속적 직무에서 인간의 실수율이 불변(stationary)이고, 실수과정이 과거와 무관(independent)하다면 실수과정은 베르누이과정으로 묘사된다.

해설) 인간 신뢰도

- 반복되는 이산적 직무에서 인간실수 확률은 사건당 실패 수로 표현된다.
- THERP는 완전독립에서 완전 정(正)종속까지의 5 이상 수준의 종속도로 나누어 고려한다.
- 연속적 직무에서 인간의 실수율이 불편이고, 실수과정이 과거와 무관하다면 실수과정은 푸아송 과정으로 묘사한다.

정답 51 ② 52 ① 53 ②

2021년 제3회 기출복원문제

54 작업에 수반되는 피로를 줄이기 위한 대책으로 적절하지 않은 것은?

① 작업부하의 경감
② 작업속도의 조절
③ 동적 동작의 제거
④ 작업 및 휴식시간의 조절

> **해설** 작업피로대책
>
> 정적자세를 유지할 때 평형을 유지하기 위해 몇 개의 근육들이 반대방향으로 작동하기 때문에 정적자세를 유지하는 것이 움직일 수 있는 자세보다 힘들다.

55 10명으로 구성된 집단에서 소시오메트리(sociometry) 연구를 사용하여 조사한 결과 실제 긍정적인 상호작용을 맺고 있는 관계의 수가 16일 때 이 집단의 응집성지수는 약 얼마인가?

① 0.222 ② 0.356
③ 0.401 ④ 0.504

> **해설** 집단의 응집성지수
>
> 이 지수는 집단 내에서 가능한 두 사람의 상호작용 수와 실제의 수를 비교하여 구한다.
>
> • 가능한 상호작용의 수 $= {}_{10}C_2 = \dfrac{10 \times 9}{2} = 45$
>
> • 응집성지수 $= \dfrac{\text{실제상호작용의 수}}{\text{가능한 상호작용의 수}} = \dfrac{16}{45} = 0.356$

56 다음 중 휴먼에러(human error)를 예방하기 위한 시스템 분석 기법의 설명으로 옳지 않은 것은?

① 예비위험분석(PHA) - 모든 시스템 안전 프로그램의 최초 단계의 분석으로서 시스템 내의 위험요소가 얼마나 위험상태에 있는가를 정성적으로 평가하는 것이다.
② 고장형태와 영향분석(FMEA) - 시스템에 영향을 미치는 모든 요소의 고장을 형태별로 분석하여 그 영향을 검토하는 것이다.
③ 작업자공정도 - 위급직무의 순서에 초점을 맞추어 조작자 행동나무를 구성하고, 이를 사용하여 사건의 위급경로에서의 조작자의 역할을 분석하는 기법이다.
④ 결함 나무 분석(FTA) - 기계 설비 또는 인간-기계시스템의 고장이나 재해발생 요인을 Fault Tree 도표에 의하여 분석하는 방법이다.

> **해설** 작업자공정도
>
> 작업자공정도는 위급 직무의 순서에 초점을 맞추고 조작자 행동나무를 구성하여 분석하는 기법이 아니다.

57 헤드십(headship)과 리더십(leadership)을 상대적으로 비교, 설명한 것으로 헤드십의 특징에 해당되는 것은?

① 민주주의적 지휘형태이다.
② 구성원과의 사회적 간격이 넓다.
③ 권한의 근거는 개인의 능력에 따른다.
④ 집단의 구성원들에 의해 선출된 지도자이다.

> **해설** 헤드십(headship)과 리더십(leadership)
>
> | 구분 | 권한부여 및 행사 | 권한근거 | 상관과 부하와의 관계 및 책임귀속 | 부하와의 사회적 간격 | 지휘형태 |
> |---|---|---|---|---|---|
> | 헤드십 | 위에서 위임하여 임명 | 법적 또는 공식적 | 지배적, 상사 | 넓다. | 권위주의적 |
> | 리더십 | 아래로부터의 동의에 의한 선출 | 개인능력 | 개인적인 경향, 상사와 부하 | 좁다. | 민주주의적 |

정답 54 ③ 55 ② 56 ③ 57 ②

58 산업안전보건법령에서 정의한 중대재해의 범위 기준에 해당하지 않는 것은?

① 사망자가 1인 이상 발생한 재해
② 부상자가 동시에 10인 이상 발생한 재해
③ 직업성 질병자가 동시에 5인 이상 발생한 재해
④ 3개월 이상 요양이 필요한 부상자가 동시에 2인 이상 발생한 재해

해설 중대재해

1. 사망자가 1명 이상 발생한 재해
2. 3개월 이상의 요양이 필요한 부상자가 동시에 2명 이상 발생한 재해
3. 부상자 또는 직업성 질병자가 동시에 10명 이상 발생한 재해

59 인간의 본질에 대한 기본 가정을 부정적인 시각과 긍정적인 시각으로 구분하여 주장한 동기이론은?

① XY이론
② 역할이론
③ 기대이론
④ ERG이론

해설 XY이론 등 이론의 정의 이해

① XY이론(Theory X and Theory Y) : 더글러스 맥그리거(Douglas McGregor)의 이론이다.
  - 이론 X : 인간은 본래 일하기 싫어하고, 책임을 회피하며, 엄격한 관리와 통제를 필요로 한다는 부정적인 가정이다.
  - 이론 Y : 인간은 본래 일을 통해 만족을 얻고, 책임을 지며, 스스로 동기 부여가 가능하다는 긍정적인 가정이다.
② 역할이론(Role Theory) : 사람들은 사회에서 주어진 역할에 따라 행동한다는 이론이다. 각 역할에는 특정 기대와 규범이 존재하며, 사람들은 이를 통해 자신의 행동을 조절한다.
  예 조직 행동, 사회학, 심리학 등
③ 기대이론(Expectancy Theory) : 빅터 브룸(Victor Vroom)의 이론이다. 사람들은 자신이 목표를 달성할 수 있다고 믿는 정도(기대)가 크거나 그 목표가 자신에게 중요한 가치(유인가)를 가진다고 생각할 때, 더 높은 동기 부여를 받는다는 이론이다.
④ ERG이론(ERG Theory) : 클레이튼 알더퍼(Clayton Alderfer)의 이론이며, 인간의 욕구를 세 가지로 분류하여 설명한다.
  예 Existence(존재 욕구), Relatedness(관계 욕구), Growth(성장 욕구)

60 재해예방의 4원칙에 해당되지 않는 것은?

① 예방 가능의 원칙
② 보상 분배의 원칙
③ 손실 우연의 원칙
④ 대책 선정의 원칙

해설 재해예방의 4원칙

① 예방 가능의 원칙 : 천재지변을 제외한 모든 인재는 예방이 가능하다.
② 손실 우연의 원칙 : 사고의 결과 손실의 유무 또는 대소는 사고 당시의 조건에 따라서 우연적으로 발생한다.
③ 원인 연계의 원칙 : 사고에는 반드시 원인이 있으며, 원인은 대부분 복합적 연계 원인이다.
④ 대책 선정의 원칙 : 사고의 원인이나 불안전 요소가 발견되면 반드시 대책은 선정·실시되어야 하며, 대책 선정이 가능하다. 대책에는 재해 방지의 세 기둥이라 할 수 있는 3E, 즉 기술적 대책, 교육적 대책, 규제적 대책을 들 수 있다.

4과목 근골격계질환 예방을 위한 작업관리

61 작업 개선의 일반적 원리에 대한 내용으로 옳지 않은 것은?

① 충분한 여유 공간
② 단순 동작의 반복화
③ 자연스러운 작업 자세
④ 과도한 힘의 사용 감소

해설 작업 개선의 일반적 원리

단순 동작의 반복화는 작업자의 피로를 유발하고, 효율성을 저하시킬 수 있다.

정답 58 ③ 59 ① 60 ② 61 ②

62. 유해요인 조사도구 중 JSI(Job Strain Index)의 평가 항목에 해당하지 않는 것은?

① 손/손목의 자세
② 1일 작업의 생산량
③ 힘을 발휘하는 강도
④ 힘을 발휘하는 지속시간

해설 JSI(Job Strain Index)

상지 말단(손, 손목, 팔꿈치)의 근골격계질환 위험을 평가하기 위한 도구로, 다음과 같은 6개 항목을 평가한다.
① **힘을 발휘하는 강도**(Intensity of Exertion) : 작업을 수행하는 동안 사용하는 힘의 강도를 평가한다.
② **힘을 발휘하는 지속시간**(Duration of Exertion) : 힘을 발휘하는 시간을 평가한다.
③ **분당 힘 발휘**(Efforts per Minute) : 분당 힘을 발휘하는 횟수를 평가한다.
④ **손/손목의 자세**(Hand/Wrist Posture) : 손목의 자세를 평가한다.
⑤ **작업 속도**(Speed of Work) : 작업의 속도를 평가한다.
⑥ **1일 작업의 지속시간**(Duration of Task per Day) : 하루 동안 작업을 수행하는 시간을 평가한다.

이 6개 항목을 평가하여 JSI 점수를 계산하고, 이 점수를 기준으로 작업의 위험도를 평가한다.

63. 산업안전보건법령상 근골격계 부담작업 범위 기준에 해당하지 않는 것은? (단, 단기간작업 또는 간헐적인 작업은 제외한다.)

① 하루에 5회 이상 25kg 이상의 물체를 드는 작업
② 하루에 4시간 이상 집중적으로 자료입력 등을 위해 키보드를 조작하는 작업
③ 하루에 총 2시간 이상 쪼그리고 앉거나 무릎을 굽힌 자세에서 이루어지는 작업
④ 하루에 총 2시간 이상, 분당 2회 이상 4.5kg 이상의 물체를 드는 작업

해설 근골격계 부담작업

- 하루에 4시간 이상 집중적으로 자료입력 등을 위해 키보드 또는 마우스를 조작하는 작업
- 하루에 총 2시간 이상 목, 어깨, 팔꿈치, 손목 또는 손을 사용하여 같은 동작을 반복하는 작업
- 하루에 총 2시간 이상 머리 위에 손이 있거나, 팔꿈치가 어깨 위에 있거나, 팔꿈치를 몸통으로부터 들거나, 팔꿈치를 몸통 뒤쪽에 위치하도록 하는 상태에서 이루어지는 작업
- 지지되지 않은 상태이거나 임의로 자세를 바꿀 수 없는 조건에서, 하루에 총 2시간 이상 목이나 허리를 구부리거나 트는 상태에서 이루어지는 작업
- 하루에 총 2시간 이상 쪼그리고 앉거나 무릎을 굽힌 자세에서 이루어지는 작업
- 하루에 총 2시간 이상 지지되지 않은 상태에서 1kg 이상의 물건을 한 손의 손가락으로 집어 옮기거나, 2kg 이상에 상응하는 힘을 가하여 한 손의 손가락으로 물건을 쥐는 작업
- 하루에 총 2시간 이상 지지되지 않은 상태에서 4.5kg 이상의 물건을 한 손으로 들거나 동일한 힘으로 쥐는 작업
- 하루에 10회 이상 25kg 이상의 물체를 드는 작업
- 하루에 25회 이상 10kg 이상의 물체를 무릎 아래에서 들거나, 어깨 위에서 들거나, 팔을 뻗은 상태에서 드는 작업
- 하루에 총 2시간 이상, 분당 2회 이상 4.5kg 이상의 물체를 드는 작업
- 하루에 총 2시간 이상 시간당 10회 이상 손 또는 무릎을 사용하여 반복적으로 충격을 가하는 작업

64. 어깨(견관절) 부위에서 발생할 수 있는 근골격계질환은?

① 외상과염
② 회내근 증후군
③ 극상근 건염
④ 수완진동 증후군

해설 근골격계질환의 종류

① **외상과염**(Tennis Elbow) : 팔꿈치의 외측 부분이 염증과 통증을 일으키는 상태로, 주로 팔을 많이 사용하는 작업이나 스포츠 활동으로 인해 발생한다.
② **회내근 증후군**(Pronator Syndrome) : 전완의 근육들이 신경을 압박하여 손목과 손의 저림, 통증을 유발하는 상태이다. 팔을 반복적으로 회전하는 동작으로 인해 생길 수 있다.

정답 62 ② 63 ① 64 ③

③ 극상근 건염(Supraspinatus Tendinitis) : 어깨의 극상근 건에 염증이 생기는 상태로, 어깨의 운동 범위를 제한하고 통증을 유발할 수 있다. 주로 과도한 어깨 사용으로 인해 발생한다.

④ 수완진동 증후군(Hand-Arm Vibration Syndrome) : 손과 팔이 반복적으로 진동에 노출되면서 발생하는 신경과 혈관 문제로, 손 저림, 통증, 감각 이상 등을 유발할 수 있다. 주로 진동 도구를 장시간 사용하는 사람들에게 발생한다.

65 근골격계질환 예방·관리 프로그램상 예방·관리추진팀의 구성원이 아닌 것은?

① 관리자
② 근로자대표
③ 사용자대표
④ 보건담당자

해설 예방·관리추진팀의 구성원

중·소규모 사업장	대규모 사업장
• 근로자대표 또는 명예산업안전감독관을 포함하여 그가 위임하는 자 • 관리자(예산결정권자) • 정비·보수담당자 • 보건·안전담당자 • 구매담당자 등	• 중·소규모 사업장 추진팀원 • 기술자(생산, 설계, 보수기술자) • 노무담당자 등

66 동작경제원칙 중 신체 사용에 관한 원칙으로 옳지 않은 것은?

① 두 손의 동작은 같이 시작하고 같이 끝나도록 한다.
② 휴식시간을 제외하고는 양손이 같이 쉬지 않도록 한다.
③ 손의 동작은 완만하게 연속적인 동작이 되도록 한다.
④ 두 팔의 동작은 같은 방향으로 비대칭적으로 움직이도록 한다.

해설 신체의 사용에 관한 원칙
• 양손의 동작은 동시에 시작하여 동시에 끝나야 한다.
• 양손은 휴식시간을 제외하고는 동시에 쉬어서는 안 된다.

• 팔의 동작은 서로 반대의 대칭적 방향으로 이루어져야 하며 동시에 행해져야 한다.
• 손과 몸의 동작은 일에 만족스럽게 할 수 있는 가장 단순한 동작에 한정되어야 한다.
• 작업에 도움이 되도록 가급적 물체의 관성(慣性)을 활용하고, 근육운동으로 작업을 수행하는 경우를 최소한으로 줄여야 한다.
• 갑자기 예각방향으로 변화를 하는 직선동작보다는 유연하고 연속적인 곡선동작을 하는 것이 좋다.
• 제한되거나 통제된 동작보다는 탄도동작이 보다 빠르고 쉬우며 정확하다.
• 작업을 원활하고 자연스럽게 수행하는 데는 리듬이 중요하다. 가급적 쉽고 자연스러운 리듬이 가능하도록 작업이 배열되어야 한다.
• 눈의 고정은 가급적 줄이고 함께 가까이 있도록 한다.

67 4개의 작업으로 구성된 조립공정의 주기시간(cycle Time)이 40초일 때 공정효율은 얼마인가?

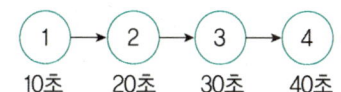

① 40.0%
② 57.5%
③ 62.5%
④ 72.5%

해설 공정효율

$$균형효율 = \frac{총\ 작업시간}{총\ 작업자\ 수 \times 주기시간} \times 100$$
$$= \frac{100}{4 \times 40} \times 100 = 62.5\%$$

68 근골격계질환의 사전예방을 위한 적합한 관리대책이 아닌 것은?

① 적합한 노동강도에 대한 평가
② 작업장 구조의 인간공학적 개선
③ 산업재해보상 보험의 가입
④ 올바른 작업방법에 대한 작업자 교육

해설 근골격계질환
산업재해보상 보험의 가입은 근골격계질환의 사전예방을 위한 적합한 관리대책으로 볼 수 없다.

정답 65 ③ 66 ④ 67 ③ 68 ③

69 간트차트(Gantt chart)에 관한 설명으로 옳지 않은 것은?

① 각 과제 간의 상호 연관사항을 파악하기에 용이하다.
② 계획 활동의 예측완료시간은 막대모양으로 표시된다.
③ 기계의 사용에 대한 필요시간과 일정을 표시할 때 이용되기도 한다.
④ 예정사항과 실제 성과를 기록 비교하여 작업을 관리하는 계획도표이다.

해설

간트차트는 개별 과제의 시작과 완료 시간을 시각적으로 보여주는 도구로서 계획 활동의 예측 완료 시간(②), 기계의 사용 필요 시간과 일정(③), 예정사항과 실제 성과를 비교하여 작업 관리(④)에는 유용하다.

70 작업개선을 위한 개선의 ECRS에 해당하지 않는 것은?

① Eliminate ② Combine
③ Redesign ④ Simplify

해설 ECRS

- Eliminate(제거)
- Combine(결합)
- Rearrange(재배치)
- Simplify(단순화)

71 다음 표준시간 산정 방법 중 간접측정 방법에 해당하는 것은?

① PTS법
② 스톱워치법
③ VTR 촬영법
④ 워크샘플링법

해설

① PTS법 : 기본 인간 동작에 대한 사전 정의된 시간 값을 사용하여 작업의 표준시간을 설정. 이를 통해 지속적인 시간 연구가 필요 없으며, 일관된 작업 측정 방식.
② 스톱워치법(Stopwatch method) : 작업을 수행하는 동안 시간 측정을 직접 수행하는 방법
③ VTR 촬영법(VTR recording method) : 작업 과정을 비디오로 촬영하여 분석하는 방법
④ 워크샘플링법(Work Sampling method) : 주기적으로 일정한 간격마다 샘플을 추출하는 방법으로 전체 작업의 전반적인 패턴을 파악

72 NIOSH 들기 작업지침상 권장 무게한계(RWL)를 구할 때 사용되는 계수의 기호와 정의가 올바르게 짝지어지지 않은 것은?

① HM – 수평 계수
② DM – 비대칭 계수
③ FM – 빈도 계수
④ VM – 수직 계수

해설 들기지수

들기지수(Lifting Index) = 작업물의 무게 / RWL(권장무게한계)
- RWL = LC × HM × VM × DM × AM × FM × CM
- LC = 부하상수 = 23kg
- HM = 수평계수 = 25 | H
- VM = 수직계수 = 1 − (0.003 × | V−75 |)
- DM = 거리계수 = 0.82 + (4.5 / D)
- AM = 대칭계수 = 1 − (0.0032 × A)
- FM = 빈도계수(표 활용)
- CM = 결합계수(표 활용)

73 공정 중 발생하는 모든 작업, 검사, 운반, 저장, 정체 등을 자재나 작업자의 관점에서 흘러가는 순서에 따라 표현한 분석방법은?

① Man-Machine Chart
② Operation Process Chart
③ Assembly Chart
④ Flow Process Chart

정답 69 ① 70 ③ 71 ① 72 ② 73 ④

> **해설** 통계적 분석도 정의

① Man-Machine Chart(인간-기계 차트) : 작업자가 기계를 사용하는 동안의 활동을 시간에 따라 시각적으로 표시하는 도구. 이는 작업자와 기계간의 상호 작용을 분석하여, 작업 효율성을 높이고 비효율성을 줄이기 위해 사용.
② Operation Process Chart(작업 공정 차트) : 제조 또는 생산 과정의 각 단계를 시각적으로 표현한 차트로, 각 작업 단계와 작업자, 기계, 재료 등의 흐름을 명확히 보여. 이를 통해 프로세스를 최적화하고 불필요한 단계를 제거할 수 있다.
③ Assembly Chart(조립 차트) : 제품의 조립 과정을 시각적으로 나타내는 차트로, 각 부품이 어떤 순서로 조립되어 최종 제품이 완성되는지를 보여준다. 이는 조립 공정을 이해하고 개선하기 위해 사용한다.
④ Flow Process Chart(흐름 공정 차트) : 작업 과정에서의 모든 동작, 재료의 이동, 기계사용 등을 상세히 기록한 차트로, 프로세스의 모든 단계를 시각적으로 표현한다. 이는 작업 과정의 효율성을 분석하고 개선하기 위해 사용된다.

74 어느 조립작업의 부품 1개 조립당 관측평균시간이 1.5분, rating 계수가 110%, 외경법에 의한 일반 여유율이 20%라고 할 때, 외경법에 의한 개당 표준시간(A)과 8시간 작업에 따른 총 일반여유시간(B)은 얼마인가?

① A : 1.98분, B : 80분
② A : 1.65분, B : 400분
③ A : 1.65분, B : 80분
④ A : 1.98분, B : 400분

> **해설** 표준시간과 여유시간

• 외경법에 의한 표준시간(A)

정미시간(NT) = 관측시간의 대푯값(T_o) × $\dfrac{\text{레이팅 계수}(R)}{100}$

$= 1.5 \times \dfrac{110}{100} = 1.65$

표준시간(ST) = 정미시간(NT) × (1 + 여유율) = 1.65 × (1 + 0.2)
$= 1.98$min

• 8시간 작업에 따른 총 일반여유시간(B)

정미시간 = $480 \times \dfrac{1.65}{1.98} = 400$

총 일반여유시간 = 480 − 400 = 80min

75 근골격계질환의 위험을 평가하기 위하여 유해요인 평가도구 중 하나인 RULA(Rapid Upper Limb Assessment)를 적용하여 작업을 평가한 결과, 최종 점수가 4점으로 평가되었다면 결과에 대한 해석으로 옳은 것은?

① 수용가능한 안전한 작업으로 평가됨.
② 계속적 추적관찰을 요하는 작업으로 평가됨.
③ 빠른 작업 개선과 작업 위험요인의 분석이 요구됨.
④ 즉각적인 개선과 작업 위험요인의 정밀조사가 요구됨.

> **해설** RULA(Rapid Upper Limb Assessment)

RULA 평가는 1점에서 7점까지 있으며, 점수가 높을수록 근골격계질환의 위험이 높다는 것을 나타낸다.
• 수용가능한 안전한 작업으로 평가됨 : 1~2점
• 계속적으로 추가관찰을 요하는 작업으로 평가됨 : 3~4점
• 빠른 작업 개선과 작업 위험요인 분석이 요구됨 : 5~6점
• 즉각적인 개선과 작업 위험요인의 정밀조사가 요구됨 : 7점 이상

76 일반적인 시간연구 방법과 비교한 워크샘플링 방법의 장점이 아닌 것은?

① 분석자에 의해 소비되는 총 작업시간이 훨씬 적은 편이다.
② 특별한 시간 측정 장비가 별도로 필요하지 않는 간단한 방법이다.
③ 관측항목의 분류가 자유로워 작업현황을 세밀히 관찰할 수 있다.
④ 한 사람의 평가자가 동시에 여러 작업을 측정할 수 있다.

> **해설** 워크샘플링

워크샘플링 방법은 많은 샘플을 관찰하는 방식으로 작업의 전체적인 흐름을 파악하는 데 유리하지만, 개별 작업 현황을 세밀히 관찰하는 데는 한계가 있다.

정답 74 ① 75 ② 76 ③

2021년 제3회 기출복원문제

77 작업연구에 대한 설명으로 옳지 않은 것은?

① 작업연구는 보통 동작연구와 시간연구로 구성된다.
② 시간연구는 표준화된 작업방법에 의하여 작업을 수행할 경우에 소요되는 표준시간을 측정하는 분야이다.
③ 동작연구는 경제적인 작업방법을 검토하여 표준화된 작업방법을 개발하는 분야이다.
④ 동작연구는 작업측정으로, 시간연구는 방법연구라고도 한다.

해설 작업연구

동작연구는 작업의 효율성을 높이기 위해 동작을 분석하고 개선하는 방법을 연구하는 분야이며, 시간연구는 작업을 수행하는 데 소요되는 시간을 측정하고 분석하는 분야이다. 동작연구와 시간연구는 각각 독립적인 연구 방법이며, 각 목적도 다르다.

78 동작분석의 종류 중 미세 동작분석에 관한 설명으로 옳지 않은 것은?

① 복잡하고 세밀한 작업 분석이 가능하다.
② 직접 관측자가 옆에 없어도 측정이 가능하다.
③ 작업 내용과 작업시간을 동시에 측정할 수 있다.
④ 타 분석법에 비하여 적은 시간과 비용으로 연구가 가능하다.

해설 미세 동작분석(micro motion study)

미세 동작분석은 복잡하고 세밀한 작업을 분석하는 데 유용하지만, 시간이 많이 소요되고 비용이 많이 들 수 있는 분석 방법이다.

79 PTS법의 특징이 아닌 것은?

① 직접 작업자를 대상으로 작업시간을 측정하지 않아도 된다.
② 표준시간의 설정에 논란이 되는 rating의 필요가 없어 표준시간의 일관성이 증대된다.
③ 실제 생산현장을 보지 않고도 작업대의 배치와 작업방법을 알면 표준시간의 산출이 가능하다.
④ 표준자료 작성의 초기비용이 적기 때문에 생산량이 적거나 제품이 큰 경우에 적합하다.

해설 PTS(Pre-determined Time Standards)법

초기 자료 작성에 많은 시간과 비용이 소요될 수 있으며, 따라서 생산량이 적거나 제품이 큰 경우에는 적합하지 않을 수 있다.

80 자세에 관한 수공구의 개선사항으로 옳지 않은 것은?

① 손목을 곧게 펴서 사용하도록 한다.
② 반복적인 손가락 동작을 방지하도록 한다.
③ 지속적인 정적근육 부하를 방지하도록 한다.
④ 정확성이 요구되는 작업은 파워그립을 사용하도록 한다.

해설 수공구

정확성이 요구되는 작업에서는 파워그립이 아닌 피지컬 그립을 사용해야 한다. 피지컬 그립은 정밀한 조작이 필요할 때 적합하며, 손가락과 손목에 부담을 줄여준다. 파워그립은 일반적으로 강한 힘을 필요로 하는 작업에 사용한다.

정답 77 ④ 78 ④ 79 ④ 80 ④

제1회 기출복원문제

1과목 인간공학개론

01 새로운 자동차의 결함원인이 엔진일 확률이 0.8, 프레임일 확률이 0.2라고 할 때 이로부터 기대할 수 있는 평균정보량은 얼마인가?

① 0.26bit   ② 0.32bit
③ 0.72bit   ④ 2.64bit

해설 정보량(bit)

여러 개의 실현 가능한 대안이 있을 경우

$H = \sum_{i=1}^{n} p_i \log_2\left(\frac{1}{P_i}\right) = 0.8\log_2\left(\frac{1}{0.8}\right) + 0.2\log_2\left(\frac{1}{0.2}\right)$
$= 0.26 + 0.46 = 0.72 \text{bit}$

P_i : 각 대안의 실현 확률

02 다음 중 시식별에 영향을 주는 정도가 가장 작은 것은?

① 시력
② 물체 크기
③ 밝기
④ 표적의 형태

해설 시식별

시식별에 필요한 요소들은 조도, 광도, 대비, 색상, 깊이 인식 등 다양한 측면을 포함한다. 이러한 요소들은 시각 정보 처리와 인식을 위해 중요한 역할을 한다.

03 정보이론과 관련된 내용 중 옳지 않은 것은?

① 정보의 측정 단위는 bit를 사용한다.
② 두 대안의 실현 확률이 동일할 때 총 정보량이 가장 작다.
③ 실현 가능성이 같은 N개의 대안이 있을 때, 총 정보량 H는 $\log_2 N$이다.
④ 1bit란 실현 가능성이 같은 2개의 대안 중 결정에 필요한 정보량이다.

해설 정보이론

- 정보의 측정 단위는 bit를 사용한다.
- 실현 가능성이 같은 N개의 대안이 있을 때, 총 정보량 H는 $\log_2 N$이다.
- 1bit란 실현 가능성이 같은 2개의 대안 중 결정에 필요한 정보량이다.
- 정보를 정량적으로 측정할 수 있다.
- 정보의 기본 단위는 비트(bit)이다.
- 확실한 사건의 출현에는 많은 정보가 담겨 있지는 않다.
- 정보란 확실성의 증가(addition of uncertainty)로 정의한다.
- 대안의 수가 늘어나면 정보량은 증가한다.
- 선택반응시간은 선택대안의 개수에 log에 비례한다.
- 정보이론에서 정보란 불확실성의 감소라 정의할 수 있다.
- 실현 가능성이 동일한 대안이 2가지일 경우 정보량은 1bit이다.
- 출현 가능성이 동일하지 않은 사건의 확률을 p라 할 때, 정보량은 $\log_2 1/p$로 나타낸다.
- 인간에게 입력되는 것은 감각기관을 통해서 받은 정보이다.
- 간접적인 원자극의 경우 암호화된 자극과 재생된 자극의 2가지 유형이 있다.
- 자극은 크게 원자극(distal simuli)과 근자극(proximal stimuli)으로 나눌 수 있다.

정답 01 ③ 02 ④ 03 ②

2022년 제1회 기출복원문제

04 시력에 관한 내용으로 옳지 않은 것은?

① 눈의 조절능력이 불충분한 경우, 근시 또는 원시가 된다.
② 시력은 세부적인 내용을 시각적으로 식별할 수 있는 능력을 말한다.
③ 눈이 초점을 맞출 수 없는 가장 먼 거리를 원점이라 하는데 정상 시각에서 원점은 거의 무한하다.
④ 여러 유형의 시력은 주로 망막 위에 초점이 맞추어지도록 홍체의 근육에 의한 눈의 조절능력에 달려 있다.

해설 시력
여러 유형의 시력은 주로 망막 위에 초점이 맞추어지도록 모양근의 근육에 의한 눈의 조절 능력에 달려 있다.

05 인체 각 부위에 대한 정적인 치수를 측정하기 위한 계측장비는?

① 근전도(EMG)
② 마틴(Martin)식 측정기
③ 심전도(ECG)
④ 플리커(Flicker) 측정기

해설 인체의 정적치수 측정

구조적 인체치수 (정적 인체계측)	• 신체를 고정시킨 자세에서 피측정자를 인체 측정기 등으로 측정 • 여러 가지 설계의 표준이 되는 기초적 치수 결정 • 마틴식 인체 계측기 사용 • 종류 – 골격치수 : 신체의 관절 사이를 측정(신체 각 부위의 길이 등) – 외곽치수 : 머리, 허리, 가슴, 엉덩이 등의 표면 치수 측정 (신체 둘레) – 수직파악한계, 대퇴여유

06 인간-기계 시스템의 분류에서 인간에 의한 제어정도에 따른 분류가 아닌 것은?

① 수동 시스템
② 기계화 시스템
③ 자동화 시스템
④ 감시제어 시스템

해설 인간-기계 시스템 분류

구분	내용
수동 시스템	• 인간의 신체적인 힘을 동력으로 사용하여 작업통제(동력원 제어 : 사람, 수공구나 기타 보조물로 사용) • 다양성 있는 체계로 역할 수행 능력을 최대한 활용하는 시스템(융통성이 있는 운용 가능)
기계화 시스템	• 반자동체계, 변화가 적은 기능들을 수행하도록 설계(고도로 통합된 부품들로 구성되며 융통성이 없는 체계) • 기계가 동력을 제공하며, 조정 장치를 사용하는 통제는 사람이 담당
자동화 시스템	• 감지, 정보처리 및 의사결정 행동을 포함한 모든 임무 수행(기계동력원 및 운전, 프로그램 감시 또는 통제, 관리) • 대부분의 폐회로 체계이며, 설계, 설치, 감시, 프로그램 작성 및 수정 정비, 유지 등은 사람이 담당

07 인간의 기억체계에 대한 설명으로 옳지 않은 것은?

① 감각저항은 빠르게 사라지고 새로운 자극으로 대체 된다.
② 단기기억을 장기기억으로 이전시키려면 리허설이 필요하다.
③ 인간의 기억은 감각저항, 단기기억, 장기기억으로 구분된다.
④ 단기기억의 정보는 일반적으로 시각, 음성, 촉각, 감각코드의 네 가지로 코드화 된다.

해설 인간의 기억체계
• 감각기억의 정보는 일반적으로 음성, 촉각, 감각(아이코닉)코드의 세 가지로 코드화 된다.
• 단기기억의 정보는 일반적으로 시각, 음성, 의미 세 가지로 코드화 된다.

정답 04 ④ 05 ② 06 ④ 07 ④

08 피부 감각의 종류에 해당되지 않는 것은?
① 압력 감각   ② 진동 감각
③ 온도 감각   ④ 고통 감각

> **해설** 피부의 감각수용 기관의 종류
> - 압력 수용 감각
> - 온도 변화 감각
> - 고통 감각

09 조작자와 제어버튼 사이의 거리 또는 조작에 필요한 힘 등을 정할 때 사용되는 인체측정 자료의 응용원칙은?
① 최소치 설계   ② 평균치 설계
③ 조절식 설계   ④ 최대치 설계

> **해설** 최소집단치
> - 관련 인체 측정 변수 분포의 하위 백분위수를 기준으로 1, 5, 10% 치를 사용
> - 선반의 높이 또는 조정 장치까지의 거리, 버스나 전철의 손잡이 등

10 최적의 C/R 비 설계 시 고려해야 할 사항으로 옳지 않은 것은?
① 조종장치의 조작시간 지연은 직접적으로 C/R 비와 관계없다.
② 계기의 조절시간이 가장 짧게 소요되는 크기를 선택한다.
③ 작업자의 눈과 표시장치의 거리는 주행과 조절에 크게 관계된다.
④ 짧은 주행시간 내에서 공차의 인정범위를 초과하지 않는 계기를 마련한다.

> **해설** C/R 비 설계 시 고려사항
> C/R 비가 작을수록 이동시간은 짧고, 조종은 어려워서 민감한 조종장치이다.

11 동작 거리가 멀고 과녁이 작을수록 동작에 걸리는 시간이 길어짐을 나타내는 법칙은?
① Fitts 법칙
② Hick-Hyman 법칙
③ Murphy 법칙
④ Schmidt 법칙

> **해설** Fitts 법칙
> - 표적이 작을수록, 이동거리가 길수록 작업의 난이도와 소요시간이 증가하는 것이 Fitts의 법칙이다.
> - Hick-Hyman 법칙은 인간의 반응시간은 자극 정보의 양에 비례한다.

12 비행기에서 20m 떨어진 거리에서 측정한 엔진의 소음수준이 130dB(A)이었다면, 100m 떨어진 위치에서의 소음수준은 약 얼마인가?
① 113.5dB(A)   ② 116.0dB(A)
③ 121.8dB(A)   ④ 130.0dB(A)

> **해설** 거리에 따른 소음수준
> $$dB_2 = dB_1 - 20\log\frac{d_2}{d_1}$$
> $$dB_2 = 130\,dB(A) - 20\log\frac{100m}{20m} = 116.0\,dB(A)$$

13 외이와 중이의 경계가 되는 것은?
① 기저막   ② 고막
③ 정원창   ④ 난원창

> **해설** 귀
> ① **기저막** : 달팽이관 내부의 한 막으로, 청각 신호를 전달하는 데 중요한 역할을 한다. 소리 진동이 기저막을 통해 전달되어 청각 세포가 활성화된다.
> ② **고막** : 외이와 중이의 경계를 이루는 얇은 막이다. 소리를 감지하고 중이의 작은 뼈들로 소리를 전달하는 역할을 한다.
> ③ **정원창** : 달팽이관의 나선형 구조 끝에 위치한 막으로 소리의 파동을 흡수하고 청각 신호를 전달하는 역할을 한다.
> ④ **난원창** : 중이와 내이를 연결하는 막이다. 소리의 진동이 이곳을 통해 내이로 전달된다.

정답 08 ② 09 ① 10 ① 11 ① 12 ② 13 ②

14 양립성에 적합하게 조종장치와 표시장치를 설계할 때 얻을 수 있는 결과로 옳지 않은 것은?

① 인간실수 증가
② 반응시간의 감소
③ 학습시간의 단축
④ 사용자 만족도 향상

해설 양립성 설계의 결과

인간실수가 감소한다.

15 시각적 부호의 세 가지 유형과 거리가 먼 것은?

① 임의적 부호
② 묘사적 부호
③ 사실적 부호
④ 추상적 부호

해설 시각적 부호

사실적 부호가 거리가 멀다.

16 인간-기계 시스템에서의 기본적인 기능이 아닌 것은?

① 행동
② 정보의 수용
③ 정보의 제어
④ 정보처리 및 결정

해설 인간-기계 시스템의 기능

정보의 수용, 정보의 저장, 정보의 처리 및 의사결정 행동의 네 가지 기본적인 기능을 수행한다.

17 인간공학(Ergonomics)의 정의와 가장 거리가 먼 것은?

① 인간이 포함된 환경에서 그 주변의 환경조건이 인간에게 맞도록 설계·재설계되는 것이다.
② 인간의 작업과 작업환경을 인간의 정신적, 신체적 능력에 적용시키는 것을 목적으로 하는 과학이다.
③ 건강, 안전, 복지, 작업성과 등의 개선을 요구하는 작업, 시스템, 제품, 환경을 인간의 신체·정신적 능력과 한계에 부합시키기 위해 인간 과학으로부터 지식을 생성·통합한다.
④ 인간에게 질병, 건강장해, 심각한 불쾌감 및 능률저하 등을 초래하는 작업환경 요인과 스트레스를 예측, 인식(측정), 평가, 관리(대책)하는 과학인 동시에 기술이다.

해설 인간공학 정의

인간을 중심에 두고 효과적이고 안전한 시스템을 설계하기 위한 수단을 연구하는 학문이다.
- 인간의 신체적, 심리적 특성을 고려하여 작업환경, 제품, 시스템 등을 설계하고 최적화하는 학문이다. (인간의 편리성을 위한 설계)
- 기계나 도구, 환경을 인간의 해부학, 생리학, 심리학적 특성에 맞도록 연구하는 학문이다.
- "Ergonomics" 또는 "Human Factor"라고 부른다.

④번은 산업위생의 정의이다.

18 정량적 표시장치의 지침을 설계할 경우 고려하여야 할 사항으로 옳지 않은 것은?

① 끝이 뾰족한 지침을 사용할 것
② 지침의 끝이 작은 눈금과 겹치게 할 것
③ 지침의 색은 선단에서 눈금의 중심까지 칠할 것
④ 지침을 눈금 면과 밀착시킬 것

정답 14 ① 15 ③ 16 ③ 17 ④ 18 ②

> **해설** 지침설계
- 선각이 약 20°되는 뾰족한 지침을 사용한다.
- 지침의 끝은 작은 눈금과 맞닿되 겹치지 않게 한다.
- 원형 눈금의 경우 지침의 색은 선단에서 눈금의 중심까지 칠한다.
- 시차를 없애기 위해 지침을 눈금면과 밀착시킨다.

> **해설** 제1종 오류
- $1-\beta$를 검출력(power)이라고 한다.
- 제1종 오류는 실제로는 참인 귀무가설을 기각하는 오류를 의미한다.
- 제2종 오류는 실제로 거짓인 귀무가설을 기각하는 확률을 의미하며, 이때 귀무가설을 채택하는 확률은 β이며 여기서 검출력(power)은 $1-\beta$이다.

19 신호검출이론에 대한 설명으로 옳은 것은?
① 잡음에 실린 신호의 분포는 잡음만의 분포와 구분되지 않아야 한다.
② 신호의 유무를 판정함에 있어 판정결과는 두 가지뿐이다.
③ 신호에 의한 반응이 선형인 경우 판별력은 좋아진다.
④ 신호검출의 민감도에서 신호와 잡음 간의 두 분포가 가까울수록 판정자는 신호와 잡음을 정확하게 판별하기 쉽다.

> **해설** 신호검출이론(signal detection theory)
- 잡음에 실린 신호의 분포는 잡음만의 분포와 구분되어야 한다.
- 신호의 유무를 판정함에 있어 판정결과는 네 가지이다.
- 신호검출의 민감도에서 신호와 잡음 간의 두 분포가 가까울수록 판정자는 신호와 잡음을 정확하게 판별하기 어렵다.

2과목 작업생리학

21 소리 크기의 지표로서 사용하는 단위 중 8sone은 몇 phon인가?
① 60 ② 70
③ 80 ④ 90

> **해설**
sone 값 $= 2^{(\text{phon 값} - 40)/10}$
$8 = 2^{(x-40)/10}$
$x = 70$

20 통계적 분석에서 사용되는 제1종 오류(α)를 설명한 것으로 옳지 않은 것은?
① $1-\alpha$를 검출력(power)이라고 한다.
② 제1종 오류를 통계적 기각역이라고도 한다.
③ 발견한 결과가 우연에 의한 것일 확률을 의미한다.
④ 동일한 데이터의 분석에서 제1종 오류를 작게 설정할수록 제2종 오류가 증가할 수 있다.

22 육체적 작업에서 생기는 우리 몸의 순환기 반응에 해당하지 않는 것은?
① 혈압상승
② 심박출량의 증가
③ 산소 소비량의 증가
④ 신체에 흐르는 혈류의 재분배

> **해설** 육체적인 작업을 할 경우 순환기계의 반응
근육계 반응에서 산소 소비량이 증가한다.

정답 19 ③ 20 ① 21 ② 22 ④ 23 ③

2022년 제1회 기출복원문제

23 어떤 작업의 평균 에너지 값이 6kcal/min이라고 할 때 60분간 총 작업시간 내에 포함되어야 하는 휴식시간은 약 몇 분인가? (단, Murrell의 방법을 적용하여, 기초대사를 포함한 작업에 대한 권장 평균 에너지 값의 상한은 4kcal/min이다.)

① 6.7
② 13.3
③ 26.7
④ 53.3

해설 Murrell의 공식

$$R = \frac{T(E-S)}{E-1.5} = \frac{60(6-4)}{6-1.5} = 26.7분$$

R : 휴식시간/min T : 총 작업시간/min
E : 평균 에너지 소비량 S : 권장 에너지 소비량

24 신체부위를 움직이지 않으면서 고정된 물체에 힘을 가하는 상태의 근력을 의미하는 것은?

① 등장성 근력(isotonic strength)
② 등척성 근력(isometric strength)
③ 등속성 근력(isokinetic strength)
④ 등관성 근력(isoinertial strength)

해설 근력

① 등장성 근력(isotonic strength) : 근육이 일정한 긴장 상태에서 길이를 변화시키는 근력이다 이 경우 근육은 수축하거나 이완하면서 움직임을 만든다. 예를 들어, 웨이트 트레이닝에서 덤벨을 들어 올리는 동작이 등장성 운동의 예이다.
② 등척성 근력(isometric strength) : 근육이 길이를 변화시키지 않고 일정한 장력을 유지하면서 발생하는 근력을 의미한다. 예를 들어, 벽을 밀거나 물건을 들고 있는 상태에서 근육의 길이는 변하지 않지만, 힘이 가해지는 상태를 유지한다.
③ 등속성 근력(isokinetic strength) : 근육이 일정한 속도로 움직이면서 발생하는 근력을 말한다. 이 경우 근육은 속도를 일정하게 유지하면서 수축한다. 주로 전문 운동 장비를 사용하여 수행되며, 재활 치료나 운동 수행 능력 평가에 이용된다.
④ 등관성 근력(isoinertial strength) : 일정한 관성 하에서 근육이 힘을 발휘하는 근력을 의미한다 근육이 일정한 저항을 이겨내면서 수축하거나 이완할 때 발생한다. 등장성 운동과 유사하지만, 좀 더 구체적으로 관성 저항을 포함한 운동을 지칭한다.

25 남성근로자의 육체작업에 대한 에너지 대사량을 측정한 결과 분당 작업 시 산소 소비량이 1.2L/min, 안정 시 산소 소비량이 0.5L/min, 기초 대사량이 1.5kcal/min이었다면 이 작업에 대한 에너지 대사율(RMR)은 약 얼마인가? (단, 권장 평균 에너지 소비량은 5kcal/min이다.)

① 0.47
② 0.80
③ 1.25
④ 2.33

해설 에너지 대사율(RMR)

$$R = \frac{작업\ 시\ 소비에너지 - 안정\ 시\ 소비에너지}{기초\ 대사량}$$

$$R = \frac{(1.2 \times 5) - (0.5 \times 5)}{1.5} = 2.33$$

26 사무실 공기관리 지침상 공기정화시설을 갖춘 사무실의 시간당 환기횟수 기준은?

① 1회 이상
② 2회 이상
③ 3회 이상
④ 4회 이상

해설 환기기준

공기정화시설을 갖춘 사무실 공기관리 지침상 공기정화시설을 갖춘 사무실은 시간당 4회 이상 환기를 한다.

27 어떤 작업자가 팔꿈치 관절에서부터 30cm 거리에 있는 10kg 중량의 물체를 한 손으로 잡고 있고, 팔꿈치 관절의 회전중심에서의 손까지의 중력중심 거리는 14cm이며, 이 부분의 중량은 1.3kg이다. 이때 팔꿈치에 걸리는 반작용(R_E)의 힘은?

① 98.2N
② 105.5N
③ 110.7N
④ 114.9N

정답 24 ② 25 ④ 26 ④ 27 ③

> **해설** 팔꿈치의 반작용력(R_E)

$\sum F = 0$
무게 × 중력 + 무게 × 중력
$10kg \times 9.8 + 1.3kg \times 9.8 = 110.7$
$R_E = 110.7N$

28 작업면에 균등한 조도를 얻기 위한 조명방식으로 공장 등에서 많이 사용되는 조명방식은?

① 국소조명 ② 전반조명
③ 직접조명 ④ 간접조명

> **해설** 조명방식

① **국소조명(Local Lighting)** : 특정 작업 구역이나 특정 작업을 위해 집중적으로 빛을 제공하는 조명 방식이다. 작업 효율성과 정확성을 높이는 데 도움을 주며, 주로 세밀한 작업이 필요한 곳에서 사용된다.
② **전반조명(General Lighting)** : 전체 공간을 균등하게 비추는 조명 방식으로, 넓은 영역에 걸쳐 일관된 조도를 제공하여 작업 환경을 밝고 균일하게 유지한다. 주로 공장, 사무실, 교실 등에서 많이 사용된다.
③ **직접조명(Direct Lighting)** : 빛이 직접적으로 작업면에 도달하는 조명 방식으로, 강한 명암 대비를 제공하여 작업 구역을 명확히 밝히는 데 효과적이다.. 주로 특정 작업에 집중 조명이 필요할 때 사용된다.
④ **간접조명(Indirect Lighting)** : 빛이 벽이나 천장에 반사되어 부드럽고 균일한 조도를 제공하는 조명 방식이다. 눈의 피로를 줄이고 편안한 분위기를 조성하는 데 효과적이다. 주로 실내 디자인에서 자주 사용된다.

29 일반적으로 소음계는 주파수에 따른 사람의 느낌을 감안하여 A, B, C 세 가지 특성에서 음압을 측정할 수 있도록 보정되어 있는데, A 특성치란 몇 phon의 등음량 곡선과 비슷하게 주파수에 따른 반응을 보정하여 측정한 음압수준을 말하는가?

① 20 ② 40
③ 70 ④ 100

> **해설** 소음의 측정

주파수에 따른 반응을 보정하여 측정한 음압
- A 특성치 : 40 phon
- B 특성치 : 70 phon
- C 특성치 : 100 phon

30 뇌간(brain stem)에 해당되지 않는 것은?

① 간뇌 ② 중뇌
③ 뇌교 ④ 연수

> **해설** 뇌간(brain stem)에 해당되는 것

- 중뇌
- 뇌교
- 연수

31 음식물을 섭취하여 기계적인 일과 열로 전환하는 화학적인 과정을 무엇이라 하는가?

① 신진대사
② 에너지가
③ 산소부채
④ 에너지 소비량

> **해설** 용어의 개념

① **신진대사(metabolism)** : 생물체 내에서 일어나는 모든 화학 반응을 의미하며, 음식물을 섭취하여 에너지를 생산하고 이를 기계적인 일과 열로 전환하는 과정이다. 이 과정은 생명 유지와 성장, 복구 등에 필수적이다.
② **에너지가(energy production)** : 신체가 음식물에서 에너지를 생성하고 이를 이용하여 생명 활동을 수행하는 과정을 의미한다. ATP (아데노신 삼인산)가 주된 에너지 운반체로 사용된다.
③ **산소부채(oxygen debt)** : 운동 중에 신체가 필요로 하는 산소량이 공급되는 산소량을 초과할 때 발생하는 현상으로, 운동 후에 이 부채를 갚기 위해 호흡이 더 활발해지는 것을 말한다.
④ **에너지 소비량(energy expenditure)** : 신체가 생명 활동을 유지하고 운동을 수행하기 위해 소비하는 총 에너지 양을 의미한다. 주로 기초 대사율, 신체활동, 그리고 소화 및 대사 과정에서 소비된다.

정답 28 ② 29 ② 30 ① 31 ①

2022년 제1회 기출복원문제

32 정신적 작업부하를 측정하는 생리적 측정치에 해당하지 않는 것은?

① 부정맥 지수
② 산소 소비량
③ 점멸융합주파수
④ 뇌파도 측정치

해설 정신적 작업부하를 측정하는 생리적 측정치
- 부정맥 지수(cardiac arrhythmia)
- 점멸융합주파수
- 뇌파(전)도 측정치(EEG)
- 뇌전위(EEG)
- 동공지름
- 눈꺼풀 깜빡임(blink rate)
- 폐활량

33 최대산소소비능력(MAP)에 관한 설명으로 옳지 않은 것은?

① 산소 섭취량이 일정하게 되는 수준을 말한다.
② 최대산소소비능력은 개인의 운동역량을 평가하는 데 활용된다.
③ 젊은 여성의 평균 MAP는 젊은 남성의 평균 MAP의 20~30% 정도이다.
④ MAP를 측정하기 위해서 주로 트레드밀(Treadmill)이나 자전거 에르고미터(Ergometer)를 활용한다.

해설 최대산소소비능력(MAP)
- 산소 섭취량이 일정하게 되는 수준을 말한다.
- 최대산소소비능력은 개인의 운동역량을 평가하는 데 활용된다.
- 사춘기 이후 젊은 여성의 평균 MAP는 젊은 남성의 평균 MAP의 70~85% 정도이다.
- MAP를 측정하기 위해서 주로 트레드밀(Treadmill)이나 자전거 에르고미터(Ergometer)를 활용한다.
- 근육과 혈액 중에 축적되는 젖산(Lactic acid)의 양이 증가한다.
- 이 수준에서는 주로 혐기성 에너지 대사가 발생한다.
- 20세 전후로 최고가 되었다가 나이가 들수록 점차로 줄어든다.
- 산소 섭취량이 일정 수준에 도달하면 더 이상 증가하지 않는 수준이다.
- 사춘기 이후 여성의 MAP는 남성이 65~75% 정도이다.
- 개인의 MAP가 클수록 순환기 계통의 효능이 크다.
- MAP란 일의 속도가 증가하더라도 산소 섭취량이 더 이상 증가하지 않는 일정하게 되는 수준이다.
- 개인의 MAP가 클수록 순환기 계통의 효능이 크다.

34 골격의 구조와 기능에 대한 설명으로 옳지 않은 것은?

① 신체에 중요한 부분을 보호하는 역할을 한다.
② 소화, 순환, 분비, 배설 등 신체 내부 환경의 조절에 중요한 역할을 한다.
③ 골격은 뼈, 연골, 관절로 이루어지며 사지 및 몸통을 움직이는 피동적 운동기관으로 작용한다.
④ 혈구세포를 만드는 조혈기능과 칼슘과 인 등의 무기질을 저장하여 몸이 필요할 때 공급해 주는 역할을 한다.

해설 골격의 구조와 기능
- 신체에 중요한 부분을 보호하는 역할을 한다.
- 신체활동의 수행 / 신체 주요 부분의 보호 / 신체의 지지 및 형상
- 골격은 뼈, 연골, 관절로 이루어지며 사지 및 몸통을 움직이는 피동적 운동기관으로 작용한다.
- 혈구세포를 만드는 조혈기능과 칼슘과 인 등의 무기질을 저장하여 몸이 필요할 때 공급해 주는 역할을 한다.

35 척추와 근육에 대한 설명으로 옳은 것은?

① 허리부위의 미골은 체중의 60% 정도를 지탱하는 역할을 담당한다.
② 인대는 근육과 뼈에 연결되어 있는 것으로 보통 힘줄이라고 한다.
③ 건은 뼈와 뼈를 연결하여 관절의 운동을 제한한다.
④ 척추는 26개의 뼈로 구성되어 경추, 흉추, 요추, 천골, 미골로 구성되어 있다.

정답 32 ② 33 ③ 34 ② 35 ④

> **해설** 척추와 근육

① 허리부위의 미골은 체중의 60% 정도를 지탱하는 역할을 담당한다.
: 미골(꼬리뼈)은 체중을 지탱하는 데 큰 역할을 하지 않으며, 주요 역할은 척추의 끝 부분을 형성하는 것이다.
② 인대는 근육과 뼈에 연결되어 있는 것으로 보통 힘줄이라고 한다.
: 인대(ligament)는 뼈와 뼈를 연결하는 조직으로, 근육과 뼈를 연결하는 것은 건(tendon)이다.
③ 건은 뼈와 뼈를 연결하여 관절의 운동을 제한한다.
: 건(tendon)은 근육을 뼈에 연결하는 조직이며, 관절의 운동을 제한하는 역할은 인대(ligament)이다.

인간의 경우 26개의 뼈로 이루어져 있다. 경추 7개, 흉추 12개, 요추 5개, 천골 1개[3], 미골 1개[4]로 구분된다.

36 저온 환경이 작업수행에 미치는 영향으로 옳지 않은 것은?

① 근육강도와 내성이 감소하여 육체적 기능도가 줄어든다.
② 손 피부온도(HST)의 감소로 수작업 과업수행능력이 저하된다.
③ 저온 환경에서는 체내 온도를 유지하기 위해 근육의 대사율이 증가된다.
④ 저온은 말초운동신경의 신경전도 속도를 감소시킨다.

> **해설** 저온 환경(스트레스)의 생리적 영향과 신체반응

- 근육강도와 내성이 감소하여 육체적 기능도가 줄어든다.
- 손 피부온도(HST)의 감소로 수작업 과업수행능력이 저하된다.
- 저온 환경에서는 체내 온도를 유지하기 위해 근육의 대사율이 감소된다.
- 저온은 말초운동신경의 신경전도 속도를 감소시킨다.
- 저온은 조립이나 수리 작업에 나쁜 영향을 미친다.
- 추적과업의 수행은 저온에 의해 악영향을 받는다.
- 저온 환경에 노출되면 혈관수축이 발생한다.
- 저온 스트레스를 받으면 피부가 파랗게 보인다.
- 저온 환경에 노출되면 떨기반사(Shivering Reflex)가 나타난다.
- 체표면적이 감소한다.
- 피부의 혈관이 수축된다.
- 근육긴장의 증가와 떨림이 발생한다.

37 다음 중 근육피로의 1차적 원인으로 옳은 것은?

① 젖산 축적
② 글리코겐 축적
③ 미오신 축적
④ 피루브산 축적

> **해설** 근육의 피로

운동이 격렬하여 근육에 산소공급이 원활하지 않은 경우 젖산(Lactic acid)이 생성되어 피곤함을 느낀다.

38 산소 소비량과 에너지 대사를 설명한 것으로 옳지 않은 것은?

① 산소 소비량은 에너지 소비량과 선형적인 관계를 가진다.
② 산소 소비량이 증가한다는 것은 육체적 부하가 증가한다는 것이다.
③ 에너지가의 계산에는 2kcal의 에너지 생성에 1리터의 산소가 소모되는 관계를 이용한다.
④ 산소 소비량은 육체활동에 요구되는 에너지 대사량을 활동 시 소비된 산소량으로 간접적으로 측정하는 것이다.

> **해설** 산소 소비량과 에너지 대사

- 산소 소비량은 에너지 소비량과 선형적인 관계를 가진다.
- 산소 소비량이 증가한다는 것은 육체적 부하가 증가한다는 것이다.
- 에너지가의 계산에는 5kcal의 에너지 생성에 1리터의 산소가 소모되는 관계를 이용한다.
- 산소 소비량은 육체활동에 요구되는 에너지 대사량을 활동 시 소비된 산소량을 통해 간접적으로 측정하는 것이다.
- 산소 소비량과 심박수 사이에는 밀접한 관련이 있다.
- 산소 소비량은 에너지 소비와 직접적인 관련이 있다.
- 산소 소비량은 단위 시간당 배기량을 측정한 것이다.
- 심박수와 산소 소비량 사이의 관계는 선형관계이나 개인에 따라 차이가 있다.

정답 36 ③ 37 ① 38 ③

2022년 제1회 기출복원문제

39 점광원으로부터 어떤 물체나 표면에 도달하는 빛의 밀도를 나타내는 단위로 옳은 것은?

① nit　　② Lambert
③ candela　　④ lumen/m²

해설 단위
① nit : 휘도를 나타내는 단위로, 1nit는 1m²당 1칸델라(candela)를 의미한다.
② Lambert : 휘도의 단위로, 1Lambert는 1cm²당 1칸델라이다.
③ candela : 광도(intensity)의 단위로, 특정 방향에서 발산하는 빛의 세기를 나타낸다.
④ lumen/m²(lux) : 조도의 단위로, 1m²당 1루멘의 빛이 도달할 때의 밀도를 나타낸다.

40 진동이 인체에 미치는 영향으로 옳지 않은 것은?

① 심박수 감소
② 산소 소비량 증가
③ 근장력 증가
④ 말초혈관의 수축

해설 진동의 영향
- 심박수 증가
- 산소 소비량 증가
- 근장력 증가
- 말초혈관의 수축

3과목 산업심리학 및 관련 법규

41 리더십은 교육 훈련에 의해서 향상되므로, 좋은 리더는 육성될 수 있다는 가정을 하는 리더십 이론은?

① 특성접근법
② 상황접근법
③ 행동접근법
④ 제한적 특질접근법

해설 리더십이론
① 특성접근법(Trait Approach) : 리더가 타고난 성격적 특성이나 자질에 따라 리더십이 발휘된다고 본다.
② 상황접근법(Situational Approach) : 리더십의 효과는 특정 상황이나 환경에 따라 달라진다.
③ 행동접근법(Behavioral Approach) : 리더의 행동을 통해 리더십이 학습되고 개발될 수 있다.
④ 제한적 특질접근법(Limited Trait Approach) : 리더십 특성의 중요성을 인정하면서도 특정 조건과 상황에서만 발휘된다.

42 R. House의 경로-목표이론(path-goal theory) 중 리더 행동에 따른 네 가지 범주에 해당하지 않는 것은?

① 방임적 리더　　② 지시적 리더
③ 후원적 리더　　④ 참여적 리더

해설 경로-목표이론의 네 가지 리더십
- 지시형 리더십(Directive Leadership) : 리더가 명확한 지시와 기대를 제공하며, 팀원들에게 구체적인 업무 수행 방법을 제시하는 리더십으로, 역할이 모호하거나 복잡한 과제를 수행할 때 효과적이다.
- 지원형 리더십(Supportive Leadership) : 리더가 팀원들의 복지를 우선시하고, 친절하며, 접근 가능한 태도로 팀원들과 상호작용하는 리더십이다. 스트레스가 높은 작업 환경에서 팀원들의 사기를 높이는 데 도움이 된다.
- 참여형 리더십(Participative Leadership) : 리더가 팀원들의 의견을 적극적으로 수렴하고, 의사 결정 과정에 팀원들을 참여시키는 리더십으로, 팀원들이 자율성과 책임감을 느낄 수 있도록 도와준다.
- 성취 지향형 리더십(Achievement-Oriented Leadership) : 리더가 팀원들에게 도전적인 목표를 설정하고, 목표 달성을 위해 높은 기대와 자율성을 부여하는 리더십으로, 높은 성과를 요구하는 상황에서 팀원들의 동기 부여에 효과적이다.

43 부주의에 대한 사고방지대책 중 정신적 측면의 대책으로 볼 수 없는 것은?

① 안전의식의 제고
② 작업의욕의 고취
③ 작업조건의 개선
④ 주의력 집중 훈련

정답　39 ④　40 ①　41 ③　42 ①　43 ③

> **해설** 정신적 측면의 대책
- 주의력 집중 훈련
- 스트레스 해소 대책
- 안전 의식 재고
- 작업 의욕 고취

44 집단행동에 있어 이성적 판단보다는 감정에 의해 좌우되며 공격적이라는 특징을 갖는 행동은?
① crowd
② mob
③ panic
④ fashion

> **해설** mob
① crowd : 일반적인 군중이나 사람들이 모여 있는 집단을 의미하며, 반드시 공격적이지는 않다.
② mob : 감정에 의해 좌우되고 공격적일 수 있는 집단을 의미한다.
③ panic : 공포나 긴장에 의해 집단적으로 나타나는 비이성적인 행동을 의미한다.
④ fashion : 특정한 시기나 사회에서 유행하는 스타일이나 트렌드를 의미한다.

45 제조물 책임법에서 정의한 결함의 종류에 해당하지 않는 것은?
① 제조상의 결함
② 기능상의 결함
③ 설계상의 결함
④ 표시상의 결함

> **해설** 제조물 책임법
- 제조상의 결함 : 제조업자가 제조물에 대하여 제조상·가공상의 주의 의무를 이행하였는지에 관계없이 제조물이 원래 의도한 설계와 다르게 제조·가공됨으로써 안전하지 못하게 된 경우를 말한다.
- 설계상의 결함 : 제조업자가 합리적인 대체설계(代替設計)를 채용하였더라면 피해나 위험을 줄이거나 피할 수 있었음에도 대체설계를 채용하지 아니하여 해당 제조물이 안전하지 못하게 된 경우를 말한다.
- 표시상의 결함 : 제조업자가 합리적인 설명·지시·경고 또는 그 밖의 표시를 하였더라면 해당 제조물에 의하여 발생할 수 있는 피해나 위험을 줄이거나 피할 수 있었음에도 이를 하지 아니한 경우를 말한다.

46 인간오류에 관한 일반 설계기법 중 오류를 범할 수 없도록 사물을 설계하는 기법은?
① Fail-Safe 설계
② Interlock 설계
③ Exclusion 설계
④ Prevention 설계

> **해설** 설계기법
① Fail-Safe 설계 : 시스템이 고장나거나 오류가 발생했을 때 안전한 상태로 전환되도록 설계하는 기법이다. 예를 들어, 엘리베이터가 고장났을 때 자동으로 멈추는 기능 등이 포함된다.
② Interlock 설계 : 두 개 이상의 작동 요소가 특정 순서대로만 작동하도록 하는 기법으로, 잘못된 순서로 작동할 수 없게 한다. 예를 들어, 전자레인지의 문이 닫혀야만 작동되는 기능 등이 있다.
③ Exclusion(배타) 설계 : 사용자가 오류를 범할 수 없도록 사물을 설계하는 기법으로, 잘못된 사용을 원천적으로 방지한다. 예를 들어, 특정 위치에서만 맞물리는 부품 등이 있다.
④ Prevention(보호) 설계 : 오류를 사전에 예방할 수 있도록 설계하는 기법으로, 사용자에게 경고하거나 제한을 주어 잘못된 사용을 방지한다. 예를 들어, 소프트웨어의 경고 메시지 등이 있다.

47 집단을 공식집단과 비공식집단으로 구분할 때 비공식집단의 특성이 아닌 것은?
① 규모가 크다.
② 동료애의 욕구가 강하다.
③ 개인적 접촉의 기회가 많다.
④ 감정의 논리에 따라 운영된다.

> **해설** 비공식적 집단(informal group)
비공식집단은 규모가 크지 않다.

정답 44 ② 45 ② 46 ③ 47 ①

2022년 제1회 기출복원문제

48 작업자가 제어반의 압력계를 계속적으로 모니터링하는 작업에서 압력계를 잘못 읽어 에러를 범할 확률이 100시간에 1회로 일정한 것으로 조사되었다. 작업을 시작한 후 200시간 시점에서의 인간 신뢰도는 약 얼마로 추정되는가?

① 0.02 ② 0.98
③ 0.135 ④ 0.865

해설 연속적 직무에서의 인간 신뢰도

$R(T) = e^{-\lambda(t)}$

- 고장률(λ) = $\dfrac{\text{고장 건수}(r)}{\text{총 가동시간}(t)} = \dfrac{1}{100}$
- 신뢰도 $R(T) = e^{-\frac{1}{100} \times 200} = 0.135$

49 미국 국립산업안전보건연구원(NIOSH)에서 제안한 직무스트레스 요인에 해당하지 않는 것은?

① 성능 요인 ② 환경 요인
③ 작업 요인 ④ 조직 요인

해설 직무스트레스 요인
- 작업 요인 : 작업부하, 작업 속도, 교대근무 등
- 조직 요인 : 역할 모호성, 역할 갈등, 관리 유형, 의사결정 참여도, 고용의 불확실성 등
- 환경 요인 : 소음, 온도, 조명, 환기 불량 등

50 다음 조직에 의한 스트레스 요인은?

> 급속한 기술의 변화에 대한 적응이 요구되는 직무나 직무의 난이도나 속도를 요구하는 특성을 가진 업무와 관련하여 역할이 과부하되어 받게 되는 스트레스

① 역할 갈등 ② 과업 요구
③ 집단 압력 ④ 역할 모호성

해설 과도한 역할 요구
① 역할 갈등(Role Conflict) : 개인이 여러 가지 역할을 수행해야 할 때, 이들 역할 간에 상충되는 요구나 기대가 발생하여 스트레스를 유발하는 상황이다. 예를 들어, 직장에서 상사의 기대와 동료의 기대가 서로 다를 때 발생할 수 있다.
② 과업 요구(Task Demand) : 업무 자체의 특성이나 업무 수행에 필요한 요구사항이 지나치게 많거나 복잡할 때 발생하는 스트레스 요인이다. 예를 들어, 과중한 업무량, 엄격한 마감 기한, 높은 성과 압력 등이 포함될 수 있다.
③ 집단 압력(Group Pressure) : 조직 내 동료나 집단으로부터 받는 사회적 압력으로 인해 발생하는 스트레스다. 예를 들어, 동료들 사이에서의 경쟁, 집단 내 갈등, 집단 규범에 따르지 못할 때 받는 압박 등이 있다.
④ 역할 모호성(Role Ambiguity) : 개인이 수행해야 할 역할과 책임에 대한 명확한 정보나 지침이 부족하여 발생하는 스트레스 요인이다. 예를 들어, 직무의 범위나 목표가 불분명하여 어떤 일을 해야 할지 모르는 경우 등이 있다.

51 반응시간(Reaction Time)에 관한 설명으로 옳은 것은?

① 자극이 요구하는 반응을 행하는 데 걸리는 시간을 의미한다.
② 반응해야 할 신호가 발생한 때부터 반응이 종료될 때까지의 시간을 의미한다.
③ 단순반응시간에 영향을 미치는 변수로는 자극 양식, 자극의 특성, 자극 위치, 연령 등이 있다.
④ 여러 개의 자극을 제시하고, 각각에 대한 서로 다른 반응을 할 과제를 준 후에 자극이 제시되어 반응할 때까지의 시간을 단순반응시간이라 한다.

해설 반응시간(Reaction Time, RT)
반응시간(RT)은 자극에 대한 반응이 발생하기까지의 소요시간이다.
- 단순반응시간 : 하나의 특정 자극에 대해 반응을 시작하는 시간으로 항상 같은 반응을 요구한다. 단순반응시간에 영향을 미치는 변수로는 자극 양식, 자극의 특성, 자극 위치, 연령 등이 있다.
- 선택반응시간 : 여러 개의 자극이 각각 서로 다른 반응을 요구하는 경우의 반응시간이다.

정답 48 ③ 49 ① 50 ② 51 ③

52 재해의 발생원인 중 직접 원인(1차 원인)에 해당하는 것은?

① 기술적 원인   ② 교육적 원인
③ 관리적 원인   ④ 물적 원인

해설 직접 원인(1차 원인)
- 물적 요인(불안전한 상태)
- 인적 요인(불한전한 행동)

53 다음에서 설명하는 것은?

> 집단을 이루는 구성원들이 서로에게 매력적으로 끌리어 그 집단 목표를 달성하는 정도를 나타내며, 소시오메트리 연구에서는 실제 상호선호관계의 수를 가능한 상호선호관계의 총 수로 나누어 지수(index)로 표현한다.

① 집단 협력성   ② 집단 단결성
③ 집단 응집성   ④ 집단 목표성

해설 집단 응집성(Group Cohesiveness)
집단 구성원들이 집단에 대한 소속감을 느끼고, 집단 목표를 달성하기 위해 함께 노력하는 정도를 의미한다. 융집성은 집단의 결속력과 친밀감을 반영하며, 높은 응집성은 집단의 성과와 만족도를 높이는 데 긍정적인 영향을 미친다.

54 A 사업장의 도수율이 2로 산출되었을 때, 그 결과에 대한 해석으로 옳은 것은?

① 근로자 1,000명당 1년 동안 발생한 재해자 수가 2명이다.
② 연 근로시간 1,000시간당 발생한 근로손실일수가 2일이다.
③ 근로자 10,000명당 1년간 발생한 사망자 수가 2명이다.
④ 연 근로자가 1,000,000시간당 발생한 재해 건수가 2건이다.

해설 도수율
- 일반적으로 1,000,000 근로시간당 재해발생 건수로 계산된다.

$$도수율 = \frac{재해발생\ 건수}{연\ 근로시간\ 수} \times 10^6$$

- 도수율이 2라는 것은 1,000,000 근로시간당 2건의 재해가 발생했다는 것이다.

55 원자력발전소 주제어실의 직무는 4명의 운전원으로 구성된 근무조에 의해 수행되고, 이들의 직무간에는 서로 영향을 끼치게 된다. 근무조원 중 1차 계통의 운전원 A와 2차 계통의 운전원 B 간의 직무는 중간 정도의 의존성(15%)이 있다. 그리고 운전원 A의 기초 인간실수확률 HEP Prob{A} = 0.001일 때, 운전원 B의 직무실패를 조건으로 한 운전원 A의 직무실패확률은 약 얼마인가? (단, THERP 분석법을 사용한다.)

① 0.151   ② 0.161
③ 0.171   ④ 0.181

해설 THERP 분석법
$$\text{Prob}\{N \mid N-1\} = (\%_{dep})1.0 + (1 - \%_{dep})\text{Prob}\{N\}$$

- B가 실패일 때 A의 실패확률
$$\text{Rrob}\{A \mid B\} = (0.15) \times 1.0 + (1 - 0.15) \times (0.001)$$
$$= 0.15075$$
$$= 0.151$$

56 다음 중 상해의 종류에 해당하지 않는 것은?

① 협착
② 골절
③ 부종
④ 중독 · 질식

해설 상해의 종류와 재해 유형
"협착"은 재해 유형이다.

정답 52 ④   53 ③   54 ④   55 ①   56 ①

2022년 제1회 기출복원문제

57 인간의 의식수준과 주의력에 대한 다음의 관계가 옳지 않은 것은?

	의식수준	의식모드	행동수준	신뢰성
A	IV	흥분	감정 흥분	낮다.
B	III	정상 (분명한 의식)	적극적 행동	매우 높다.
C	II	정상 (느긋한 기분)	안정된 행동	다소 높다.
D	I	무의식	수면	높다.

① A　　② B
③ C　　④ D

해설 단계별 의식수준

단계 (phase)	뇌파패턴	의식상태 (mode)	주의의 작용	생리적 상태	신뢰성
0	δ파	무의식, 실신	제로	수면, 뇌발작	없다. 0
I	θ파	의식이 둔한 상태, 흐림, 몽롱 (subnormal)	활발하지 않음. (inactive)	피로 단조, 졸림, 취중	낮다. 0.9
II	α파	편안한 상태, 이완상태, 느긋함 (normal, relaxed)	수동적 (passive)	안정적 상태, 휴식 시, 정상작업 시, 정례작업 시, 일반적으로 일을 시작할 때의 안정된 상태	다소 높다. 0.99~ 0.9999
III	β파	명석한 상태, 정상의식, 분명한 의식 (normal, clear)	활발함, 적극적 (active)	적극적 활동 시, 가장 좋은 의식수준 상태	매우 높다. 0.9999 이상
IV	γ파 긴장과대	흥분상태 (과긴장) (hypernormal)	일점에 응집, 판단 정지	긴급방위 반응, 당황, 패닉	낮다. 0.9 이하

58 하인리히의 도미노이론을 순서대로 나열한 것은?

A. 유전적 요인과 사회적 환경
B. 개인의 결함
C. 불안전한 행동과 불안전한 상태
D. 사고
E. 재해

① A → B → D → C → E
② A → B → C → D → E
③ B → A → C → D → E
④ B → A → D → C → E

해설 하인리히 도미노이론

- 1단계 – 유전적인 요소 및 사회 환경(선천적 결함)
- 2단계 – 개인의 결함(간접 원인)
- 3단계 – 불안전한 행동(인적 결함) 및 불안전한 상태(물적 결함)(직접 원인) ※ 제거 가능
- 4단계 – 사고
- 5단계 – 재해

59 다음은 인적 오류가 발생한 사례이다. Swain과 Guttman이 사용한 개별적 독립행동에 의한 오류 중 어느 것에 해당하는가?

컨베이어 벨트 수리공이 작업을 시작하면서 동료에게 컨베이어 벨트의 작동버튼을 살짝 눌러서 벨트를 조금만 움직이라고 이른 뒤 수리작업을 시작하였다. 그러나 작동버튼 옆에서 서성이던 동료가 순간적으로 중심을 잃으면서 작동버튼을 힘껏 눌러 컨베이어 벨트가 전속력으로 움직이며 수리공의 신체 일부가 끼이는 사고가 발생하였다.

정답　57 ④　58 ②　59 ④

① 시간 오류(Time Error)
② 순서 오류(Sequential Error)
③ 부작위 오류(Omission Error)
④ 작위 오류(Commission Error)

해설 인적 오류

- 생략 오류(Omission Error) : 절차를 생략해 발생하는 오류
- 시간 오류(Time Error) : 절차의 수행지연에 의한 오류
- 작위 오류(Commission Error) : 절차의 불확실한 수행에 의한 오류
- 순서 오류(Sequential Error) : 절차의 순서착오에 의한 오류
- 과잉행동 오류(Extraneous Error) : 불필요한 작업/절차에 의한 오류

60 Maslow의 욕구단계이론을 하위 단계부터 상위 단계로 올바르게 나열한 것은?

A. 사회적 욕구
B. 안전에 대한 욕구
C. 생리적 욕구
D. 존중에 대한 욕구
E. 자아실현의 욕구

① C → A → B → E → D
② C → A → B → D → E
③ C → B → A → E → D
④ C → B → A → D → E

해설 Maslow의 욕구단계이론

단계	욕구
1단계	생리적 욕구
2단계	안전 욕구
3단계	사회적 욕구
4단계	존중의 욕구
5단계	자아실현의 욕구

4과목 근골격계질환 예방을 위한 작업관리

61 작업관리의 문제해결 방법으로 전문가 집단의 의견과 판단을 추출하고 종합하여 집단적으로 판단하는 방법은?

① SEARCH의 원칙
② 브레인스토밍(Brainstorming)
③ 마인드 매핑(Mind Mapping)
④ 델파이 기법(Delphi Technique)

해설 문제분석 도구

① SEARCH의 원칙 : 일반적으로 문제 해결이나 정보 검색에 대한 체계적인 접근 방식을 의미할 수 있다. 각 단어의 첫 글자를 따서 만든 약어로 작업을 단순화, 불필요한 작업의 제거, 순서변경, 작업의 결합 등을 가지고 문제를 해결하는 방법이다.

② 브레인스토밍(Brainstorming) : 창의적인 아이디어를 자유롭게 제안하고 공유하는 방법으로, 비판 없이 다양한 아이디어를 모으는 데 초점을 맞춘다. 그룹 내에서 각자의 생각을 자유롭게 표현하여 문제 해결이나 새로운 아이디어를 도출하는 데 사용한다.

③ 마인드 매핑(Mind Mapping) : 중심 아이디어를 기준으로 관련된 개념과 정보를 시각적으로 연결하여 표현하는 기법이다. 이는 정보의 구조화와 기억을 돕는 데 유용하며, 창의적인 사고를 촉진한다.

④ 델파이 기법(Delphi Technique) : 전문가들 간의 반복적인 설문 조사와 의견 조율을 통해 특정 문제에 대한 합의나 예측을 도출하는 방법으로 익명성을 유지하며 전문가들의 의견을 종합하고 분석하여 최종 결론을 도출한다.

62 시설배치방법 중 공정별 배치방법의 장점에 해당하는 것은?

① 운반 길이가 짧아진다.
② 작업진도의 파악이 용이하다.
③ 전문적인 작업지도가 용이하다.
④ 재공품이 적고, 생산길이가 짧아진다.

해설 ▸ 공정별 배치(Process Layout)

- 다양한 제품을 소량 생산할 때 사용되며, 유사한 공정을 수행하는 기계들이 그룹으로 배치된다. 예를 들어, 각기 다른 부품을 만드는 기계들이 하나의 작업장에 모여 있는 것이다. 각 공정별 배치는 유사한 작업을 하는 설비들이 그룹화되어 배치되는 방식으로, 운반거리는 직선적이기보다는 복잡하고 길어질 수 있다.
- 작업 할당에 융통성이 있다.
- 운반거리가 늘어날 수 있다.
- 작업자가 다루는 품목의 종류가 다양하다.
- 설비의 보전이 용이하고 가동률이 높기 때문에 자본투자가 적다. 전문적인 작업지도가 용이하다.

63 동작경제의 원칙 중 작업장 배치에 관한 원칙으로 볼 수 없는 것은?

① 모든 공구나 재료는 지정된 위치에 있도록 한다.
② 공구의 기능을 결합하여 사용하도록 한다.
③ 가능하다면 낙하식 운반 방법을 이용한다.
④ 작업이 용이하도록 적절한 조명을 비추어 준다.

해설 ▸ 작업장의 배치에 관한 원칙

- 모든 공구와 재료는 일정한 위치에 정돈 되어야 한다.
- 공구와 재료는 작업이 용이하도록 작업자의 주위에 있어야 한다.
- 중력을 이용한 부품상자나 용기를 이용하여 부품을 부품 사용 장소 가까이 보낼 수 있도록 한다.
- 가능하면 낙하시키는 방법을 이용한다.
- 공구 및 재료는 동작에 가장 편리한 순서로 배치한다.
- 채광 및 조명장치를 잘 하여야 한다.
- 의자와 작업대의 모양과 높이는 각 작업자에게 알맞도록 설계되어야 한다.
- 작업자가 좋은 자세를 취할 수 있는 모양, 높이의 의자를 지급해야 한다.

② 공구의 기능을 결합하여 사용하도록 한다.
 : 공구 설비의 디자인에 관한 원칙이다.

64 다음 중 허리부위나 중량물 취급 작업에 대한 유해요인의 주요 평가기법은?

① REBA ② JSI
③ RULA ④ NLE

해설 ▸ 유해요인 평가기법

① REBA(Rapid Entire Body Assessment) : 작업자의 전체 신체를 대상으로 근골격계 유해요인을 평가하는 기법으로 특히 다양한 자세에서 발생할 수 있는 유해요인을 분석하여 작업의 위험성을 평가하는 데 사용된다.
 예 손목, 아래팔, 팔꿈치, 어깨, 목, 몸통, 허리, 다리, 무릎

② JSI(Job Strain Index) : 작업자의 손목과 팔에 가해지는 유해요인을 평가하는 기법이다. 반복적이거나 힘든 작업에서 발생할 수 있는 근골격계질환의 위험성을 평가하는 데 사용된다.
 예 손, 손목, 팔꿈치

③ RULA(Rapid Upper Limb Assessment) : 작업자의 상지(팔, 손, 어깨 등)에 가해지는 유해요인을 평가하는 기법으로, 작업 자세와 동작을 분석하여 상지의 근골격계 위험 요인을 평가하는 데 사용된다.
 예 손목, 아래팔, 팔꿈치, 어깨, 목, 몸통

④ NLE(NIOSH Lifting Equation) : 중량물 취급 작업에서 작업자의 허리와 척추에 가해지는 유해요인을 평가하는 기법이다. 중량물의 무게, 작업 빈도, 작업자의 자세 등을 고려하여 허리에 가해지는 부담을 평가한다.
 예 허리

65 NIOSH Lifting Equation 평가에서 권장무게한계가 20kg이고, 현재 작업물의 무게가 23kg일 때, 들기지수(Lifting Index)의 값과 이에 대한 평가가 옳은 것은?

① 0.87, 요통의 발생위험이 높다.
② 0.87, 작업을 재설계할 필요가 있다.
③ 1.15, 요통의 발생위험이 높다.
④ 1.15, 작업을 재설계할 필요가 없다.

해설 ▸ LI(들기지수)

LI = 작업물의 무게 / RWL(권장무게한계)
LI = 23kg / 20kg = 1.15
LI가 1보다 크다는 것은 요통의 발생위험이 높다는 것을 나타낸다. 따라서 LI가 1 이하가 되도록 작업을 재설계할 필요가 있다.

정답 63 ② 64 ④ 65 ③

66 다중활동분석표의 사용 목적과 가장 거리가 먼 것은?

① 작업자의 작업시간 단축
② 기계 혹은 작업자의 유휴시간 단축
③ 조 작업을 재편성 또는 개선하여 조 작업 효율 향상
④ 한 명의 작업자가 담당할 수 있는 기계 대수의 산정

해설 다중활동분석표의 사용 목적
- 가장 경제적인 작업조 편성
- 적정 인원수 결정
- 작업자 한 사람이 담당할 기계 소요대수나 적정기계 담당대수의 결정
- 작업자와 기계의(작업효율 극대화를 위한) 유휴시간 단축

67 작업관리에서 사용되는 한국산업표준 공정도 기호와 명칭이 잘못 연결된 것은?

① ▽ – 이동　　② ⇨ – 운반
③ □ – 수량 검사　④ D – 정체

해설 공정도 기호

가공	운반	정체	저장	검사
○	⇨	D	▽	□

68 작업관리에서 사용되는 기본 문제해결 절차로 가장 적합한 것은?

① 연구대상 선정 → 분석과 기록 → 분석 자료의 검토 → 개선안의 수립 → 개선안의 도입
② 연구대상 선정 → 분석 자료의 검토 → 분석과 기록 → 개선안의 수립 → 개선안의 도입
③ 분석 자료의 검토 → 분석과 기록 → 개선안의 수립 → 연구대상 선정 → 개선안의 도입
④ 분석 자료의 검토 → 개선안의 수립 → 분석과 기록 → 연구대상 선정 → 개선안의 도입

해설 문제해결 절차
① 연구대상 선정
② 분석, 기록
③ 분석자료 검토
④ 개선안 수립
⑤ 개선안 도입

69 다음의 특징을 가지는 표준시간 측정법은?

> 연속적인 측정방법으로 스톱워치, 전자식 타이머, 비디오카메라 등이 사용되며 작업을 실제로 관측하여 표준시간을 산정한다.

① PTS법　　　② 시간연구법
③ 표준자료법　④ 워크샘플링

해설 표준시간 측정법
① **PTS법(Predetermined Time Systems)** : 사전에 정의된 표준시간 데이터를 사용하여 작업 요소의 시간을 측정하는 방법으로, 작업을 여러 요소로 나누고, 각 요소에 대해 미리 정해진 시간을 합산하여 전체 작업시간을 추정한다. MTM, MOST 등이 PTS법에 포함된다.
② **시간연구법(Time Study)** : 실제 작업을 관찰하고 측정하여 작업 시간을 분석하는 방법으로 스톱워치 등을 사용하여 작업 요소별로 시간을 측정하고, 이를 바탕으로 작업시간의 표준을 설정한다. 이는 작업의 효율성을 높이는 데 도움이 된다.
③ **표준자료법(Standard Data Method)** : 이미 측정된 시간 데이터를 활용하여 유사한 작업의 시간을 추정하는 방법이다. 표준 자료를 사용하여 새로운 작업의 시간을 예측할 수 있으며, 이는 시간과 비용을 절약하는 데 유용하다.
④ **워크샘플링(Work Sampling)** : 작업을 수행하는 동안 일정한 시간 간격으로 관찰을 실시하여 작업과 비작업 활동의 비율을 분석하는 방법이다. 이를 통해 작업의 효율성을 평가하고, 개선점을 도출할 수 있다.

70 문제분석을 위한 기법 중 원과 직선을 이용하여 아이디어 문제, 개념 등을 개괄적으로 빠르게 설정할 수 있도록 도와주는 연역적 추론 기법에 해당하는 것은?

① 공정도(Proces Chart)
② 마인드 매핑(Mind Mapping)
③ 파레토 차트(Pareto Chart)
④ 특성요인도(Cause and Effet Diagram)

해설 문제분석을 위한 기법

① 공정도(Process Chart) : 작업의 흐름을 시각적으로 나타내는 도구로, 공정의 각 단계를 도식화하여 전체적인 흐름을 쉽게 이해할 수 있도록 한다.
② 마인드 매핑(Mind Mapping) : 중심 주제를 기준으로 관련된 아이디어와 개념을 방사형으로 확장하여 연결하는 기법으로, 아이디어를 시각적으로 정리하고 구조화하는 연역적 추론 기법이다.
③ 파레토 차트(Pareto Chart) : 문제나 현상의 중요도를 파악하기 위해 사용되는 도구로, 데이터를 막대그래프로 표현하여 가장 중요한 요소들을 쉽게 식별할 수 있다.
④ 특성요인도(Cause and Effect Diagram) : 특정 문제의 원인과 결과를 시각적으로 도식화한 도구로, 물고기 뼈 다이어그램(Fishbone Diagram)이라고도 불리며, 문제의 근본 원인을 분석하는 데 유용하다.

71 작업연구의 내용과 가장 관계가 먼 것은?

① 표준시간을 산정, 결정한다.
② 최선의 작업방법을 개발하고 표준화한다.
③ 최적 작업방법에 의한 작업자 훈련을 한다.
④ 작업에 필요한 경제적 로트(lot) 크기를 결정한다.

해설 작업분석의 목적
- 최선의 작업 방법 개발과 표준화
- 표준시간의 산정
- 최적 작업 방법에 의한 작업자 훈련
- 생산성 향상

72 워크샘플링 조사에서 주요작업의 추정비율(p)이 0.06이라면, 99% 신뢰도를 위한 워크샘플링 횟수는 몇 회인가? (단, $\mu 0.005$는 2.58, 허용오차는 0.01이다.)

① 3744 ② 3745
③ 3755 ④ 3764

해설 워크샘플링에 의한 관측횟수 결정

$$N = \frac{Z_{1-\alpha/2}^2 \times \overline{P}(1-\overline{P})}{e^2}$$

$$= \frac{(2.58)^2 \times 0.06(1-0.06)}{0.01^2} = 3755$$

73 근골격계질환의 유형에 대한 설명으로 옳지 않은 것은?

① 외상과염은 팔꿈치 부위의 인대에 염증이 생김으로써 발생하는 증상이다.
② 수근관 증후군은 손목이 꺾인 상태나 과도한 힘을 준 상태에서 반복적 손 운동을 할 때 발생한다.
③ 회내근 증후군은 과도한 망치질, 노젓기 동작 등으로 손가락이 저리고 손가락 굴곡이 약화되는 증상이다.
④ 결절종은 반복, 구부림, 진동 등에 의하여 건의 섬유질이 손상되거나 찢어지는 등의 건에 염증이 생기는 질환이다.

해설 결절종(Ganglion)
- 손바닥이나 손등 쪽의 손목, 손가락, 발목에 발생하는 양성 종양으로 주로 손목, 관절 주변이나 힘줄 부위에 나타나며, 손목을 자주 사용하면 크기가 커질 수 있다.
- 관절액이 채워진 주머니 모양의 종양으로, 피부 밑에 덩어리처럼 만져진다.

정답 70 ② 71 ④ 72 ③ 73 ④

74 3시간 동안 작업 수행과정을 촬영하여 워크샘플링 방법으로 200회를 샘플링한 결과 30번의 손목꺾임이 확인되었다. 이 작업의 시간당 손목꺾임 시간은?

① 6분 ② 9분
③ 18분 ④ 30분

해설 워크샘플링

- 발생확률 = $\dfrac{\text{관측된 횟수}}{\text{총 관측 횟수}} = \dfrac{30}{200} = 0.15$
- 시간당 손목꺾임 시간 = 발생확률 × 60분
  = 0.15 × 60 = 9분

75 동작분석을 할 때 스패너에 손을 뻗치는 동작에 적합한 서블릭(Therblig) 문자기호는?

① H ② P
③ TE ④ SH

해설 서블릭(Therblig) 문자기호

① H : 잡고 있기
② P : 바로 놓기
③ TE : 빈손이동
④ SH : 찾음

76 작업수행도 평가 시 사용되는 레이팅 계수(rating scale)에 대한 설명으로 옳지 않은 것은?

① 관측시간치의 평균값을 레이팅 계수로 보정하여 보통속도로 변환시켜준 개념을 표준시간이라 한다.
② 정상기준 작업속도를 100%로 보고 100%보다 큰 경우 표준보다 빠르고, 100%보다 작은 경우 느린 것을 의미한다.
③ 레이팅 계수(%)가 125일 경우 동작이 매우 숙달된 속도, 장시간 계속 작업 시 피로할 것 같은 작업속도로 판정할 수 있다.
④ 속도 평가법에서의 레이팅 계수는 기준속도를 실제속도로 나누어 계산하고 레이팅 시 작업속도만을 고려하므로 적용하기가 쉬워 보편적으로 사용한다.

해설 레이팅 계수

관측시간의 평균값을 레이팅 계수로 보정하여 보통속도로 변환시킨 개념을 정미시간이라고 한다.
- 정미시간(NT) = 관측평균시간 × 레이팅 계수(%)

77 근골격계질환 예방·관리추진팀 내 보건관리자의 역할로 옳지 않은 것은?

① 근골격계질환 예방·관리 프로그램의 기본정책을 수립하여 근로자에게 알린다.
② 주기적으로 작업장을 순회하여 근골격계질환을 유발하는 작업공정 및 작업 유해요인을 파악한다.
③ 7일 이상 지속되는 증상을 가진 근로자가 있을 경우 지속적인 관찰, 전문의 진단의뢰 등의 필요한 조치를 한다.
④ 주기적인 근로자 면담 등을 통하여 근골격계질환 증상 호소자를 조기에 발견하는 일을 한다.

해설 보건관리자의 역할

- 주기적으로 작업장을 순회하여 근골격계질환을 유발하는 작업공정 및 작업 유해요인을 파악한다.
- 주기적으로 작업자 면담 등을 통하여 근골격계질환 증상 호소자를 조기에 발견하는 일을 한다.
- 7일 이상 지속되는 증상을 가진 작업자가 있을 경우 지속적인 관찰, 전문의 진단의뢰 등의 필요한 조치를 한다.
- 근골격계질환자를 주기적으로 면담하여 가능한 한 조기에 작업장에 복귀할 수 있도록 도움을 준다.
- 예방·관리 프로그램 운영을 위한 정책결정에 참여한다.

정답 74 ② 75 ③ 76 ① 77 ①

78 표준자료법의 특징으로 옳은 것은?

① 레이팅이 필요하다.
② 표준시간의 정도가 뛰어나다.
③ 직접적인 표준자료 구축비용이 크다.
④ 작업방법의 변경 시 표준시간을 설정할 수 있다.

해설 표준자료법의 특징

- 제조원가의 사전 견적이 가능하며, 직접 측정하지 않더라도 표준시간을 구할 수 있다.
- 레이팅이 필요 없다.
- 표준시간의 정도가 떨어진다.
- 표준자료 작성의 초기비용이 크기 때문에 생산량이 적거나 제품이 큰 경우에는 부적합하다.

79 산업안전보건법령상 근골격계 부담작업에 해당하지 않는 것은? (단, 단기간작업 또는 간헐적인 작업은 제외한다.)

① 하루에 10회 이상 25kg 이상의 물체를 드는 작업
② 하루에 총 2시간 이상, 분당 2회 이상 4.5kg 이상의 물체를 드는 작업
③ 하루에 총 1시간 이상 쪼그리고 앉거나 무릎을 굽힌 자세에서 이루어지는 작업
④ 하루에 4시간 이상 집중적으로 자료입력 등을 위해 키보드 또는 마우스를 조작하는 작업

해설 근골격계 부담작업

- 하루에 4시간 이상 집중적으로 자료입력 등을 위해 키보드 또는 마우스를 조작하는 작업
- 하루에 총 2시간 이상 목, 어깨, 팔꿈치, 손목 또는 손을 사용하여 같은 동작을 반복하는 작업
- 하루에 총 2시간 이상 머리 위에 손이 있거나, 팔꿈치가 어깨 위에 있거나, 팔꿈치를 몸통으로부터 들거나, 팔꿈치를 몸통 뒤쪽에 위치하도록 하는 상태에서 이루어지는 작업
- 지지되지 않은 상태이거나 임의로 자세를 바꿀 수 없는 조건에서, 하루에 총 2시간 이상 목이나 허리를 구부리거나 트는 상태에서 이루어지는 작업
- 하루에 총 2시간 이상 쪼그리고 앉거나 무릎을 굽힌 자세에서 이루어지는 작업
- 하루에 총 2시간 이상 지지되지 않은 상태에서 1kg 이상의 물건을 한 손의 손가락으로 집어 옮기거나, 2kg 이상에 상응하는 힘을 가하여 한 손의 손가락으로 물건을 쥐는 작업
- 하루에 총 2시간 이상 지지되지 않은 상태에서 4.5kg 이상의 물건을 한 손으로 들거나 동일한 힘으로 쥐는 작업
- 하루에 10회 이상 25kg 이상의 물체를 드는 작업
- 하루에 25회 이상 10kg 이상의 물체를 무릎 아래에서 들거나, 어깨 위에서 들거나, 팔을 뻗은 상태에서 드는 작업
- 하루에 총 2시간 이상, 분당 2회 이상 4.5kg 이상의 물체를 드는 작업
- 하루에 총 2시간 이상 시간당 10회 이상 손 또는 무릎을 사용하여 반복적으로 충격을 가하는 작업

80 근골격계질환 예방대책으로 옳지 않은 것은?

① 단순 반복 작업은 기계를 사용한다.
② 작업순환(Job Rotation)을 실시한다.
③ 작업방법과 작업공간을 인간공학적으로 설계한다.
④ 작업속도와 작업강도를 점진적으로 강화한다.

해설 근골격계질환 예방대책

점진적으로 강화하면 근골격계질환이 더욱 악화된다.

2022년 제3회 기출복원문제

1과목 인간공학개론

01 1cd의 점광원으로부터 3m 떨어진 구면의 조도는 몇 lux인가?

① $\frac{1}{27}$ ② $\frac{1}{9}$
③ $\frac{1}{6}$ ④ $\frac{1}{3}$

해설 조도

조도 $= \frac{광량}{거리^2} = \frac{1}{3^2} = \frac{1}{9}$

02 차를 우회전하고자 할 때 핸들을 오른쪽으로 돌리는 것은 양립성(Compatibility)의 유형 중 어느 것에 해당하는가?

① 공간적 양립성 ② 운동 양립성
③ 개념 양립성 ④ 양식 양립성

해설 양립성

양립성은 자극과 반응의 관계가 인간의 기대와 모순되지 않는 성질
① **공간적 양립성** : 표시장치, 조종장치의 형태 및 공간적 배치의 양립성
   예 오른쪽 조리대는 오른쪽 조절장치로, 왼쪽 조리대는 왼쪽 조절장치
② **운동의 양립성** : 표시장치, 조종장치 등의 운동 방향의 양립성
   예 조종장치를 오른쪽으로 돌리면 표시장치의 지침이 오른쪽으로 이동하는 것
③ **개념의 양립성** : 외부 자극에 대해 인간의 개념적 현상의 양립성
   예 빨간 버튼 온수, 파란 버튼 냉수
④ **양식 양립성** : 직무에 맞는 자극과 응답 양식의 존재에 대한 양립성

03 정신 작업부하를 측정하는 척도로 적합하지 않은 것은?

① 심박수
② Cooper-Harper 축척(scale)
③ 주임무(Primary task) 수행에 소요된 시간
④ 부임무(Secondary task) 수행에 소요된 시간

해설 정신 부하의 측정

- 정신 부하 측정을 크게 네 부분으로 나뉘는데 주작업 측정, 부수작업 측정, 생리적 측정, 주관적 측정으로 구분한다.
- 심박수는 육체작업 평가에 적합하다.

04 기계가 인간보다 더 우수한 기능이 아닌 것은? (단, 인공지능은 제외한다.)

① 자극에 대하여 연역적으로 추리한다.
② 이상하거나 예기치 못한 사건들을 감지한다.
③ 장시간에 걸쳐 신뢰성 있는 작업을 수행한다.
④ 암호화된 정보를 신속하고, 정확하게 회수한다.

해설 인간과 기계

인간이 우수한 기능	기계가 우수한 기능
• 귀납적 추리 • 과부하 상태에서 선택 • 예기치 못한 사건을 감지	• 연역적 추리 • 과부하 상태에서도 효율적 • 장시간에 걸쳐 신뢰성 있는 작업 수행 • 암호화 정보를 신속하고 정확하게 수행

정답 01 ② 02 ② 03 ① 04 ②

2022년 제3회 기출복원문제

05 다음 중 보기와 같은 사항을 설계하고자 할 때 인체측정 자료에 대하여 적용할 수 있는 설계원리는?

> **보기**
> - 버스의 승객 의자 앞뒤 간격
> - 비행기의 비상 탈출구 크기
> - 줄사다리의 지지 장치 정도

① 평균치 원리 ② 최대치 원리
③ 최소치 원리 ④ 조절식 원리

해설 최대치의 원리

구분	최대집단치	최소집단치
개념	대상 집단에 대한 인체 측정 변수의 상위 백분위수를 기준으로 90, 95, 99% 치를 사용	관련 인체 측정 변수 분포의 하위 백분위수를 기준으로 1, 5, 10% 치를 사용
적용예	• 출입문, 통로, 의자 사이의 간격 등 • 줄사다리, 그네 등의 지지물의 최소 지지중량(강도)	• 선반의 높이 또는 조종장치까지의 거리, 버스나 전철의 손잡이 등

06 사용자의 기억단계에 대한 설명으로 맞는 것은?

① 잔상은 단기기억(Short-term memory)의 일종이다.
② 인간의 단기기억(Short-term memory) 용량은 유한하다.
③ 장기기억을 작업기억(Working memory)이라고도 한다.
④ 정보를 수 초 동안 기억하는 것을 장기기억(Long-term memory)이라 한다.

해설 단기기억

인간의 단기기억 용량은 7±2(chunk)이다.

07 촉각적 표시장치에 대한 설명으로 맞는 것은?

① 시각 및 청각 표시장치를 대체하는 장치로 사용할 수 없다.
② 3점 문턱값(Three-Point Threshold)을 척도로 사용한다.
③ 세밀한 식별이 필요한 경우 손가락보다 손바닥 사용을 유도해야 한다.
④ 촉감은 피부온도가 낮아지면 나빠지므로, 저온 환경에서 촉감 표시장치를 사용할 때는 아주 주의하여야 한다.

해설 촉각적 표시장치

- 촉각적 표시장치는 시각 및 청각 표시장치를 대체하는 장치로 사용할 수 있다.
- 세밀한 식별이 필요한 경우 손바닥보다 손가락 사용을 유도해야 한다.

08 음의 한 성분이 다른 성분에 대한 귀의 감수성을 감소시키는 상황을 무슨 효과라 하는가?

① 밀폐(sealing) ② 은폐(masking)
③ 기퍼(avoid) ④ 방해(interrupt)

해설 은폐효과

음의 차폐, 은폐효과(masking effect)란 음의 한 성분이 다른 성분의 청각감지를 방해하는 현상을 말한다.

09 정상 조명 하에서 100m 거리에서 볼 수 있는 원형 시계탑을 설계하고자 한다. 시계의 눈금단위를 1분 간격으로 표시하고자 할 때 원형 문자판의 직경은 약 몇 cm인가?

① 250 ② 300
③ 350 ④ 400

정답 05 ② 06 ② 07 ④ 08 ② 09 ③

해설 직경 구하기

- 71cm 거리일 때 문자판의 직경 원주
  1.3mm × 60 = 78mm
- 원주 공식에 이해
  78mm = 지름 × 3.14
  지름 = 2.5cm
- 100m 거리에서 문자판의 직경
  0.71m : 2.5cm = 100m : X
  X = 350cm

10 시각의 기능에 대한 설명으로 틀린 것은?
① 밤에는 빨간색보다는 초록색이나 파란색이 잘 보인다.
② 눈이 초점을 맞출 수 있는 가장 가까운 거리를 근점이라 한다.
③ 근시인 사람은 수정체가 얇아져 가까운 물체를 제대로 볼 수 없다.
④ 간상체나 원추체가 빛을 흡수하면 화학반응이 일어나 뇌로 전달된다.

해설 근시
근시는 수정체가 두꺼운 상태로 유지되어 상이 망막 앞에 맺혀 멀리 있는 물체를 볼 때에는 초점을 정확히 맞출 수 없다.

11 음량수준(phon)이 80인 순음의 sone 치는 얼마인가?
① 4 ② 8
③ 16 ④ 32

해설 sone과 phon
sone 값 $= 2^{(phon 값 - 40)/10} = 2^{(80-40)/10}$
$2^4 = 16$sone

12 구성요소 배치의 원칙에 관한 기술 중 틀린 것은?
① 사용빈도를 고려하여 배치한다.
② 작업공간의 활용을 고려하여 배치한다.
③ 기능적으로 관련된 구성요소들을 한데 모아서 배치한다.
④ 시스템의 목적을 달성하는 데 중요한 정도를 고려하여 배치한다.

해설 구성요소(부품) 배치의 원칙
- 중요성의 원칙
- 사용빈도의 원칙
- 기능별 배치의 원칙
- 사용 순서의 원칙

13 정보이론의 응용과 가장 거리가 먼 것은?
① 정보이론에 따르면 자극의 수와 반응시간은 무관하다.
② 주의를 번갈아가며 두 가지 이상의 일을 돌보아야 하는 것을 시배분이라 한다.
③ 단일 차원의 자극에서 확인할 수 있는 범위는 Magic number 7±2로 제시되었다.
④ 선택반응시간은 자극 정보량의 선형함수임을 나타내는 것이 Hick-Hyman 법칙이다.

해설 정보이론
일반적으로 자극의 수가 증가할수록 반응시간도 길어진다.

14 회전운동을 하는 조종장치의 레버를 30° 움직였을 때 표시장치의 커서는 1cm 이동하였다. 레버의 길이가 10cm일 때 이 조종장치의 C/R 비는 약 얼마인가?
① 2.09 ② 3.49
③ 4.36 ④ 5.23

> **해설** 조종장치의 C/R 비
>
> C/R 비 $= \dfrac{(a/360) \times 2\pi L}{\text{표시장치의 이동거리}} = \dfrac{(30/360) \times 2\pi \times 10}{1} = 5.23$
>
> a : 조종장치가 움직인 각도
> L : 반지름

15 인체측정에 관한 설명으로 틀린 것은?

① 활동 중인 신체의 자세를 측정한 것을 기능적 치수라 한다.
② 일반적으로 구조적 치수는 나이, 성별, 인종에 따라 다르게 나타난다.
③ 인간–기계 시스템의 설계에서는 구조적 치수만을 활용하여야 한다.
④ 표준자세에서 움직이지 않는 상태를 인체측정기로 측정한 측정치를 구조적 치수라 한다.

> **해설** 인체측정
>
> 인간–기계 시스템의 설계에서는 구조적 치수, 기능적 치수, 모두 활용하여야 한다.

16 시식별 요소에 대한 설명으로 옳지 않은 것은?

① 표면으로부터 반사되는 비율을 반사율이라 한다.
② 단위면적당 표면에서 반사되는 광량을 광도라 한다.
③ 광원으로부터 나오는 빛 에너지의 양을 휘도라 한다.
④ 어떤 물체나 표면에 도달하는 빛의 단위면적당 밀도를 조도라 한다.

> **해설** 시식별 요소
>
> • 광원으로부터 나오는 빛 에너지의 양을 광속이라 한다.
> • 휘도는 단위면적당 표면에서 반사 또는 방출되는 광량이다.

17 인간공학의 정보이론에 있어 1bit에 관한 설명으로 가장 적절한 것은?

① 초당 최대 정보 기억 용량이다.
② 정보 저장 및 회송(recall)에 필요한 시간이다.
③ 2개의 대안 중 하나가 명시되었을 때 얻어지는 정보량이다.
④ 일시에 보낼 수 있는 정보전달 용량의 크기로서 통신 채널의 Capacity를 의미한다.

> **해설** 정보의 기본단위, bit
>
> 정보의 기본단위가 bit이며 2개의 대안 중 하나가 명시되었을 때 얻어지는 정보량이다.

18 시스템의 평가척도 유형으로 볼 수 없는 것은?

① 인간 기준(Human criteria)
② 관리 기준(Management criteria)
③ 시스템 기준(System–descriptive criteria)
④ 작업성능 기준(Task performance criteria)

> **해설** 시스템의 평가척도 유형
>
> • 인간 기준(Human criteria) : 작업 실행 중의 인간의 행동과 응답을 다루는 것으로 성능척도, 생리적 반응지표, 주관적 반응 등으로 측정
> • 시스템 기준(System–descriptive criteria) : 시스템이 원래 의도하는 바를 얼마나 달성하는가를 나타내는 척도
> • 작업성능 기준(Task performance criteria) : 대개의 작업 결과에 관한 효율을 나타냄

19 신호 및 정보 등의 경우 빛의 검출성에 따라서 신호, 경보 효과가 달라지는데, 빛의 검출성에 영향을 주는 인자에 해당되지 않는 것은?

① 색광
② 배경광
③ 점멸속도
④ 신호등 유리의 재질

정답 15 ③ 16 ③ 17 ③ 18 ② 19 ④

> **해설** 빛의 검출성에 영향을 주는 인자
- 크기
- 광속발산도 및 노출시간
- 색광
- 점멸속도
- 배경광

③ 등속성 근력 : 운동 내내 근육의 수축 속도가 일정하게 유지되도록 하는 운동

④ 등관성 근력 : 관성 저항을 이기기 위해 근육이 수축하는 운동

20 신호검출이론에 의하면 시그널(Signal)에 대한 인간의 판정결과는 네 가지로 구분되는데 이 중 시그널을 노이즈(Noise)로 판단한 결과를 지칭하는 용어는 무엇인가?

① 긍정(Hit)
② 누락(Miss)
③ 허위(False Alarm)
④ 부정(Correct Rejection)

> **해설** 신호검출이론
- 신호의 정확한 판정 : Hit
- 허위 경보 : False Alarm
- 신호검출 실패 : Miss
- 잡음을 제대로 판정 : Correct Noise

22 어떤 들기 작업을 한 후 작업자의 배기를 3분간 수집한 후 60리터(liter)의 가스를 가스 분석기로 성분을 조사하였더니, 산소는 16%, 이산화탄소는 4%이었다. 분당 산소 소비량과 에너지가(價)를 구한 것으로 맞는 것은? (단, 공기 중 산소는 21%, 질소는 79%를 차지하고 있다.)

① 1.053L/min, 5.265kcal/min
② 1.053L/min, 10.525kcal/min
③ 2.105L/min, 5.265kcal/min
④ 2.105L/min, 10.525kcal/min

> **해설** 산소 소비량의 측정
- 분당 배기량 $= \dfrac{60L}{3분} = 20L/min$
- 분당 흡기량 $= \dfrac{(100\% - 16\% - 4\%)}{79\%} \times 20L = 20.25L/min$
- 산소 소비량 $= 21\% \times 20.25L/min - 16\% \times 20L/min = 1.053L/min$
- 에너지가 $= 1.053 \times 5kcal/min = 5.265kcal/min$

2과목 작업생리학

21 근육이 일정한 장력을 유지하면서 길이가 변화하는 운동을 의미하는 용어는?

① 등장성 근력(Isotonic strength)
② 등척성 근력(Isometric strength)
③ 등속성 근력(Isokinetic strength)
④ 등관성 근력(Isoinertia strength)

> **해설** 근력
① **등장성 근력** : 근육이 일정한 장력을 유지하면서 길이가 변화하는 운동
② **등척성 근력** : 물건을 들고 있을 때처럼 인체 부위를 움직이지 않으면서 고정된 물체에 힘을 가하는 상태의 근력

23 휴식을 취할 때나 힘든 작업을 수행할 때 혈류량의 변화가 없는 기관은?

① 뼈
② 근육
③ 소화기계
④ 심장

> **해설** 혈류의 배분
심장의 혈류량은 휴식을 취할 때나 힘든 작업을 수행할 때 항상 4~5% 비율을 유지한다.

24 근력에 관한 설명으로 틀린 것은?

① 근력이란 수의적인 노력으로 근육이 등장성으로 낼 수 있는 힘의 최대치이다.
② 정적 근력의 측정은 피검자가 고정 물체에 대하여 최대 힘을 내도록 하여 측정한다.
③ 동적 근력은 가속과 관절 각도 변화가 힘의 발휘에 영향을 미치므로 측정에 어려움이 있다.
④ 근력의 측정은 자세, 관절 각도, 동기 등의 인자가 영향을 미치므로 반복 측정이 필요하다.

> **해설** 근력의 특성
> 한 번의 수의적인 노력에 이하여 근육이 등척성(isometric)으로 낼 수 있는 힘의 최댓값이며 손, 팔, 다리 등의 특정 근육이나 근육군과 관련이 있다.

25 척추를 구성하고 있는 뼈 가운데 경추의 수는 몇 개인가?

① 5개   ② 6개
③ 7개   ④ 8개

> **해설** 척추
> - 인간의 척추는 26개의 뼈로 구성되어 있다.
> - 경추(7개), 흉추(12개), 요추(5개), 천골(1개, 5개의 뼈가 융합됨), 미골(1개, 4개의 뼈가 융합됨)로 이루어져 있다.

26 일반적으로 눈을 감고 편안한 자세로 조용히 앉아 있는 사람에게 나타나며 안정파라고 불리는 뇌파 형태에 해당하는 것은?

① α파   ② β파
③ θ파   ④ δ파

> **해설** 뇌파
> - β파 : 활동파
> - θ파 : 방추파(수면상태)
> - δ파 : 숙면상태

27 정신적 부하 측정치로 가장 거리가 먼 것은?

① 뇌전도
② 부정맥지수
③ 근전도
④ 점멸융합주파수

> **해설** 근전도
> 근전도는 근육활동의 전위차를 기록하는 것으로 육체적 부하를 측정한다.

28 기온, 습도, 바람, 태양 복사열을 종합적으로 고려하여 작업 환경의 열적 스트레스를 평가하는 지수는?

① 습건지수(oxford index)
② 긴장지수(strain index)
③ 열압박지수(heat stress index)
④ 유효온도(effective temperature)

> **해설** 환경요소와 관련한 복합지수
> ① 습건지수(oxford index) : "습구흑구온도지수(WBGT, Wet Bulb Globe Temperature)"이며, 기온, 습도, 바람, 태양 복사열을 종합적으로 고려하여 작업 환경의 열적 스트레스를 평가한다.
> ② 긴장지수(strain index) : 신체가 작업이나 활동 중에 경험하는 근골격계 부담을 평가하는 도구다. 주로 반복적인 작업이나 지속적인 힘을 요구하는 작업에서 발생하는 근육의 긴장을 측정한다.
> ③ 열압박지수(heat stress index) : 고온 환경에서 작업하는 사람들의 열적 스트레스 수준을 평가하는 지수로, 체온, 심박수, 발한량 등을 고려하여 열압박 상태를 평가한다.
> ④ 유효온도(effective temperature) : 온도, 습도, 기류를 종합적으로 고려하여 인간이 느끼는 체감 온도를 표현하는 지표이다. 실제 기온과는 다르게 느껴지는 온도를 나타낸다.

정답 24 ① 25 ③ 26 ① 27 ③ 28 ①

29 다음 중 인체를 전후로 나누는 면을 무엇이라고 하는가?

① 횡단면　② 관상면
③ 시상면　④ 정중면

> **해설** 인체 해부
> ① 횡단면 : 인체를 상하로 나누는 면
> ② 관상면 : 인체를 전후로 나누는 면
> ③ 시상면 : 인체를 좌우로 양분하는 면
> ④ 정중면 : 인체를 좌우대칭으로 나누는 면

30 기초 대사량(BMR)에 관한 설명으로 틀린 것은?

① 기초 대사량은 개인차가 심하여 나이에 따라 달라진다.
② 일상생활을 하는 데 필요한 단위 시간당 에너지양이다.
③ 일반적으로 체격이 크고 젊은 남성의 기초 대사량이 크다.
④ 공복상태로 쾌적한 온도에서 신체적 휴식을 취하는 엄격한 조건에서 측정한다.

> **해설** 기초 대사량
> 우리의 호흡, 심장 박동, 체온 유지 등 기본적인 생리적 기능을 유지하기 위해 필요한 최소한의 에너지이다.

31 심장, 혈액, 혈관으로 구성되며, 신체의 각 부위에 산소와 영양소를 공급하고 노폐물을 제거하는 기관은?

① 근육계　② 골격계
③ 신경계　④ 순환계

> **해설** 신체의 구조
> ① 근육계 : 신체의 움직임과 자세를 유지하는 데 중요한 역할을 하는 근육과 힘줄로 구성된다. 근육계는 수의근(골격근), 불수의근(평활근), 심근 등으로 나뉜다.
> ② 골격계 : 뼈, 연골, 인대 등으로 구성되며, 신체의 구조를 지지하고 보호한다. 신체의 움직임을 가능하게 하고, 중요한 장기를 보호하며, 혈구 생산과 무기질 저장에도 중요한 역할을 한다.
> ③ 신경계 : 신체의 모든 기능을 조절하고 통제하는 뇌, 척수, 신경으로 구성된다. 중추신경계(뇌와 척수)와 말초신경계로 나뉜다.
> ④ 순환계 : 심장, 혈액, 혈관으로 구성되며, 신체의 각 부위에 산소와 영양소를 공급하고 노폐물을 제거한다. 심혈관계와 림프계가 포함된다.

32 진동에 의한 영향으로 틀린 것은?

① 심박수가 감소한다.
② 약간의 과도(過度) 호흡이 일어난다.
③ 장시간 노출 시 근육 긴장을 증가시킨다.
④ 혈액이나 내분비의 화학적 성질이 변하지 않는다.

> **해설** 진동의 영향
> 진동이 발생하면 심박수가 증가한다.

33 실내 표면의 추천반사율이 높은 곳에서 낮은 순으로 맞게 나열된 것은?

① 창문 발(blind) - 사무실 천장 - 사무용기기 - 사무실 바닥
② 사무실 바닥 - 사무실 천장 - 창문 발(blind) - 사무실 바닥
③ 사무실 천장 - 창문 발(blind) - 사무용기기 - 사무실 바닥
④ 사무용기기 - 사무실 바닥 - 사무실 천장 - 창문 발(blind)

> **해설** 추천반사율
>
> | | |
> |---|---|
> | 천장 | 80~90% |
> | 벽, 창문 발(blind) | 40~60% |
> | 가구, 사무용기기, 책상 | 25~45% |
> | 바닥 | 20~40% |

정답 29 ②　30 ②　31 ④　32 ①　33 ③

34 육체적 작업을 위하여 휴식시간을 산정할 때 가장 관련이 깊은 척도는?

① 눈 깜빡임 수(Blink rate)
② 점멸융합주파수(Flicker test)
③ 부정맥 지수(Cardiac arrhythmia)
④ 에너지 대사율(Relative metabolic rate)

해설 휴식시간 산정

작업부하에 따라 휴식시간을 산정 시 평균 에너지 소모량과 권장 에너지 소모량을 기초로 한다.

$$R = \frac{T(E-S)}{E-1.5}$$

R : 휴식시간/min T : 총 작업시간/min
E : 평균 에너지 소비량 S : 권장 에너지 소비량

35 고강도 운동 후 신체가 정상적인 상태로 회복되는 동안 추가적인 산소가 필요한 상태를 의미한다. 운동 중에 발생한 에너지 부족을 보충하기 위해 필요한 산소량을 무엇이라 하는가?

① 에너지가
② 신진대사
③ 산소부채
④ 에너지 소비량

해설 용어의 정의

① 에너지가 : 에너지가 또는 에너지 대사라는 용어는 신체가 필요한 에너지를 생성하고 사용하는 과정을 의미한다. 에너지는 주로 음식에서 섭취한 영양소를 통해 얻어진다.
② 신진대사(Metabolism) : 신체 내에서 일어나는 모든 화학 반응을 의미하며, 이는 음식을 에너지로 변환하고, 세포를 생성 및 수리하며, 노폐물을 제거하는 등의 과정을 포함한다.
③ 산소부채(Oxygen Debt) : 고강도 운동 후 신체가 정상적인 상태로 회복되는 동안 추가적인 산소가 필요한 상태를 의미한다. 이는 운동 중에 발생한 에너지 부족을 보충하기 위해 필요한 산소량을 나타낸다.
④ 에너지 소비량(Energy Expenditure) : 신체가 활동과 생리적 기능을 유지하기 위해 사용하는 총 에너지 양을 의미한다. 이는 기초 대사량, 신체활동, 음식 소화 등에 의해 결정된다.

36 작업장에서 8시간 동안 85dB(A)로 4시간, 90dB(A)로 4시간 소음에 노출되었을 경우 소음노출지수(%)는? (단, 국내의 관련 규정을 따른다.)

① 55%   ② 65%
③ 75%   ④ 85%

해설 소음노출지수

음압수준 dB(A)	노출허용시간/일
90	8
95	4
100	2
105	1
110	30
115	15

소음노출지수 $= \dfrac{C(\text{노출시간})}{T(\text{허용노출시간})} = \left(\dfrac{8}{16}\times 100\right) + \left(\dfrac{4}{8}\times 100\right) = 75\%$

37 근육의 수축에 대한 설명으로 틀린 것은?

① 근육이 최대로 수축할 때 Z선이 A대에 맞닿는다.
② 근섬유(Muscle fiber)가 수축하면 I대 및 H대가 짧아진다.
③ 근육이 수축할 때 근세사(Myofilament)의 원래 길이는 변하지 않는다.
④ 근육이 수축하면 굵은 근세사(Myofilament)가 가는 근세사 사이로 미끄러져 들어간다.

해설 근육의 수축

- 근육은 자극을 받으면 수축하고, 수축은 근육의 유일한 활동으로 근육의 길이가 단축된다.
- 근육이 수축할 때 짧아지는 것은 미오신 필라멘트 속으로 액틴 필라멘트가 미끄러져 들어간 결과이다.
- 액틴과 미오신 필라멘트의 길이는 변하지 않는다.
- 근섬유가 수축하면 I대와 H대가 짧아진다.

정답 34 ④ 35 ③ 36 ③ 37 ④

38 공기정화시설을 갖춘 사무실에서의 환기기준으로 맞는 것은?

① 환기횟수는 시간당 2회 이상으로 한다.
② 환기횟수는 시간당 3회 이상으로 한다.
③ 환기횟수는 시간당 4회 이상으로 한다.
④ 환기횟수는 시간당 6회 이상으로 한다.

해설 환기기준

사무실공기관리치침 [고용노동부고시 제2020-45호]에 따라 공기정화시설을 갖춘 사무실에서 근로자 1인당 필요한 최소 외기량은 분당 0.57m³ 이상이며, 환기횟수는 시간당 4회 이상으로 한다.

39 생체역할 용어에 대한 설명으로 틀린 것은?

① 힘을 3소요는 크기, 방향, 작용점이다.
② 벡터(Vector)는 크기와 방향을 갖는 양이다.
③ 스킬라(Scglgr)는 벡터양과 유사하나 방향이 다르다.
④ 모멘트(Moment)란 변형시킬 수 있거나 회전시킬 수 있는 관절에 가해지는 힘이다.

해설 생체역할 용어

스킬라는 질량, 온도, 일, 에너지 등 크기만을 지니고 있다.

40 다음 중 작업장 실내에서 일반적으로 추천반사율이 가장 높은 것은?

① 바닥   ② 천장
③ 책상   ④ 벽

해설 추천반사율

천장	80~90%
벽, 창문 발(blind)	40~60%
가구, 사무용기기, 책상	25~45%
바닥	20~40%

3과목 산업심리학 및 관련 법규

41 중대재해에 해당되지 않는 것은?

① 사망자가 1명 이상 발생한 재해
② 3개월 이상의 요양이 필요한 부상자가 동시에 2명 이상 발생한 재해
③ 부상자 또는 직업성 질병자가 1년간 10명 이상 발생한 재해
④ 부상자 또는 직업성 질병자가 동시에 10명 이상 발생한 재해

해설 중대재해

- 사망자가 1명 이상 발생한 재해
- 3개월 이상의 요양이 필요한 부상자가 동시에 2명 이상 발생한 재해
- 부상자 또는 직업성 질병자가 동시에 10명 이상 발생한 재해

42 원자력발전소 주제어실의 직무는 4명의 운전원으로 구성된 근무조에 의해 수행되고, 이들의 직무 간에는 서로 영향을 끼치게 된다. 근무조원 중 1차 계통의 운전원 A와 2차 계통의 운전원 B 간의 직무는 중간 정도의 의존성(15%)이 있다. 그리고 운전원 A의 기초 인간실수확률 HEP Prob{A} = 0.001일 때, 운전원 B의 직무실패를 조건으로 한 운전원 A의 직무실패확률은? (단, THERP분석법을 사용한다.)

① 0.151   ② 0.161
③ 0.171   ④ 0.181

해설 THERP분석

prob{N | N − 1} = (%dep)1.0 + (1 − %dep)Prob{N}

- B가 실패일 때 A의 실패확률

Rrob{A | B} = (0.15) × 1.0 + (1 − 0.15) × (0.001)
= 0.15075
= 0.151

43 작업자의 인지과정을 고려한 휴먼에러의 정성적 분석방법이 아닌 것은?

① 연쇄적 오류모형
② GEMS(Generic Error Modeling System)
③ PHECA(Potential Human Error Cause Analysis)
④ CREMA(Cognitive Reliability Error Analysis Method)

> **해설** 휴먼에러의 분석방법
> PHECA(Potential Human Error Cause Analysis)는 작업수행단계에서의 휴먼에러 분석이다.

44 Herzberg의 동기-위생이론에서 위생요인에 대한 설명으로 옳지 않은 것은?

① 위생요인이 갖추어지지 않으면 구성원들은 불만족해진다.
② 위생요인이 갖추어지지 않으면 조직을 떠날 수 있다.
③ 위생요인이 갖추어지지 않으면 성과에 좋지 않은 영향을 준다.
④ 위생요인이 잘 갖추어지게 되면 구성원들에게 열심히 일하도록 동기를 자극하게 된다.

> **해설** 동기-위생이론의 만족도
>
> | 요인/욕구 | 욕구 충족이 되지 않을 경우 | 욕구 충족이 될 경우 |
> |---|---|---|
> | 위생요인 (불만요인) | 불만 느낌. | 만족감 느끼지 못함. |
> | 동기유발요인 (만족요인) | 불만 느끼지 않음. | 만족감 느낌. |
>
> 위생요인이 잘 갖추어지게 되더라도 구성원들은 만족을 느끼지 못한다.

45 안전 수단을 생략하는 원인으로 적합하지 않은 것은?

① 감정
② 의식과잉
③ 피로
④ 주변의 영향

> **해설** 안전 수단
> 안전 수단을 생략하는 경우는 의식과잉, 피로 또는 과로, 주변 영향이다.

46 개인의 성격을 건강과 관련하여 연구하는 성격 유형 중 아래와 같은 행동 양식을 가지는 유형으로 옳은 것은?

- 항상 분주하고, 시간에 강박관념을 가진다.
- 동시에 많은 일을 하려고 한다.
- 공격적이고 경쟁적이다.
- 양적인 면으로 성공을 측정한다.

① A형 행동양식
② B형 행동양식
③ C형 행동양식
④ D형 행동양식

> **해설** 성격 유형
>
> • Type A 성격
> – 경쟁적이고 성취 지향적이다.
> – 일과 목표에 대해 열정적이며, 빨리빨리, 경쟁적으로 여러 가지를 한꺼번에 해야 해서 종종 스트레스를 받을 수 있다.
> – 매우 조직적이고 시간을 철저히 관리한다.
>
> • Type B 성격
> – 느긋하고 스트레스에 대해 관대하다.
> – 사회적이며, 여유를 즐긴다.
> – 창의적이고 유연한 사고방식을 가지고 있다.
>
> • Type C 성격
> – 신중하고 논리적이다.
> – 감정을 억누르며 갈등을 피하려고 한다.
> – 완벽주의 성향이 있다.
>
> • Type D 성격
> – 부정적인 감정을 자주 경험하며 이를 잘 드러내지 않는다.
> – 스트레스를 많이 받고, 걱정과 불안을 자주 느낀다.
> – 외향적이기보다는 내향적이다.

정답 43 ③ 44 ④ 45 ① 46 ①

47 다음 중 민주적 리더십과 관련된 이론이나 조직 형태는?

① X이론
② Y이론
③ 라인형 조직
④ 관료주의 조직

해설 민주적 리더십

① **X이론** : 더글러스 맥그리거가 제안한 이론으로, 사람들은 본래 일을 싫어하고 피하려고 한다고 주장한다. 따라서 강한 감독과 통제가 필요하다고 본다.
② **Y이론** : 더글러스 맥그리거의 이론으로, 사람들은 본래 일을 즐기고 스스로를 동기부여할 수 있다고 바라본다. 따라서 민주적 리더십과 관련이 있다.
③ **라인형 조직** : 명령체계가 일직선으로 이어진 조직형태로, 상사가 하급자에게 직접 지시를 내리는 구조로 전통적인 군대 조직이 이에 해당한다.
④ **관료주의 조직** : 공식적 규칙과 절차에 의해 운영되는 조직으로, 명확한 계층 구조와 역할 분담이 특징이다.

48 통제적 집단행동 요소가 아닌 것은?

① 관습
② 유행
③ 군중
④ 제도적 행동

해설 통제적 집단행동 요소

① **관습(Custom)** : 특정 문화나 사회에서 오랫동안 이어져 온 전통적인 행동 양식을 의미한다.
② **유행(Trend)** : 특정 기간 동안 사회적으로 널리 퍼지는 행동, 스타일, 생각 등을 의미한다.
③ **군중(Crowd)** : 특정 목적이나 이유로 한 장소에 모인 많은 사람들을 의미한다.
④ **제도적 행동(Institutional Behavior)** : 공식적인 조직이나 제도 내에서 일어나는 행동을 의미한다.

49 A 사업장의 도수율이 2로 계산되었다면, 이에 대한 해석으로 가장 적절한 것은?

① 근로자 1,000명당 1년 동안 발생한 재해자 수가 2명이다.
② 근로자 1,000명당 1년간 발생한 사망자자 수가 2명이다.
③ 연 근로시간 1,000시간당 발생한 근로손실일수가 2일이다.
④ 연 근로시간 합계 100만 인시(man-hour)당 2건의 재해가 발생하였다.

해설 도수율

$$도수율 = \frac{재해발생\ 건수}{연\ 근로시간\ 수} \times 10^6$$

도수율이 2라는 것은 1,000,000 근로시간당 2건의 재해가 발생했다는 것이다.

50 제조물 책임법에서 동일한 손해에 대하여 배상할 책임이 있는 사람이 최소한 몇 명 이상이어야 연대하여 그 손해를 배상할 책임이 있는가?

① 2인 이상
② 4인 이상
③ 6인 이상
④ 8인 이상

해설 제조물 책임법

동일한 손해에 대하여 배상할 책임이 있는 자가 2인 이상인 경우에는 연대하여 그 손해를 배상할 책임이 있다.

51 재해발생에 관한 하인리히(H. W. Heinrich)의 도미노이론에서 제시된 5단계가 아닌 것은?

① 개인적 결함
② 제어의 부족
③ 불안전한 행동 및 상태
④ 재해

정답 47 ② 48 ③ 49 ④ 50 ① 51 ②

해설 | 하인리히 도미노이론

- 1단계 : 사회적 환경과 유전적 요소
- 2단계 : 개인적 결함
- 3단계 : 불안전한 행동 및 불안전 상태
- 4단계 : 사고
- 5단계 : 재해

52 정서노동(emotional labor)의 정의를 가장 적절하게 설명한 것은?

① 스트레스가 심한 사람을 상대하는 노동
② 정서적으로 우울 성향이 높은 사람을 상대하는 노동
③ 조직에 부정적 정서를 갖고 있는 종업원들의 노동
④ 자신이 느끼는 원래 정서와는 다른 정서를 고객에게 의무적으로 표현해야 하는 노동

해설 | 정서노동

정서노동은 직업적인 맥락에서 자신의 감정을 관리하고, 조직이 요구하는 특정한 감정을 표현하는 행위를 말한다. 이는 주로 서비스업이나 고객 대면 업무에서 중요한 역할을 한다. 정서노동자는 자신의 진짜 감정과는 상관없이 고객이나 상사, 동료들에게 긍정적이거나 친절한 감정을 표현해야 하는 경우가 많다.

53 다음은 인적 오류가 발생한 사례이다. Swain Guttman이 사용한 개별적 독립행동에 의한 오류 중 어느 것에 해당하는가?

> 컨베이어 벨트 수리공의 작업을 시작하면서 동료에게 컨베이어 벨트의 작동버튼을 살짝 눌러서 벨트를 조금만 움직이라고 이른 뒤 수리작업을 시작하였다. 그러다 시간이 흘렀고 동료는 잠시 전화를 받는다고 나가서 돌아오지 않았다. 수리공은 수리를 다 마쳤는데 덜컹 거리면서 작동하지 않았다.

① 시간 오류(Time Error)
② 순서 오류(Sequence Error)
③ 부작위 오류(Omission Error)
④ 작위 오류(Commission Error)

해설 | 인적 오류

- **작위 오류(Commission Error)** : 수행해야 할 작업을 부정확하게 하는 오류이며, 필요하지 않은 버튼을 눌러 시스템을 잘못 작동시키는 경우이다.
- **부작위(누락) 오류(Omission Error)** : 수행해야 할 작업을 빠뜨리는 오류이며, 필수 절차를 무시하거나 놓친 경우이다.
- **순서 오류(Sequence Error)** : 수행해야 할 작업의 순서가 틀린 오류이며, 작업 절차를 잘못 진행하여 결과가 예상치 못한 것이다.
- **시간 오류(Time Error)** : 정해진 시간 동안 수행해야 할 작업이 완료되지 않는 오류이다.
- **불필요한 수행 오류(Extraneous Act Error)** : 불필요한 작업이 수행되는 오류이며, 필요하지 않은 작업을 추가로 수행하여 문제를 일으키는 경우이다.

54 재해 발생원인 중 불안전한 상태에 해당하는 것은?

① 보호구의 결함
② 불안전한 조장
③ 안전장치 기능의 제거
④ 불안전한 자세 및 위치

해설 | 재해 발생원인

- 불안전한 상태는 물적 원인, 불안전한 행동은 인적 원인이다.
- 보기 중 보호구의 결함은 물적 원인이고, 나머지는 인적 원인에 해당한다.

55 사고의 유형, 기인물 등 분류항목을 큰 순서대로 분류하여 사고방지를 위해 사용하는 통계적 원인분석 도구는?

① 관리도(Control Chart)
② 크로스도(Cross Diagram)
③ 파레토도(Pareto Diagram)
④ 특성요인도(Cause and Effect Diagram)

정답 52 ④ 53 ③ 54 ① 55 ③

해설 | 통계적 원인분석

① 관리도(Control Chart) : 공정이나 프로세스가 안정 상태인지 확인하는 데 사용된다. 통계적 방법을 사용하여 데이터의 변동성을 모니터링하고, 이상 징후를 빨리 발견할 수 있다.
② 크로스도(Cross Diagram) : 두 변수 사이의 관계를 시각화하여 분석할 때 사용된다. 변수 간 상관관계를 쉽게 파악할 수 있다.
③ 파레토도(Pareto Diagram) : 문제의 주요 원인을 식별하기 위해 사용된다. 일반적으로 문제의 80%가 원인의 20%에서 비롯된다는 파레토 원칙에 기초하며 순서대로 분류한다.
④ 특성요인도(Cause and Effect Diagram) : 문제의 원인을 시각적으로 정리하여 분석하는 도구이다. 흔히 "생선뼈 다이어그램"이라고도 불리며, 복잡한 문제를 여러 요인으로 분해해 파악하기 좋다.

해설 | 스트레스의 수준

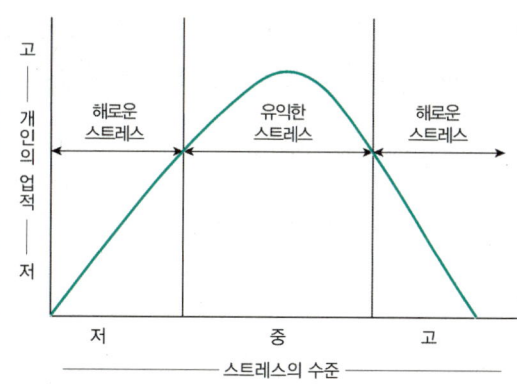

56 전술적(tacticaal) 에러, 전략적(poerational) 에러, 그리고 관리구조(organizational) 결함 등의 용어를 사용하여 사고연쇄반응에 대한 이론을 제안한 사람은?

① 버드(Bird)
② 아담스(Adams)
③ 웨버(Weaver)
④ 하인리히(Heinrich)

해설 | 아담스의 연쇄이론

관리구조 – 작전적(전략적) 에러 – 전술적 에러 – 사고 – 상해

57 스트레스 수준과 수행(성능) 사이의 일반적 관계는?

① W형
② 뒤집힌 U형
③ U자형
④ 증가하는 직선형

58 리더십 이론 중 관리 그리드 이론에서 인간에 대한 관심이 높은 유형으로만 나열된 것은?

① 인기형, 타협형
② 인기형, 이상형
③ 이상형, 타협형
④ 이상형, 과업형

해설 | 관리 그리드 이론

- **(1,1)형 – 무관심형(Impoverished Management)**
  과업과 사람 모두에 무관심한 스타일로, 효과적인 리더십이 부족한 경우이다.
- **(9,1)형 – 과업형(Authority-Compliance Management)**
  과업에만 집중하고 사람에게는 무관심한 스타일로, 업무 성과는 높지만 인간적인 측면이 결여될 수 있다.
- **(1,9)형 – 인기형(Country Club Management)**
  사람에게만 집중하고 과업에는 무관심한 스타일로, 인간관계는 좋지만 업무 성과가 낮을 수 있다.
- **(5,5)형 – 타협형(Middle-of-the-Road Management)**
  과업과 사람 모두에 중간 정도의 관심을 가지는 스타일로, 어느 정도 균형을 이루지만 탁월한 성과를 이루기 어려울 수 있다.
- **(9,9)형 – 이상형(Team Management)**
  과업과 사람 모두에 높은 관심을 가지는 스타일로, 높은 성과와 좋은 인간관계를 동시에 달성할 수 있는 이상적인 리더십 스타일이다.

정답 56 ② 57 ② 58 ②

2022년 제3회 기출복원문제

59 레빈(Lewin)의 인간행동에 관한 공식은?

① B=f(P · E)   ② B=f(P · B)
③ B=E(P · f)   ④ B=f(B · E)

> **해설** 레빈(Lewin)의 인간행동 공식
> B = f(P · E)
> B : Behavior(행동)
> P : Person(개인)
> E : Environment(환경)
> f : Function(함수)

60 다음 중 안전대책의 중심적인 내용이라 볼 수 있는 3E에 포함되지 않는 것은?

① Engineering   ② Education
③ Environment   ④ Enforcement

> **해설** 3E
> ① Engineering(기술)
> ② Education(교육)
> ③ Enforcement(강제)

4과목 근골격계질환 예방을 위한 작업관리

61 어느 회사의 컨베이어 라인에서 작업순서가 다음 표의 번호와 같이 구성되어 있을 때, 설명 중 맞는 것은?

작업	1. 조립	2. 납땜	3. 검사	4. 포장
시간(초)	10초	9초	8초	7초

① 공정 손실은 10%이다.
② 애로 작업은 조립 작업이다.
③ 라인의 주기 시간은 7초이다.
④ 라인의 시간당 생산량은 6개이다.

> **해설** 컨베이어 라인의 작업 효율성
> ① 공정 손실 = $\dfrac{\text{총 유휴시간}}{\text{작업자 수} \times \text{주기시간}} = \dfrac{6}{4 \times 10} = 0.15$
> ② 애로 작업 : 조립작업(작업시간이 가장 긴 작업)
> ③ 주기 시간 : 가장 긴 작업이 10초이므로 10초
> ④ 시간당 생산량 : 1개에 10초 걸리므로
> $\dfrac{3,600\text{초}}{10\text{초}} = 360$개

62 동작경제의 원칙 세 가지 범주에 들어가지 않은 것은?

① 작업개선의 원칙
② 신체의 사용에 관한 원칙
③ 작업장의 배치에 관한 원칙
④ 공구 및 설비의 디자인에 관한 원칙

> **해설** 동작경제의 원칙 세 가지 범주
> 작업개선의 원칙은 해당이 없다.

63 들기작업의 안전작업 범위 중 주의 작업 범위에 해당하는 것은?

① 팔을 몸체에 붙이고 손목만 위, 아래로 움직일 수 있는 범위
② 팔은 완전히 뻗쳐서 손을 어깨까지 올리고 허벅지까지 내리는 범위
③ 물체를 놓치기 쉽거나 허리가 안전하게 그 무게를 지탱할 수 있는 범위
④ 팔꿈치를 몸의 측면에 붙이고 손이 어깨 높이에서 허벅지 부위까지 닿을 수 있는 범위

> **해설** 들기작업
> • 가장 안전한 작업 범위 : 팔을 몸체부에 붙이고 손목만 위, 아래로 움직일 수 있는 범위이다.
> • 안전 작업 범위 : 팔꿈치를 몸의 측면에 붙이고 손이 어깨 높이에서 허벅지 부위까지 닿을 수 있는 범위이다.

정답 59 ① 60 ③ 61 ② 62 ① 63 ②

- **주의 작업 범위** : 팔을 완전히 뻗쳐서 손을 어깨까지 올리고 허벅지까지 내리는 범위이다.
- **위험 작업 범위** : 몸의 안전작업 범위에서 완전히 벗어난 상태에서 작업을 하면 물체를 놓치기 쉬울 뿐만 아니라 허리가 안전하게 그 무게를 지탱할 수가 있다.

64 관측 평균시간이 5분, 레이팅 계수가 120%, 여유시간이 0.4분인 작업에서 제품의 개당 표준시간과 여유율(%)을 내경법에 의하여 구하면 각각 얼마인가?

① 4.5분, 2.20% ② 6.4분, 6.25%
③ 8.5분, 7.25% ④ 9.7분, 10.25%

해설 표준시간과 여유율 계산

- 정미시간(NT) = 관측시간의 대푯값(T_o)×$\left(\dfrac{레이팅\ 계수(R)}{100}\right)$
  $= 5 \times \left(\dfrac{120}{100}\right) = 6$
- 여유율(A) = $\dfrac{여유시간}{정미시간+여유시간} \times 100$
  $= \dfrac{0.4}{6+0.4} \times 100 = 6.25\%$
- 표준시간(ST) = 정미시간×$\left(\dfrac{1}{1-여유율}\right)$
  $= 6 \times \left(\dfrac{1}{1-0.0625}\right) = 6.4$분

65 작업관리의 궁극적인 목적인 생산성 향상을 위한 대상 항목이 아닌 것은?

① 노동   ② 기계
③ 재료   ④ 세금

해설 대상 항목

- 최선의 개선방법의 발견
- 방법, 재료 설비 공구 등의 표준화
- 제품품질의 균일
- 생산비의 절감
- 새로운 방법의 작업지도
- 안전

66 사람이 행하는 작업을 기본 동작으로 분류하고, 각 기본 동작들을 동작의 성질과 조건에 따라 이미 정해진 기준 시간을 적용하여 전체 작업의 정미시간을 구하는 방법은?

① PTS법
② Rationg법
③ Therblig 분석
④ Work Sampling법

해설 PTS(Predetermined Time Standards)법

작업의 소요시간을 미리 예정된 표준시간으로 측정하는 방법으로 이 방법은 작업을 기본 동작으로 분류하고, 각 동작에 대해 미리 설정된 시간을 할당하여 작업의 총 소요시간을 계산한다.

67 작업연구의 내용과 가장 관계가 먼 것은?

① 재고량 관리
② 표준시간의 산정
③ 최선의 작업방법 개발과 표준화
④ 최적 작업방법에 의한 작업자 훈련

해설 작업연구

작업연구는 표준시간 산정, 최선의 작업방법 개발과 표준화, 최적 작업방법에 의한 작업자 훈련을 포함하고 있다.

68 배치설비를 분석하는 데 있어 가장 필요한 것은?

① 서블릭   ② 유통선도
③ 관리도   ④ 간트차트

해설 배치설비

① **서블릭(Therblig)** : 작업 연구와 동작 분석에서 사용되는 용어로, 인간이 수행하는 작업을 최소한의 기본 단위 동작으로 분해하여 분석하는 방법이다.

② **유통선도(Distribution Chart)** : 제조과정에서 발생하는 작업, 운반, 정체 검사, 보관 등의 사항이 생산현장의 어느 위치에서 발생하는지 알 수 있도록 부품의 이동경로를 배치도에 선으로 표시한 후 유통공정도에 사용되는 기호와 번호를 발생위치에 따라 유통선상에 표시한 도표이다.

정답 64 ② 65 ④ 66 ① 67 ① 68 ②

③ 관리도(Control Chart) : 통계적 품질 관리에서 사용하는 도구로, 공정이 통계적으로 통제 상태에 있는지를 모니터링하는 데 사용된다. 주로 생산 공정의 변동성을 분석하여 문제를 조기에 발견하고, 개선하는 데 중요한 역할을 한다.

④ 간트차트(Gantt Chart) : 프로젝트 관리에서 사용하는 도구로, 작업 일정과 진척 상황을 시각적으로 표현하는 데 사용된다. 각 작업의 시작과 종료 시점을 막대로 표시하여 프로젝트의 진행 상황을 쉽게 파악할 수 있다.

69 다음 중 작업 대상물의 품질 확인이나 수량의 조사, 검사 등에 사용되는 공정도 기호에 해당하는 것은?

① ○
② □
③ △
④ ⇨

> **해설** 공정도 기호

가공	운반	정체	저장	검사
○	⇨	D	▽	□

70 기계 가동시간이 25분, 적재(load 및 unloading) 시간이 5분, 기계와 독립적인 작업자 활동시간이 10분일 때 기계 양쪽 모두의 유휴시간을 최소화하기 위하여 한 명의 작업자가 담당해야 하는 이론적인 기계 대수는?

① 1대
② 2대
③ 3대
④ 4대

> **해설** 이론적인 기계 대수
>
> 기계 대수 $= \dfrac{a+t}{a+b} = \dfrac{(25+5)+10}{30+10} = 1$
>
> 1대보다 많아야 하므로 +1 = 2대
>
> a : 작업자 기계와 동시 작업시간
> b : 독립적인 작업자 활동시간
> t : 기계 가동시간

71 근골격계질환 중 손과 손목에 관련된 질환으로 분류되지 않는 것은?

① 결절종(Ganglion)
② 수근관 증후군(Carpal Tunnel Syndrome)
③ 회전근개 증후군(Rotator Cuff Syndrome)
④ 드퀘르뱅 건초염(Dequervain's Syndrome)

> **해설** 회전근개 증후군(Rotator Cuff Syndrome)
> • 어깨의 회전근개 근육과 힘줄에 영향을 미치는 모든 부상, 질병 또는 퇴행성 질환을 포괄한다.
> • 회전근개는 어깨와 팔을 연결하는 4개의 근육(극상근, 극하근, 소원근, 견갑하근)과 힘줄로 이루어진 어깨 부위 질환이다.

72 근골격계질환 발생의 주요한 작업 위험요인으로 분류하기에 적절하지 않은 것은?

① 부적절한 휴식
② 과도한 반복 작업
③ 작업 중 과도한 힘의 사용
④ 작업 중 적절한 스트레칭의 부족

> **해설** 근골격계질환
> 작업 중 적절한 스트레칭 부족은 근골격계질환 발생의 주요한 작업 위험요인에 해당하지 않는다.

73 다음 설명은 수행도 평가의 어느 방법을 설명한 것인가?

> • 작업을 요소작업으로 구분한 후, 시간 연구를 통해 개별시간을 구한다.
> • 요소작업 중 임의로 작업자 조절이 가능한 요소를 정한다.
> • 선정된 작업에서 PTS 시스템 중 한 개를 적용하여 대응되는 시간치를 구한다.
> • PTS법에 의한 시간치와 관측시간 간의 비율을 구하여 레이팅 계수를 구한다.

정답 69 ② 70 ② 71 ③ 72 ④ 73 ③

① 속도평가법 ② 객관적평가법
③ 합성평가법 ④ 웨스팅하우스법

> **해설** 수행도 평가방법

① 속도평가법(Time Study)
- 목적 : 작업자가 작업을 수행하는 데 걸리는 시간을 측정하여 작업의 효율성을 평가한다.
- 방법 : 작업 과정 전체를 단계별로 나누고, 각 단계의 시간을 측정하여 최적의 작업시간을 도출한다.

② 객관적평가법(Objective Rating Method)
- 목적 : 작업자의 수행도를 객관적으로 평가한다.
- 방법 : 사전에 정해진 객관적 기준에 따라 작업자의 수행을 평가한다.

③ 합성평가법(Synthetic Rating Method)
- 목적 : 여러 평가 요소를 종합하여 작업자의 수행도를 평가한다.
- 방법 : 시간 연구, 기준 시간, 작업의 복잡성 등 다양한 요소를 종합하여 평가한다.

④ 웨스팅하우스법(Westinghouse System of Rating)
- 목적 : 작업자의 숙련도, 노력, 작업 조건 등을 종합적으로 평가한다.
- 방법 : 숙련도, 노력, 작업 조건, 일관성 등의 요소를 평가하고 각 요소에 점수를 부여하여 종합 점수를 계산한다.

74 근골격계 부담작업의 유해요인 조사자의 내용 중 작업장 상황조사 항목에 해당되지 않는 것은?

① 작업공정   ② 작업설비
③ 작업량   ④ 근무형태

> **해설** 유해요인 조사 작업장 상황조사

- 작업공정 변화
- 작업설비 변화
- 작업량 변화
- 작업속도 및 최근 업무의 변화

75 신체 사용에 관한 동작경제 원칙으로 틀린 것은?

① 두 손은 순차적으로 동작하도록 한다.
② 두 팔의 동작은 서로 반대방향에서 대칭적으로 움직이도록 한다.
③ 손과 신체의 동작은 작업을 원만하게 처리할 수 있는 범위 내에서 가장 낮은 동작등급을 사용한다.
④ 가능한 한 관성을 이용하여 작업을 하되, 작업자가 관성을 억제해야 하는 경우에는 발생하는 관성을 최소한으로 줄인다.

> **해설** 신체사용에 관한 원칙

양손은 동시에 동작을 시작하고 또 끝마쳐야 한다.

76 정미시간이 0.177분인 작업을 여유율 10%에서 외경법으로 계산하면 표준시간이 0.195분이 된다. 이를 8시간 기준으로 계산하면 여유시간은 총 44분이 된다. 같은 작업을 내경법으로 계산할 경우 8시간 기준으로 총 여유시간은 약 몇 분이 되겠는가? (단, 여유율은 외경법과 동일하다.)

① 12분   ② 24분
③ 48분   ④ 60분

> **해설** 내경법

- 표준시간(ST) = 정미시간(NT) × (1 / 1 − 여유율)
  = 0.177 × (1 / 1 − 0.1) = 0.196(분)
- 8시간 근무 중 총 정미시간 = 480 × (0.177 / 0.1967) = 432분
- 8시간 근무 중 총 여유시간 = 480 − 432 = 48분

77 표준시간의 산정 방법과 구체적인 측정기법의 연결이 옳지 않은 것은?

① 시간연구법 – 스톱워치법
② PTS법 – MTM법, Work factor법
③ 워크샘플링법 – 직접 관찰법
④ 실적자료법 – 전자식 자료 집적기

> **해설** 실적자료법

실적자료법은 전자식 자료 집적기와 직접적으로 연관되지 않는다. 실적자료법은 주로 과거의 실적 데이터를 바탕으로 시간 표준을 산정하는 방법이다.

정답 74 ④ 75 ① 76 ③ 77 ④

78 작업관리의 문제해결방법으로 전문가 집단의 의견과 판단을 추출하고 종합하여 집단적으로 판단하는 방법은?

① 브레인스토밍(Brainstorming)
② 마인드 매핑(Mind mapping)
③ 마인드 멜딩(Mind melding)
④ 델파이 기법(Delphi technique)

해설 작업관리의 문제해결방법

① 브레인스토밍(Brainstorming) : 다양한 아이디어를 자유롭게 제시하고 검토하는 과정을 말한다. 주로 팀이 함께 참여하여 창의적인 해결책을 찾기 위함이다.
② 마인드 매핑(Mind mapping) : 중심 개념을 중심으로 관련된 아이디어들을 시각적으로 정리하는 방법으로 생각을 구조화하고 이해하기 쉽게 도와준다.
③ 마인드 멜딩(Mind melding) : 이 용어는 주로 SF 작품에서 사용되지만, 창의적 아이디어를 교환하고 결합하는 과정으로 해석할 수 있다.
④ 델파이 기법(Delphi technique) : 전문가들 간의 반복적인 설문조사를 통해 합의를 도출하는 방법으로, 객관적이고 신뢰성 있는 결과를 얻는 데 유용하다.

79 다음 중 상완, 전완, 손목을 그룹 A로, 목, 상체, 다리를 그룹 B로 나누어 측정, 평가하는 유해요인 평가기법은?

① OWAS
② RULA
③ REBA
④ NIOSH 들기지수

해설 RULA

RULA의 평가과정에 대한 설명이다.

80 여러 개의 스패너 중 1개를 선택하여 고르는 것을 의미하는 서블릭 기호는?

① H
② ST
③ P
④ PP

해설 서블릭 기호

- H(hold) : 잡고 있기
- ST(select) : 선택
- P(position) : 바로 놓기
- PP(Pre-Position) : 준비함

2023년 제1회 기출복원문제

1과목 인간공학개론

01 다음은 인간공학 연구에서 사용되는 기준척도(criterion measure)가 갖추어야 하는 조건에 대한 설명으로 틀린 것은?

① 신뢰성 : 우수한 결과를 도출할 수 있는 정도
② 타당성 : 실제로 의도하는 바를 측정할 수 있는 정도
③ 민감도 : 실험 변수 수준 변화에 따라 척도의 값의 차이가 존재하는 정도
④ 무오염성 : 측정하고자 하는 변수 이외의 외적 변수에 영향을 받아서는 안 된다는 것

해설 기준척도
평가를 반복할 경우 일정한 결과를 얻을 수 있다.

02 시각적 부호의 세 가지 유형이 아닌 것은?

① 임의적 부호
② 묘사적 부호
③ 추상적 부호
④ 현실적 부호

해설 시각적 부호
- **임의적 부호** : 부호가 이미 공안되어 있어 이를 배워야 하는 부호
- **묘사적 부호** : 사물의 행동을 단순, 정확하게 묘사한 부호
- **추상적 부호** : 전하고자 하는 메시지의 기본요소를 도식적으로 압축한 부호

03 사용자의 기억단계에 대한 설명으로 맞는 것은?

① 잔상은 단기기억(Short-term memory)의 일종이다.
② 인간의 단기기억(Short-term memory) 용량은 유한하다.
③ 장기기억을 작업기억(Working memory)이라고도 한다.
④ 정보를 수 초 동안 기억하는 것을 장기기억(Long-term memory)이라 한다.

해설 단기기억
인간의 단기기억 용량은 7±2(chunk)이다.

04 인간-기계 시스템의 설계원칙으로 틀린 것은?

① 인간 특성에 적합해야 한다.
② 계기반이나 제어장치의 중요성, 사용 빈도, 사용 순서, 기능에 따라 배치가 이루어져야 한다.
③ 시스템은 인간의 예상과 양립시켜야 한다.
④ 기계의 효율과 같은 경제적 원칙을 우선시한다.

해설 인간-기계 시스템의 설계원칙
기계의 효율과 같은 경제적 원칙을 우선시하지 않는다.

정답 01 ① 02 ④ 03 ② 04 ④

2023년 제1회 기출복원문제

05 구조적 인체치수와 거리가 먼 것은?
① 골격치수
② 정적 인체계측
③ 수직파악한계
④ 동적 인체계측

💡 해설 **구조적 인체치수(정적 인체계측)**
- 신체를 고정시킨 자세에서 피측정자를 인체 측정기 등으로 측정
- 여러 가지 설계의 표준이 되는 기초적 치수 결정
- 마틴식 인체 계측기 사용
- 종류
  - 골격치수 : 신체의 관절 사이를 측정(신체 각 부위의 길이 등)
  - 외곽치수 : 머리, 허리, 가슴, 엉덩이 등의 표면 치수 측정(신체 둘레)
  - 수직파악한계, 대퇴여유

06 그림은 인간-기계 통합 체계의 인간 또는 기계에 의해서 수행되는 기본 기능의 유형이다. 그림의 A 부분에 가장 적합한 내용은?

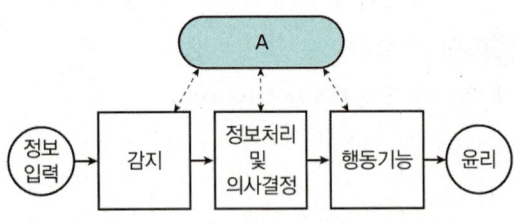

① 통신
② 정보수용
③ 정보보관
④ 신체제어

💡 해설 **정보의 보관**
인간기계시스템에 있어서의 정보보관은 인간의 기억과 유사하고, 여러 가지 방법으로 기록된다. 정보를 입력 후 감지하고 처리 및 의사결정, 행동으로까지 가기 위해서는 정보의 보관이 이뤄진다.

07 동적 표시장치에 해당하지 않는 것은?
① 속도계
② 고도계
③ 도표
④ 레이더

💡 해설 **표시장치의 종류**
- 동적 표시장치 : 온도계, 속도계, 기압계, 고도계, 레이더 등 표시 장치가 움직이는 것
- 정적 표시장치 : 도표, 지도 도로표지판 등 움직이지 않는 것

08 조종장치에 대한 설명으로 맞는 것은?
① C/R 비가 크면 민감한 장치이다.
② C/R 비가 작은 경우에는 조종장치의 조종시간이 적게 필요하다.
③ C/R 비가 감소함에 따라 이동시간은 감소하고, 조종시간은 증가한다.
④ C/R 비가 반응장치의 움직인 거리를 조종장치의 움직인 거리로 나눈 값이다.

💡 해설 **조종장치**
C/R 비가 크면 둔감한 장치로 조종시간이 적게 소요되며, C/R 비가 감소함에 따라 이동시간은 감소하고 조종시간은 증가한다.

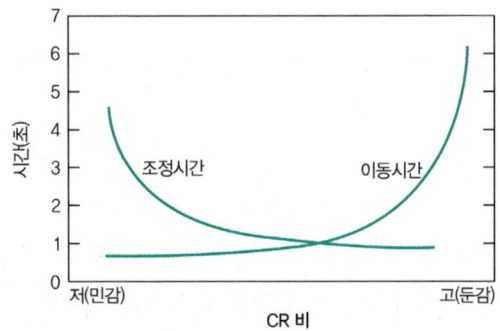

09 단위 면적당 도달하는 빛의 양을 지칭하는 용어는?
① 조도(Illumination)
② 휘도(Brightness)
③ 반사율(Reflectance)
④ 광량(Luminous intensity)

💡 해설 **빛의 용어**
① 조도 : 특정 표면에 도달하는 빛의 양을 나타내는 단위이다.
② 휘도 : 빛이 어떤 물체에 반사되어 나온 양(광량)을 지칭한다.
③ 반사율 : 표면에 도달한 빛이 반사되는 비율을 의미한다.
④ 광량 : 광원에서 방출되는 빛의 총량을 나타낸다.

정답 05 ④ 06 ③ 07 ③ 08 ③ 09 ①

10 사무실 의자의 높낮이 조절, 자동차 좌석의 전후등은 어떤 설계기준을 적용하는 것이 바람직한가?

① 최대 치수의 원칙
② 최소 치수의 원칙
③ 평균 치수의 원칙
④ 조절식 원칙

> **해설** 조절식 원칙
>
> ① **최대 치수의 원칙**: 큰 사람을 기준으로 설계하여 모든 사람이 사용할 수 있도록 한다. 일반적으로 95% 백분위수를 기준으로 한다. 비상구나 통로의 높이 출입문, 줄사다리 강도 등 큰 사람이 통과할 수 있도록 설계한다.
> ② **최소 치수의 원칙**: 작은 사람을 기준으로 설계하여 모든 사람이 사용할 수 있도록 한다. 일반적으로 5% 백분위수를 기준으로 하며 선반의 높이나 조정 장치까지의 거리를 작은 사람이 사용할 수 있도록 설계한다.
> ③ **평균 치수의 원칙**: 평균적인 사람을 기준으로 설계하는 원칙이다. 주로 남녀 혼합 50% 백분위수를 기준으로 식당 테이블이나 출근버스의 손잡이 높이를 평균적인 사람이 사용하기 쉽도록 설계한다.
> ④ **조절식 원칙**: 다양한 체격의 사람들이 사용할 수 있도록 설계하는 원칙이다. 일반적으로 5%에서 95% 범위를 수용대상으로 하며, 의자의 좌판 높이와 앞뒤 거리를 조절식으로 설계하여 작은 사람과 큰 사람 모두가 편안하게 사용할 수 있도록 한다.

11 음압수준이 100dB인 1,000Hz 순음의 sone 값은 얼마인가?

① 32
② 64
③ 128
④ 256

> **해설** sone 값
>
> $$\text{sone 값} = 2^{(\text{phon 값} - 40)/10}$$
> $$= 2^{(100-40)/10}$$
> $$= 64$$

12 다음 중 암호의 체계 사용상의 일반적 지침으로 적절하지 않은 것은?

① 암호의 검출성
② 다차원의 적용성
③ 암호의 변별성
④ 암호의 양립성

> **해설** 암호체계 사용상의 일반적 치침
>
> - 암호의 검출성
> - 암호의 변별성
> - 암호의 양립성

13 정보이론에 대한 설명으로 틀린 것은?

① 정보의 측정 단위는 bite를 사용한다.
② 확실한 사건의 출현에는 많은 정보가 담겨 있지는 않다.
③ 대안의 수가 늘어나면 정보량은 증가한다.
④ 실현 가능성이 동일한 대안이 2가지일 경우 정보량은 1bit이다.

> **해설** 정보이론
>
> 정보의 측정 단위는 bit를 사용한다.

14 인간의 후각 특성이 아닌 것은?

① 훈련을 통하면 식별 능력을 향상시킬 수 있다.
② 특정한 냄새에 대한 절대적 식별 능력은 떨어진다.
③ 후각은 특정 물질이나 개인에 따라 민감도의 차이가 있다.
④ 후각은 훈련되지 않은 사람이 식별할 수 없다.

> **해설** 후각의 특성
>
> 후각은 훈련되지 않은 사람이 식별할 수 있는 일상적인 냄새의 수는 15~32종류이지만 훈련을 통하여 60종류까지도 냄새를 식별할 수 있다.

2023년 제1회 기출복원문제

15 시스템의 평가척도 유형으로 볼 수 없는 것은?

① 인간 기준(Human criteria)
② 관리 기준(Management criteria)
③ 시스템 기준(System-descriptive criteria)
④ 작업성능 기준(Task performance criteria)

해설 시스템의 평가척도 유형
- **인간 기준(Human criteria)** : 작업 실행 중의 인간의 행동과 응답을 다루는 것으로 성능척도, 생리적 반응지표, 주관적 반응 등으로 측정
- **시스템 기준(system-descriptive criteria)** : 시스템이 원래 의도하는 바를 얼마나 달성하는가를 나타내는 척도
- **작업성능 기준(task performance criteria)** : 대개의 작업 결과에 관한 효율을 나타냄.

16 다음 내용에 해당하는 양립성의 종류는?

> 강의실 전원 스위치를 확인한 결과, 스위치를 올리면 켜지고, 내리면 꺼진다.

① 운동 양립성　② 개념 양립성
③ 공간 양립성　④ 양식 양립성

해설 양립성
- **운동 양립성** : 표시장치, 조종장치 등의 운동 방향의 양립성
  예 조종장치를 오른쪽으로 돌리면 표시장치의 지침이 오른쪽으로 이동하는 것
- **개념 양립성** : 외부 자극에 대해 인간의 개념적 현상의 양립성
  예 빨간 버튼 온수, 파란 버튼 냉수
- **공간 양립성** : 표시장치, 조종장치의 형태 및 공간적 배치의 양립성
  예 오른쪽 조리대는 오른쪽 조절장치로, 왼쪽 조리대는 왼쪽 조절장치로
- **양식 양립성** : 직무에 맞는 자극과 응답 양식의 존재에 대한 양립성

17 다음 중 Fitts의 법칙과 관련이 없는 것은?

① 이동의 궤도
② 표적의 폭
③ 이동소요시간
④ 표적 중심선까지의 이동거리

해설 Fitts의 법칙
피츠의 법칙은 사용자가 목표를 빠르고 정확하게 선택하는 데 걸리는 시간이다. 이 법칙은 주로 물리적 목표 선택, 예를 들어 버튼 클릭 같은 작업에 적용된다. 표적이 작을수록, 이동거리가 길수록 작업의 난이도와 소요 이동시간이 증가한다.

$$T = a + b\log_2\left(\frac{2D}{W}\right)$$

T : 목표를 선택하는 데 걸리는 시간
a와 b : 경험적으로 결정되는 상수
D : 시작 지점과 목표 지점 사이의 거리
W : 목표 지점의 너비

18 인간공학이 추구하는 목표로 가장 적절한 것은?

① 인간의 기능 향상
② 기능적 효율과 인간 가치 향상
③ 설비의 생산성 증가
④ 제품 이미지와 판매량 제고

해설 인간공학
인간공학은 시스템, 설비, 환경의 창조과정에서 기본적인 인간의 가치 기준에 초점을 두어 개인을 중시하는 것이다.

19 신호검출이론에 의하면 시그널(Signal)에 대한 인간의 판정결과는 네 가지로 구분되는데, 이 중 노이즈를 노이즈(Noise)로 판단한 결과를 지칭하는 용어는 무엇인가?

① 긍정(Hit)
② 누락(Miss)
③ 허위(False Alarm)
④ 부정(Correct Rejection)

해설 신호검출이론
- 신호의 정확한 판정 : Hit
- 허위 경보 : False Alarm
- 신호검출 실패 : Miss
- 잡음을 제대로 판정 : Correct Noise

정답 15 ② 16 ① 17 ① 18 ② 19 ④

20 계기판에 등이 4개가 있고 그중 하나에만 불이 커지는 경우 얻을 수 있는 정보량은 얼마인가?

① 2bit ② 3bit
③ 4bit ④ 5bit

해설 정보량

$H = \log_2(N)$

$H = \log_2(4) = 2$

2과목 작업생리학

21 다음 중 동일한 관절운동을 일으키는 주동근(Agonist)과 반대되는 작용을 하는 근육은?

① 고정근
② 중화근
③ 보조주동근
④ 길항근

해설 길항근
주동근은 운동 시 주역을 하는 근육으로, 이를 도와주는 길항근은 서로 상반되는 작용을 동시에 하는 근육이다.

22 주파수가 가청영역 이하인 소음을 무엇이라고 하는가?

① 충격 소음
② 초음파 소음
③ 간헐 소음
④ 초저주파 소음

해설 가청주파수
주파수가 가청 영역 이하인 소음은 초저주파 소음 또는 인프라소닉 소음(infrasound)이라고 한다. 인간의 가청주파수 범위는 대략 20Hz에서 20,000Hz 사이인데, 인프라소닉 소음은 20Hz 이하의 주파수를 가지는 소음을 의미한다.

23 가시도(Visibility)에 영향을 미치는 요소가 아닌 것은?

① 조명기구
② 과녁의 종류
③ 대비(contrast)
④ 과녁에 대한 노출사건

해설 가시도(Visibility)
대상물체가 주변과 분리되어 보이기 쉬운 정도이다. 일반적으로 가시도는 대비, 광속, 발산도, 물체의 크기, 노출시간, 휘광, 움직임 등에 의해 영향을 받는다.

24 최대산소소비능력(MAP)에 관한 설명으로 틀린 것은?

① 산소 섭취량이 일정하게 되는 수준을 말한다.
② 최대산소소비능력은 개인의 운동역량을 평가하는 데 활용된다.
③ 젊은 여성의 평균 MAP는 젊은 남성의 평균 MAP 20~30% 정도이다.
④ MAP를 측정하기 위해서 주로 트레드밀(Treadmill)이니 자전거 에르고미터(Ergometer)를 활용한다.

해설 최대산소소비능력(MAP)
젊은 여성의 평균 MAP는 젊은 남성의 평균 MAP보다 15~30% 정도 낮게 나온다.

25 인체의 해부학적 자세에서 팔꿈치 관절의 굴곡과 신전 동작이 일어나는 면은?

① 시상면(sagittal plane)
② 정중면(median plane)
③ 관상면(coronal plane)
④ 횡단면(transverse plane)

정답 20 ① 21 ④ 22 ④ 23 ② 24 ③ 25 ①

해설 | 인체의 해부학적 자세
① 시상면(Sagittal Plane) : 인체를 좌우로 나누는 평면으로, 정중선을 기준으로 좌우 대칭이 될 수 있도록 나누는 평면이다.
② 정중면(Median Plane) : 시상면의 일종으로, 인체를 정확히 중앙에서 좌우로 나누는 평면이다. 정중선에 위치한 평면으로, 좌우 대칭이 되는 기준이다.
③ 관상면(Coronal Plane) : 인체를 앞뒤로 나누는 평면으로, 몸을 앞(배쪽)과 뒤(등쪽)로 나누는 역할을 한다.
④ 횡단면(Transverse Plane) : 인체를 상하로 나누는 평면으로, 몸을 위쪽(두부)과 아래쪽(족부)으로 나누는 역할을 한다.

26 공기정화 시설을 갖춘 사무실에서의 환기기준으로 옳은 것은?

① 환기횟수는 시간당 2회 이상으로 한다.
② 환기횟수는 시간당 3회 이상으로 한다.
③ 환기횟수는 시간당 4회 이상으로 한다.
④ 환기횟수는 시간당 5회 이상으로 한다.

해설 | 환기기준
사무실 공기관리 지침에 따라 공기정화시설을 갖춘 사무실에 근로자 1인당 필요한 최소 외기량은 0.57㎥/min이며 환기횟수는 시간당 4회 이상으로 한다.

27 허리부위의 경추는 몇 개의 뼈로 구성되어 있는가?

① 4개   ② 5개
③ 6개   ④ 7개

해설 | 뼈의 구성
척추골은 위로부터 경추 7개, 흉추 12개, 요추 5개, 선추 5개, 미추 3~5개로 구성된다.

28 근력(strength)과 지구력(endurance)에 대한 설명으로 옳지 않은 것은?

① 동적근력(dynamic strength)을 등속력(isokinetic strength)이라 한다.
② 지구력(endurance)이란 등척적으로 근육이 낼 수 있는 최대 힘을 말한다.
③ 정적근력(static strength)을 등척력(isometric strength)이라 한다.
④ 근육이 발휘하는 힘은 근육의 최대자율수축(MVC, Maximum Voluntary Contraction)에 대한 백분율로 나타낸다.

해설 | 근력과 지구력
지구력(endurance)은 근육이 오랜 시간 동안 지속적으로 힘을 발휘할 수 있는 능력을 의미하지, 최대 힘을 내는 것과는 다르다. 최대 힘을 내는 능력은 보통 근력(strength)과 관련이 있다.

29 뇌파(EEG)의 종류 중 안정 시에 나타나는 뇌파는?

① α파   ② β파
③ δ파   ④ γ파

해설 | 뇌파

단계(phase)	뇌파패턴	의식상태(mode)	주의의 작용	생리적 상태	신뢰성
0	δ파	무의식, 실신	제로	수면, 뇌발작	없다. 0
Ⅰ	θ파	의식이 둔한 상태, 흐림, 몽롱 (subnormal)	활발하지 않음. (inactive)	피로 단조, 졸림, 취중	낮다. 0.9
Ⅱ	α파	편안한 상태, 이완상태, 느긋함 (normal, relaxed)	수동적 (passive)	안정적 상태, 휴식 시, 정상작업 시, 정례작업 시, 일반적으로 일을 시작할 때의 안정된 상태	다소 높다. 0.99~0.9999
Ⅲ	β파	명석한 상태, 정상의식, 분명한 의식 (normal, clear)	활발함, 적극적 (active)	적극적 활동 시, 가장 좋은 의식수준 상태	매우 높다. 0.9999 이상

단계 (phase)	뇌파패턴	의식상태 (mode)	주의의 작용	생리적 상태	신뢰성
IV	γ파 긴장과대	흥분상태 (과긴장) (hypernormal)	일점에 응집, 판단 정지	긴급방위 반응, 당황, 패닉	낮다. 0.9 이하

30 전신진동의 영향에 대한 설명으로 틀린 것은?

① 10~25Hz에서 시성능이 가장 저하된다.
② 5Hz 이하의 낮은 진동수에서 운동성능이 가장 저하된다.
③ 머리와 어깨 부위의 공명주파수는 20~30Hz이다.
④ 등이나 허리뼈에 가장 위험한 주파수는 60~90Hz이다.

해설 진동의 영향

진동이 신체에 미치는 영향은 진동 주파수에 따라 달라진다. 몸통의 공진주파수는 4~8Hz로 이 범위에서 내구 수준이 가장 낮다.

31 소음대책의 방법 중 "감쇠 대상의 음파와 동위상인 신호를 보내어 음파 간에 간섭현상을 일으키면서 소음이 저감되도록 하는 기법"을 무엇이라고 하는가?

① 능동제어   ② 거리감쇠
③ 흡음처리   ④ 수동제어

해설 소음 저감 기법

능동제어는 감쇠 대상의 음파와 동위상인 신호를 보내어 음파 간에 간섭현상을 일으키면서 소음이 저감되도록 하는 기법이다.

32 남성 작업자의 육체작업에 대한 에너지가를 평가한 결과 산소 소모량이 1.5L/min이 나왔다. 작업자의 4시간에 대한 휴식시간은 약 몇 분 정도인가? (단, Murrell의 공식을 이용한다.)

① 75분   ② 100분
③ 125분   ④ 150분

해설 휴식시간의 산정

$$R = \frac{T(E-S)}{E-1.5} = \frac{240(7.5-5)}{7.5-1.5} = 100분$$

R : 휴식시간(분)
T : 총 작업시간(분) : 240
E : 평균 에너지 소모량(kcal/min) : $5 \times 1.5 = 7.5$
S : 권장 평균 에너지 소모량(kcal/min) : 5

33 다음 중 육체활동에 따른 에너지 소비량이 가장 큰 것은?

①    ②

②    ④

해설 인체활동에 따른 에너지 소비량(kcal/분)

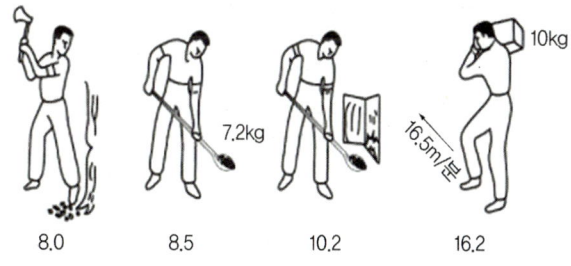

8.0   8.5   10.2   16.2

1.6   2.7   4.0   6.8

정답 30 ④ 31 ① 32 ② 33 ①

2023년 제1회 기출복원문제

34 에너지 소비량에 영향을 미치는 인자 중 중량물 취급 시 쪼그려 앉아(squat) 들기와 등을 굽혀(stoop) 들기와 가장 관련이 깊은 것은?

① 작업 자세
② 작업 방법
③ 작업 속도
④ 도구 설계

해설 에너지 소비량에 영향을 미치는 인자

쪼그려 앉아(squat) 들기와 등을 굽혀(stoop) 들기는 작업 자세와 관련이 깊다.

35 일반적으로 소음계는 주파수에 따른 사람의 느낌을 감안하여 A, B, C 세 가지 특성에서 음압을 측정할 수 있도록 보정되어 있는데, A 특성치란 몇 phon의 등음량곡선과 비슷하게 주파수에 따른 반응을 보정하여 측정한 음압수준을 말하는가?

① 20
② 40
③ 70
④ 100

해설 소음레벨의 세 가지 특성

지시소음계에 의한 소음레벨의 측정에는 A, B, C의 세 가지 특성이 있다. A는 플레처의 청감 곡선의 40phon, B는 7phon의 특성에 대강 맞춘 것이고, C는 10phon의 특성에 맞춘 것이다.

36 다음 중 상온에서 추운 환경으로 바뀔 때 신체의 조절 작용이 아닌 것은?

① 피부 온도가 내려간다.
② 몸이 떨리고 소름이 돋는다.
③ 피부를 순환하는 혈액양은 증가한다.
④ 직장(直腸)온도가 약간 올라간다.

해설 상온에서 추운 환경으로 바뀔 때

피부온도가 내려가며, 피부를 경유하는 혈액 순환량이 감소하고, 많은 양의 혈액이 몸의 중심부를 순환한다. 직장 온도가 약간 올라가고, 소름이 돋고, 온몸이 떨린다.

37 실내표면에서 추천반사율이 낮은 것부터 높은 순서대로 나열한 것은?

① 벽 < 가구 < 천장 < 바닥
② 천장 < 벽 < 가구 < 바닥
③ 가구 < 바닥 < 벽 < 천장
④ 바닥 < 가구 < 벽 < 천장

해설 추천반사율

천장	80~90%
벽, 창문 발(blind)	40~60%
가구, 사무용기기, 책상	25~45%
바닥	20~40%

38 장력이 생기는 근육의 실질적인 수축성 단위(Contractility unit)는?

① 근섬유(Muscle fiber)
② 운동단위(Motor unit)
③ 근원세사(Myofilament)
④ 근섬유분절(Sarcomere)

해설 근섬유분절

장력이 생기는 근육의 실질적인 수축성 단위는 근섬유분절(Sarcomere)이다.

39 육체적 강도가 높은 작업에 있어 혈액의 분포 비율이 가장 높은 것은?

① 소화기관
② 피부
③ 골격
④ 근육

정답 34 ① 35 ② 36 ③ 37 ④ 38 ④ 39 ③

> **해설** 혈류의 분포

육체적 강도가 높은 작업 시 소화기관 등 비활동 부위의 조직에 분포된 혈관은 수축하여 혈류의 유입이 제한되는 대신 골격근에 분포된 혈관은 확장하여 혈류량을 증가시킨다.

작업 시 혈류 분포	휴식(안정) 시 혈류 분포
• 근육 : 80~85% • 심장 : 4~5% • 간 및 소화기관 : 3~5% • 뇌 : 3~4% • 신장 : 2~4% • 뼈 : 0.5~1% • 피부, 피하 : 비율이 거의 없음	• 간 및 소화기관 : 20~25% • 신장 : 20% • 근육 : 15%~20% • 뇌 : 15% • 심장 : 4~5%

40 다음 중 뼈대근육(골격근)에 관한 설명으로 옳은 것은?

① 가로무늬근이라 불리며, 수의근이다.
② 가노무늬근이라 불리며, 불수의근이다.
③ 민무늬이라 불리며, 수의근이다.
④ 민무늬근이라 불리며, 불수의근이다.

> **해설** 골격근

가로무늬근, 원추형 세포이고, 뼈에 부착되어 전신의 관절운동에 관여하며, 뜻대로 움직여지는 수의근이다. 명령을 받으면 짧은 시간에 강하게 수축하며, 그만큼 피로도 쉽게 온다. 체중의 40%를 치지한다.

3과목 산업심리학 및 관련 법규

41 안전관리의 개요에 관한 설명으로 틀린 것은?

① 안전의 3요소는 Engineering, Education, Economy이다.
② 안전의 기본원리는 사고방지차원에서의 산업재해 예방활동을 통해 무재해를 추구하는 것이다.
③ 사고방지를 위해서 현장에 존재하는 위험을 찾아내고, 이를 제거하거나 위험성(risk)을 최소화한다는 위험통제의 개념이 적용되고 있다.
④ 안전관리란 생산성을 향상시키고 재해로 인한 손실을 최소화하기 위하여 행하는 것으로, 재해의 원인 및 경과의 규명과 재해방지에 필요한 과학 기술에 관한 계통적 지식 체계의 관리를 의미한다.

> **해설** 안전관리의 3E요소

① Engineering
② Education
③ Enforcement

42 문제의 원인을 시각적으로 정리하여 분석하는 도구이다. 흔히 "생선뼈 다이어그램"이라고도 불리며, 복잡한 문제를 여러 요인으로 분해해 파악하는 통계적 원인분석 도구는?

① 관리도(Control Chart)
② 크로스도(Cross Diagram)
③ 파레토도(Pareto Diagram)
④ 특성요인도(Cause and Effect Diagram)

> **해설** 원인분석 도구

① **관리도(Control Chart)** : 공정이나 프로세스가 안정 상태인지 확인하는 데 사용된다. 통계적 방법을 사용하여 데이터의 변동성을 모니터링하고, 이상 징후를 빨리 발견할 수 있다.
② **크로스도(Cross Diagram)** : 두 변수 사이의 관계를 시각화하여 분석할 때 사용된다. 변수 간 상관관계를 쉽게 파악할 수 있다.
③ **파레토도(Pareto Diagram)** : 문제의 주요 원인을 식별하기 위해 사용된다. 일반적으로 문제의 80%가 원인의 20%에서 비롯된다는 파레토 원칙에 기초하며, 순서대로 분류한다.
④ **특성요인도(Cause and Effect Diagram)** : 문제의 원인을 시각적으로 정리하여 분석하는 도구이다. 흔히 "어골도"라고도 불리며, 복잡한 문제를 여러 요인으로 분해해 파악하기 좋다.

정답 40 ① 41 ① 42 ④

2023년 제1회 기출복원문제

43 리더십 이론 중 관리격자이론에서 인간에 대한 관심이 높은 유형은?

① 타협형　② 인기형
③ 이상형　④ 무관심형

해설 │ 관리격자이론

① **타협형(Compromising Style)** : 이 리더십 유형은 협력과 경쟁 사이에서 균형을 찾으려는 리더로, 타협을 통해 문제를 해결하고, 양쪽의 이익을 모두 고려하려 한다. 그러나 때로는 중요한 결정을 내릴 때 강력한 주장을 펼치지 못할 수도 있다.

② **인기형(Popular Style)** : 이 유형의 리더는 사람들의 지지를 얻고, 팀원들과의 좋은 관계를 유지하는 데 중점을 둔다. 직원들의 의견을 존중하고, 팀워크와 사기를 높이기 위해 노력한다. 하지만 때로는 인기와 지지를 얻기 위해 중요한 결정을 미룰 수 있다.

③ **이상형(Idealistic Style)** : 이상형 리더는 높은 목표와 비전을 제시하며, 팀원들이 그 목표를 향해 나아가도록 영감을 준다. 혁신적이고 창의적인 접근 방식을 강조하며, 변화를 주도한다. 그러나 때로는 현실적인 문제를 간과하거나 실현 가능한 계획을 수립하는 데 어려움을 겪을 수 있다.

④ **무관심형(Apathetic Style)** : 무관심형 리더는 팀의 문제나 진행 상황에 큰 관심을 두지 않는 경향이 있다. 지시와 통제를 최소화하고, 팀원들이 스스로 문제를 해결하도록 놔두는 편이다. 그러나 이런 접근은 팀의 방향성이나 목표 달성에 부정적인 영향을 미칠 수 있다.

44 알더퍼(P.Alderfer)의 ERG이론에서 3단계로 나눈 욕구 유형에 속하지 않은 것은?

① 만족 욕구　② 성장 욕구
③ 존재 욕구　④ 관계 욕구

해설 │ 알더퍼(P.Alderfer)의 ERG이론 3단계

① **존재 욕구(Existence Needs)**
기본적인 생존과 관련된 욕구이다. 신체적 안정과 안전, 음식, 물, 공기, 주거 등의 물리적 및 생리적 요구를 포함한다. 매슬로의 생리적 욕구와 안전 욕구를 포함하는 범주이다.

② **관계 욕구(Relatedness Needs)**
사회적 상호작용과 관계 형성에 대한 욕구이다. 가족, 친구, 동료 등과의 인간관계, 소속감, 인정, 애정 등의 욕구를 포함한다. 이는 매슬로의 소속감과 애정 욕구, 존중 욕구의 일부를 반영한다.

③ **성장 욕구(Growth Needs)**
개인적 성취와 자아실현과 관련된 욕구이다. 자신의 잠재력을 최대한 발휘하고, 능력과 지식을 개발하며, 개인적인 성장과 발전을 이루고자 하는 욕구를 포함한다. 이는 매슬로의 존중 욕구와 자아실현 욕구를 포함한다.

45 레빈(Lewin)의 인간행동에 관한 공식은?

① $B = f(P \cdot E)$
② $B = f(P \cdot B)$
③ $B = E(P \cdot f)$
④ $B = f(B \cdot E)$

해설 │ 레빈(Lewin)의 인간행동 공식

$B = f(P \cdot E)$
B : Behavior(행동)
P : Person(개인)
E : Environment(환경)
f : Function(함수)

46 입력사상 중 어느 하나라도 존재할 때 출력 사상에 발생되는 논리조작을 나타내는 FTA 논리기호는?

① OR gate
② AND gate
③ 조건 gate
④ 우선적 AND gate

해설 │ OR gate
입력사상 중 어느 것이나 하나가 존재할 때 출력 사상이 발생한다.

47 주의의 범위가 높고 신뢰성이 매우 높은 상태의 의식수준으로 맞는 것은?

① Phase 0　② Phase Ⅰ
③ Phase Ⅱ　④ Phase Ⅲ

정답 43 ②　44 ①　45 ①　46 ①　47 ④

해설 단계별 의식수준

단계(phase)	뇌파패턴	의식상태(mode)	주의의 작용	생리적 상태	신뢰성
0	δ파	무의식, 실신	제로	수면, 뇌발작	없다. 0
I	θ파	의식이 둔한 상태, 흐림, 몽롱 (subnormal)	활발하지 않음. (inactive)	피로 단조, 졸림, 취중	낮다. 0.9
II	α파	편안한 상태, 이완상태, 느긋함 (normal, relaxed)	수동적 (passive)	안정적 상태, 휴식 시, 정상작업 시, 정례작업 시, 일반적으로 일을 시작할 때의 안정된 상태	다소 높다. 0.99~ 0.9999
III	β파	명석한 상태, 정상의식, 분명한 의식 (normal, clear)	활발함, 적극적 (active)	적극적 활동 시, 가장 좋은 의식수준 상태	매우 높다. 0.9999 이상
IV	γ파 긴장과대	흥분상태 (과긴장) (hypernormal)	일점에 응집, 판단 정지	긴급방위 반응, 당황, 패닉	낮다. 0.9 이하

48 심리적 측면에서 분류한 휴먼에러의 분류에 속하는 것은?

① 입력 오류
② 정보처리 오류
③ 생략 오류
④ 의사결정 오류

해설 휴먼에러의 심리적 분류

심리적 분류(Swain의 분류)	원인별(레벨별) 분류
• 생략 오류(Omission Error) : 절차를 생략해 발생하는 오류 • 시간 오류(Time Error) : 절차의 수행지연에 의한 오류 • 작위 오류(Commission Error) : 절차의 불확실한 수행에 의한 오류 • 순서 오류(Sequential Error) : 절차의 순서착오에 의한 오류 • 과잉행동 오류(Extraneous Error) : 불필요한 작업/절차에 의한 오류	• Primary Error(1차 에러) : 작업자 자신에 의해 발생한 에러 • Secondary Error(2차 에러) : 작업 형태/조건에 의해 발생. 또는 어떤 결함으로부터 파생하여 발생하는 Error • Command Error : 작업자가 움직일 수 없는 상태에서 발생

49 재해 발생에 관한 하인리히(H. W. Heinrich)의 도미노이론에서 제시된 5가지 요인 중 직접적인 요인에 해당하지 않는 것은?

① 사고 및 상해
② 개인적 결함
③ 불안전한 행동 및 상태
④ 유전 및 사회 환경적 요인

해설 하인리히(H. W. Heinrich)의 도미노이론 5가지

① 사회적 환경과 유전적 요인 : 개인의 행동과 성향에 영향을 미치는 배경 요인들로, 이를 통해 행동 패턴이 형성
② 개인적 결함 : 사회적 환경과 유전적 요인에 의해 형성된 개인의 결함이나 약점이 원인
③ 불안전한 행동 또는 상태 : 개인적 결함으로 인해 불안전한 행동을 하거나, 위험한 상태를 초래
④ 사고 : 불안전한 행동이나 상태로 인해 사고가 발생
⑤ 상해 : 사고의 결과로 부상(상해)이 발생

50 휴먼에러로 이어지는 배경원인이 아닌 것은?

① 인간(Man)
② 매체(Media)
③ 관리(Management)
④ 재료(Material)

해설 4M

① 인간(Man)
② 매체(Media)
③ 관리(Management)
④ 기계설비(Machine)

정답 48 ③ 49 ③ 50 ④

2023년 제1회 기출복원문제

51 선택반응시간(Hick의 법칙)과 동작시간(Fitts의 법칙)의 공식에 대한 설명으로 맞는 것은?

- 선택반응시간 $= a + b\log_2 N$
- 동작시간 $= a + b\log_2\left(\dfrac{2A}{W}\right)$

① N은 자극과 반응의 수, A는 목표물의 너비, W는 움직인 거리를 나타낸다.
② N은 감각기관의 수, A는 목표물의 너비, W는 움직인 거리를 나타낸다.
③ N은 자극과 반응의 수, A는 움직인 거리, W는 목표물의 너비를 나타낸다.
④ N은 감각기관의 수, A는 움직인 거리, W는 목표물의 너비를 나타낸다.

해설 선택반응시간과 동작시간
N은 가능한 자극-반응대안들의 수, A는 표적중심선까지의 이동거리, W는 표적 폭으로 나타낸다.

52 인간의 행동이 어떻게 동기유발이 되는가에 중점을 둔 과정이론이 아닌 것은?

① 공정성이론   ② X-Y이론
③ 기대이론   ④ 목표설정이론

해설 동기유발이론
맥그리거의 X-Y이론은 작업동기 이론이다.

53 다음 중 작업에 수반되는 피로를 줄이기 위한 대책으로 적절하지 않은 것은?

① 작업부하의 경감
② 동적 동작의 제거
③ 작업속도의 조절
④ 작업 및 휴식시간의 조절

해설 작업피로대책
정적작업의 제거가 작업에 수반되는 피로를 줄이기 위한 대책이다. 부자연스러운 또는 취하기 어려운 자세는 작업 활동이 수행되는 동안 중립 자세로부터 벗어나는 부자연스러운 자세로 정적동작을 오래 하는 경우를 말한다.

54 10명으로 구성된 집단에서 소시오메트리(Sociometry) 연구를 사용하여 조사한 결과 실제 긍정적인 상호작용을 맺고 있는 관계의 수가 16일 때 이 집단의 응집성지수는 약 얼마인가?

① 0.222   ② 0.356
③ 0.401   ④ 0.504

해설 집단의 응집성지수
이 지수는 집단 내에서 가능한 두 사람의 상호작용 수와 실제의 수를 비교하여 구한다.

- 가능한 상호작용의 수 $= {}_{10}C_2 = \dfrac{10 \times 9}{2} = 45$
- 응집성지수 $= \dfrac{\text{실제상호작용의 수}}{\text{가능한 상호작용의 수}} = \dfrac{16}{45} = 0.356$

55 인간오류 확률 추정 기법 중 초기 사건을 이원적(binary) 의사결정(성공 또는 실패) 가지들로 모형화하고, 이 이후의 사건들의 확률은 모두 선행 사건에 대한 조건부 확률을 부여하여 이원적 의사결정 가지들로 분지해 나가는 방법은?

① 결함 나무 분석(Fault Tree Analysis)
② 조작자 행동 나무(Operator Action Tree)
③ 인간오류 시뮬레이터(Human Acyion Tree)
④ 인간실수율 예측기법(Technique for Human Error Rate Prediction)

해설 시스템위험 분석기법
① 결함 나무 분석(Fault Tree Analysis)
시스템의 실패 원인을 분석하기 위해 논리 다이어그램을 사용하여 다양한 원인 요소를 식별하고 분석하는 기법이다.

정답 51 ③ 52 ② 53 ② 54 ② 55 ④

② 조작자 행동 나무(Operator Action Tree)
작업자의 행동과 시스템 반응을 시각적으로 표시하여, 특정 작업이 어떻게 이루어지고 어떤 결과를 초래하는지를 분석하는 도구이다.
③ 인간오류 시뮬레이터(Human Action Tree)
작업 수행 중 발생할 수 있는 다양한 인간오류를 시뮬레이션 하여 그 영향을 평가하고 개선 방안을 찾는 기법이다.
④ 인간실수율 예측기법(Technique for Human Error Rate Prediction)
작업 환경에서 발생할 수 있는 인간실수를 예측하고, 이를 바탕으로 실수율을 줄이기 위한 방법을 제시하는 기법이다.

56 다음 소시오그램에서 B의 선호신분지수로 옳은 것은?

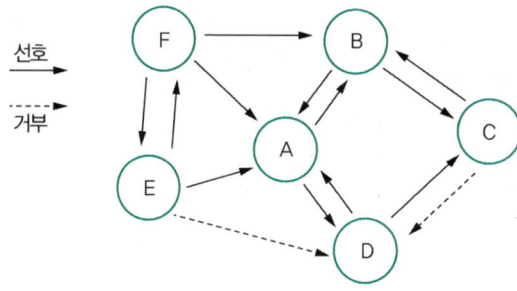

① 1/4
② 3/6
③ 3/5
④ 4/15

해설 소시오그램
- 집단 내 구성원들 간 선호 / 거부 관계를 기초로 내부구로를 측정하기 위한 도구
- 선호신분지수 = $\dfrac{(선호총수)}{(구성원-1)} = \dfrac{3}{5}$

57 다음 중 집단 간 갈등의 원인과 가장 거리가 먼 것은?

① 영역 모호성
② 집단 간의 목표 차이
③ 제한된 자원
④ 조직구조의 개편

해설 집단 갈등 원인
- 작업 유동의 상호 의존성
- 영역 모호성
- 불균형 상태
- 자원 부족

58 인간이 장시간 주의를 집중하지 못하는 것은 주의의 어떤 특성 때문인가?

① 선택성
② 방향성
③ 변동성
④ 배치성

해설 주의의 특성
주의력은 변동성으로 인해 장시간 집중할 수 없다.

59 NIOSH의 직무스트레스 관리모형 중 중재요인(moderating factors)에 해당되지 않는 것은?

① 개인적 요인
② 조직 외 요인
③ 완충작용 요인
④ 물리적 환경 요인

해설 NIOSH의 직무스트레스 관리모형 중 중재요인
- 개인적 요인
- 조직 외 요인
- 완충작용 요인

60 다음 중 직무스트레스 상황 하에 일어나는 현상으로 틀린 것은?

① 동공이 수축한다.
② 스트레스로 인한 신체내부의 생리적 변화가 나타난다.
③ 스트레스 상황에서 심장 박동수는 증가하나, 혈압은 내려간다.
④ 스트레스는 정보처리의 효율성에 영향을 미친다.

해설 직무스트레스
스트레스는 심박수뿐만 아니라 혈압도 증가한다.

정답 56 ③ 57 ④ 58 ③ 59 ④ 60 ③

4과목 근골격계질환 예방을 위한 작업관리

61 유해요인 조사도구 중 JSI(Job Strain Index)의 평가 항목에 해당하지 않는 것은?

① 손/손목의 자세
② 1일 작업의 생산량
③ 힘을 발휘하는 강도
④ 힘을 발휘하는 지속시간

해설 JSI(Job Strain Index)

상지 말단(손, 손목, 팔꿈치)의 근골격계질환 위험을 평가하기 위한 도구로, 다음과 같은 6개 항목을 평가한다.
① 힘을 발휘하는 강도(Intensity of Exertion) : 작업을 수행하는 동안 사용하는 힘의 강도를 평가한다.
② 힘을 발휘하는 지속시간(Duration of Exertion) : 힘을 발휘하는 시간을 평가한다.
③ 분당 힘 발휘(Efforts per Minute) : 분당 힘을 발휘하는 횟수를 평가한다.
④ 손/손목의 자세(Hand/Wrist Posture) : 손목의 자세를 평가한다.
⑤ 작업 속도(Speed of Work) : 작업의 속도를 평가한다.
⑥ 1일 작업의 지속시간(Duration of Task per Day) : 하루 동안 작업을 수행하는 시간을 평가한다.
이 6개 항목을 평가하여 JSI 점수를 계산하고, 이 점수를 기준으로 작업의 위험도를 평가한다.

62 근골격계질환 중 어깨부위 질환이 아닌 것은?

① 극상근 건염(supraspinatus tendinitis)
② 외상과염(lateral epicondylitis)
③ 견봉하 점액낭염(subacromial bursitis)
④ 상완이두 건막염(bicipital tenosynovitis)

해설 근골격계질환의 종류

① 극상근 건염(supraspinatus tendinitis) : 어깨의 극상근 건에 염증이 생기는 상태로, 어깨의 운동 범위를 제한하고 통증을 유발할 수 있다. 주로 과도한 어깨 사용으로 인해 발생한다. 통증, 경직, 열감 등의 증상이 나타날 수 있다.
② 외상과염(lateral epicondlitis) : 테니스 엘보로도 알려져 있으며, 팔꿈치 바깥쪽의 통증과 압통을 동반한다. 주로 팔뚝 근육과 건의 과사용으로 인해 발생한다.
③ 견봉하 점액낭염(subacromial bursitis) : 견봉하에 점액이 축적되는 상태로, 흉터 형성, 피부 갈라짐 등의 증상이 있을 수 있다.
④ 상완이두 건막염(bicipital tenosynovitis) : 상완이두에 염증이 생기는 상태로, 통증, 부기, 열감 등의 증상이 나타날 수 있다.

※ ①, ③, ④는 어깨 부위 질환이다.

63 근골격계질환의 발생에 기여하는 작업적 유해요인과 가장 거리가 먼 것은?

① 과도한 힘의 사용
② 불편한 작업 자세의 반복
③ 부적절한 작업/휴식 비율
④ 간헐적 무리한 작업

해설 근골격계질환

근골격계질환은 반복적인 동작, 부적절한 작업 자세, 무리한 힘의 사용, 날카로운 면과의 신체접촉, 진동 및 온도 등의 요인에 의하여 발생하는 건강장해로서 목, 어깨, 허리, 팔·다리의 신경·근육 및 그 주변 신체조직 등에 나타나는 질환을 말한다.

64 다음 중 작업관리의 문제해결 절차를 올바르게 나열한 것은?

① 연구대상지의 선정 → 작업방법의 분석 → 분석 자료의 검토 → 개선안의 수립 및 도입 → 확인 및 재발장지
② 연구대상지의 선정 → 분석 자료의 검토 → 개선안의 수립 및 도입 → 확인 및 재발장지 → 작업방법의 분석
③ 작업방법의 분석 → 분석 자료의 검토 → 연구대상지의 선정 → 개선안의 수립 및 도입 → 확인 및 재발장지
④ 연구대상지의 선정 → 작업방법의 분석 → 개선안의 수립 및 도입 → 확인 및 재발장지 → 분석 자료의 검토

정답 61 ② 62 ② 63 ④ 64 ①

> **해설** 작업관리 문제해결 절차

문제의 발견 → 현상에 대한 분석 → 중요도의 발견 → 개선안의 검토 → 개선안의 수립과 시행 → 표준작업과 표준시간의 설정

65 1TMU(Time Measurement Unit)를 초단위로 환산한 것은?

① 0.0036초 ② 0.036초
③ 0.36초 ④ 1.667초

> **해설** 1TMU

1TMU = 0.00001시간 = 0.0006분 = 0.036초

66 ECRS의 4원칙에 해당되지 않는 것은?

① Control : 작업을 통제할 수 있는가?
② Eliminate : 꼭 필요한가?
③ Rearrange : 작업순서를 바꾸면 효율적인가?
④ Simplify : 단순화할 수 있는가?

> **해설** ECRS의 4원칙

① Eliminate(제거) : 불필요한 작업이나 절차를 제거하여 효율성을 높이는 원칙
② Combine(결합) : 유사한 작업을 결합하여 중복되는 단계를 줄이고 작업을 간소화하는 원칙
③ Rearrange(재배치) : 작업 순서를 재배치하여 작업 흐름을 최적화하고 시간을 절약하는 원칙
④ Simplify(단순화) : 복잡한 작업을 단순화하여 이해하기 쉽게 하고, 작업 속도를 높이는 원칙

67 동작경제원칙 중 신체 사용에 관한 원칙으로 옳지 않은 것은?

① 두 손의 동작은 같이 시작하고 같이 끝나도록 한다.
② 휴식시간을 제외하고는 양손이 같이 쉬지 않도록 한다.
③ 손의 동작은 완만하게 연속적인 동작이 되도록 한다.
④ 두 팔의 동작은 같은 방향으로 비대칭적으로 움직이도록 한다.

> **해설** 신체의 사용에 관한 원칙

- 양손의 동작은 동시에 시작하여 동시에 끝나야 한다.
- 양손은 휴식시간을 제외하고는 동시에 쉬어서는 안 된다.
- 팔의 동작은 서로 반대의 대칭적 방향으로 이루어져야 하며 동시에 행해져야 한다.
- 손과 몸의 동작은 일에 만족스럽게 할 수 있는 가장 단순한 동작에 한정되어야 한다.
- 작업에 도움이 되도록 가급적 물체의 관성(慣性)을 활용하고, 근육운동으로 작업을 수행하는 경우를 최소한으로 줄여야 한다.
- 갑자기 예각방향으로 변화를 하는 직선동작보다는 유연하고 연속적인 곡선동작을 하는 것이 좋다.
- 제한되거나 통제된 동작보다는 탄도동작이 보다 빠르고 쉬우며 정확하다.
- 작업을 원활하고 자연스럽게 수행하는 데는 리듬이 중요하다. 가급적 쉽고 자연스러운 리듬이 가능하도록 작업이 배열되어야 한다.
- 눈의 고정은 가급적 줄이고 함께 가까이 있도록 한다.

68 영상표시단말기(VDT) 취급에 관한 설명으로 틀린 것은?

① 키보드와 키 윗부분의 표면은 무광택으로 할 것
② 빛이 작업 화면에 도달하는 각도는 화면으로부터 45° 이내일 것
③ 작업자의 손목을 지지해 줄 수 있도록 작업대 끝면과 키보드의 사이는 5cm 이상을 확보할 것
④ 화면을 바라보는 시간이 많은 작업일수록 밝기와 작업대 주변 밝기의 차를 줄이도록 할 것

정답 65 ② 66 ① 67 ④ 68 ③

2023년 제1회 기출복원문제

해설 영상표시단말기(VDT) 취급

작업자의 손목을 지지해 줄 수 있도록 작업대 끝면과 키보드의 사이는 15cm 이상을 확보할 것

69 근골격계질환 예방·관리 프로그램에서 추진팀의 구성원이 아닌 것은?

① 관리자
② 근로자대표
③ 사용자대표
④ 보건담당자

해설 예방·관리추진팀의 구성원

중·소규모 사업장	대규모 사업장
• 근로자대표 또는 명예산업안전감독관을 포함하여 그가 위임하는 자 • 관리자(예산결정권자) • 정비·보수담당자 • 보건·안전담당자 • 구매담당자 등	• 중·소규모 사업장 추진팀원 • 기술자(생산, 설계, 보수기술자) • 노무담당자 등

70 A 공장의 한 컨베이어 라인에는 5개의 작업공정으로 이루어져 있다. 각 작업공정의 작업시간이 다음과 같을 때 이 공정의 균형효율은 약 얼마인가? (단, 작업은 작업자 1명이 맡고 있다.)

㉠ → ㉡ → ㉢ → ㉣ → ㉤
5분 7분 6분 6분 3분

① 21.86%   ② 22.86%
③ 78.14%   ④ 77.14%

해설 균형효율(라인밸런싱효율, 공정효율)

균형효율 = 총 작업시간 / (작업장 수 × 주기시간)
= (5+7+6+6+3) / (5 × 7)
= 0.7714 = 77.14%

71 관측 평균시간이 5분, 레이팅 계수가 120%, 여유시간이 0.4분인 작업에서 제품의 개당 표준시간과 여유율(%)을 내경법에 의하여 구하면 각각 얼마인가?

① 4.5분, 2.20%   ② 6.4분, 6.25%
③ 8.5분, 7.25%   ④ 9.7분, 10.25%

해설 표준시간과 여유율 계산

• 정미시간(NT) = 관측시간의 대푯값(T_o) × $\left(\dfrac{\text{레이팅 계수}(R)}{100}\right)$
$= 5 \times \left(\dfrac{120}{100}\right) = 6$

• 여유율(A) = $\dfrac{\text{여유시간}}{\text{정미시간}+\text{여유시간}} \times 100$
$= \dfrac{0.4}{6+0.4} \times 100 = 6.25(\%)$

• 표준시간(ST) = 정미시간 × $\left(\dfrac{1}{1-\text{여유율}}\right)$
$= 6 \times \left(\dfrac{1}{1-0.0625}\right) = 6.4$분

72 공정도에 사용되는 공정도 기호인 "⇨"으로 표시하기에 가장 적합한 것은?

① 작업 대상물을 다른 장소로 옮길 때
② 작업 대상물이 분해되거나 조립할 때
③ 작업 대상물을 지정된 장소에 보관할 때
④ 작업 대상물이 올바르게 시행되었는지를 확인할 때

해설 공정도 기호

• 저장(Storage): 자재나 제품을 저장하는 작업, □(사각형)
• 가공(Operation): 제품이나 공정을 검사하는 작업, ○(원형)
• 조립(Assembly): 부품을 결합하거나 제품을 조립하는 작업, ◇(마름모)
• 지연(Delay): 작업이 지연되거나 대기 상태, D(D 모양)
• 운반(Move): 물체나 자재를 이동시키는 작업, ⇨(화살표)
• 처리(Process): 자재를 변환하거나 가공하는 작업, ▭(직사각형)

정답 69 ③   70 ④   71 ②   72 ①

73 간헐적으로 랜덤한 시점에서 연구대상을 순간적으로 관측하여 대상이 처한 상황을 파악하고 이를 토대로 관측시간 동안에 나타난 항목별로 차지하는 비율을 추정하는 방법은?

① PTS법
② 워크샘플링
③ 웨스팅하우스법
④ 스톱워치를 이용한 시간연구

해설 관측방법

① PTS법(Predetermined Time Systems) : 기본적인 인간 동작에 대한 사전 결정된 시간을 사용하여 작업에 필요한 시간을 측정하는 방법이다.
② 워크샘플링(Work Sampling) : 일정 시간 동안 임의로 작업자의 활동을 관찰하고 기록하여 다양한 작업에 소비되는 시간을 백분율로 산출하는 방법이다.
③ 웨스팅하우스법(Westinghouse System) : 작업 중 작업자의 기술, 노력, 작업 조건을 평가하는 데 사용되는 방법이다.
④ 스톱워치를 이용한 시간연구(Stopwatch Time Study) : 스톱워치를 사용하여 작업 또는 작업의 일부를 완료하는 데 걸리는 시간을 측정하는 전통적인 방법이다.

74 어느 병원의 간호사에 대한 근골격계질환의 위험을 평가하기 위하여 인강공학분야에서 많이 사용되는 유해요인 평가도구 중 하나인 RULA(Rapid Upper Linb Assessment)를 적용하여 작업을 평가한 결과, 최종 점수가 4점으로 평가되었다. 평가 결과에 대한 해석으로 맞는 것은?

① 수용가능한 안전한 작업으로 평가됨.
② 계속적 추가관찰을 요하는 작업으로 평가됨.
③ 빠른 작업 개선과 작업 위험요인의 분석이 요구됨.
④ 즉각적인 개선과 작업 위험요인의 정밀조사가 요구됨.

해설 RULA(Rapid Upper Linb Assessment)
RULA 평가는 1점에서 7점까지 있으며, 점수가 높을수록 근골격계질환의 위험이 높다는 것을 나타낸다.
• 수용가능한 안전한 작업으로 평가됨 : 1~2점
• 계속적으로 추가관찰을 요하는 작업으로 평가됨 : 3~4점
• 빠른 작업 개선과 작업 위험요인 분석이 요구됨 : 5~6점
• 즉각적인 개선과 작업 위험요인의 정밀조사가 요구됨 : 7점 이상

75 핀란드 노동위생연구소가 1970년대 중반에 개발한 인간공학적 평가도구로 작업자의 작업 자세를 평가하여 근골격계에 미치는 영향을 분석하여 작업 자세의 편리성과 개선 필요성을 평가하는 방법은?

① RULA(rapid upper limb assessment)
② REBA(rapid entire body assessment)
③ OWAS(Ovako working posture analysis system)
④ NIOSH 들기 작업지침(Revised NIOSH lifting equation)

해설 OWAS

① RULA(Rapid Upper Limb Assessment)
상지(팔, 손목, 어깨)의 작업 자세와 관련된 근골격계질환의 위험도를 평가하며 어깨, 팔꿈치, 손목, 목, 몸통의 각도와 자세를 분석한다. 사무실 작업, 제조업 등 다양한 작업 환경에서 사용한다.
② REBA(Rapid Entire Body Assessment)
전신 작업 자세와 관련된 근골격계질환의 위험도를 평가하는 것으로 평가 요소로는 목, 몸통, 다리, 팔, 손목, 다리 각도와 자세이다. 건강관리, 사회복지사, 물류 작업 등 다양한 작업 환경에서 사용한다.
③ OWAS(Ovako Working Posture Analysis System)
핀란드 노동위생연구소가 1970년대 중반에 개발한 인간공학적 평가도구로 작업자의 작업 자세를 평가하여 근골격계에 미치는 영향을 분석하여 작업 자세의 편리성과 개선 필요성을 평가한다.
④ NIOSH 들기 작업지침(Revised NIOSH Lifting Equation)
• 목적 : 들기 작업에서의 허리 부상 위험을 평가
• 평가 요소 : 무게, 들기 주기, 작업 조건, 허리 자세
• 활용 : 물류, 제조, 건설 등 무거운 물체를 들어 올리는 작업 환경에서 사용

정답 73 ② 74 ② 75 ③

2023년 제1회 기출복원문제

76 NOISH Lifting Equation(NLE) 평가에서 권장무게한계(Recommended Weight Limit)가 20kg이고 현재 작업물의 무게가 23kg일 때, 들기지수(Lifting Index)의 값과 이에 대한 평가가 맞는 것은?

① 0.87, 요통의 발생위험이 나다.
② 0.87, 작업을 재설계할 필요가 있다.
③ 1.15, 요통의 발생위험이 높다.
④ 1.15, 작업을 재설계할 필요가 없다.

해설 들기지수(Lifting Index)

들기지수(Lifting Index) = 작업물의 무게 / RWL(권장무게한계)
= 23kg / 20
= 1.15

LI가 1보다 크게 되는 것은 요통의 발생위험이 높은 것으로 나타낸다. 따라서 LI가 1 이하가 되도록 작업설계 또는 재설계할 필요가 있다.

77 작업연구에 대한 설명으로 옳지 않은 것은?

① 작업연구는 보통 동작연구와 시간연구로 구성된다.
② 시간연구는 표준화된 작업방법에 의하여 작업을 수행할 경우에 소요되는 표준시간을 측정하는 분야이다.
③ 동작연구는 경제적인 작업방법을 검토하여 표준화된 작업방법을 개발하는 분야이다.
④ 동작연구는 작업측정으로, 시간연구는 방법연구라고도 한다.

해설 작업연구

동작연구는 작업의 효율성을 높이기 위해 동작을 분석하고 개선하는 방법을 연구하는 분야이며, 시간연구는 작업을 수행하는 데 소요되는 시간을 측정하고 분석하는 분야이다. 동작연구와 시간연구는 각각 독립적인 연구 방법이며, 각 목적도 다르다.

78 근골격계질환의 예방에서 단기적 관리방안으로 볼 수 없는 것은?

① 안전한 작업방법의 교육
② 작업자의 대한 휴식시간의 배려
③ 근골격계질환 예방·관리 프로그램의 도입
④ 휴게실, 운동시설 등 기타 관리시설의 확충

해설 단기적 관리방안

- 인간공학 교육
- 위험요인의 인간공학적 분석 후 작업장 개선
- 작업자에 대한 휴식시간이 배려
- 교대근무에 대한 고려
- 안전예방 체조의 도입
- 안전한 작업 방법 교육
- 재활 복귀 질환자에 대한 재활시설의 도입, 의료시설 및 인력확보
- 휴게실, 운동시설 등 기타 관리시설 확충
- 근골격계질환 예방·관리 프로그램의 도입은 장기적 관리 방안

79 다음 설명은 수행도 평가의 어느 방법을 설명한 것인가?

- 작업을 요소작업으로 구분한 후, 시간 연구를 통해 개별시간을 구한다.
- 요소작업 중 임의로 작업자 조절이 가능한 요소를 정한다.
- 선정된 작업에서 PTS 시스템 중 한 개를 적용하여 대응되는 시간치를 구한다.
- PTS법에 의한 시간치와 관측시간 간의 비율을 구하여 레이팅 계수를 구한다.

① 속도평가법 ② 객관적평가법
③ 합성평가법 ④ 웨스팅하우스법

해설 수행도 평가방법

① 속도평가법(Time Study)
- 목적 : 작업자가 작업을 수행하는 데 걸리는 시간을 측정하여 작업의 효율성을 평가한다.
- 방법 : 작업 과정 전체를 단계별로 나누고, 각 단계의 시간을 측정하여 최적의 작업시간을 도출한다.

정답 76 ③ 77 ④ 78 ③ 79 ③

② 객관적평가법(Objective Rating Method)
- 목적 : 작업자의 수행도를 객관적으로 평가한다.
- 방법 : 사전에 정해진 객관적 기준에 따라 작업자의 수행을 평가.

③ 합성평가법(Synthetic Rating Method)
- 목적 : 여러 평가 요소를 종합하여 작업자의 수행도를 평가.
- 방법 : 시간 연구, 기준 시간, 작업의 복잡성 등 다양한 요소를 종합하여 평가.

④ 웨스팅하우스법(Westinghouse System of Rating)
- 목적 : 작업자의 숙련도, 노력, 작업 조건 등을 종합적으로 평가.
- 방법 : 숙련도, 노력, 작업 조건, 일관성 등의 요소를 평가하고 각 요소에 점수를 부여하여 종합 점수를 계산.

80 근골격계질환을 유발시킬 수 있는 주요 부담작업에 대한 설명으로 맞는 것은?

① 충격 작업의 경우 분당 2회를 기준으로 한다.
② 단순 반복 작업은 대개 4시간을 기준으로 한다.
③ 들기 작업의 경우 10kg, 25kg이 기준무게로 사용된다.
④ 쥐기(grip) 작업의 경우 쥐는 힘과 1kg과 4.5kg을 기준으로 사용한다.

해설 근골격계질환의 주요 부담작업

- 하루에 4시간 이상 집중적으로 자료입력 등을 위해 키보드 또는 마우스를 조작하는 작업
- 하루에 총 2시간 이상 목, 어깨, 팔꿈치, 손목 또는 손을 사용하여 같은 동작을 반복하는 작업
- 하루에 총 2시간 이상 머리 위에 손이 있거나, 팔꿈치가 어깨 위에 있거나, 팔꿈치를 몸통으로부터 들거나, 팔꿈치를 몸통 뒤쪽에 위치하도록 하는 상태에서 이루어지는 작업
- 지지되지 않은 상태이거나 임의로 자세를 바꿀 수 없는 조건에서, 하루에 총 2시간 이상 목이나 허리를 구부리거나 트는 상태에서 이루어지는 작업
- 하루에 총 2시간 이상 쪼그리고 앉거나 무릎을 굽힌 자세에서 이루어지는 작업
- 하루에 총 2시간 이상 지지되지 않은 상태에서 1kg 이상의 물건을 한 손의 손가락으로 집어 옮기거나, 2kg 이상에 상응하는 힘을 가하여 한 손의 손가락으로 물건을 쥐는 작업
- 하루에 총 2시간 이상 지지되지 않은 상태에서 4.5kg 이상의 물건을 한 손으로 들거나 동일한 힘으로 쥐는 작업
- 하루에 10회 이상 25kg 이상의 물체를 드는 작업
- 하루에 25회 이상 10kg 이상의 물체를 무릎 아래에서 들거나, 어깨 위에서 들거나, 팔을 뻗은 상태에서 드는 작업
- 하루에 총 2시간 이상, 분당 2회 이상 4.5kg 이상의 물체를 드는 작업
- 하루에 총 2시간 이상 시간당 10회 이상 손 또는 무릎을 사용하여 반복적으로 충격을 가하는 작업

정답 80 ③

제2회 기출복원문제

1과목 인간공학개론

01 시스템의 성능 평가척도의 설명으로 맞는 것은?
① 적절성 : 평가척도가 시스템의 목표를 잘 반영해야 한다.
② 실제성 : 기대되는 차이에 적합한 단위로 측정할 수 있어야 한다.
③ 무오염성 : 비슷한 환경에서 평가를 반복할 경우에 일정한 결과를 나타낸다.
④ 신뢰성 : 측정하려는 변수 이외의 다른 변수들의 영향을 받지 않아야 한다.

해설 시스템의 성능평가척도
- 적절성 : 기준이 의도돈 목적에 적당하다고 판단되는 척도
- 무오염성 : 측정하고자 하는 변수외의 다른 변수들의 영향을 받아서는 안 됨
- 신뢰성 : 결과가 일관되게 나오는 정도를 의미한다.

02 인간공학과 관련된 용어로 사용되는 것이 아닌 것은?
① Ergonomics
② Just In Time
③ Human Factors
④ User Interface Design

해설 인간공학의 정의
① Ergonomics : 인간공학
② Just In Time : 적시생산방식
③ Human Factors : 인간기계의 관계 및 상호작용 연구
④ User Interface Design : 사용자인터페이스 설계

03 밀러(Miller)의 신비의 수(Magic Number) 7±2 와 관련이 있는 인간의 정보처리 계통은?
① 장기기억
② 단기기억
③ 감각기관
④ 제어기관

해설 인간의 정보처리
단기기억의 용량은 7±2청크(chunk)다.

04 구성요소 배치의 원칙에 관한 기술 중 틀린 것은?
① 사용빈도를 고려하여 배치한다.
② 작업공간의 활용을 고려하여 배치한다.
③ 기능적으로 관련된 구성요소들을 한데 모아서 배치한다.
④ 시스템의 목적을 달성하는 데 중요한 정도를 고려하여 배치한다.

해설 구성요소(부품) 배치의 원칙
- 중요성의 원칙
- 사용빈도의 원칙
- 기능별 배치의 원칙
- 사용 순서의 원칙

05 인체측정의 구조적 치수 측정 관한 설명으로 틀린 것은?
① 형태학적 측정을 의미한다.
② 나체 측정을 원칙으로 하다.
③ 마틴식 인체측정 장치를 사용한다.
④ 상지나 하지의 운동범위를 측정한다.

정답 01 ① 02 ② 03 ② 04 ② 05 ④

해설 구조적 인체치수

형태학적 측정이라고도 하며, 표준자세에서 움직이지 않는 피측정자를 인체측정기로 구조적인체치수를 측정하여 특수 또는 일반적 용품의 설계에 기초 자료로 활용한다.
- 사용 인체측정기 : 마틴식 인체측정기(Martintype anthropometer)
- 측정원칙 : 나체측정을 원칙으로 한다.

06 하나의 소리가 다른 소리의 청각 감지를 방해하는 현상을 무엇이라 하는가?

① 기피(avoid)효과
② 은폐(masking)효과
③ 제거(exclusion)효과
④ 차단(interception)효과

해설 은폐효과

① 기피(avoid)효과 : 특정 자극이나 상황을 피하는 행동을 의미
② 은폐(masking)효과 : 한 자극이 다른 자극을 덮어 시각적 또는 청각적 인식을 방해하는 현상
③ 제거(exclusion)효과 : 특정 요소를 완전히 배제하거나 제거하는 행위
④ 차단(interception)효과 : 어떤 것이 중간에 끼어들어 다른 것을 방해하거나 차단하는 현상

07 Fitts의 법칙에 관한 설명으로 맞는 것은?

① 표적과 이동거리는 작업의 난이도와 소요 이동시간과 무관하다.
② 표적이 클수록, 이동거리가 짧을수록 작업의 난이도와 소요 이동시간이 감소한다.
③ 표적이 클수록, 이동거리가 길수록 작업의 난이도와 소요 이동시간이 증가한다.
④ 표적이 작을수록, 이동거리가 짧을수록 작업의 난이도와 소요 이동시간이 증가한다.

해설 Fitts의 법칙

막대 꽂기 실험에서와 같이 고는 표적 중심선까지의 이동거는 표적 폭이라 하고, 난이도(ID, Index of Difficulty)와 이동시간(MT, Movement Time)을 다음과 같이 정의한다.

- $ID = \log_2 \dfrac{2D}{W}$
- $MT = a + b \cdot ID$

이를 Fitts의 법칙이라 한다. 표적이 작을수록 또 이동거리가 길수록 작업의 난이도와 소요 이동시간이 증가한다.

08 시각의 기능에 대한 설명으로 틀린 것은?

① 밤에는 빨간색보다는 초록색이나 파란색이 잘 보인다.
② 눈이 초점을 맞출 수 있는 가장 가까운 거리를 근점이라 한다.
③ 근시인 사람은 수정체가 얇아져 가까운 물체를 제대로 볼 수 없다.
④ 간상체나 원추체가 빛을 흡수하면 화학반응이 일어나 뇌로 전달된다.

해설 근시

근시는 수정체가 두꺼운 상태로 유지되어 상이 망막 앞에 맺혀 멀리 있는 물체를 볼 때에는 초점을 정확히 맞출 수 없다.

09 청각적 표시장치에 관한 설명으로 맞는 것은?

① 청각 신호의 지속시간은 최대 0.3초 이내로 한다.
② 청각 신호의 차원은 세기, 빈도, 지속기간으로 구성된다.
③ 즉각적인 행동이 요구될 때에는 청각적 표시장치 보다 시각적 표시장치를 사용하는 것이 좋다.
④ 신호의 검출도를 높이기 위해서는 소음의 세기가 높은 영역의 주파수로 신호의 주파수를 바꾼다.

해설 청각적 표시장치

- 청각신호의 지속시간은 최소한 0.3초 지속되어야 한다.
- 즉각적인 행동이 요구될 때에는 시각적 표시장치 보다 청각적 표시장치를 사용하는 것이 좋다.
- 신호의 검출도를 높이기 위한 방법으로는 주파수 변환은 상관이 없다.

10 신호검출이론(SDT)에서 신호의 유무를 판별함에 있어 네 가지 반응 대안에 해당하지 않는 것은?

① 긍정(Hit)
② 누락(Miss)
③ 채택(Acceptation)
④ 허위(False alarm)

해설 신호의 판별

판정결과 결과	상태	부호
신호의 정확한 판정 (Hit)	신호를 신호로 인식함	P(S/S)
신호검출 실패 (Miss)	신호가 나타났는데도 잡음으로 판정	P(N/S)
허위 경보 (False Alarm)	잡음을 신호로 판정	P(S/N)
잡음을 잡음으로 판정 (Correct Rejection)	잡음만 있을 때 잡음으로 판정	P(N/N)

11 청각적 코드화 방법에 관한 설명으로 틀린 것은?

① 진동수는 많을수록 좋으며, 간격은 좁을수록 좋다.
② 음의 방향은 두 귀 간의 강도차를 확실하게 해야 한다.
③ 강도(순음)의 경우는 1,000~4,000Hz로 한정할 필요가 있다.
④ 지속시간은 0.5초 이상 지속시키고, 확실한 차이를 두어야 한다.

해설 청각적 코드화 방법

청각적 암호화 방법에선 진동수가 적은 저주파가 좋다.

12 다음에서 설명하고 있는 것은?

> 모든 암호 표시는 다른 암호 표시와 구별될 수 있어야 한다. 인접한 자극들 간에 적당한 차이가 있어 전부 구별 가능하더라도, 인접 자극의 상이도는 암호 체계의 효율에 영향을 끼친다.

① 암호의 검출성(Detectability)
② 암호의 양립성(Compatibility)
③ 암호의 표준화(Standardization)
④ 암호의 변별성(Discriminability)

해설 개념 이해

① **암호의 검출성(Detectability)**: 암호가 얼마나 쉽게 식별될 수 있는지를 나타내는 척도이다. 쉽게 탐지될 수 있는 암호는 높은 검출성을 가지고 있다.
② **암호의 양립성(Compatibility)**: 특정 환경이나 시스템 내에서 암호가 얼마나 잘 호환되는지를 나타내는 개념으로 높은 양립성을 갖춘 암호는 다양한 시스템에서 원활하게 사용될 수 있다.
③ **암호의 표준화(Standardization)**: 암호가 얼마나 표준화된 형식을 따르는지를 의미한다. 표준화된 암호는 일관성을 유지하고, 다른 시스템 간에 쉽게 상호 운용될 수 있다.
④ **암호의 변별성(Discriminability)**: 암호가 다른 암호와 얼마나 잘 구별될 수 있는지를 나타낸다. 변별성이 높은 암호는 혼동 없이 명확하게 구분될 수 있다.

13 회전운동을 하는 조종장치의 레버를 30° 움직였을 때 표시장치의 커서는 2cm 이동하였다. 레버의 길이가 15cm일 때 이 조종장치의 C/R 비는 약 얼마인가?

① 2.62
② 3.93
③ 5.24
④ 8.33

해설 조종장치의 C/R 비

$$\text{C/R 비} = \frac{(a/360) \times 2\pi L}{\text{표시장치의 이동거리}}$$
$$= \frac{(30/360) \times 2\pi \times 15}{2}$$
$$= 3.93$$

정답 10 ③ 11 ① 12 ④ 13 ②

14 기계가 인간보다 더 우수한 기능이 아닌 것은? (단, 인공지능은 제외한다.)

① 자극에 대하여 연역적으로 추리한다.
② 이상하거나 예기치 못한 사건들을 감지한다.
③ 장시간에 걸쳐 신뢰성 있는 작업을 수행한다.
④ 암호화된 정보를 신속하고, 정확하게 회수한다.

해설 인간과 기계

인간이 우수한 기능	기계가 우수한 기능
• 귀납적 추리 • 과부하 상태에서 선택 • 예기치 못한 사건을 감지	• 연역적 추리 • 과부하 상태에서도 효율적 • 장시간 걸쳐 신뢰성 있는 작업 수행 • 암호화 정보를 신속하고 정확하게 수행

15 최소치를 이용한 인체 측정치 원리를 적용해야 할 것은?

① 문의 높이
② 안전대의 하중강도
③ 비상탈출구의 크기
④ 기구조작에 필요한 힘

해설 최소집단값에 의한 설계
• 문의 높이, 안전대 하중강도, 비상탈출구의 크기 : 최대집단값 사용
• 기구조작에 필요한 힘 : 최소집단값 사용

16 신체의 지지와 보호 및 조혈 기능을 담당하는 것은?

① 근육계　　② 순환계
③ 신경계　　④ 골격계

해설 신체의 구조
① **근육계** : 신체의 움직임과 자세를 유지하는 데 중요한 역할을 하는 근육과 힘줄로 구성된다. 근육계는 수의근(골격근), 불수의근(평활근), 심근 등으로 나뉜다.
② **순환계** : 심장, 혈액, 혈관으로 구성되며, 신체의 각 부위에 산소와 영양소를 공급하고 노폐물을 제거한다. 심혈관계와 림프계가 포함된다.
③ **신경계** : 신체의 모든 기능을 조절하고 통제하는 뇌, 척수, 신경으로 구성된다. 중추신경계(뇌와 척수)와 말초신경계로 나뉜다.
④ **골격계** : 뼈, 연골, 인대 등으로 구성되며, 신체의 구조를 지지하고 보호한다. 신체의 움직임을 가능하게 하고, 중요한 장기를 보호하며, 혈구 생산과 무기질 저장에도 중요한 역할을 한다.

17 실현 가능성이 같은 N개의 대안이 있을 때 총 정보량(H)을 구하는 식으로 옳은 것은?

① $H = \log N^2$
② $H = \log_2 N$
③ $H = 2\log_2 N^2$
④ $H = \log 2N$

해설 정보량
일반적으로 실현 가능성이 같은 N개의 대안이 있을 때 총 정보량 $H = \log_2(n)$

18 일반적인 시스템의 설계과정을 맞게 나열한 것은?

① 목표 및 성능명세 결정 → 체계의 정의 → 기본설계 → 계면설계 → 촉진물 설계 → 시험 및 평가
② 체계의 정의 → 목표 및 성능명세 결정 → 기본설계 → 계면설계 → 촉진물 설계 → 시험 및 평가
③ 목표 및 성능명세 결정 → 체계의 정의 → 계면설계 → 촉진물 설계 → 기본설계 → 시험 및 평가
④ 체계의 정의 → 목표 및 성능명세 결정 → 계면설계 → 촉진물 설계 → 기본설계 → 시험 및 평가

정답 14 ② 15 ④ 16 ④ 17 ② 18 ①

해설 | 기본단계와 과정

목표 및 성능명세 결정 → 체계의 정의 → 기본설계 → 계면설계 → 촉진물 설계 → 시험 및 평가

19 음압수준이 100dB인 1,000Hz 순음의 sone 값은 얼마인가?

① 32　　② 64
③ 128　　④ 256

해설 | sone 값

$$\text{sone 값} = 2^{(\text{phon 값} - 40)/10} = 2^{(100-40)/10} = 64$$

20 종이의 반사율이 70%이고, 인쇄된 글자의 반사율이 15%일 경우 대비(Contrast)는?

① 15%　　② 21%
③ 70%　　④ 79%

해설 | 대비

$$\text{대비}(\%) = \frac{L_b - L_t}{L_b} \times 100 = \frac{0.7 - 0.15}{0.7} \times 100 = 79\%$$

2과목　작업생리학

21 지면으로부터 가벼운 금속조각을 줍는 일에 대하여 취하는 다음의 자세 중 에너지 소비량(kcal/min)이 가장 낮은 것은?

① 한 팔을 대퇴부에 지지하는 등 구부린 자세
② 두 팔의 지지가 없는 등 구부린 자세
③ 손을 지면에 지지하면서 무릎을 구부린 자세
④ 두 손을 지면에 지지하지 않은 무릎을 구부린 자세

해설

지면에 지지하는 것이 에너지 소비량이 적다.

22 근력에 관한 설명으로 틀린 것은?

① 근력이란 수의적인 노력으로 근육이 등장성으로 낼 수 있는 힘의 최대치이다.
② 정적 근력의 측정은 피검자가 고정 물체에 대하여 최대 힘을 내도록 하여 측정한다.
③ 동적 근력은 가속과 관절 각도 변화가 힘의 발휘에 영향을 미치므로 측정에 어려움이 있다.
④ 근력의 측정은 자세, 관절 각도, 동기 등의 인자가 영향을 미치므로 반복 측정이 필요하다.

해설 | 근력의 특성

한 번의 수의적인 노력에 의하여 근육이 등척성(isometric)으로 낼 수 있는 힘의 최댓값이며 손, 팔, 다리 등의 특정 근육이나 근육군과 관련이 있다.

23 최대산소소비능력(MAP, Maximum Aerobic Power)에 대한 설명으로 옳지 않은 것은?

① 산소 섭취량이 지속적으로 증가하는 수준을 말한다.
② 사춘기 이후 여성의 MAP는 남성의 65~75% 정도이다.
③ 최대산소소비능력은 개인의 운동역량을 평가하는 데 활용된다.
④ MAP를 측정하기 위해서 주로 트레드밀(Treadmill)이나 자전거 에르고미터(Ergometer)를 활용한다.

정답　19 ②　20 ④　21 ①　22 ①　23 ①

> **해설** 최대산소 소비량

작업의 속도가 증가하면 산소 소비량이 선형적으로 증가하여 일정한 수준에 이르게 되고, 작업의 속도가 증가하더라도 산소 소비량은 더 이상 증가하지 않고 일정하게 되는 수준이다.

24 척추를 구성하고 있는 뼈 가운데 요추의 수는 몇 개인가?

① 5개
② 6개
③ 7개
④ 8개

> **해설** 요추의 수

요추는 1~5번까지로 5개이다.

25 생체역학적 모형의 효용성으로 가장 적합한 것은?

① 작업 시 사용되는 근육 파악
② 작업에 대한 생리적 부하 평가
③ 작업의 병리학적 영향 요소 파악
④ 작업 조건에 따른 역학적 부하 추정

> **해설** 생체역학적 모형

생체역학은 특히 근골격계 생체역학 연구에 있어서 작업조건(근육의 운동과 관절에 작용하는 힘)에 따른 역학적 부하를 측정하는 것이 중요하다.

26 점멸융합주파수(Critical Flicker Fusion)에 대해 설명한 것 중 틀린 것은?

① 중추신경계의 정신피로의 척도로 사용된다.
② 작업시간이 경과할수록 CFF 치는 낮아진다.
③ 쉬고 있을 때 CFF 치는 대략 15~30Hz이다.
④ 마음이 긴장되었을 때나 머리가 맑을 때의 CFF 치는 높아진다.

> **해설** 점멸융합주파수(Critical Flicker Fusion)

- 피곤함에 따라 빈도가 감소하기 때문에 중추신경계의 피로, 즉 '정신피로'의 척도로 사용될 수 있다.
- 잘 때나 멍하게 있을 때에 CFF가 낮고, 마음이 긴장되었을 때나 머리가 맑을 때에 높아진다.

27 인간이 휴식을 취하고 있을 때 혈액이 가장 많이 분포하는 신체부위는?

① 뇌
② 심장근육
③ 근육
④ 소화기관

> **해설** 휴식 시 혈액분포

휴식 시 혈액은 소화기관 → 콩팥 → 골격근 → 뇌 순으로 분포한다.

28 근육 유형 중에서 의식적으로 통제가 가능한 근육은?

① 평활근
② 골격근
③ 심장근
④ 모든 근육은 의식적으로 통제 가능하다.

> **해설** 골격근

인체의 근육 중 하나이고, 뼈에 부착되어 전신의 관절운동에 관여하며, 뜻대로 움직여지는 수의근(뇌척수신경의 운동신경이 지배)이다.

29 작업장의 소음 노출정도를 측정한 결과가 다음과 같다면 이 작업장 근로자의 소음노출지수는 얼마인가?

소음수준[dB(A)]	노출시간[h]	허용시간[h]
80	3	64
90	4	8
100	1	2

① 1.00
② 1.05
③ 1.10
④ 1.15

정답 24 ① 25 ④ 26 ③ 27 ④ 28 ② 29 ②

2023년 제2회 기출복원문제

해설 소음노출지수(TI)

$$소음노출지수(TI) = \frac{C(노출시간)}{T(허용노출시간)} = \frac{C_1}{T_1} + \frac{C_2}{T_2} + \cdots\cdots \frac{C_n}{T_n}$$

$$= \frac{3}{64} + \frac{4}{8} + \frac{1}{2} = 1.046 = 1.05$$

30 조명에 관한 용어의 설명으로 옳지 않은 것은?

① 조도는 광도에 비례하고, 광원으로부터의 거리의 제곱에 반비례한다.
② 휘도는 단위 면적당 표면에 반사 또는 방출되는 빛의 양을 의미한다.
③ 조도는 점광원에서 어떤 물체나 표면에 도달하는 빛의 양을 의미한다.
④ 광도(Luminous Intensity)는 단위 입체각 당 물체나 표면에 도달하는 광속으로 측정하며, 단위는 램버트(Lambert)이다.

해설 광도(Luminous Intensity)

빛의 강도(세기)를 측정하는 단위로 특정 방향으로 방출되는 빛의 양을 나타낸다. 광도는 국제단위계(SI)에서 칸델라(candela, cd)로 측정된다.

31 육체적 작업을 위하여 휴식시간을 산정할 때 가장 관련이 깊은 척도는?

① 눈 깜빡임 수(blink rate)
② 점멸 융합 주파수(flicker test)
③ 부정맥 지수(cardiac arrhythmia)
④ 에너지 대사율(relative metabolic rate)

해설 휴식시간 산정

작업부하에 따라 휴식시간을 산정 시 평균에너지 소모량과 권장에너지 소모량을 기초로 한다.

$$R = \frac{T(E-S)}{E-1.5}$$

R : 휴식시간/min
T : 총 작업시간/min
E : 평균 에너지 소비량
S : 권장 에너지 소비량

32 가동성 관절의 종류와 그 예(例)가 잘못 연결된 것은?

① 중쇠 관절(pivot joint) – 수근중수 관절
② 타원 관절(ellipsoid joint) – 손목뼈 관절
③ 절구 관절(ball-and-socket joint) – 대퇴 관절
④ 경첩 관절(hinge joint) – 손가락 뼈 사이

해설 윤활 관절 종류

① **구상(절구) 관절**(ball and socket joint) : 관절머리와 관절오목이 모두 반구상의 것이며, 3개의 운동축을 가지고 있어 운동범위가 가장 크다.
   예 어깨 관절, 대퇴 관절
② **경첩 관절**(hinge joint) : 두 관절면이 원주면과 원통면 접촉을 하는 것이며, 한 방향으로만 운동할 수 있다.
   예 무릎 관절, 팔굽 관절, 발목 관절
③ **안장 관절**(saddle joint) : 두 관절면이 말안장처럼 생긴 것이며, 서로 직각방향으로 움직이는 2축성 관절이다.
   예 엄지손가락의 손목, 손바닥뼈 관절
④ **타원 관절**(condyloid joint) : 두 관절면이 타원상을 이루고, 그 운동은 타원의 장단축에 해당하는 2축성 관절이다.
   예 요골, 손목뼈 관절
⑤ **차축 관절**(pivot joint) : 관절머리가 완전히 원형이며, 관절오목 내를 자동차 바퀴와 같이 1축성으로 회전운동을 한다.
   예 위아래 요골척골 관절
⑥ **평면 관절**(gliding joint) : 관절면이 평면에 가까운 상태로서, 약간의 미끄럼 운동으로 움직인다.
   예 손목뼈 관절, 척추사이 관절

33 관절의 움직임 중 모음(내전, Adduction)을 설명한 것으로 옳은 것은?

① 정중면 가까이로 끌어 들이는 운동이다.
② 신체를 원형으로 또는 원추형으로 돌리는 운동이다.
③ 굽혀진 상태를 해부학적 자세로 되돌리는 운동이다.
④ 뼈의 긴축을 중심으로 제자리에서 돌아가는 운동이다.

정답 30 ④ 31 ④ 32 ① 33 ①

> **해설** 관절의 움직임
- 원회전운동 : 신체를 원형으로 또는 원추형으로 돌리는 운동이다.
- 신전 : 굽혀진 상태를 해부학적 자세로 되돌리는 운동이다.
- 회전 : 뼈의 긴축을 중심으로 제자리에서 돌아가는 운동이다.

34 어떤 작업의 총 작업시간이 35분이고 작업 중 평균에너지 소비량이 분당 7kcal라면 이때 필요한 휴식시간은 약 몇 분인가? (단, Murrell의 공식을 이용하며, 기초 대사량은 분당 1.5kcal, 남성의 권장 평균 에너지 소비량은 분당 5kcal이다.)

① 8분   ② 13분
③ 18분   ④ 23분

> **해설** 필요한 휴식시간

$$R = \frac{T(E-S)}{E-1.5} \quad \frac{35(7-5)}{7-1.5} = 13분$$

R : 휴식시간(분)
T : 총 작업시간(분)
E : 평균에너지소모량
S : 권장 평균에너지소모량

35 공기정화시설을 갖춘 사무실에서의 환기기준으로 맞는 것은?

① 환기횟수는 시간당 2회 이상으로 한다.
② 환기횟수는 시간당 3회 이상으로 한다.
③ 환기횟수는 시간당 4회 이상으로 한다.
④ 환기횟수는 시간당 6회 이상으로 한다.

> **해설** 환기기준

사무실공기관리지침 [고용노동부고시 제2020-45호]에 따라 공기정화시설을 갖춘 사무실에서 근로자 1인당 필요한 최소 외기량은 분당 0.57 세제곱미터 이상이며, 환기횟수는 시간당 4회 이상으로 한다.

36 동일한 관절 운동을 일으키는 주동근(agonist)과 반대되는 작용을 하는 근육은?

① 고정근(staHlizer)
② 중화근(neutralizer)
③ 길항근(anragonists)
④ 보조 주동근(assistant mover)

> **해설** 길항근

주동근과 반대되는 작용을 하는 근육

37 교대작업에 대한 설명으로 틀린 것은?

① 일반적으로 야간 근무자의 사고 발생률이 높다.
② 교대작업은 생산설비의 가동률을 높이고자 하는 제도 중의 하나이다.
③ 교대작업 주기를 자주 바꿔주는 것이 근무자의 건강에 도움이 된다.
④ 상대적으로 가벼운 작업을 야간 근무조에 배치하고 업무 내용을 탄력적으로 조정한다.

> **해설** 교대작업

교대작업 주기를 자주 바꿔주는 것은 근무자의 교대작업에 잘 적응하기 힘들 수 있다.

38 진동이 인체에 미치는 영향이 아닌 것은?

① 심박수 감소
② 산소 소비량 증가
③ 근장력 증가
④ 말초혈관의 수축

> **해설** 진동의 영향

진동이 생리적 기능에 미치는 영향은 혈관계에 대한 영향과 교감신경계의 영향으로 혈압상승, 심박수 증가, 발한 등의 증상을 보인다.

정답 34 ②　35 ③　36 ③　37 ③　38 ①

2023년 제2회 기출복원문제

39 인간과 주위와의 열교환 과정을 올바르게 나타낸 열균형 방정식은? (단, S는 열축적, M은 대사, E는 증발, R은 복사, C는 대류, W는 한 일이다.)

① S = M - E ± R - C + W
② S = M - E - R ± C + W
③ S = M - E ± R ± C - W
④ S = M ± E - R ± C - W

해설 열교환과정

M(대사) - E(증발) ± R(복사) ± C(대류) - W(한 일)

40 소음에 관한 정의에 있어 "강렬한 소음작업"이라 함은 얼마 이상의 소음이 1일 8시간 이상 발생하는 작업을 의미하는가?

① 85데시벨 이상 ② 90데시벨 이상
③ 95데시벨 이상 ④ 100데시벨 이상

해설 강렬한 소음작업

90데시벨 이상의 소음이 1일 8시간 이상 발생하는 작업

3과목 산업심리학 및 관련 법규

41 알더퍼(P.Alderfer)의 ERG이론에서 3단계로 나눈 욕구 유형에 속하지 않은 것은?

① 성취욕구 ② 성장욕구
③ 존재욕구 ④ 관계욕구

해설 알더퍼(P.Alderfer)의 ERG이론 3단계

① 존재 욕구(Existence Needs)
기본적인 생존과 관련된 욕구다. 신체적 안정과 안전, 음식, 물, 공기, 주거지 등의 물리적 및 생리적 요구를 포함한다. 매슬로의 생리적 욕구와 안전 욕구를 포함하는 범주이다.

② 관계 욕구(Relatedness Needs)
사회적 상호작용과 관계 형성에 대한 욕구다. 가족, 친구, 동료 등과의 인간관계, 소속감, 인정, 애정 등의 욕구를 포함한다. 이는 매슬로의 소속감과 애정 욕구, 존중 욕구의 일부를 반영한다.

③ 성장 욕구(Growth Needs)
개인적 성취와 자아실현과 관련된 욕구다. 자신의 잠재력을 최대한 발휘하고, 능력과 지식을 개발하며, 개인적인 성장과 발전을 이루고자 하는 욕구를 포함한다. 이는 매슬로의 존중 욕구와 자아실현 욕구를 포함한다.

42 통제적 집단행동 요소가 아닌 것은?

① 관습
② 유행
③ 군중
④ 제도적 행동

해설 통제적 집단행동 요소

① 관습(Custom) : 특정 문화나 사회에서 오랫동안 이어져 온 전통적인 행동 양식을 의미한다.
② 유행(Trend) : 특정 기간 동안 사회적으로 널리 퍼지는 행동, 스타일, 생각 등을 의미한다.
③ 군중(Crowd) : 특정 목적이나 이유로 한 장소에 모인 많은 사람들을 의미한다.
④ 제도적 행동(Institutional Behavior) : 공식적인 조직이나 제도 내에서 일어나는 행동을 의미한다.

43 인간오류 확률 추정 기법 중 초기 사건을 이원적(binary) 의사결정(성공 또는 실패) 가지들로 모형화하고, 이 이후의 사건들의 확률은 모두 선행 사건에 대한 조건부 확률을 부여하여 이원적 의사결정 가지들로 분지해 나가는 방법은?

① 결함 나무 분석(Fault Tree Analysis)
② 조작자 행동 나무(Operator Action Tree)
③ 인간오류 시뮬레이터(Human Acyion Tree)
④ 인간실수율 예측기법(Technique for Human Error Rate Prediction)

정답 39 ③ 40 ② 41 ① 42 ③ 43 ④

해설 | 시스템위험 분석기법

① 결함 나무 분석(Fault Tree Analysis)
시스템의 실패 원인을 분석하기 위해 논리 다이어그램을 사용하여 다양한 원인 요소를 식별하고 분석하는 기법이다.

② 조작자 행동 나무(Operator Action Tree)
작업자의 행동과 시스템 반응을 시각적으로 표시하여, 특정 작업이 어떻게 이루어지고 어떤 결과를 초래하는지를 분석하는 도구이다.

③ 인간오류 시뮬레이터(Human Action Tree)
작업 수행 중 발생할 수 있는 다양한 인간오류를 시뮬레이션 하여 그 영향을 평가하고 개선 방안을 찾는 기법이다.

④ 인간실수율 예측기법(Technique for Human Error Rate Prediction)
작업 환경에서 발생할 수 있는 인간실수를 예측하고, 이를 바탕으로 실수율을 줄이기 위한 방법을 제시하는 기법이다.

44 동기를 부여하는 방법이 아닌 것은?

① 상과 벌을 준다.
② 경쟁을 자제하게 한다.
③ 근본이념을 인식시킨다.
④ 동기부여의 최적수준을 유지한다.

해설 | 동기부여

- 경쟁을 자제하게 하면 동기부여가 되지 않는다.
- 동기부여는 목표설정, 긍정피드백, 보상시스템, 자기효능감증진, 참여와 자율성, 개인적 흥미와 열정, 도전과제부여 등을 통해 할 수 있다.

45 오류를 범할 수 없도록 사물을 설계하는 기법은?

① Fail-Safe 설계
② Interlock 설계
③ Exclusion 설계
④ Prevention 설계

해설 | 기계의 안전설계 기법

① Fail-Safe 설계 : 시스템이 실패하더라도 안전하게 작동하거나 최소한의 위험 상태로 유지되는 설계. 예를 들어, 엘리베이터가 전력 손실 시 자동으로 가장 가까운 층에 정지하는 기능이 이에 해당한다.

② Interlock 설계 : 특정 조건이 충족되지 않으면 시스템이 작동하지 않도록 하는 설계. 예를 들어, 전자레인지가 도어가 열려 있을 때 작동하지 않도록 하는 것이 이에 해당한다.

③ Exclusion 설계 : 오류가 발생할 가능성을 사전에 차단하는 설계입니다. 예를 들어, USB 커넥터가 한 방향으로만 연결될 수 있도록 하는 디자인이 이에 해당한다.

④ Prevention 설계 : 사용자 오류를 방지하고 예방하는 설계. 예를 들어, 자동차의 시트벨트 경고 시스템이 운전자가 벨트를 착용하지 않으면 경고음을 울리는 것이 이에 해당한다.

46 근로자가 400명이 작업하는 사업장에서 1일 8시간씩 연간 300일 근무하는 동안 10건의 재해가 발생하였다. 도수율(빈도율)은 얼마인가? (단, 결근율은 10%이다.)

① 2.50 ② 10.42
③ 11.57 ④ 12.54

해설 | 도수율(빈도율)

$$도수율(빈도율) = \frac{재해\ 건수}{연\ 근로시간\ 수} \times 1{,}000{,}000$$

$$= \frac{10}{400 \times 8 \times 300 \times 0.9} \times 1{,}000{,}000$$

$$= 11.5740 = 11.57$$

47 스트레스 상황 하에서 일어나는 현상으로 틀린 것은?

① 동공이 수축된다.
② 스트레스는 정보처리의 효율성에 영향을 미친다.
③ 스트레스로 인한 신체 내부의 생리적 변화가 나타난다.
④ 스트레스 상황에서 심장 박동수는 증가하나, 혈압은 내려간다.

해설 | 스트레스 현상

스트레스 상황에서 심장 박동수는 증가하고, 혈압도 증가한다.

2023년 제2회 기출복원문제

48 200cd인 점광원으로부터의 거리가 2m 멀어진 곳에서의 조도는 몇 lux인가?

① 50 ② 100
③ 200 ④ 400

💡 해설 | 조도

$$조도 = \frac{광량}{조도^2} = \frac{200}{2^2} = 5$$

49 산업재해조사에 관한 설명으로 맞는 것은?

① 재해 조사의 목적은 인적, 물적 피해 상황을 알아내고 사고의 책임자를 밝히는데 있다.
② 재해 발생 시 제일 먼저 조치해야 할 사항은 직접 원인, 간접 원인 등 재해 원인을 조사하는 것이다.
③ 3개월 이상의 요양이 필요한 부상자가 2인 이상 발생했을 때 중대재해로 분류한 후 피해자의 상병의 정도를 중상해로 기록한다.
④ 사업주는 사망자가 발생했을 때에는 재해가 발생한 날로부터 10일 이내에 산업재해 조사표를 작성하여 관할 지방노동관서의 장에게 제출해야 한다.

💡 해설 | 중대재해

산업재해 중 사망 등 재해의 정도가 심한 것으로서 고용노동부령이 정하는 다음과 같은 재해를 말한다.
- 사망자가 1인 이상 발생한 재해
- 3개월 이상의 요양이 필요한 부상자가 2인 이상 발생했을 때 중대재해로 분류한 후 피해자의 상병의 정도를 중상해로 기록
- 부상자 또는 질병자가 동시에 10인 이상 발생한 재해

50 미사일을 탐지하는 경보 시스템이 있다. 조작자는 한 시간마다 일련의 스위치를 작동해야 하는데 휴먼에러 확률(HEP)은 0.01이다. 2시간에서 5시간까지의 인간 신뢰도는 약 얼마인가?

① 0.9412 ② 0.9510
③ 0.9606 ④ 0.9703

💡 해설 | 연속적 직무에서 인간 신뢰도

$$R(t_1, t_2) = e^{-\lambda(t_2-t_1)} = e^{-0.01(5-2)} = 0.9703$$

51 인간오류(human error)의 분류에서 필요한 행위를 실행하지 않은 오류는 무엇인가?

① 시간오류(timing error)
② 순서오류(sequence error)
③ 작위오류(commission error)
④ 무작위오류(error of omission)

💡 해설 | 부작위 에러, 누락(생략) 에러

필요한 작업 또는 절차를 수행하지 않는 데 기인한 에러이다. 예로 자동차 전조등을 끄지 않아서 방전되어 시동이 걸리지 않는 에러이다.

52 연평균 작업자 수가 2,000명인 회사에서 1년에 중상해 1명과 경상해 1명이 발생하였다. 연천인율은 얼마인가?

① 0.5 ② 1
③ 2 ④ 4

💡 해설 | 연천인율

$$연천인율 = \frac{연간\ 재해자\ 수}{연평균\ 근로자\ 수} \times 1,000 = \frac{2}{2,000} \times 1,000 = 1$$

정답 48 ① 49 ③ 50 ④ 51 ④ 52 ②

53 테일러(F.W. Taylor)에 의해 주장된 조직형태로서 관리자가 일정한 관리기능을 담당하도록 기능별 전문화가 이루어진 조직은?

① 위원회 조직
② 직능식 조직
③ 프로젝트 조직
④ 사업부제 조직

> **해설** 조직
> 직능직 조직은 기능이나 전문 분야별로 조직이 구성된 구조이다.

54 민주적 리더십에 관한 내용으로 옳은 것은?

① 리더에 의한 모든 정책의 결정
② 리더의 지원에 의한 집단 토론식 결정
③ 리더의 과업 및 과업 수행 구성원 지정
④ 리더의 최소 개입 또는 개인적인 결정의 완전한 자유

> **해설** 맥그리거 XY이론

유형	개념	특징
독재적 (권위주의자) 리더십 (맥그리거의 X이론 중심)	• 정책 결정에 부하직원의 참여 거부 • 리더의 의사에 복종 강요 (리더 중심) • 집단성원의 행위는 공격적 아니면 무관심 • 집단구성원 간의 불신과 적대감	• 리더는 생산이나 효율의 극대화를 위해 완전한 통제를 하는 것이 목표
민주적 리더십 (맥그리거의 Y이론 중심)	• 집단토론이나 집단결정을 통하여 정책 결정(집단 중심) • 리더나 집단에 대하여 적극적인 자세로 행동	• 참여적인 의사결정 및 목표 설정(리더와 부하직원 간의 협동과 상호 의사소통이 필요)

55 재해 발생에 관한 하인리히(H. W. Heinrich)의 도미노이론에서 제시된 다섯 가지 요인에 해당하지 않는 것은?

① 제어의 부족
② 개인적 결함
③ 불안전한 행동 및 상태
④ 유전 및 사회 환경적 요인

> **해설** 하인리히(H. W. Heinrich)의 도미노이론 다섯 가지 요인
> ① **사회적 환경과 유전적 요인** : 개인의 행동과 성향에 영향을 미치는 배경 요인들로, 이를 통해 행동 패턴이 형성
> ② **개인적 결함** : 사회적 환경과 유전적 요인에 의해 형성된 개인의 결함이나 약점이 원인
> ③ **불안전한 행동 또는 상태** : 개인적 결함으로 인해 불안전한 행동을 하거나, 위험한 상태를 초래
> ④ **사고** : 불안전한 행동이나 상태로 인해 사고가 발생
> ⑤ **상해** : 사고의 결과로 부상(상해)이 발생

56 맥그리거(McGregor)의 X-Y이론 중 Y이론에 대한 관리처방으로 볼 수 없는 것은?

① 분권화와 권한의 위임
② 비공식적 조직의 활용
③ 경제적 보상체계의 강화
④ 자체 평가제도의 활성화

> **해설** 맥그리거(McGregor)의 X-Y이론
>
> | X이론 | Y이론 |
> |---|---|
> | 인간 불신감 | 상호신뢰감 |
> | 성악설 | 성선설 |
> | 인간은 원래 게으르고, 태만하여 남의 지배를 받기를 원한다. | 인간은 부지런하고, 근면 적극적이며, 자주적이다. |
> | 물질 욕구(저차원 욕구) | 정신 욕구(고차원 욕구) |
> | 명령 통제에 의한 관리 | 목표 통합과 자기 통제에 의한 자율 관리 |
> | 저개발국형 | 선진국형 |

정답 53 ② 54 ② 55 ① 56 ③

2023년 제2회 기출복원문제

57 제조물 책임법령상 제조업자가 제조물에 대해 충분한 설명, 지시, 경고 등 정보를 제공하지 않아 피해가 발생하였다면 이것은 어떤 결함 때문인가?

① 표시상의 결함
② 제조상의 결함
③ 설계상의 결함
④ 고지의무의 결함

해설 제조물 책임법 중 결함

- **제조상의 결함** : 제조업자가 제조물에 대하여 제조상·가공 상의 주의의무를 이행하였는지에 관계없이 제조물이 원래 의도한 설계와 다르게 제조·가공됨으로써 안전하지 못하게 된 경우를 말한다.
- **설계상의 결함** : 제조업자가 합리적인 대체설계(代替設計)를 채용하였더라면 피해나 위험을 줄이거나 피할 수 있었음에도 대체설계를 채용하지 아니하여 해당 제조물이 안전하지 못하게 된 경우를 말한다.
- **표시상의 결함** : 제조업자가 합리적인 설명·지시·경고 또는 그 밖의 표시를 하였더라면 해당 제조물에 의하여 발생할 수 있는 피해나 위험을 줄이거나 피할 수 있었음에도 이를 하지 아니한 경우를 말한다.

58 휴먼에러 예방대책 중 인적 요인에 대한 대책이 아닌 것은?

① 소집단 활동
② 작업의 모의훈련
③ 안전 분위기 조성
④ 작업에 관한 교육훈련

해설 인적 요인에 관한 대책(인간 측면의 행동감수성 고려)

- 작업에 대한 교육 및 훈련과 작업 전후의 소집
- 작업의 모의훈련으로 시나리오에 의한 리허설
- 소집단 활동의 활성화로 작업방법 및 순서, 안전 포인터 의식, 위험예지활동 등을 지속적으로 수행
- 숙달된 전문 인력의 적재적소 배치 등

59 재해에 의한 상해의 종류에 해당하는 것은?

① 진폐
② 추락
③ 비래
④ 전복

해설 재해와 상해

추락, 비래 전복은 사고의 형태지만 진폐는 상해의 종류에 속한다.

60 산업재해 예방을 위한 안전대책 중 3E에 해당하지 않는 것은?

① 교육적 대책(Education)
② 공학적 대책(Engineering)
③ 환경적 대책(Environment)
④ 관리적 대책(Enforcement)

해설 3E의 종류

① Engineering(기술)
② Education(교육)
③ Enforcement(강제)

4과목 근골격계질환 예방을 위한 작업관리

61 SEARCH 원칙에 대한 내용으로 틀린 것은?

① Composition : 구성
② How often : 얼마나 자주
③ Alter sequence : 순서의 변경
④ Simplify opertion : 작업의 단순화

해설 SEARCH의 원칙

- Simplify operation : 작업의 단순화
- Eliminate unnecessary work and material : 불필요한 도구나 자재를 제거
- Alter sequence : 순서의 변경
- Requirements : 요구조건
- Combine operations : 작업의 결합
- How often : 얼마나 자주

정답 57 ① 58 ③ 59 ① 60 ③ 61 ①

62 공정도에 사용되는 공정도 기호인 "○"으로 표시하기에 가장 적합한 것은?

① 작업 대상물을 다른 장소로 옮길 때
② 작업 대상물이 분해되거나 조립할 때
③ 작업 대상물을 지정된 장소에 보관할 때
④ 작업 대상물이 올바르게 시행되었는지를 확인할 때

해설 공정도 기호
- 저장(Storage) : 자재나 제품을 저장하는 작업, □(사각형)
- 가공(Operation) : 제품이나 공정을 검사하는 작업, ○(원형)
- 조립(Assembly) : 부품을 결합하거나 제품을 조립하는 작업, ◇(마름모)
- 지연(Delay) : 작업이 지연되거나 대기 상태, D(D 모양)
- 운반(Move) : 물체나 자재를 이동시키는 작업, ⇨(화살표)
- 처리(Process) : 자재를 변환하거나 가공하는 작업, □(직사각형)

63 간헐적으로 랜덤한 시점에서 연구대상을 순간적으로 관측하여 대상이 처한 상황을 파악하고 이를 토대로 관측시간 동안에 나타난 항목별로 차지하는 비율을 추정하는 방법은?

① PTS법
② 워크샘플링
③ 웨스팅하우스법
④ 스톱워치를 이용한 시간연구

해설 관측방법
① PTS법(Predetermined Time Systems)
 기본적인 인간 동작에 대한 사전 결정된 시간을 사용하여 작업에 필요한 시간을 측정하는 방법이다.
② 워크샘플링(Work Sampling)
 일정 시간 동안 임의로 작업자의 활동을 관찰하고 기록하여 다양한 작업에 소비되는 시간을 백분율로 산출하는 방법이다.

③ 웨스팅하우스법(Westinghouse System)
 작업 중 작업자의 기술, 노력, 작업 조건을 평가하는 데 사용되는 방법이다.
④ 스톱워치를 이용한 시간연구(Stopwatch Time Study)
 스톱워치를 사용하여 작업 또는 작업의 일부를 완료하는 데 걸리는 시간을 측정하는 전통적인 방법이다.

64 어느 회사의 컨베이어 라인에서 작업순서가 다음 표의 번호와 같이 구성되어 있을 때, 설명 중 맞는 것은?

작업	1. 조립	2. 납땜	3. 검사	4. 포장
시간(초)	10초	9초	8초	7초

① 공정 손실은 15%이다.
② 애로 작업은 검사작업이다.
③ 라인의 주기 시간은 7초이다.
④ 라인의 시간당 생산량은 6개이다.

해설 컨베이어 라인의 작업 효율성
- 공정 손실 : $\dfrac{\text{총 유휴시간}}{\text{작업자 수} \times \text{주기시간}} = \dfrac{6}{4 \times 10} = 0.15$
- 애로 작업 : 조립작업(작업시간이 가장 긴 작업)
- 주기 시간 : 가장 긴 작업이 10초이므로 10초
- 시간당 생산량 : 1개에 10초 걸리므로 $\dfrac{3,600\text{초}}{10\text{초}} = 360$개

65 관측 평균시간이 5분, 레이팅 계수가 120%, 여유시간이 0.4 분인 작업에서 제품의 개당 표준시간과 여유율(%)을 내경법에 의하여 구하면 각각 얼마인가?

① 4.5분, 2.20%
② 6.4분, 6.25%
③ 8.5분, 7.25%
④ 9.7분, 10.25%

2023년 제2회 기출복원문제

해설 ▶ 표준시간과 여유율 계산

- 정미시간(NT) = 관측시간의 대푯값(T_o) × $\left(\dfrac{\text{레이팅 계수}(R)}{100}\right)$

  $= 5 \times \left(\dfrac{120}{100}\right) = 6$

- 여유율(A) = $\dfrac{\text{여유시간}}{\text{정미시간} + \text{여유시간}} \times 100$

  $= \dfrac{0.4}{6 + 0.4} \times 100 = 6.25\%$

- 표준시간(ST) = 정미시간 × $\left(\dfrac{1}{1 - \text{여유율}}\right)$

  $= 6 \times \left(\dfrac{1}{1 - 0.0625}\right) = 6.4$분

66 근골격계질환 예방·관리 프로그램의 기본 원칙에 속하지 않는 것은?

① 인식의 원칙
② 시스템 접근의 원칙
③ 사업장 내 자율적 해결원칙
④ 일시적인 문제 해결의 원칙

해설 ▶ 효과적인 근골격계질환 관리를 위한 실행원칙

- 인식의 원칙
- 노·사 공동참여의 원칙
- 전사적 지원의 원칙
- 사업장 내 자율적 해결의 원칙
- 시스템 접근의 원칙
- 지속성 및 사후평가의 원칙
- 문서화의 원칙

67 근골격계질환 발생단계 가운데 2단계에 해당하는 것은?

① 작업 수행이 불가능하다.
② 휴식시간에도 통증을 호소한다.
③ 통증이 하룻밤 지나면 사라진다.
④ 작업을 수행하는 능력이 저하된다.

해설 ▶ 근골격계질환 발생단계

- 1단계 : 통증이 하룻밤 지나면 사라진다.
- 2단계 : 작업을 수행하는 능력이 저하되며, 하룻밤 지나도 통증이 지속된다.
- 3단계 : 작업수행이 불가능하며, 휴식시간에도 통증을 호소한다.

68 작업자-기계 작업 분석 시 작업자와 기계의 동시 작업시간이 1.8분, 기계와 독립적인 작업자의 활동시간이 2.5분, 기계만의 가동시간이 4.0분일 때, 동시성을 달성하기 위한 이론적 기계 대수는 약 얼마인가?

① 0.28
② 0.74
③ 1.35
④ 3.61

해설 ▶ 이론적 기계 대수(n)

$n = \dfrac{a + t}{a + b} = \dfrac{1.8 + 4}{1.8 + 2.5} = 1.35$

a : 작업자와 기계의 동시작업시간
b : 독립적인 작업자 활동시간
t : 기계가동시간

69 인간공학에 있어 작업관리의 주요 목적으로 거리가 먼 것은?

① 공정관리를 통한 품질 향상
② 정확한 작업측정을 통한 작업개선
③ 공정개선을 통한 작업 편리성 향상
④ 표준시간 설정을 통한 작업효율 관리

해설 ▶ 작업관리의 목적

- 최선의 방법발견(방법개선)
- 방법, 재료, 설비, 공구 등의 표준화
- 제품품질의 균일
- 생산비의 절감
- 새로운 방법의 작업지도
- 안전

정답 66 ④ 67 ④ 68 ③ 69 ①

70 동작경제(Motion economy)의 원칙에 해당하지 않는 것은?

① 가능한 기본동작의 수를 많이 늘린다.
② 공구의 기능을 결합하여 사용하도록 한다.
③ 두 손의 동작은 같이 시작하고 같이 끝나도록 한다.
④ 공구, 재료 및 제어 장치는 사용 위치에 가까이 두도록 한다.

> **해설** 동작경제의 원칙
> - **불필요한 동작 제거** : 작업 수행 시 필요하지 않은 동작을 최소화하여 효율성을 높인다.
> - **자연스러운 동작** : 인체의 자연스러운 움직임을 따르도록 작업을 설계한다.
> - **양손 사용** : 두 손을 동시에 사용하여 작업을 수행하면 시간과 노력을 절약한다.

71 산업안전보건법령상 근로자가 근골격계 부담작업을 하는 경우 유해요인 조사의 실시주기는? (단, 신설되는 사업장은 제외한다.)

① 6개월 ② 1년
③ 2년   ④ 3년

> **해설** 유해요인 조사의 실시주기
> 사업주는 근골격계 부담작업을 보유하는 경우에 다음 각호의 사항에 대해 최초의 유해요인 조사를 하고, 완료한 날로부터 매 3년마다 주기적으로 실시한다. 다만, 신설사업장은 신설일로부터 1년 이내에 최초의 유해요인 조사를 실시한다.

72 요소작업이 여러 개인 경우의 관측횟수를 결정하고자 한다. 표본의 표준편차는 0.6이고, 신뢰도 계수는 2인 추정의 오차범위 ±5%를 만족시키는 관측횟수(N)는 몇 번인가?

① 24번   ② 66번
③ 144번 ④ 576번

> **해설** 관측횟수
> 관측횟수 $N = \left(\dfrac{T \times S}{e}\right)^2 = \left(\dfrac{2 \times 0.6}{0.05}\right)^2 = 576$

73 손과 손목 부위에 발생하는 작업관련성 근골격계질환이 아닌 것은?

① 방아쇠 손가락(Trigger finger)
② 외상과염(Lateral epicondylitis)
③ 가이언 증후군(Canal of guyon)
④ 수근관 증후군(Carpal tunnel syndrome)

> **해설** 근골격계질환
> ① **방아쇠 손가락(Trigger finger)** : 손가락이 굽힌 상태에서 펴지지 않다가 갑자기 펴지는 현상으로 건초(腱鞘)의 염증과 좁아짐에 의해 발생한다.
> ② **외상과염(Lateral epicondylitis)** : 테니스 엘보로도 알려져 있으며, 팔꿈치 바깥쪽의 통증과 압통을 동반하며 팔뚝 근육과 건의 과사용으로 인해 발생한다.
> ③ **가이언 증후군(Canal of guyon)** : 손목의 척골 신경이 지나가는 관인 가이언 관을 말하며 이 신경이 압박되면 손의 저림과 무감각 같은 증상이 나타날 수 있다.
> ④ **수근관 증후군(Carpal tunnel syndrome)** : 손목에서 정중신경이 압박되어 손의 저림, 무감각, 약화 등의 증상이 나타나는 상태이다.

74 작업대의 개선으로 맞는 것은?

① 좌식 작업대의 높이는 동작이 큰 작업에는 팔꿈치의 높이보다 약간 높게 설정한다.
② 입식 작업대의 높이는 경작업의 경우 팔꿈치의 높이보다 5~10cm 정도 높게 설계한다.
③ 입식 작업대의 높이는 정밀작업의 경우 팔꿈치의 높이보다 5~10cm 정도 낮게 설계한다.
④ 입식 작업대의 높이는 중작업의 경우 팔꿈치의 높이보다 10~20cm 정도 낮게 설계한다.

정답 70 ① 71 ④ 72 ④ 73 ② 74 ④

2023년 제2회 기출복원문제

> **해설** 입식 작업대 높이

조립작업이나 이와 비슷한 조작작업의 작업대 높이에 해당한다. 일반적으로 미세부품 조립과 같은 섬세한 작업일수록 높아야 하며, 힘든 작업에는 약간 낮은 편이 좋다. 작업자의 체격에 따라 팔꿈치 높이를 기준으로 하여 작업대높이를 조정해야 한다.

① 전자조립과 같은 정밀작업(높은 정밀도 요구작업)은 미세함을 필요로 하는 정밀한 조립작업인 경우 최적의 시야범위인 15°를 더 가깝게 하기 위하여 작업면을 팔꿈치 높이보다 5~15cm 정도 높게 하는 것이 유리하다. 더 좋은 대안은 약 15° 정도의 경사진 작업면을 사용하는 것이 좋다.
② 조립라인이나 기계적인 작업과 같은 경작업(손을 자유롭게 움직여야 하는 작업)은 팔꿈치 높이보다 5~10cm 정도 낮게 한다.
③ 아래로 많은 힘을 필요로 하는 중작업(무거운 물건을 다루는 작업)은, 팔꿈치 높이를 10~20cm(또는 10~30cm) 정도 낮게 한다.

75 NOISH Lifting Equation(NLE) 평가에서 권장무게한계(Recommended Weight Limit)가 20kg이고 현재 작업물의 무게가 23kg일 때, 들기지수(Lifting Index)의 값과 이에 대한 평가가 맞는 것은?

① 0.87, 요통의 발생위험이 낮다.
② 0.87, 작업을 재설계할 필요가 있다.
③ 1.15, 요통의 발생위험이 높다.
④ 1.15, 작업을 재설계할 필요가 없다.

> **해설** 들기지수

들기지수(Lifting Index) = 작업물의 무게 / RWL(권장무게한계)
= 23kg / 20 = 1.15

LI가 1보다 크게 되는 것은 요통의 발생위험이 높은 것으로 나타낸다. 따라서 LI가 1 이하가 되도록 작업설계 또는 재설계할 필요가 있다.

76 워크샘플링법의 장점으로 볼 수 없는 것은?

① 특별한 시간 측정 설비가 필요하지 않다.
② 관측이 순간적으로 이루어져 작업에 방해가 적다.
③ 짧은 주기나 반복적인 작업의 경우에 적합하다.
④ 조사기간을 길게 하여 평상시의 작업 현황을 그대로 반영시킬 수 있다.

> **해설** 워크샘플링 장점

- 관측을 순간적으로 하기 때문에 작업자를 방해하지 않으면서 용이하게 작업을 진행시킨다.
- 조사 시간을 길게 하여 평상시의 작업 상황을 그대로 반영시킬 수 있다.
- 사정에 의해 연구를 일시 중지하였다가 다시 계속할 수도 있다.
- 한 사람의 평가자가 동시에 여러 작업을 동시에 측정할 수 있다. 또한 여러 명의 관측자가 동시에 관측할 수 있다.
- 분석자에 의해 소비되는 총 작업시간이 훨씬 적은 편이다.
- 특별한 시간측정 장비가 필요 없다.

77 신체 사용에 관한 동작경제 원칙으로 틀린 것은?

① 두 손은 순차적으로 동작하도록 한다.
② 두 팔의 동작은 서로 반대방향에서 대칭적으로 움직이도록 한다.
③ 손과 신체의 동작은 작업을 원만하게 처리할 수 있는 범위 내에서 가장 낮은 동작등급을 사용한다.
④ 가능한 관성을 이용하여 작업을 하되, 작업자가 관성을 억제해야 하는 경우에는 발생하는 관성을 최소한으로 줄인다.

> **해설** 신체사용에 관한 원칙

양손은 동시에 동작을 시작하고 또 끝마쳐야 한다.

78 대규모 사업장에서 근골격계질환 예방·관리 추진팀을 구성함에 있어서 중·소규모 사업장 추진팀원 외에 추가로 참여되어야 할 인력은?

① 노무담당자
② 보건담당자
③ 구매담당자
④ 예산결정권자

정답 75 ③ 76 ③ 77 ① 78 ③

> **해설** 예방·관리추진팀 구성

중·소규모 사업장	대규모 사업장	산업안전보건위원회가 구성된 사업장
• 근로자대표 또는 명예산업안전감독관을 포함하여 그가 위임하는 자 • 관리자(예산결정권자) • 정비·보수담당자 • 보건·안전담당자 • 구매담당자 등	• 중·소규모 사업장 추진팀원 • 기술자(생산, 설계, 보수기술자) • 노무담당자 등	산업안전보건위원회에 위임할 수 있다.

79 배치설비를 분석하는 데 있어 가장 필요한 것은?

① 서블릭　　② 유통선도
③ 관리도　　④ 간트 차트

> **해설** 배치설비

① 서블릭(Therblig) : 작업 연구와 동작 분석에서 사용되는 용어로, 인간이 수행하는 작업을 최소한의 기본 단위 동작으로 분해하여 분석하는 방법이다.
② 유통선도(Distribution Chart) : 제조과정에서 발생하는 작업, 운반, 정체 검사, 보관 등의 사항이 생산현장의 어느 위치에서 발생하는지 알 수 있도록 부품의 이동경로를 배치도 상에 선으로 표시한 후 유통공정도에 사용되는 기호와 번호를 발생위치에 따라 유통선상에 표시한 도표이다.
③ 관리도(Control Chart) : 통계적 품질 관리에서 사용하는 도구로, 공정이 통계적으로 통제 상태에 있는지를 모니터링하는 데 사용된다. 주로 생산 공정의 변동성을 분석하여 문제를 조기에 발견하고, 개선하는 데 중요한 역할을 한다.
④ 간트 차트(Gantt Chart) : 프로젝트 관리에서 사용하는 도구로, 작업 일정과 진척 상황을 시각적으로 표현하는 데 사용된다. 각 작업의 시작과 종료 시점을 막대로 표시하여 프로젝트의 진행 상황을 쉽게 파악할 수 있다.

80 작업측정에 관한 설명으로 틀린 내용은?

① 정미시간은 반복생산에 요구되는 여유시간을 포함한다.
② 인적 여유는 생리적 욕구에 의해 작업이 지연되는 시간을 포함한다.
③ 레이팅은 측정 작업시간을 정상 작업시간으로 보정하는 과정이다.
④ TV 조립공정과 같이 짧은 주기의 작업은 비디오 촬영에 의한 시간연구법이 좋다.

> **해설** 정미시간(NT)

• 정미시간은 정상시간이라고 하며 매회 또는 일정한 간격으로 주기적으로 발생하는 작업요소의 수행시간이다.
• 표준시간은 정미시간에 여유시간을 더하여 구한다.

제3회 기출복원문제

1과목 인간공학개론

01 음의 한 성분이 다른 성분의 청각감지를 방해하는 현상은?

① 은폐효과 ② 밀폐효과
③ 소멸효과 ④ 도플러효과

해설 은폐효과(Masking effect)
음의 한 성분이 다른 성분의 청각감지를 방해하는 현상

02 음량수준(phon)이 80인 순음의 sone은 얼마인가?

① 4   ② 8
③ 16 ④ 32

해설 sone과 phon
sone 값 $= 2^{(phon값 - 40/10)} = 2^{(80-40/10)} = 16$

03 제어장치가 가지는 저항의 종류에 포함되지 않는 것은?

① 탄성저항 ② 관성저항
③ 점성저항 ④ 시스템저항

해설 조종장치의 저항력
- 탄성저항
- 점성저항
- 관성저항
- 정지 및 미끄럼마찰

04 시각적 표시장치와 청각적 표시장치 중 청각적 표시장치를 사용하는 것이 더 유리한 경우는?

① 수신 장소가 너무 시끄러운 경우
② 직무상 수신자가 한곳에 머무르는 경우
③ 수신자의 청각 계통이 과부하 상태일 경우
④ 수신 장소가 너무 밝거나 암조응이 요구될 경우

해설 청각적 표시장치와 시각적 표시장치

청각적 표시장치 사용	시각적 표시장치 사용
① 전언이 간단하다.	① 전언이 복잡하다.
② 전언이 짧다.	② 전언이 길다.
③ 전언이 후에 재참조 되지 않는다.	③ 전언이 후에 재참조 된다.
④ 전언이 시간적 사상을 다룬다.	④ 전언이 공간적인 위치를 다룬다.
⑤ 전언이 즉각적인 행동을 요구한다. (긴급할 때).	⑤ 전언이 즉각적인 행동을 요구하지 않는다.
⑥ 수신 장소가 너무 밝거나 암조응 유지가 필요시	⑥ 수신 장소가 너무 시끄러울 때
⑦ 직무상 수신자가 자주 움직일 때	⑦ 직무상 수신자가 한곳에 머물 때
⑧ 수신자가 시각 계통이 과부하 상태일 때	⑧ 수신자의 청각 계통이 과부하 상태일 때

05 인간과 기계의 역할분담에 이어 인간은 시스템 설치와 보수, 유지 및 감시 등의 역할만 담당하게 되는 시스템은?

① 수동시스템
② 기계시스템
③ 자동시스템
④ 반자동시스템

정답 01 ① 02 ③ 03 ④ 04 ④ 05 ③

해설 | 인간과 기계의 역할에 따른 시스템

구분	내용
수동 시스템	• 인간의 신체적인 힘을 동력으로 사용하여 작업통제(동력원 제어 : 사람, 수공구나 기타 보조물로 사용) • 다양성 있는 체계로 역할 할 수 있는 능력을 최대한 활용하는 시스템(융통성이 있는 운용 가능)
기계화 시스템	• 반자동체계, 변화가 적은 기능들을 수행하도록 설계(고도로 통합된 부품들로 구성되며 융통성이 없는 체계) • 기계가 동력을 제공하며, 조정 장치를 사용하는 통제는 사람이 담당
자동화 시스템	• 감지, 정보처리 및 의사결정 행동을 포함한 모든 임무 수행 (기계동력원 및 운전, 프로그램 감시 또는 통제, 관리) • 대부분의 폐회로 체계이며, 설계, 설치, 감시, 프로그램 작성 및 수정 정비, 유지 등은 사람이 담당

06 인간 기억 체계에 대한 설명 중 틀린 것은?

① 단위 시간당 영구 보관할 수 있는 정보량은 7bit/sec이다.
② 감각저장(Sensory storage)에서는 정보의 코드화가 이루어지지 않는다.
③ 장기기억(Long-term memory)내의 정보는 의미적으로 코드화 된 정보이다.
④ 작업기억(Working memory)은 현재 또는 최근의 정보를 장기간 기억하기 위한 저장소의 역할을 한다.

해설
단위 시간당 영구 보관할 수 있는 정보량은 0.7bit/sec이다.

07 주의(attention)의 종류에 포함되지 않는 것은?

① 병렬 주의 ② 분할 주의
③ 초점 주의 ④ 선택적 주의

해설 | 주의의 대상작업의 형태에 따른 분류
• 선택적 주의(selective attention)
• 집중적 주의(focused attention)
• 분할 주의(divided attention)

---

08 시각적 표시장치에 관한 설명으로 옳은 것은?

① 정확한 수치를 필요로 하는 경우에는 디지털 표시장치보다 아날로그 표시장치가 우수하다.
② 온도, 압력과 같이 연속적으로 변하는 변수의 변화경향, 변화율 등을 알고자 할 때는 정량적 표시장치를 사용하는 것이 좋다.
③ 정성적 표시장치는 동침형(moving pointer), 동목형(moving scale) 등의 형태로 구분할 수 있다.
④ 정량적 눈금을 식별하는 데에 영향 미치는 요소는 눈금 단위의 길이, 눈금의 수열 등이 있다.

해설 | 시각적 표시장치
• 정확한 수치를 필요로 하는 경우에는 디지털 표시장치가 아날로그 표시장치보다 우수하다.
• 온도, 압력과 같이 연속적으로 변하는 변수의 변화경향, 변화율 등을 알고자 할 때는 정성적 표시장치를 사용하는 것이 좋다.
• 정량적 표시장치는 동침형(moving pointer), 동목형(moving scale) 등의 형태로 구분할 수 있다.

09 직렬시스템과 병렬시스템의 특성에 대한 설명으로 옳은 것은?

① 직렬시스템에서 요소의 개수가 증가하면 시스템의 신뢰도도 증가한다.
② 병렬시스템에서 요소의 개수가 증가하면 시스템의 신뢰도는 감소한다.
③ 시스템의 높은 신뢰도를 안정적으로 유지하기 위해서는 병렬시스템으로 설계하여야 한다.
④ 일반적으로 병렬시스템으로 구성된 시스템은 직렬시스템으로 구성된 시스템보다 비용이 감소한다.

정답 06 ① 07 ① 08 ④ 09 ③

> **해설** 직렬시스템과 병렬시스템
>
> 시스템의 높은 신뢰도를 안정적으로 유지하기 위해서는 병렬시스템을 사용한다.

10 조작자와 제어버튼 사이의 거리 또는 조작에 필요한 힘 등을 정할 때 사용되는 인체측정 자료의 응용원칙은?

① 최소치 설계 ② 평균치 설계
③ 조절식 설계 ④ 최대치 설계

> **해설** 최대집단값에 의한 설계
>
> 대상 집단에 대한 인체 측정 변수의 상위 백분위수를 기준으로 90, 95, 99% 치가 사용한다.
> - 출입문, 통로, 의자 사이의 간격 등
> - 줄사다리, 그네 등의 지지물의 최소 지지중량(강도)

11 인간이 지닌 주의력의 특성에 해당하지 않는 것은?

① 선택성 ② 변동성
③ 방향성 ④ 대칭성

> **해설** 주의의 특성
>
> 선택성, 변동성, 방향성

12 정보의 전달량에 관한 공식으로 맞는 것은?

① Noise = H(X) − T(X,Y)
② Noise = H(X) + T(X,Y)
③ Equivocation = H(X) + T(X,Y)i
④ Equivocation = H(X) − T(X,Y)

> **해설** 정보의 전달량에 관한 공식
>
> - Noise : 수신자가 받은 정보 중 송신자와 관련이 없는 정보
>   Noise = H(Y) − T(X,Y)
> - Equivocation: 송신자가 보낸 정보에 대한 불확실성, 즉 정보 손실이나 노이즈로 인해 정확히 전달되지 않은 부분을 뺀다.
>   Equivocation = H(X) − T(X,Y)

여기서 H(X) : 송신자가 보낸 정보의 양(엔트로피)
H(Y) : 수신자가 받는 메시지의 정보량
T(X,Y) : 송신된 상호 정보량

13 제품의 행동 유도성에 대한 설명으로 적절하지 않은 것은?

① 사용자의 행동에 단서를 제공한다.
② 행동에 제약을 주지 않는 설계를 해야 한다.
③ 제품에 물리적 또는 의미적 특성을 부여함으로써 달성이 가능하다.
④ 사용 설명서를 별도로 읽지 않아도 사용자가 무엇을 해야 할지 알게 설계해야 한다.

> **해설**
>
> 행동에 제약을 주어 사용방법을 유인해야 한다.

14 시식별에 영향을 주는 정도가 가장 작은 것은?

① 시력 ② 물체의 크기
③ 표적의 형태 ④ 밝기

> **해설**
>
> 시식별에 영향을 주는 인자는 조도, 밝기, 노출시간, 시력 물체의 크기, 광도비, 과녁의 이동, 휘광, 연령, 훈련이 있다.

15 동작거리가 멀고 과녁이 적을수록 동작에 걸리는 시간이 길어짐을 나타내는 법칙은?

① Hick-Hyman의 법칙
② Fitts 법칙
③ Murphy 법칙
④ Schmidt 법칙

> **해설** Fitts 법칙
>
> 표적이 작을수록 이동거리가 길수록 작업의 난이도와 소요 이동시간이 증가한다.
>
> $$T = a + b\log_2\left(\frac{D}{W} + 1\right)$$

정답 10 ④ 11 ④ 12 ④ 13 ② 14 ③ 15 ②

T : 이동시간 a와 b : 경험적으로 결정된 상수
D : 목표까지의 거리 W : 목표의 크기

16 다음 중 청각적 암호화 방법에 관한 설명으로 틀린 것은?

① 진동수가 많을수록 좋다.
② 음의 방향은 두 귀 간의 강도차를 확실하게 해야 한다.
③ 지속시간은 2~3수준으로 하고, 확실한 차이를 두어야 한다.
④ 강도는 4~5수준이 좋고, 순음의 경우는 1,000~4,000Hz로 한정할 필요가 있다.

해설 청각적 암호화 방법

청각적 암호화 방법에서는 진동수가 너무 많으면 인간의 청각 범위를 벗어나게 되어 인식하기 어려워진다. 따라서 적절한 진동수를 선택하는 것이 중요하다. 일반적으로 인간의 청각 범위인 500~2,000Hz 사이의 진동수를 사용하는 것이 좋다.

17 골격의 구조와 기능에 대한 설명으로 옳지 않은 것은?

① 신체에 중요한 부분을 보호하는 역할을 한다.
② 소화, 순환, 분비, 배설 등 신체 내부 환경의 조절에 중요한 역할을 한다.
③ 골격은 뼈, 연골, 관절로 이루어지며 사지 및 몸통을 움직이는 피동적 운동기관으로 작용한다.
④ 혈구세포를 만드는 조혈기능과 칼슘과 인 등의 무기질을 저장하여 몸이 필요할 때 공급해 주는 역할을 한다.

해설 골격의 구성 및 기능

골격계는 뼈, 연골, 관절로 구성되는 인체의 수동적 운동기관으로 인체를 구성하고, 지주 역할을 담당하며, 장기를 보호한다. 또한 칼슘, 인산의 중요한 저장고가 되며, 나트륨과 마그네슘 이온의 작은 저장고 역할을 한다. 소화, 순환, 분비, 배설 등 인체 내부 환경의 조절에 중요한 역할을 하는 기관은 순환계이다.

18 C/R 비의 공식으로 옳은 것은?

① C/R 비 = $\dfrac{(a/360) \times \pi L}{\text{표시장치의 이동거리}}$

② C/R 비 = $\dfrac{(a/360) \times 2\pi L}{\text{표시장치의 이동거리}}$

③ C/R 비 = $\dfrac{(a/180) \times 2\pi L}{\text{표시장치의 이동거리}}$

④ C/R 비 = $\dfrac{(a/180) \times \pi L}{\text{표시장치의 이동거리}}$

해설 C/R 비의 공식

C/R 비 = $\dfrac{(a/360) \times 2\pi L}{\text{표시장치의 이동거리}}$

19 다음 중 근육피로의 1차적 원인으로 옳은 것은?

① 글리코겐 축적 ② 미오신 축적
③ 피루브산 축적 ④ 젖산 축적

해설 근육의 피로

육체적으로 격렬한 작업에서 충분한 양의 산소가 근육활동에 공급되지 못해 무기성 환원과정에 의해 에너지가 공급되기 때문에 근육에 젖산이 축적되어 근육의 피로를 유발하게 된다.

20 비행기에서 20m 떨어진 거리에서 측정한 엔진의 소음수준이 130dB(A)이었다면 100m 떨어진 위치에서의 소음수준은 약 얼마인가?

① 116.0dB(A) ② 121.8dB(A)
③ 130.0dB(A) ④ 131.6.0dB(A)

해설 소음수준

$dB_2 = dB_1 - 20\log(d_2 - d_1)$
$= 130 - 20\log(100/20)$
$= 116.0 dB(A)$

정답 16 ① 17 ② 18 ② 19 ④ 20 ①

2과목 작업생리학

21 강도 높은 작업을 마친 후 휴식 중에도 근육에 추가적으로 소비되는 산소량을 무엇이라고 하는가?

① 산소결손   ② 산소결핍
③ 산소부채   ④ 산소요구량

해설 산소부채(산소 빚)

산소 빚, 또는 산소부채는 운동과 관련된 생리학적 개념으로 격렬한 운동 중에는 신체가 충분한 산소를 공급받지 못할 때가 있다. 이때 무산소 상태에서 에너지를 생성하게 되며, 이로 인해 젖산이 축적된다.

22 한랭대책으로서 개인위생에 해당되지 않는 사항은 무엇인가?

① 과음을 피할 것
② 식염을 많이 섭취할 것
③ 따뜻한 물과 음식을 섭취할 것
④ 얼음 위에서 오랫동안 작업하지 말도록 한다.

해설 한랭대책으로서 개인위생

고열작업에서 작업자에 식염을 섭취하게 한다.

23 교대작업 근로자를 위한 교대제 지침으로 옳지 않은 것은?

① 4조 3교대보다 2조 2교대가 바람직하다.
② 작업을 최소화한다.
③ 연속적인 야간교대작업은 줄인다.
④ 근무시간 종료 후 11시간 이상의 휴식시간을 둔다.

해설 교대작업자의 작업설계

- 야간작업은 연속하여 3일을 넘기지 않도록 한다.
- 야간반 근무를 모두 마친 후 아침반 근무에 들어가기 전 최소한 24시간 이상 휴식을 하도록 한다.
- 가정생활이나 사회생활을 배려할 때 주중에 쉬는 것보다는 주말에 쉬도록 하는 것이 좋으며, 하루씩 띄어 쉬는 것보다는 주말에 이틀 연이어 쉬도록 한다.
- 교대작업자 특히 야간작업자는 주간작업자보다 연간 쉬는 날이 더 많이 있어야 한다.
- 근무반 교대 방향은 아침반 → 저녁반 → 야간반으로 정방향 순환이 되게 한다.
- 아침반 작업은 너무 일찍 시작하지 않도록 한다.
- 야간반 작업은 잠을 조금이라도 더 오래 잘 수 있도록 가능한 한 일찍 작업을 끝내도록 한다.
- 교대작업 일정을 계획할 때 가급적 근로자 개인이 원하는 바를 고려하도록 한다.
- 교대작업 일정은 근로자들에게 미리 통보되어 예측할 수 있도록 한다.
※ 2조 2교대보다 4조 3교대가 바람직하다.

24 다음 중 작업장 실내에서 일반적으로 추천반사율(IES)이 가장 높은 곳은?

① 천장   ② 바닥
③ 벽   ④ 책상면

해설 실내의 추천반사율

천장	80~90%
벽, 창문 발(blind)	40~60%
가구, 사무용기기, 책상	25~45%
바닥	20~40%

25 작업생리학 분야에서 신체활동의 부하를 측정하는 생리적 반응치가 아닌 것은?

① 심박수(heart rate)
② 혈류량(blood flow)
③ 폐활량(lung capacity)
④ 산소 소비량(oxygen consumption)

정답 21 ③ 22 ② 23 ① 24 ① 25 ③

> **해설** 작업에 따른 인체의 생리적 반응

- 산소 소비량의 증가
- 심박출량의 증가
- 심박수의 증가
- 혈류의 재분배

26 산업안전보건법령상 영상표시단말기(VDT) 취급근로자의 건강장해를 예방하기 위한 방법으로 옳지 않은 것은?

① 작업물을 보기 쉽도록 주위 조명 수준을 1,000lux 이상으로 높인다.
② 저휘도형 조명기구를 사용한다.
③ 빛이 작업 화면에 도달하는 각도는 화면으로부터 45° 이내로 한다.
④ 화면상의 문자와 배경과의 휘도비를 낮춘다.

> **해설** 영상표시단말기(VDT) 취급근로자

사무실의 추천 조도는 300~500lux이다.

27 공기정화시설을 갖춘 사무실에서의 환기기준으로 맞는 것은?

① 환기횟수는 시간당 2회 이상으로 한다.
② 환기횟수는 시간당 3회 이상으로 한다.
③ 환기횟수는 시간당 4회 이상으로 한다.
④ 환기횟수는 시간당 6회 이상으로 한다.

> **해설** 환기기준

사무실 공기관리 지침 [고용노동부고시 제2020-45호]에 따라 공기정화시설을 갖춘 사무실에서 근로자 1인당 필요한 최소 외기량은 분당 0.57세제곱미터 이상이며, 환기횟수는 시간당 4회 이상으로 한다.

28 유산소(aerobic) 대사과정으로 인한 부산물이 아닌 것은?

① 젖산
② CO_2
③ H_2O
④ 에너지

> **해설** 젖산

충분한 산소가 공급되지 않을 때 에너지가 생성되는 동안 피루브산이 젖산으로 바뀐다.

29 다음 중 모멘트(moment)에 관한 설명으로 옳지 않은 것은?

① 모멘트는 특정한 축에 관하여 회전을 일으키는 힘의 경향이다.
② 모멘트의 크기는 힘의 크기와 회전축으로부터 힘의 작용선까지의 거리에 의해 결정된다.
③ 모멘트의 단위는 N·m이다.
④ 힘의 방향과 관계없이 모멘트의 방향은 항상 일정하다.

> **해설** 모멘트

힘의 방향을 시계방향이나 반시계 방향으로 표시한다.

30 신체에 전달되는 진동은 전신진동과 국소진동으로 구분되는데 다음 중 진동원의 성격이 다른 것은?

① 크레인
② 지게차
③ 그라인더
④ 대형 운송차량

> **해설** 전신진동과 국소진동

크레인, 지게차, 대형 운송차량은 모두 교통수단으로, 탑승 시 전신으로 진동이 전달되는 전신진동을 일으키는 진동원이다. 반면에 그라인더는 동력을 이용한 작업공구로서 국소적으로 손, 발 등 신체의 특정 부위로 진동이 전달되는 국소진동을 일으키는 진동원이다.

정답 26 ① 27 ③ 28 ① 29 ④ 30 ③

2023년 제3회 기출복원문제

31 우리 몸을 구성하고 있는 단위 가운데 작은 단위부터 큰 단위 순으로 되어 있는 것은?

① 세포 – 조직 – 기관 – 계통
② 세포 – 계통 – 조직 – 기관
③ 세포 – 기관 – 조직 – 계통
④ 세포 – 조직 – 계통 – 기관

해설 몸 구성 단위 순서

우리 몸은 세포, 조직, 기관, 계통으로 구성되어 있다. 이 중에서 가장 작은 단위는 세포이며, 가장 큰 단위는 계통이다. 세포 다음으로는 조직, 기관 순이다.

32 작업장의 소음 노출정도를 측정한 결과가 다음과 같다면 이 작업장 근로자의 소음노출지수는 얼마인가?

소음수준[dB(A)]	노출시간[h]	허용시간[h]
80	3	64
90	4	8
100	1	2

① 1.00
② 1.05
③ 1.10
④ 1.15

해설 소음노출지수(EI)

- 소음노출지수(%) = $\dfrac{C(노출시간)}{T(허용노출시간)} = \dfrac{C_1}{T_1} + \dfrac{C_2}{T_2} + \cdots\cdots \dfrac{C_n}{T_n}$

$= \dfrac{3}{64} + \dfrac{4}{8} + \dfrac{1}{2} = 1.046 ≒ 1.05$

33 다음 인체해부학의 용어 중 신체를 좌우로 나누는 가상의 면(plane)을 뜻하는 것은?

① 정중면(Median plane)
② 시상면(Sagittal plane)
③ 관상면(Coronal plane)
④ 횡단면(Transverse plane)

해설 인체해부학의 용어

① **정중면(Median plane)** : 시상면의 일종으로, 인체를 정확히 중앙에서 좌우로 나누는 평면이다. 정중선에 위치한 평면으로, 좌우 대칭이 되는 기준이다.
② **시상면(Sagittal plane)** : 인체를 좌우로 나누는 평면으로, 정중선을 기준으로 좌우 대칭이 될 수 있도록 나누는 평면이다.
③ **관상면(Coronal plane)** : 인체를 앞뒤로 나누는 평면으로, 몸을 앞쪽(배)과 뒤쪽(등)으로 나누는 역할을 한다.
④ **횡단면(Transverse plane)** : 인체를 상하로 나누는 평면으로, 몸을 위쪽(두부)과 아래쪽(족부)으로 나누는 역할을 한다.

34 근육이 수축할 때 발생하는 전기적 활성을 기록하는 것은?

① ECC(심전도)
② EEG(뇌전도)
③ EMG(근전도)
④ EOG(안전도)

해설 근전도

EMG(근전도)는 근육활동의 전위차를 기록한 것이다.

- **ECC(심전도)** : 심장의 전기적 활동을 기록하는 것으로, 심장 박동과 관련된 전기적 신호를 측정하여 심장의 건강 상태를 파악하는 데 사용된다.
- **EEG(뇌전도)** : 뇌의 전기적 활동을 기록하는 것으로, 뇌의 신경세포들이 주고받는 전기적 신호를 측정하여 뇌의 기능을 파악하는 데 사용된다.
- **EOG(안전도)** : 눈의 움직임을 기록하는 것으로, 눈의 움직임에 따라 발생하는 전기적 신호를 측정하여 눈의 건강 상태를 파악하는 데 사용된다.

35 뇌파의 종류 중 알파(α)파에 관한 설명으로 맞는 것은?

① 빠르고 진폭이 작다.
② 수면 초기에 발생한다.
③ 물질 대사가 저하할 때 발생한다.
④ 출현율이 작을수록 각성상태가 증가되는 경향이 있다.

정답 31 ① 32 ② 33 ② 34 ③ 35 ④

> **해설** 알파(α)파

- 뇌파의 종류 중 하나로, 주파수 범위는 8~12Hz이며, 진폭은 상대적으로 크다.
- 안정된 상태에서 주로 나타나며, 명상이나 집중력 향상 등의 긍정적인 효과가 있다.
- 안정된 상태에서 나타나기 때문에, 출현율이 작아지면 각성 상태가 증가한다는 것을 의미한다.
  - β파 : 활동파
  - θ파 : 방추파(수면상태)
  - δ파 : 숙면상태

36 작업자 A의 작업 중 평균 흡기량은 50L/min, 배기량은 40L/min이며 배기량 중 산소의 함량이 17%일 때 산소 소비량은 얼마인가? (단, 공기 중 산소 함량은 21%이다.)

① 2.7L/min ② 3.7L/min
③ 4.7L/min ④ 5.7L/min

> **해설** 산소 소비량

- 산소 소비량 = 21% × 분당 흡기량 − O_2% × 분당 배기량
  = 21% × 50L/min − 17% × 40L/min = 3.7L/min

37 다음 중 근력 및 지구력에 대한 설명으로 틀린 것은?

① 근력 측정치는 작업 조건뿐만 아니라 검사자의 지시 내용, 측정 방법 등에 의해서도 달라진다.
② 등척력(isometric strength)은 신체를 움직이지 않으면서 자발적으로 가할 수 있는 힘의 최댓값이다.
③ 정적인 근력 측정치로부터 동적 작업에서 발휘할 수 있는 최대 힘을 정확히 추정할 수 있다.
④ 근육이 발휘할 수 있는 힘은 근육의 최대 자율수축(MVC)에 대한 백분율로 나타내어진다.

> **해설** 근력과 지구력

근력 측정치는 작업 조건, 검사자의 지시 내용, 측정 방법 등 다양한 요인에 영향을 받는다. 또한 정적인 근력과 동적인 근력은 서로 다른 특성을 가지고 있기 때문에, 정적인 근력 측정치만으로 동적인 작업에서 발휘할 수 있는 최대 힘을 정확히 추정하는 것은 어렵다.

38 다음의 산업안전보건법령상 "강렬한 소음작업" 정의에서 ( )에 적합한 수치는?

( ) 데시벨 이상의 소음이 1일 8시간 이상 발생하는 작업

① 80 ② 90
③ 100 ④ 110

> **해설** 강렬한 소음의 노출허용시간

음압수준 dB(A)	노출허용시간/일
90	8
95	4
100	2
105	1
110	30
115	15

39 조도(Illuminance)의 단위로 옳은 것은?

① nit
② lumen
③ lux
④ candela

> **해설** 조도의 단위

- nit : MKS 단위계 중에서 휘도의 단위
- lumen : 광속의 단위
- candela : 광도의 단위
- lux : 조도(Illuminance)의 단위

정답 36 ② 37 ③ 38 ② 39 ③

2023년 제3회 기출복원문제

40 인간이 휴식을 취하고 있을 때 혈액이 가장 많이 분포하는 신체부위는?

① 뇌
② 심장근육
③ 근육
④ 소화기관

해설 휴식 시 혈액분포

휴식 시 혈액은 소화기관 → 콩팥 → 골격근 → 뇌 순으로 분포한다.

3과목 산업심리학 및 관련 법규

41 집단의 특성에 관한 설명과 가장 거리가 먼 것은?

① 집단은 사회적으로 상호작용하는 둘 혹은 그 이상의 사람으로 구성된다.
② 집단은 구성원들 사이 일정한 수준의 안정적인 관계가 있어야 한다
③ 구성원들이 스스로를 집단의 일원으로 인식해야 집단이라고 칭할 수 있다.
④ 집단은 개인의 목표를 달성하고, 각자의 이해와 목표를 추구하기 위해 형성된다.

해설 집단의 특성

집단은 각자의 목표가 아닌 공통적인 목표를 가지고 있다.

42 작업에 수반되는 피로를 줄이기 위한 대책으로 적절하지 않은 것은?

① 작업부하의 경감
② 작업속도의 조절
③ 동적 동작의 제거
④ 작업 및 휴식시간의 조절

해설 작업피로대책

작업에 수반되는 피로를 줄이기 위해서는 부자연스러운 자세와 정적 동작의 제거가 필요하다.

43 관리 그리드 모형(management grid model)에서 제시한 리더십의 유형에 대한 설명으로 틀린 것은?

① (9.1)형은 인간에 대한 관심은 높으나 과업에 대한 관심은 낮은 인기형이다.
② (1.1)형은 과업과 인간관계 유지 모두에 관심을 갖지 않는 무관심형이다.
③ (9.9)형은 과업과 인간관계 유지의 모두에 관심이 높은 이상형으로서 팀형이다.
④ (5.5)형은 과업과 인간관계 유지에 모두 적당한 정도의 관심을 갖는 중도형이다.

해설 관리 그리드 모형

(9.1)형은 업적에 대하여 최대의 관심을 갖고, 인간에 대하여 무관심하다. 이는 과업형이다.

44 산업안전보건법령상 산업재해조사에 관한 설명으로 옳은 것은?

① 재해 조사의 목적은 인적, 물적 피해 상황을 알아내고 사고의 책임자를 밝히는 데 있다.
② 재해 발생 시, 가장 먼저 조치할 사항은 직접 원인, 간접 원인 등의 재해원인을 조사하는 것이다.
③ 3개월 이상의 요양이 필요한 부상자가 동시에 2인 이상 발생했을 때 중대재해로 분류한다.
④ 사업주는 사망자가 발생했을 때에는 재해가 발생한 날로부터 10일 이내에 산업재해조사표를 작성하여 관할 지방노동관서의 장에게 제출해야 한다.

정답 40 ④ 41 ④ 42 ③ 43 ① 44 ③

> **해설** 중대재해의 범위
- 사망자가 1명 이상 발생한 재해
- 3개월 이상의 요양이 필요한 부상자가 동시에 2명 이상 발생한 재해
- 부상자 또는 직업성 질병자가 동시에 10명 이상 발생한 재해
  - 재해 조사의 목적은 인적, 물적 피해 상황을 알아내고 안전을 개선함에 있다.
  - 재해 발생 시, 가장 먼저 조치할 사항은 즉각적인 응급조치, 안전 확보, 관리자에게 보고, 조사 준비 순이다.
  - 사업주는 산업재해로 사망자가 발생하거나 3일 이상의 휴업이 필요한 부상을 입거나 질병에 걸린 사람이 발생한 경우에는 법 제57조 제3항에 따라 해당 산업재해가 발생한 날부터 1개월 이내에 별지 제30호 서식의 산업재해조사표를 작성하여 관할 지방고용노동관서의 장에게 제출해야 한다. (전자문서로 제출하는 것을 포함한다.)

45 다음 중 재해에 의한 상해의 종류에 해당하는 것은?

① 골절 ② 추락
③ 비래 ④ 전복

> **해설** 재해와 상해
골절은 상해의 종류이고, 추락, 비래, 전복은 사고의 유형이다.

46 작업자의 휴먼에러 발생확률은 매 시간마다 0.05로 일정하고 다른 작업과 독립적으로 실수를 한다고 가정할 때, 8시간 동안 에러의 발생 없이 작업을 수행할 신뢰도는 얼마인가?

① 0.60 ② 0.67
③ 0.86 ④ 0.95

> **해설** 신뢰도
신뢰도 $= e^{-\lambda(t_1 - t_2)} = e^{-0.05(8-0)} = 0.6703$

47 반응시간(reaction time)에 관한 설명으로 옳은 것은?

① 자극이 요구하는 반응을 행하는 데 걸리는 시간을 의미한다.
② 반응해야 할 신호가 발생한 때부터 반응이 종료될 때까지의 시간을 의미한다.
③ 단순반응시간에 영향을 미치는 변수로는 자극 양식, 자극의 특성, 자극 위치, 연령 등이 있다.
④ 여러 개의 자극을 제시하고, 각각에 대한 서로 다른 반응을 할 과제를 준 후에 자극이 제시되어 반응할 때까지의 시간을 단순반응시간이라 한다.

> **해설** 반응시간
반응시간은 자극을 인지한 후 반응을 시작하는 데 걸리는 시간을 의미한다.

48 휴먼에러 방지대책을 설비요인 대책, 인적 요인 대책, 관리요인 대책으로 구분할 때 다음 중 인적 요인에 관한 대책으로 볼 수 없는 것은?

① 소집단 활동
② 작업의 모의훈련
③ 인체측정치의 적합화
④ 작업에 관한 교육훈련과 작업 전 회의

> **해설** 인체측정치의 적합화
인체측정치의 적합화는 설비요인 대책에 해당한다. 이는 작업자의 신체 크기나 특성에 맞게 설비나 도구를 조정하여 작업 효율성을 높이는 것이다. 예를 들어, 작업대의 높이를 조절하거나 의자의 등받이 각도를 조절하는 등의 조치가 이에 해당한다.

정답 45 ① 46 ② 47 ③ 48 ③

2023년 제3회 기출복원문제

49 어느 사업장의 도수율은 40이고, 강도율은 4이다. 이 사업장의 재해 1건당 근로손실일수는 얼마인가?

① 1
② 10
③ 50
④ 100

해설 평균강도율

평균강도율 = $\dfrac{강도율}{도수율} \times 1,000$

$= \dfrac{4}{40} \times 1,000$

$= 100$

50 제조업자가 합리적인 대체설계를 채용하였더라면 피해나 위험을 줄이거나 피할 수 있었음에도 대체설계를 채용하지 아니하여 해당 제조물이 안전하지 못하게 된 경우를 지칭하는 결함의 유형은?

① 제조상의 결함
② 지시상의 결함
③ 경고상의 결함
④ 설계상의 결함

해설 제조물 책임법

- 제조상의 결함
  제조업자가 제조물에 대하여 제조상·가공상의 주의의무를 이행하였는지에 관계없이 제조물이 원래 의도한 설계와 다르게 제조·가공됨으로써 안전하지 못하게 된 경우를 말한다.
- 설계상의 결함
  제조업자가 합리적인 대체설계(代替設計)를 채용하였더라면 피해나 위험을 줄이거나 피할 수 있었음에도 대체설계를 채용하지 아니하여 해당 제조물이 안전하지 못하게 된 경우를 말한다.
- 표시상의 결함
  제조업자가 합리적인 설명·지시·경고 또는 그 밖의 표시를 하였더라면 해당 제조물에 의하여 발생할 수 있는 피해나 위험을 줄이거나 피할 수 있었음에도 이를 하지 아니한 경우를 말한다.

51 부주의에 의한 사고방지를 위한 정신적 측면의 대책으로 옳지 않은 것은?

① 작업의욕의 고취
② 작업환경의 개선
③ 안전의식의 제고
④ 스트레스 해소 방안 마련

해설 사고방지 대책

정신적 측면은 내적 원인으로 작업환경 개선이 옳지 않다.

구분	원인	대책
외적 원인	· 작업, 환경조건 불량 · 작업순서 부적당 · 작업강도 · 기상조건	· 환경정비 · 작업순서 조절 · 작업량, 시간, 속도 등의 조절 · 온도, 습도 등의 조절
내적 원인	· 소질적 요인 · 의식의 우회 · 경험 부족 및 미숙련 · 피로도 · 정서불안정 등	· 적성배치 · 상담 · 교육 · 충분한 휴식 · 심리적 안정 및 치료

52 다음 중 산업재해방지를 위한 대책으로 적절하지 않은 것은?

① 산업재해 감소를 위하여 안전관리체계를 자율화하고 안전관리자의 직무권한을 최소화하여야 한다.
② 재해와 원인 사이에는 인과관계가 있으므로 재해의 원인분석을 통한 방지대책이 필요하다.
③ 재해방지를 위해서는 손실의 유무와 관계없는 아차사고(near accident)를 예방하는 것이 중요하다.
④ 불안전한 행동의 방지를 위해서는 심리적 대책과 공학적 대책이 동시에 필요하다.

해설 산업재해방지를 위한 대책

산업재해 감소를 위하여 안전관리체계를 강화하고 안전관리자의 직무권한을 최대화하여야 한다.

정답 49 ④ 50 ④ 51 ② 52 ①

53 막스 베버(Max Weber)가 주장한 관료주의에 관한 설명으로 옳지 않은 것은?

① 노동의 분업화를 전제로 조직을 구성한다.
② 부서장들의 권한 일부를 수직적으로 위임하도록 했다.
③ 단순한 계층구조로 상위 리더의 의사결정이 독단화되기 쉽다.
④ 산업화 초기의 비규범적 조직운영을 체계화시키는 역할을 했다.

해설 관료주의

합리적·공식적 구조로서의 관리자 및 작업자의 역할을 규정하여 비개인적, 법적인 경로(업무분장)를 통하여 조직이 운영되며, 질서 있고 예측가능하고 정확하고 효율적이다.

54 휴먼에러의 유형에 따른 분류체계 중 심리적인 측면에 따른 분류에 해당하지 않는 것은?

① 지연 오류
② 누락 오류
③ 입력 오류
④ 순서 오류

해설 휴먼에러 심리적 분류

휴먼에러의 유형에 따른 분류체계는 크게 물리적 측면, 인지적 측면, 심리적 측면으로 나눌 수 있다. 이 중 심리적 측면에 따른 분류는 작업자의 주의력, 기억력, 판단력 등의 심리적 요인에 의해 발생하는 오류를 말한다.

- **생략 오류**(Omission Error) : 절차를 생략해 발생하는 오류
- **시간 오류**(Time Error) : 절차의 수행지연에 의한 오류
- **작위 오류**(Commission Error) : 절차의 불확실한 수행에 의한 오류
- **순서 오류**(Sequential Error) : 절차의 순서착오에 의한 오류
- **과잉행동 오류**(Extraneous Error) : 불필요한 작업·절차에 의한 오류

55 인간의 의식수준을 단계별로 분류할 때 에러 발생 가능성이 낮은 것으로부터 높아지는 순서대로 연결된 것은?

① Ⅰ단계 - Ⅱ단계 - Ⅲ단계 - Ⅳ단계
② Ⅱ단계 - Ⅳ단계 - Ⅲ단계 - Ⅰ단계
③ Ⅲ단계 - Ⅳ단계 - Ⅱ단계 - Ⅰ단계
④ Ⅲ단계 - Ⅱ단계 - Ⅰ단계 - Ⅳ단계

해설 단계별 의식수준

단계 (phase)	뇌파패턴	의식상태 (mode)	주의의 작용	생리적 상태	신뢰성
0	δ파	무의식, 실신	제로	수면, 뇌발작	없다. 0
Ⅰ	θ파	의식이 둔한 상태, 흐림, 몽롱 (subnormal)	활발하지 않음. (inactive)	피로 단조, 졸림, 취중	낮다. 0.9
Ⅱ	α파	편안한 상태, 이완상태, 느긋함 (normal, relaxed)	수동적 (passive)	안정적 상태, 휴식 시, 정상작업 시, 정례작업 시, 일반적으로 일을 시작할 때의 안정된 상태	다소 높다. 0.99~0.9999
Ⅲ	β파	명석한 상태, 정상의식, 분명한 의식 (normal, clear)	활발함, 적극적 (active)	적극적 활동 시, 가장 좋은 의식수준 상태	매우 높다. 0.9999 이상
Ⅳ	γ파 긴장과대	흥분상태 (과긴장) (hypernormal)	일점에 응집, 판단 정지	긴급방위 반응, 당황, 패닉	낮다. 0.9 이하

정답 53 ③ 54 ③ 55 ④

2023년 제3회 기출복원문제

56 FTA(Fault Tree Analysis)에 관한 설명으로 옳은 것은?

① 연역적이며 톱다운(top-down) 접근방식이다.
② 귀납적이고, 위험 그 자체와 영향을 강조하고 있다.
③ 시스템 구상에 있어 가장 먼저 하는 분석으로 위험요소가 어떤 상태에 있는지를 정성적으로 평가하는 데 적합하다.
④ 한 사건에 대하여 실패와 성공으로 분개하고, 동일한 방법으로 분개된 각각의 가지에 대하여 실패 또는 성공의 확률을 구하는 것이다.

해설 FTA
- 연역적이고, 실패고장 등의 원인을 분석한다.
- 시스템 구상에 있어 가장 먼저 하는 분석은 PHA이다.
- 고장 또는 실패 원인을 도식적으로 표현하여 원인-결과 관계를 명확히 하는 데 사용된다.

57 다음 조직에 의한 스트레스 요인은?

급속한 기술의 변화에 대한 적응이 요구되는 직무나 직무의 난이도나 속도를 요구하는 특성을 가진 업무와 관련하여 역할이 과부하되어 받게 되는 스트레스

① 역할 갈등　② 과업요구
③ 집단압력　④ 역할모호성

해설 과도한 역할 요구
맡은 역할이 너무 많거나 지나치게 높은 기대를 받아서 발생하는 스트레스로 이는 업무 과부하를 초래할 수 있다.

58 안전대책의 중심적인 내용이라 할 수 있는 3E에 포함되지 않는 것은?

① Education
② Engineering
③ Environment
④ Enforcement

해설 3E
① Education
② Engineering
③ Enforcement

59 다음은 재해의 발생사례이다. 재해의 원인 분석 및 대책으로 적절하지 않은 것은?

"○○유리(주) 내의 옥외작업장에서 강화유리를 출하하기 위해 지게차로 강화유리를 운반 전용 팰릿에 싣고 작업자 2명이 지게차 포크 양쪽에 타고 강화유리가 넘어지지 않도록 붙잡고 가던 중 포크진동에 의해 강화유리가 전도되면서 지게차 백레스트와 유리 사이에 끼어 1명이 사망, 1명이 부상을 당하였다."

① 불안전한 행동 - 지게차 승차석 외의 탑승
② 예방대책 - 중량물 등의 이동 시 안전조치 교육
③ 재해유형 - 협착
④ 기인물 - 강화유리

해설 재해원인분석
기인물 : 포크, 가해물 강화유리

정답 56 ① 57 ② 58 ③ 59 ④

60 헤드십(headship)과 리더십(leadership)을 상대적으로 비교, 설명한 것으로 헤드십의 특징에 해당되는 것은?

① 민주주의적 지휘형태이다.
② 구성원과의 사회적 간격이 넓다.
③ 권한의 근거는 개인의 능력에 따른다.
④ 집단의 구성원들에 의해 선출된 지도자이다.

해설 헤드십(headship)과 리더십(leadership)

유형	개념	특징
독재적 (권위주의자) 리더십 (맥그리거의 X이론 중심)	• 부하직원의 정책 결정에 참여 거부 • 리더의 의사에 복종 강요 (리더중심) • 집단성원의 행위는 공격적 아니면 무관심	• 리더는 생산이나 효율의 극대화를 위해 완전한 통제를 하는 것이 목표 • 집단구성원 간의 불신과 적대감
민주적 리더십 (맥그리거의 Y이론 중심)	• 집단토론이나 집단결정을 통하여 정책결정(집단중심) • 리더나 집단에 대하여 적극적인 자세로 행동	• 참여적인 의사결정 및 목표설정(리더와 부하직원 간의 협동과 상호 의사소통이 필요)

4과목 근골격계질환 예방을 위한 작업관리

61 위험작업의 관리적 개선에 속하지 않는 것은?

① 위험표지 부착
② 작업자의 교육 및 훈련
③ 작업자의 작업속도 조절
④ 작업자의 신체에 맞는 작업장 개선

해설 공학적 개선 대책
작업자의 신체에 맞는 작업장 개선은 공학적 개선 대책

62 작업관리의 문제해결 방법으로 전문가 집단의 의견과 판단을 추출하고 종합하여 집단적으로 판단하는 방법은?

① 브레인스토밍
② 공정도(Process Chart)
③ 마인드 매핑(Mind Mapping)
④ 델파이 기법

해설 문제분석 도구
• 브레인스토밍 : 여러 아이디어를 자유롭게 떠올리고, 생각나는 대로 나열하는 방법으로 창의적 문제 해결이나 새로운 아이디어가 필요할 때 유용하다.
• 공정도(Process Chart) : 작업의 흐름을 시각적으로 표현한 다이어그램으로, 각 단계와 절차를 명확히 나타낸다. 효율적인 작업 계획이나 프로세스 개선에 도움을 준다.
• 마인드 매핑(Mind Mapping) : 중심 주제에서부터 관련 아이디어를 가지 형태로 확장해가는 시각적 도구로, 복잡한 정보나 개념을 조직화하고 이해하는 데 사용된다.

63 사업장 근골격계질환 예방·관리 프로그램에 있어 예방·관리추진팀의 역할이 아닌 것은?

① 교육 및 훈련에 관한 사항을 결정하고 실행한다.
② 예방·관리 프로그램의 수립 및 수정에 관한 사항을 결정한다.
③ 근골격계질환의 증상·유해요인 보고 및 대응체계를 구축한다.
④ 유해요인 평가 및 개선의 수립과 시행에 관한 사항을 결정 실행한다.

해설 예방·관리추진팀의 역할
• 예방·관리 프로그램의 수립 및 수정에 관한 사항 결정
• 예방·관리 프로그램의 실행 및 운영에 관한 사항 결정
• 교육 및 훈련에 관한 사항을 결정하고 실행
• 유해요인 평가, 개선계획의 수립 및 시행에 관한 사항을 결정하고 실행
• 근골격계질환자에 대한 사후조치 및 근로자 건강보호에 관한 사항 등을 결정하고 실행

정답 60 ② 61 ④ 62 ④ 63 ③

2023년 제3회 기출복원문제

64 근골격계질환 발생단계 가운데 2단계에 해당하는 것은?
① 작업 수행이 불가능하다.
② 휴식시간에도 통증을 호소한다.
③ 통증이 하룻밤 지나면 사라진다.
④ 작업을 수행하는 능력이 저하된다.

> **해설** 근골격계질환 발생 3단계
> - 1단계 : 통증이 하룻밤 지나면 사라진다.
> - 2단계 : 작업을 수행하는 능력이 저하된다. 하룻밤 지나도 통증이 지속된다.
> - 3단계 : 작업수행이 불가능하다. 휴식시간에도 통증을 호소한다.

65 어깨(견관절) 부위에서 발생할 수 있는 근골격계질환은?
① 외상과염
② 회내근증후군
③ 극상근 건염
④ 수완진동증후군

> **해설**
> ① 외상과염(Tennis Elbow) : 주로 팔꿈치 바깥쪽의 힘줄에 염증이 생기는 질환으로, 반복적인 손목과 팔사용으로 인해 발생한다.
> ② 회내근증후군(Pronator Teres Syndrome) : 팔꿈치의 회내근이 손목 신경을 압박하여 손과 손목에 통증과 저림을 일으키는 질환이다.
> ③ 극상근 건염(Supraspinatus Tendinitis) : 어깨 회전근개 중 하나인 극상근에 염증이 생겨 어깨에 통증과 불편함을 초래하는 질환이다.
> ④ 수완진동증후군(Hand-Arm Vibration Syndrome) : 진동 도구를 장시간 사용하여 손과 팔에 통증과 저림을 일으키는 질환이다.

66 워크샘플링에 대한 장·단점으로 적합하지 않은 것은?
① 시간연구법보다 더 자세하다.
② 특별한 측정 장치가 필요 없다.
③ 관측이 순간적으로 이루어져 작업에 방해가 적다.
④ 자료수집이나 분석에 필요한 순수시간이 다른 시간연구방법에 비하여 짧다.

> **해설** 워크샘플링
> 시간연구법보다 더 자세하지 않다.

67 3시간 동안 작업 수행과정을 촬영하여 워크샘플링 방법으로 200회를 샘플링한 결과 30번의 손목꺾임이 확인되었다. 이 작업의 시간당 손목꺾임 시간은?
① 6분
② 9분
③ 18분
④ 30분

> **해설** 워크샘플링
> $\dfrac{관측된\ 횟수}{총\ 관측\ 횟수} = \dfrac{30}{200} = 0.15$
> 시간당 손목꺾임 시간 = $0.15 \times 60 = 9$분

68 동작경제의 원칙에 해당되지 않는 것은?
① 신체 사용에 관한 원칙
② 작업장의 배치에 관한 원칙
③ 제품과 공정별 배치에 관한 원칙
④ 공구 및 설비 디자인에 관한 원칙

> **해설** 동작경제의 원칙
> - 신체 사용에 관한 원칙
> - 작업장의 배치에 관한 원칙
> - 공구 및 설비 디자인에 관한 원칙

69 근골격계질환의 주요 사회심리적 요인인 것은?
① 작업 습관
② 접촉 스트레스
③ 직무스트레스
④ 부적절한 자세

> **해설** 사회심리적 요인
> - 직무스트레스
> - 작업 만족도
> - 근무조건
> - 휴식시간
> - 대인관계
> - 사회적 요인 : 작업조직 및 방식의 변화, 노동강도

정답 64 ④ 65 ③ 66 ① 67 ② 68 ③ 69 ③

70 다음 중 동작경제의 원칙에 있어 신체 사용에 관한 원칙에 해당하지 않는 것은?

① 두 손의 동작은 같이 시작하고 같이 끝나도록 한다.
② 휴식시간을 제외하고는 양손이 같이 쉬지 않도록 한다.
③ 공구나 재료는 작업동작이 원활하게 수행되도록 위치를 정해주지 않는다.
④ 가능하다면 쉽고도 자연스러운 리듬이 생기도록 동작을 배치한다.

해설 신체 사용에 관한 원칙

동작경제의 원칙은 작업 효율성을 높이고, 작업자의 피로를 줄이기 위해 작업 동작을 최적화하는 것이다. 이 중 신체 사용에 관한 원칙은 작업자의 신체를 효율적으로 사용하여 작업 효율성을 높이는 것으로, 공구나 재료의 위치를 적절하게 배치하면 작업 효율성을 높일 수 있으며, 작업자의 피로도 줄일 수 있다.

71 관측평균시간이 0.9분, 레이팅 계수가 120%, 여유시간이 하루 8시간 근무 중에 28분으로 설정되었다면 표준시간은 약 몇 분인가?

① 0.926분 ② 1.080분
③ 1.100분 ④ 1.147분

해설 내경법에 의한 표준시간

- 정미시간(NT) = 관측시간의 대푯값(T_o) × $\left(\dfrac{레이팅\ 계수(R)}{100}\right)$

  = $0.9 \times \dfrac{120}{100} = 1.08$

- 여유율 = $\dfrac{여유시간}{실동시간} \times 100 = \dfrac{28}{60 \times 8} \times 100 = 5.8\%$

- 표준시간 = 정미시간 × $\left(\dfrac{1}{1-여유율}\right)$ = $1.08 \times \left(\dfrac{1}{1-0.058}\right)$ = 1.147

72 설비의 배치 방법 중 공정별 배치의 특성에 대한 설명으로 틀린 것은?

① 작업 할당에 융통성이 있다.
② 운반거리가 직선적이며 짧아진다.
③ 작업자가 다루는 품목의 종류가 다양하다.
④ 설비의 보전이 용이하고 가동률이 높기 때문에 자본투자가 적다.

해설 공정별 배치

각 공정별 배치는 유사한 작업을 하는 설비들이 그룹화되어 배치되는 방식으로, 운반거리는 직선적이기보다는 복잡하고 길어질 수 있다.

73 작업구분을 큰 것에서부터 작은 것 순으로 나열한 것은?

① 공정 → 단위작업 → 요소작업 → 동작요소 → 서블릭
② 공정 → 요소작업 → 단위작업 → 서블릭 → 동작요소
③ 공정 → 단위작업 → 동작요소 → 요소작업 → 서블릭
④ 공정 → 단위작업 → 요소작업 → 서블릭 → 동작요소

해설 작업구분

공정 → 단위작업 → 요소작업 → 동작요소 → 서블릭

74 산업안전보건법령상 근골격계 부담작업의 유해요인 조사를 해야 하는 상황이 아닌 것은?

① 법에 따른 건강진단 등에서 근골격계질환자가 발생한 경우
② 근골격계 부담작업에 해당하는 기존의 동일한 설비가 도입된 경우
③ 근골격계 부담작업에 해당하는 업무의 양과 작업공정 등 작업환경이 바뀐 경우
④ 작업자가 근골격계질환으로 관련 법령에 따라 업무상 질환으로 인정받는 경우

정답 70 ③ 71 ④ 72 ② 73 ① 74 ②

2023년 제3회 기출복원문제

해설 지체 없이 유해요인 조사를 실시해야 하는 경우
- 법에 따른 임시건강진단 등에서 근골격계질환자가 발생하였거나 근로자가 근골격계질환으로「산업재해보상보험법 시행령」에 따라 업무상 질병으로 인정받은 경우
- 근골격계 부담작업에 해당하는 새로운 작업·설비를 도입한 경우
- 근골격계 부담작업에 해당하는 업무의 양과 작업공정 등 작업환경을 변경한 경우

75 유해요인 조사 방법 중 OWAS(Ovako Working Posture Analysis System)에 관한 설명으로 틀린 것은?

① OWAS의 작업 자세 수준은 4단계로 분류된다.
② OWAS는 작업 자세로 인한 부하를 평가하는 데 초점이 맞추어져 있다.
③ OWAS는 신체 부위의 자세뿐만 아니라 중량물의 사용도 고려하여 평가한다.
④ OWAS는 작업 자세를 허리, 팔, 손목으로 구분하여 각 부위의 자세를 코드로 표현한다.

해설 OWAS
OWAS는 허리, 상지, 하지, 작업물의 4개 항목으로 구분한다.

76 작업관리에서 사용되는 기본 문제해결 절차로 가장 적합한 것은?

① 연구대상 선정 → 분석과 기록 → 분석 자료의 검토 → 개선안의 수립 → 개선안의 도입
② 연구대상 선정 → 분석 자료의 검토 → 분석과 기록 → 개선안의 수립 → 개선안의 도입
③ 분석 자료의 검토 → 분석과 기록 → 개선안의 수립 → 연구대상 선정 → 개선안의 도입
④ 분석 자료의 검토 → 개선안의 수립 → 분석과 기록 → 연구대상 선정 → 개선안의 도입

해설 문제해결 절차
① 연구대상 선정 ② 분석, 기록
③ 분석자료 검토 ④ 개선안 수립
⑤ 개선안 도입

77 동작분석을 할 때 스패너에 손을 뻗치는 동작의 적합한 서블릭(Therblig) 동작은?

① H   ② P
③ TE   ④ Sh

해설 서블릭 기호
① H : 잡고 있기   ② P : 바로 놓기
③ TE : 빈손이동   ④ Sh : 찾음

78 어느 병원의 간호사에 대한 근골격계질환의 위험을 평가하기 위하여 인간공학분야에서 많이 사용되는 유해요인 평가도구 중 하나인 RULA(Rapid Upper Linb Assessment)를 적용하여 작업을 평가한 결과, 최종 점수가 4점으로 평가되었다. 평가 결과에 대한 해석으로 맞는 것은?

① 수용가능한 안전한 작업으로 평가됨.
② 계속적 추가관찰을 요하는 작업으로 평가됨.
③ 빠른 작업 개선과 작업 위험요인의 분석이 요구됨.
④ 즉각적인 개선과 작업 위험요인의 정밀조사가 요구됨.

해설 RULA(Rapid Upper Linb Assessment) 평가
RULA 평가는 1점에서 7점까지 있으며, 점수가 높을수록 근골격계질환의 위험이 높다는 것을 나타낸다.
- 수용가능한 안전한 작업으로 평가됨 : 1~2점
- 계속적으로 추가관찰을 요하는 작업으로 평가됨 : 3~4점
- 빠른 작업 개선과 작업 위험요인 분석이 요구됨 : 5~6점
- 즉각적인 개선과 작업 위험요인의 정밀조사가 요구됨 : 7점 이상

정답 75 ④ 76 ① 77 ③ 78 ②

79 문제분석 도구에 관한 설명으로 틀린 것은?

① 파레토 차트(Pareto chart)는 문제의 인자를 파악하고 그것들이 차지하는 비율을 누적분포 의 형태로 표현한다.
② 간트 차트(Gantt chart)는 여러 가지 활동 계획의 시작시간과 예측 완료 시간을 병행하여 시간축에 표시하는 도표이다.
③ PERT(Program Evaluation and Review Technique)는 어떤 결과의 원인을 역으로 추적해 나가는 방식의 분석도구이다.
④ 특성요인도는 바람직하지 못한 사건이나 문제의 결과를 물고기의 머리로 표현하고 그 결과를 초래하는 원인을 인간, 기계, 방법, 자재, 환경 등의 종류로 구분하여 표시한다.

해설 문제분석 도구

PERT Chart는 목표달성을 위한 적정해를 그래프로 추적해 가는 계획 및 조정도구이다.

80 4개의 작업으로 구성된 조립공정의 주기시간(Cycle time)이 40초일 때 공정효율은 얼마인가?

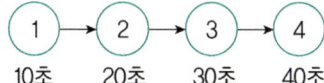

① 40%
② 57.5%
③ 62.5%
④ 72.5%

해설 균형효율

$$균형효율(\%) = \frac{총\ 작업시간}{작업장\ 수 \times 주기시간} \times 100$$
$$= \frac{10+20+30+40}{4 \times 40} \times 100$$
$$= 62.5$$

정답 79 ③ 80 ③

2024년 제1회 기출복원문제

1과목 인간공학개론

01 인간 - 기계시스템 설계 시 고려사항으로 적절하지 않은 것은?

① 시스템 설계 시 동작경제의 원칙에 만족되도록 고려하여야 한다.
② 대상 시스템이 배치될 환경조건이 인간의 한계치를 만족하는가의 여부를 조사한다.
③ 단독의 기계에 대하여 수행해야 할 배치는 기계적 성능이 최대치가 되도록 해야 한다.
④ 시스템 설계의 성공적인 완료를 위해 조작의 능률성, 보존의 용이성, 제작의 경제성 측면이 검토되어야 한다.

해설 인간기계 시스템 설계 시 고려사항
- 인간, 기계 또는 목적 대상물의 조합으로 이루어진 종합적인 시스템에서 그 안에 존재하는 사실들을 파악하고, 필요한 조건 등을 명확하게 표현한다.
- 인간이 수행해야 할 조작의 연속성 여부(연속적인가 아니면 불연속적인가)를 알아보기 위해 특성을 조사하여야 한다.
- 시스템 설계 시 동작경제의 원칙에 만족되도록 고려하여야 한다.
- 대상 시스템이 배치될 환경조건이 인간의 한계치를 만족하는가의 여부를 조사한다.
- 단독의 기계에 대하여 수행해야 할 배치는 인간의 심리 및 기능에 부합되도록 한다.
- 인간과 기계가 다 같이 복수인 경우, 전체에 대한 배치로부터 발생하는 종합적인 효과가 가장 중요하며 우선적으로 고려되어야 한다.
- 인간 기계가 다 같이 복수 경우, 전체에 대한 배치로부터 발생하는 종합적인 효과가 가장 중요하며, 우선적으로 고려되어야 한다.
- 시스템 설계의 성공적인 완료를 위해 조작의 능률성, 보전 용이성, 제작의 경제성 측면에서 재검토되어야 한다.
- 최종적으로 완성된 시스템에 대해 불량 여부의 결정을 수행하여야 한다.

02 인간과 기계의 역할분담에 있어 인간은 시스템 설치와 보수, 유지 및 감시 등의 역할만 담당하게 되는 시스템은?

① 수동시스템
② 기계시스템
③ 자동시스템
④ 반자동시스템

해설 자동시스템(automated system)
인간이 전혀 또는 거의 개입할 필요가 없으며 감지, 의사결정, 행동기능의 모든 기능들을 수행할 수 있다.

03 다음 중 시각적 표시장치보다 청각적 표시장치를 사용해야 유리한 경우는?

① 정보의 내용이 긴 경우
② 정보의 내용이 복잡한 경우
③ 정보의 내용이 후에 재참조 되는 경우
④ 정보의 내용이 시간적 사상을 다루는 경우

해설 청각 장치가 이로운 경우
- 전달 정보가 간단할 경우
- 전달 정보가 후에 재참조 되지 않는 경우
- 전달 정보가 즉각적인 행동을 요구할 때
- 수신 장소가 너무 밝을 때
- 직무상 수신자가 자주 움직이는 경우
- 정보의 내용이 시간적 사상을 다루는 경우

정답 01 ③　02 ③　03 ④

04 제어-반응 비율(C/R ratio)에 관한 설명으로 틀린 것은?

① C/R 비가 증가하면 제어 시간도 증가한다.
② C/R 비가 작으면(낮으면) 민감한 장치이다.
③ C/R 비가 감소함에 따라 이동시간은 감소한다.
④ C/R 비는 제어장치의 이동거리를 표시장치의 이동거리로 나눈 값이다.

해설 제어-반응 비율(C/R ratio)

C/R 비가 증가하면 제어 시간은 감소한다.

05 암순응에 대한 설명으로 맞는 것은?

① 암순응 때에 원추세포는 감수성을 갖게 된다.
② 어두운 곳에서는 주로 간상세포에 의해 보게 된다.
③ 어두운 곳에서 밝은 곳으로 들어갈 때 발생한다.
④ 완전 암순응에는 일반적으로 5~10분 정도 소요된다.

해설 암순응(dark adaptation)

밝은 곳에서 어두운 곳으로 이동할 때의 순응을 암순응이라 하며 두 가지 단계를 거치게 된다. 어두운 곳에서 원추세포는 색에 대한 감수성을 잃게 되고 간상세포에 의존하게 된다.

• 두 가지 순응단계
- 약 5분 정도 걸리는 원추세포의 순응단계
- 약 30~35분 정도 걸리는 간상세포의 순응단계

06 다음 피부의 감각기 중 감수성이 제일 높은 것은?

① 온각　② 통각
③ 압각　④ 냉각

해설 통각

피부 감각기 중 통각의 감수성이 가장 높다.

07 제어시스템에서 제어 장치에 의해 피제어 요소가 동작하지 않는 0점(null point) 주위에서의 제어 동작 공간을 지칭하는 용어는?

① 백래시(backlash)
② 시공간(deadspace)
③ 0점공간(null space)
④ 조정공간(adjustment space)

해설 시공간(deadspace)

제어 시스템에서 제어장치의 입력이 일정 수준 이하일 때, 피제어 요소가 반응하지 않는 영역이다. 즉, 입력은 있지만 출력 반응이 없는 공간을 말한다.

08 정량적인 표시장치에 대한 설명으로 옳은 것은?

① 표시장치 설계 시 끝이 둥근 지침이 권장된다.
② 계수형 표시장치의 기본 형태는 지침이 고정되고 눈금이 움직이는 형이다.
③ 동침형 표시장치는 인식적 암시 신호를 나타내는 데 적합하다.
④ 눈금이 고정되고 지침이 움직이는 표시장치를 동목형 표시장치라 한다.

해설 정량적인 표시장치

• 표시장치 설계 시 끝이 뾰족한 지침이 권장된다.
• 계수형 표시장치의 기본 형태는 숫자로 표시되는 표시장치로, 빠르고 정확한 수치 확인에 용이하다.
• 눈금이 고정되고 지침이 움직이는 표시장치를 동침형 표시장치라 한다.

정답 04 ① 05 ② 06 ② 07 ② 08 ③

2024년 제1회 기출복원문제

09 음량수준(phon)이 80인 순음의 sone 값은 얼마인가?

① 4　　② 8
③ 16　　④ 32

💡 해설 │ sone과 phon

sone 값 $= 2^{(phon값 - 40)/10} = 2^{(80-40)/10} = 16$

10 다음 중 시력의 척도와 그에 대한 설명으로 틀린 것은?

① Vernier시력 : 한 선과 다른 선의 측방향 범위(미세한 치우침)를 식별하는 능력
② 최소가분시력 : 대비가 다른 두 배경의 접점을 식별하는 능력
③ 최소인식시력 : 배경으로부터 한 점을 식별하는 능력
④ 입체시력 : 깊이가 있는 하나의 물체에 대해 두 눈의 망막에서 수용할 때 상이나 그림의 차이를 분간하는 능력

💡 해설 │ 최소가분시력

눈이 식별할 수 있는 표적의 최소 공간을 말한다.

11 시감각 체계에 관한 설명으로 옳지 않은 것은?

① 동공은 조도가 낮을 때는 많은 빛을 통과시키기 위해 확대된다.
② 1디옵터는 1m 거리에 있는 물체를 보기 위해 요구되는 조절능이다.
③ 망막의 표면에는 빛을 감지하는 광수용기인 원추체와 간상체가 분포되어 있다.
④ 안구의 수정체는 공막에 정확한 이미지가 맺히도록 형태를 스스로 조절하는 일을 담당한다.

💡 해설 │ 시감각 체계

수정체는 볼록렌즈와 같이 빛을 굴절시켜 망막에 상이 맺히게 한다.

12 회전운동을 하는 조종장치의 레버를 40° 움직였을 때 표시장치의 커서는 3cm 이동하였다. 레버의 길이가 15cm일 때 이 조종장치의 C/R 비는 약 얼마인가?

① 2.09　　② 3.49
③ 4.36　　④ 5.23

💡 해설 │ 조종장치의 C/R 비

$$C/R \text{ 비} = \frac{(a/360) \times 2\pi L}{\text{표시장치의 이동거리}}$$
$$= \frac{(40/360) \times 2\pi \times 15}{3}$$
$$= 3.49$$

a : 조종장치가 움직인 각도
L : 반지름

13 Fitts의 법칙에 관한 설명으로 맞는 것은?

① 표적이 작을수록 이동거리가 짧을수록 작업의 난이도와 소요 이동시간이 증가한다.
② 표적이 작을수록 이동거리가 길수록 작업의 난이도와 소요 이동시간이 증가한다.
③ 표적이 클수록 이동거리가 길수록 작업의 난이도와 소요 이동시간이 증가한다.
④ 표적이 클수록 이동거리가 짧을수록 작업의 난이도와 소요 이동시간이 증가한다.

💡 해설 │ Fitts의 법칙

표적이 작을수록 또 이동거리가 길수록 작업의 난이도와 소요 이동시간이 증가한다.

정답 09 ③　10 ②　11 ④　12 ②　13 ②

14 다음 중 직렬시스템과 병렬시스템의 특성에 대한 설명으로 옳은 것은?

① 직렬시스템에서 요소의 개수가 증가하면 시스템의 신뢰도도 증가한다.
② 병렬시스템에서 요소의 개수가 증가하면 시스템의 신뢰도는 감소한다.
③ 시스템의 높은 신뢰도를 안정적으로 유지하기 위해서는 병렬시스템으로 설계하여야 한다.
④ 일반적으로 병렬시스템으로 구성된 시스템은 직렬시스템으로 구성된 시스템보다 비용이 감소한다.

해설 직렬시스템과 병렬시스템
항공기나 열차의 제어장치, 즉 시스템의 높은 신뢰도를 안정적으로 유지하기 위해서는 병렬시스템을 사용한다.

15 청각의 특성 중 두 개 음 사이의 진동수 차이가 얼마 이상이 되면 울림(beat)이 들리지 않고 각각 다른 두 개의 음으로 들리는가?

① 33Hz   ② 50Hz
③ 81Hz   ④ 101Hz

해설 두 개 음 사이의 진동수 차이
두 개 음 사이의 진동수 차이가 33Hz 이상이 되면 울림(beat)이 들리지 않고 각각 다른 두 개의 음으로 들린다.

16 다음은 인간공학 연구에서 사용되는 기준척도(criterion measure)가 갖추어야 하는 조건을 나열한 것이다. 각 조건에 대한 설명으로 틀린 것은?

① 신뢰성 : 우수한 결과를 도출할 수 있는 정도
② 타당성 : 실제로 의도하는 바를 측정할 수 있는 정도
③ 민감도 : 실험 변수 수준 변화에 따라 척도 값의 차이가 존재하는 정도
④ 순수성 : 외적 변수의 영향을 받지 않는 정도

해설 기준 척도
① **신뢰성** : 시간이나 대표적 표본의 선정에 관계없이 변수 측정 결과가 일관성 있게 안정적으로 나타나는 것을 말한다.
② **타당성** : 기준이 의도된 목적에 적당하다고 판단되는 정도를 말한다.
③ **민감도** : 기준에서 나타나는 예상 차이점의 변이성으로 표시된다.
④ **순수성** : 측정하고자 하는 변수 외의 다른 변수들의 영향을 받아서는 안 된다.

17 비행기에서 20m 떨어진 거리에서 측정한 엔진의 소음이 130dB(A)이었다면, 100m 떨어진 위치에서의 소음수준은 약 얼마인가?

① 113.5 dB(A)   ② 116.0 dB(A)
③ 121.8 dB(A)   ④ 130.0 dB(A)

해설 소음수준

$$dB_2 = dB_1 - 20\log\frac{d_2}{d_1}$$

$$dB_2 = 130dB(A) - 20\log\frac{100m}{20m} = 116.0dB(A)$$

18 1,000Hz, 80dB인 음을 phon과 sone으로 환산한 것은?

① 40phon, 4sone
② 60phon, 3sone
③ 80phon, 16sone
④ 80phon, 2sone

정답 14 ③ 15 ① 16 ① 17 ② 18 ③

해설) phon과 sone

어떤 음의 음량 수준을 나타내는 phon 값은 이 음과 같은 크기로 들리는 1,000Hz 순음의 음압수준(dB)을 의미한다.

예) 20dB의 1,000Hz는 20phon이 된다.

다른 음의 상대적인 주관적 크기에 대해서는 sone이라는 음량 척도를 사용한다.

sone 값 $= 2^{(phon\ 값 - 40)/10} = 2^{(80-40)/10} = 16$

19 다음 중 신호검출이론에서 판정기준(Criterion)이 오른쪽으로 이동할 때 나타나는 현상으로 옳은 것은?

① 허위 경보(False alarm)가 줄어든다.
② 신호(Signal)의 수가 증가한다.
③ 소음(Noise)의 분포가 커진다.
④ 적중, 확률(실제 신호를 신호로 판단)이 높아진다.

해설) 반응기준이 오른쪽으로 이동 시

반응기준이 오른쪽으로 이동할 경우 판정자는 신호라고 판정하는 기회가 줄어들게 되므로 신호가 나타났을 때 신호의 정확한 판정은 적어지나 허위 경보를 덜 하게 된다.

20 실체적인 체계나 장치의 설계 시 인간을 고려할 때 "보통사람"이라는 말을 흔히 쓰는데, 이와 관련된 "평균치의 모순(average person fallacy)"에 대한 설명으로 가장 적절한 것은?

① 모든 치수가 평균범위에 드는 평균치 인간은 존재하지 않는다.
② 평균은 모집단 분포의 치우침을 나타낸다.
③ 평균치를 기준으로 한 설계는 제품설계에서 제일 먼저 적용하는 원칙이다.
④ 신체치수는 평균 주위에 많이 분포한다.

해설) 평균치의 모순

인체측정학 관점에서 볼 때 모든 면에서 보통인 사람이란 있을 수 없다. 따라서 이런 사람을 대상으로 장비를 설계하면 안 된다는 주장에도 논리적 근거가 있다.

2과목 작업생리학

21 심박출량을 증가시키는 요인으로 볼 수 없는 것은?

① 휴식시간
② 근육활동의 증가
③ 덥거나 습한 작업환경
④ 흥분된 상태나 스트레스

해설) 심박출량

휴식은 심박출량을 증가시키지 않는다.

22 인체활동이나 작업종료 후에도 체내에 쌓인 젖산을 제거하기 위해 산소가 더 필요하게 되는 것을 무엇이라 하는가?

① 산소 빚(oxygen debt)
② 산소 값(oxygen value)
③ 산소 피로(oxygen fatigue)
④ 산소 대사(oxygen metabolism)

해설) 산소 빚

산소 빚 또는 산소부채에 관한 설명이다.

정답 19 ① 20 ① 21 ① 22 ①

23 다음 중 교대작업에 관한 설명으로 옳은 것은?

① 교대작업은 야간 – 저녁 주간의 순으로 하는 것이 좋다.
② 교대일정은 정기적이고, 근로자가 예측 가능하도록 해야 한다.
③ 신체의 적응을 위하여 야간근무는 7일 정도로 지속되어야 한다.
④ 야간 교대시간은 가급적 자정 이후로 하고, 아침 교대시간은 오전 5~6시 이전에 하는 것이 좋다.

해설 교대작업자의 건강관리
- 확정된 업무 스케줄을 계획하고 정기적으로 예측 가능하도록 한다.
- 연속적인 야간 근무를 최소화한다.
- 자유로운 주말계획을 갖도록 한다.
- 긴 교대기간을 두고 잔업은 최소화한다.

24 남성작업자의 육체작업에 대한 에너지가를 평가한 결과 산소 소모량이 1.5L/min이 나왔다. 작업자의 4시간에 대한 휴식시간은 약 몇 분 정도인가? (단, Murrell의 공식을 이용한다.)

① 75분　② 100분
③ 125분　④ 150분

해설 휴식시간의 산정

$R = \dfrac{T(E-S)}{E-1.5} = \dfrac{4 \times 60(7.5-5)}{7.5-1.5} = 100분$

R : 휴식시간(분)
T : 총 작업시간(분) : 240
E : 평균 에너지 소모량(kcal/min) : 5 × 1.5 = 7.5
S : 권장 평균 에너지 소모량 : 5

25 다음 중 안정 시 신체 부위에 공급하는 혈액 분배 비율이 가장 높은 곳은?

① 뇌　② 근육
③ 소화기관　④ 심장

해설 휴식 시 혈액 분포
- 간 및 소화기관 : 20~25%
- 신장 : 20%
- 근육 : 15~20%
- 뇌 : 15%
- 심장 : 4~5%

26 광도비(luminance ratio)란 주된 장소와 주변 광도의 비이다. 사무실 및 산업 상황에서의 일반적인 추천 광도비는 얼마인가?

① 1 : 1　② 2 : 1
③ 3 : 1　④ 4 : 1

해설 광도비(luminance ratio)

시야 내에 있는 주시영역과 주변영역 사이의 광도의 비를 광도비라 하며, 사무실 및 산업상황에서의 추천 광도비는 보통 3 : 1이다.

27 작업장에서 8시간 동안 85dB(A)로 2시간, 90dB(A)로 3시간, 95dB(A)로 3시간 소음에 노출되었을 경우 소음노출지수는? (단, 국내의 관련 규정을 따른다.)

① 0.975　② 1.125
③ 1.25　④ 1.5

해설 소음노출지수

음압수준 dB(A)	노출 허용시간/일
90	8
95	4
100	2
105	1
110	0.5
115	0.25
–	0.125

※ 누적소음노출지수 = $\left(\dfrac{3}{8} \times 100\right) + \left(\dfrac{3}{4} \times 100\right) = 1.125\%$

2024년 제1회 기출복원문제

28 호흡계의 기본적인 기능과 가장 거리가 먼 것은?

① 가스교환 기능
② 산염기 조절 기능
③ 영양물질 운반 기능
④ 흡입된 이물질 제거 기능

해설 호흡계의 기능
- 가스교환
- 공기의 오염물질, 먼지, 박테리아 등을 걸러내는 흡입 공기 정화작용
- 흡입된 공기를 진동시켜 목소리를 내는 발성 기관의 역할
- 공기를 따뜻하고 부드럽게 함

29 근력(strength) 형태 중 근육이 등척성 수축을 하는 것에 해당하는 근력은?

① 정적 근력(Static strength)
② 등장성 근력(Isotonic strength)
③ 등속성 근력(Isokinetic strength)
④ 등관성 근력(Isoinertia strength)

해설
정적근력(Static strength)을 등척력(Isometric strength)이라 한다.

30 공기정화 시설을 갖춘 사무실에서의 환기기준으로 맞는 것은?

① 환기횟수는 시간당 2회 이상으로 한다.
② 환기횟수는 시간당 3회 이상으로 한다.
③ 환기횟수는 시간당 4회 이상으로 한다.
④ 환기횟수는 시간당 6회 이상으로 한다.

해설 환기기준
공기정화 시설을 갖춘 사무실에서 작업자 1인당 필요한 최소 기준량은 0.57m/min이며, 환기횟수는 시간당 4회 이상으로 한다.

31 어떤 작업자의 8시간 작업 시 평균 흡기량은 40L/min, 배기량은 30L/min로 측정되었다. 만일 배기량에 대한 산소함량이 15%로 측정되었다고 가정하면 이때의 분당 산소 소비량(L/min)은 얼마인가?

① 3.3
② 3.5
③ 3.7
④ 3.9

해설 분당 산소 소비량

산소 소비량 = 21% × 분당 흡기량 − O_2% × 분당 배기량
= 21% × 40 − 15% × 30 = 3.9L/min

32 육체적 활동의 정적 부하에 대한 스트레인(Strain)을 측정하는 데 가장 적합한 것은?

① 산소 소비량
② 뇌전도(EEG)
③ 심박수(HR)
④ 근전도(EMG)

해설 근전도(EMG)
개별 근육이나 근육군의 국소 근육활동에 관한 척도로 이용된다.

33 신경계 중 반사(reflex)와 통합(integration)의 기능적 특징을 갖는 것은?

① 중추신경계
② 운동신경계
③ 교감신경계
④ 감각신경계

해설 신경계
① **중추신경계** : 뇌와 척수로 구성되어 있으며, 신경 신호의 처리와 통합을 담당한다. 반사 작용은 척수에서 일어나며, 신속한 반응을 제공하기 위해 중추신경계에서 통합된다.
② **운동신경계** : 근육으로 신호를 보내어 움직임을 조절하는 신경계다. 중추신경계의 명령을 받아 신체의 근육을 활성화한다.
③ **교감신경계** : 스트레스나 위기 상황에서 신체를 준비시키는 신경계. 심장 박동을 빠르게 하거나, 동공을 확장시키는 등의 반응을 일으킨다.
④ **감각신경계** : 외부 자극을 받아들여 중추신경계로 전달하는 신경계. 감각기관(눈, 귀, 피부 등)에서 발생하는 정보를 뇌로 전달한다.

정답 28 ② 29 ① 30 ③ 31 ④ 32 ④ 33 ①

34 근육의 수축에 대한 설명으로 틀린 것은?

① 근육이 최대로 수축할 때 Z선이 A대에 맞닿는다.
② 근섬유(muscle fiber)가 수축하면 I대 및 H대가 짧아진다.
③ 근육이 수축할 때 근세사(myofilament)의 원래 길이는 변하지 않는다.
④ 근육이 수축하면 굵은 근세사(myofilament)가 가는 근세사 사이로 미끄러져 들어간다.

해설 근육 수축의 원리
- 액틴과 미오신 필라멘트의 길이는 변하지 않는다.
- 근섬유가 수축하면 I대와 H대가 짧아진다.
- 최대로 수축했을 때는 Z선이 A대에 맞닿고 I대는 사라진다.
- 각 섬유는 일정한 힘으로 수축하며, 근육 전체가 내는 힘은 활성화된 근섬유 수에 의해 결정된다.

35 실내표면에서 추천반사율이 낮은 것부터 높은 순서대로 나열한 것은?

① 벽 < 가구 < 천장 < 바닥
② 천장 < 벽 < 가구 < 바닥
③ 가구 < 바닥 < 벽 < 천장
④ 바닥 < 가구 < 벽 < 천장

해설 추천반사율

천장	80~90%
벽, 창문 발(blind)	40~60%
가구, 사무용기기, 책상	25~45%
바닥	20~40%

36 사업장에서 발생하는 소음의 노출기준을 정할 때 고려해야 할 결정요인과 가장 거리가 먼 것은?

① 소음의 크기
② 소음의 높낮이
③ 소음의 지속시간
④ 소음 발생체의 물리적 특성

해설 소음의 노출기준
사업장에서 발생하는 소음의 노출기준은 각 나라마다 소음의 크기와 높낮이, 소음의 지속기간, 소음 작업의 근무연수, 개인의 감수성 등을 고려하여 정하고 있다.

37 어떤 작업자의 5분 작업에 대한 전체 심박수는 400회, 일박출량은 65mL/회로 측정되었다면 이 작업자의 분당 심박출량(L/min)은?

① 4.5L/min   ② 4.8L/min
③ 5.0L/min   ④ 5.2L/min

해설 심박출량
심박출량 = 일박출량 × 심장박동 = 0.065L/회 × 80회/min
= 5.2L/min

38 진동이 인체에 미치는 영향으로 옳지 않은 것은?

① 심박수가 증가한다.
② 시성능은 10~25Hz 대역의 경우 가장 심하게 영향을 받는다.
③ 진동수와 추적 작업과의 상호연관성이 적어 운동성능에 영향을 미치지 않는다.
④ 중앙 신경계의 처리 과정과 관련되는 과업의 성능은 진동의 영향을 비교적 덜 받는다.

해설 진동의 영향
전신 진동은 진폭에 비례하여 시력이 손상되고, 추적 작업의 효율을 떨어뜨린다.

정답 34 ④ 35 ④ 36 ④ 37 ④ 38 ③

2024년 제1회 기출복원문제

39 고열 작업장에서 방열복의 착용은 신체와 환경 사이의 열 교환 경로 중 어떠한 경로를 차단하기 위한 것인가?

① 전도(conduction)
② 대류(convection)
③ 복사(radiation)
④ 증발(evaporation)

해설 복사(radiation)
광속으로 공간을 퍼져나가는 전자에너지

40 신체의 작업부하에 대하여 작업자들이 주관적으로 지각한 신체적 노력의 정도를 6~20의 값으로 평가한 척도는 무엇인가?

① 부정맥지수
② 점멸융합주파수(VFF)
③ 운동자각도(Borg's RPE)
④ 최대산소소비능력(Maximum Aerobic Power)

해설 운동자각도(Borg's RPE)
Borg의 RPE 척도는 많이 사용되는 주관적 평정척도로서 작업자들이 주관적으로 지각한 신체적 노력의 정도를 6에서 20 사이의 척도로 평정한다. 이 척도의 양끝은 각각 최소 심장박동률과 최대 심장박동률을 나타낸다.

3과목 산업심리학 및 관련 법규

41 다음 중 집단행동에 있어 이성적 집단보다는 감정에 의해 좌우되며 공격적이라는 특징을 갖는 행동은?

① crowd
② mob
③ panic
④ fashion

해설 모브(mob)
폭동과 같은 것을 말하며 군중보다 한층 합의성이 없고 감정만으로 행동한다.
- crowd : 대중이나 군중을 의미함.
- panic : 공황 상태를 뜻함.
- fashion : 유행을 의미함.

42 휴먼에러(human error)로 이어지는 배후 요인으로 4M 중 매체(Media)에 적합하지 않은 것은?

① 작업의 자세
② 작업의 방법
③ 작업의 순서
④ 작업지휘 및 감독

해설 Media(매체)
① 작업의 자세
② 작업의 방법
③ 작업정보의 실태나 작업환경
④ 작업의 순서 등

43 주의력 수준은 주의의 넓이와 깊이에 따라 달라지는데 다음 [그림]의 A, B, C에 들어갈 가장 알맞은 내용은?

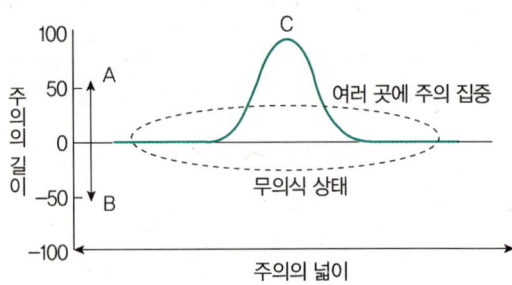

① A : 주의가 내향, B : 주의가 외향, C : 주의 집중
② A : 주의가 외향, B : 주의가 내향, C : 주의 집중
③ A : 주의 집중, B : 주의가 내향, C : 주의가 외향
④ A : 주의가 내향, B : 주의 집중, C : 주의가 외향

정답 39 ③ 40 ③ 41 ② 42 ④ 43 ②

해설 | 주의력 수준

- 인간의 심리에는 수치상의 신뢰도만으로는 만족할 수 없는 문제들이 있다. 그중 하나가 주의력이다. 주의력은 넓이와 깊이가 있고, 또한 내향, 외향이 있다.
- 주의가 외향일 때는 시각신경의 작용으로 사물을 관찰하면서 주의력을 경주할 때이고, 반대로 주의가 내향일 때는 사고의 상태이며, 시신경계가 활동하지 않는 공상이나 잡념을 가지고 있는 상태이다.
- 감시하는 대상이 많아지면 주의의 범위는 넓어지고, 감시하는 대상이 적어질수록 주의의 넓이는 좁아지고 깊이도 깊어진다.

44 호손(Hawthorne)의 연구에 관한 설명으로 맞는 것은?

① 동기부여와 직무만족도 사이의 관계를 밝힌 연구이다.
② 집단 내에서의 인간관계의 중요성을 증명한 연구이다.
③ 조명 조건 등 물리적 작업환경은 생산성에 큰 영향을 끼친다.
④ 미국 Western Electric 사를 대상으로 호손이 진행한 연구이다.

해설 | 호손(Hawthorne)의 연구

작업장의 물리적 환경보다는 작업자들의 동기부여, 의사소통 등 인간관계가 보다 중요하다는 것을 밝힌 연구이다. 이 연구 이후로 산업심리학의 연구방향은 물리적 작업환경 등에 대한 관심으로부터 현대 산업심리학의 주요 관심사인 인간관계에 대한 연구로 변경되었다.

45 스트레스에 관한 설명으로 옳지 않은 것은?

① 스트레스 수준은 작업 성과와 정비례의 관계에 있다.
② 위협적인 환경특성에 대한 개인의 반응이라고 볼 수 있다.
③ 적정 수준의 스트레스는 작업성과에 긍정적으로 작용한다.
④ 지나친 스트레스를 지속적으로 받으면 인체는 자기조절능력을 상실할 수 있다.

해설 | 스트레스

스트레스 수준은 작업 성과와 정비례의 관계에 있지 않다.

46 어떤 사업장의 생산라인에서 완제품을 검사하는데, 어느 날 5,000개의 제품을 검사하여 200개를 부적합품으로 처리하였으나, 이 로트에 실제로 1,000개의 부적합품이 있었을 때 로트당 휴먼에러를 범하지 않을 확률은 약 얼마인가?

① 0.16
② 0.20
③ 0.80
④ 0.84

해설 | 이산적 직무에서의 인간 신뢰도

$R = 1 - HEP$

$HEP = \dfrac{\text{실제 인간의 에러 횟수}}{\text{전체 에러 기회의 횟수}} = \dfrac{1,000 - 200}{5,000} = 0.16$

$R = 1 - 0.16 = 0.84$

47 휴먼에러 예방대책 중 인적 요인에 대한 대책이 아닌 것은?

① 소집단 활동
② 작업의 모의훈련
③ 안전 분위기 조성
④ 작업에 관한 교육훈련

해설 | 인적 요인에 관한 대책(인간 측면의 행동감수성 고려)

① 작업에 대한 교육 및 훈련과 작업 전후 회의소집
② 작업의 모의훈련으로 시나리오에 의한 리허설
③ 소집단 활동의 활성화로 작업방법 및 순서, 안전포인터 의식, 위험예지활동 등을 지속적으로 수행
④ 숙달된 전문 인력의 적재적소 배치 등

정답 44 ② 45 ① 46 ④ 47 ③

48 리더십(leadership)과 비교한 헤드십(headship)의 특징으로 옳은 것은?

① 민주주의적 지휘형태
② 개인능력에 따른 권한 근거
③ 구성원과의 사회적 간격이 넓음.
④ 집단의 구성원들에 의해 선출된 지도자

해설 헤드십과 리더십

구분	권한부여 및 행사	권한근거	상관과 부하와의 관계 및 책임귀속	부하와의 사회적 간격	지휘형태
헤드십	위에서 위임하여 임명	법적 또는 공식적	지배적, 상사	넓다.	권위주의적
리더십	아래로 부터의 동의에 의한 선출	개인능력	개인적인 경향, 상사와 부하	좁다.	민주주의적

49 하인리히는 재해연쇄론에서 재해가 발생하는 과정을 5단계 요인으로 나누어 설명하였다. 그 중 사고를 예방하기 위한 관리 활동들이 가장 효과적으로 적용될 수 있는 단계는 무엇이라고 주장하였는가?

① 개인적 결함
② 사고 그 자체
③ 사회적 환경(분위기)
④ 불안전행동 및 불안전상태

해설 하인리히(H. W. Heinrich)의 도미노이론 5단계
- 1단계 : 유전적인 요소 및 사회 환경(선천적 결함)
- 2단계 : 개인의 결함(간접 원인)
- 3단계 : 불안전한 행동(인적 결함) 및 불안전한 상태(물적 결함) (직접 원인) ※ 제거 가능
- 4단계 : 사고
- 5단계 : 재해

50 다음 소시오그램에서 B의 선호신분지수로 옳은 것은?

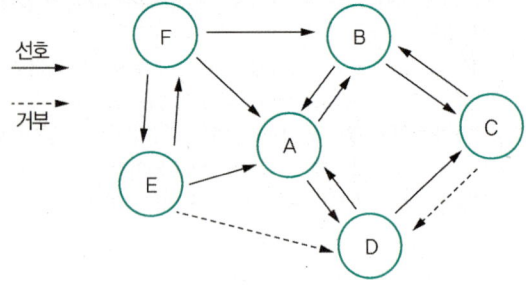

① 1/5
② 2/5
③ 3/5
④ 4/5

해설 선호신분지수

$$선호신분지수 = \frac{선호총계}{구성원-1} = \frac{3}{6-1} = \frac{3}{5}$$

51 FTA(Fault Tree Analysis)에 대한 설명으로 옳지 않은 것은?

① 해석하고자 하는 정상사상(top event)과 기본사상(basic event)의 인과관계를 도식화하여 나타낸다.
② 고장이나 재해요인의 정성적 분석뿐만 아니라 정량적 분석이 가능하다.
③ "사건이 발생하려면 어떤 조건이 만족되어야 하는가?"에 근거한 연역적 접근방법을 이용한다.
④ 정성적 결함 나무(Fault Tree, FT)를 작성하기 전에 정상사상이 발생할 확률을 계산한다.

해설 FTA

정성적 결함 나무(Fault Tree, FT)를 작성하기 전에 정상사상이 발생할 확률을 계산하지 않는다. 결함나무 분석(FTA)은 사건이 발생하려면 어떤 조건이 만족되어야 하는가에 근거한 연역적 접근 방법을 사용하며, 정상사상과 기본사상의 인과관계를 도식화하여 나타내고 정성적 및 정량적 분석이 가능하다.

정답 48 ③ 49 ④ 50 ③ 51 ④

52 선택반응시간(Hick의 법칙)과 동작시간(Fitts의 법칙)의 공식에 대한 설명으로 옳은 것은?

- 선택반응시간 $= a + b\log_2 N$
- 동작시간 $= a + b\log_2\left(\dfrac{2A}{W}\right)$

① N은 자극과 반응의 수, A는 목표물의 너비, W는 움직인 거리를 나타낸다.
② N은 감각기관의 수, A는 목표물의 너비, W는 움직인 거리를 나타낸다.
③ N은 자극과 반응의 수, A는 움직인 거리, W는 목표물의 너비를 나타낸다.
④ N은 감각기관의 수, A는 움직인 거리, W는 목표물의 너비를 나타낸다.

해설 선택반응시간과 동작시간
N은 가능한 자극-반응대안들의 수, A는 표적 중심선까지의 이동거리, W는 표적 폭으로 나타낸다.

53 물품의 중량과 무게중심에 대하여 작업장 주변에 안내표시를 해야 하는 중량물의 기준은?

① 5kg 이상
② 10kg 이상
③ 15kg 이상
④ 20kg 이상

해설 중량의 표시
사업주는 작업자가 5kg 이상의 중량물을 들어 올리는 작업을 하는 경우에는 작업자가 쉽게 알 수 있도록 물품의 중량과 무게중심에 대하여 작업장 주변에 안내표시를 해야 한다.

54 작업자 한 사람의 성능 신뢰도가 0.95일 때, 요원을 중복하여 2인 1조로 작업을 할 경우 이 조의 인간 신뢰도는 얼마인가? (단, 작업 중에는 항상 요원 지원이 되며, 두 작업자의 신뢰도는 동일하다고 가정한다.)

① 0.9025   ② 0.9500
③ 0.9975   ④ 1.0000

해설 신뢰도
$Rs = 1 - (1 - 0.95)(1 - 0.95) = 0.9975$

55 어느 사업장의 도수율은 40이고, 강도율은 4이다. 이 사업장의 재해 1건당 근로손실일수는 얼마인가?

① 1   ② 10
③ 50   ④ 100

해설 평균강도율
평균강도율 $= \dfrac{강도율}{도수율} \times 1,000 = \dfrac{4}{40} \times 1,000 = 100$

56 재해의 기본원인을 조사하는 데에는 관련 요인들을 4M 방식으로 분류하는데, 다음 중 4M에 해당하지 않는 것은?

① Machine
② Material
③ Management
④ Media

해설 휴먼에러의 배후요인(4M)
① Man(인간)
② Machine(기계)
③ Media(매체)
④ Nfenagement(관리)

정답 52 ③ 53 ① 54 ③ 55 ④ 56 ②

2024년 제1회 기출복원문제

57 휴먼에러와 기계의 고장의 차이점을 설명한 것으로 틀린 것은?

① 기계와 설비의 고장 조건은 저절로 복구되지 않는다.
② 인간의 실수는 우발적으로 재발하는 유형이다.
③ 인간은 기계와는 달리 학습에 의해 계속적으로 성능을 향상시킨다.
④ 인간성능과 압박(stress)은 선형 관계를 가져 압박이 중간 정도일 때 성능 수준이 가장 높다.

해설 인간-기계 에러
인간의 성능과 압박(stress)은 선형관계가 아니다.

58 관리 그리드 모형(management grid model)에서 제시한 리더십의 유형에 대한 설명으로 옳지 않은 것은?

① (9,1)형은 인간에 대한 관심은 높으나 과업에 대한 관심은 낮은 인기형이다.
② (1,1)형은 과업과 인간관계 유지 모두에 관심을 갖지 않는 무관심형이다.
③ (9,9)형은 과업과 인간관계 유지의 모두에 관심이 높은 이상형으로서 팀형이다.
④ (5,5)형은 과업과 인간관계 유지에 모두 적당한 정도의 관심을 갖는 중도형이다.

해설 관리 그리드 모형
(9,1)형 - 과업형(Authority-Compliance Management)
과업에만 집중하고 사람에게는 무관심한 스타일로, 업무 성과는 높지만 인간적인 측면이 결여될 수 있다.

59 사고의 유형, 기인물 등 분류항목을 큰 순서대로 분류하여 사고방지를 위해 사용하는 통계적 원인분석 도구는?

① 관리도(Control Chart)
② 크로스도(Cross Diagram)
③ 파레토도(Pareto Diagram)
④ 특성요인도(Cause and Effect Diagram)

해설 파레토 분석(Pareto analysis)
① 문제가 되는 요인들을 규명하고 동일한 스케일을 사용하여 누적분포를 그리면서 오름차순으로 정리한다.
② 불량이나 사고의 원인이 되는 중요한 항목을 찾아내는 데 사용된다.

60 Herzberg의 동기-위생이론에서 위생요인에 대한 설명으로 옳지 않은 것은?

① 위생요인이 갖추어지지 않으면 구성원들은 불만족해진다.
② 위생요인이 갖추어지지 않으면 조직을 떠날 수 있다.
③ 위생요인이 갖추어지지 않으면 성과에 좋지 않은 영향을 준다.
④ 위생요인이 잘 갖추어지게 되면 구성원들에게 열심히 일하도록 동기를 자극하게 된다.

해설 동기-위생이론의 만족도

요인/욕구	욕구 충족이 되지 않을 경우	욕구 충족이 될 경우
위생요인 (불만요인)	불만 느낌.	만족감 느끼지 못함.
동기유발요인 (만족요인)	불만 느끼지 않음.	만족감 느낌.

위생요인이 잘 갖추어지게 되더라도 구성원들은 만족을 느끼지 못한다.

정답 57 ④ 58 ① 59 ③ 60 ④

4과목 근골격계질환 예방을 위한 작업관리

61 어떤 한 작업의 25회 시험관측치가 평균 0.35, 표준편차가 0.08일 때, 오차확률 5%에서 필요한 최소 관측횟수는 얼마인가? (단, t(25, 0.05) = 2.069, t(24, 0.05) = 2.064, t(26, 0.05) = 2.056 이다.)

① 89　　② 90
③ 91　　④ 92

해설 관측횟수

$$N = \left(\frac{t(n-1, 0.05) \times 8}{0.05 \times \bar{x}}\right)^2$$

$$N = \left(\frac{2.604 \times 0.08}{0.05 \times 0.35}\right)^2 = 89.027 = 90회$$

62 작업개선을 위한 개선의 ECRS에 해당하지 않는 것은?

① Eliminate　　② Combine
③ Redesign　　④ Simplify

해설 ECRS 원칙
① Eliminate : 불필요한 작업·작업요소 제거
② Combine : 다른 작업·작업요소와의 결합
③ Rearrange : 작업순서의 변경
④ Simplify : 작업·작업요소의 단순화·간소화

63 다음 중 동작경제의 원칙에 해당하지 않는 것은?

① 신체의 사용에 관한 원칙
② 작업장의 배치에 관한 원칙
③ 공구 및 설비 디자인에 관한 원칙
④ 인간·기계 시스템의 정합성의 원칙

해설 동작경제의 원칙
신체의 사용에 관한 원칙, 작업역의 배치에 관한 원칙, 공구 및 설비의 설계에 관한 원칙이다.

64 팔꿈치 부위에 발생하는 근골격계질환의 유형에 해당되는 것은?

① 외상과염
② 수근관 증후군
③ 추간판 탈출증
④ 바르텐베르그 증후군

해설 팔꿈치 부위의 근골격계질환 유형
외상과염은 팔꿈치 부위의 인대에 염증이 생김으로써 발생하는 증상이다.

65 워크샘플링 조사에서 초기 idle rate가 0.05이면 99% 신뢰도를 위한 워크샘플링 횟수는 약 몇 회인가? (단, Z 0.05는 2.58, 허용오차는 ±1%이다.)

① 1,232　　② 2,557
③ 3,060　　④ 3,162

해설 관측횟수의 결정

$$N = \frac{Z_{1-\alpha/2}^2 \times \bar{p}(1-\bar{p})}{e^2}$$

이때 e는 허용오차, $\bar{p}$는 idle rate.

$$N = \frac{2.58^2 \times 0.05 \times 0.95}{0.01^2} = 3,162$$

66 17가지 서블릭을 이용하여 좀 더 상세하게 작업 내용을 분석하고 시간까지 도시한 것은?

① 스트로보(strobo)
② 시모 차트(SIMO chart)
③ 사이클 그래프(cycle graph)
④ 크로노 사이클 그래프(chrono cycle graph)

해설 시모 차트(SIMO chart)
작업을 서블릭의 요소 동작으로 분리하여 양손의 동작을 시간 축에 나타낸 도표이다.

정답 61 ②　62 ③　63 ④　64 ①　65 ④　66 ②

67 유해요인 조사방법 중 OWAS(Ovako Working Posture Analysing System)에 관한 설명으로 틀린 것은?

① OWAS는 작업 자세로 인한 작업부하를 평가하는 데 초점이 맞추어져 있다.
② 작업 자세는 허리, 팔, 손목으로 구분하여 각 부위의 자세를 코드로 표현한다.
③ OWAS는 신체 부위의 자세뿐만 아니라 중량물의 사용도 고려하여 평가한다.
④ OWAS 활동점수표는 4단계 조치단계로 분류된다.

해설 | OWAS

OWAS는 작업 자세를 허리, 팔, 다리, 하중으로 구분하여 각 부위의 자세를 코드로 표현한다.

68 근골격계질환의 발생원인을 개인적 특성요인과 작업 특성요인으로 구분할 때, 개인적 특성요인에 해당하는 것은?

① 반복적인 동작
② 무리한 힘의 사용
③ 작업방법 및 기술수준
④ 동력을 이용한 공구 사용 시 진동

해설 | 근골격계질환 발생원의 특성별 요인

개인적 특성요인인 작업방법 및 기술수준이다.

69 사업장 근골격계질환 예방·관리 프로그램에 있어 예방·관리추진팀의 역할이 아닌 것은?

① 교육 및 훈련에 관한 사항을 결정하고 실행한다.
② 예방·관리 프로그램의 수립 및 수정에 관한 사항을 결정한다.
③ 근골격계질환의 증상, 유해요인 보고 및 대응체계를 구축한다.
④ 유해요인 평가 및 개선계획의 수립과 시행에 관한 사항을 결정하고 시행한다.

해설 | 근골격계질환 예방·관리추진팀의 역할

① 예방·관리 프로그램의 수립 및 수정에 관한 사항을 결정한다.
② 예방·관리 프로그램의 실행 및 운영에 관한 사항을 결정한다.
③ 교육 및 훈련에 관한 사항을 결정하고 실행한다.
④ 유해요인 평가 및 개선계획의 수립과 시행에 관한 사항을 결정하고 실행한다.
⑤ 근골격계질환자에 대한 사후조치 및 작업자 건강보호에 관한 사항 등을 결정하고 실행한다.

70 다음 중 1TMU(Time Measurement Unit)를 초단위로 환산한 것은?

① 0.0036초
② 0.036초
③ 0.36초
④ 1.667초

해설 | 1TMU

1TMU = 0.00001시간 = 0.0006분 = 0.036초

정답 67 ② 68 ③ 69 ③ 70 ②

71 근골격계질환의 유형에 관한 설명으로 틀린 것은?

① 외상과염은 팔꿈치 부위의 인대에 염증이 생김으로써 발생하는 증상이다.
② 수근관증후군은 손의 손목뼈 부분의 압박이나 과도한 힘을 준 상태에서 발생한다.
③ 백색수지증은 손가락에 혈액의 원활한 공급이 이루어지지 않을 경우에 발생하는 증상이다.
④ 결절종은 반복, 구부림, 진동 등에 의하여 건의 섬유질이 손상되거나 찢어지는 등의 건에 염증이 생기는 질환이다.

해설 결절종
손에 발생하는 종양 중 가장 흔한 것으로, 얇은 섬유성 피막 내에 약간 노랗고 끈적이는 액체가 담긴 낭포성 종양

72 문제의 분석기법 중 원과 직선을 이용하여 아이디어, 문제, 개념을 개괄적으로 빠르게 설정할 수 있도록 도와주는 연역적 추론방법은?

① 브레인스토밍(Brainstorming)
② 마인드 매핑(Mind Mapping)
③ 마인드 멜딩(Mind Melding)
④ 델파이 기법(Delphi Technique)

해설 마인드 매핑
① 브레인스토밍(Brainstorming) : 다양한 아이디어를 자유롭게 제시하고 검토하는 과정을 말한다. 주로 팀이 함께 참여하여 창의적인 해결책을 찾기 위함이다.
② 마인드 매핑(Mind Mapping) : 중심 개념을 중심으로 관련된 아이디어들을 시각적으로 정리하는 방법으로 생각을 구조화하고 이해하기 쉽게 도와준다.
③ 마인드 멜딩(Mind Melding) : 이 용어는 주로 SF 작품에서 사용되지만, 창의적 아이디어를 교환하고 결합하는 과정으로 해석할 수 있다.
④ 델파이 기법(Delphi Technique) : 전문가들 간의 반복적인 설문조사를 통해 합의를 도출하는 방법으로, 객관적이고 신뢰성 있는 결과를 얻는 데 유용하다.

73 Work Factor에서 고려하는 네 가지 시간 변동 요인이 아닌 것은?

① 동작 타임
② 신체 부위
③ 인위적 조절
④ 중량이나 저항

해설 WF법의 시간 변동 요인 네 가지
• 사용하는 신체 부위
• 이동거리
• 중량 또는 저항
• 인위적 조절

74 수공구를 이용한 작업 개선원리에 대한 내용으로 옳지 않은 것은?

① 진동 패드, 진동 장갑 등으로 손에 전달되는 진동 효과를 줄인다.
② 동력 공구는 그 무게를 지탱할 수 있도록 매달거나 지지한다.
③ 힘이 요구되는 작업에 대해서는 감싸 쥐기(power grip)를 이용한다.
④ 적합한 모양의 손잡이를 사용하되, 가능하면 손바닥과 접촉면을 적게 한다.

해설 수공구의 기계적인 부분 개선
• 수동공구 대신에 전동공구를 사용한다.
• 가능한 한 손잡이의 접촉면을 넓게 한다.
• 제일 강한 힘을 낼 수 있는 중지와 엄지를 사용한다.
• 손잡이의 길이가 최소한 10cm는 되도록 설계한다.
• 손잡이가 2개 달린 공구들은 손잡이 사이의 거리를 알맞게 설계한다.
• 손잡이의 표면은 충격을 흡수할 수 있고, 비전도성으로 설계한다.
• 공구의 무게는 2.3kg 이하로 설계한다.
• 장갑을 알맞게 사용한다.

정답 71 ④ 72 ② 73 ① 74 ④

75 A 공장의 한 컨베이어 라인에는 5개의 작업공정으로 이루어져 있다. 각 작업공정의 작업시간이 다음과 같을 때 이 공정의 균형효율은 약 얼마인가? (단, 작업은 작업자 1명이 맡고 있다.)

> ㉠ → ㉡ → ㉢ → ㉣ → ㉤
> 5분   7분   6분   6분   3분

① 21.86%   ② 22.86%
③ 78.14%   ④ 77.14%

해설 공정효율, 균형효율

$$균형효율 = \frac{총\ 작업시간}{총\ 작업자\ 수 \times 주기시간} \times 100$$
$$= \frac{5+7+6+6+3}{5 \times 7} \times 100 = 77.14$$

76 표준자료법의 특징으로 옳은 것은?

① 레이팅이 필요하다.
② 표준시간의 정도가 뛰어나다.
③ 직접적인 표준자료 구축비용이 크다.
④ 작업방법의 변경 시 표준시간을 설정할 수 없다.

해설 표준자료법의 특징
- 제조원가의 사전 견적이 가능하며 현장에서 직접 측정하지 않더라도 표준시간을 산정할 수 있다.
- 레이팅이 필요 없다.
- 표준시간의 정도가 떨어진다.
- 표준자료 작성의 초기비용이 크기 때문에 생산량이 적거나 제품이 큰 경우에는 부적합하다.

77 다음 중 수행도 평가기법이 아닌 것은?

① 속도 평가법
② 평준화 평가법
③ 합성 평가법
④ 사이클 그래프 평가법

해설 수행도 평가기법
사이클 그래프 평가법은 동작 분석 중에 필름(영화) 분석법이다.

78 효율적인 서블릭(Therblig)에 해당하는 것은?

① Sh   ② G
③ P   ④ H

해설 비효율적인 서블릭(Therblig)
① 효율적 서블릭
- G(쥐기)
② 비효율적 서블릭
- 찾기(Sh)
- 고르기(St)
- 검사(I)
- 바로 놓기(P)
- 계획(Pn)

79 3시간 동안 작업 수행과정을 촬영하여 워크샘플링 방법으로 200회를 샘플링한 결과 이 중에서 30번의 손목꺾임이 확인되었다. 이 작업의 시간당 손목꺾임 시간은 얼마인가?

① 6분   ② 9분
③ 18분   ④ 30분

해설 워크샘플링

$$손목꺾임\ 발생확률 = \frac{관측된\ 횟수}{총\ 관측\ 횟수} = \frac{30}{200} = 0.15$$

시간당 손목꺾임 시간 = 0.15 × 60분 = 9분

정답 75 ④ 76 ③ 77 ④ 78 ② 79 ②

80 산업안전보건법령상 근골격계 부담작업에 해당하는 기준은?

① 하루에 5회 이상 20kg 이상의 물체를 드는 작업
② 하루에 총 1시간 키보드 또는 마우스를 조작하는 작업
③ 하루에 총 2시간 이상 목, 허리, 팔꿈치, 손목 또는 손을 사용하여 다양한 동작을 반복하는 작업
④ 하루에 총 2시간 이상 지지되지 않은 상태에서 4.5kg 이상의 물건을 한 손으로 들거나 동일한 힘으로 쥐는 작업

해설 근골격계 부담작업

- 하루에 4시간 이상 집중적으로 자료입력 등을 위해 키보드 또는 마우스를 조작하는 작업
- 하루에 총 2시간 이상 목, 어깨, 팔꿈치, 손목 또는 손을 사용하여 같은 동작을 반복하는 작업
- 하루에 총 2시간 이상 머리 위에 손이 있거나, 팔꿈치가 어깨 위에 있거나, 팔꿈치를 몸통으로부터 들거나, 팔꿈치를 몸통 뒤쪽에 위치하도록 하는 상태에서 이루어지는 작업
- 지지되지 않은 상태이거나 임의로 자세를 바꿀 수 없는 조건에서, 하루에 총 2시간 이상 목이나 허리를 구부리거나 트는 상태에서 이루어지는 작업
- 하루에 총 2시간 이상 쪼그리고 앉거나 무릎을 굽힌 자세에서 이루어지는 작업
- 하루에 총 2시간 이상 지지되지 않은 상태에서 1kg 이상의 물건을 한 손의 손가락으로 집어 옮기거나, 2kg 이상에 상응하는 힘을 가하여 한 손의 손가락으로 물건을 쥐는 작업
- 하루에 총 2시간 이상 지지되지 않은 상태에서 4.5kg 이상의 물건을 한 손으로 들거나 동일한 힘으로 쥐는 작업
- 하루에 10회 이상 25kg 이상의 물체를 드는 작업
- 하루에 25회 이상 10kg 이상의 물체를 무릎 아래에서 들거나, 어깨 위에서 들거나, 팔을 뻗은 상태에서 드는 작업
- 하루에 총 2시간 이상, 분당 2회 이상 4.5kg 이상의 물체를 드는 작업
- 하루에 총 2시간 이상 시간당 10회 이상 손 또는 무릎을 사용하여 반복적으로 충격을 가하는 작업

정답 80 ④

제2회 기출복원문제

1과목 인간공학개론

01 인간공학에 대한 설명으로 가장 옳은 것은?
① 인간공학의 다른 이름인 작업 경제학(Ergonomics)은 경제학에서 파생되었다.
② 인간공학에서 다루는 내용은 상식 수준이다.
③ 인간이 사용할 수 있도록 설계하는 과정이다.
④ 초점이 인간보다는 장비/도구의 설계에 맞추어져 있다.

해설 인간공학의 정의
인간 활동의 최적화를 연구하는 학문으로 인간이 작업 활동을 하는 경우에 인간으로서 가장 자연스럽게 일하는 방법을 연구하는 것이며, 인간과 그들이 사용하는 사물과 환경 간의 상호작용에 대해 연구하는 것이다.

02 다음 중 시스템의 평가 척도의 요건에 관한 설명으로 적절하지 않은 것은?
① 실제성 : 현실성을 가지며 실질적으로 이용하기 쉽다.
② 무오염성 : 측정하고자 하는 변수 이외의 외적 변수에 영향을 받는다.
③ 신뢰성 : 평가를 반복할 경우 일정한 결과를 얻을 수 있다.
④ 타당성 : 측정하고자 하는 평가 척도가 시스템의 목표를 반영한다.

해설 무오염성
기준 척도는 측정하고자 하는 변수 외의 다른 변수들의 영향을 받아서는 안 된다.

03 다음 중 인간과 기계의 성능 비교에 관한 설명으로 옳은 것은?
① 장시간에 걸쳐 작업을 수행하는 데에는 기계가 인간보다 우수하다.
② 완전히 새로운 해결책을 찾아내는 데에는 기계가 인간보다 우수하다.
③ 반복적인 작업을 신뢰성 있게 수행하는 데에는 인간이 기계보다 우수하다.
④ 입력에 대하여 빠르고 일관되게 반응하는 데에는 인간이 기계보다 우수하다.

해설 인간과 기계의 성능 비교
- 완전히 새로운 해결책을 찾아내는 데에는 인간이 기계보다 우수하다.
- 반복적인 작업을 신뢰성 있게 수행하는 데에는 기계가 인간보다 우수하다.
- 입력에 대하여 빠르고 일관되게 반응하는 데에는 기계가 인간보다 우수하다.

04 다음 중 인간의 기억을 증진시키는 방법으로 적절하지 않은 것은?
① 가급적이면 절대식별을 늘리는 방향으로 설계하도록 한다.
② 기억에 의해 판별하도록 하는 가지 수는 5가지 미만으로 한다.

정답 01 ③ 02 ② 03 ① 04 ①

③ 여러 자극차원을 조합하여 설계하도록 한다.
④ 개별적인 정보는 효과적인 청크(chunk)로 조직되게 한다.

해설 기억 증진 방법

절대식별을 늘리는 것은 인간의 인지 부담을 증가시키며, 이는 기억 증진에 도움이 되지 않는다. 대신, 기억에 의해 판별하도록 하는 가지 수를 제한하고, 여러 자극차원을 조합하며, 개별적인 정보를 효과적인 청크로 조직하는 것이 기억 증진에 더 효과적이다.

05 인간과 기계의 역할분담에 이어 인간은 시스템 설치와 보수, 유지 및 감시 등의 역할만 담당하게 되는 시스템은?

① 수동시스템 ② 기계시스템
③ 자동시스템 ④ 반자동시스템

해설 인간과 기계의 역할에 따른 시스템

구분	내용
수동 시스템	• 인간의 신체적인 힘을 동력으로 사용하여 작업통제(동력원제어 : 사람, 수공구나 기타 보조물로 사용) • 다양성 있는 체계로 역할 할 수 있는 능력을 최대한 활용하는 시스템(융통성이 있는 운용 가능)
기계화 시스템	• 반자동체계, 변화가 적은 기능들을 수행하도록 설계(고도로 통합된 부품들로 구성되며 융통성이 없는 체계) • 기계가 동력을 제공하며, 조정 장치를 사용하는 통제는 사람이 담당
자동화 시스템	• 감지, 정보처리 및 의사결정 행동을 포함한 모든 임무 수행 (기계동력원 및 운전, 프로그램 감시 또는 통제, 관리) • 대부분의 폐회로 체계이며, 설계, 설치, 감시, 프로그램 작성 및 수정 정비, 유지 등은 사람이 담당

06 사용성에 관한 설명으로 틀린 것은?

① 실험 평가로 사용성을 검증할 수 있다.
② 편리하게 제품을 사용하도록 하는 원칙이다.
③ 비용절감 위주로 인간의 행동을 관찰하고 시스템을 설계한다.
④ 인간이 조작하기 쉬운 사용자 인터페이스를 고려하여 설계한다.

해설 사용성

사용자가 쉽고 효율적으로 기능을 사용할 수 있도록 사용자의 관점에서 제품을 디자인하는 개념으로 비용절감 위주로 사용성을 검증할 수는 없다.

07 인간의 감각기관 중 작업자가 가장 많이 사용하는 감각은?

① 시각 ② 청각
③ 촉각 ④ 미각

해설 인간의 감각기관

인간의 감각기관 중에서 작업자가 가장 많이 사용하는 감각은 시각으로, 많은 작업 환경에서 시각은 매우 중요한 역할을 하며, 작업자가 주변 환경을 인식하고, 도구나 장비를 정확하게 사용할 수 있도록 한다.

08 다음 중 음량 기본속성에 관한 척도인 phon과 sone에 관한 설명으로 틀린 것은?

① 1,000Hz의 20dB의 20phon이다.
② sone은 40dB의 1,000Hz의 순음을 기준으로 하여 다른 음의 상대적인 크기를 설정하는 척도의 단위이다.
③ phon은 1,000Hz의 음의 강도를 기준으로 각 주파수별 동일한 음량을 주는 음압을 평가하는 척도의 단위이다.
④ sone은 여러 음의 주관적 크기를 말할 뿐 다른 음과의 상대적인 주관적 크기에 대해서는 말하는 바가 없다.

해설 phon과 sone

phon은 주파수에 따른 음압의 주관적 크기를 평가하는 척도이며, sone은 이 주관적 크기를 비교할 수 있는 단위이다. 따라서 sone은 단순히 주관적인 크기를 나타내는 것이 아니라, 다른 음과의 상대적 주관적 크기를 표현할 수 있다.

정답 05 ③ 06 ③ 07 ① 08 ④

2024년 제2회 기출복원문제

09 다음 중 표시장치의 설계에서 시식별이 가장 좋은 것은?

① 신호등(점멸) – 배경등(점등)
② 신호등(점등) – 배경등(점등)
③ 신호등(점등) – 배경등(점멸)
④ 신호등(점멸) – 배경등(점멸)

해설 시식별 표시장치 설계

신호등 – 배경등의 설계 시 신호등(점멸), 배경등(점등)이 최선의 효과를 나타내는 방법이다.

10 출입문, 탈출구, 통로의 공간, 줄사다리의 강도 등은 어떤 설계기준을 적용하는 것이 바람직한가?

① 조절식 원칙
② 최소 치수의 원칙
③ 평균 치수의 원칙
④ 최대 치수의 원칙

해설 최대집단값에 의한 설계

문, 탈출구, 통로 등과 같이 공간여유를 정하거나 줄사다리의 강도 등을 정할 때 사용한다.

11 인간-기계 시스템에서 정보 전달과 조종이 이루어지는 접합면인 인간-기계 인터페이스(man-machine interface)의 종류에 해당하지 않는 것은?

① 지적 인터페이스
② 역학적 인터페이스
③ 감성적 인터페이스
④ 신체적 인터페이스

해설 인터페이스의 종류

지적, 감성적, 신체적 인터페이스가 있다.

12 정보이론의 응용과 거리가 먼 것은?

① 다중과업
② Hick-Hyman 법칙
③ Magic number 7±2 chenk
④ 자극의 수에 따른 반응시간 설정

해설 정보이론

정보이론의 응용으로 Hick-Hyman 법칙, Magic number, 자극의 수에 따른 반응시간 설정 등이 있다.

13 어떤 시스템의 사용성을 평가하기 위해 사용하는 기준으로 적절하지 않은 것은?

① 효율성
② 학습 용이성
③ 가격 대비 성능
④ 기억용이성

해설 닐슨(Nielsen)의 사용성 정의

사용성을 학습용이성, 효율성, 기억용이성, 에러 빈도 및 정도, 그리고 주관적 만족도로 정의하였다.

14 다음 중 인간의 작업기억(Working memory)에 관한 설명으로 틀린 것은?

① 정보를 감지하여 작업기억으로 이전하기 위해서 주의(attention) 자원이 필요하다.
② 청각 정보보다 시각 정보를 작업기억 내에 더 오래 기억할 수 있다.
③ 작업기억의 정보는 감각, 신체, 작업코드의 세 가지로 코드화 된다.
④ 작업기억 내에 정보의 의미 있는 단위(chunk)로 저장이 가능하다.

해설 작업기억

작업기억은 단기기억이다.

정답 09 ① 10 ④ 11 ② 12 ① 13 ③ 14 ③

15 너비가 2cm인 버튼을 누르기 위해 손가락을 8cm 이동시키려고 한다. Fitts' law에서 로그함수의 상수가 10이고, 이동을 위한 준비시간과 관련된 상수가 5이다. 이동시간(ms)은 얼마인가?

① 10ms　② 15ms
③ 35ms　④ 55ms

해설 Fitts의 법칙
표적이 작을수록 이동거리가 길수록 작업의 난이도와 소요 이동시간이 증가한다.

$ID(bits) = \log_2 \frac{2A}{W} = \log_2 \frac{2 \times 8}{2} = 3$

$T = a + b \cdot ID = 5 + 10 \cdot 3 = 35$

T : 이동시간
a와 b : 경험적으로 결정된 상수
ID : 난이도
W : 목표의 크기
A : 표적중심선까지의 이동거리

16 [그림]은 인간-기계 통합 체계의 인간 또는 기계에 의해서 수행되는 기본 기능의 유형이다. 다음 중 [그림]의 A 부분에 가장 적합한 내용은?

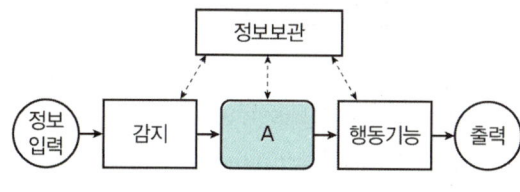

① 확인　② 정보처리
③ 통신　④ 정보수용

해설 정보처리
받은 정보를 가지고 수행하는 여러 종류의 조작을 말한다.

17 음의 한 성분이 다른 성분에 대한 귀의 감수성을 감소시키는 상황을 무슨 효과라 하는가?

① 기피(avoid)효과
② 은폐(masking)효과
③ 제거(exclusion)효과
④ 차단(interception)효과

해설
① 기피(avoid)효과 : 특정 자극이나 상황을 피하는 행동을 의미
② 은폐(masking)효과 : 한 자극이 다른 자극을 덮어 시각적 또는 청각적 인식을 방해하는 현상
③ 제거(exclusion)효과 : 특정 요소를 완전히 배제하거나 제거하는 행위
④ 차단(interception)효과 : 어떤 것이 중간에 끼어들어 다른 것을 방해하거나 차단하는 현상

18 회전운동을 하는 조종장치의 레버를 30° 움직였을 때 표시장치의 커서는 1cm 이동하였다. 레버의 길이가 10cm일 때 이 조종장치의 C/R 비는 약 얼마인가?

① 2.09　② 3.49
③ 4.11　④ 5.23

해설 조종장치의 C/R 비

$\text{C/R 비} = \frac{(a/360) \times 2\pi L}{\text{표시장치의 이동거리}} = \frac{(30/360) \times 2\pi \times 10}{1} = 5.23$

19 신호검출이론에 의하면 시그널(Signal)에 대한 인간의 판정 결과는 네 가지로 구분되는데 이 중 시그널을 노이즈(Noise)로 판단한 결과를 지칭하는 용어는 무엇인가?

① 누락(Miss)
② 긍정(Hit)
③ 허위(False Alarm)
④ 부정(Correct Rejection)

해설 신호검출이론

신호검출 실패(Miss) : 신호가 나타났는데도 잡음으로 판정

20 다음 중 신호검출이론에 대한 설명으로 옳은 것은?

① 잡음에 실린 신호의 분포는 잡음만의 분포와 구분되지 않아야 한다.
② 신호의 유무를 판정함에 있어 반응 대안은 두 가지뿐이다.
③ 판정기준은 B(신호/노이즈)이며, B〉1이면 보수적이고 B〈1이면 자유적이다.
④ 신호검출의 민감도에서 신호와 잡음 간의 두 분포가 가까울수록 판정자는 신호와 잡음을 정확히 판별하기 쉽다.

해설 신호검출이론(signal detection theory)

어떤 상황에서는 의미 있는 자극이 이의 감수를 방해하는 "잡음(noise)"과 함께 발생하며, 잡음이 자극 검출에 끼치는 영향을 다루는 이론이다. 신호의 유무를 판정하는 과정에서 네 가지의 반응 대안은 신호의 정확한 판정(Hit), 허위 경보(False Alarm), 신호의 검출실패(Miss), 잡음을 제대로 판정(Correct Noise)이 있다. 두 분포가 떨어져 있을수록 민감도는 커지며, 판정자는 신호와 잡음을 판정하기가 쉽다.

2과목 작업생리학

21 국소진동을 일으키는 진동원은 무엇인가?

① 크레인
② 버스
③ 자동식 톱
④ 지게차

해설 진동원

차량 등은 전신진동의 원인이 되고, 자동식 톱은 국소진동을 일으키는 진동원이 된다.

22 다음 중 엉덩이 관절(hip joint)에서 일어날 수 있는 움직임이 아닌 것은?

① 굴곡(flexion)과 신전(extension)
② 외전(abduction)과 내전(adduction)
③ 내선(internal rotation)과 외선(external rotation)
④ 내번(inversion)과 외번(eversion)

해설 구상 관절

3개의 운동축을 가지고 있어 운동범위가 가장 크다. 굴곡, 신전, 외전 내전, 내선, 외선이 있다.

- **굴곡(flexion)** : 관절을 구부려 각도를 줄이는 동작으로 팔꿈치를 구부리는 동작 등이 있다.
- **내선(medial rotation)** : 신체의 중심축을 기준으로 내부로 회전하는 동작으로 팔을 내부로 돌리는 동작 등이 있다.
- **신전(extension)** : 관절을 펴서 각도를 늘리는 동작으로 팔꿈치를 펴는 동작 등이 있다.
- **외전(abduction)** : 신체의 중심에서 멀어지는 방향으로 움직이는 동작으로 팔을 옆으로 들어 올리는 동작 등이 있다.

23 근세모팍에 전달된 흥분을 근세포 내부로 전달하는 통로역할을 하는 것은?

① 근초(sgrcolemma)
② 근섬유속(fasciculuse)
③ 가로세관(transverse tubules)
④ 근형질세망(sarcoplasmic reticulum)

해설 가로세관(transverse tubules)

세포 표면에서 세포막과 연접하여 세포 내 깊은 곳까지 연결된 미세한 튜브로, 세포막과 동일한 인지질의 이중층으로 구성되어 있다. 가로세관은 근세포막에서 근세포 내부로 활동전위인 전기 충격을 빠르게 전달하고 세포 내 칼슘농도를 조절하여 수축의 효율을 향상시킨다.

정답 20 ③ 21 ③ 22 ④ 23 ③

24 위치(positioning)동작에 관한 설명으로 틀린 것은?

① 반응시간은 이동거리와 관계없이 일정하다.
② 위치동작의 정확도는 그 방향에 따라 달라진다.
③ 오른손의 위치 동작은 우하-좌상 방향의 정확도가 높다.
④ 주로 팔꿈치의 선회로만 팔동작을 할 때가 어깨를 많이 움직일 때보다 정확하다.

해설 위치동작
일반적으로 위치동작의 정확도는 그 방향에 따라 달라진다. 오른손의 위치동작에서 좌하-우상 방향의 시간이 짧고 정확도가 높다.

25 다음 중 육체적 활동의 정적 부하에 대한 스트레인(strain)을 측정하는 데 가장 적합한 것은?

① 근전도(EMG) ② 산소 소비량
③ 심박수(HR)   ④ 뇌전도(EEG)

해설 EMG(근진도)
근육이 생성하는 전기 활동을 측정하여 근육 기능을 평가한다.

26 물체가 정적 평형상태(Static equilibrium)를 유지하기 위한 조건으로 작용하는 모든 힘의 총합과 외부 모멘트의 총합이 옳은 것은?

① 힘의 총합 : 0, 모멘트의 총합 : 0
② 힘의 총합 : 1, 모멘트의 총합 : 0
③ 힘의 총합 : 0, 모멘트의 총합 : 1
④ 힘의 총합 : 1, 모멘트의 총합 : 1

해설 정적 평형상태
물체가 정적 평형상태를 유지하기 위한 조건은 힘의 총합이 "0"이고, 모멘트의 총합이 "0"이다.

27 작업강도의 증가에 따른 순환기 반응의 변화로 옳지 않은 것은?

① 혈압의 상승
② 적혈구의 감소
③ 심박출량의 증가
④ 혈액의 수송량 증가

해설 순환기 반응
작업강도의 증가에 따른 순환기 반응은 일반적으로 혈압의 상승, 심박출량의 증가, 혈액의 수송량 증가 등이 나타난다. 작업강도가 증가하면 산소 공급이 더 필요하다.

28 근육이 수축할 때 생성 및 소모되는 물질(에너지원)이 아닌 것은?

① 글리코겐(Glycogn)
② CP(Creatine Phosphate)
③ 글리콜리시스(Glycolysis)
④ ATP(Adenosine Triphosphate)

해설 글리콜리시스(Glycolysis)
글리콜리시스(Glycolysis)는 실제로 에너지를 생성하는 과정이며, 에너지원 자체가 아니다. 글리코겐(glycogen), 크레아틴 인산(Creatine Phosphate, CP), 그리고 아데노신 삼인산(Adenosine Tri Phosphate, ATP)는 모두 근육이 수축할 때 에너지로 사용되는 물질이다.

29 어떤 작업자가 팔꿈치 관절에서부터 32cm 거리에 있는 8kg 중량의 물체를 한 손으로 잡고 있다. 팔꿈치 관절의 회전 중심에서 손까지의 중력중심 거리는 16cm이며, 이 부분의 중량은 12N이다. 이때 팔꿈치에 걸리는 반작용의 힘은 약 얼마인가?

① 38.2   ② 90.4
③ 98.9   ④ 114.3

정답 24 ③ 25 ① 26 ① 27 ② 28 ③ 29 ②

2024년 제2회 기출복원문제

해설 팔꿈치의 반작용력

$R_E = F_1 + F_2$ 팔꿈치 관절에 걸리는 반작용력은 두 가지 힘의 합
여기서, F_1 : 물체의 중력에 의한 힘, F_2 : 손의 중력에 의한 힘
$F_1 = 8kg \times 9.8 = 78.4N$, $1kg = 9.8N$
$F_2 = 12N$
$R_E = 78.4N + 12N = 90.4N$

30 근육운동 중 근육의 길이가 일정한 상태에서 힘을 발휘하는 운동을 나타내는 것은?

① 등척성 운동　② 등장성 운동
③ 등속성 운동　④ 단축성 운동

해설 근육운동

근육의 길이가 일정하게 유지되면서 힘을 발휘하는 운동을 말한다. 움직임이 없이 정적인 상태에서 근육에 힘이 가해진다.

31 다음 중 진동 공구(power hand tool)의 사용으로 인한 부하를 줄이기 위한 방법으로 적절하지 않은 것은?

① 진동 공구를 정기적으로 보수한다.
② 진동을 흡수할 수 있는 재질의 손잡이를 사용한다.
③ 진동에 접촉되는 신체부위의 면적을 감소시킨다.
④ 신체에 전달되는 진동의 크기를 줄이도록 큰 힘을 사용한다.

해설 진동 공구

신체에 전달되는 진동의 크기를 줄이도록 진동용 장갑 등을 사용하여 진동을 감소시킨다.

32 작업장에서 8시간 동안 85dB(A)로 2시간, 90dB(A)로 3시간, 95dB(A)로 3시간 소음에 노출되었을 경우 소음노출지수는? (단, 국내의 관련 규정을 따른다.)

① 0.975　② 1.125
③ 1.25　④ 1.5

해설 소음노출지수(TI)

$$소음노출지수 = \frac{C(노출시간)}{T(허용노출시간)}$$
$$= \frac{C_1}{T_1} + \frac{C_2}{T_2} + \cdots\cdots + \frac{C_n}{T_n}$$
$$= \left(\frac{3}{8} + \frac{3}{4}\right) = 1.125$$

국내의 관련 규정을 따르므로 90dB(A) 이상은 소음노출지수를 적용한다.

33 신체 부위의 동작 중 전완의 회전운동에 쓰이며, 손바닥을 위로 향하도록 하는 회전을 무엇이라 하는가?

① 굴곡(flexion)
② 회내(pronation)
③ 외전(abduction)
④ 회외(supination)

해설 신체 부위의 동작

① 굴곡(flexion) : 팔꿈치로 팔굽혀펴기를 할 때처럼 관절에서의 각도가 감소하는 동작
② 회내(pronation) : 손과 전완의 회전의 경우에는 손바닥이 아래로 향하도록 하는 회전
③ 외전(abduction) : 팔을 옆으로 들 때처럼 인체 중심선에서 멀어지는 측면에서의 동작
④ 회외(supination) : 손바닥을 위로 향하도록 하는 회전

34 습구온도가 43°C, 건구온도가 32°C일 때 Oxford 지수는 얼마인가?

① 38.50°C　② 38.15°C
③ 41.35°C　④ 41.53°C

해설 Oxford 지수

Oxford 지수는 습건(WD) 지수라고도 하며, 습구온도(W)와 건구온도(D)의 가중 평균값으로서 다음과 같이 나타낸다.
$WD = 0.85W + 0.15D = 0.85 \times 43 + 0.15 \times 32 = 41.35$

정답 30 ① 31 ④ 32 ② 33 ④ 34 ②

35 뇌파와 관련된 내용이 맞게 연결된 것은?

① α파 : 2~5Hz로 얕은 수면상태에서 증가한다.
② β파 : 5~10Hz의 불규칙적인 파동이다.
③ θ파 : 14~30Hz의 고(高)진폭파를 의미한다.
④ δ파 : 4Hz 미만으로 깊은 수면상태에서 나타난다.

해설 뇌파
- α파 : 8~14Hz의 규칙적인 파동
- β파 : 14~30Hz 저진폭파
- θ파 : 4~8Hz의 서파

36 관절에 대한 설명으로 틀린 것은?

① 연골 관절은 견관절과 같이 운동하는 것이 가장 자유롭다.
② 섬유질 관절은 두개골의 봉합선과 같으며 움직임이 없다.
③ 경첩 관절은 손가락과 같이 한쪽 방향으로만 굴곡 운동을 한다.
④ 활액 관절은 대부분의 관절이 이에 해당하며, 자유로이 움직일 수 있다.

해설 관절
연골 관절은 뼈와 뼈 사이에 연골이 있어 약간의 움직임만 가능하며, 자유로운 운동은 불가능하다. 예로는 척추의 디스크가 포함된다.

37 소음측정의 기준에 있어서 단위 작업장에서 소음 발생시간이 6시간 이내인 경우 발생 시간 동안 등간격으로 나누어 몇 회 이상 측정하여야 하는가?

① 2회   ② 3회
③ 4회   ④ 6회

해설 소음측정기준
소음 발생시간이 6시간 이내인 경우나 소음원에서 발생하는 시간이 간헐적인 경우에는 발생시간 동안 연속 측정하거나 등간격으로 4회 이상 측정한 경우에는 이를 평균하여 그 기간의 평균 소음수준으로 한다.

38 다음 중 소음에 의한 청력손실이 가장 심하게 발생할 수 있는 주파수는?

① 500Hz   ② 1,000Hz
③ 4,000Hz   ④ 10,000Hz

해설 C5-dip 현상
소음성 난청(C5-dip)은 4,000Hz에서 청력손실이 현저하다.

39 점광원으로부터 어떤 물체나 표면에 도달하는 빛의 밀도를 나타내는 단위로 맞는 것은?

① nit   ② Lambert
③ candela   ④ lumen/m²

해설 단위
① nit : 휘도의 단위
② Lambert : 휘도의 단위
③ candela : 광도의 단위
④ lumen/m² : 조도의 단위

40 근육원섬유마디(sarcomere)에서 근섬유가 수축하면 짧아지는 부분은?

① A 밴드
② 액틴(Actin)
③ 미오신(My)
④ Z 선과 Z 선 사이의 거리

해설 근육의 수축
근육이 수축하면 액틴과 미오신의 길이는 변하지 않으며, A대 길이는 변하지 않는다. 하지만 2개의 고선 사이의 거리가 짧아진다.

정답 35 ④ 36 ① 37 ③ 38 ③ 39 ④ 40 ④

3과목 산업심리학 및 관련 법규

41 하인리히(H. W. Heinrich)의 재해예방의 원리 5단계를 올바르게 나열한 것은?

① 조직 – 평가분석 – 사실의 발견 – 시정책의 선정 – 시정책의 적용
② 조직 – 사실의 발견 – 평가분석 – 시정책의 선정 – 시정책의 적용
③ 평가분석 – 사실의 발견 – 조직 – 시정책의 선정 – 시정책의 적용
④ 평가분석 – 조직 – 사실의 발견 – 시정책의 선정 – 시정책의 적용

해설 하인리히의 재해예방 5단계
- 제1단계 : 조직
- 제2단계 : 사실의 발견
- 제3단계 : 평가분석
- 제4단계 : 시정책의 선정
- 제5단계 : 시정책의 적용

42 재해예방의 4원칙에 대한 설명으로 틀린 것은?

① 재해발생에는 반드시 그 원인이 있다.
② 재해가 발생하면 반드시 손실도 발생한다.
③ 재해는 원칙적으로 원인만 제거되면 예방이 가능하다.
④ 재해예방을 위한 가능한 안전대책은 반드시 존재한다.

해설 재해예방의 4원칙
① **예방가능의 원칙** : 재해는 원인이 제거되면 예방이 가능함.
② **손실우연의 원칙** : 재해로 인해 생기는 상해는 사고대상에 따라 우연히 발생함.
③ **대책선정의 원칙** : 사고원인에 따라 적합한 대책이 선정되어야 함. (적합한 대책이 있음.)
④ **원인연계의 원칙** : 재해는 직접·간접원인이 연계되어 일어남. (원인의 연계가 재해의 계기가 됨.)

43 A 사업장의 상시 근로자가 200명이고, 연간 3건의 재해가 발생했다면 이 사업장의 도수율은 약 얼마인가? (단, 근로자는 1일 9시간씩 연간 300일을 근무하였다.)

① 3.25   ② 5.56
③ 6.25   ④ 8.30

해설 도수율(빈도율)

도수율(빈도율) : 1,000,000 근로시간당 재해발생 건수

$$도수율(빈도율) = \frac{재해\ 건수}{연\ 근로시간\ 수} \times 1,000,000$$
$$= \frac{3}{200 \times (9 \times 300)} \times 1,000,000 = 5.5556$$

44 조직을 유지하고 성장시키기 위한 평가를 실행함에 있어서 평가자가 저지르기 쉬운 과오 중 어떤 사람에 관한 평가자의 개인적 인상이 비평가자 개개인의 특징에 관한 평가에 영향을 미치는 것을 설명하는 이론은?

① 할로 효과(Halo Effect)
② 대비오차(Contrast Error)
③ 근접오차(Proximity Error)
④ 관대화 경향(Centralization Tendency)

해설 평가자가 저지르기 쉬운 과오

② **대비오차(Contrast Error)** : 서로 다른 평가 대상들이 비교될 때 발생하는 오류이다. 특정 대상이 다른 대상과 비교되어 평가되면서 실제와 다른 평가가 내려지는 경우가 있다. 예를 들어, 평균적인 성과를 내는 사람이 낮은 성과를 내는 사람들과 비교될 때 더 높은 평가를 받는 현상이다.

③ **근접오차(Proximity Error)** : 평가 대상들이 물리적으로 가까이 있는 경우, 유사한 평가를 받는 경향을 말한다. 즉, 서로 가까이 있는 대상들이 비슷한 평가를 받게 되는 오류다. 예를 들어, 동일한 프로젝트 팀에 속해 있는 구성원들이 비슷한 평가를 받는 경우이다.

④ **관대화 경향(Centralization Tendency)** : 평가자가 평균적으로 모든 대상에게 높은 평가를 주는 경향이다. 이는 평가의 변별력을 낮추고, 실제 성과와 평가의 일치도를 저하시키는 원인이 된다. 예를 들어, 모든 구성원에게 동일하게 높은 점수를 주는 경우이다.

정답 41 ② 42 ② 43 ② 44 ①

45 인적 요인 개선을 통한 휴먼에러 방지 대책으로 적합한 것은?

① 작업자의 특성과 작업설비의 적합성 점검·개선
② 인간공학적 설계 및 적합화
③ 모의훈련으로 시나리오에 따른 리허설
④ 안전 설계(fail-safe design)

해설 휴먼에러 방지 대책

인적 요인의 개선 방법은 모의훈련이 포함된다.

46 작업자의 휴먼에러 발생확률은 시간마다 0.05로 일정하고 다른 작업과 독립적으로 실수를 한다고 가정할 때, 8시간 동안 에러의 발생 없이 작업을 수행할 신뢰도는 얼마인가?

① 0.60
② 0.67
③ 0.86
④ 0.95

해설 신뢰도

신뢰도 $= e^{-\lambda(t_1 - t_2)} = e^{-0.05(8-0)} = 0.6703$

47 반응시간(reaction time)에 관한 설명으로 옳은 것은?

① 자극이 요구하는 반응을 행하는 데 걸리는 시간을 의미한다.
② 반응해야 할 신호가 발생한 때부터 반응이 종료될 때까지의 시간을 의미한다.
③ 단순반응시간에 영향을 미치는 변수로는 자극 양식, 자극의 특성, 자극 위치, 연령 등이 있다.
④ 여러 개의 자극을 제시하고, 각각에 대한 서로 다른 반응을 할 과제를 준 후에 자극이 제시되어 반응할 때까지의 시간을 단순반응시간이라 한다.

해설 반응시간

반응시간은 자극을 인지한 후 반응을 시작하는 데 걸리는 시간을 의미한다.

48 다음 중 리더십과 헤드십에 관한 설명으로 옳은 것은?

① 헤드십은 부하와의 사회적 간격이 좁다.
② 헤드십에서의 책임은 상사에 있지 않고 부하에 있다.
③ 리더십의 지휘형태는 권위주의적인 반면, 헤드십의 지휘형태는 민주적이다.
④ 권한 행사 측면에서 보면 헤드십은 임명에 의하여 권한을 행사할 수 있다.

해설 리더십과 헤드십

유형	개념	특징
독재적 (권위주의자) 리더십 (맥그리거의 X이론 중심)	• 부하직원의 정책 결정에 참여 거부 • 리더의 의사에 복종 강요 (리더중심) • 집단성원의 행위는 공격적 아니면 무관심 • 집단구성원 간의 불신과 적대감	• 리더는 생산이나 효율의 극대화를 위해 완전한 통제를 하는 것이 목표
민주적 리더십 (맥그리거의 Y이론 중심)	• 집단토론이나 집단결정을 통하여 정책결정(집단중심) • 리더나 집단에 대하여 적극적인 자세로 행동	• 참여적인 의사결정 및 목표설정(리더와 부하직원 간의 협동과 상호 의사소통이 필요)

49 어느 사업장의 도수율은 40이고, 강도율은 4이다. 이 사업장의 재해 1건당 근로손실일수는 얼마인가?

① 1
② 10
③ 50
④ 100

해설 평균강도율

평균강도율 $= \dfrac{강도율}{도수율} \times 1,000 = \dfrac{4}{40} \times 1,000 = 100$

정답 45 ③ 46 ② 47 ③ 48 ④ 49 ④

50 리더가 구성원에 영향력을 행사하기 위한 9가지 영향 방략과 가장 거리가 먼 것은?

① 자문
② 무시
③ 제휴
④ 합리적 설득

해설 리더의 영향력 행사
무시는 구성원에 영향력 행사를 위한 방략이 아니다.

51 부주의에 의한 사고방지를 위한 정신적 측면의 대책으로 옳지 않은 것은?

① 작업의욕 고취
② 작업환경의 개선
③ 안전의식의 제고
④ 스트레스 해소 방안 마련

해설 사고방지 대책
정신적 측면은 내적 원인으로 작업환경 개선이 옳지 않다.

구분	원인	대책
외적 원인	• 작업, 환경조건 불량 • 작업순서 부적당 • 작업강도 • 기상조건	• 환경정비 • 작업순서 조절 • 작업량, 시간, 속도 등의 조절 • 온도, 습도 등의 조절
내적 원인	• 소질적 요인 • 의식의 우회 • 경험 부족 및 미숙련 • 피로도 • 정서불안정 등	• 적성배치 • 상담 • 교육 • 충분한 휴식 • 심리적 안정 및 치료

52 다음 중 산업재해방지를 위한 대책으로 적절하지 않은 것은?

① 산업재해 감소를 위하여 안전관리체계를 자율화하고 안전관리자의 직무권한을 최소화하여야 한다.
② 재해와 원인 사이에는 인과관계가 있으므로 재해의 원인분석을 통한 방지대책이 필요하다.
③ 재해방지를 위해서는 손실의 유무와 관계없는 아차사고(near accident)를 예방하는 것이 중요하다.
④ 불안전한 행동의 방지를 위해서는 심리적 대책과 공학적 대책이 동시에 필요하다.

해설 산업재해방지를 위한 대책
산업재해 감소를 위하여 안전관리체계를 강화하고 안전관리자의 직무권한을 최대화하여야 한다.

53 호손(Hawthorn)실험의 결과에 따라 작업자의 작업능률에 영향을 미치는 주요 요인은?

① 작업장의 온도
② 물리적 작업조건
③ 작업장의 습도
④ 작업자의 인간관계

해설 호손 연구
호손 연구의 결과는 노동자의 심리적 요인과 인간관계가 생산성에 큰 영향을 미친다는 것을 보여주었다. 이 연구는 인사 관리와 인간 중심의 경영 관리 방식을 촉진하는 데 중요한 역할을 하였다.

54 스웨인(Swain)의 휴먼에러 분류 중 다음 사례에서 재해의 원인이 된 동료작업자 B의 휴먼에러로 적합한 것은?

> 컨베이어 벨트 위에 앉아 있는 작업자 A가 동료작업자 B에게 작동 버튼을 살짝 눌러서 벨트가 조금만 움직이다가 멈추게 하라고 요청했다. 동료작업자 B는 버튼을 누르던 중 균형을 잃고 버튼을 과도하게 눌러서 벨트가 전속력으로 움직여 작업자 A가 전도되는 재해가 발생하였다.

① Time Error
② Sequential Error
③ Omission Error
④ Commission Error

> **해설** 심리적 분류
> - 생략 오류(Omission Error) : 절차를 생략해 발생하는 오류
> - 시간 오류(Time Error) : 절차의 수행지연에 의한 오류
> - 작위 오류(Commission Error) : 절차의 불확실한 수행에 의한 오류
> - 순서 오류(Sequential Error) : 절차의 순서착오에 의한 오류
> - 과잉행동 오류(Extraneous Error) : 불필요한 작업/절차에 의한 오류

55 뇌파의 유형에 따라 인간의 의식수준을 단계별로 분류할 때, 의식이 명료하여 가장 적극적인 활동이 이루어지고 실수의 확률이 가장 낮은 단계는?

① Ⅰ단계
② Ⅱ단계
③ Ⅲ단계
④ Ⅳ단계

> **해설** 단계별 의식수준
>
> | 단계(phase) | 뇌파패턴 | 의식상태(mode) | 주의의 작용 | 생리적 상태 | 신뢰성 |
> |---|---|---|---|---|---|
> | 0 | δ파 | 무의식, 실신 | 제로 | 수면, 뇌발작 | 없다. 0 |
> | Ⅰ | θ파 | 의식이 둔한 상태, 흐림, 몽롱 (subnormal) | 활발하지 않음. (inactive) | 피로 단조, 졸림, 취중 | 낮다. 0.9 |
> | Ⅱ | α파 | 편안한 상태, 이완상태, 느긋함 (normal, relaxed) | 수동적 (passive) | 안정적 상태, 휴식 시, 정상작업 시, 정례작업 시, 일반적으로 일을 시작할 때의 안정된 상태 | 다소 높다. 0.99~ 0.9999 |
> | Ⅲ | β파 | 명석한 상태, 정상의식, 분명한 의식 (normal, clear) | 활발함, 적극적 (active) | 적극적 활동 시, 가장 좋은 의식수준 상태 | 매우 높다. 0.9999 이상 |
> | Ⅳ | γ파 긴장과대 | 흥분상태 (과긴장) (hypernormal) | 일점에 응집, 판단 정지 | 긴급방위 반응, 당황, 패닉 | 낮다. 0.9 이하 |

56 다음 설명에 해당하는 시스템안전분석기법은?

> 사고의 발단이 되는 초기사상의 시스템으로 입력될 경우 그 영향이 계속해서 어떤 부적합한 사상으로 발전해 가는 과정을 가지로 갈라지는 식으로 추구해 분석하는 방법

① ETA
② FTA
③ FMEA
④ THERP

> **해설** 시스템안전분석기법
> - FTA(Fault Tree Analysis) : 고장나무분석법으로, 특정 사건(주로 시스템 실패)이 발생하는 원인을 트리 형태로 나타내어 분석한다. 시스템의 신뢰성을 평가하고, 고장의 원인을 찾아내는 데 사용된다.
> - FMEA(Failure Modes and Effects Analysis) : 고장모드 및 영향 분석법으로, 제품이나 프로세스의 잠재적인 고장 모드와 그 영향, 원인을 식별하여 우선순위를 정하는 데 사용된다. 이를 통해 리스크를 관리하고, 예방 조치를 계획한다.
> - THERP(Technique for Human Error Rate Prediction) : 인간오류율 예측기법으로, 작업자가 수행하는 행동의 오류 가능성을 예측하고 분석한다. 시스템 설계에서 인간오류를 최소화하고, 신뢰성을 향상시키는 데 사용된다.

57 다음 중 스트레스에 대한 적극적 대처방안과 가장 거리가 먼 것은?

① 근육이나 정신을 이완시킴으로써 스트레스를 통제한다.
② 규칙적인 운동을 통하여 근육긴장과 고조된 정신 에너지를 경감시킨다.
③ 동료들과 대화를 하거나 노래방에서 가까운 친지들과 함께 자신의 감정을 표출하여 긴장을 방출한다.
④ 수치스러운 생각, 죄의식, 고통스러운 경험들을 의식에서 스스로 제거하거나 의식수준 이하로 끌어 내린다.

정답 55 ③ 56 ① 57 ④

2024년 제2회 기출복원문제

> **해설** 스트레스에 대한 적극적 대처방안
> 수치스러운 생각, 죄의식, 고통스러운 경험들을 의식에서 스스로 제거하거나 의식수준 이하로 끌어 내리는 것은 적극적인 대처방안과 거리가 멀다.

58 A 사업장의 도수율이 2로 산출되었을 때, 그 결과에 대한 해석으로 옳은 것은?

① 근로자 1,000명당 1년 동안 발생한 재해자수가 2명이다.
② 연 근로시간 1,000시간당 발생한 근로손실일수가 2일이다.
③ 근로자 10,000명당 1년간 발생한 사망자수가 2명이다.
④ 연 근로자가 1,000,000시간당 발생한 재해 건수가 2건이다.

> **해설** 도수율(빈도율)
> 도수율(빈도율) : 1,000,000 근로시간당 재해발생 건수
> 도수율(빈도율) = $\frac{재해\ 건수}{연\ 근로시간\ 수} \times 1,000,000$

59 동기이론 중 직무 환경요인을 중시하는 것은?

① 기대이론　　② 자기조절이론
③ 목표설정이론　④ 작업설계이론

> **해설** 작업설계이론
> 직무 자체의 특성과 직무 환경이 종업원의 동기부여에 중요한 역할을 한다는 이론이다. 다른 선택지는 주로 목표, 기대 및 자기조절과 관련된 동기이론이다.

60 데이비스(K.Davis)의 동기부여이론에 대한 설명으로 틀린 것은?

① 능력=지식×노력
② 동기유발=상황×태도
③ 인간의 성과=능력×동기유발
④ 경영의 성과=인간의 성과×물질의 성과

> **해설** 데이비스(K. Davis)의 동기부여이론
> • 인간의 성과 × 물질의 성과 = 경영의 성과이다.
> • 능력 × 동기유발 = 인간의 성과(human performance)이다.
> • 지식(knowledge) × 기능(skill) = 능력(ability)이다.
> • 상황(sitmtion) × 태도(attitude) = 동기유발(motivation)이다.

4과목 근골격계질환 예방을 위한 작업관리

61 다음 TMU(Time Measurement Unit)를 초단위로 환산한 것은?

① 0.0036초　② 0.036초
③ 0.36초　　④ 1.667초

> **해설** 1TMU
> 1TMU = 0.00001시간 = 0.0006분 = 0.036초

62 다음 중 [보기]와 같은 디자인 개념의 문제해결 절차를 올바른 순서로 나열한 것은?

> **보기**
> ㉮ 문제의 분석　　㉯ 문제의 형성
> ㉰ 대안의 탐색　　㉱ 선정안의 제시
> ㉲ 대안의 평가

① ㉮ → ㉯ → ㉰ → ㉲ → ㉱
② ㉯ → ㉮ → ㉰ → ㉲ → ㉱
③ ㉰ → ㉮ → ㉯ → ㉱ → ㉲
④ ㉱ → ㉰ → ㉮ → ㉲ → ㉯

> **해설** 문제해결 절차
> 문제의 형성 → 문제의 분석 → 대안의 탐색 → 대안의 평가 → 선정안의 제시

정답 58 ④　59 ④　60 ①　61 ②　62 ②

63 다음 중 미세동작연구의 장점과 가장 거리가 먼 것은?

① 서블릭(Therblig) 기호를 사용함으로써 작업시간 간의 비교와 추정에 유용하다.
② 과거의 작업개선의 경험을 다른 작업에도 그대로 응용하기 용이하다.
③ 어느 정도 숙달되면 눈으로도 서블릭으로 해석이 가능하며, 그에 따른 작업개선능력이 향상된다.
④ SIMO 차트를 이용하여 이상적 작업동작의 습득에는 다소 시간이 걸리지만 상대적으로 정확하다.

> **해설** 미세동작연구의 장점
> 미세동작연구의 주된 장점은 작업시간의 비교와 추정에 유용하고, 과거의 작업개선 경험을 다른 작업에도 응용할 수 있으며, 서블릭 기호를 통해 작업개선능력을 향상시킬 수 있다. SIMO 차트를 이용하는 것이 이상적 작업동작의 습득에 시간이 걸리는 것은 미세동작연구의 주된 장점과는 거리가 있다.

64 근골격계질환 예방·관리 프로그램 실행을 위한 보건관리자의 역할로 볼 수 없는 것은?

① 사업장 특성에 맞게 근골격계질환의 예방·관리추진팀을 구성한다.
② 주기적으로 작업장을 순회하여 근골격계질환 유발 공정 및 작업 유해요인을 파악한다.
③ 주기적인 작업자 면담을 통하여 근골격계질환 증상 호소자를 조기에 발견할 수 있도록 노력한다.
④ 7일 이상 지속되는 증상을 가진 작업자가 있을 경우 지속적인 관찰, 전문의 진단의뢰 등의 필요한 조치를 한다.

> **해설** 보건관리자의 역할
> • 주기적으로 작업장을 순회하여 근골격계질환을 유발하는 작업공정 및 작업 유해요인을 파악한다.
> • 주기적으로 작업자 면담 등을 통하여 근골격계질환 증상 호소자를 조기에 발견하는 일을 한다.
> • 7일 이상 지속되는 증상을 가진 작업자가 있을 경우 지속적인 관찰, 전문의 진단의뢰 등의 필요한 조치를 한다.
> • 근골격계질환자를 주기적으로 면담하여 가능한 한 조기에 작업장에 복귀할 수 있도록 도움을 준다.
> • 예방·관리 프로그램 운영을 위한 정책결정에 참여한다.

65 근골격계질환의 유형에 대한 설명으로 틀린 것은?

① 외상과염은 팔꿈치 부위의 인대에 염증이 생김으로써 발생하는 증상이다.
② 백색수지증은 손가락에 혈액의 원활한 공급이 이루어지지 않을 경우에 발생하는 증상이다.
③ 수근관 증후군은 손목이 꺾인 상태나 과도한 힘을 준 상태에서 반복적 손 운동을 할 때 발생한다.
④ 결절종은 반복, 구부림, 진동 등에 의하여 건의 섬유질이 손상되거나 찢어지는 등의 건에 염증이 생기는 질환이다.

> **해설** 결절종
> 손에 발생하는 종양 중 가장 흔한 것으로, 얇은 섬유성 피막 내에 약간 노랗고 끈적이는 액체가 담긴 낭포성 종양

66 4개의 작업으로 구성된 조립공정의 조립시간은 다음과 같고, 주기시간(Cycle Time)은 40초일 때, 공정효율은 얼마인가?

공정	A	B	C	D
시간(초)	10	20	30	40

① 52.5%
② 62.5%
③ 72.5%
④ 82.5%

정답 63 ④ 64 ① 65 ④ 66 ②

해설 | 공정효율

$$\text{균형효율} = \frac{\text{총 작업시간}}{\text{총 작업자 수} \times \text{주기시간}} \times 100$$

$$= \frac{(10+20+30+40)}{4 \times 40} \times 100 = 62.5\%$$

67 3시간 동안 작업 수행과정을 촬영하여 워크샘플링 방법으로 200회를 샘플링한 결과 30번의 손목꺾임이 확인되었다. 이 작업의 시간당 손목꺾임 시간은?

① 6분 ② 9분
③ 18분 ④ 30분

해설 | 워크샘플링

$$\frac{\text{관측된 횟수}}{\text{총 관측 횟수}} = \frac{30}{200} = 0.15$$

시간당 손목꺾임 시간 = 0.15 × 60 = 9분

68 다음의 조건에서 NIOSH Lifting Equation(NLE)에 의한 들기지수(LI)와 작업의 위험도 평가를 올바르게 나타낸 것은?

조건
- 현재 취급물의 하중 = 14kg
- 수평계수 = 0.4
- 수직계수 = 0.95
- 거리계수 = 1.0
- 대칭계수 = 0.8
- 빈도계수 = 1
- 손잡이 계수 = 0.9

① LI=2.78, 개선이 요구되는 작업
② LI=0.36, 개선이 요구되지 않는 작업
③ LI=0.77, 개선이 요구되는 작업
④ LI=2.01, 요통 위험이 낮은 작업

해설

들기지수(Lifting Index) = 작업물의 무게 / RWL(권장무게한계)
- RWL = LC × HM × VM × DM × AM × FM × CM
- LC = 부하상수 = 23kg
- HM = 수평계수 = 25 | H
- VM = 수직계수 = 1 − (0.003 × | V − 75 |)
- DM = 거리계수 = 0.82 + (4.5 / D)
- AM = 대칭계수 = 1 − (0.0032 × A)
- FM = 빈도계수(표 활용)
- CM = 결합계수(표 활용)
- RWL = 23 × 0.4 × 0.95 × 1.0 × 0.8 × 0.8 × 0.9 = 5.03
- LI = 14 / 5.03 = 2.78

69 작업분석에서의 문제분석 도구 중에서 80~20의 원칙에 기초하여 빈도수별로 나열한 항목별 점유와 누적비율에 따라 불량이나 사고의 원인이 되는 중요 항목을 찾아가는 기법은?

① 특성요인도
② 파레토 차트
③ PERT 차트
④ 산포도 기법

해설

① **특성요인도** : 특정 결과에 영향을 미치는 다양한 원인들을 분석하는 도구로 품질 관리에서 사용되며, 원인과 결과 사이의 관계를 시각적으로 나타내는 데 유용하다.

② **파레토 차트** : 80%의 결과가 20%의 원인에서 비롯된다는 파레토 원칙을 기반으로 한 분석 도구로 빈도수에 따라 항목들을 나열하고, 누적 비율을 통해 주요 원인을 시각적으로 나타낸다.

③ **PERT 차트** : 프로젝트 관리 도구로, 프로젝트의 작업과 일정을 시각적으로 나타내며 PERT(Program Evaluation and Review Technique) 차트는 작업 간의 의존 관계를 분석하고 프로젝트 완료 시간을 예측하는 데 사용된다.

④ **산포도 기법** : 두 변수 간의 관계를 시각적으로 나타내는 그래프로, 데이터를 점 형태로 표시한다. 변수 간의 상관관계를 분석하고 패턴을 확인할 수 있으며 주로 품질 관리와 데이터 분석에서 사용된다.

70 다음 중 근골격계질환 발생의 작업요인으로서 직접적인 위험요인이 아닌 것은?

① 작업자의 숙련정도
② 부자연스런 작업 자세
③ 과도한 힘의 사용
④ 높은 빈도의 반복성

해설 근골격계질환의 원인(작업 특성요인)
- 반복성
- 부자연스러운 또는 취하기 어려운 자세
- 과도한 힘
- 접촉스트레스
- 진동
- 온도, 조명 등 기타

71 사업장 근골격계질환 예방·관리 프로그램에 있어 예방·관리추진팀의 역할이 아닌 것은?

① 교육 및 훈련에 관한 사항을 결정하고 실행한다.
② 예방·관리 프로그램의 수립 및 수정에 관한 사항을 결정한다.
③ 근골격계질환의 증상, 유해요인 보고 및 대응체계를 구축한다.
④ 유해요인 평가 및 개선계획의 수립과 시행에 관한 사항을 결정하고 시행한다.

해설 근골격계질환 예방·관리추진팀의 역할
- 예방·관리 프로그램의 수립 및 수정에 관한 사항을 결정한다.
- 예방·관리 프로그램의 실행 및 운영에 관한 사항을 결정한다.
- 교육 및 훈련에 관한 사항을 결정하고 실행한다.
- 유해요인 평가 및 개선계획의 수립과 시행에 관한 사항을 결정하고 실행한다.
- 근골격계질환자에 대한 사후조치 및 작업자 건강 보호에 관한 사항 등을 결정하고 실행한다.

72 손과 손목 부위에 발생하는 작업 관련성 근골격계질환이 아닌 것은?

① 방아쇠 손가락(Trigger finger)
② 외상과염(Lateral epicondylitis)
③ 가이언 증후군(Ganal of guyon)
④ 수근관 증후군(Carpal Tunnel Syndrome)

해설 외상과염
팔과 팔목 부위의 근골격계질환이며, 팔꿈치 부위의 인대에 염증이 생김으로써 발생하는 증상이다.

73 작업구분을 큰 것에서부터 작은 것 순으로 나열한 것은?

① 공정 → 단위작업 → 요소작업 → 동작요소 → 서블릭
② 공정 → 요소작업 → 단위작업 → 서블릭 → 동작요소
③ 공정 → 단위작업 → 동작요소 → 요소작업 → 서블릭
④ 공정 → 단위작업 → 요소작업 → 서블릭 → 동작요소

해설 작업구분
공정 → 단위작업 → 요소작업 → 동작요소 → 서블릭

74 시계 조립과 같이 정밀한 작업을 위한 작업대의 높이로 가장 적절한 것은?

① 팔꿈치 높이로 한다.
② 팔꿈치 높이보다 5~15cm 낮게 한다.
③ 팔꿈치 높이보다 5~15cm 높게 한다.
④ 작업면과 눈의 거리가 30cm 정도 되도록 한다.

정답 70 ① 71 ③ 72 ② 73 ① 74 ③

해설 | 작업대의 높이

- 쓰기, 전자부품 조립과 같은 정밀 작업은 팔꿈치 높이보다 5cm 높게, 팔꿈치 지지대가 필요하다.
- 조립라인 작업이나 기계적인 작업 같은 가벼운 작업은 5~10cm 정도 팔꿈치보다 낮게 한다.
- 아래로 향하는 힘이 요구되는 무거운 작업은 20~40cm 정도 팔꿈치보다 낮게 한다.

75 유해요인 조사 방법 중 OWAS(Ovako Working Posture Analysis System)에 관한 설명으로 옳지 않은 것은?

① OWAS의 작업 자세 수준은 4단계로 분류된다.
② OWAS는 작업 자세로 인한 부하를 평가하는 데 초점이 맞추어져 있다.
③ OWAS는 신체 부위의 자세뿐만 아니라 중량물의 사용도 고려하여 평가한다.
④ OWAS는 작업 자세를 허리, 팔, 손목으로 구분하여 각 부위의 자세를 코드로 표현한다.

해설 | OWAS

OWAS는 허리, 상지, 하지, 작업물의 4개 항목으로 구분한다.

76 다음 중 근골격계질환 예방·관리 프로그램의 주요 구성요소로 볼 수 없는 것은?

① 보상절차 심의
② 예방·관리 정책 수립
③ 교육/훈련 실시
④ 유해요인 조사 및 관리

해설 | 근골격계질환 예방·관리 프로그램

근골격계 예방·관리 프로그램은 근골격계질환 예방을 위한 유해요인 조사와 개선, 의학적 관리, 교육에 관한 근골격계질환 예방·관리 프로그램의 표준을 제시한다.

77 여러 개의 스패너 중 1개를 선택하여 고르는 것을 의미하는 서블릭 기호는?

① H   ② P
③ ST   ④ PP

해설 | 서블릭 기호

① H : 잡고 있기   ② P : 바로 놓기
③ ST : 고르기   ④ PP : 미리 놓기

78 다음 중 MTM(Methods Time Measurement)법의 용도와 가장 거리가 먼 것은?

① 현상의 발생비율 파악
② 능률적인 설비, 기계류의 선택
③ 표준시간에 대한 불만 처리
④ 작업개선의 의미를 향상시키기 위한 교육

해설 | MTM(Methods Time Measurement)법

MTM법은 작업시간을 측정하고 표준시간을 설정하는 데 주로 사용되며, 능률적인 설비와 기계류의 선택, 표준시간에 대한 불만 처리, 그리고 작업개선의 의미를 향상시키기 위한 교육에 유용하다. 현상의 발생비율 파악과는 거리가 멀다.

79 다음 중 시간연구 시 비디오 측정의 요령으로 가장 적합한 것은?

① 가능한 한 작업자의 좌우 측면에서 측정한다.
② 공정성을 위하여 작업당 1회 촬영하는 것이 원칙이다.
③ 작업자에게 사전 설명 없이 직접 촬영하는 것이 좋다.
④ 가능한 한 세밀한 측정을 위해 작업자와 1m 이내로 근접 촬영한다.

해설 | 시간연구

비디오 측정 시 가능한 한 작업자의 좌우 측면에서 측정한다.

정답 75 ④ 76 ① 77 ③ 78 ① 79 ①

80 다음 중 수행도 평가기법이 아닌 것은?

① 속도평가법
② 합성평가법
③ 평준화 평가법
④ 사이클 그래프 평가법

해설 수행도 평가기법
- 속도평가법
- 평준화 평가법
- 객관적 평가법
- 합성평가법

정답 80 ④

제3회 기출복원문제

1과목 인간공학개론

01 발생확률이 0.1과 0.9로 다른 2개의 이벤트의 정보량은 발생 확률이 0.5로 같은 2개의 이벤트의 정보량에 비해 어느 정도 감소되는가?

① 51% ② 52%
③ 53% ④ 54%

해설 정보량

- 여러 개의 실현 가능한 대안이 있을 경우
$$H=\sum_{i=1}^{n}P_i\log_2\left(\frac{1}{P_i}\right)=0.1\times\log_2\left(\frac{1}{0.1}\right)+0.9\times\log_2\left(\frac{1}{0.9}\right)=0.47$$

- 실현 가능성이 같은 n개의 대안이 있을 경우
$$H=\log_2 N=\log_2 2=1$$
$1-0.47=0.53$

02 다음 중 눈의 구조 가운데 빛이 도달하여 초점이 가장 선명하게 맺히는 부위는?

① 동공 ② 홍채
③ 황반 ④ 수정체

해설 황반

눈에 빛이 들어오면, 동공은 빛의 양을 조절하고 홍채는 빛의 양을 조절하면서 빛의 색깔을 조절한다. 수정체는 빛을 굴절시켜 초점을 맞추는 역할을 하지만, 황반은 빛을 감지하여 뇌로 신호를 보내어 이미지를 만들어낸다. 눈의 구조 가운데 빛이 도달하여 초점이 가장 선명하게 맺히는 부위는 황반이다.

03 시스템의 성능 평가척도의 설명으로 맞는 것은?

① 적절성 : 평가척도가 시스템의 목표를 잘 반영해야 한다.
② 실제성 : 기대되는 차이에 적합한 단위로 측정할 수 있어야 한다.
③ 무오염성 : 비슷한 환경에서 평가를 반복할 경우에 일정한 결과를 나타낸다.
④ 신뢰성 : 측정하려는 변수 이외의 다른 변수들의 영향을 받지 않아야 한다.

해설 시스템의 성능 평가척도

- **적절성** : 기준이 의도된 목적에 적당하다고 판단되는 정도를 말한다.
- **무오염성** : 기준척도는 측정하고자 하는 변수 외의 다른 변수들의 영향을 받아서는 안 된다.
- **신뢰성** : 다루게 될 체계나 부품의 신뢰도 개념과는 달리 사용되는 척도의 신뢰성, 즉 반복성을 말한다.

04 1,000Hz, 40dB을 기준으로 음의 상대적인 주관적 크기를 나타내는 단위는?

① sone
② siemens
③ bell
④ phon

해설 sone의 이해

sone은 40dB의 1,000Hz 순음의 크기를 말한다.

정답 01 ③ 02 ③ 03 ① 04 ①

05 시(視)감각 체계에 관한 설명으로 옳지 않은 것은?

① 동공은 조도가 낮을 때는 많은 빛을 통과시키기 위해 확대된다.
② 안구의 수정체는 모양체근으로 긴장을 하면 얇아져 가까운 물체만 볼 수 있다.
③ 망막의 표면에는 빛을 감지하는 광수용기인 원추체와 간상체가 분포되어 있다.
④ 1디옵터는 1m 거리에 있는 물체를 보기위해 요구되는 수정체의 초점 조절능력을 나타낸 값이다.

해설 수정체

비록 작지만 모양체근으로 둘러싸여 있어서 긴장을 하면 두꺼워져 가까운 물체를 볼 수 있게 되고, 긴장을 풀면 납작해져서 원거리에 있는 물체를 볼 수 있게 된다.

06 음 세기(Sound intensity)에 관한 설명으로 옳은 것은?

① 음 세기의 단위는 Hz이다.
② 음 세기는 소리의 고저와 관련이 있다.
③ 음 세기는 단위 시간에 단위 면적을 통과하는 음의 에너지를 말한다.
④ 음압수준(sound pressure level) 측정 시 주로 1,000Hz 순음을 기준 음압으로 사용한다.

해설 음 세기(Sound intensity)

- 음 세기의 단위는 데시벨(dB)이다.
- 음 세기는 소리의 고저(pitch)와 관련이 없고, 고저는 주파수와 관련이 있다.
- 음압수준(sound pressure level) 측정 시 주로 1,000Hz 순음을 기준 음압으로 사용하지 않고 1,000Hz의 순음이 소리의 세기를 평가하는 데 사용된다.

07 다음 중 사용성에 관한 설명으로 틀린 것은?

① 편리하게 제품을 사용하도록 하는 원칙이다.
② 실험 평가로 사용성을 검증할 수 있다.
③ 사용성은 반드시 전문가가 평가하여야 한다.
④ 학습성, 에러 방지, 효율성, 만족도 등의 원칙이 있다.

해설 사용성의 정의

학습용이성, 효율성, 기억용이성, 에러 빈도 및 정도 그리고 주관적 만족도로 정의한다. 사용성을 반드시 전문가가 평가하여야 할 필요는 없다. 일반 사용자들이 직접 사용하면서 느끼는 경험과 피드백도 매우 중요한 역할을 하며 이런 피드백은 제품의 실제 사용 환경에서의 문제를 발견하고 개선하는 데 도움이 된다.

08 다음 중 인간의 정보처리 과정에서 중요한 역할을 하는 양립성(compatibility)에 관한 설명으로 옳은 것은?

① 인간이 사용할 코드와 기호가 얼마나 의미를 가진 것인가를 다루는 것을 공간적 양립성이다.
② 표시장치와 제어장치의 움직임, 사용 시스템의 반응 등과 관련된 것을 개념적 양립성이라 한다.
③ 제어장치와 표시장치의 공간적 배열에 관한 것을 운동양립성이라 한다.
④ 직무에 알맞은 자극과 응답양식의 존재에 대한 것을 양식양립성이라 한다.

해설 양립성

양립성은 자극들 간의, 반응들 간의 혹은 자극-반응조합의 공간, 운동 혹은 개념적 관계가 인간의 기대와 모순되지 않는 것을 말한다. 표시장치나 조종장치가 양립성이 있으면 인간성능은 일반적으로 향상되므로 이 개념은 이들 장치의 설계와 밀접한 관계가 있다.

- 개념양립성(conceptual compatibility) : 코드나 심벌의 의미가 인간이 갖고 있는 개념과 양립
- 운동양립성(movement compatibility) : 조종기를 조작하거나 display 상의 정보가 움직일 때 반응결과가 인간의 기대와 양립
- 공간양립성(spatial compatibility) : 공간적 구성이 인간의 기대와 양립
- 양식양립성(modality compatibility) : 직무에 알맞은 자극과 응답의 양식의 존재에 대한 양립

09 다음 중 음에 관련된 단위가 아닌 것은?

① dB ② sone
③ fL ④ phon

해설 음의 단위

fL은 빛의 광도에서 나오는 단위이다.

10 산업현장에서 필요한 인체치수와 같이 움직이는 자세에서 측정한 인체치수는?

① 기능적 인체치수
② 정적 인체치수
③ 구조적 인체치수
④ 고정 인체치수

해설 기능적 인체치수(동적 측정)

일반적으로 상지나 하지의 운동, 체위의 움직임에 따른 상태에서 측정하는 것이며, 실제의 작업 혹은 실제 조건에 밀접한 관계를 갖는 현실성 있는 인체치수를 구하는 것이다.

11 다음 중 인체측정자료의 최대치를 기준으로 설계하는 것이 가장 적당한 경우는?

① 탈출구 및 통로
② 선반의 높이
③ 조종장치까지의 거리
④ 자동차 운전자 좌석

해설 인체치수의 적용

구분	최대집단치	최소집단치
개념	대상 집단에 대한 인체 측정 변수의 상위 백분위수를 기준으로 90, 95, 99% 치를 사용	관련 인체 측정 변수 분포의 하위 백분위수를 기준으로 1, 5, 10% 치를 사용
적용 예	• 출입문, 통로, 의자 사이의 간격 등 • 줄사다리, 그네 등의 지지물의 최소 지지중량(강도)	• 선반의 높이 또는 조종장치까지의 거리, 버스나 전철의 손잡이 등

12 사용자의 기억단계에 대한 설명으로 맞지 않는 것은?

① 잔상은 단기기억(Short-term memory)의 일종이다.
② 인간의 단기기억(Short-term memory) 용량은 유한하다.
③ 장기기억을 작업기억(Working memory)이라고도 한다.
④ 정보를 수 초 동안 기억하는 것을 장기기억(Long-term memory)이라 한다.

해설 단기기억

단기기억의 용량은 7±2청크이다.

13 지하철이나 버스의 손잡이 설치 높이를 결정하는 데 적용하는 인체치수 적용원리는?

① 평균치 원리 ② 최소치 원리
③ 최대치 원리 ④ 조절식 원리

해설 설계원칙

구분	최대집단치	최소집단치
개념	대상 집단에 대한 인체 측정 변수의 상위 백분위수를 기준으로 90, 95, 99% 치를 사용	관련 인체 측정 변수 분포의 하위 백분위수를 기준으로 1, 5, 10% 치를 사용
적용 예	• 출입문, 통로, 의자 사이의 간격 등 • 줄사다리, 그네 등의 지지물의 최소 지지중량(강도)	• 선반의 높이 또는 조종장치까지의 거리, 버스나 전철의 손잡이 등

정답 09 ③ 10 ① 11 ① 12 ② 13 ②

14 다음과 같은 확률로 발생하는 네 가지 대안에 대한 중복률(%)은 얼마인가?

결과	확률(p)	$-\log_2 p$
A	0.1	3.32
B	0.3	1.74
C	0.4	1.32
D	0.2	2.32

① 1.8　　② 2.0
③ 7.7　　④ 8.7

해설 중복률

중복률 $= 1 - \dfrac{\text{총 평균정보량}}{\text{최대정보량}} \times 100(\%)$

$= 1 - \dfrac{1.846}{2} \times 100(\%) = 7.7$

- 총 평균정보량 : $-\sum p_i \log_2(p_i)$
  $= (0.1 \times 3.32 + 0.3 \times 1.74 + 0.4 \times 1.32 + 0.2 \times 2.32) = 1.846$
- 최대정보량 : $\log_2 n = \log_2 4 = 2$

16 선형 표시장치를 움직이는 조종구(레버)에서의 C/R 비를 나타내는 다음 식에서 변수 a의 의미로 옳은 것은? (단, L은 컨트롤러의 길이를 의미한다.)

$$\text{C/R 비} = \dfrac{(a/360) \times 2\pi L}{\text{표시장치의 이동거리}}$$

① 조종장치의 여유율
② 조종장치의 최대 각도
③ 조종장치가 움직인 각도
④ 조종장치가 움직인 거리

해설 조종-반응 비율

$\text{C/R 비} = \dfrac{(a/360) \times 2\pi L}{\text{표시장치의 이동거리}}$

a : 조종장치가 움직인 각도
L : 반경(지레의 길이)

15 실제 사용자들의 행동 분석을 위해 사용자가 생활하는 자연스러운 생활환경에서 조사하는 사용성 평가기법으로 옳은 것은?

① Heuristic Evaluation
② Usability Lab Testing
③ Focus Group Interview
④ Observation Ethnography

해설 관찰 에스노그래피(Observation Ethnography)

실제 사용자들의 행동을 분석하기 위하여 이용자가 생활하는 자연스러운 생활환경에서 비디오, 오디오에 녹화하여 시험하는 사용성 평가기법이다.

17 계기판에 등이 4개가 있고, 그중 하나에만 불이 켜지는 경우, 얻을 수 있는 정보량은 얼마인가?

① 2bits　　② 3bits
③ 4bits　　④ 5bits

해설 정보의 측정단위

일반적으로 실현 가능성이 같은 n개의 대안이 있을 때 총 정보량 H는 아래 공식으로부터 구한다.

$H = \log^2(n)$, $n = 4$

$\therefore \log^2(4) = 2$

정답 14 ③　15 ④　16 ③　17 ①

2024년 제3회 기출복원문제

18 청각적 표시장치에서 적용되는 지침으로 적절하지 않은 것은?

① 신호음은 배경소음과 다른 주파수를 사용한다.
② 신호음은 최소한 0.5~1초 동안 지속시킨다.
③ 300m 이상 멀리 보내는 신호음은 1,000Hz 이하의 주파수가 좋다.
④ 주변 소음은 주로 고주파이므로 은폐효과를 막기 위해 200Hz 이하의 신호음을 사용하는 것이 좋다.

해설 신호의 검출
주변 소음은 주로 저주파이므로 은폐효과를 막기 위해 500~1,000Hz의 신호를 사용하면 좋으며, 적어도 30dB 이상 차이가 나야 한다.

19 어떤 시스템의 사용성을 평가하기 위해 사용하는 기준으로 적절하지 않은 것은?

① 효율성
② 학습용이성
③ 가격 대비 성능
④ 기억용이성

해설 닐슨(Nielsen)의 사용성 정의
사용성을 학습용이성, 효율성, 기억용이성, 에러 빈도 및 정도, 그리고 주관적 만족도로 정의하였다.

20 통화 이해도 측정을 위한 척도로 적합하지 않은 것은?

① 명료도 지수
② 인식 소음 수준
③ 이해도 점수
④ 통화 간섭 수준

해설 통화 이해도
- 명료도 지수 : 통화의 명확성을 평가하는 척도로, 사용자가 얼마나 명확하게 통화를 이해하는지 측정한다.
- 이해도 점수 : 사용자가 통화 내용을 얼마나 잘 이해했는지를 나타내는 점수이다.
- 통화 간섭 수준 : 통화 중 발생하는 간섭이 사용자의 이해에 미치는 영향을 평가한다.

2과목 작업생리학

21 다음 중 엉덩이 관절(hip joint)에서 일어날 수 있는 움직임이 아닌 것은?

① 굴곡(flexion)과 신전(extension)
② 외전(abduction)과 내전(adduction)
③ 내선(internal rotation)과 외선(external rotation)
④ 내번(inversion)과 외번(eversion)

해설 구상(절구) 관절
- 엉덩이 관절(hip joint)은 구상(절구) 관절로서 관절머리와 관절오목이 모두 반구상의 것이며, 3개의 운동축을 가지고 있어 운동 범위가 가장 크다.
- 구상(절구) 관절에서 일어날 수 있는 움직임은 굴곡, 신전, 외전, 내전, 내선, 외선이 있다.

22 위치(positioning)동작에 관한 설명으로 틀린 것은?

① 반응시간은 이동거리와 관계없이 일정하다.
② 위치동작의 정확도는 그 방향에 따라 달라진다.
③ 오른손의 위치 동작은 우하-좌상 방향의 정확도가 높다.
④ 주로 팔꿈치의 선회로만 팔 동작을 할 때가 어깨를 많이 움직일 때보다 정확하다.

해설 위치동작
위치동작의 정확도는 일반적으로 그 방향에 따라 달라진다. 오른손의 위치동작에서 좌하(左下)-우상(右上) 방향의 시간이 짧고, 정확도가 높다.

정답 18 ④ 19 ③ 20 ② 21 ④ 22 ③

23 수의근(Voluntary muscle)에 대한 설명으로 옳은 것은?

① 민무늬근과 줄무늬근을 통칭한다.
② 내장근 또는 평활근으로 구분한다.
③ 대표적으로 심장근이 있으며 원통형 근섬유 구조를 이룬다.
④ 중추신경계의 지배를 받아 내 의지대로 움직일 수 있는 근육이다.

해설 수의근

수의근은 우리 의지대로 움직일 수 있는 근육으로, 일반적으로 골격근(Skeletal muscles)을 포함한다.

24 다음 중 진동이 인체에 미치는 영향에 대한 설명으로 적절하지 않은 것은?

① 진동은 시력, 추적능력 등의 손상을 초래한다.
② 시간이 경과함에 있어 영구 청력손실을 가져온다.
③ 진동으로 인해 내분비계 반응장애가 나타날 수 있다.
④ 정확한 근육조절을 요구하는 작업의 경우 그 효율이 저하된다.

해설 진동의 영향

- 진동은 진폭에 비례하여 시력손상, 추적 능력 손상을 가져온다.
- 내분비계 반응장애, 척수장애, 청각장애 등이 나타날 수 있다.
- 안정되고 정확한 근육조절을 요하는 작업은 진동에 의하여 저하된다.

25 소음에 의한 청력손실이 가장 크게 발생하는 주파수 대역은?

① 1,000Hz　② 2,000Hz
③ 4,000Hz　④ 10,000Hz

해설 소음의 영향

청력손실의 정도는 노출소음수준에 따라 증가하는데, 청력손실은 4,000Hz에서 가장 크게 나타난다.

26 다음 중 사업장에서 발생하는 소음의 노출기준을 정할 때 고려대상과 가장 거리가 먼 것은?

① 소음의 크기
② 소음의 높낮이
③ 소음의 지속시간
④ 소음 발생체의 물리적 특성

해설 소음의 노출기준

소음의 노출기준을 정할 때에는 소음의 크기, 소음의 높낮이, 소음의 지속시간 등을 고려한다.

27 어떤 작업의 평균 에너지값이 6kcal/min이라고 할 때 60분간 총 작업시간 내에 포함되어야 하는 휴식시간은 약 몇 분인가? (단, Murrell의 방법을 적용하여, 기초대사를 포함한 작업에 대한 권장 평균 에너지값의 상한은 4kcal/min이다.)

① 6.7　② 13.3
③ 26.7　④ 53.3

해설 휴식시간(R)의 산정

$$R = \frac{T(E-S)}{E-1.5} = \frac{60(6-4)}{6-1.5} = 26.66분 = 26.7분$$

R : 휴식시간/min　T : 총 작업시간/min
E : 평균 에너지 소비량　S : 권장 에너지 소비량

정답　23 ④　24 ②　25 ③　26 ④　27 ③

2024년 제3회 기출복원문제

28 다음 중 지구력에 대한 설명으로 옳은 것은?
① 지구력은 근력과 상관관계가 높지 않다.
② 지구력은 근수축 시간이 경과할수록 커진다.
③ 지구력이란 근육을 사용하여 특정한 힘을 유지할 수 있는 능력이다.
④ 지구력이란 특정 근육을 사용하여 고정된 물체에 대하여 최대한 발휘할 수 있는 힘의 크기를 말한다.

해설 지구력
- 지구력(endurance)이란 근력을 사용하여 특정 힘을 유지할 수 있는 능력이다.
- 지구력은 힘의 크기와 관계가 있다.
- 최대근력으로 유지할 수 있는 것은 몇 초이며, 최대근력의 50% 힘으로는 약 1분간 유지할 수 있다. 최대 근력의 15% 이하의 힘에서는 상당히 오래 유지할 수 있다.
- 반복적인 동적작업에서는 힘과 반복주기의 조합에 따라 그 활동의 지속시간이 달라진다.
- 최대근력으로 반복적 수축을 할 때는 피로 때문에 힘이 줄어들지만 어떤 수준 이하가 되면 장시간 동안 유지할 수 있다.
- 수축횟수가 10회/분일 때는 최대근력의 80% 정도를 계속 낼 수 있지만, 30회/분일 때는 최대근력의 60% 정도밖에 지속할 수 없다.

29 교대작업의 주의사항에 관한 설명으로 옳지 않은 것은?
① 12시간 교대제가 적정하다.
② 야간근무는 2~3일 이상 연속하지 않는다.
③ 야간근무의 교대는 심야에 하지 않도록 한다.
④ 야간근무 종료 후에는 48시간 이상의 휴식을 갖도록 한다.

해설 교대작업자의 건강관리
잔업을 하게 되면 피로는 누적되고 상대적으로 휴식시간은 줄어들게 된다. 12시간 교대제는 적절하지 않다. 야간근무는 연달아 2일이 적당하고, 야간근무 후에는 1~2일의 휴일이 필요하다.

30 전체 환기가 필요한 경우로 볼 수 없는 것은?
① 유해물질의 독성이 적을 때
② 실내에 오염물 발생이 많지 않을 때
③ 실내 오염 배출원이 분산되어 있을 때
④ 실내에 확산된 오염물의 농도가 전체적으로 일정하지 않을 때

해설 환기
실내에 확산된 오염물의 농도가 전체적으로 일정하지 않을 때 특정 구역에서만 국소적인 환기를 할 수 있다.

31 작업 중 근육의 피로를 줄이기 위해 가장 적합한 방법은 무엇인가?
① 작업 강도를 높이고 작업 시간을 줄인다.
② 정적 작업 자세를 유지하며 작업을 지속한다.
③ 작업 중간에 규칙적으로 휴식을 취한다.
④ 작업 속도를 일정하게 유지하며 작업한다.

해설 근육의 피로
근육의 피로를 줄이기 위해서는 작업 중간에 규칙적으로 휴식을 취하는 것이 가장 효과적이다.

32 다음 중 신체활동 수준이 너무 높아 근육에 공급되는 산소량이 부족하여 생기는 피로물질은?
① 크레아틴산(CP)
② 아데노신삼인산(ATP)
③ 글리코겐(glycogen)
④ 젖산(lactic acid)

해설 젖산의 축적
인체활동의 초기에서는 일단 근육 내의 당원을 사용하지만, 이후의 인체활동에서는 혈액으로부터 영양분과 산소를 공급받아야 한다. 이때 인체활동 수준이 너무 높아 근육에 공급되는 산소량이 부족한 경우에 혈액 중에 젖산이 축적된다.

정답 28 ③ 29 ① 30 ④ 31 ③ 32 ④

33 어떤 작업자의 8시간 작업 시 평균 흡기량은 40L/min, 배기량은 30L/min로 측정되었다. 만일 배기량에 대한 산소함량이 15%로 측정되었다고 가정하면 이때의 분당 산소 소비량(L/min)은 얼마인가?

① 3.3　　② 3.5
③ 3.7　　④ 3.9

💡해설　산소 소비량

산소 소비량 = 21% × 분당 흡기량 − O_2% × 분당 배기량
= (21% × 40L/min) − (15% × 30L/min)
= 3.9L/min

34 중추신경계(Central Nervous System)에 해당하는 것은?

① 신경절(Ganglia)
② 척수(Spinal cord)
③ 뇌신경(Cranial nerve)
④ 척수신경(Spinal nerve)

💡해설　중추신경계(Central Nervous System) 구성요소

- 뇌(Brain) : 신경계의 중심 기관으로, 사고, 감정, 기억, 운동 조절 등 다양한 기능을 수행한다.
- 척수(Spinal cord) : 뇌와 말초신경계 사이의 신호 전달 경로로, 신경 신호를 전달하고 반사 작용을 조절한다.

35 다음 중 조도가 균일하고, 눈이 부시지 않지만 설치비용이 많이 소요되는 조명방식은?

① 직접조명　　② 간접조명
③ 반사조명　　④ 국소조명

💡해설　간접조명

빛을 천장이나 벽에 반사시켜 조명을 제공하는 방식으로 등기구에서 나오는 광속의 90~100%를 천장이나 벽에 투사하여 여기에서 반사되어 퍼져 나오는 광속을 이용한다. 눈부심이 적고, 조도가 균일하지만, 기구 효율이 낮고 설치비용이 많이 소요된다. 눈의 피로를 줄이고 편안한 분위기를 조성하는 데 효과적이다. 주로 실내 디자인에서 자주 사용된다.

36 다음 중 작업장 실내에서 일반적으로 추천반사율이 가장 높은 곳은? (단, IES 기준이다.)

① 천장　　② 바닥
③ 벽　　　④ 책상면

💡해설　추천반사율

천장	80~90%
벽, 창문 발(blind)	40~60%
가구, 사무용기기, 책상	25~45%
바닥	20~40%

37 다음 인체해부학의 용어 중 몸을 전후로 나누는 가상의 면(plane)을 뜻하는 것은?

① 정중면(Median plane)
② 시상면(Sagittal plane)
③ 관상면(Coronal plane)
④ 횡단면(Transverse plane)

💡해설　인체의 면을 나타내는 용어

① 정중면 : 인체를 좌우 대칭으로 나누는 면
② 시상면 : 인체를 좌우로 양분하는 면
③ 관상면 : 인체를 전후로 나누는 면
④ 횡단면 : 인체를 상하로 나누는 면

38 소음에 의한 회화 방해현상과 같이 한음의 가청역치가 다른 음 때문에 높아지는 현상을 무엇이라 하는가?

① 사정효과　　② 차폐효과
③ 은폐효과　　④ 흡음효과

💡해설　은폐효과(masking effect)

한 소리(신호)가 다른 소음이나 신호에 의해 가려져서 잘 들리지 않게 되는 현상을 말한다. 이는 특히 시끄러운 환경에서 작은 소리나 약한 신호가 큰 소음이나 강한 신호에 의해 가려질 때 발생한다.

정답　33 ④　34 ②　35 ②　36 ①　37 ③　38 ③

2024년 제3회 기출복원문제

39 다음 중 근육의 대사(metabolism)에 관한 설명으로 적절하지 않은 것은?

① 대사과정에 있어 산소의 공급이 충분하면 젖산이 축적된다.
② 산소를 이용하는 유기성과 산소를 이용하지 않는 무기성 대사로 나눌 수 있다.
③ 음식물을 섭취하여 기계적인 일과 열로 전환하는 화학적 과정이다.
④ 활동 수준이 평상시에 공급되는 산소 이상을 필요로 하는 경우, 순환계통은 이에 맞추어 호흡수와 맥박수를 증가시킨다.

해설 젖산의 축적

인체활동의 초기에서는 일단 근육 내의 당원을 사용하지만, 이후의 인체활동에서는 혈액으로부터 영양분과 산소를 공급받아야 한다. 이때 인체활동 수준이 너무 높아 근육에 공급되는 산소량이 부족한 경우에 혈액 중에 젖산이 축적된다.

40 다음 중 산업현장에서 열스트레스(heat stress)를 결정하는 주요 요소가 아닌 것은?

① 전도(conduction)
② 대류(convection)
③ 복사(radiation)
④ 증발(evaporation)

해설 열교환 방식

열스트레스에 영향을 끼치는 주요 요소로는 대사, 증발, 복사, 대류가 있다.

3과목 산업심리학 및 관련 법규

41 다음 표는 동기부여와 관련된 이론의 상호 관련성을 서로 비교해 놓은 것이다. A~E에 해당하는 용어가 맞는 것은?

위생요인과 동기요인(Herzberg)	ERG이론 (Alderfer)	X이론과 Y이론 (McGregor)
위생요인	A	D
동기요인	B	E
	C	

① A : 존재욕구, B : 관계욕구, D : X이론
② A : 관계욕구, C : 성장욕구, D : Y이론
③ A : 존재욕구, C : 관계욕구, E : Y이론
④ B : 성장욕구, C : 존재욕구, E : X이론

해설 동기부여 관련 이론

위생요인과 동기요인(Herzberg)	ERG이론 (Alderfer)	X이론과 Y이론 (McGregor)
위생요인	존재욕구	X이론
동기요인	관계욕구	Y이론
	성장욕구	

42 휴먼에러의 배후요인 네 가지(4M)에 속하지 않는 것은?

① Man
② Machine
③ Memory
④ Management

해설 4M

- 사람(Man) : 인간으로부터 비롯되는 재해의 발생원인(착오, 실수, 불안전행동, 오조작 등)
- 기계, 설비(Machine) : 기계로부터 비롯되는 재해 발생원(설계착오, 제작착오, 배치착오, 고장 등)
- 물질, 환경(Media) : 작업매체로부터 비롯되는 재해 발생원(작업정보 부족, 작업환경 불량 등)
- 관리(Management) : 관리로부터 비롯되는 재해 발생원(교육 부족, 안전조직 미비, 계획불량 등)

정답 39 ① 40 ① 41 ① 42 ③

43 작업자 한 사람의 성능 신뢰도가 0.95일 때, 요원을 중복하여 2인 1조로 작업을 할 경우 이 조의 인간 신뢰도는 얼마인가? (단, 작업 중에는 항상 요원지원이 되며, 두 작업자의 신뢰도는 동일하다고 가정한다.)

① 0.9025 ② 0.9500
③ 0.9975 ④ 1.0000

해설 신뢰도

$R_p = 1 - (1-R_1)(1-R_2)\cdots(1-R_n)$

$= 1 - \prod_{i=1}^{n}(1-R_i) = 1-(1-0.95)\times(1-0.95) = 0.9975$

44 다음 중 산업재해방지를 위한 대책으로 가장 적절하지 않은 것은?

① 산업재해를 줄이기 위해서는 안전관리체계를 자율화하고, 안전관리자의 직무권한을 최소화하여야 한다.
② 사고와 원인 간의 관계는 우연이라기보다 필연적 인과관계가 있으므로 사고의 원인 분석을 통한 적절한 방지 대책이 필요하다.
③ 재해방지에 있어 근본적으로 중요한 것은 손실의 유무에 관계없이 아차사고(near accident)의 발생을 미리 방지하는 것이다.
④ 불안전한 행동의 방지를 위해서는 적성배치, 동기부여와 심리적 대책과 함께 인간공학적 작업장 설계 등과 같은 공학적 대책이 필요하다.

해설 산업재해방지를 위한 대책

산업재해방지를 위하여 안전관리체계를 강화하고 안전관리자의 직무권한을 확대한다.

45 설문조사에 의한 스트레스 평가법 중에서 주관적인 스트레스 평가방법이 아닌 것은?

① 생활사건 척도법
② Lazarus의 일상 골칫거리 척도법
③ 지각된 스트레스 척도법
④ DASS(우울분노스트레스 척도법)

해설 생활사건 척도법

생활사건을 이용하여 스트레스를 측정하는 척도이다. 생활사건은 일반적으로 일상생활에서 개인이 보편적으로 경험할 수 있는 긍정적, 부정적 사건으로서 생활 변화와 적응이 요구되는 사건으로 정의된다.

46 재해 원인을 불안전한 행동과 불안전한 상태로 구분할 때 불안전한 상태에 해당하는 것은?

① 규칙의 무시   ② 안전장치 결함
③ 보호구 미착용 ④ 불안전한 조작

해설 인적 요인과 물적 요인

- **불안전한 행동(인적 원인)** : 작업자가 작업을 수행할 때 안전 규정을 무시하거나 잘못된 행동을 하는 것으로 보호 장비 미착용, 부적절한 작업 방법, 부주의, 음주나 약물 복용 등이다.
- **불안전한 상태(물적 원인)** : 작업 환경이나 장비가 안전하지 않은 상태를 의미한다. 기계 및 장비 결함, 작업 환경 불량, 불안전한 구조물, 조명 부족 등이다.

47 휴먼에러확률에 대한 추정기법 중 Tree구조와 비슷한 그림을 이용하며, 사건들을 일련의 2지(binary) 의사결정 분지(分枝)들로 모형화하여 직무의 올바른 수행여부를 확률적으로 부여함으로 에러율을 추정하는 기법은?

① FMEA
② THERP
③ Fool Proof Method
④ Monte Carlo Method

정답 43 ③ 44 ① 45 ① 46 ② 47 ②

THERP

사건들을 일련의 2지(binary) 의사결정 분지들로 모형화하여 성공 혹은 실패의 조건부확률의 추정치가 각 가지에 부여함으로 에러율을 추정하는 기법이다.

48 다음 중 특정목적을 위해 공동의사를 결정하는 회의체로서 현대에 많은 기업체에서 경영의 실천과정으로 도입하고 있는 조직의 형태를 무엇이라 하는가?

① 직능식 조직
② 직계식 조직
③ 위원회 조직
④ 직계참모 조직

위원회 조직

위원회 조직은 특정 목적을 위하여 집단으로서 공동의사를 결정하는 회의체이다. 현대의 많은 기업체에서 경영의 실천과정에서 이 조직형태가 활용되고 있다.

49 허즈버그(Herzberg)의 동기요인에 해당되지 않는 것은?

① 성장
② 성취감
③ 책임감
④ 작업조건

2요인 이론

위생요인 (직무환경, 저차원적 요구)	동기요인 (직무내용, 고차원적 요구)
• 회사정책과 관리 • 개인 상호 간의 관계 • 감독 • 임금 • 보수 • 작업조건 • 지위 • 안전	• 성취감 • 책임감 • 안정감 • 성장과 발전 • 도전감 • 일 그 자체

50 다음 중 에러 발생 가능성이 가장 낮은 의식수준은?

① 의식수준 0
② 의식수준 Ⅰ
③ 의식수준 Ⅱ
④ 의식수준 Ⅲ

단계별 의식수준

단계 (phase)	뇌파패턴	의식상태 (mode)	주의의 작용	생리적 상태	신뢰성
0	δ파	무의식, 실신	제로	수면, 뇌발작	없다. 0
Ⅰ	θ파	의식이 둔한 상태, 흐림, 몽롱 (subnormal)	활발하지 않음. (inactive)	피로 단조, 졸림, 취중	낮다. 0.9
Ⅱ	α파	편안한 상태, 이완상태, 느긋함 (normal, relaxed)	수동적 (passive)	안정적 상태, 휴식 시, 정상작업 시, 정례작업 시, 일반적으로 일을 시작할 때의 안정된 상태	다소 높다. 0.99~0.9999
Ⅲ	β파	명석한 상태, 정상의식, 분명한 의식 (normal, clear)	활발함, 적극적 (active)	적극적 활동 시, 가장 좋은 의식수준 상태	매우 높다. 0.9999 이상
Ⅳ	γ파 긴장과대	흥분상태 (과긴장) (hypernormal)	일점에 응집, 판단 정지	긴급방위 반응, 당황, 패닉	낮다. 0.9 이하

51 인간오류 확률 추정 기법 중 초기 사건을 이원적(binary) 의사결정(성공 또는 실패) 가지들로 모형화하고, 이 이후의 사건들의 확률은 모두 선행 사건에 대한 조건부 확률을 부여하여 이원적 의사결정 가지들로 분지해 나가는 방법은?

① 결함 나무 분석(Fault Tree Analysis)
② 조작자 행동 나무(Operator Action Tree)
③ 인간오류 시뮬레이터(Human Error Simulator)
④ 인간실수율 예측기법(Technique for Human Error Rate Prediction)

정답 48 ③ 49 ④ 50 ④ 51 ④

> **해설** 시스템위험 분석기법

인간실수율 예측기법(Technique for Human Error Rate Prediction)
사건들을 일련의 2지(binary) 의사결정 분지들로 모형화하여 성공 혹은 실패의 조건부 확률의 추정치를 각 가지에 부여함으로써 에러율을 추정하는 기법이다.

52 결함 나무 분석(Fault Tree Analysis, FTA)에 대한 설명으로 옳지 않은 것은?

① 고장이나 재해요인의 정성적 분석뿐만 아니라 정량적 분석이 가능하다.
② 정성적 결함 나무를 작성하기 전에 정상사상(Top event)이 발생할 확률을 계산한다.
③ "사건이 발생하려면 어떤 조건이 만족되어야 하는가?"에 근거한 연역적 접근방법을 이용한다.
④ 해석하고자 하는 정상사상(Top event)과 기본사상(Basic event)의 인과관계를 도식화하여 나타낸다.

> **해설** FTA의 작성순서

FTA의 작성순서는 크게 세 가지로 분류된다.
① 정성적 FT의 작성단계
② FT를 정량화 단계
③ 재해방지 대책의 수립단계
따라서, 정성적 결함 나무를 작성한 후, 정상사상이 발생할 확률을 계산해야 한다.

53 부주의를 일으키는 의식수준에 대한 설명으로 틀린 것은?

① 의식의 저하 : 귀찮은 생각에 해야 할 과정을 빠뜨리고 행동하는 상태
② 의식의 과잉 : 순간적으로 의식이 긴장되고 한 방향으로만 집중되는 상태
③ 의식의 단절 : 외부의 정보를 받아들일 수도 없고 의사결정도 할 수 없는 상태
④ 의식의 우회 : 습관적으로 작업을 하지만 머릿속엔 고민이나 공상으로 가득 차 있는 상태

> **해설** 부주의 현상

- **의식의 우회** : 근심걱정으로 집중을 못하는 상태
- **의식의 과잉** : 갑작스러운 사태 목격 시 멍해지는 현상(=일점 집중 현상)
- **의식의 단절** : 수면상태 또는 의식을 잃어버리는 상태
- **의식의 혼란** : 경미한 자극에 주의력이 흐트러지는 현상
- **의식수준의 저하** : 단조로운 업무를 장시간 수행 시 몽롱해지는 현상(=감각 차단현상)

54 제조, 유통, 판매된 제조물의 경향으로 인해 발생한 사고에 의해 소비자나 사용자 또는 제3자의 생명, 신체, 재산 등에 손해가 발생한 경우에 그 제조물을 제조, 판매한 공급업자가 법률상의 손해배상 책임을 지도록 하는 것은?

① 제조물 기술
② 제조물 결함
③ 제조물 배상
④ 제조물 책임

> **해설** 제조물 책임

제조물 책임에 관한 설명이고 관련 결함은 아래와 같다.
- **제조상의 결함** : 제조업자가 제조물에 대하여 제조상·가공상의 주의의무를 이행하였는지에 관계없이 제조물이 원래 의도한 설계와 다르게 제조·가공됨으로써 안전하지 못하게 된 경우를 말한다.
- **설계상의 결함** : 제조업자가 합리적인 대체설계(代替設計)를 채용하였더라면 피해나 위험을 줄이거나 피할 수 있었음에도 대체설계를 채용하지 아니하여 해당 제조물이 안전하지 못하게 된 경우를 말한다.
- **표시상의 결함** : 제조업자가 합리적인 설명·지시·경고 또는 그 밖의 표시를 하였더라면 해당 제조물에 의하여 발생할 수 있는 피해나 위험을 줄이거나 피할 수 있었음에도 이를 하지 아니한 경우를 말한다.

정답 52 ② 53 ① 54 ④

2024년 제3회 기출복원문제

55 다음 중 레빈(Lewin)의 인간행동에 대한 설명으로 옳은 것은?

① 인간의 행동은 개인적 특성(P)과 환경(E)의 상호 함수관계이다.
② 인간의 욕구(needs)는 1차적 욕구와 2차적 욕구로 구분된다.
③ 동작시간은 동작의 거리와 종류에 따라 다르게 나타난다.
④ 집단행동은 통제적 집단행동과 비통제적 집단행동으로 구분할 수 있다.

해설 레빈(Lewin)의 인간행동 공식

B = f(P · E)
B : Behavior(행동)
P : Person(개인)
E : Environment(환경)
f : Function(함수)

56 하인리히의 사고예방 대책의 5가지 기본 원리를 순서대로 올바르게 나열한 것은?

① 사실의 발견 → 안전조직 → 분석평가 → 시정책 선정 → 시정책 적용
② 안전조직 → 사실의 발견 → 분석평가 → 시정책 선정 → 시정책 적용
③ 안전조직 → 분석평가 → 사실의 발견 → 시정책 선정 → 시정책 적용
④ 사실의 발견 → 분석평가 → 안전조직 → 시정책 선정 → 시정책 적용

해설 하인리히의 재해예방 5단계

- 제1단계 : 조직
- 제2단계 : 사실의 발견
- 제3단계 : 평가분석
- 제4단계 : 시정책의 선정
- 제5단계 : 시정책의 적용

57 어떤 사람의 행동이 "빨리빨리, 경쟁적으로, 여러 가지를 한꺼번에" 한다고 하면 어떤 성격특성을 설명하는가?

① type-A 성격 ② type-B 성격
③ type-C 성격 ④ type-D 성격

해설 type-A형 성격 소유자의 특성

- 항상 분주하다.
- 음식을 빨리 먹는다.
- 한꺼번에 많은 일을 하려 한다.
- 수치계산에 민감하다.
- 공격적이고 경쟁적이다.
- 항상 시간에 강박관념을 가진다.
- 여가시간을 활용하지 못한다.
- 양적인 면으로 성공을 측정한다.

58 집단을 공식집단과 비공식집단으로 구분할 때 비공식집단의 특성이 아닌 것은?

① 규모가 크다.
② 동료애의 욕구가 강하다.
③ 개인적 접촉의 기회가 많다.
④ 감정의 논리에 따라 운영된다.

해설 비공식적 집단(informal group)

- 자연발생적으로 형성된다.
- 내면적이고 불가시적이다.
- 정서적 요소가 강하고 일부분의 구성원들 만으로 이루어지며 소집단의 성격을 띤다.
- 감정의 논리에 따라 구성된다.

59 다음 중 하인리히(Heinrich)의 재해발생이론에 관한 설명으로 틀린 것은?

① 일련의 재해 요인들이 연쇄적으로 발생한다는 도미노 이론이다.
② 일련의 재해 요인들 중 어느 하나라도 제거하면 재해예방이 가능하다.

정답 55 ① 56 ② 57 ① 58 ① 59 ③

③ 불안전한 행동 및 상태는 사고 및 재해의 간접원인으로 작용한다.
④ 개인적 결함은 인간의 결함을 의미하며 5단계 요인 중 제2단계 요인이다.

해설 하인리히(H. W. Heinrich)의 도미노이론 5단계
- 1단계 : 유전적인 요소 및 사회 환경(선천적 결함)
- 2단계 : 개인의 결함(간접 원인)
- 3단계 : 불안전한 행동(인적 결함) 및 불안전한 상태(물적 결함) (직접 원인) ※ 제거 가능
- 4단계 : 사고
- 5단계 : 재해

60 관리 그리드 모형(management grid model)에서 제시한 리더십의 유형에 대한 설명으로 틀린 것은?

① (9,1)형은 인간에 대한 관심은 높으나 과업에 대한 관심은 낮은 인기형이다.
② (1,1)형은 과업과 인간관계 유지 모두에 관심을 갖지 않는 무관심형이다.
③ (9,9)형은 과업과 인간관계 유지 모두에 관심이 높은 이상형으로서 팀형이다.
④ (5,5)형은 과업과 인간관계 유지 모두에 적당한 정도의 관심을 갖는 중도형이다.

해설 관리 그리드 이론
- (1,1)형 – 무관심형(Impoverished Management)
과업과 사람 모두에 무관심한 스타일로, 효과적인 리더십이 부족한 경우이다.
- (9,1)형 – 과업형(Authority-Compliance Management)
과업에만 집중하고 사람에게는 무관심한 스타일로, 업무 성과는 높지만 인간적인 측면이 결여될 수 있다.
- (1,9)형 – 인기형(Country Club Management)
사람에게만 집중하고 과업에는 무관심한 스타일로, 인간관계는 좋지만 업무 성과가 낮을 수 있다.
- (5,5)형 – 중도형, 타협형(Middle-of-the-Road Management)
과업과 사람 모두에 중간 정도의 관심을 가지는 스타일로, 어느 정도 균형을 이루지만 탁월한 성과를 이루기 어려울 수 있다.
- (9,9)형 – 이상형(Team Management)
과업과 사람 모두에 높은 관심을 가지는 스타일로, 높은 성과와 좋은 인간관계를 동시에 달성할 수 있는 이상적인 리더십 스타일이다.

4과목 근골격계질환 예방을 위한 작업관리

61 다음 중 작업관리의 문제해결 절차를 올바르게 나열한 것은?

① 연구대상의 선정 → 작업방법의 분석 → 분석자료의 검토 → 개선안의 수립 및 도입 → 확인 및 재발방지
② 연구대상의 선정 → 개선안의 수립 및 도입 → 분석자료의 검토 → 작업방법의 분석 → 확인 및 재발방지
③ 개선안의 수립 및 도입 → 연구대상의 선정 → 작업방법의 분석 → 분석자료의 검토 → 확인 및 재발방지
④ 분석자료의 검토 → 연구대상의 선정 → 개선안의 수립 및 도입 → 작업방법의 분석 → 확인 및 재발방지

해설 작업관리의 문제해결 절차
연구대상 선정 → 분석과 기록 → 자료의 검토 → 개선안의 수립 → 개선안의 도입

62 다음 중 작업개선에 있어서 개선의 ECRS에 해당하지 않는 것은?

① 보수(Repair)
② 제거(Eliminate)
③ 단순화(Simplify)
④ 재배치(Rearrange)

해설 ECRS
- 작업 개선을 위한 네 가지 원칙을 의미한다.
- Eliminate(제거), Combine(결합), Rearrange(재배치), Simplify(단순화)의 약자이다.

63 다음 중 작업 대상물의 품질 확인이나 수량의 조사, 검사 등에 사용되는 공정도 기호에 해당하는 것은?

① ○
② □
③ ▽
④ →

해설 공정도 기호

가공	검사	운반	저장
○	□	⇨	▽

64 근골격계질환의 유형에 대한 설명으로 틀린 것은?

① 외상과염은 팔꿈치 부위의 인대에 염증이 생김으로써 발생하는 증상이다.
② 백색수지증은 손가락에 혈액의 원활한 공급이 이루어지지 않을 경우에 발생하는 증상이다.
③ 수근관증후군은 손목이 꺾인 상태나 과도한 힘을 준 상태에서 반복적 손 운동을 할 때 발생한다.
④ 결절종은 반복, 구부림, 진동 등에 의하여 건의 섬유질이 손상되거나 찢어지는 등의 건에 염증이 생기는 질환이다.

해설 결절종
손에 발생하는 종양 중 가장 흔한 것으로, 얇은 섬유성 피막 내에 약간 노랗고 끈적이는 액체가 담긴 낭포성 종양

65 워크샘플링의 특징으로 옳지 않은 것은?

① 짧은 주기나 반복 작업에 효과적이다.
② 관측이 순간적으로 이루어져 작업에 방해가 적다.
③ 작업 방법이 변화되는 경우에는 전체적인 연구를 새로 해야 한다.
④ 관측자가 여러 명의 작업자나 기계를 동시에 관측할 수 있다.

해설 워크샘플링의 특징
워크샘플링은 작업 주기가 길고 반복성이 낮은 작업에 더 적합한 방법이다. 짧은 주기나 반복 작업에는 시간 연구(Time Study)와 같은 방법이 더 효과적이다.

66 다음의 조건에서 NIOSH Lifting Equation(NLE)에 의한 들기지수(LI)와 작업의 위험도 평가를 올바르게 나타낸 것은?

조건
- 현재 취급물의 하중 = 14kg
- 수평계수 = 0.4
- 수직계수 = 0.95
- 거리계수 = 1.0
- 대칭계수 = 0.8
- 빈도계수 = 1
- 손잡이 계수 = 0.9

① LI = 2.78, 개선이 요구되는 작업
② LI = 0.36, 개선이 요구되지 않는 작업
③ LI = 0.77, 개선이 요구되는 작업
④ LI = 2.01, 요통 위험이 낮은 작업

정답 63 ② 64 ④ 65 ① 66 ①

해설 들기지수

들기지수(Lifting Index) = 작업물의 무게 / RWL(권장무게한계)
- RWL = LC × HM × VM × DM × AM × FM × CM
- LC = 부하상수 = 23kg
- HM = 수평계수 = 25 / H
- VM = 수직계수 = 1 − (0.003 × |V−75|)
- DM = 거리계수 = 0.82 + (4.5 / D)
- AM = 대칭계수 = 1 − (0.0032 × A)
- FM = 빈도계수(표 활용)
- CM = 결합계수(표 활용)
- RWL = 23 × 0.4 × 0.95 × 1.0 × 0.8 × 0.8 × 0.9 = 5.03
- LI = 14 / 5.03 = 2.78

67 워크샘플링 조사에서 주요작업의 추정비율(p)이 0.06이라면, 99% 신뢰도를 위한 워크샘플링 횟수는 몇 회인가? (단, μ0.005는 2.58, 허용오차는 0.01이다.)

① 3,744 ② 3,745
③ 3,755 ④ 3,764

해설

$$N = \frac{Z_{1-\alpha/2}^2 \times \overline{P}(1-\overline{P})}{e^2} = \frac{2.58^2 \times 0.06 \times (1-0.06)}{0.01^2} = 3,755$$

이때, e는 허용오차, $\overline{P}$는 idle rate이다.

68 중량물 들기작업 방법에 대한 설명 중 틀린 것은?

① 허리를 구부려서 작업을 수행한다.
② 가능하면 중량물을 양손으로 잡는다.
③ 중량물 밑을 잡고 앞으로 운반하도록 한다.
④ 손가락만으로 잡지 말고 손 전체로 잡아서 작업한다.

해설 중량물 작업할 때의 일반적인 방법

- 허리를 곧게 유지하고 무릎을 구부려서 들도록 한다.
- 손가락만으로 잡아서 들지 말고 손 전체로 잡아서 들도록 한다.
- 중량물 밑을 잡고 앞으로 운반하도록 한다.
- 중량물을 테이블이나 선반 위로 옮길 때 등을 곧게 펴고 옮기도록 한다.
- 가능한 한 허리부분에서 중량물을 들어 올리고, 무릎을 구부리고 양손을 중량물 밑에 넣어서 중량물을 지탱시키도록 한다.

69 다음 중 유해요인의 공학적 개선사례로 볼 수 없는 것은?

① 중량물 작업 개선을 위하여 호이스트를 도입하였다.
② 작업피로 감소를 위하여 바닥을 부드러운 재질로 교체하였다.
③ 작업량 조정을 위하여 컨베이어의 속도를 재설정하였다.
④ 로봇을 도입하여 수작업을 자동화하였다.

해설 공학적 개선과 관리적 개선

공학적 개선	관리적 개선
• 공구 · 장비 재배열, 수정, 재설계, 교체 • 작업장 재배열, 수정, 재설계, 교체 • 포장 재배열, 수정, 재설계, 교체 • 부품 재배열, 수정, 재설계, 교체 • 제품 재배열, 수정, 재설계, 교체	• 작업의 다양성 제공 • 작업일정 및 작업 속도 조절 • 회복시간 제공 • 작업 습관 변화 • 작업 공간, 공구 및 장비의 주기적인 청소 및 유지보수 • 작업자 적정 배치 • 직장체조 강화 등

70 근골격계질환 발생단계 가운데 2단계에 해당하는 것은?

① 작업 수행이 불가능하다.
② 휴식시간에도 통증을 호소한다.
③ 통증이 하룻밤 지나면 사라진다.
④ 작업을 수행하는 능력이 저하된다.

정답 67 ③ 68 ① 69 ② 70 ④

해설 | 근골격계질환의 발병 3단계

- 1단계
  - 작업 중 통증을 호소, 피로감
  - 하룻밤 지나면 증상 없음.
  - 작업능력 감소 없음.
- 2단계
  - 하룻밤이 지나도 통증 지속
  - 화끈거려 잠을 설침.
  - 작업능력 감소
- 3단계
  - 휴식시간에도 통증
  - 하루 종일 통증
  - 통증으로 불면
  - 작업 수행 불가능

71 다음 중 근골격계질환 예방을 위한 수공구(hand tool)의 인간공학적 설계원칙으로 적합하지 않은 것은?

① 손목을 곧게 유지한다.
② 손바닥에 과도한 압박은 피한다.
③ 반복적인 손가락 운동을 활용한다.
④ 사용자의 손크기에 적합하게 디자인한다.

해설 | 수자세에 관한 수공구 개선

- 손목을 곧게 유지한다.
- 힘이 요구되는 작업에는 파워그립(power grip)을 사용한다.
- 지속적인 정적 근육부하(loading)를 피한다.
- 반복적인 손가락 동작을 피한다.
- 양손 중 어느 손으로도 사용이 가능하고 스트레스를 적게 주는 공구가 개인에게 사용되도록 설계한다.

72 어느 회사의 컨베이어 라인에서 작업순서가 다음 표의 번호와 같이 구성되어 있을 때, 다음 설명 중 옳은 것은?

작업	1. 조립	2. 납땜	3. 검사	4. 포장
시간(초)	10초	9초	8초	7초

① 공정 손실은 15%이다.
② 애로 작업은 검사작업이다.
③ 라인의 주기시간은 7초이다.
④ 라인의 시간당 생산량은 6개이다.

해설 | 컨베이어 라인의 작업 효율성

① 공정 손실 = $\dfrac{총 유휴시간}{작업자 수 \times 주기시간} = \dfrac{6}{4 \times 10} = 0.15$

※ 총 유휴시간은 각 공정별(주기시간 - 작업시간)
- 납땜 : 10초 - 9초 = 1초
- 검사 : 10초 - 8초 = 2초
- 포장 : 10초 - 7초 = 3초
- ∴ 1 + 2 + 3 = 6(유휴시간)

② 애로 작업 : 작업시간이 가장 긴 작업으로 조립작업
③ 라인의 주기시간 : 가장 긴 작업 10초
④ 라인의 시간당 생산량 : 1개에 10초 1시간은 3,600초로 $\dfrac{3,600초}{10초} = 360개$

73 동작분석의 종류 중 미세 동작분석에 관한 설명으로 옳지 않은 것은?

① 복잡하고 세밀한 작업 분석이 가능하다.
② 직접 관측자가 옆에 없어도 측정이 가능하다.
③ 작업 내용과 작업시간을 동시에 측정할 수 있다.
④ 타 분석법에 비하여 적은 시간과 비용으로 연구가 가능하다.

해설 | 미세 동작분석(micro motion study)

- 필름이나 테이프에 작업내용을 기록하여 분석하기 때문에 연구수행에 많은 비용이 소요된다.
- 제품의 수명이 길고, 생산량이 많으며, 생산 사이클이 짧은 제품을 대상으로 한다.

정답 71 ③ 72 ① 73 ④

74 다음 중 유해요인의 공학적 개선사례로 볼 수 없는 것은?

① 중량물 작업 개선을 위하여 호이스트를 도입하였다.
② 작업피로감소를 위하여 바닥을 부드러운 재질로 교체하였다.
③ 근작업량 조정을 위하여 컨베이어의 속도를 재설정하였다.
④ 로봇을 도입하여 수작업을 자동화하였다.

해설 공학적 개선사례

공학적 개선은 ① 공구·장비, ② 작업장, ③ 포장, ④ 부품, ⑤ 제품의 재배열, 수정, 재설계, 교체 등을 말한다. 작업량 조정을 위하여 컨베이어의 속도를 재설정하는 것은 관리적 개선사례이다.

75 레이팅 방법 중 Westinghouse 시스템은 네 가지 측면에서 작업자의 수행도를 평가하여 합산하는데, 이러한 네 가지에 해당하지 않는 것은?

① 노력   ② 숙련도
③ 성별   ④ 작업환경

해설 Westinghouse 시스템

웨스팅하우스(Westinghouse) 시스템 작업자의 수행도를 숙련도(skill), 노력(effort), 작업 환경(conditions), 일관성(consistency) 등 네 가지 측면을 평가하여, 각 평가에 해당하는 레벨점수를 합산하여 레이팅 계수를 구한다.

76 다음 중 입식 작업보다는 좌식 작업이 더 적절한 경우는?

① 큰 힘을 요하는 경우
② 작업반경이 큰 경우
③ 정밀 작업을 해야 하는 경우
④ 작업 시 이동이 많은 경우

해설 앉아서 하는 작업

작업수행에 의자 사용이 가능하다면 반드시 그 작업은 앉은 자세에서 수행되어야 한다. 특히 정밀한 작업은 앉아서 작업하는 것이 좋다.

77 다음 중 근골격계 부담작업에 근로자를 종사하도록 하는 경우 유해요인 조사의 실시주기로 옳은 것은?

① 6월   ② 1년
③ 2년   ④ 3년

해설 근골격계질환

사업주는 근골격계 부담작업에 근로자를 종사하도록 하는 경우에는 3년마다 유해요인 조사를 실시하여야 한다. 다만, 신설되는 사업장의 경우에는 신설일부터 1년 이내에 최초의 유해요인 조사를 실시하여야 한다.

78 NIOSH의 들기 작업지침에 따른 중량물 취급 작업에서 권장무게한계를 산정하는 데 고려해야 할 변수로 옳지 않은 것은?

① 상체의 비틀림 각도
② 작업자의 평균보폭거리
③ 물체를 이동시킨 수직이동거리
④ 작업자의 손과 물체 사이의 수직거리

해설 권장무게한계(RWL, Recommended Weight Limit)

$RWL = LC \times HM \times VM \times DM \times AM \times FM \times CM$

- LC(부하상수) : RWL을 계산하는 데 있어서의 상수로 23kg이다.
- HM(수평계수) : 발의 위치에서 중량물을 들고 있는 손의 위치까지의 수평거리
- VM(수직계수) : 바닥에서 손까지의 거리
- DM(거리계수) : 중량물을 들고 내리는 수직방향의 이동거리의 절댓값
- AM(비대칭계수) : 중량물이 몸의 정면에서 몇 도 어긋난 위치에 있는지 나타내는 각도
- FM(빈도계수) : 분당 드는 횟수
- CM(결합계수) : 작업물 손잡이 상태

정답 74 ③ 75 ③ 76 ③ 77 ④ 78 ②

2024년 제3회 기출복원문제

79 다음 중 미세동작연구의 장점과 가장 거리가 먼 것은?

① 서블릭(Therblig) 기호를 사용함으로써 작업시간 간의 비교와 추정에 유용하다.
② 과거의 작업개선의 경험을 다른 작업에도 그대로 응용하기 용이하다.
③ 어느 정도 숙달되면 눈으로도 서블릭으로 해석이 가능하며, 그에 따른 작업개선능력이 향상된다.
④ SIMO 차트를 이용하여 이상적 작업동작의 습득에는 다소 시간이 걸리지만 상대적으로 정확하다.

해설 미세동작연구의 장점
- 작업내용 설명 동시에 작업시간 추정 가능
- 관측자 들어가기 곤란한 곳 분석 가능
- 미세동작 분석과정을 그대로 다른 작업에 응용하기 용이
- 기록의 재현성, 복잡하고 세밀한 작업 분석 가능

80 다음 중 근골격계질환 예방·관리 프로그램에 대한 설명으로 옳은 것은?

① 사업주와 근로자는 근골격계질환의 조기발견과 조기치료 및 조속한 직장복귀를 위하여 가능한 한 사업장 내에서 재활프로그램 등의 의학적 관리를 받을 수 있도록 한다.
② 사업주는 효율적이고 성공적인 근골격계질환의 예방·관리를 위하여 사업장 특성에 맞게 근골격계질환 예방·관리추진팀을 구성하되 예방·관리추진팀에는 예산 등에 대한 결정권한이 있는 자가 참여하는 것을 권고할 수 있다.
③ 근골격계질환 예방·관리 최초교육은 예방·관리 프로그램이 도입된 후 1년 이내에 실시하고 이후 3년마다 주기적으로 실시한다.
④ 유해요인 개선방법 중 작업의 다양성 제공, 작업속도 조절 등은 공학적 개선에 속한다.

해설 근골격계질환 예방·관리 프로그램의 기본 방향
- 사업주와 작업자는 근골격계질환의 조기발견과 조기치료 및 조속한 직장복귀를 위하여 가능한 한 사업장 내에서 의학적 관리를 받을 수 있도록 한다.
- 예방·관리팀에는 예산 등에 대한 결정권한이 있는 자가 반드시 참여하도록 한다.
- 최초 교육은 예방·관리 프로그램이 도입된 후 6개월 이내에 실시하고 이후 3년마다 주기적으로 실시한다.
- 유해요인 개선방법 중 작업의 다양성 제공, 작업속도 조절 등은 관리적 개선에 속한다.

정답 79 ④ 80 ①

제1회 기출복원문제

1과목 인간공학개론

01 다음 중 인간공학(Ergonomics)의 정의에 관한 설명으로 가장 적절하지 않은 것은?

① 인간이 포함된 환경에서 그 주변의 환경 조건이 인간에게 맞도록 설계·재설계되는 것이다.
② 인간의 작업과 작업환경을 인간의 정신적, 신체적 능력에 적응시키는 것을 목적으로 하는 과학이다.
③ 건강, 안전, 복지, 작업성과 등의 개선을 요구하는 작업, 시스템, 제품, 환경을 인간의 신체·정신적 능력과 한계에 부합시키기 위해 인간과학으로부터 지식을 생성·통합한다.
④ 인간에게 질병, 건강장해와 안녕방해, 심각한 불쾌감 및 능률저하 등을 초래하는 작업환경 요인과 스트레스를 예측, 인식(측정), 평가, 관리(대책)하는 과학인 동시에 기술이다.

해설 인간공학

인간공학의 주된 목적은 인간과 환경의 상호작용을 최적화하여 작업 능률을 높이고, 건강과 안전을 증진시키는 데 있다.

02 광도(luminous Intensity)를 측정하는 단위는?

① lux
② candela
③ lummen
④ lambert

해설 측정 단위

① lux : 조도를 측정하는 단위
② candela : 광도를 측정하는 단위
③ lumen : 광속을 측정하는 단위
④ lambert : 휘도를 측정하는 단위

03 다음과 같은 확률로 발생하는 네 가지 대안에 대한 중복률(%)은 얼마인가?

결과	확률(p)	$-\log_2 p$
A	0.1	3.32
B	0.3	1.74
C	0.4	1.32
D	0.2	2.32

① 1.8
② 2.0
③ 7.7
④ 8.7

해설 중복률

중복률 $= 1 - \dfrac{총\ 평균정보량}{최대정보량} \times 100(\%) = 1 - \dfrac{1.846}{2} \times 100(\%) = 7.7$

- 총 평균정보량 : $-\sum p_i \log_2(p_i)$
  $= (0.1 \times 3.32 + 0.3 \times 1.74 + 0.4 \times 1.32 + 0.2 \times 2.32) = 1.846$
- 최대정보량 : $\log_2 n = \log_2 4 = 2$

04 동일한 조건에서 선택가능한 대안의 수가 2에서 8로 증가하였다. 선택반응시간은 몇 배 늘었는가? (단, 대안의 수가 없을 때 반응시간은 0이라고 가정한다.)

① 1
② 2
③ 3
④ 4

정답 01 ④ 02 ② 03 ③ 04 ③

2025년 제1회 기출복원문제

> **해설** 선택반응시간

$a + b\log_2 N$에서 반응시간이 0이므로 $b\log_2 N$
$b\log_2 2 = b$, $b\log_2 8 = 3b$

05 인간과 기계의 역할분담에 이어 인간은 시스템 설치와 보수, 유지 및 감시 등의 역할만 담당하게 되는 시스템은?

① 수동시스템
② 기계시스템
③ 자동시스템
④ 반자동시스템

> **해설** 인간과 기계의 역할에 따른 시스템

구분	내용
수동 시스템	• 인간의 신체적인 힘을 동력으로 사용하여 작업통제(동력원 제어 : 사람, 수공구나 기타 보조물로 사용) • 다양성 있는 체계로 역할 할 수 있는 능력을 최대한 활용하는 시스템(융통성이 있는 운용 가능)
기계화 시스템	• 반자동체계, 변화가 적은 기능들을 수행하도록 설계(고도로 통합된 부품들로 구성되며 융통성이 없는 체계) • 기계가 동력을 제공하며, 조정 장치를 사용하는 통제는 사람이 담당
자동화 시스템	• 감지, 정보처리 및 의사결정 행동을 포함한 모든 임무 수행(기계동력원 및 운전, 프로그램 감시 또는 통제, 관리) • 대부분의 폐회로 체계이며, 설계, 설치, 감시, 프로그램 작성 및 수정 정비, 유지 등은 사람이 담당

06 시각적 부호의 세 가지 유형과 거리가 먼 것은?

① 임의적 부호
② 묘사적 부호
③ 사실적 부호
④ 추상적 부호

> **해설** 시각적 부호의 세 가지 유형

시각적 부호는 크게 임의적 부호, 묘사적 부호, 추상적 부호로 분류된다.

07 다음 중 시력에 관한 설명으로 틀린 것은?

① 눈의 조절능력이 불충분한 경우, 근시 또는 원시가 된다.
② 시력은 세부적인 내용을 시각적으로 식별할 수 있는 능력을 말한다.
③ 눈이 초점을 맞출 수 없는 가장 먼 거리를 원점이라 하는데 정상 시각에서 원점은 거의 무한하다.
④ 여러 유형의 시력은 주로 망막 위에 초점이 맞추어지도록 홍채의 근육에 의한 눈의 조절능력에 달려 있다.

> **해설** 시력

시력 조절은 주로 홍채가 아닌 수정체의 모양을 조절하는 섬모체에 의해 이루어진다.

08 정량적 표시장치의 지침(pointer) 설계에 있어 일반적인 요령으로 적합하지 않은 것은?

① 뾰족한 지침을 사용한다.
② 지침을 눈금면과 최대한 밀착시킨다.
③ 지침의 끝은 최소 눈금선과 맞닿고 겹치게 한다.
④ 원형 눈금의 경우 지침의 색은 지침 끝에서 중앙까지 칠한다.

> **해설** 지침설계

• 선각이 약 20도 되는 뾰족한 지침을 사용한다.
• 지침의 끝은 작은 눈금과 맞닿되 겹치지 않게 한다.
• 원형 눈금의 경우 지침의 색은 선단에서 눈금의 중심까지 칠한다.
• 시차를 없애기 위해 지침을 눈금면과 밀착시킨다.

정답 05 ③ 06 ③ 07 ④ 08 ③

09 음량의 측정과 관련된 사항으로 적절하지 않은 것은?

① 물리적 소리강도는 지각되는 음의 강도와 비례한다.
② 소리의 세기에 대한 물리적 측정 단위는 데시벨(dB)이다.
③ 손(sone)과 폰(phon)은 지각된 음의 강약을 측정하는 단위이다.
④ 손(sone)의 값 1은 주파수가 1,000Hz이고, 강도가 40dB인 음이 지각되는 소리의 크기이다.

해설 | 물리적 소리 강도와 음의 강도

- **소리의 강도** : 소리의 세기를 나타내는 단위로, 소리의 진폭의 제곱에 비례한다. 소리의 진폭이 2배가 되면 소리의 물리적 소리 강도는 4배가 된다.
- **지각되는 음의 강도** : 사람의 귀가 소리를 인지하는 정도를 나타내는 단위로 사람의 귀는 소리의 주파수와 진폭에 따라 소리를 다르게 인지한다. 예를 들어, 1kHz의 소리와 2kHz의 소리가 같은 물리적 소리 강도를 가지고 있다면, 1kHz의 소리가 더 크게 들린다.

10 인체측정 자료의 최대집단값에 의한 설계원칙에 관한 내용으로 옳은 것은?

① 통상 1, 5, 10%의 하위 백분위수를 기준으로 정한다.
② 통상 70, 75, 80%의 상위 백분위수를 기준으로 정한다.
③ 문, 탈출구, 통로 등과 같은 공간의 여유를 정할 때 사용한다.
④ 선반의 높이, 조종장치까지의 거리 등을 정할 때 사용한다.

해설 | 최대집단치와 최소집단치

구분	최대집단치	최소집단치
개념	대상 집단에 대한 인체 측정 변수의 상위 백분위수를 기준으로 90, 95, 99% 치를 사용	관련 인체 측정 변수 분포의 하위 백분위수를 기준으로 1, 5, 10% 치를 사용
적용 예	• 출입문, 통로, 의자 사이의 간격 등 • 줄사다리, 그네 등의 지지물의 최소 지지중량(강도)	• 선반의 높이 또는 조종장치까지의 거리, 버스나 전철의 손잡이 등

11 인체 측정치의 적용 절차가 다음과 같을 때 순서를 가장 올바르게 나열한 것은?

㉠ 인체측정자료의 선택
㉡ 설계치수 결정
㉢ 설계에 필요한 인체치수의 결정
㉣ 적절한 여유치 고려
㉤ 모형에 의한 모의실험
㉥ 인체자료 적용원리 결정
㉦ 설비를 사용할 집단 정의

① ㉢ → ㉦ → ㉥ → ㉠ → ㉣ → ㉡ → ㉤
② ㉢ → ㉥ → ㉦ → ㉠ → ㉣ → ㉡ → ㉤
③ ㉠ → ㉦ → ㉢ → ㉥ → ㉣ → ㉡ → ㉤
④ ㉠ → ㉥ → ㉦ → ㉣ → ㉢ → ㉡ → ㉤

해설 | 인체 측정치의 적용 절차

㉠ 측정 대상자의 신상정보 및 건강상태 확인
㉡ 측정 대상자에게 측정 방법 설명
㉢ 측정 대상자의 체중 측정
㉣ 측정 대상자의 키 측정
㉤ 측정 결과 기록
㉥ 측정 대상자의 허리둘레 측정
㉦ 측정 대상자의 혈압 측정

12 다음 중 신호검출이론(SDT)에서 반응기준을 구하는 식으로 옳은 것은?

① (소음분포의 높이)×(신호분포의 높이)
② (소음분포의 높이)÷(신호분포의 높이)
③ (신호분포의 높이)÷(소음분포의 높이)
④ (신호분포의 높이)÷(소음분포의 높이)^2

해설 신호검출이론

신호검출이론(Signal Detection Theory, SDT)에서 반응기준(response criterion, c)은 보통 신호-소음 비율에 따라 결정된다. 구하는 식으로는 (신호분포의 높이)÷(소음분포의 높이)이다.

13 손잡이의 설계에 있어 촉각정보를 통하여 분별, 확인할 수 있는 코딩 방법이 아닌 것은?

① 색에 의한 코딩
② 크기에 의한 코딩
③ 표면의 거칠기에 의한 코딩
④ 형상에 의한 코딩

해설 코딩(coding) 방법

촉각 정보는 주로 만질 수 있는 속성을 통해 인식하는 방식이다. 손잡이의 설계에서 촉각 정보를 통해 분별할 수 없는 코딩 방법은 '색에 의한 코딩'으로 색은 시각적 정보에 해당한다.

14 다음 중 인간의 눈에 관한 설명으로 옳은 것은?

① 간상세포는 황반(fovea) 중심에 밀집되어 있다.
② 망막의 간상세포(rod)는 색의 식별에 사용된다.
③ 시각(時角)은 물체와 눈 사이의 거리에 반비례한다.
④ 원시는 수정체가 두꺼워져 먼 물체의 상이 망막 앞에 맺히는 현상을 말한다.

해설 눈의 특징

- 간상세포는 주로 주변 시야에 분포하며, 약한 빛을 감지한다.
- 원시는 수정체가 얇아져 먼 물체의 상이 망막 뒤에 맺히는 현상이다.

15 동작 거리가 멀고 과녁이 작을수록 동작에 걸리는 시간이 길어짐을 나타내는 법칙은?

① Fitts 법칙
② Hick-Hyman 법칙
③ Murphy 법칙
④ Schmidt 법칙

해설 Fitts 법칙

표적이 작을수록 이동거리가 길수록 작업의 난이도와 소요 이동시간이 증가한다.

$$T = a + b\log_2\left(\frac{D}{W} + 1\right)$$

T : 이동시간　　a와 b : 경험적으로 결정된 상수
D : 목표까지의 거리　W : 목표의 크기

16 신호검출이론에 의하면 시그널(signal)에 대한 인간의 판정결과는 네 가지로 구분된다. 이 중 시그널을 노이즈(Noise)로 판단한 결과를 지칭하는 용어는 무엇인가?

① 올바른 채택(Hit)
② 허위 경보(False Alarm)
③ 누락(Miss)
④ 올바른 거부(Correct Rejection)

해설 신호검출이론

판정결과	상태	부호
신호의 정확한 판정(Hit)	신호를 신호로 인식	P(S/S)
신호검출 실패(Miss)	신호가 나타났는데도 잡음으로 판정	P(N/S)
허위 경보(False Alarm)	잡음을 신호로 판정	P(S/N)
잡음을 잡음으로 판정(Correct Rejection)	잡음만 있을 때 잡음으로 판정	P(N/N)

정답　12 ③　13 ①　14 ③　15 ①　16 ③

17 하나의 소리가 다른 소리의 청각 감지를 방해하는 현상을 무엇이라 하는가?

① 기피(avoid)효과
② 은폐(masking)효과
③ 제거(exclusion)효과
④ 차단(interception)효과

해설 은폐효과

① 기피(avoid)효과 : 특정 자극이나 상황을 피하는 행동을 의미
② 은폐(masking)효과 : 한 자극이 다른 자극을 덮어 시각적 또는 청각적 인식을 방해하는 현상
③ 제거(exclusion)효과 : 특정 요소를 완전히 배제하거나 제거하는 행위
④ 차단(interception)효과 : 어떤 것이 중간에 끼어들어 다른 것을 방해하거나 차단하는 현상

18 회전운동을 하는 조종장치의 레버를 30° 움직였을 때 표시장치의 커서는 2cm 이동하였다. 레버의 길이가 15cm일 때 이 조종장치의 C/R 비는 약 얼마인가?

① 2.62
② 3.93
③ 5.24
④ 8.33

해설 조종장치의 C/R 비

$$\text{C/R 비} = \frac{(a/360) \times 2\pi L}{\text{표시장치의 이동거리}}$$
$$= \frac{(30/360) \times 2\pi \times 15}{2}$$
$$= 3.93$$

19 연구의 기준척도에서 인간 기준을 측정하는 퍼포먼스 척도(performance measure)에 해당하지 않는 것은?

① 빈도 척도
② 강도 척도
③ 종말 척도
④ 지속성 척도

해설 퍼포먼스 척도

퍼포먼스 척도는 인간의 성과나 능력을 측정하는 척도이며, 빈도 척도, 강도 척도, 지속성 척도는 모두 퍼포먼스 척도에 해당한다. 하지만 종말척도는 사람의 성과나 능력을 측정하는 것이 아니라, 어떤 사건이나 현상의 최종 결과를 측정하는 것이므로 퍼포먼스 척도에 해당하지 않는다.

20 계기판에 등이 4개가 있고, 그중 하나에만 불이 켜지는 경우, 얻을 수 있는 정보량은 얼마인가?

① 2bits
② 3bits
③ 4bits
④ 5bits

해설 정보량

$H = \log_2(n) = 2$

2과목 작업생리학

21 골격의 구조와 기능에 대한 설명으로 옳지 않은 것은?

① 신체에 중요한 부분을 보호하는 역할을 한다.
② 소화, 순환, 분비, 배설 등 신체 내부 환경의 조절에 중요한 역할을 한다.
③ 골격은 뼈, 연골, 관절로 이루어지며 사지 및 몸통을 움직이는 피동적 운동기관으로 작용한다.
④ 혈구세포를 만드는 조혈기능과 칼슘과 인 등의 무기질을 저장하여 몸이 필요할 때 공급해 주는 역할을 한다.

해설 골격의 구조와 기능

골격은 주로 신체의 구조를 지지하고 보호하는 역할을 하며, 근육과 함께 움직임을 돕고, 칼슘 등의 무기질을 저장하는 역할을 한다.

정답 17 ② 18 ② 19 ③ 20 ① 21 ②

22 다음 중 유산소 대사의 하나인 크렙스 사이클(Kreb's cycle)에서 일어나는 반응이 아닌 것은?

① 산화가 발생한다.
② 젖산이 생성된다.
③ 이산화탄소가 생성된다.
④ 구아노신 3인산(GTP)의 전환을 통하여 ATP가 생성된다.

해설 크렙스 사이클(Kreb's cycle)

- 유산소 대사 과정 중 하나로, 해당 과정에서 생성된 피루브산이 아세틸-CoA로 전환된 후 미토콘드리아 내에서 일어나는 일련의 화학 반응을 말한다.
- 이 과정에서는 산화, 이산화탄소 생성, 그리고 ATP 생성이 일어나지만, 젖산 생성은 일어나지 않는다.

23 교대작업 근로자를 위한 교대제 지침으로 옳지 않은 것은?

① 4조 3교대보다 2조 2교대가 바람직하다.
② 작업을 최소화한다.
③ 연속적인 야간교대작업은 줄인다.
④ 근무시간 종류 후 11시간 이상의 휴식시간을 둔다.

해설 교대작업자의 작업설계

- 야간작업은 연속하여 3일을 넘기지 않도록 한다.
- 야간반 근무를 모두 마친 후 아침반 근무에 들어가기 전 최소한 24시간 이상 휴식을 하도록 한다.
- 가정생활이나 사회생활을 배려할 때 주중에 쉬는 것보다는 주말에 쉬도록 하는 것이 좋으며, 하루씩 띄어 쉬는 것보다는 주말에 이틀 연이어 쉬도록 한다.
- 교대작업자 특히 야간작업자는 주간작업자보다 연간 쉬는 날이 더 많이 있어야 한다.
- 근무반 교대방향은 아침반 → 저녁반 → 야간반으로 정방향 순환이 되게 한다.
- 아침반 작업은 너무 일찍 시작하지 않도록 한다.
- 야간반 작업은 잠을 조금이라도 더 오래 잘 수 있도록 가능한 한 일찍 작업을 끝내도록 한다.
- 교대작업 일정을 계획할 때 가급적 근로자 개인이 원하는 바를 고려하도록 한다.
- 교대작업 일정은 근로자들에게 미리 통보되어 예측할 수 있도록 한다.
∴ 2조 2교대보다 4조 3교대가 바람직하다.

24 생명유지에 필요한 단위 시간당 에너지양을 무엇이라 하는가?

① 기초 대사량
② 산소 소비율
③ 작업 대사량
④ 에너지 소비율

해설 기초 대사량 등 개념의 이해

- **산소 소비율**(Oxygen Consumption Rate) : 신체가 활동 중에 소비하는 산소의 양을 말한다. 이는 운동 강도와 밀접한 관련이 있으며, 운동 시 산소 소비율이 증가한다. 산소 소비율은 신체의 에너지 생산 능력을 평가하는 데 중요한 지표다.
- **작업 대사량**(Work Metabolic Rate) : 특정 작업이나 활동을 수행할 때 소비되는 에너지양으로 이는 기초 대사량과는 달리, 신체가 일상적인 활동을 하는 동안 소비하는 에너지를 포함한다. 작업 대사량은 작업의 종류와 강도에 따라 달라질 수 있다.
- **에너지 소비율**(Energy Consumption Rate) : 단위 시간당 소비되는 총 에너지양으로 기초 대사량, 활동 대사량, 소화 대사량 등의 합으로 구성되며, 신체가 하루 동안 소비하는 총 에너지를 나타낸다.

25 산업안전보건법령상 작업환경측정에 사용되는 단위로서 고열환경을 종합적으로 평가할 수 있는 지수는?

① 실효온도(ET)
② 열스트레스지수(HSI)
③ 습구흑구온도지수(WBGT)
④ 옥스퍼드지수(Oxford index)

해설 고열환경평가지수

- **실효온도**(ET) : 인간이 느끼는 쾌적감을 평가하는 지표로, 온도, 습도, 풍속 등을 종합하여 계산된다.
- **열스트레스지수**(HSI) : 작업 환경에서 열스트레스를 평가하는 지표로, 기온, 습도, 방사열, 풍속 등을 고려하여 계산된다.
- **습구흑구온도지수**(WBGT) : 열환경에서의 안전을 평가하는 지표로, 기온, 습도, 방사열, 풍속 등을 종합적으로 고려하여 계산된다.
- **옥스퍼드지수**(Oxford index) : 습구온도(Twb)와 건구온도(Tdb)를 가중치를 사용하여 계산된 지수이다.

정답 22 ② 23 ① 24 ① 25 ③

26 영상표시단말기(VDT) 취급근로자 작업관리지침상 작업기기의 조건으로 옳지 않은 것은?

① 키보드와 키 윗부분의 표면은 무광택으로 할 것
② 영상표시단말기 화면은 회전 및 경사조절이 가능할 것
③ 키보드의 경사는 3° 이상 20° 이하, 두께는 4cm 이하로 할 것
④ 단색화면일 경우 색상은 일반적으로 어두운 배경에 밝은 황녹색 또는 백색문자를 사용하고 적색 또는 청색의 문자는 가급적 사용하지 않을 것

해설 VDT 작업기기 조건

키보드의 경사는 5° 이상 15° 이하가 적절하며, 두께는 2cm 이하가 권장된다.

27 아래의 윤활 관절(synovial joint) 중 연결형태가 안장 관절(saddle joint)인 것은 어느 것인가?

해설
① 절구 관절 : 어깨 관절 = 견관절
② 타원 관절 : 손목뼈 관절
③ 안장 관절 : 엄지손가락의 손목, 손바닥뼈 관절
④ 차축 관절 : 척골 관절

28 남성 작업자의 육체작업에 대한 에너지가를 평가한 결과 산소 소모량이 1.5L/min이 나왔다. 작업자의 4시간에 대한 휴식시간은 약 몇 분 정도인가? (단, Murrell의 공식을 이용한다.)

① 75분 ② 100분
③ 125분 ④ 150분

해설 휴식시간의 산정

$$R = \frac{T(E-S)}{E-1.5} = \frac{240(7.5-5)}{7.5-1.5} = 100분$$

R : 휴식시간(분)
T : 총 작업시간(분) : 240
E : 평균 에너지 소모량(kcal/min) : 5 × 1.5 = 7.5
S : 권장 평균 에너지 소모량(kcal/min) : 5

29 어떤 작업자가 팔꿈치 관절에서부터 30cm 거리에 있는 10kg 중량의 물체를 한 손으로 잡고 있고, 팔꿈치 관절의 회전중심에서의 손까지의 중력중심 거리는 14cm이며, 이 부분의 중량은 1.3kg이다. 이때 팔꿈치에 걸리는 반작용(R_E)의 힘은?

① 98.2N ② 105.5N
③ 110.7N ④ 114.9N

해설 팔꿈치의 반작용력

$F_1 = 10kg \times 9.8m/s^2 = 98N$
$F_2 = 1.3kg \times 9.8m/s^2 = 12.74N$
$R_E = F_1 + F_2 = 98N + 12.74N = 110.7N$

30 육체적 작업을 위하여 휴식시간을 산정할 때 가장 관련이 깊은 척도는?

① 눈 깜빡임 수(blink rate)
② 점멸융합주파수(flicker test)
③ 부정맥 지수(cardiac arrhythmia)
④ 에너지 대사율(relative metabolic rate)

정답 26 ③ 27 ③ 28 ② 29 ③ 30 ④

해설 › 휴식시간 산정

작업부하에 따라 휴식시간을 산정 시 평균 에너지 소모량과 권장 에너지 소모량을 기초로 한다.

$$R = \frac{T(E-S)}{E-1.5}$$

R : 휴식시간/min T : 총 작업시간/min
E : 평균 에너지 소비량 S : 권장 에너지 소비량

---

31 척추와 근육에 대한 설명으로 옳은 것은?

① 허리부위의 미골은 체중의 60% 정도를 지탱하는 역할을 담당한다.
② 인대는 근육과 뼈에 연결되어 있는 것으로 보통 힘줄이라고 한다.
③ 건은 뼈와 뼈를 연결하여 관절의 운동을 제한한다.
④ 척추는 26개의 뼈로 구성되어 경추, 흉추, 요추, 천골, 미골로 구성되어 있다.

해설 › 척추와 근육

① 허리부위의 미골은 체중의 60% 정도를 지탱하는 역할을 담당한다.
   미골(꼬리뼈)은 체중을 지탱하는 데 큰 역할을 하지 않으며, 주요 역할은 척추의 끝 부분을 형성하는 것이다.
② 인대는 근육과 뼈에 연결되어 있는 것으로 보통 힘줄이라고 한다.
   인대(ligament)는 뼈와 뼈를 연결하는 조직으로, 근육과 뼈 연결하는 것은 건(tendon)이다.
③ 건은 뼈와 뼈를 연결하여 관절의 운동을 제한한다.
   건(tendon)은 근육을 뼈에 연결하는 조직이며, 관절의 운동을 제한하는 역할은 인대(ligament)이다.
∴ 인간의 경우 26개의 뼈로 이루어져 있다. 경추 7개, 흉추 12개, 요추 5개, 천골 1개[3], 미골 1개[4]로 구분된다.

---

32 작업장에서 8시간 동안 85dB(A)로 2시간, 90dB(A)로 3시간, 95dB(A)로 3시간 소음에 노출되었을 경우 소음노출지수는? (단, 국내의 관련 규정을 따른다.)

① 0.975 ② 1.125
③ 1.25   ④ 1.5

해설 › 노출지수(EI)

$$\text{소음노출지수} = \frac{C(\text{노출시간})}{T(\text{허용노출시간})}$$

$$= \frac{C_1}{T_1} + \frac{C_2}{T_2} + \cdots\cdots + \frac{C_n}{T_n}$$

$$= \frac{3}{8} + \frac{3}{4} = 1.125$$

---

33 생체역학 용어에 대한 설명으로 틀린 것은?

① 힘을 3요소는 크기, 방향, 작용점이다.
② 벡터(vector)는 크기와 방향을 갖는 양이다.
③ 스킬라(scglgr)는 벡터양과 유사하나 방향이 다르다.
④ 모멘트(moment)란 변형시킬 수 있거나 회전시킬 수 있는 관절에 가해지는 힘이다.

해설 › 스킬라(scglgr)

"벡터양과 유사하나 방향이 다르다."라는 설명이 틀린 것이다. 스킬라는 크기만을 갖는 양으로 방향이 없다. 벡터는 크기와 방향을 갖는 양이다. 따라서 스킬라와 벡터는 서로 다른 개념이다.

---

34 작업시작 및 종료 시 호흡의 산소 소비량에 대한 설명으로 틀린 것은?

① 산소 소비량은 작업부하가 계속 증가하면 일정한 비율로 계속 증가한다.
② 작업이 끝난 후에도 맥박과 호흡수가 작업개시 수준으로 즉시 돌아오지 않고 서서히 감소한다.
③ 작업부하 수준이 최대산소소비량 수준보다 높아지게 되면, 젖산의 제거 속도가 생성속도에 못 미치게 된다.
④ 작업이 끝난 후에 남아 있는 젖산을 제거하기 위해서는 산소가 더 필요하며, 이때 동원되는 산소 소비량을 산소부채(oxygen debt)라 한다.

정답 31 ④ 32 ② 33 ③ 34 ①

> **해설** 산소 소비량
>
> 산소 소비량은 작업부하가 증가함에 따라 증가하지만, 일정한 비율로 계속 증가하는 것은 아니며, 어느 정도 한계에 도달하면 최대산소소비량(VO_2 max)에 도달하게 된다. 이 지점에서는 작업부하가 증가하더라도 산소 소비량은 더 이상 증가하지 않는다.

35 인체의 척추 구조에서 요추는 몇 개로 구성되어 있는가?

① 5개 ② 7개
③ 9개 ④ 12개

> **해설**
>
> - 경추 : 7개
> - 흉추 : 12개
> - 요추 : 5개
> - 천추 : 5개
> - 미추 : 3~5개

36 어떤 들기 작업을 한 후 작업자의 배기를 3분간 수집한 후 60리터(liter)의 가스를 가스 분석기로 성분을 조사하였더니, 산소는 16%, 이산화탄소는 4%이었다. 분당 산소 소비량과 에너지가(價)를 구한 것으로 맞는 것은? (단, 공기 중 산소는 21%, 질소는 79%를 차지하고 있다.)

① 1.053L/min, 5.265kcal/min
② 1.053L/min, 10.525kcal/min
③ 2.105L/min, 5.265kcal/min
④ 2.105L/min, 10.525kcal/min

> **해설** 산소 소비량의 측정
>
> - 분당 배기량 $= \dfrac{60L}{3분} = 20L/min$
> - 분당 흡기량 $= \dfrac{(100\% - 16\% - 4\%)}{79\%} \times 20L = 20.25L/min$
> - 산소 소비량 $= 21\% \times 20.25L/min - 16\% \times 20L/min = 1.053L/min$
> - 에너지가 $= 1.053 \times 5kcal/min = 5.265kcal/min$

37 다음 중 육체 활동에 따른 에너지 소비량이 가장 큰 것은?

①  ②

③  ④

> **해설** 인체활동에 따른 에너지 소비량
>
>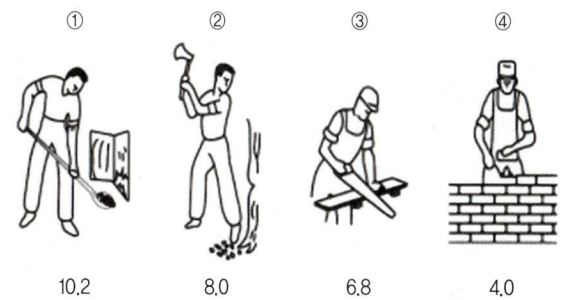
>
> ① 10.2   ② 8.0   ③ 6.8   ④ 4.0

38 공기정화시설을 갖춘 사무실에서의 환기기준으로 맞는 것은?

① 환기횟수는 시간당 2회 이상으로 한다.
② 환기횟수는 시간당 3회 이상으로 한다.
③ 환기횟수는 시간당 4회 이상으로 한다.
④ 환기횟수는 시간당 6회 이상으로 한다.

> **해설** 환기기준
>
> 사무실 공기관리 지침 [고용노동부고시 제2020-45호]에 따라 공기정화시설을 갖춘 사무실에서 근로자 1인당 필요한 최소 외기량은 분당 0.57세제곱미터 이상이며, 환기횟수는 시간당 4회 이상으로 한다.

정답 35 ① 36 ① 37 ① 38 ③

39 다음 중 작업장 실내에서 일반적으로 추천반사율이 가장 높은 곳은? (단, IES 기준이다.)

① 천장
② 바닥
③ 벽
④ 책상면

해설 추천반사율

천장	80~90%
벽, 창문 발(blind)	40~60%
가구, 사무용기기, 책상	25~45%
바닥	20~40%

40 다음 중 젖산의 축적 및 근육의 피로에 관한 설명으로 틀린 것은?

① 젖산이 누적되면 결국 근육은 반응을 하지 않게 된다.
② 무기성 환원 과정은 산소가 충분히 공급될 때 일어난다.
③ 축적된 젖산은 산소와 결합하여 물과 이산화탄소로 분해되어 배출된다.
④ 계속적인 활동 시 혈액으로부터 양분과 산소를 공급받아야 하며 이때 충분한 산소 공급이 되지 않을 경우 젖산은 축적된다.

해설 젖산의 축적

무기성 환원 과정은 산소가 충분히 공급될 때 일어나는 것이 아니라, 산소 공급이 부족할 때 일어나는 과정이다.

3과목 산업심리학 및 관련 법규

41 다음 중 불안전한 행동에 해당되지 않는 것은?

① 보호구 미착용
② 안전장치 결함
③ 불안전한 조작
④ 안전장치 기능 제거

해설 불안전한 행동의 이해

불안전한 행동은 작업자가 안전 규칙을 따르지 않거나 위험한 방식으로 작업을 수행하는 것을 말한다. 예를 들어, 보호구를 착용하지 않거나, 불안전한 조작을 하거나, 안전장치의 기능을 제거하는 등의 행동이다. 반면, 안전장치 결함은 작업자의 행동과는 무관하게 기계나 설비 자체의 문제로 인해 발생하는 것으로 불안전한 상태이다.

42 맥그리거(McGregor)의 X-Y이론 중 Y이론에 대한 관리처방으로 볼 수 없는 것은?

① 분권화와 권한의 위임
② 경제적 보상체계의 강화
③ 비공식적 조직의 활용
④ 자체 평가제도의 활성

해설 맥그리거(McGregor)의 X-Y이론

맥그리거의 X-Y이론에서 Y이론은 인간의 긍정적인 면과 자율성을 중시하는 이론이다. Y이론에 따른 관리 처방은 자율성을 부여하고, 개인의 발전을 도모하며, 신뢰를 바탕으로 한 관리 방식을 사용한다.

정답 39 ① 40 ② 41 ② 42 ②

43 NIOSH의 직무스트레스 관리 모형에 관한 설명으로 틀린 것은?

① 직무스트레스 요인에는 크게 작업 요인, 조직 요인 및 환경 요인으로 구분된다.
② 똑같은 작업스트레스에 노출된 개인들은 스트레스에 대한 지각과 반응에서 차이를 보이지 않는다.
③ 조직 요인에 의한 직무스트레스에는 역할 모호성, 열할 갈등, 의사 결정에의 참여도, 승진 및 직무의 불안정성 등이 있다.
④ 작업 요인에 의한 직무스트레스에는 작업 부하, 작업속도 및 작업과정에 대한 작업자의 통제정도, 교대근무 등이 포함된다.

해설 NIOSH의 직무스트레스 모형

사람들은 같은 스트레스 요인에 노출되더라도 각자의 성격, 경험, 대처 능력 등에 따라 스트레스를 다르게 지각하고 반응한다.

44 다음 중 자기의 주관대로 추측하는 억측판단이 일어나는 배경이 아닌 것은?

① 희망직 관측이 깅할 때
② 과거의 경험적 선입관이 있을 때
③ 정보가 불확실할 때
④ 개인적인 고민으로 인하여 정서적으로 갈등을 갖고 있을 때

해설 억측판단

① **희망적 관측이 강할 때**: 개인이 희망하는 대로 상황을 해석하려는 경향이 있기 때문에 억측판단이 발생할 수 있다.
② **과거의 경험적 선입관이 있을 때**: 이전 경험이나 선입견이 현재 상황을 왜곡하여 판단을 흐리게 할 수 있다.
③ **정보가 불확실할 때**: 명확한 정보가 없으면 사람들이 주관적으로 판단하려고 하여 억측판단이 발생할 수 있다.
④ **개인적인 고민으로 인하여 정서적으로 갈등을 갖고 있을 때**: 이는 주관적인 판단을 할 수 있는 조건이지만, 정서적 갈등이 직접적으로 억측판단을 유발하지는 않는다.

45 다음 중 실수(slip)와 착오(mistake)에 관한 설명으로 옳은 것은?

① 실수와 착오는 의식적인 행동에서 발생하는 오류이다.
② 실수와 착오는 불안전 행동으로 인한 오류이다.
③ 실수는 의도는 올바른 것이지만 반응의 실행이 올바른 것이 아닌 경우이고, 착오는 부적합한 의도를 가지고 행동으로 옮긴 경우를 말한다.
④ 착오와 위반은 불안전 행동으로 인한 오류이다.

해설 실수(slip)와 착오(mistake)

- 실수와 착오는 무의식적인 행동에서 발생하는 오류이다.
- 실수와 착오는 불안전 행동 및 상태로 인한 오류이다.
- 착오와 위반은 불안전한 행동으로 인한 오류이지만, 실수는 불안전한 행동과 불안전한 상태 모두로 인한 오류이다.

46 업자가 제어반의 압력계를 계속적으로 모니터링하는 작업에서 압력계를 잘못 읽어 에러를 범할 확률이 100시간에 1회로 일정한 것으로 조사되었다. 작업을 시작한 후 200시간 시점에서의 인간 신뢰도는 약 얼마로 추정되는가?

① 0.02　　② 0.98
③ 0.135　　④ 0.865

해설 연속적 직무에서의 인간 신뢰도

신뢰도 $= e^{-\lambda(t_1 - t_2)}$
　　　$= e^{-1/100 \times 200}$
　　　$= 0.135$

정답 43 ② 44 ④ 45 ③ 46 ③

47 하인리히의 도미노 이론을 순서대로 나열한 것은?

> A. 유전적 요인과 사회적 환경
> B. 개인의 결함
> C. 불안전한 행동과 불안전한 상태
> D. 사고
> E. 재해

① A → B → D → C → E
② A → B → C → D → E
③ B → A → C → D → E
④ B → A → D → C → E

해설 하인리히 도미노이론

- 1단계 : 유전적인 요소 및 사회 환경(선천적 결함)
- 2단계 : 개인의 결함(간접 원인)
- 3단계 : 불안전한 행동(인적 결함) 및 불안전한 상태(물적 결함) (직접 원인) ※ 제거 가능
- 4단계 : 사고
- 5단계 : 재해

48 민주적 리더십에 관한 내용으로 옳은 것은?

① 리더에 의한 모든 정책의 결정
② 리더의 지원에 의한 집단 토론식 결정
③ 리더의 과업 및 과업 수행 구성원 지정
④ 리더의 최소 개입 또는 개인적인 결정의 완전한 자유

해설 맥그리거 XY이론

유형	개념	특징
독재적 (권위주의자) 리더십 (맥그리거의 X이론 중심)	• 정책 결정에 부하직원의 참여 거부 • 리더의 의사에 복종 강요 (리더 중심) • 집단성원의 행위는 공격적 아니면 무관심 • 집단구성원 간의 불신과 적대감	• 리더는 생산이나 효율의 극대화를 위해 완전 통제를 하는 것이 목표
민주적 리더십 (맥그리거의 Y이론 중심)	• 집단토론이나 집단결정을 통하여 정책 결정(집단 중심) • 리더나 집단에 대하여 적극적인 자세로 행동	• 참여적인 의사결정 및 목표 설정(리더와 부하직원 간의 협동과 상호 의사소통이 필요)

49 어느 사업장의 도수율은 40이고, 강도율은 4이다. 이 사업장의 재해 1건당 근로손실일수는 얼마인가?

① 1
② 10
③ 50
④ 100

해설 평균강도율

평균강도율 = $\dfrac{강도율}{도수율} \times 1{,}000 = \dfrac{4}{40} \times 1{,}000 = 100$

50 라스무센(Rasmussen)은 인간 행동의 종류 또는 수준에 따라 휴먼에러를 세 가지로 분류하였는데, 이에 속하지 않는 것은?

① 숙련기반 에러(skill-based error)
② 기억기반 에러(momory-based error)
③ 규칙기반 에러(rule-based error)
④ 지식기반 에러(knowledge-based error)

해설 라스무센(Rasmussen) 세 가지 휴먼에러

기억기반 에러는 해당되지 않는다.

51 집단 내에서 권한의 행사가 외부에 의하여 선출, 임명된 지도자에 의해 이루어지는 것은?

① 멤버십
② 헤드십
③ 리더십
④ 매니저십

정답 47 ② 48 ② 49 ④ 50 ② 51 ②

해설 │ 헤드십과 리더십

구분	권한부여 및 행사	권한근거	상관과 부하와의 관계 및 책임귀속	부하와의 사회적 간격	지휘형태
헤드십	위에서 위임하여 임명	법적 또는 공식적	지배적, 상사	넓다.	권위주의적
리더십	아래로부터의 동의에 의한 선출	개인능력	개인적인 경향, 상사와 부하	좁다.	민주주의적

52 제조물 책임법상 결함의 종류에 해당되지 않는 것은?

① 재료상의 결함
② 제조상의 결함
③ 설계상의 결함
④ 표시상의 결함

해설 │ 제조물 책임법

- **제조상의 결함** : 제조업자가 제조물에 대하여 제조상·가공상의 주의 의무를 이행하였는지에 관계없이 제조물이 원래 의도한 설계와 다르게 제조·가공됨으로써 안전하지 못하게 된 경우를 말한다.
- **설계상의 결함** : 제조업자가 합리적인 대체설계(代替設計)를 채용하였더라면 피해나 위험을 줄이거나 피할 수 있었음에도 대체설계를 채용하지 아니하여 해당 제조물이 안전하지 못하게 된 경우를 말한다.
- **표시상의 결함** : 제조업자가 합리적인 설명·지시·경고 또는 그 밖의 표시를 하였더라면 해당 제조물에 의하여 발생할 수 있는 피해나 위험을 줄이거나 피할 수 있었음에도 이를 하지 아니한 경우를 말한다.

53 호손(Hawthorne)의 연구에 관한 설명으로 맞는 것은?

① 동기부여와 직무만족도 사이의 관계를 밝힌 연구이다.
② 집단 내에서의 인간관계의 중요성을 증명한 연구이다.
③ 조명 조건 등 물리적 작업환경은 생산성에 큰 영향을 끼친다.
④ 미국 Western Electric 사를 대상으로 호손이 진행한 연구이다.

해설 │ 호손의 연구

호손 연구의 결과는 노동자의 심리적 요인과 인간관계가 생산성에 큰 영향을 미친다는 것을 보여주었고, 이 연구는 인사 관리와 인간 중심의 경영 관리 방식을 촉진하는 데 중요한 역할을 했다.

54 스웨인(Swain)의 휴먼에러 분류 중 다음 사례에서 재해의 원인이 된 동료작업자 B의 휴먼에러로 적합한 것은?

> 컨베이어 벨트 위에 앉아 있는 작업자 A가 동료 작업자 B에게 작동 버튼을 살짝 눌러서 벨트가 조금만 움직이다가 멈추게 하라고 요청했다. 동료작업자 B는 버튼을 누르던 중 균형을 잃고 버튼을 과도하게 눌러서 벨트가 전속력으로 움직여 작업자 A가 전도되는 재해가 발생하였다.

① Time Error
② Sequential Error
③ Omission Error
④ Commission Error

해설 │ 심리적 분류

- 생략 오류(Omission Error) : 절차를 생략해 발생하는 오류
- 시간 오류(Time Error) : 절차의 수행지연에 의한 오류
- 작위 오류(Commission Error) : 절차의 불확실한 수행에 의한 오류
- 순서 오류(Sequential Error) : 절차의 순서착오에 의한 오류
- 과잉행동 오류(Extraneous Error) : 불필요한 작업/절차에 의한 오류

정답 52 ① 53 ② 54 ④

55 FTA(Fault Tree Analysis)에 관한 설명으로 옳은 것은?

① 연역적이며 톱다운(top-down) 접근방식이다.
② 귀납적이고, 위험 그 자체와 영향을 강조하고 있다.
③ 시스템 구상에 있어 가장 먼저 하는 분석으로 위험요소가 어떤 상태에 있는지를 정성적으로 평가하는 데 적합하다.
④ 한 사건에 대하여 실패와 성공으로 분개하고, 동일한 방법으로 분개된 각각의 가지에 대하여 실패 또는 성공의 확률을 구하는 것이다.

해설 | FTA
- 연역적이고, 실패고장 등의 원인을 분석한다.
- 시스템 구상에 있어 가장 먼저 하는 분석은 PHA다.
- 고장 또는 실패 원인을 도식적으로 표현하여 원인-결과 관계를 명확히 하는 데 사용된다.

56 다음 중 의식이 멍하고, 졸음이 심하게 와서 오류를 일으키기 쉬운 경우에 나타나는 뇌파의 파형은?

① α파 ② β파
③ δ파 ④ θ파

해설 | 뇌파

단계(phase)	뇌파패턴	의식상태(mode)	주의의 작용	생리적 상태	신뢰성
0	δ파	무의식, 실신	제로	수면, 뇌발작	없다. 0
I	θ파	의식이 둔한 상태, 흐림, 몽롱 (subnormal)	활발하지 않음 (inactive)	피로 단조, 졸림, 취중	낮다. 0.9
II	α파	편안한 상태, 이완상태, 느긋함 (normal, relaxed)	수동적 (passive)	안정적 상태, 휴식 시, 정상작업 시, 정례작업 시, 일반적으로 일을 시작할 때의 안정된 상태	다소 높다. 0.99~0.9999
III	β파	명석한 상태, 정상의식, 분명한 의식 (normal, clear)	활발함, 적극적 (active)	적극적 활동 시, 가장 좋은 의식수준 상태	매우 높다. 0.9999 이상
IV	γ파 긴장과대	흥분상태 (과긴장) (hypernormal)	일점에 응집, 판단 정지	긴급방위 반응, 당황, 패닉	낮다. 0.9 이하

57 NIOSH의 직무스트레스 모형에서 직무스트레스 요인에 해당하지 않는 것은?

① 작업 요인 ② 개인적 요인
③ 조직 요인 ④ 환경 요인

해설 | NIOSH의 직무스트레스 모형
직무스트레스 요인은 일반적으로 작업 요인, 조직 요인, 환경 요인 등의 외부 요인으로 분류한다.

58 안전대책의 중심적인 내용이라 할 수 있는 3E에 포함되지 않는 것은?

① Education
② Engineering
③ Economy
④ Enforcement

해설 | 3E
① Education(교육)
② Engineering(기술)
③ Enforcement(강제)

정답 55 ① 56 ④ 57 ② 58 ③

59 오류를 범할 수 없도록 사물을 설계하는 기법은?

① Fail-Safe 설계
② Interlock 설계
③ Exclusion 설계
④ Prevention 설계

해설 기계의 안전설계 기법

① Fail-Safe 설계 : 시스템에 오류가 발생할 경우 안전한 상태로 전환된다. 예를 들어, 전기차 충전기가 고장나면 자동으로 전력을 차단하여 더 큰 문제가 생기지 않도록 한다.
② Interlock 설계 : 여러 개의 구성요소가 특정 순서나 조건을 만족해야만 작동되도록 하는 것이다. 예를 들어, 공작 기계에서는 작업자가 보호 장치를 열면 기계가 자동으로 멈추는 기능이 포함되어 있어야 한다.
③ Exclusion 설계 : 특정 행동이나 작업이 아예 불가능 하도록 만드는 것으로, USB 포트의 크기와 모양이 다르면 다른 종류의 포트를 연결할 수 없도록 되어 있어 잘못된 연결을 방지한다.
④ Prevention 설계 : 오류가 발생하기 전에 사전 예방 조치를 취하는 것을 목표로 한다. 예를 들어, 비밀번호 입력 시 잘못된 입력이 반복되면 일정 시간 동안 입력을 차단하여 무차별 대입 공격을 막는 기능이 포함될 수 있다.

60 리더십의 이론 중, 경로-목표이론(path-goal theory)에서 리더 행동에 따른 네 가지 범주의 설명으로 옳은 것은?

① 후원적 리더는 부하들의 욕구, 복지문제 및 안정, 온정에 관심을 기울이고, 친밀한 집단 분위기를 조성한다.
② 성취지향적 리더는 부하들과 정보자료를 많이 활용하여 부하들의 의견을 존중하여 의사결정에 반영한다.
③ 주도적 리더는 도전적 목표를 설정하고, 높은 수준의 수행을 강조하여 부하들이 그러한 목표를 달성할 수 있다는 자신감을 갖게 한다.
④ 참여적 리더는 부하들의 작업을 계획하고 조정하며 그들에게 기대하는 바가 무엇인지 알려주고 구체적인 작업지시를 하며 규칙과 절차를 따르도록 요구한다.

해설 경로-목표이론의 네 가지 리더십

- **지시형 리더십(Directive Leadership)** : 리더가 명확한 지시와 기대를 제공하며, 팀원들에게 구체적인 업무 수행 방법을 제시하는 리더십으로, 역할이 모호하거나 복잡한 과제를 수행할 때 효과적이다.
- **지원형 리더십(Supportive Leadership)** : 리더가 팀원들의 복지를 우선시하고, 친절하며, 접근 가능한 태도로 팀원들과 상호작용하는 리더십이다. 스트레스가 높은 작업 환경에서 팀원들의 사기를 높이는 데 도움이 된다.
- **참여형 리더십(Participative Leadership)** : 리더가 팀원들의 의견을 적극적으로 수렴하고, 의사 결정 과정에 팀원들을 참여시키는 리더십으로, 팀원들이 자율성과 책임감을 느낄 수 있도록 도와준다.
- **성취 지향형 리더십(Achievement-Oriented Leadership)** : 리더가 팀원들에게 도전적인 목표를 설정하고, 목표 달성을 위해 높은 기대와 자율성을 부여하는 리더십으로, 높은 성과를 요구하는 상황에서 팀원들의 동기 부여에 효과적이다.

4과목 근골격계질환 예방을 위한 작업관리

61 다음 중 작업개선을 위해 검토할 착안 사항과 가장 거리가 먼 항목은?

① "이 작업은 꼭 필요한가? 제거할 수는 없는가?"
② "이 작업을 기계화 또는 자동화 할 경우의 투자효과는 어느 정도인가?"
③ "이 작업을 다른 작업과 결합시키면 더 나은 결과가 생길 것인가?"
④ "이 작업의 순서를 바꾸면 좀 더 효율적이지 않을까?"

정답 59 ③ 60 ① 61 ②

> **해설** 작업의 개선, ECRS

- 네 가지 항목 중 작업 개선을 위해 검토할 착안 사항과 가장 거리가 먼 항목은 ②이다.
- 작업의 기계화 또는 자동화는 작업 개선의 한 가지 방법일 수 있지만, 투자 효과를 고려하는 것은 작업 개선의 직접적인 착안 사항이라기보다는 재정적인 관점에서의 고려 사항이다.
  - 제거(Eliminate) : 불필요한 작업을 제거하여 효율성을 높이는 것이다.
  - 결합(Combine) : 여러 작업을 결합하여 단순화하거나 중복 작업을 줄이는 것이다.
  - 재배치(Rearrange) : 작업의 순서를 조정하여 더 나은 흐름과 효율성을 추구하는 것이다.
  - 간소화(Simplify) : 작업을 단순화하여 수행하기 쉽게 만드는 것이다.

62 작업관리에서 결과에 대한 원인을 파악할 목적의 문제분석 도구는?

① 브레인스토밍 ② 공정도
③ 마인드 매핑 ④ 특성요인도

> **해설** 문제분석 도구

- 브레인스토밍(Brainstorming) : 여러 아이디어를 자유롭게 떠올리고, 생각나는 대로 나열하는 방법으로 창의적 문제 해결이나 새로운 아이디어가 필요할 때 유용하다.
- 공정도(Process Chart) : 작업의 흐름을 시각적으로 표현한 다이어그램으로, 각 단계와 절차를 명확히 나타낸다. 효율적인 작업 계획이나 프로세스 개선에 도움을 준다.
- 마인드 매핑(Mind Mapping) : 중심 주제에서부터 관련 아이디어를 가지 형태로 확장해가는 시각적 도구로, 복잡한 정보나 개념을 조직화하고 이해하는 데 사용된다.
- 특성요인도(Cause and Effect Diagram) : 특정 문제의 원인과 결과를 시각적으로 분석하는 도구로, 종종 '물고기 뼈 다이어그램' 또는 '이시카와 다이어그램'이라고도 불린다.

63 동작경제의 원칙 세 가지 범주에 들어가지 않은 것은?

① 작업개선의 원칙
② 신체의 사용에 관한 원칙
③ 작업장의 배치에 관한 원칙
④ 공구 및 설비의 디자인에 관한 원칙

> **해설** 동작경제의 원칙 세 가지 범주

작업개선의 원칙은 해당이 없다.

64 어떤 한 작업의 25회 시험관측치가 평균 0.35, 표준편차가 0.08일 때, 오차확률 5%에서 필요한 최소 관측횟수는 얼마인가? (단, t(25, 0.05) = 2.069, t(24, 0.05) = 2.064, t(26, 0.05) = 2.056이다.)

① 89 ② 90
③ 91 ④ 92

> **해설** 관측횟수

$$N = \left(\frac{t(n-1, 0.05) \times 8}{0.05 \times \bar{x}}\right)^2 = \left(\frac{2.604 \times 0.08}{0.05 \times 0.35}\right)^2 = 89.027 = 90회$$

65 근골격계질환의 유형에 대한 설명으로 틀린 것은?

① 외상과염은 팔꿈치 부위의 인대에 염증이 생김으로써 발생하는 증상이다.
② 백색수지증은 손가락에 혈액의 원활한 공급이 이루어지지 않을 경우에 발생하는 증상이다.
③ 수근관 증후군은 손목이 꺾인 상태나 과도한 힘을 준 상태에서 반복적 손 운동을 할 때 발생한다.
④ 결절종은 반복, 구부림, 진동 등에 의하여 건의 섬유질이 손상되거나 찢어지는 등의 건에 염증이 생기는 질환이다.

정답 62 ④ 63 ① 64 ② 65 ④

> **해설** 결절종

결절종(Ganglion)은 얇은 섬유성 피막 내에 약간 노랗고 젤라틴같이 끈적이는 액체를 함유하고 있는 낭포(물혹)성 종양으로, 안에는 납작한 세포로 덮여 있으며, 관절 또는 힘줄막과 관 같은 줄로 연결되어 있는 것이 많으나, 이것들과 완전히 분리되어 있는 것도 있다.

66 워크샘플링에 대한 장·단점으로 적합하지 않은 것은?

① 시간연구법보다 더 자세하다.
② 특별한 측정 장치가 필요 없다.
③ 관측이 순간적으로 이루어져 작업에 방해가 적다.
④ 자료수집이나 분석에 필요한 순수시간이 다른 시간연구방법에 비하여 짧다.

> **해설** 워크샘플링
> 시간연구법보다 더 자세하지 않다.

67 3시간 동안 작업 수행과정을 촬영하여 워크샘플링 방법으로 200회를 샘플링한 결과 30번의 손목꺾임이 확인되었다. 이 작업의 시간당 손목꺾임 시간은?

① 6분 ② 9분
③ 18분 ④ 30분

> **해설** 워크샘플링
> $\dfrac{관측된 횟수}{총 관측 횟수} = \dfrac{30}{200} = 0.15$
> 시간당 손목꺾임 시간 = 0.15 × 60 = 9분

68 다음 중 RULA에서 사용하는 그룹 A의 평가 대상으로 옳은 것은?

① 목, 손목, 발목
② 목, 몸통, 다리
③ 목, 팔, 다리
④ 위팔, 아래팔, 손목

> **해설** RULA
> RULA에서 사용하는 그룹 A는 상지(팔, 어깨, 손목)의 평가 대상이다. 따라서 "위팔, 아래팔, 손목"이 옳은 대상이다. 이는 RULA에서 상지의 자세와 움직임을 평가하기 위해 선택된 부위이기 때문으로 목, 몸통, 다리, 발목은 RULA에서 다른 그룹의 평가 대상이다.

69 산업안전보건법령상 근골격계 부담작업에 해당하는 작업은?

① 하루에 25kg의 물건을 5회 들어 올리는 작업
② 하루에 2시간씩 무릎을 굽힌 자세에서 하는 작업
③ 하루에 2시간씩 집중적으로 키보드를 이용하여 자료를 입력하는 작업
④ 하루에 4시간씩 기계의 상태를 모니터링 하는 작업

> **해설** 근골격계 부담작업
> - 하루에 4시간 이상 집중적으로 자료입력 등을 위해 키보드 또는 마우스를 조작하는 작업
> - 하루에 총 2시간 이상 목, 어깨, 팔꿈치, 손목 또는 손을 사용하여 같은 동작을 반복하는 작업
> - 하루에 총 2시간 이상 머리 위에 손이 있거나, 팔꿈치가 어깨 위에 있거나, 팔꿈치를 몸통으로부터 들거나, 팔꿈치를 몸통 뒤쪽에 위치하도록 하는 상태에서 이루어지는 작업
> - 지지되지 않은 상태이거나 임의로 자세를 바꿀 수 없는 조건에서, 하루에 총 2시간 이상 목이나 허리를 구부리거나 트는 상태에서 이루어지는 작업
> - 하루에 총 2시간 이상 쪼그리고 앉거나 무릎을 굽힌 자세에서 이루어지는 작업
> - 하루에 총 2시간 이상 지지되지 않은 상태에서 1kg 이상의 물건을 한 손의 손가락으로 집어 옮기거나, 2kg 이상에 상응하는 힘을 가하여 한 손의 손가락으로 물건을 쥐는 작업
> - 하루에 총 2시간 이상 지지되지 않은 상태에서 4.5kg 이상의 물건을 한 손으로 들거나 동일한 힘으로 쥐는 작업
> - 하루에 10회 이상 25kg 이상의 물체를 드는 작업

정답 66 ① 67 ② 68 ④ 69 ②

- 하루에 25회 이상 10kg 이상의 물체를 무릎 아래에서 들거나, 어깨 위에서 들거나, 팔을 뻗은 상태에서 드는 작업
- 하루에 총 2시간 이상, 분당 2회 이상 4.5kg 이상의 물체를 드는 작업
- 하루에 총 2시간 이상 시간당 10회 이상 손 또는 무릎을 사용하여 반복적으로 충격을 가하는 작업

70 공정도(Process chart)에 사용되는 기호와 명칭이 잘못 연결된 것은?

① ⇨ : 운반 ② □ : 검사
③ ○ : 가공 ④ D : 저장

해설 공정도 기호

가공	운반	정체	저장	검사
○	⇨	D	▽	□

71 관측 시간치의 평균이 0.6분이고 레이팅 계수는 120%, 여유시간은 8시간 근무 중에서 24분일 때 표준시간은 약 얼마인가?

① 0.62분   ② 0.68분
③ 0.76분   ④ 0.84분

해설 표준시간

- **정미시간** = 관측시간의 대푯값 × (레이팅 계수 / 100)
  = 0.6 × (120 / 100) = 0.72
- **표준시간** = 정미시간 × (1 + 여유율)
  = 0.72 × (1 + 24 / 480) = 0.756

72 작업자–기계 작업 분석 시 작업자와 기계의 동시 작업시간이 1.8분, 기계와 독립적인 작업자의 활동시간이 2.5분, 기계만의 가동시간이 4.0분일 때, 동시성을 달성하기 위한 이론적 기계 대수는 약 얼마인가?

① 0.28   ② 0.74
③ 1.35   ④ 3.61

해설 이론적 기계 대수(n)

$$n = \frac{a+t}{a+b} = \frac{1.8+4}{1.8+2.5} = 1.35$$

a : 작업자와 기계의 동시작업시간
b : 독립적인 작업자 활동시간
t : 기계가동시간

73 중량물 취급 시 작업 자세에 관한 내용으로 틀린 것은?

① 무릎을 곧게 펼 것
② 중량물은 몸에 가깝게 할 것
③ 발을 어깨넓이 정도로 벌릴 것
④ 목과 등이 거의 일직선이 되도록 할 것

해설 작업 자세

무릎을 곧게 펴면 중량물을 들어 올리는 동안 무릎 관절에 무리가 가해져 부상을 입을 수 있다. 따라서, 중량물을 들어올릴 때는 무릎을 살짝 굽혀야 한다.

74 시계 조립과 같이 정밀한 작업을 위한 작업대의 높이로 가장 적절한 것은?

① 팔꿈치 높이로 한다.
② 팔꿈치 높이보다 5~15cm 낮게 한다.
③ 팔꿈치 높이보다 5~15cm 높게 한다.
④ 작업면과 눈의 거리가 30cm 정도 되도록 한다.

해설 작업대의 높이

- 전자부품 조립과 같은 정밀 작업은 팔꿈치 높이보다 5cm 높게, 팔꿈치 지지대가 필요하다.
- 조립라인 작업이나 기계적인 작업 같은 가벼운 작업은 5~10cm 정도 팔꿈치보다 낮게 한다.
- 아래로 향하는 힘이 요구되는 무거운 작업은 20~40cm 정도 팔꿈치보다 낮게 한다.

정답 70 ④ 71 ④ 72 ③ 73 ① 74 ③

75 워크샘플링 조사에서 주요작업의 추정비율(p)이 0.06이라면, 99% 신뢰도를 위한 워크샘플링 횟수는 몇 회인가? (단, $\mu 0.005$는 2.58, 허용오차는 0.01이다.)

① 3,744
② 3,745
③ 3,755
④ 3,764

해설 워크샘플링에 의한 관측횟수 결정

$$N = \frac{Z_{1-\alpha/2}^2 \times \overline{P}(1-\overline{P})}{e^2} = \frac{(2.58)^2 \times 0.06(1-0.06)}{0.01^2} = 3,755$$

76 산업안전보건법령상 근로자가 근골격계 부담작업을 하는 경우 유해요인 조사의 실시주기는? (단, 신설되는 사업장은 제외한다.)

① 6개월
② 1년
③ 2년
④ 3년

해설 유해요인 조사의 실시주기

사업주는 근골격계 부담작업을 보유하는 경우에 다음 각호의 사항에 대해 최초의 유해요인 조사를 하고, 완료한 날로부터 3년마다 주기적으로 실시한다. 다만, 신설사업장은 신설일로부터 1년 이내에 최초의 유해요인 조사를 실시한다.

77 사업장 근골격계질환 예방·관리 프로그램에 있어 예방·관리추진팀의 역할이 아닌 것은?

① 교육 및 훈련에 관한 사항을 결정하고 실행한다.
② 예방·관리 프로그램의 수립 및 수정에 관한 사항을 결정한다.
③ 근골격계질환의 증상 유해요인 보고 및 대응체계를 구축한다.
④ 유해요인 평가 및 개선계획의 수립과 시행에 관한 사항을 결정하고 실행한다.

해설 예방·관리추진팀의 역할

- 예방·관리 프로그램의 수립 및 수정에 관한 사항 결정
- 예방·관리 프로그램의 실행 및 운영에 관한 사항 결정
- 교육 및 훈련에 관한 사항을 결정하고 실행
- 유해요인 평가, 개선계획의 수립 및 시행에 관한 사항을 결정하고 실행
- 근골격계질환자에 대한 사후조치 및 근로자 건강보호에 관한 사항 등을 결정하고 실행

78 다음 중 작업개선을 위한 개선의 ECRS와 거리가 먼 것은?

① Combine
② Simplify
③ Redesign
④ Eliminate

해설 ECRS

- E : Eliminate(제거하다)
- C : Combine(통합하다)
- R : Rearrange(재배열하다)
- S : Simplify(단순화하다)

79 작업장 시설의 재배치, 기자재 소통상 혼잡지역 파악, 공정과정 중 역류현상 점검 등에 가장 유용하게 사용할 수 있는 공정도는?

① Gentt Chart
② Flow Diagram
③ Man-Machine Chart
④ Operation Process Chart

해설 공정도

① Gantt Chart(간트 차트) : 프로젝트 관리 도구로, 작업 계획과 진행 상황을 시각적으로 나타낸다. 막대그래프로 작업의 시작과 끝, 그리고 각 작업 간의 관계를 표시하여 프로젝트 일정을 관리하는 데 사용한다.

② Flow Diagram(유통선도) : 흐름도는 공정이나 작업의 단계를 시각적으로 나타낸 도구로 이를 통해 각 단계가 어떻게 연결되어 있는지, 작업 흐름이 어떻게 진행되는지를 명확히 볼 수 있다. 이는 공정의 개선이나 문제 해결에 도움을 주며, 역류현상 점검 등에 가장 유용하게 사용할 수 있다.

정답 75 ③ 76 ④ 77 ③ 78 ③ 79 ②

③ Man-Machine Chart(사람-기계 차트) : 작업자와 기계의 상호작용을 분석하는 도구이다. 이를 통해 작업자가 기계를 어떻게 사용하는지, 그리고 기계의 가동 시간과 비가동 시간을 분석하여 효율성을 높이는 데 사용된다.
④ Operation Process Chart(작업 공정도) : 작업 공정도는 작업자의 활동을 시간 순서대로 기록하여 분석하는 도구이다. 각 작업 단계와 작업 간의 상호작용을 시각적으로 나타내어, 비효율적인 단계를 식별하고 공정을 최적화하는 데 도움을 준다.

80 다음 중 수공구의 개선방법으로 가장 관계가 먼 것은?

① 손목을 똑바로 펴서 사용한다.
② 지속적인 정적 근육부하를 방지한다.
③ 수공구 대신 동력공구를 사용한다.
④ 가능하면 손잡이의 접촉면을 작게 한다.

해설 수공구
가능하면 손잡이의 접촉면을 크게 한다.

정답 80 ④

제2회 기출복원문제

1과목 인간공학개론

01 다음 중 귀의 청각 과정이 순서대로 올바르게 나열된 것은?

① 공기전도 → 액체전도 → 신경전도
② 신경전도 → 액체전도 → 공기전도
③ 액체전도 → 공기전도 → 신경전도
④ 신경전도 → 공기전도 → 액체전도

해설 청각과정

공기전도 → 액체전도 → 신경전도

공기가 고막에서 진동하여 중이소골에서 고막의 진동을 내이의 난원창으로 전달한 후 음압의 변화에 반응하여 달팽이관의 림프액이 진동한다. 이 진동을 유모세포와 말초신경이 코르티기관에 전달하고 말초신경에서 포착된 신경충동은 청신경을 통해서 뇌에 전달된다.

02 다음 중 음에 관련된 단위가 아닌 것은?

① dB
② sone
③ fL
④ phon

해설 음의 단위

① dB : 음압을 나타내는 단위
② sone : 음량의 주관적 단위
③ fL : foot-Lambert로 휘도의 단위
④ phon : 소리의 크기에 대한 심리적 평가지수

03 다음 중 작업공간에 관한 설명으로 가장 적절하지 않은 것은?

① 한 장소에 앉아서 수행하는 작업 활동에서, 사람이 작업하는 데 사용하는 공간을 "작업공간 포락면"(Work-space envelope)이라 부른다.
② "정상 작업역"은 위팔을 자연스럽게 수직으로 늘어뜨린 채, 아래팔만으로 편하게 뻗어 파악할 수 있는 구역이다.
③ "최대 작업역"은 아래팔과 위팔을 곧게 펴서 파악할 수 있는 구역이다.
④ 접근 가능 거리는 필요한 인체치수의 95%tile 치수를 이용한다.

해설 작업공간

접근 가능 거리(accessible distance)를 설정할 때는 작은 사람도 작업 가능하도록 해야 하므로 5%tile 치수를 사용한다.

04 다음 설명에 해당하는 것은?

제어기구가 표시장치 옆에 설치될 때 표시장치의 지침은 이것과 가장 가까운 쪽의 제어장치와 같은 방향으로 움직일 것으로 예상한다.

① Fitt's law
② Hick's law
③ Weber's law
④ Warrick's principle

정답 01 ① 02 ③ 03 ④ 04 ④

2025년 제2회 기출복원문제

> **해설** 개념의 정의
> ① Fitt's law : 목표 지점에 도달하는 데 걸리는 시간은 목표까지의 거리(D)와 목표의 크기(W)에 따라 결정된다.
> ② Hick's law : 정을 내리는 데 걸리는 시간은 선택지의 수(n)에 따라 로그 함수적으로 증가한다.
> ③ Weber's law : 자극의 변화가 감지되기 위해서는 기존 자극 대비 일정 비율 이상 변화해야 한다.
> ④ Warrick's principle : 표시장치의 지침 방향은 가장 가까운 조작기 방향과 일치해야 사용자가 직관적으로 인지하기 쉽다. (양립성의 원칙)

05 다음 중 하나의 소리가 다른 소리의 청각 감지를 방해하는 현상을 무엇이라 하는가?
① 기피(avoid)효과
② 은폐(masking)효과
③ 제거(exclusion)효과
④ 차단(interception)효과

> **해설** 은폐효과
> 은폐효과에 대한 설명이다.

06 다음 중 작업공간에 각종 장비 및 장치들을 배치하기 위해 사용하는 원칙이 아닌 것은?
① 비용 절감의 원리
② 중요도의 원리
③ 사용 순서의 원리
④ 사용 빈도의 원리

> **해설** 비용 절감의 원칙
> 비용 절감의 원칙은 배치의 원칙과 관련이 없다.

07 다음 중 인간의 작업기억(Working memory)에 관한 설명으로 틀린 것은?
① 정보를 감지하여 작업기억으로 이전하기 위해서 주의(attention) 자원이 필요하다.
② 청각 정보보다 시각 정보를 작업기억 내에 더 오래 기억할 수 있다.
③ 작업기억의 정보는 감각, 신체, 작업코드의 세 가지로 코드화 된다.
④ 작업기억 내에 정보의 의미 있는 단위(chunk)로 저장이 가능하다.

> **해설** 작업기억
> 청각 정보가 시각 정보보다 작업기억 내에서 더 오래 유지되는 경향이 있다.

08 인간-기계 시스템에서 정보 전달과 조종이 이루어지는 접합면인 인간-기계 인터페이스(man-machine interface)의 종류에 해당하지 않는 것은?
① 지적 인터페이스
② 역학적 인터페이스
③ 감성적 인터페이스
④ 신체적 인터페이스

> **해설** 인터페이스
> 역학적 인터페이스는 종류가 아니다.

09 다음 중 시식별에 영향을 주는 요소로서 관련이 가장 적은 것은?
① 시력
② 표적의 형태
③ 밝기
④ 물체 크기

정답 05 ② 06 ① 07 ② 08 ② 09 ②

> **해설** 시식별에 영향을 주는 요소
> 표적의 형태 자체보다 크기, 대비, 조도가 더 큰 영향을 준다.

10 다음 중 시스템의 평가 척도의 요건에 대한 설명으로 적절하지 않은 것은?

① 실제성 : 현실성은 가지며, 실질적으로 이용하기 쉽다.
② 무오염성 : 측정하고자 하는 변수 이외의 외적 변수에 영향을 받는다.
③ 신뢰성 : 평가를 반복할 경우 일정한 결과를 얻을 수 있다.
④ 타당성 : 측정하고자 하는 평가 척도가 시스템의 목표를 반영한다.

> **해설** 시스템의 평가 척도
> ② 무오염성 : 측정하고자 하는 변수 이외의 외적 변수에 영향을 받아서는 안 된다.

11 정량적 동적 표시장치 중 지침이 고정되고 눈금이 움직이는 형태를 무엇이라 하는가?

① 계수형
② 원형 눈금
③ 동침형
④ 동목형

> **해설** 정량적 동적 표시장치
> • **동침형**(Moving point) : 눈금이 고정되고 지침이 움직이는 표시장치로 차량계기판 속도계 등이 있다.
> • **동목형**(Moving Scale) : 지침이 고정되어 있고 눈금이 움직이는 표시장치로 나타내고자 할 범위가 클 때 사용한다.
> • **계수형**(Digital) : 숫자로 표시되는 표시장치로, 빠르고 정확한 수치 확인에 용이하다.

12 다음 중 전문가에 의한 사용성 평가방법은?

① 표적집단면접법(Focus Group Interview)
② 사용자테스트(User Test)
③ 휴리스틱 평가(Heuristic Evaluation)
④ 설문조사(Questionnaire Survey)

> **해설** 휴리스틱 평가
> 전문가가 직접 시스템이나 제품의 사용성을 평가하는 방식으로, 실제 사용자 대신 사용성 원칙과 경험을 바탕으로 문제를 진단한다.

13 실험연구에서 실험자가 연구하고 싶은 대상이 되는 변수를 무엇이라 하는가?

① 종속 변수   ② 독립 변수
③ 통제 변수   ④ 환경 변수

> **해설** 변수
> ① **종속 변수** : 독립 변수에 의해 영향을 받는 변수로, 연구자가 측정하고자 하는 결과 변수이다.
> ② **독립 변수** : 연구자가 조작하거나 통제하는 변수로, 종속 변수에 영향을 미치는 요인으로 다른 변수에 영향을 주는 변수이다.
> ③ **통제 변수** : 독립 변수와 종속 변수 간의 관계를 명확히 하기 위해 일정하게 유지하는 변수이다.
> ④ **환경 변수** : 통제별로 포함되기도 하는 변수이다.

14 다음 중 외이와 중이의 경계가 되는 것은?

① 기저막   ② 고막
③ 정원창   ④ 난원창

> **해설** 귀의 구조
> • **기저막** : 내이의 달팽이관 내부에 위치한다.
> • **정원창** : 내이의 달팽이관 끝에 위치한다.
> • **난원창** : 중이와 내이를 연결하는 막이다.

정답 10 ② 11 ③ 12 ③ 13 ② 14 ②

15 다음 중 인간의 제어 정도에 따른 인간-기계 시스템의 일반적인 분류에 속하지 않는 것은?

① 수동 시스템
② 기계화 시스템
③ 자동 시스템
④ 감시제어 시스템

> **해설** 인간-기계 시스템의 일반적인 분류
> 감시제어 시스템은 분류에 속하지 않는다.

16 다음과 같은 인간의 정보처리모델에서 구성요소의 위치(A~D)와 해당 용어가 잘못 연결된 것은?

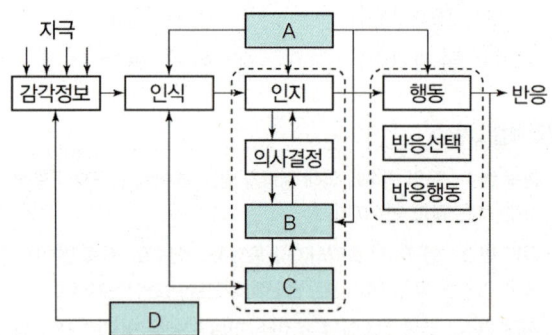

① A - 주의
② B - 작업기억
③ C - 단기기억
④ D - 피드백

> **해설** 정보처리모델
> ① A - 주의
> ② B - 작업기억
> ③ C - 장기기억
> ④ D - 피드백

17 정보의 전달량에 관한 공식으로 맞는 것은?

① Noise = H(X) - T(X, Y)
② Noise = H(X) + T(X, Y)
③ Equivocation = H(X) + T(X, Y)
④ Equivocation = H(X) - T(X, Y)

> **해설** 정보의 전달량에 관한 공식
> • Noise: 수신자가 받은 정보 중 송신자와 관련이 없는 정보
>   Noise = H(Y) - T(X,Y)
> • Equivocation: 송신자가 보낸 정보에 대한 불확실성, 즉 정보 손실이나 노이즈로 인해 정확히 전달되지 않은 부분을 뺀다.
>   Equivocation = H(X) - T(X,Y)
> 여기서 H(X) : 송신자가 보낸 정보의 양(엔트로피)
>   H(Y) : 수신자가 받는 메시지의 정보량
>   T(X,Y) : 송신된 상호 정보량

18 종이의 반사율이 70%이고, 인쇄된 글자의 반사율이 15%일 경우 대비(contrast)는?

① 15%   ② 21%
③ 70%   ④ 79%

> **해설** 대비의 계산
> $$\text{대비}(\%) = \frac{L_b - L_t}{L_b} \times 100 = \frac{0.7 - 0.15}{0.7} \times 100 = 79\%$$

19 인간의 눈이 완전 암조응(암순응) 되기까지 소요되는 시간은 어느 정도인가?

① 1~3분   ② 10~20분
③ 30~40분 ④ 60~90분

> **해설** 암조응(암순응)
> 암순응은 어두운 곳에서의 순응시간이다. 암순응은 30~40분이 소요된다.

20 회전운동을 하는 조종장치의 레버를 40° 움직였을 때 표시장치의 커서는 3cm 이동하였다. 레버의 길이가 15cm일 때 이 조종장치의 C/R 비는 약 얼마인가?

① 2.09   ② 3.49
③ 4.36   ④ 5.23

> **해설** 조종장치의 C/R 비

$$C/R \text{ 비} = \frac{(a/360) \times 2\pi L}{\text{표시장치의 이동거리}} = \frac{(40/360) \times 2\pi \times 15}{3} = 3.49$$

a : 조종장치가 움직인 각도
L : 반지름

2과목 작업생리학

21 다음 중 실효온도(effective temperature)에 관한 설명으로 틀린 것은?

① 실효온도가 증가할수록 육체작업의 기능은 저하된다.
② 상대습도가 75%일 때의 특정 온도로 느끼는 열적 온감이다.
③ 온도, 습도 및 공기 이동이 인체에 미치는 효과를 나타내는 경험적 감각지수이다.
④ 실효온도는 저온 조건에서는 습도의 영향을 과대평가하고, 고온 조건에서는 과소평가한다.

> **해설** 실효온도
>
> 실효온도는 온도, 습도, 공기 풍속이 인체에 미치는 열적 영향을 하나의 수치로 통합한 감각지수이다. 사람이 실제로 느끼는 더위나 추위를 표현하며, 상대습도가 100%이고 무풍 상태일 때의 건구온도를 기준으로 한다.

22 트레드밀(Treadmill) 위를 5분간 걷게 하여 배기를 더글라스 백(Douglas bag)을 이용하여 수집하고 가스분석기로 조사한 결과 배기량이 75L, 산소가 16%, 이산화탄소(CO_2)가 4%이었다. 이 피험자의 분당 산소 소비량(L/min)과 에너지가(價, kcal/min)는 각각 얼마인가? (단, 흡기 시 공기 중의 산소는 21%, 질소는 79%이다.)

① 산소 소비량 : 0.7377, 에너지가 : 3.69
② 산소 소비량 : 0.7897, 에너지가 : 3.95
③ 산소 소비량 : 1.3088, 에너지가 : 6.54
④ 산소 소비량 : 1.3988, 에너지가 : 6.99

> **해설**
>
> 산소 소비량 = (흡기 시 산소농도%×흡기량) − (배기 시 산소농도%×배기량)
> 흡기량 = 배기량×(100 − O_2% − CO_2%) / 79%
> 분당 배기량 = 75min = 15L/min
> 분당 흡기량 = 15L/min×(100 − 16 − 4) / 79% = 15.189
> ∴ 산소 소비량 = (21%×15.189) − (16%×15) = 0.78969
> ∴ 에너지가 = 0.78969×5 = 3.95

23 다음 중 휴식을 취하고 있을 때 혈액이 가장 적게 분포하는 신체부위는?

① 근육　② 소화기관
③ 뇌　④ 심장

> **해설** 휴식 시 혈액의 분포
>
> • 간 및 소화기관 : 20~25%　• 신장 : 20%
> • 근육 : 15~20%　• 뇌 : 15%
> • 심장 : 4~5%

24 일정(constant) 부하를 가진 작업수행 시 인체의 산소 소비변화를 나타낸 그래프는?

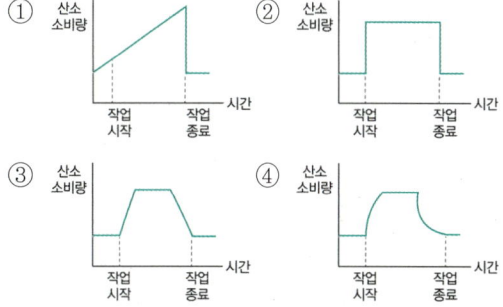

> **해설** 산소부채 그래프 이해
>
> 산소부채는 고강도 운동 후 신체가 정상적인 상태로 회복되는 동안 추가적인 산소가 필요한 상태를 의미한다. 이는 운동 중에 발생한 에너지 부족을 보충하기 위해 필요한 산소량을 나타낸다.

정답 21 ② 22 ② 23 ④ 24 ④

25 다음 중 산소를 이용한 유기성(호기성) 대사과정으로 인한 부산물이 아닌 것은?

① H_2O ② 젖산
③ CO_2 ④ 에너지

> **해설** 호기성 대사
> 호기성 대사란 산소를 이용해 영양소(주로 포도당)를 분해하여 에너지를 생성하는 과정이며, 젖산은 산소가 공급되지 않을 때 에너지가 생성되는 동안 피루브산이 젖산으로 바뀌며 무산소(혐기성) 대사일 때 생성된다.

26 다음 중 상온에서 추운 환경으로 바뀔 때 신체의 조절 작용이 아닌 것은?

① 피부 온도가 내려간다.
② 몸이 떨리고 소름이 돋는다.
③ 직장(直腸) 온도가 약간 올라간다.
④ 피부를 순환하는 혈액량은 증가한다.

> **해설** 신체의 조절 작용
> 피부 온도가 내려가며, 피부를 경유하는 혈액 순환량이 감소하고, 많은 양의 혈액이 몸의 중심부를 순환한다. 직장 온도가 약간 올라가며, 소름이 돋고 온몸이 떨린다.

27 다음 중 사무실 공기질 관리 지침에 따라 사무실의 공기를 관리하고자 할 때 오염물질의 관리 기준이 잘못된 것은?

① 석면은 0.01개/cc 이하이어야 한다.
② 일산화탄소(CO)는 10ppm 이하이어야 한다.
③ 이산화탄소(CO_2)의 농도는 100ppm 이하이어야 한다.
④ 폼알데하이드(HCHO)의 농도가 0.1ppm 이하이어야 한다.

> **해설** 오염물질의 관리기준
> 이산화탄소(CO_2)의 농도는 1,000ppm 이하이어야 한다.

28 그림과 같은 심전도에서 나타나는 T파는 심장의 어떤 상태를 의미하는 것인가?

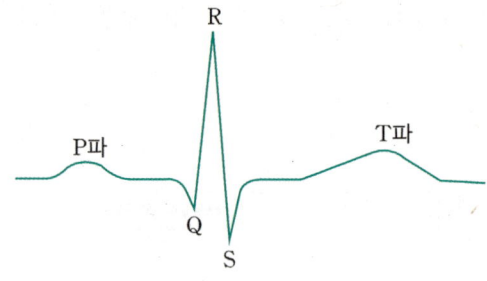

① 심방의 탈분극   ② 심실의 재분극
③ 심실의 탈분극   ④ 심방의 재분극

> **해설** 심전도
> ① **심방의 탈분극** : P파(수축 시작)
> ② **심실의 재분극** : T파(심실 이완)
> ③ **심실의 탈분극** : QRS파(심실 수축)
> ④ **심방의 재분극** : 파형으로 잘 나타나지 않음

29 다음 중 윤활 관절(synovial joint)인 팔굽 관절(elbow joint)은 연결 형태로 구분하여 어느 관절에 해당되는가?

① 구상 관절(Ball and socket joint)
② 경첩 관절(Hinge joint)
③ 안장 관절(Saddle joint)
④ 관절구(Condyloid)

> **해설** 관절의 종류
> ① **구상(절구) 관절(Ball and socket joint)** : 관절머리와 관절오목이 모두 반구상의 것이며, 3개의 운동축을 가지고 있어 운동범위가 가장 크다.
>   예 어깨 관절, 대퇴 관절
> ② **경첩 관절(Hinge joint)** : 두 관절면이 원주면과 원통면 접촉을 하는 것이며, 한 방향으로만 운동할 수 있다.
>   예 무릎 관절, 팔굽 관절, 발목 관절
> ③ **안장 관절(Saddle joint)** : 두 관절면이 말안장처럼 생긴 것이며, 서로 직각 방향으로 움직이는 2축성 관절이다.
>   예 엄지손가락의 손목, 손바닥뼈 관절
> ④ **관절구(Condyloid)** : 굴곡 외전 등 손가락 관절

정답 25 ②　26 ④　27 ③　28 ②　29 ②

30 다음 중 소음관리 대책의 단계로 가장 적절한 것은?

① 소음원의 제거 → 개인보호구 착용 → 소음수준의 저감 → 소음의 차단
② 개인보호구 착용 → 소음원이 제거 → 소음수준의 저감 → 소음의 차단
③ 소음원의 제거 → 소음의 차단 → 소음수준의 저감 → 개인보호구 착용
④ 소음의 차단 → 소음원의 제거 → 소음수준의 저감 → 개인보호구 착용

해설 소음관리 대책

소음관리의 대책은 적극적 대책을 시작으로 소극적 대책으로 추진하며, 제일 먼저 소음원을 제거한다. 소음차단, 소음수준 저감, 개인보호구 착용은 최후의 수단이다.

31 다음 중 지름이 2.54cm 되는 촛불이 수평 방향으로 비칠 때의 빛의 광도를 나타내는 단위는?

① 램버트(lambert)
② 럭스(lux)
③ 루멘(lumen)
④ 촉광(candle)

해설 빛의 단위

① 램버트(lambert) : 휘도의 단위로 표면에서 반사되거나 통과한 빛이 눈에 보이는 밝기이다.
② 럭스(lux) : 조도의 단위로 어떤 표면에 도달한 빛의 양이다.
③ 루멘(lumen) : 광속의 단위 광원이 모든 방향으로 방출한 총 빛의 양이다.
④ 촉광(candle) : 광도의 단위 광원이 특정 방향으로 방출하는 빛의 세기이다.

32 다음 중 근육의 수축원리에 관한 설명으로 틀린 것은?

① 근섬유가 수축하면 I대와 H대가 짧아진다.
② 최대로 수축했을 때의 Z선이 A대에 맞닿는다.
③ 액틴과 미오신 필라멘트 길이는 변하지 않는다.
④ 근육 전체가 내는 힘은 비활성화된 근섬유 수에 의해 결정된다.

해설 근육의 수축원리

근육 전체가 내는 힘은 활성화된 근섬유 수에 의해 결정되며, 활성화된 근섬유 수가 많을수록 더 큰 힘을 낼 수 있다.

33 다음 중 신체를 전후로 나누는 면을 무엇이라 하는가?

① 시상면　　② 관상면
③ 정중면　　④ 횡단면

해설 인체 해부학적 자세

① 시상면 : 인체를 좌우로 양분하는 면이다.
② 관상면 : 인체를 전후로 나누는 면이다.
③ 정중면 : 인체를 좌우대칭으로 나누는 면이다.
④ 횡단면 : 인체를 상하로 나누는 면이다.

34 진동과 관련된 단위가 아닌 것은?

① nm　　② gal
③ cm/s　　④ sone

해설 진동 관련 단위

① nm : 변위, 거리의 단위
② gal : 가속도의 단위
③ cm/s : 속도의 단위
④ sone : 청각적 음의 크기

정답 30 ③　31 ④　32 ④　33 ②　34 ④

35 최대산소소비능력(MAP)에 관한 설명으로 틀린 것은?

① 산소 섭취량이 지속적으로 증가하는 수준을 말한다.
② 사춘기 이후 여성의 MAP는 남성이 65~75% 정도이다.
③ 최대산소소비능력은 개인의 운동역량을 평가하는 데 활용된다.
④ MAP를 측정하기 위해서 주로 트레드밀(Treadmill)이나 자전거 에르고미터(Ergometer)를 활용한다.

해설 최대산소소비능력

MAP는 운동 중에 산소를 가장 많이 섭취할 수 있는 능력으로 일정 강도의 운동 중에 산소 섭취량이 일정 수준 이상으로 더 이상 증가하지 않는 지점을 말한다.

36 작업생리학 분야에서 신체활동의 부하를 측정하는 생리적 반응치가 아닌 것은?

① 심박수(heart rate)
② 혈류량(blood flow)
③ 폐활량(lung capacity)
④ 산소 소비량(oxygen consumption)

해설 인체생리적 반응

산소 소비량 증가, 심박출량 증가, 심박수 증가, 혈류의 재분배로 폐활량과는 관련이 없다.

37 점멸융합주파수(Critical Flicker Fusion)에 대해 설명한 것 중 틀린 것은?

① 중추신경계의 정신피로의 척도로 사용된다.
② 작업시간이 경과할수록 CFF 치는 낮아진다.
③ 쉬고 있을 때 CFF 치는 대략 15~30Hz이다.
④ 마음이 긴장되었을 때나 머리가 맑을 때의 CFF 치는 높아진다.

해설 점멸융합주파수

깜빡이는 빛이 연속적으로 보이기 시작하는 임계 주파수로, 쉬고 있을 때의 CFF는 일반적으로 60~80Hz 수준이며, 15~30Hz는 너무 낮다.

38 생체역학적 모형의 효용성으로 가장 적합한 것은?

① 작업 시 사용되는 근육 파악
② 작업에 대한 생리적 부하 평가
③ 작업의 병리학적 영향 요소 파악
④ 작업 조건에 따른 역학적 부하 추정

해설 생체역학적 모형

생체역학적 모형은 신체의 움직임과 물리적 힘의 상호작용을 정량적으로 분석하기 위한 것으로 작업 조건(자세, 힘, 반복 등)에 따른 부하(Force, Moment, Pressure 등)를 추정하기에 가장 적합하다.

39 어떤 작업에 대해서 10분간 산소 소비량을 측정한 결과 100리터 배기량에 산소가 15%, 이산화탄소가 6%로 분석되었다. 분당 산소 소비량은?

① 0.4L/분 ② 0.6L/분
③ 0.8L/분 ④ 1.0L/분

해설 분당 산소 소비량

• 분당 배기량 = 100L/10분 = 10L
• 분당 흡기량 = (100% − 15% − 60%) / 79% × 10L = 10L/분
• 산소 소비량 = (21% × 10L) − (15% × 10L) = 0.6L/분

40 열교환에 영향을 미치는 요소가 아닌 것은?

① 기압 ② 기온
③ 습도 ④ 공기의 유동

정답 35 ① 36 ③ 37 ③ 38 ④ 39 ② 40 ①

> **해설** 열교환
>
> 열교환 과정은 기온이나 습도, 공기의 흐름, 주위의 표면 온도에 영향을 받는다.

3과목 산업심리학 및 관련 법규

41 10명으로 구성된 집단에서 소시오메트리(Sociometry) 연구를 사용하여 조사한 결과 긍정적인 상호작용을 맺고 있는 것이 16쌍일 때 이 집단의 응집성지수는 약 얼마인가?

① 0.222 ② 0.356
③ 0.401 ④ 0.504

> **해설** 집단의 응집성지수
>
> 이 지수는 집단 내에서 가능한 두 사람의 상호작용 수와 실제의 수를 비교하여 구한다.
>
> • 가능한 상호작용의 수 $= C_2 = \dfrac{10 \times 9}{2} = 45$
>
> • 응집성지수 $= \dfrac{\text{실제 상호작용의 수}}{\text{가능한 상호작용의 수}} = \dfrac{16}{45} = 0.356$

42 다음 중 NIOSH의 직무스트레스 관리 모형의 연결이 잘못된 것은?

① 조직 요인 – 교대근무
② 조직 외 요인 – 가족상황
③ 개인적인 요인 – 성격경향
④ 완충작용 요인 – 대처능력

> **해설** NIOSH의 직무스트레스 모형
>
> 조직 요인 – 직무 역할갈등, 상급자와의 관계, 작업량 등

43 위험성을 모르는 아이들이 세제나 약병의 마개를 열지 못하도록 안전마개를 부착하는 것처럼, 신체적 조건이나 정신적 능력이 낮은 사용자라 하더라도 사고를 낼 확률을 낮게 설계해 주는 것은?

① fail-safe 설계원칙
② fool-proof 설계원칙
③ error proof 설계원칙
④ error recovery 설계원칙

> **해설** 기계안전설계원칙
>
> fool-proof 설계원칙에 관한 설명이다.

44 다음 중 무의식상태로 작업수행이 불가능한 상태의 의식수준으로 옳은 것은?

① phase 0   ② phase Ⅰ
③ phase Ⅱ   ④ phase Ⅲ

> **해설** 단계별 의식수준
>
> | 단계(phase) | 뇌파패턴 | 의식상태(mode) | 주의의 작용 | 생리적 상태 | 신뢰성 |
> |---|---|---|---|---|---|
> | 0 | δ파 | 무의식, 실신 | 제로 | 수면, 뇌발작 | 없다. 0 |
> | Ⅰ | θ파 | 의식이 둔한 상태, 흐림, 몽롱 (subnormal) | 활발하지 않음. (inactive) | 피로, 단조, 졸림, 취중 | 낮다. 0.9 |
> | Ⅱ | α파 | 편안한 상태, 이완상태, 느긋함 (normal, relaxed) | 수동적 (passive) | 안정적 상태, 휴식 시, 정상작업 시, 정례작업 시, 일반적으로 일을 시작할 때의 안정된 상태 | 다소 높다. 0.99~0.9999 |
> | Ⅲ | β파 | 명석한 상태, 정상의식, 분명한 의식 (normal, clear) | 활발함, 적극적 (active) | 적극적 활동 시, 가장 좋은 의식수준 상태 | 매우 높다. 0.9999 이상 |
> | Ⅳ | γ파 긴장과대 | 흥분상태 (과긴장) (hypernormal) | 일점에 응집, 판단 정지 | 긴급방위 반응, 당황, 패닉 | 낮다. 0.9 이하 |

정답 41 ② 42 ① 43 ② 44 ①

2025년 제2회 기출복원문제

45 제조물 책임법에 의한 손해배상의 청구권은 피해자 또는 그 법정대리인이 손해 및 관련 규정에 의하여 손해배상책임을 지는 자를 안 날부터 얼마간 이를 행사하지 아니하면 시효로 인하여 소멸하는가?

① 1년
② 3년
③ 5년
④ 7년

해설 제조물 책임법

손해배상의 청구권은 피해자 또는 그 법정대리인이 손해 등을 알게 된 날부터 3년간 행사하지 아니하면 시효의 완성으로 소멸한다. 또한 손해배상의 청구권은 제조업자가 손해를 발생시킨 제조물을 공급한 날부터 10년 이내에 행사하여야 한다.

46 다음 중 인간의 행동이 어떻게 동기유발이 되는가에 중점을 둔 과정이론(process theory)이 아닌 것은?

① 공정성이론(Equity theory)
② 기대이론(Expectancy theory)
③ X-Y이론(theory X and theory Y)
④ 목표설정이론(Goal-setting theory)

해설 동기유발이론

① 공정성이론(Equity theory) : 타인과의 비교를 통해 공정성을 인지하고 행동을 조절하는 과정이론이다.
② 기대이론(Expectancy theory) : 노력 → 성과 → 보상 간의 기대에 따라 동기 수준이 달라진다는 과정이론이다.
③ X-Y이론(theory X and theory Y) : 인간관계의 행동이론이다.
④ 목표설정이론(Goal-setting theory) : 명확한 목표와 피드백이 동기와 수행에 긍정적 영향 준다는 과정이론이다.

47 보행 신호등이 막 바뀌어도 자동차가 움직이기까지는 아직 시간이 있다고 스스로 판단하여 건널목을 건너는 것과 같은 부주의 행위와 가장 관계가 깊은 것은?

① 근도반응
② 생략행위
③ 억측판단
④ 초조반응

해설 억측판단

충분한 근거가 없는 추측에 의해 위험을 과소평가하거나 무시하는 판단으로, 억측판단에 대한 설명이다.

48 평정오류 중 평가자가 평가대상자의 수행에 대하여 제한된 지식을 가지고 있음에도 불구하고 다양한 수행 차원 모두에서 획일적으로 좋거나 또는 나쁜 수행을 나타낸다고 평가하는 것은?

① 후광 오류
② 확증편파 오류
③ 중앙집중 오류
④ 과잉확신 오류

해설 평정오류

① 후광 오류 : 한 가지 긍정적 특성이 전체 평가에 영향을 주는 것이다.
② 확증편파 오류 : 제한된 정보로 전체 수행을 일관되게 편향되게 평가하는 것이다.
③ 중앙집중 오류 : 모든 평가를 중간값에 몰아넣는 경향을 말한다.
④ 과잉확신 오류 : 자신의 판단이나 평가를 무조건 정확하다고 믿는 것이다.

49 다음 중 인간의 불안전행동을 예방하기 위해 Harvey에 의해 제안된 안전대책의 3E에 해당하지 않는 것은?

① Engineering
② Environment
③ Education
④ Enforcement

해설 안전대책 3E

① 기술(Engineering), ② 교육(Education), ③ 강제(Enforcement)

정답 45 ② 46 ③ 47 ③ 48 ② 49 ②

50 다음 중 FTA(Fault Tree Analysis)에 관한 설명으로 옳은 것은?

① 연역적 방법 또는 톱다운(top-down) 접근 방식이다.
② 귀납적이고, 위험 그 자체와 영향을 강조하고 있다.
③ 시스템 구상에 있어 가장 먼저 하는 분석으로 위험요소가 어떤 상태에 있는지를 정성적으로 평가하는 데 적합하다.
④ 한 사건에 대하여 실패와 성공으로 분개하고, 동일한 방법으로 분개된 각각의 가지에 대하여 실패 또는 성공의 확률을 구하는 것이다.

해설 FTA(Fault Tree Analysis) 특징

㉠ 분석에는 게이트, 이벤트, 부호 등의 그래픽 기호를 사용하여 결함 단계를 표현하며, 각각의 단계에 확률을 부여하여 어떤 상황의 실패확률 계산이 가능하다.
㉡ 연역적이고 정량적인 해석 방법(Top down 형식)이다.
㉢ 정량적 해석기법(컴퓨터 처리 가능)이다.
㉣ 논리기호를 사용한 특정 사상에 대한 해석이다.
㉤ 서식이 간단해서 비전문가도 짧은 훈련으로 사용할 수 있다.
㉥ Human Error의 검출이 어렵다.
㉦ FTA 수행 시 기본사상 간의 독립 여부는 공분산으로 판단한다.

51 신뢰도가 0.85인 작업자가 혼자서 검사하는 공정에 동일한 신뢰도를 가진 요원을 중복으로 지원하여 2인 1조로 검사를 한다면 이 공정에서의 신뢰도는 얼마가 되겠는가? (단, 전체 작업기간 동안 요원은 지원된다.)

① 0.7225
② 0.8500
③ 0.9775
④ 0.9801

해설 신뢰도

$1-(1-0.85)\times(1-0.85)=0.9775$

52 다음 중 매슬로(A.H. Maslow)의 인간욕구 5단계를 올바르게 나열한 것은?

① 생리적 욕구 → 사회적 욕구 → 안전 욕구 → 자아실현 욕구 → 존경 욕구
② 생리적 욕구 → 안전 욕구 → 사회적 욕구 → 자아실현 욕구 → 존경 욕구
③ 생리적 욕구 → 안전 욕구 → 사회적 욕구 → 존경 욕구 → 자아실현 욕구
④ 생리적 욕구 → 사회적 욕구 → 안전 욕구 → 존경 욕구 → 자아실현 욕구

해설 매슬로의 5단계 욕구이론

단계	욕구	설명
1단계	생리적 욕구	가장 기본적인 욕구(의식주 등)
2단계	안전 욕구	안전에 대한 욕구
3단계	사회적 욕구	사회 관계성의 욕구
4단계	존경의 욕구	존경받고자 하는 욕구
5단계	자아실현의 욕구	자아실현, 자기만족의 욕구

53 다음 중 오하이오 주립대학의 리더십 연구에서 주장하는 구조주도적(Initiating structure) 리더와 배려적(Consideration) 리더에 관한 설명으로 틀린 것은?

① 배려적 리더는 관계지향적, 인간중심적이며, 인간에 관심을 가지고 있다.
② 구조주도적 리더십은 구성원들의 성과환경을 구조화하는 리더십 행동이다.
③ 구조적 리더십은 성과를 구체적으로 정확하게 평가하는 행동 유형을 말한다.
④ 배려적 리더는 구성원의 과업을 설정, 배정하고 구성원과의 의사소통 네트워크를 명백히 한다.

정답 50 ① 51 ③ 52 ③ 53 ③

해설 | 구조주도적 리더십과 배려적 리더십

- **구조주도적 리더십(Initiating structure)** : 업무 구조화, 과업 설정, 역할과 책임 명확화 등 성과 환경을 조직화하는 행동
- **배려적 리더십(Consideration)** : 구성원에 대한 신뢰, 존중, 인간적 관심, 관계 중심의 행동

54 재해 원인 중 간접 원인이 아닌 것은?
① 교육적 원인
② 인적, 물적 원인
③ 기술적 원인
④ 관리적 원인

해설 | 재해의 직접적 원인

- **직접 원인** : 사고를 유발한 인적, 물적 원인
- **간접 원인** : 사고를 유발한 환경적, 제도적, 관리적 배경 요인

55 스트레스를 받을 때 몸에서 생성되는 호르몬으로 스트레스 정도를 파악하는 데 사용되는 것은?
① 코르티솔
② 환경호르몬
③ 인슐린
④ 스테로이드

해설 | 코르티솔

코르티솔은 우리 몸이 스트레스를 받을 때 부신에 분비되는 대표적 스트레스 호르몬이다.

56 모든 입력이 동시에 발생해야만 출력이 발생되는 논리조작을 나타내는 FT도의 논리기호 명칭은?
① 기본사상
② OR게이트
③ 부정게이트
④ AND게이트

해설 | AND게이트

① **기본사상** : 최상위 사고 또는 분석 대상 사건
② **OR게이트** : 입력 중 하나라도 발생하면 출력 발생
③ **부정게이트** : 입력이 발생하지 않아야 출력 발생
④ **AND게이트** : 모든 입력이 발생해야 출력 발생

57 반응시간에 관한 설명으로 맞는 것은?
① 자극이 요구하는 반응을 행하는 데 걸리는 시간을 말한다.
② 반응해야 할 신호가 발생한 때부터 반응이 종료될 때까지의 시간을 말한다.
③ 단순반응시간에 영향을 미치는 변수로는 자극 양식, 자극의 특성, 자극 위치, 연령 등이 있다.
④ 여러 개의 자극을 제시하고, 각각에 대한 서로 다른 반응을 할 과제를 준 후에 자극이 제시되어 반응할 때까지의 시간을 단순반응시간이라 한다.

해설 | 반응시간(Reaction Time, RT)

반응시간(RT)은 자극에 대한 반응이 발생하기까지의 소요시간이다.
- **단순반응시간** : 하나의 특정 자극에 대해 반응을 시작하는 시간으로 항상 같은 반응을 요구한다. 단순반응시간에 영향을 미치는 변수로는 자극 양식, 자극의 특성, 자극 위치, 연령 등이 있다.
- **선택반응시간** : 여러 개의 자극이 각각 서로 다른 반응을 요구하는 경우의 반응시간이다.

58 재해에 의한 상해의 종류에 해당하는 것은?
① 진폐   ② 추락
③ 비래   ④ 전복

해설 | 재해와 상해

추락, 비래, 전복은 재해의 유형이며, 상해의 종류는 진폐이다.

정답 54 ② 55 ① 56 ④ 57 ③ 58 ①

59 집단 응집성에 관한 설명으로 틀린 것은?

① 집단 응집성은 절대적인 것이다.
② 응집성이 높은 집단일수록 결근율과 이직률이 낮다.
③ 일반적으로 집단의 구성원이 많을수록 응집력은 낮아진다.
④ 집단 응집성이란 구성원들이 서로에게 끌리어 그 집단목표를 공유하는 정도이다.

해설 집단 응집성(cohesiveness)
집단 구성원 간의 상호 매력이나 유대감으로 인해 그 집단에 남아 있고자 하는 정서적 결속력을 의미한다. 상황과 환경에 따라 가변적이라 절대적이라기보다는 상대적인 특성을 가진다.

60 스트레스에 관한 설명으로 틀린 것은?

① 위협적인 환경특성에 대한 개인의 반응이라고 볼 수 있다.
② 스트레스 수준은 작업 성과와 정비례의 관계에 있다.
③ 적정 수준의 스트레스는 작업성과에 긍정적으로 작용할 수 있다.
④ 지나친 스트레스를 지속적으로 받으면 인체는 자기조절능력을 상실할 수 있다.

해설 스트레스
스트레스가 너무 없거나 너무 높은 경우 작업성과는 떨어진다. 따라서 스트레스 수준과 작업 성과와는 정비례 관계에 있지 않다.

4과목 근골격계질환 예방을 위한 작업관리

61 4개의 작업으로 구성된 조립공정의 주기시간(Cycle Time)이 40초일 때 공정효율은 얼마인가?

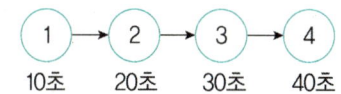

① 40.0%   ② 57.5%
③ 62.5%   ④ 72.5%

해설 공정효율
$$공정효율 = \frac{총\ 작업시간}{총\ 작업자\ 수 \times 주기시간} \times 100$$
$$= \frac{10+20+30+40}{4 \times 40} \times 100 = 62.5\%$$

62 다음 중 개선의 ECRS에 대한 내용으로 옳은 것은?

① Economic - 경제성
② Combine - 결합
③ Reduce - 절감
④ Specification - 규격

해설 ECRS 원칙
- **Eliminate(제거)**: 불필요한 작업이나 절차를 제거하여 효율성을 높이는 원칙
- **Combine(결합)**: 유사한 작업을 결합하여 중복되는 단계를 줄이고 작업을 간소화하는 원칙
- **Rearrange(재배치)**: 작업 순서를 재배치하여 작업 흐름을 최적화하고 시간을 절약하는 원칙
- **Simplify(단순화)**: 복잡한 작업을 단순화하여 이해하기 쉽게 하고, 작업 속도를 높이는 원칙

정답 59 ① 60 ② 61 ③ 62 ②

2025년 제2회 기출복원문제

63 다음 중 JSI(Job Strain Index)가 작업을 평가하는 기준 여섯 가지에 해당하지 않는 것은?

① 손/손목의 자세
② 1일 작업의 생산량
③ 힘을 발휘하는 강도
④ 힘을 발휘하는 지속시간

해설 JSI

손과 팔의 반복 작업에서 근골격계질환 위험도를 평가하기 위한 도구로 힘을 발휘하는 강도(Intensity of Exertion), 힘을 발휘하는 지속시간(Duration of Exertion), 분당 힘 발휘(Efforts per Minute) 횟수, 손/손목의 자세(Hand/Wrist Posture), 작업 속도(Speed of Work), 1일 작업의 지속시간(Duration of Task per Day)을 평가한다.

64 간헐적으로 랜덤한 시점에서 연구대상을 순간적으로 관측하여 대상이 처한 상황을 파악하고 이를 토대로 관측시간 동안에 나타난 항목별로 차지하는 비율을 추정하는 방법은?

① PTS법
② 워크샘플링
③ 웨스팅하우스법
④ 스톱워치를 이용한 시간연구

해설 관측방법

① PTS법 : Predetermined Time Standards로, 동작 단위별로 시간 기준을 설정하는 기법이다.
② 워크샘플링 : 무작위 관찰을 통해 작업 활동 비율을 추정하는 간접적 방법이다.
③ 웨스팅하우스법 : 작업자의 숙련도, 노력도 등을 고려해 시간 평가하는 방법이다.
④ 스톱워치를 이용한 시간연구 : 연속적 관찰을 통해 작업시간을 측정하는 직접적 방법이다.

65 다음 중 1시간을 TMU로 환산한 것은?

① 0.036TMU
② 27.8TMU
③ 1667TMU
④ 100,000TMU

해설 MTM의 시간 값

1TMU=0.00001시간=0.0006분=0.036초
1초=27.8TMU
1분=1,666.7TMU
∴ 1시간=60분=3,600초=100,000TMU

66 다음 중 손과 손목 부위에 발생하는 근골격계질환이 아닌 것은?

① 경겹증
② 건초염
③ 외상과염
④ 수근관 증후군

해설 근골격계질환

① 경겹증 : 손가락의 움직임이 제한되고, 움직일 때 통증이 있는 상태이다. (방아쇠 수지 등 포함)
② 건초염 : 손목·손 부위의 힘줄을 싸고 있는 건초에 염증이 생긴 질환이다.
③ 외상과염 : 흔히 "테니스 엘보"라고도 불리며, 팔꿈치 바깥쪽 부위에 발생하는 질환이다.
④ 수근관 증후군 : 손목의 신경(정중신경)이 눌리면서 저림·통증을 유발하는 대표적 질환이다.

67 평균 관측시간 0.9분, 레이팅 계수가 120%, 여유시간이 하루 8시간 근무시간 중에 28분으로 설정되었다면 표준시간은 약 몇 분인가?

① 0.926
② 1.080
③ 1.147
④ 1.151

정답 63 ② 64 ② 65 ④ 66 ③ 67 ③

해설 | 표준시간

- 정미시간 = 관측시간의 대푯값 × $\dfrac{\text{레이팅 계수}}{100}$ = $0.9 \times \dfrac{120}{100}$ = 1.08
- 여유율 = $\dfrac{\text{여유시간}}{\text{실동시간}} \times 100 = \dfrac{28}{60 \times 8} \times 100 = 5.8\%$
- 표준시간 = $1.08 \times \left(\dfrac{1}{1-5.8\%}\right) = 1.147$

68 다음 중 근골격계질환의 발생에 기여하는 작업적 유해요인과 가장 거리가 먼 것은?

① 과도한 힘의 사용
② 개인보호구의 미착용
③ 불편한 작업자세의 반복
④ 부적절한 작업/휴식 비율

해설 | 근골격계질환의 발생 요인

개인보호구의 미착용은 근골격계질환과 직접적 관련이 낮다.

69 다음 중 "동작경제의 원칙"의 세 가지 범주에 들어가지 않은 것은?

① 작업개선의 원칙
② 신체의 사용에 관한 원칙
③ 작업장의 배치에 관한 원칙
④ 공구 및 설비의 설계에 관한 원칙

해설 | 동작경제의 원칙

작업개선의 원칙은 동작경제의 3원칙에 포함되지 않는다.

70 다음 중 비효율적인 서블릭(Therblig)에 해당하는 것은?

① 계획(Pn)
② 빈손 이동(TE)
③ 사용(U)
④ 쥐기(G)

해설 | 비효율적 서블릭

효율적 서블릭	비효율적 서블릭
쥐기(G), 빈손 이동(TE), 운반(TL), 내려놓기(RL), 미리 놓기(PP), 조립(A), 분해(DA), 사용(U)	바로 놓기(P), 찾기(SH), 선택(St), 계획(Pn), 검사(I), 잡고 있기(H), 불가피한 지연(UD), 피할 수 없는 지연(AD), 휴식(R)

71 다음 중 MTM(Methods Time Measurement) 법의 용도와 가장 거리가 먼 것은?

① 현상의 발생비율 파악
② 능률적인 설비, 기계류의 선택
③ 표준시간에 대한 불만 처리
④ 작업개선의 의미를 향상시키기 위한 교육

해설 | MTM법

작업의 각 기본 동작에 대해 시간을 측정하고 분석하는 방법으로 시간 측정과 작업 구성 분석에 특화된 방법론이며, 특정 사건의 빈도(발생비율)를 파악하는 목적과는 거리가 멀다.

72 Work Factor에서 동작시간 결정 시 고려하는 네 가지 요인에 해당하지 않는 것은?

① 인위적 조절
② 동작 거리
③ 중량이나 저항
④ 수행도

해설 | 동작시간 결정 시 고려 요인 네 가지

- **인위적 조절정도** : 작업자가 작업을 수행하기 위해 필요한 조절의 정도를 고려한다. (방향조절(S), 주의(P), 방향의 변경(U), 일정한 정지(D))
- **동작 거리** : 작업자가 이동하거나 물건을 옮기는 거리를 고려한다.
- **중량이나 저항** : 작업 중 들어 올리거나 옮겨야 하는 물체의 중량이나 저항을 고려한다.
- **동작의 난이도** : 작업 동작의 복잡성과 난이도를 고려한다. 사용하는 신체부위 일곱 가지는 손가락과 손, 팔, 앞팔 회전, 몸통, 발, 다리, 머리 회전이다.

정답 68 ② 69 ① 70 ① 71 ① 72 ④

73 다음 중 산업안전보건법령상 근골격계 부담작업에 해당하지 않는 것은?

① 하루 1시간 동안 허리높이 작업대에서 전동 드라이버로 자동차 부품을 조립하는 작업
② 자동차 조립라인에서 하루 4시간 동안 머리 위에 위치한 부속품을 볼트로 체결하는 작업
③ 하루 6시간 동안 컴퓨터를 이용하여 자료 입력과 문서 편집을 하는 작업
④ 하루에 15kg의 쌀을 무릎 아래에서 허리 높이의 선반에 30회 올리는 작업

해설 근골격계 부담작업의 종류
① 하루에 4시간 이상 집중적으로 자료 입력 등을 위해 키보드 또는 마우스를 조작하는 작업
② 하루에 총 2시간 이상 목, 어깨, 팔꿈치, 손목 또는 손을 사용하여 같은 동작을 반복하는 작업
③ 하루에 총 2시간 이상 머리 위에 손이 있거나, 팔꿈치가 어깨 위에 있거나, 팔꿈치를 몸통으로부터 들거나, 팔꿈치를 몸통 뒤쪽에 위치하도록 하는 상태에서 이루어지는 작업
④ 지지되지 않은 상태이거나 임의로 자세를 바꿀 수 없는 조건에서, 하루에 총 2시간 이상 목이나 허리를 구부리거나 트는 상태에서 이루어지는 작업
⑤ 하루에 총 2시간 이상 쪼그리고 앉거나 무릎을 굽힌 자세에서 이루어지는 작업
⑥ 하루에 총 2시간 이상 지지되지 않은 상태에서 1kg 이상의 물건을 한 손의 손가락으로 집어 옮기거나, 2kg 이상에 상응하는 힘을 가하여 한 손의 손가락으로 물건을 쥐는 작업
⑦ 하루에 총 2시간 이상 지지되지 않은 상태에서 4.5kg 이상의 물건을 한 손으로 들거나 동일한 힘으로 쥐는 작업
⑧ 하루에 10회 이상 25kg 이상의 물체를 드는 작업
⑨ 하루에 25회 이상 10kg 이상의 물체를 무릎 아래에서 들거나, 어깨 위에서 들거나, 팔을 뻗은 상태에서 드는 작업
⑩ 하루에 총 2시간 이상, 분당 2회 이상 4.5kg 이상의 물체를 드는 작업
⑪ 하루에 총 2시간 이상 시간당 10회 이상 손 또는 무릎을 사용하여 반복적으로 충격을 가하는 작업

74 유통선도(Flow Diageam)에 관한 설명으로 적절하지 않은 것은?

① 자재 흐름의 혼잡지역 파악
② 시설물의 위치나 배치관계 파악
③ 공정과정의 역류현상 발생 유무 점검
④ 운반과정에서 물품의 보관 내용 파악

해설 유통선도
유통선도는 작업장의 자재 흐름, 작업 동선, 프로세스 간의 연결 관계 등을 시각적으로 표현한 도면으로, 작업 효율성과 물류 흐름 개선을 위한 분석 도구로 물품의 보관내용 파악은 어렵다.

75 작업구분을 큰 것에서부터 작은 순으로 나열한 것은?

① 공정 → 단위작업 → 요소작업 → 단위동작 → 서블릭
② 공정 → 요소작업 → 단위작업 → 서블릭 → 단위동작
③ 공정 → 단위작업 → 단위동작 → 요소작업 → 서블릭
④ 공정 → 단위작업 → 요소작업 → 서블릭 → 단위동작

해설 작업구분
공정 → 단위작업 → 요소작업 → 단위동작 → 서블릭

76 NIOSH의 RWL(Recommended Weight Limit)를 계산하는 데 필요한 계수에 대한 범위를 잘못 나타낸 것은?

① 비대칭계수 : $1 - (0.0032 \times A)$
② 수평계수 : $25/H$
③ 거리계수 : $0.82 + (4.5/D)$
④ 수직계수 : $1 - (0.005 \times |V-75|)$

정답 73 ① 74 ④ 75 ① 76 ④

> **해설** RWL(Recommended Weight Limit)
>
> RWL = LC×HM×VM×DM×AM×FM×CM
> LC = 부하상수 = 23kg
> HM = 수평계수 = 25/H
> VM = 수직계수 = 1 − (0.003×| V − 75 |)
> DM = 거리계수 = 0.82 + (4.5/D)
> AM = 대칭계수 = 1 − (0.0032×A)
> FM = 빈도계수(표 활용)
> CM = 결합계수(표 활용)

77 파레토 원칙(Pareto principle)에 대한 설명으로 맞는 것은?

① 20%의 항목이 전체의 80%를 차지한다.
② 40%의 항목이 전체의 60%를 차지한다.
③ 60%의 항목이 전체의 40%를 차지한다.
④ 80%의 항목이 전체의 20%를 차지한다.

> **해설** 파레토 원칙
>
> 전체 결과의 대부분(80%)이 일부 원인(20%)에 의해 발생한다는 법칙으로 경제학자 빌프레도 파레토가 발견한 것으로, 다양한 분야에서 널리 적용되고 있다.

78 디자인 프로세스 단계 중 대안의 도출을 위한 방법이 아닌 것은?

① 개선의 ECRS
② 5W1H분석
③ SEARCH원칙
④ Network Diagram

> **해설** Network Diagram(네트워크 다이어그램)
>
> 프로젝트 관리나 일정 계획에서 작업 순서와 시간 흐름을 시각화하는 도구로서 대안 도출 목적에는 직접적으로 사용되지 않는다.

79 작업 개선의 일반적 원리에 대한 내용으로 틀린 것은?

① 충분한 여유 공간
② 단순 동작의 반복화
③ 자연스러운 작업 자세
④ 과도한 힘의 사용 감소

> **해설** 작업 개선의 일반적 원리
>
> 인체 부담을 줄이고 효율성을 높이는 방향으로 설계되어야 한다. 따라서 단순 동작의 반복화는 부담증가의 요인으로 적절하지 않다.

80 정미시간이 개당 3분이고, 준비시간이 60분이며 로트 크기가 100개일 때 개당 표준시간은 얼마인가?

① 2.5분
② 2.6분
③ 3.5분
④ 3.6분

> **해설** 100개당 총 작업시간
>
> 정미시간 = 3분×100개 + 준비시간(60분) = 360분
> 개당표준시간 = 360분 / 100개 = 3.6분

정답 77 ① 78 ④ 79 ② 80 ④

2025년 제3회 기출복원문제

1과목 인간공학개론

01 누름단추식 전화기를 사용하여 7자리를 암기하여 누를 경우 어떻게 나누어 누르는 것이 가장 효과적인가?

① 194-3421
② 19-43421
③ 194342-1
④ 1-943421

해설 7±2 청크

단기기억은 7±2개의 단위를 처리할 수 있고, Chunking(군집화)을 활용하면 기억력이 더 향상된다. 3-4 또는 4-3 형태로 나누면 전화번호 기억처럼 친숙한 구조로 되어 기억과 입력이 쉽다.

02 파레토 원칙(Pareto principle)에 대한 설명으로 맞는 것은?

① 20%의 항목이 전체의 80%를 차지한다.
② 40%의 항목이 전체의 60%를 차지한다.
③ 60%의 항목이 전체의 40%를 차지한다.
④ 80%의 항목이 전체의 20%를 차지한다.

해설 파레토 원칙

전체 결과의 대부분(80%)이 일부 원인(20%)에 의해 발생한다는 법칙으로, 경제학자 빌프레도 파레토가 발견했으며, 다양한 분야에서 널리 적용되고 있다.

03 남녀 공용으로 사용하는 의자의 높이를 조절식으로 설계하고자 한다. 표를 참고하여 좌판 높이의 조절범위에 대한 기준값으로 가장 적당한 것은? (단, 5퍼센타일 계수는 1.645이다.)

척도	남성 오금높이	여성 오금높이
평균	41.3	38.0
표준편차	1.9	1.7

① $(38.0-1.7\times1.645) \sim (41.3+1.9\times1.645)$
② $(38.0+1.7\times1.645) \sim (41.3+1.9\times1.645)$
③ $(38.0-1.7\times1.645) \sim (41.3-1.9\times1.645)$
④ $(38.0+1.7\times1.645) \sim (41.3-1.9\times1.645)$

해설 조절식 좌판 높이 설계

조절식 좌판 높이를 설계할 때는 최솟값은 작은 체격(5퍼센타일 여성), 최댓값은 큰 체격(95퍼센타일 남성) 기준으로 설정한다.

- 하한값(5% 여성 기준) → $38.0 - 1.7 \times 1.645 \approx 35.2$cm
- 상한값(95% 남성 기준) → $41.3 + 1.9 \times 1.645 \approx 44.43$cm

04 다음 중 시스템의 평가척도 유형으로 볼 수 없는 것은?

① 인간 기준(Human criteria)
② 관리 기준(Management criteria)
③ 시스템 기준(System-descriptive criteria)
④ 작업성능 기준(Task performance criteria)

해설 시스템의 평가척도 유형

- 인간 기준(Human criteria) : 사용자의 만족도, 편의성, 안전성 등 인간 중심 평가 요소이다.
- 시스템 기준(System-descriptive criteria) : 시스템의 구조, 구성요소, 흐름 등을 객관적으로 기술하는 기준이다.
- 작업성능 기준(Task performance criteria) : 작업수행의 정확성, 속도, 효율성 등과 관련된 정량 평가 요소이다.

정답 01 ① 02 ① 03 ① 04 ②

05 다음 중 인간과 기계의 성능 비교에 관한 설명으로 옳은 것은?

① 장시간 걸쳐 작업을 수행하는 데에는 기계가 인간보다 우수하다.
② 완전히 새로운 해결책을 찾아내는 데에는 기계가 인간보다 우수하다.
③ 반복적인 작업을 신뢰성 있게 수행하는 데에는 인간이 기계보다 우수하다.
④ 입력에 대하여 빠르고 일관되게 반응하는 데에는 인간이 기계보다 우수하다.

해설 인간과 기계의 성능 비교
- 인간이 우수한 기능 : 귀납적 추리, 과부하 상태에서의 선택, 예기치 못한 사건 감지
- 기계가 우수한 기능 : 연역적 추리, 과부하 상태에서도 효율적, 장시간 걸쳐 신뢰성 있는 작업수행, 암호화 정보를 신속하고 정확하게 수행

06 제품 디자인에 있어 인간공학적 고려대상이 아닌 것은?

① 개인차를 고려한 설계
② 사용 편의성의 향상
③ 학습효과를 고려한 설계
④ 하드웨어 신뢰성 향상

해설 인간공학적 고려사항
제품 설계 시 사용자의 신체적·심리적 특성을 중심으로 효율성과 안전성을 높이기 위한 요소로 사람 중심으로 인지한다.

07 최소치를 이용한 인체 측정치 원리를 적용해야 할 것은?

① 문의 높이
② 안전대의 하중강도
③ 비상탈출구의 크기
④ 기구조작에 필요한 힘

해설 최소집단값에 의한 설계
최소집단값에 의한 설계문의 높이, 안전대 하중강도, 비상탈출구의 크기는 최대집단값, 기구조작에 필요한 힘은 최소집단값을 사용한다.

08 다음 중 Fitts의 법칙과 관련이 없는 것은?

① 이동의 궤도
② 표적의 폭
③ 이동소요시간
④ 표적 중심선까지의 이동거리

해설 피츠의 법칙
사용자가 목표를 빠르고 정확하게 선택하는 데 걸리는 시간이다. 이 법칙은 주로 물리적 목표 선택, 예를 들어 버튼 클릭 같은 작업에 적용된다. 표적이 작을수록, 이동거리가 길수록 작업의 난이도와 소요 이동시간이 증가한다.

$$T = a + b\log_2\left(\frac{2D}{W}\right)$$

T : 목표를 선택하는 데 걸리는 시간
a와 b : 경험적으로 결정되는 상수
D : 시작 지점과 목표 지점 사이의 거리
W : 목표 지점의 너비

09 다음 내용에 해당하는 양립성의 종류는?

> 강의실 전원 스위치를 확인한 결과, 스위치를 올리면 커지고, 내리면 꺼진다.

① 운동 양립성
② 개념 양립성
③ 공간 양립성
④ 양식 양립성

해설 양립성
- **운동 양립성** : 표시장치, 조종장치 등의 운동 방향의 양립성
  예 조종장치를 오른쪽으로 돌리면 표시장치의 지침이 오른쪽으로 이동하는 것
- **개념 양립성** : 외부 자극에 대해 인간의 개념적 현상의 양립성
  예 빨간 버튼 온수, 파란 버튼 냉수
- **공간 양립성** : 표시장치, 조종장치의 형태 및 공간적 배치의 양립성
  예 오른쪽 조리대는 오른쪽 조절장치로, 왼쪽 조리대는 왼쪽 조절장치로
- **양식 양립성** : 직무에 맞는 자극과 응답 양식의 존재에 대한 양립성

10 계기판에 등이 4개가 있고 그중 하나에만 불이 켜지는 경우 얻을 수 있는 정보량은 얼마인가?

① 2bit   ② 3bit
③ 4bit   ④ 5bit

해설 정보량

$H = \log_2(N)$
$H = \log_2(4) = 2$

11 신호검출이론(SDT)에서 신호의 유무를 판별함에 있어 네 가지 반응 대안에 해당하지 않는 것은?

① 긍정(Hit)
② 누락(Miss)
③ 채택(Acceptation)
④ 허위(False alarm)

해설 신호의 판별

판정결과	상태	부호
신호의 정확한 판정 (Hit)	신호를 신호로 인식	P(S/S)
신호검출 실패 (Miss)	신호가 나타났는데도 잡음으로 판정	P(N/S)
허위 경보 (False Alarm)	잡음을 신호로 판정	P(S/N)
잡음을 잡음으로 판정 (Correct Rejection)	잡음만 있을 때 잡음으로 판정	P(N/N)

12 정상 조명 하에서 100m 거리에서 볼 수 있는 원형 시계탑을 설계하고자 한다. 시계의 눈금단위를 1분 간격으로 표시하고자 할 때 원형 문자판의 직경은 약 몇 cm인가?

① 250   ② 350
③ 300   ④ 400

해설 직경 구하기

• 71cm 거리일 때 문자판의 직경 원주
  1.3mm × 60 = 78mm
• 원주 공식에 이해
  78mm = 지름 × 3.14 지름 = 2.5cm
• 100m 거리에서 문자판의 직경
  0.71m : 2.5cm = 100m : X
  ∴ X = 350cm

13 신호 및 정보 등의 경우 빛의 검출성에 따라서 신호, 경보 효과가 달라지는데, 빛의 검출성에 영향을 주는 인자에 해당되지 않는 것은?

① 색광
② 배경광
③ 점멸속도
④ 신호등 유리의 재질

해설 빛의 검출성에 영향을 주는 인자

• 크기
• 광속발산도 및 노출시간
• 색광
• 점멸속도
• 배경광

14 회전운동을 하는 조종장치의 레버를 30° 움직였을 때 표시장치의 커서는 4cm 이동하였다. 레버의 길이가 20cm일 때, 이 조종장치의 C/R 비는 약 얼마인가?

① 2.62   ② 5.24
③ 8.33   ④ 10.48

해설 조종장치의 C/R 비

$$\text{C/R 비} = \frac{(a/360) \times 2\pi L}{\text{표시장치의 이동거리}} = \frac{(30/360) \times 2\pi \times 20}{4} = 2.62$$

a : 조종장치가 움직인 각도
L : 반경(지레의 길이)

정답 10 ① 11 ③ 12 ② 13 ④ 14 ①

15 인간이 기계를 조종하여 임무를 수행해야 하는 직렬구조의 인간-기계 체계가 있다. 인간의 신뢰도가 0.9, 기계의 신뢰도 0.9라면 이 인간기계 통합 체계의 신뢰도는 얼마인가?

① 0.64
② 0.72
③ 0.81
④ 0.98

해설 신뢰도

직렬시스템 신뢰도 $= R_1 \times R_2 \times \cdots R_n$
병렬시스템 신뢰도 $= 1-(1-R_1)\times(1-R_2)\cdots(1-R_n)$
신뢰도 $= 0.9 \times 0.9 = 0.81$

16 연구조사에서 사용되는 기준척도의 요건에 대한 설명으로 옳은 것은?

① 타당성 : 반복 실험 시 재현성이 있어야 한다.
② 민감도 : 동일 단위로 환산 가능한 척도여야 한다.
③ 신뢰성 : 기준이 의도한 목적에 부합하여야 한다.
④ 무오염성 : 기준 척도는 측정하고자 하는 변수 이외에 다른 변수의 영향을 받아서는 안 된다.

해설 기준척도의 요건

- **타당성** : 측정하고자 하는 평가 척도가 시스템의 목표를 반영한다.
- **민감도** : 실험 변수 수준 변화에 따라 척도의 값의 차이가 존재하는 정도이다.
- **신뢰성** : 평가를 반복할 경우 일정한 결과를 얻을 수 있다.

17 다음 눈의 구조 중 빛이 도달하여 초점이 가장 선명하게 맺히는 부위는?

① 동공
② 홍채
③ 황반
④ 수정체

해설 눈에 대한 설명

① 동공(Pupil) : 빛이 눈 속으로 들어가는 입구이며, 크기가 변해서 들어오는 빛의 양을 조절한다.
② 홍채(Iris) : 눈동자의 색을 결정하며, 동공의 크기를 조절한다.
③ 황반(Macula) : 시신경이 밀집된 부분으로, 시력의 중심 역할을 한다.
④ 수정체(Lens) : 빛을 굴절시켜 망막에 상이 맺히도록 하는 역할을 한다.

18 GOMS 모델 구성요소가 아닌 것은?

① Graphice
② Operator
③ Methods
④ Selection urles

해설 GOMS

인간-컴퓨터 상호작용(HCI) 분야에서 사용자의 작업 수행 과정을 예측하고 분석하기 위해 고안된 모델로 ① Goals(목표), ② Operator(조작자 또는 연산자), ③ Methods(방법), ④ Selection rules(선택규칙)을 말한다.

19 지하철 손잡이 높이 설계에 적용되는 원칙은?

① 평균치 원칙
② 최대치 원칙
③ 최소치 원칙
④ 조절식 원칙

해설 최소치 원칙

① **평균치 원칙** : 극단치 및 조절식 설계가 곤란한 경우
  예 은행의 창구
② **최대치 원칙** : 큰 체격에 맞춰 설계할 때 사용
  예 출입문 폭
③ **최소치 원칙** : 작은 체격에 맞춰 설계할 때 사용
  예 손잡이 높이
④ **조절식 원칙** : 다양한 사용자에 맞게 높이나 길이를 조절 가능하도록 설계
  예 조절식 의자, 책상

2025년 제3회 기출복원문제

20 사용성 평가 기준으로 부적절한 것은?
① 효율성
② 기억 용이성
③ 경제성
④ 학습 용이성

해설 사용성 평가 기준
학습 용이성, 효율성, 기억 용이성, 에러 빈도 및 정도 그리고 주관적 만족도로 정의한다.

2과목 작업생리학

21 노화로 인한 시각능력의 감소 시 조명수준을 결정할 때 고려해야 될 사항과 가장 거리가 먼 것은?
① 직무의 대비(對比)뿐만 아니라 휘광(glare)의 통제도 아주 중요하다.
② 느려진 동공 반응은 과도(過渡, transient) 적응 효과의 크기와 기간을 증가시킨다.
③ 색 감지를 위해서는 색을 잘 표현하는 전 대역(full-spectrum) 광원(光源)이 추천된다.
④ 과도 적응 문제와 눈의 불편을 줄이기 위해서는 보다 높은 광도비(光度比)가 필요하다.

해설 조명설계
광도비(luminance ratio)가 너무 높으면 눈에 부담을 주고 적절한 범위를 유지하는 것이 이상적이다.

22 심박출량을 증가시키는 요인으로 볼 수 없는 것은?
① 휴식시간
② 근육활동의 증가
③ 덥거나 습한 작업환경
④ 흥분된 상태나 스트레스

해설 심박출량
휴식시간은 심박출량을 낮춰준다.

23 생체반응 측정에 관한 설명으로 틀린 것은?
① 혈압은 대동맥에서의 압력을 의미한다.
② 심전도는 P, Q, R, S, T 파로 구성된다.
③ 1리터의 산소 소비는 4kcal의 에너지 소비와 같다.
④ 중간 정도의 작업에서 나타나는 심장 박동률은 산소 소비량과 선형적인 관계가 있다.

해설 생체반응 측정
1리터의 산소 소비는 4.8kcal의 에너지 소비와 같다.

24 소음측정의 기준에 있어서 단위 작업장에서 소음발생 시간이 6시간 이내인 경우 발생시간 동안 등간격으로 몇 회 이상 측정하여야 하는가?
① 2회
② 3회
③ 4회
④ 5회

해설 소음측정기준
소음 발생시간이 6시간 이내인 경우나 소음원에서 발생하는 시간이 간헐적인 경우에는 발생시간 동안 연속 측정하거나 등간격으로 4회 이상 측정한 경우에는 이를 평균하여 그 기간의 평균 소음수준으로 한다.

정답 20 ③ 21 ④ 22 ① 23 ③ 24 ③

25 RMR(Relative Metabolic Rate)의 값이 1.8로 계산되었다면 작업강도의 수준은?

① 아주 가볍다. (Very Light)
② 아주 무겁다. (Very Heavy)
③ 가볍다. (Light)
④ 보통이다. (Moderate)

해설 작업강도

㉠ 초중작업 : 7RMR 이상
㉡ 중(重)작업 : 4~7RMR
㉢ 중(中)작업 : 2~4RMR
㉣ 경(輕)작업 : 1~2RMR
㉤ 최경작업 : 0~1RMR

26 주파수가 가청영역 이하인 소음을 무엇이라고 하는가?

① 충격 소음
② 초음파 소음
③ 간헐 소음
④ 초저주파 소음

해설 주파수

가청주파수가 가청영역 이하인 소음은 초저주파 소음(infrasound)이라고 한다. 인간의 가청주파수 범위는 대략 20Hz에서 20,000Hz 사이인데, 인프라사운드 소음은 20Hz 이하의 주파수를 가지는 소음을 의미한다.

27 힘에 대한 설명으로 틀린 것은?

① 능동적 힘은 근수축에 의하여 생성된다.
② 힘은 근골격계를 움직이거나 안정시키는 데 작용한다.
③ 수동적 힘은 관절 주변의 결합조직에 의하여 생성된다.
④ 능동적 힘과 수동적 힘은 근절의 안정길이에서 발생한다.

해설 힘에 대한 설명

• 능동적 힘(active force) : 근육의 수축에 의해 발생하며, 특히 근절(sarcomere)의 길이가 정상 길이 또는 안정길이(optimal length)일 때 최대 힘을 생성한다.
• 수동적 힘(passive force) : 근육이나 관절 주변의 결합조직(예 인대, 힘줄)에 의해 생성되고, 일반적으로 근육이 지나치게 늘어날 때 발생하며, 수동적 힘은 근절의 안정길이보다 길어진 상태에서 나타나는 것이 일반적이다.

28 기초 대사량(BMR)에 관한 설명으로 틀린 것은?

① 기초 대사량은 개인차가 심하여 나이에 따라 달라진다.
② 일상생활을 하는 데 필요한 단위 시간당 에너지양이다.
③ 일반적으로 체격이 크고 젊은 남성의 기초 대사량이 크다.
④ 공복 상태로 쾌적한 온도에서 신체적 휴식을 취하는 엄격한 조건에서 측정한다.

해설 기초 대사량

호흡, 심장 박동, 체온 유지 등 기본적인 생리적 기능을 유지하기 위해 필요한 최소한의 에너지가 기초 대사량이다.

29 작업장에서 8시간 동안 85dB(A)로 2시간, 90dB(A)로 3시간, 95dB(A)로 3시간 소음에 노출되었을 경우 소음노출지수는? (단, 국내의 관련 규정을 따른다.)

① 0.975   ② 1.125
③ 1.25   ④ 1.5

정답 25 ③ 26 ④ 27 ④ 28 ② 29 ⑤

해설 | 소음노출지수

음압수준dB(A)	노출허용시간/일
90	8
95	4
100	2
105	1
110	30
115	15

소음노출지수 $= \dfrac{C(\text{노출시간})}{T(\text{허용노출시간})} = \left(\dfrac{3}{8}\right) + \left(\dfrac{3}{4}\right) = 1.125$

30 근세포막에 전달된 흥분을 근세포 내부로 전달하는 통로역할을 하는 것은?

① 근초(sarcolemma)
② 근섬유속(fasciculuse)
③ 가로세관(transverse tubules)
④ 근형질세망(sarcoplasmic reticulum)

해설 | 근육의 구성 및 역할

① **근초** : 근섬유를 둘러싸고 있는 막이다.
② **근섬유속** : 근섬유의 집합체로 근속이라고도 한다.
③ **가로세관** : 근세포막에 전달된 흥분을 근세포 내부로 전달하는 통로 역할을 한다.
④ **근형질세망** : 칼슘의 저장소이며, 근수축을 위한 칼슘이온을 방출한다.

31 산업안전보건법령상 작업환경측정에 사용되는 단위로서 고열환경을 종합적으로 평가할 수 있는 지수는?

① 실효온도(ET)
② 열스트레스지수(HSI)
③ 습구흑구온도지수(WBGT)
④ 옥스퍼드지수(Oxford index)

해설 | 고열환경평가지수

① **실효온도(ET)** : 인간이 느끼는 쾌적감을 평가하는 지표로, 온도, 습도, 풍속 등을 종합하여 계산된다.
② **열스트레스지수(HSI)** : 작업 환경에서 열 스트레스를 평가하는 지표로, 기온, 습도, 방사열, 풍속 등을 고려하여 계산된다.
③ **습구흑구온도지수(WBGT)** : 열환경에서의 안전을 평가하는 지표로, 기온, 습도, 방사열, 풍속 등을 종합적으로 고려하여 계산된다.
④ **옥스퍼드지수(Oxford index)** : 습구온도(Twb)와 건구온도(Tdb)를 가중치를 사용하여 계산된 지수이다.

32 기초 대사량(BMR)에 관한 설명으로 틀린 것은?

① 기초 대사량은 개인차가 심하여 나이에 따라 달라진다.
② 일상생활을 하는 데 필요한 단위 시간당 에너지양이다.
③ 일반적으로 체격이 크고 젊은 남성의 기초 대사량이 크다.
④ 공복 상태로 쾌적한 온도에서 신체적 휴식을 취하는 엄격한 조건에서 측정한다.

해설 | 기초 대사량

우리의 호흡, 심장 박동, 체온 유지 등 기본적인 생리적 기능을 유지하기 위해 필요한 최소한의 에너지이다.

33 전신진동의 영향에 대한 설명으로 틀린 것은?

① 10~25Hz에서 시성능이 가장 저하된다.
② 5Hz 이하의 낮은 진동수에서 운동성능이 가장 저하된다.
③ 머리와 어깨 부위의 공명주파수는 20~30Hz이다.
④ 등이나 허리뼈에 가장 위험한 주파수는 60~90Hz이다.

해설 | 진동의 영향

진동이 신체에 미치는 영향은 진동주파수에 따라 달라진다. 몸통의 공진주파수는 4~8Hz로 이 범위에서 내구수준이 가장 낮다.

정답 30 ③ 31 ③ 32 ② 33 ④

34 척추를 구성하고 있는 뼈 가운데 요추의 수는 몇 개인가?

① 5개　　② 6개
③ 7개　　④ 8개

해설 요추의 수

요추는 1~5번까지로 5개이다.

35 자율신경계의 교감, 부교감신경에 대한 설명 중 틀린 것은?

① 교감신경은 동공을 축소시키고, 부교감신경은 동공을 확대시킨다.
② 교감신경은 동공을 확대시키고, 부교감신경은 동공을 축소시킨다.
③ 교감신경은 심장 박동을 촉진시키고, 부교감신경을 심장 박동을 억제시킨다.
④ 교감신경은 소화 운동을 억제시키고, 부교감신경은 소화 운동을 촉진시킨다.

해설

- 교감신경 : 심장박동 촉진(증가), 소화 운동 억제, 동공 확대, 혈관(혈압) 수축(증가), 방광 이완, 침 분비 억제, 심장축소 속도 감소.
- 부교감신경 : 심장박동 억제(감소), 소화 운동 촉진, 동공 축소, 혈관(혈압) 이완(감소), 방광 수축, 침 분비 촉진, 심장축소 속도 증가

36 휴식 중의 에너지 소비량이 1.5kcal/min인 작업자가 분당 평균 8kcal의 에너지를 소비한 작업을 60분 동안 했을 경우 총 작업시간 60분에 포함되어야 하는 휴식 시간은 약 몇 분인가? (단, Murrell의 식을 적용하며, 작업 시 권장 평균 에너지 소비량은 5kcal/min으로 가정한다.)

① 22분　　② 28분
③ 34분　　④ 40분

해설 휴식시간(R)의 산정

$$R = \frac{T(E-S)}{E-1.5}$$

$$R = \frac{60(8-5)}{8-1.5} = 27.69 ≒ 28분$$

R : 휴식시간/min　　T : 총 작업시간/min
E : 평균 에너지 소비량　　S : 권장 에너지 소비량

37 산소 소비량에 관한 설명으로 옳지 않은 것은?

① 산소 소비량과 심박수 사이에는 밀접한 관련이 있다.
② 산소 소비량은 에너지 소비와 직접적인 관련이 있다.
③ 산소 소비량은 단위 시간당 흡기량만 측정한 것이다.
④ 심박수와 산소 소비량 사이의 관계는 개인에 따라 차이가 있다.

해설

산소 소비량 = 21%×분당 흡기량 - O_2%×분당 배기량

38 신체의 작업부하에 대하여 작업자들이 주관적으로 지각한 신체적 노력의 정도를 6~20의 값으로 평가한 척도는 무엇인가?

① 부정맥지수
② 점멸융합주파수(VFF)
③ 운동자각도(Borg's RPE)
④ 최대산소소비능력(Maximum Aerobic Power)

해설 운동자각도(Borg's RPE)

Borg의 RPE 척도는 많이 사용되는 주관적 평정척도로서 작업자들이 주관적으로 지각한 신체적 노력의 정도를 6에서 20 사이의 척도로 평정한다. 이 척도의 양끝은 각각 최소 심장박동률과 최대 심장박동률을 나타낸다.

정답 34 ①　35 ①　36 ②　37 ③　38 ③

39 일반적으로 소음계는 주파수에 따른 사람의 느낌을 감안하여 A, B, C 세 가지 특성에서 음압을 측정할 수 있도록 보정되어 있는데, A 특성치란 몇 phon의 등음량곡선과 비슷하게 주파수에 따른 반응을 보정하여 측정한 음압수준을 말하는가?

① 20 　　② 40
③ 70 　　④ 100

> **해설** 소음레벨의 세 가지
> 특성지시소음계에 의한 소음레벨의 측정에는 A, B, C의 세 가지 특성이 있다. A는 플레처의 청감 곡선의 40phon, B는 70phon의 특성에 대강 맞춘 것이고, C는 100phon의 특성에 맞춘 것이다.

40 고온 스트레스의 개인차에 대한 설명 중 틀린 것은?

① 나이가 들수록 고온 스트레스에 적응하기 힘들다.
② 남자가 여자보다 고온에 적응하는 것이 어렵다.
③ 체지방이 많은 사람일수록 고온에 견디기 어렵다.
④ 체력이 좋은 사람일수록 고온 환경에서 작업할 때 잘 견딘다.

> **해설** 고온 스트레스의 개인차
> 일반적으로 고온 스트레스는 성별 때문이 아니라 평소 생활습관이나 근육량, 체중에 따라 달라지며, 여자가 남자보다 고온에 적응하는 것이 어렵다.

3과목 산업심리학 및 관련 법규

41 사고의 요인 중 주의환기물에 익숙해져서 더 이상 그것이 주의환기 요인이 되지 않는 것을 무엇이라고 하는가?

① 습관화 　　② 자극화
③ 적응화 　　④ 반복화

> **해설** 습관화
> ① **습관화** : 반복 자극에 대한 반응 감소
> ② **자극화** : 자극을 통해 반응을 유도하는 일반적 용어
> ③ **적응화** : 환경에 신체적·생리적으로 적응하는 것
> ④ **반복화** : 행동이나 자극을 반복하는 현상 자체

42 호손(Hawthorne)의 연구에 관한 설명으로 맞는 것은?

① 동기부여와 직무만족도 사이의 관계를 밝힌 연구이다.
② 집단 내에서의 인간관계의 중요성을 증명한 연구이다.
③ 조명 조건 등 물리적 작업환경은 생산성에 큰 영향을 끼친다.
④ 미국 Western Electric 사를 대상으로 호손이 진행한 연구이다.

> **해설** 호손의 연구
> 인간관계와 작업환경이 노동자의 생산성에 미치는 영향을 조사하려는 목적이며, 연구의 결과는 노동자의 심리적 요인과 인간관계가 생산성에 큰 영향을 미친다는 것이다. 이 연구는 인사 관리와 인간 중심의 경영 관리 방식을 촉진하는 데 중요한 역할을 한다는 내용이다.

정답 39 ② 40 ② 41 ① 42 ②

43 다음 중 가정불화나 개인적 고민으로 인하여 정서적 갈등을 하고 있을 때 나타나는 부주의 현상은?

① 의식의 이완 ② 의식의 우회
③ 의식의 단절 ④ 의식의 과잉

해설 부주의 현상

걱정이나 고뇌 등으로 의식이 빗나가는 것은 의식의 우회이다.

44 주의에 대한 특성 중 선택성에 대한 설명으로 옳은 것은?

① 주의에는 리듬이 있어 언제나 일정한 수준을 지키지 못한다.
② 사람의 경우 한 번에 여러 종류의 자극을 지각하는 것은 어렵다.
③ 공간적으로 시선에서 벗어난 부분은 무시되기 쉽다.
④ 한 지점에 주의를 하면 다른 곳의 주의는 약해진다.

해설 주의의 특성

- **변동성** : 주의는 장시간 지속될 수 없다.
- **선택성** : 주의는 한곳에만 집중할 수 있다.
- **방향성** : 주의를 집중하는 곳 주변의 주의는 떨어진다.

45 제조물 책임법상 제조업자가 제조물에 대하여 제조·가공상의 주의의무를 이행하였는지에 관계없이 제조물이 원래 의도한 설계와 다르게 제조·가공됨으로써 안전하지 못하게 된 경우에 해당되는 결함은?

① 제조상의 결함
② 설계상의 결함
③ 표시상의 결함
④ 기타 유형의 결함

해설 제조물 책임법

- **제조상의 결함** : 제조업자가 제조물에 대하여 제조상·가공상의 주의의무를 이행하였는지에 관계없이 제조물이 원래 의도한 설계와 다르게 제조·가공됨으로써 안전하지 못하게 된 경우를 말한다.
- **설계상의 결함** : 제조업자가 합리적인 대체설계(代替設計)를 채용하였더라면 피해나 위험을 줄이거나 피할 수 있었음에도 대체설계를 채용하지 아니하여 해당 제조물이 안전하지 못하게 된 경우를 말한다.
- **표시상의 결함** : 제조업자가 합리적인 설명·지시·경고 또는 그 밖의 표시를 하였더라면 해당 제조물에 의하여 발생할 수 있는 피해나 위험을 줄이거나 피할 수 있었음에도 이를 하지 아니한 경우를 말한다.

46 집단역학에 있어 구성원 상호 간의 선호도를 기초로 집단 내부에서 발생하는 상호관계를 분석하는 기법을 무엇이라 하는가?

① 갈등 관리 ② 소시오메트리
③ 시너지 효과 ④ 집단의 응집력

해설 소시오메트리(Sociometry)

구성원 상호 간의 선호도를 기초로 집단 내부이동태적 상호관계를 분석하는 기법으로, 구성원 간의 좋고 싫은 감정을 관찰, 검사, 면접 등을 통하여 분석한다.

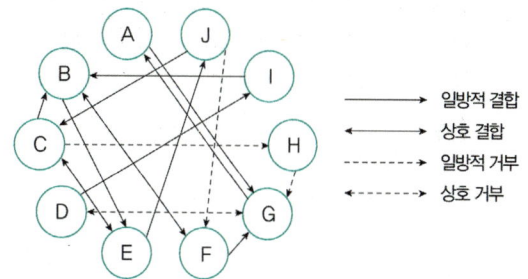

47 어떤 사람의 행동이 "빨리빨리, 경쟁적으로, 여러 가지를 한꺼번에" 한다고 하면 어떤 성격 특성을 설명하는가?

① type-A 성격 ② type-B 성격
③ type-C 성격 ④ type-D 성격

정답 43 ② 44 ② 45 ① 46 ② 47 ①

> **해설** 성격 유형
> ① type-A 성격 : 진취적, 경쟁적
> ② type-B 성격 : 사회적, 창의적
> ③ type-C 성격 : 완벽주의, 논리적
> ④ type-D 성격 : 내향적, 소심

48 어느 사업장의 도수율은 40이고, 강도율은 4이다. 이 사업장의 재해 1건당 근로손실일수는 얼마인가?

① 1
② 10
③ 50
④ 100

> **해설** 평균강도율
> 평균강도율 = $\dfrac{강도율}{도수율} \times 1,000 = \dfrac{4}{40} \times 1,000 = 100$

49 스웨인(Swain)의 휴먼에러 분류 중 다음 사례에서 재해의 원인이 된 동료 작업자 B의 휴먼에러로 적합한 것은?

> 컨베이어 벨트 위에 앉아 있는 작업자 A가 동료 작업자 B에게 작동 버튼을 살짝 눌러서 벨트가 조금만 움직이다가 멈추게 하라고 요청했다. 동료 작업자 B는 버튼을 누르던 중 균형을 잃고 버튼을 과도하게 눌러서 벨트가 전속력으로 움직여 작업자 A가 전도되는 재해가 발생하였다.

① Time Error
② Sequential Error
③ Omission Error
④ Commission Error

> **해설** 심리적 분류
> • 생략 오류(Omission Error) : 절차를 생략해 발생하는 오류
> • 시간 오류(Time Error) : 절차의 수행지연에 의한 오류
> • 작위 오류(Commission Error) : 절차의 불확실한 수행에 의한 오류
> • 순서 오류(Sequential Error) : 절차의 순서착오에 의한 오류
> • 과잉행동 오류(Extraneous Error) : 불필요한 작업/절차에 의한 오류

50 안전대책의 중심적인 내용이라 할 수 있는 3E에 포함되지 않는 것은?

① Education
② Engineering
③ Environment
④ Enforcement

> **해설** 3E
> ① Education, ② Engineering, ③ Enforcement

51 재해 발생에 관한 하인리히(H. W. Heinrich)의 도미노이론에서 제시된 다섯 가지 요인에 해당하지 않는 것은?

① 제어의 부족
② 개인적 결함
③ 불안전한 행동 및 상태
④ 유전 및 사회 환경적 요인

> **해설** 하인리히(H. W. Heinrich) 도미노이론의 다섯 가지 요인
> ① 사회적 환경과 유전적 요인 : 개인의 행동과 성향에 영향을 미치는 배경 요인들로, 이를 통해 행동 패턴이 형성된다.
> ② 개인적 결함 : 사회적 환경과 유전적 요인에 의해 형성된 개인의 결함이나 약점이 원인이다.
> ③ 불안전한 행동 또는 상태 : 개인적 결함으로 인해 불안전한 행동을 하거나, 위험한 상태를 초래한다.
> ④ 사고 : 불안전한 행동이나 상태로 인해 사고가 발생한다.
> ⑤ 상해 : 사고의 결과로 부상(상해)이 발생한다.

52 GOMS 모델의 구성요소 중 'S'는 무엇을 의미하는가?

① Simplify
② Safety
③ Selection rules
④ Search

정답 48 ④ 49 ④ 50 ③ 51 ① 52 ③

해설 | GOMS 모델 및 구성요소

사용자의 작업 수행 과정을 예측하고 분석하기 위해 고안된 모델로 ① Goals(목표), ② Operator(조작자 또는 연산자), ③ methods(방법), ④ selection rules(선택규칙)을 말한다.

53 NIOSH의 직무스트레스 모형에서 직무스트레스 요인에 해당하지 않는 것은?

① 작업 요인
② 개인적 요인
③ 조직 요인
④ 환경 요인

해설 | 직무스트레스 요인

- 작업 요인 : 작업부하, 작업 속도, 교대근무 등
- 조직 요인 : 역할 모호성, 역할 갈등, 관리 유형, 의사결정 참여도, 고용의 불확실성 등
- 환경 요인 : 소음, 온도, 조명, 환기 불량 등

54 관리 그리드 모형(management grid model)에서 제시한 리더십의 유형에 대한 설명으로 옳지 않은 것은?

① (9,1)형은 인간에 대한 관심은 높으나 과업에 대한 관심은 낮은 인기형이다.
② (1,1)형은 과업과 인간관계 유지 모두에 관심을 갖지 않는 무관심형이다.
③ (9,9)형은 과업과 인간관계 유지의 모두에 관심이 높은 이상형으로서 팀형이다.
④ (5,5)형은 과업과 인간관계 유지에 모두 적당한 정도의 관심을 갖는 중도형이다.

해설 | 관리 그리드 모형

(9,1)형은 과업형(Authority-Compliance Management)이다. 과업에만 집중하고 사람에게는 무관심한 스타일로, 업무 성과는 높지만 인간적인 측면이 결여될 수 있다.

55 사고의 유형, 기인물 등 분류항목을 큰 순서대로 분류하여 사고방지를 위해 사용하는 통계적 원인분석 도구는?

① 관리도(Control Chart)
② 크로스도(Cross Diagram)
③ 파레토도(Pareto Diagram)
④ 특성요인도(Cause and Effect Diagram)

해설 | 통계적 원인분석

① 관리도(Control Chart) : 프로세스가 통계적으로 안정적인 상태인지 감시하기 위해 사용하는 도구로 변동을 시각화하여 문제를 조기에 발견하고 해결하는 데 사용한다.
② 크로스도(Cross Diagram) : 두 개의 변수 간의 상관관계를 시각적으로 표현하는 도구로 일반적으로 두 변수 사이의 관계를 명확하게 나타내기 위해 교차표(cross table)로 사용된다.
③ 파레토도(Pareto Diagram) : 문제의 원인을 중요도 순으로 나열하여 시각적으로 나타내는 도구로 80/20 법칙에 따라 중요한 원인을 먼저 해결하는 데 도움을 준다.
④ 특성요인도(Cause and Effect Diagram) : 문제의 원인과 결과를 시각적으로 정리하여 문제를 분석하는 도구로, 이시가와 다이어그램(Ishikawa Diagram) 또는 물고기 뼈 다이어그램(Fishbone Diagram), 어골도라 한다.

56 막스 베버(Max Weber)가 주장한 관료주의에 관한 설명으로 옳지 않은 것은?

① 노동의 분업화를 전제로 조직을 구성한다.
② 부서장들의 권한 일부를 수직적으로 위임하도록 했다.
③ 단순한 계층구조로 상위리더의 의사결정이 독단화되기 쉽다.
④ 산업화 초기의 비규범적 조직운영을 체계화시키는 역할을 했다.

정답 53 ② 54 ① 55 ③ 56 ③

해설 관료주의

분업과 전문화, 명확한 계층구조, 규칙과 규정의 중요성, 그리고 성과 기반 평가를 강조한다. 복잡한 계층구조를 가지며, 명확한 권한과 책임의 분배를 통해 의사결정이 체계적이고 규범적으로 이루어지도록 설계되었다. 이는 상위리더의 독단적 의사결정을 방지하는 구조를 가진다.

57 레빈(Lewin)의 인간행동에 관한 공식은?

① B = f(P · E)
② B = f(P · B)
③ B = E(P · f)
④ B = f(B · E)

해설 레빈(Lewin, K)의 행동 함수식

B = f(P · E)
B : Behavior(행동)
P : Person(개인)
E : Environment(환경)
f : Function(함수)

58 다음 중 미세동작연구의 장점과 가장 거리가 먼 것은?

① 서블릭(Therblig) 기호를 사용함으로써 작업시간 간의 비교와 추정에 유용하다.
② 과거의 작업개선의 경험을 다른 작업에도 그대로 응용하기 용이하다.
③ 어느 정도 숙달되면 눈으로도 서블릭으로 해석이 가능하며, 그에 따른 작업개선 능력이 향상된다.
④ SIMO 차트를 이용하여 이상적 작업동작의 습득에는 다소 시간이 걸리지만 상대적으로 정확하다.

해설 미세동작연구의 장점

미세동작연구의 주된 장점은 작업시간의 비교와 추정에 유용하고, 과거의 작업개선 경험을 다른 작업에도 응용할 수 있으며, 서블릭 기호를 통해 작업개선 능력을 향상시킬 수 있다. SIMO 차트를 이용하는 것이 이상적 작업동작의 습득에 시간이 걸리는 것은 미세동작연구의 주된 장점과는 거리가 있다.

59 데이비스(K. Davis)의 동기부여이론에 대한 설명으로 틀린 것은?

① 능력＝지식×노력
② 동기유발＝상황×태도
③ 인간의 성과＝능력×동기유발
④ 경영의 성과＝인간의 성과×물질의 성과

해설 데이비스(K. Davis)의 동기부여이론

- 인간의 성과×물질의 성과 = 경영의 성과이다.
- 능력×동기유발 = 인간의 성과(human performance)이다.
- 지식(knowledge)×기능(skill) = 능력(ability)이다.
- 상황(sitmtion)×태도(attitude) = 동기유발(motivation)이다.

60 작업자 한 사람의 성능 신뢰도가 0.95일 때, 요원을 중복하여 2인 1조로 작업을 할 경우 이 조의 인간 신뢰도는 얼마인가? (단, 작업 중에는 항상 요원 지원이 되며, 두 작업자의 신뢰도는 동일하다고 가정한다.)

① 0.9025
② 0.9500
③ 0.9975
④ 1.0000

해설 신뢰도

$1 - (1 - 0.95) \times (1 - 0.95) = 0.9975$

4과목 근골격계질환 예방을 위한 작업관리

61 다음 중 SEARCH 원칙에 대한 내용으로 틀린 것은?

① Rearrange : 작업의 재배열
② How often : 얼마나 자주
③ Alter sequence : 순서의 변경
④ Simplify operations : 작업의 단순화

해설 | SEARCH 원칙

- Simplify operation : 작업의 단순화
- Eliminate unnecessary work and material : 불필요한 도구나 자재를 제거
- Alter sequence : 순서의 변경.
- Requirements : 요구조건
- Combine operations : 작업의 결합
- How often : 얼마나 자주

62 다음 중 근골격계질환을 위한 방안으로 거리가 먼 내용은?

① 어깨 높이 위에서의 작업을 피한다.
② 연약한 피부 조직에 가해지는 압박을 피한다.
③ 진동을 줄이기 위한 방진용 장갑 등을 착용한다.
④ 운반상자는 무게 중심이 분산되도록 가능한 한 깊고 넓게 만든다.

해설 | 근골격계질환

너무 깊고 넓은 운반상자는 무게 중심이 불균형해지고, 물건을 들어 올릴 때 허리나 어깨에 더 큰 부담을 줄 수 있다. 이는 허리부담 증가 및 자세 불안정으로 이어져 근골격계 위험을 높인다.

63 다음 중 동작경제의 원칙에 있어 작업장 배치에 관한 원칙에 해당하는 것은?

① 각 손가락이 서로 다른 작업을 할 때 작업량을 각 손가락의 능력에 맞게 분배한다.
② 사용하는 장소에 부품이 가까이 도달할 수 있도록 중력을 이용한 부품 상자나 용기를 사용한다.
③ 손과 신체의 동작은 작업을 원만하게 처리할 수 있는 범위 내에서 가장 낮은 동작등급을 사용한다.
④ 눈의 초점을 모아야 할 수 있는 작업은 가능한 한 적게 하고, 이것이 불가피할 경우 두 작업 간의 거리를 짧게 한다.

해설 | 작업장 배치에 관한 원칙

- 모든 공구와 재료는 일정한 위치에 정돈되어야 한다.
- 공구와 재료는 작업이 용이하도록 작업자의 주위에 있어야 한다.
- 중력을 이용한 부품상자나 용기를 이용하여 부품을 부품 사용 장소 가까이 보낼 수 있도록 한다.
- 가능하면 낙하시키는 방법을 이용한다.
- 공구 및 재료는 동작에 가장 편리한 순서로 배치한다.
- 채광 및 조명장치를 잘 하여야 한다.
- 의자와 작업대의 모양과 높이는 각 작업자에게 알맞도록 설계되어야 한다.
- 작업자가 좋은 자세를 취할 수 있는 모양, 높이의 의자를 지급해야 한다.

64 다음 중 작업측정에 대한 설명으로 적절한 것은?

① 작업측정은 자격을 가진 전문가만이 수행하여야 한다.
② 반드시 비디오 촬영을 병행하여야 한다.
③ 측정 시 작업자가 모르게 비밀 촬영을 하여야 한다.
④ 측정 후 자료는 그대로 사용하지 않고, 작업능률에 따라 자료를 수정한다.

정답 61 ① 62 ④ 63 ② 64 ④

2025년 제3회 기출복원문제

> **해설** 작업측정
>
> 작업측정 목적은 작업시간을 정확히 분석하여 표준시간을 설정하고 생산성 향상과 인력관리, 공정 개선 등에 활용하기 위함이다. 이때는 실제 작업자의 속도, 능률 등을 반영해서 측정된 자료를 조정할 필요가 있다.

65 근골격계질환 예방을 위한 바람직한 관리적 개선 방안으로 볼 수 없는 것은?

① 규칙적이고 적절한 휴식을 통하여 피로의 누적을 예방한다.
② 작업 확대를 통하여 한 작업자가 할 수 있는 일의 다양성을 넓힌다.
③ 전문적인 스트레칭과 체조 등을 교육하고 작업 중 수시로 실시하도록 유도한다.
④ 중량물 운반 등 특정 작업에 적합한 작업자를 선별하여 상대적 위험도를 경감시킨다.

> **해설** 관리개선 방안
>
> 특정 작업 적합한 작업자는 없다. 작업 확대를 통해 한 작업자가 할 수 있는 일의 다양성을 넓힌다.

66 OWAS에 대한 설명이 아닌 것은?

① 핀란드에서 개발되었다.
② 중량물의 취급은 포함하지 않는다.
③ 정밀한 작업 자세 분석은 포함하지 않는다.
④ 작업 자세를 평가 또는 분석하는 checklist이다.

> **해설** OWAS
>
> - 핀란드의 철강회사인 Ovako와 핀란드 노동위생연구소가 1970년대 중반에 개발한 인간공학적 평가 도구이다. 작업자의 작업 자세를 평가하여 근골격계에 미치는 영향을 분석하는 데 사용된다. 허리, 팔, 다리 등의 신체 부위별로 자세를 분석하여 평가한다.
> - 현장에서 쉽게 기록하고 해석할 수 있어 많은 작업장에서 사용되며 작업자의 자세를 평가하여 필요한 개선 조치를 제안하는 데 도움을

준다. 이를 통해 작업장의 안전성과 효율성을 높일 수 있고 작업 대상물의 무게를 분석요인에 포함한다.

67 작업관리의 목적에 부합하지 않는 것은?

① 안전하게 작업을 실시하도록 한다.
② 작업의 효율성을 높여 재고량을 확보한다.
③ 생산 작업을 합리적이고 효율적으로 개선한다.
④ 표준화된 작업의 실시과정에서 그 표준이 유지되도록 한다.

> **해설** 작업관리의 목적
>
> 작업의 효율성을 높여 재고량을 확보하는 것은 생산관리에 포함된다.

68 어느 병원의 간호사에 대한 근골격계질환의 위험을 평가하기 위하여 인간공학 분야에서 많이 사용되는 유해요인 평가도구 중 하나인 RULA(Rapid Upper Linb Assessment)를 적용하여 작업을 평가한 결과, 최종 점수가 4점으로 평가되었다. 평가 결과에 대한 해석으로 맞는 것은?

① 수용 가능한 안전한 작업으로 평가된다.
② 계속적 추가관찰을 요하는 작업으로 평가된다.
③ 빠른 작업 개선과 작업 위험요인의 분석이 요구된다.
④ 즉각적인 개선과 작업 위험요인의 정밀조사가 요구된다.

> **해설** RULA(Rapid Upper Linb Assessment)
>
> RULA 평가는 1점에서 7점까지 있으며, 점수가 높을수록 근골격계질환의 위험이 높다는 것을 나타낸다.
> - 수용 가능한 안전한 작업으로 평가되는 경우 : 1~2점
> - 계속적으로 추가관찰을 요하는 작업으로 평가되는 경우 : 3~4점
> - 빠른 작업 개선과 작업 위험요인 분석이 요구되는 경우 : 5~6점
> - 즉각적인 개선과 작업 위험요인의 정밀조사가 요구되는 경우 : 7점 이상

정답 65 ④ 66 ② 67 ② 68 ②

69 시계 조립과 같이 정밀한 작업을 위한 작업대의 높이로 가장 적절한 것은?

① 팔꿈치 높이로 한다.
② 팔꿈치 높이보다 5~15cm 낮게 한다.
③ 팔꿈치 높이보다 5~15cm 높게 한다.
④ 작업면과 눈의 거리가 30cm 정도 되도록 한다.

해설 작업대의 높이
- 쓰기, 전자부품 조립과 같은 정밀 작업은 팔꿈치 높이보다 5cm 높게, 팔꿈치 지지대가 필요하다.
- 조립라인 작업이나 기계적인 작업 같은 가벼운 작업은 5~10cm 정도 팔꿈치보다 낮게 한다.
- 아래로 향하는 힘이 요구되는 무거운 작업은 20~40cm 정도 팔꿈치보다 낮게 한다.

70 공정도에 관한 설명으로 옳지 않은 것은?

① 작업을 기본적인 동작요소로 나눈다.
② 부품의 이동을 확인할 수 있다.
③ 역류 현상을 점검할 수 있다.
④ 작업과 검사 과정을 표시할 수 있다.

해설 공정도
작업을 기본적인 동작요소로 나눈 것은 서블릭에 관한 설명이다.

71 설비의 배치 방법 중 공정별 배치의 특성에 대한 설명으로 틀린 것은?

① 작업 할당에 융통성이 있다.
② 운반거리가 직선적이며 짧아진다.
③ 작업자가 다루는 품목의 종류가 다양하다.
④ 설비의 보전이 용이하고 가동률이 높이 때문에 자본투자가 적다.

해설 공정별 배치
각 공정별 배치는 유사한 작업을 하는 설비들이 그룹화되어 배치되는 방식으로, 운반거리는 직선적이기보다는 복잡하고 길어질 수 있다.

72 다중활동분석표의 사용 목적과 가장 거리가 먼 것은?

① 작업자의 작업시간 단축
② 기계 혹은 작업자의 유휴시간 단축
③ 조 작업을 재편성 또는 개선하여 조 작업 효율 향상
④ 한 명의 작업자가 담당할 수 있는 기계 대수의 산정

해설 다중활동분석표의 사용 목적
- 가장 경제적인 작업조 편성
- 적정 인원수 결정
- 작업자 한 사람이 담당할 기계 소요 대수나 적정 기계 담당 대수의 결정
- 작업자와 기계의(작업효율 극대화를 위한) 유휴시간 단축

73 사업장 근골격계질환 예방·관리 프로그램에 있어 예방·관리추진팀의 역할이 아닌 것은?

① 교육 및 훈련에 관한 사항을 결정하고 실행한다.
② 예방·관리 프로그램의 수립 및 수정에 관한 사항을 결정한다.
③ 근골격계질환의 증상·유해요인 보고 및 대응체계를 구축한다.
④ 유해요인 평가 및 개선의 수립과 시행에 관한 사항을 결정 실행한다.

해설 예방·관리추진팀의 역할
- 예방·관리 프로그램의 수립 및 수정에 관한 사항 결정
- 예방·관리 프로그램의 실행 및 운영에 관한 사항 결정
- 교육 및 훈련에 관한 사항을 결정하고 실행·유해요인 평가, 개선계획의 수립 및 시행에 관한 사항을 결정하고 실행
- 근골격계질환자에 대한 사후조치 및 근로자 건강보호에 관한 사항 등을 결정하고 실행

정답 69 ③ 70 ① 71 ② 72 ① 73 ③

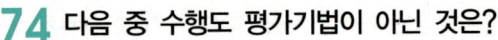

74 다음 중 수행도 평가기법이 아닌 것은?
① 속도 평가법
② 평준화 평가법
③ 합성 평가법
④ 사이클 그래프 평가법

해설 수행도 평가기법
사이클 그래프 평가법은 동작 분석 중에 필름(영화) 분석법이다.

75 다음 중 시간연구 시 비디오 측정의 요령으로 가장 적합한 것은?
① 가능한 한 작업자의 좌우 측면에서 측정한다.
② 공정성을 위하여 작업당 1회 촬영하는 것이 원칙이다.
③ 작업자에게 사전 설명 없이 직접 촬영하는 것이 좋다.
④ 가능한 한 세밀한 측정을 위해 작업자와 1m 이내로 근접 촬영한다.

해설 시간연구
비디오 측정 시 가능한 한 작업자의 좌우 측면에서 측정한다.

76 워크샘플링 조사에서 주요작업의 추정비율(p)이 0.06이라면, 99% 신뢰도를 위한 워크샘플링 횟수는 몇 회인가? (단, μ0.005는 2.58, 허용오차는 0.01이다.)
① 3,744
② 3,745
③ 3,755
④ 3,764

해설
$$N = \frac{Z_{1-\alpha/2}^2 \times \overline{P}(1-\overline{P})}{e^2} = \frac{2.58^2 \times 0.06 \times (1-0.06)}{0.01^2} = 3,755$$
이때, e는 허용오차, $\overline{P}$는 idle rate이다.

77 산업안전보건법령상 근로자가 근골격계 부담작업을 하는 경우 유해요인조사의 실시 주기는? (단, 신설되는 사업장은 제외한다.)
① 6개월
② 1년
③ 2년
④ 3년

해설 유해요인조사의 실시 주기
사업주는 근골격계 부담작업을 보유 시 최초의 유해요인조사를 하고, 완료한 날로부터 3년마다 주기적으로 실시한다. 다만, 신설사업장은 신설일로부터 1년 이내에 최초의 유해요인조사를 실시한다.

78 위험작업의 관리적 개선에 속하지 않는 것은?
① 위험표지 부착
② 작업자의 교육 및 훈련
③ 작업자의 작업속도 조절
④ 작업자의 신체에 맞는 작업장 개선

해설 공학적 개선 대책
작업자의 신체에 맞는 작업장 개선은 공학적 개선 대책이다.

79 다음 중 근골격계질환 예방·관리 프로그램의 주요 구성요소로 볼 수 없는 것은?
① 보상절차 심의
② 예방·관리 정책 수립
③ 교육·훈련 실시
④ 유해요인 조사 및 관리

해설 근골격계질환 예방·관리 프로그램
근골격계질환 예방·관리 프로그램은 근골격계질환 예방을 위한 유해요인조사와 개선, 의학적 관리, 교육에 관한 표준을 제시한다.

정답 74 ④ 75 ① 76 ③ 77 ④ 78 ④ 79 ①

80 다음의 조건에서 NIOSH Lifting Equation(NLE)에 의한 들기지수(LI)와 작업의 위험도 평가를 올바르게 나타낸 것은?

> **조건**
> - 현재 취급물의 하중 = 14kg
> - 수평계수 = 0.4
> - 수직계수 = 0.95
> - 거리계수 = 1.0
> - 대칭계수 = 0.8
> - 빈도계수 = 1
> - 손잡이 계수 = 0.9

① LI=2.78, 개선이 요구되는 작업
② LI=0.36, 개선이 요구되지 않는 작업
③ LI=0.77, 개선이 요구되는 작업
④ LI=2.01, 요통 위험이 낮은 작업

해설 들기지수

들기지수(LiftingIndex) = 작업물의 무게 / RWL(권장무게한계)
- RWL = LC×HM×VM×DM×AM×FM×CM
- LC = 부하상수 = 23kg
- HM = 수평계수 = 25 | H
- VM = 수직계수 = 1 − (0.003×| V−75 |)
- DM = 거리계수 = 0.82 + (4.5/D)
- AM = 대칭계수 = 1 − (0.0032×A)
- FM = 빈도계수(표 활용)
- CM = 결합계수(표 활용)
- RWL = 23×0.4×0.95×1.0×0.8×0.8×0.9 = 5.03
- LI = 14/5.03 = 2.78

LI가 1보다 큰 것은 요통의 발생위험이 높은 것을 나타낸다. 따라서 LI가 1 이하가 되도록 작업설계 또는 재설계할 필요가 있다.

정답 80 ①

인간공학기사 필기

공학박사 김세연

[자격]
산업안전기사
인간공학기사
산업위험성평가사
PSM 지도사
주차관리사
스마트시티평가사
도로교통안전관리자
보행안전지도사 강사

[경력]
(사)한국선진교통문화연합회 이사장
스마트도시문화연구소 대표
생활안전문화원 사외이사
(사)한국안전보건협회 전문위원
(주)한국건설안전공사 연구위원
교통안전공단 제안서 심사위원/자문위원
서울시 공유촉진 위원회 위원
수원시 지방재정계획심의위원회
수원시 및 금천구 등 스마트도시협의회 위원
(사)경상북도 지방 건설기술 심의위원회 위원
경상북도 물류정책 위원회 위원

[연구 및 저술활동]
주차장 법규&운영
온실가스 에너지 적산 실무
보행안전 4GO
이륜차 안전보건 필살기

유단자 2026

인간공학기사 _ 필기

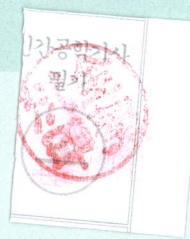

인 쇄	2025년 10월 28일
발 행	2025년 10월 30일
편저자	김세연
발행인	정재철
발행처	미디어몬
주 소	07532 서울특별시 강서구 양천로 551-17, 1210호(가양동, 한화비즈메트로 1차)
전 화	(02) 2659-8831
팩 스	(02) 2659-8832
등 록	제2021-000083호

정 가 28,000원
ISBN 979-11-991031-5-3 13530

※ 본서의 독창적인 부분에 대한 무단 인용ㆍ전재ㆍ복제를 금합니다.